数字电子技术实践教程

阎　勇　编著

科学出版社
北　京

内 容 简 介

本书是一本密切配合数字电子技术基础课程的实验指导书，全书包括十六个实验，每个实验安排六部分内容，均选用较为典型的实验电路，对提高学生理论联系实际，灵活应用理论知识解决实际问题的能力有积极的促进作用。书中实验一到实验七介绍了基本门电路、组合逻辑电路、触发器、小规模和中规模集成组合逻辑电路和时序逻辑电路；实验八到实验十一介绍了计数器、寄存器、脉冲发生器、波形产生电路和小规模及中规模集成时序逻辑电路及器件；实验十二和实验十三介绍了555定时器和D/A、A/D转换电路；实验十四到实验十六介绍了数字系统的综合设计方法。实验元器件以TTL小规模和中规模集成电路为主，兼顾CMOS电路。

本书可作为高等院校电子信息工程、电气工程、通信工程、计算机科学与技术、电子科学与技术、自动化、机电一体化及其他相关专业的本科生或专科生实验教材，也可作为相关行业工程技术人员的参考书。

图书在版编目(CIP)数据

数字电子技术实践教程 / 阎勇编著. —北京：科学出版社，2019.4

ISBN 978-7-03-060766-9

Ⅰ. ①数… Ⅱ. ①阎… Ⅲ. ①数字电路－电子技术－高等学校－教材 Ⅳ. ①TN79

中国版本图书馆CIP数据核字(2019)第043684号

责任编辑：于海云 董素芹 / 责任校对：王萌萌
责任印制：张 伟 / 封面设计：迷底书装

科学出版社出版
北京东黄城根北街16号
邮政编码：100717
http://www.sciencep.com
北京盛通商印快线网络科技有限公司 印刷
科学出版社发行 各地新华书店经销
*
2019年4月第 一 版 开本：787×1092 1/16
2019年11月第二次印刷 印张：20 1/2
字数：525 000

定价：78.00元
(如有印装质量问题，我社负责调换)

前　言

数字电子技术理论和应用的飞速发展，大大推动了社会对电子信息产业人才的需求。无论学习数字电子电路技术课程的学生，还是数字电子技术领域的工程技术人员，都具有这样一个共识：数字电子技术离不开实验。数字电路是一门很注重实践的课程，它的任务是使学生获得数字电子电路技术的基本理论和基本技能，通过实验巩固和加深对基础理论知识的理解，培养学生独立分析问题和解决问题的能力，为适应日后工作打下良好的基础。

目前我国高等教育电气类学科的教学中仍然存在很多问题，例如，在课程设置和教学实践中，局部知识过深、过细、过难，缺乏整体性、前沿性、可发展性；教学内容与学生的背景知识相比显得过于陈旧，教学与实践环节脱节，知识型教学多于研究型教学；所培养的电子信息与电气科学人才还不能很好地满足社会需求。高等教育如何不断适应现代电子信息与电气技术的发展，培养合格的电子信息与电气学科人才，已成为教育改革中的热点问题之一。

本书每章都列出了实验目的、实验原理、实验内容和步骤等，力求突出重点，书中的实验例题分析有助于读者熟练掌握基本知识点，每章最后都附有一定数量的思考题，帮助学生加深对实验课程内容的理解，其中部分思考题有一定的深度，可使学生在深入掌握课程内容的基础上扩展知识，拓展思维，部分思考题综合了多个章节的内容，以锻炼学生综合运用的能力。

为满足不同专业、不同层次的实验教学要求，本书通过总结“数字电子技术”课程组的教师实验教学改革和实践的经验，从人才培养整体体系出发，以能力培养为主线，通过分层次实验，建立了一套系统的实验教学体系。实验体系内容与理论教学有机衔接，互相渗透，相辅相成，力图体现现代数字电子电路技术的基础教学与发展方向。本书重点强调基本技能训练、强调实践能力培养。

编写本书的教师多年从事数字电子电路等相关课程的教学研究，书中汇集了教师多年的教学经验。由于各地区、各学校的办学特色、培养目标和教学要求均有不同，所以对教材的理解也不尽相同，我们恳切希望大家在使用本套教材的过程中及时给我们提出批评与改进意见，以便我们做好教材的修订改版工作，使其日趋完善。

编　者

2019 年 1 月

目　　录

实验一　数的进制和半导体的基本知识及常用仪器设备的使用

1.1　实 验 目 的

(1) 熟悉 THK-880D 型数字电路实验系统的基本原理，学会使用方法。
(2) 熟悉二进制、十进制、十六进制的表述方法。
(3) 掌握二极管、三极管的工作原理及开关特性。
(4) 学习分立元件门电路逻辑功能的测试方法。

1.2　实验原理和电路

1.2.1　常用的数制

1. 十进制

十进制是人们在日常生活及生产中最熟悉、应用最广泛的计数方法。在十进制数中，每一位有 0～9 十个数码，所以计数的基数是 10。超过 9 的数必须用多位数表示，其中低位和相邻高位之间的关系是“逢十进一”，故称为十进制，常用符号 D(decimal) 表示。例如，十进制数 1548.3687 可以表示成

$$(1548.3687)_{10} = 1\times10^3 + 5\times10^2 + 4\times10^1 + 8\times10^0 + 3\times10^{-1} + 6\times10^{-2} + 8\times10^{-3} + 7\times10^{-4}$$

所以任意一个十进制数 D 均可展开为

$$D = \sum k_i \times 10^i \tag{1.1}$$

式中，k_i 是第 i 位的系数，它可以是 0～9 这十个数码中的任何一个。若整数部分的位数是 n，小数部分的位数是 m，则 i 包含 $n-1$～0 的所有正整数和-1～$-m$ 的所有负整数。

2. 二进制

二进制是数字电路和计算机中采用的一种数制，它由 0、1 两个数码组成，是以 2 为基数的计数体制，低位和相邻高位间的进位关系是“逢二进一”，故称为二进制，常用符号 B(binary) 表示。例如，二进制数 1011.101 可表示成

$$(1011.101)_2 = 1\times2^3 + 0\times2^2 + 1\times2^1 + 1\times2^0 + 1\times2^{-1} + 0\times2^{-2} + 1\times2^{-3}$$

所以任意一个二进制数均可展开为

$$B = \sum k_i \times 2^i \tag{1.2}$$

二进制由于只有两个数字符号 0 和 1，因此很容易用电路元件的状态来表示。例如，三极管的截止和饱和、继电器的接通和断开、灯泡的亮和灭、电平的高和低等，都可以将其

中一个状态定为 0，另一个状态定为 1。此外，二进制数制运算比较简单，存储和传送也十分可靠。

3. 八进制

八进制数的每一位有 0～7 八个不同的数码，计数的基数为 8。低位和相邻高位间的进位关系是“逢八进一”，故称为八进制，常用符号 O(octal) 表示。例如，八进制数 12.64 可表示成

$$(12.64)_8 = 1\times 8^1 + 2\times 8^0 + 6\times 8^{-1} + 4\times 8^{-2}$$

所以任意一个八进制数均可展开为

$$\text{O} = \sum k_i \times 8^i \tag{1.3}$$

4. 十六进制

十六进制是以 16 为基数的计数体制，共有 0、1、2、3、4、5、6、7、8、9、A(10)、B(11)、C(12)、D(13)、E(14)、F(15)16 个数码，采用“逢十六进一”计数原则进位计数。因此十六进制数的基数是 16，十六进制数常用符号 H(hexadecimal) 表示。例如，十六进制数 2A.7F 可表示成

$$(\text{2A.7F})_{16} = 2\times 16^1 + 10\times 16^0 + 7\times 16^{-1} + 15\times 16^{-2}$$

所以任意一个十六进制数均可展开为

$$\text{H} = \sum k_i \times 16^i \tag{1.4}$$

十进制、二进制、八进制、十六进制数制对照表如表 1.1 所示。

表 1.1　数制对照表

对照内容	十进制	二进制	八进制	十六进制
数字符号	0	0000	00	0
	1	0001	01	1
	2	0010	02	2
	3	0011	03	3
	4	0100	04	4
	5	0101	05	5
	6	0110	06	6
	7	0111	07	7
	8	1000	10	8
	9	1001	11	9
	10	1010	12	A
	11	1011	13	B
	12	1100	14	C
	13	1101	15	D
	14	1110	16	E
	15	1111	17	F
进位规律	逢十进一	逢二进一	逢八进一	逢十六进一
基数 R	10	2	8	16
任意整数、小数表达形式	$\text{D} = \sum k_i \times 10^i$	$\text{B} = \sum k_i \times 2^i$	$\text{O} = \sum k_i \times 8^i$	$\text{H} = \sum k_i \times 16^i$

数制之间是可以相互转换的，具体方法参考有关教材，表 1.1 中列出 15 以内应熟记的二进制、八进制、十进制、十六进制数制的表示和对应关系。

1.2.2 半导体的基本知识

1. PN 结的形成

通过一定的工艺，在同一个半导体硅片上形成两个互相接触的 P 型区和 N 型区，它们的交界面处则形成 PN 结。

P 型半导体的多数载流子是空穴，N 型半导体的多数载流子是自由电子，两者的浓度差而引起的载流子定向运动称为扩散。交界面两侧的多子扩散到对方后很快复合而消失，在交界面留下不能移动的离子，即空间电荷，这一区域称为空间电荷区(又称为耗尽层)，如图 1.1 所示。

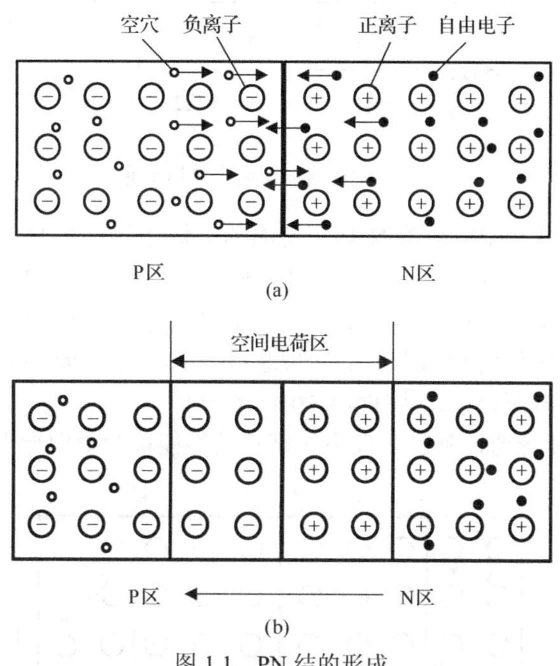

图 1.1　PN 结的形成

在电场力作用下，载流子的运动称为漂移运动。当空间电荷区形成后，在内电场作用下，少子产生漂移运动，空穴从 N 区向 P 区运动，而自由电子从 P 区向 N 区运动。在无外电场和其他激发作用下，参与扩散运动的多子数目等于参与漂移运动的少子数目，从而达到动态平衡，形成 PN 结。如图 1.1(b)所示，此时，空间电荷区具有一定的宽度，有一定的电压，电流为零。空间电荷区内，正、负电荷的电量相等，因此，当 P 区与 N 区杂质浓度相等时，负离子区与正离子区的宽度也相等，称为对称结；而当两边杂质浓度不同时，浓度高一侧的离子区宽度低于浓度低的一侧，称为不对称 PN 结；两种结的外部特性是相同的。

2. PN 结的单向导电性

如果在 PN 结的两端外加电压，就会破坏原来的平衡状态。此时，扩散电流不再等于漂移电流，因而 PN 结将有电流流过。当外加电压极性不同时，PN 结表现出截然不同的导电性能，即呈现出单向导电性。

当 PN 结的 P 区接电源正极，N 区接电源负极，外加正向电压时，也称正向接法或正向偏置，此时外电场将多数载流子推向空间电荷区，使其变窄，削弱了内电场，破坏了原来的平衡，使扩散运动加剧，漂移运动减弱，PN 结内多子扩散电流形成较大的正向电流，PN 结的导通电阻很小，称其处于导通状态，如图 1.2 所示。PN 结导通时的结压降只有零点几伏，因而应在它所在的回路中串联一个电阻，以限制回路的电流，防止 PN 结因正向电流过大而损坏。

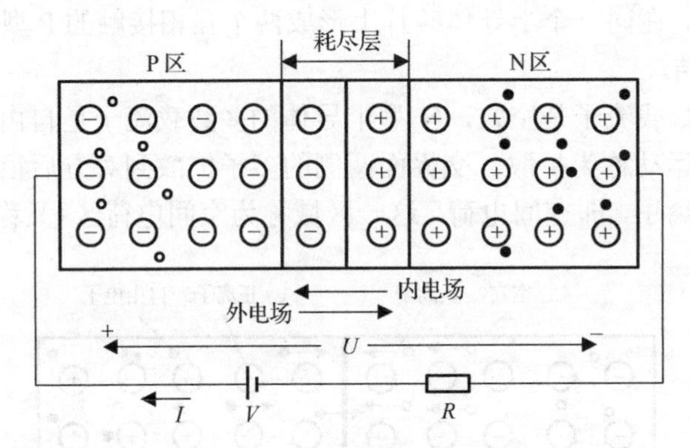

图 1.2　PN 结加正向电压时导通

相反，若电源正极接到 PN 结的 N 端，电源的负极接到 PN 结的 P 端，称为 PN 结外加反向电压，也称反向接法或反向偏置，如图 1.3 所示。此时外电场使空间电荷区变宽，加强了内电场，阻止扩散运动的进行，而加剧漂移运动的进行，形成反向电流，也称漂移电流。因为少子的数目极少，即使所有的少子都参与漂移运动，反向电流也非常小，几乎为零，所以在近似分析中可以忽略不计，认为 PN 结相当于一个非常大的电阻，称其处于截止状态。PN 结这种外加正向电压导通，外加反向电压截止的性能称为单向导电特性。

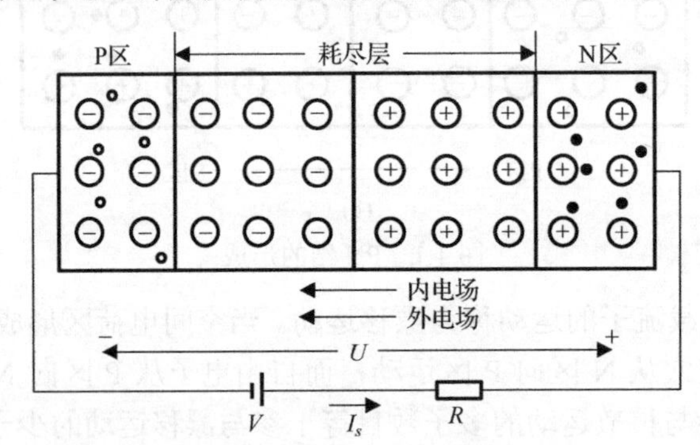

图 1.3　PN 结加反向电压时截止

1.2.3　二极管的结构、工作原理及开关特性

1. 二极管的结构和工作原理

将 PN 结用外壳封装起来，并加上电极引脚就构成了半导体二极管，简称二极管。由 P 区引出的电极为阳极，由 N 区引出的电极为阴极。

与 PN 结一样，二极管具有单向导电性。但是，由于二极管存在半导体电阻和引脚电阻，所以当外加正向电压时，在电流相同的情况下，二极管的端电压大于 PN 结上的压降，或者说，在外加正向电压相同的情况下，二极管的正向电流要小于 PN 结的电流，在大电流情况下，这种影响更为明显。另外，由于二极管表面漏电流的存在，外加反向电压时，反向电流更大。

2. 二极管的开关特性

二极管的主要特性就是单向导电性。图 1.4 是数字电路中常用的硅二极管伏安特性曲线。由图 1.4 可见，当加在二极管上的正向电压 V_D 大于死区电压 V_0 时，二极管开始导通，此后电流 I_D 随着 V_D 的增加而急剧增加。当 V_D 小于 V_0 时，I_D 已经很小，而且基本不变。因此，我们常在实际应用时，把二极管当作一个理想的开关元件，即 $V_D \geq 0.7V$ 时，二极管导通；当 $V_D < 0.7V$ 时，二极管截止。

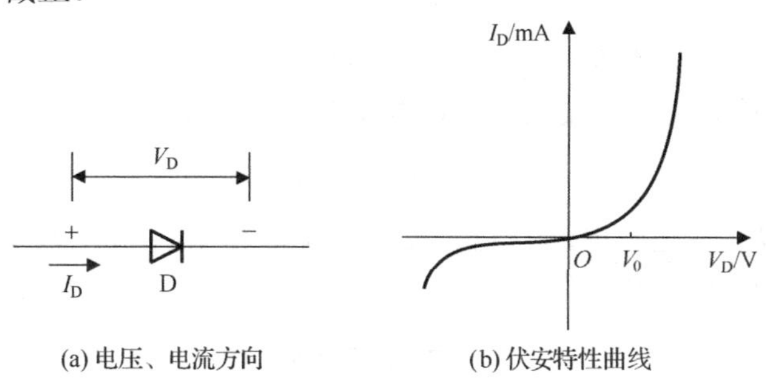

图 1.4　二极管特性

1.2.4　三极管的结构、工作原理及开关特性

1. 三极管的结构和工作原理

晶体三极管中有两种带有不同极性电荷的载流子参与导电，故称为双极型晶体管(bipolar junction transistor，BJT)，又称为导体三极管，以下简称三极管。

根据不同的掺杂方式在同一个硅片上制造出三个掺杂区域，并形成两个 PN 结，就构成了三极管。采用平面工艺制成的 NPN 型硅材料三极管的结构如图 1.5(a)所示。NPN 三极管由三个区(发射区、基区和集电区)、两个结(发射结、集电结)、三个引出电极(发射极、基极和集电极)组成。它的内部结构有以下特征。

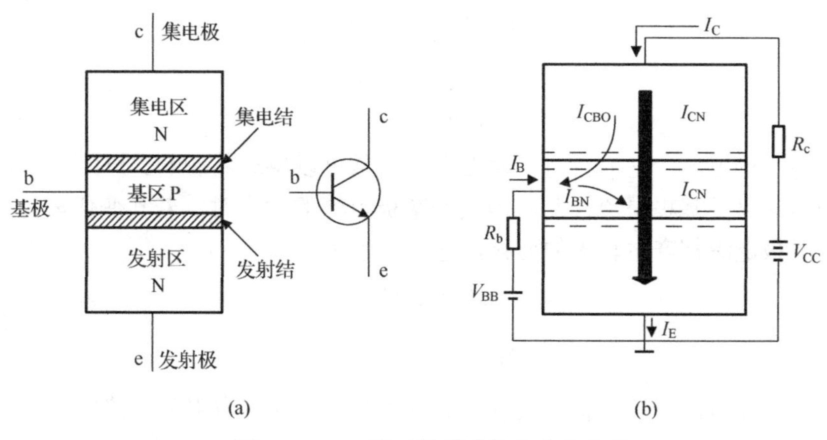

图 1.5　NPN 型三极管结构和电流分配

(1) 发射区掺杂浓度高，因而多数载流子的浓度很高。

(2) 基区做得很薄，通常只有几微米到几十微米，而且掺杂浓度很低，因此多子浓度很低。

(3) 集电区掺杂浓度也较低，它的多子浓度低于发射区，所以集电极和发射极不能互换使用。

要使三极管正常工作在放大状态，三个电极间必须外加合适的电源电压。

(1) 发射结外加正向电压，又称正向偏置，且 $U_{BE}>0.5V$。

(2) 集电结外加反向电压，又称反向偏置，且 $U_{BC}<0V$。

图 1.5(b) 是三极管外加合适的电源电压后，各极电流分配示意图。

(1) 发射极电流 I_E。发射区向基区发射自由电子，形成发射极电流 I_E，其中大部分被集电区收集，形成集电极收集电流 I_{CN}，少部分在基区形成基极复合电流 I_{BN}，故

$$I_E = I_{CN} + I_{BN} \tag{1.5}$$

(2) 基极电流 I_B。基极电流 I_B 包含基极复合电流 I_{BN} 和集电区少子漂移到基区形成的基极反向饱和电流 I_{CBO}。前者由基极流入，后者由基极流出，故

$$I_B = I_{BN} - I_{CBO} \tag{1.6}$$

(3) 集电极电流 I_C。集电极电流 I_C 包含集电极收集电流 I_{CN} 和基极反向饱和电流 I_{CBO}，两者方向都是由集电极流入，故

$$I_C = I_{CN} + I_{CBO} \tag{1.7}$$

(4) 共发射极电流放大系数 β。三极管制成后，只要工作在放大状态，它的集电极收集电流和基极复合电流的比值是一个常数，即

$$\beta = \frac{I_{CN}}{I_{BN}} \tag{1.8}$$

而且 β 值为几十至几百。

从上述公式可以得到下面的重要关系式：

$$I_{CEO} = (1+\beta)I_{CBO} \tag{1.9}$$

$$\begin{aligned} I_C &= \beta I_B + (1+\beta)I_{CBO} \\ &= \beta I_B + I_{CEO} \\ &\approx \beta I_B \end{aligned} \tag{1.10}$$

$$\begin{aligned} I_E &= (1+\beta)I_B + (1+\beta)I_{CBO} \\ &= (1+\beta)I_B + I_{CEO} \\ &\approx (1+\beta)I_B \end{aligned} \tag{1.11}$$

式中，I_{CEO} 称为穿透电流。它的数值一般很小，通常可以忽略其影响。这时，三极管集电极电流和发射极电流只受基极电流控制。当改变基极电流的大小时，若其变化量为 ΔI_B，则集电极电流和发射极电流都产生较大的变化，它们分别为

$$\Delta I_C = \beta \Delta I_B \tag{1.12}$$

$$\Delta I_E = (1+\beta)\Delta I_B \tag{1.13}$$

因为 β 远远大于 1，所以三极管具有电流放大作用。在共发射极电路中，一般它还具有电压放大作用。

图 1.6 是硅三极管共发射极的输出特性曲线。三极管的输出特性曲线描述基极电流 I_B 为一个常量时，集电极总电流 i_C 与管压降 u_{CE} 之间的函数关系，即

$$i_C = f(u_{CE})\Big|_{I_B=常数} \tag{1.14}$$

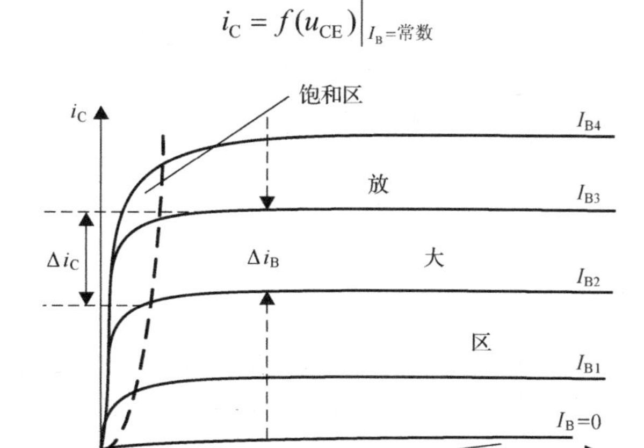

图 1.6　三极管的输出特性曲线

对于每一个确定的 I_B，都有一条曲线，所以输出特性曲线是一簇曲线。对于某一条曲线，当 u_{CE} 从零逐渐增大时，集电结电场随之增强，收集基区非平衡少子的能力逐渐增强，因而 i_C 也就逐渐增大。而当 u_{CE} 增大到一定数值时，集电结电场足以将基区非平衡少子的绝大部分收集到集电区来，u_{CE} 再增大，收集能力已不能明显提高，表现为曲线几乎平行于横轴，即 i_C 几乎仅仅决定于 i_B。

从输出特性曲线可以看出，三极管有三个工作区域。

(1) 截止区：其特征是发射结电压小于开启电压且集电结反向偏置。对于共射电路，$u_{BE} \leqslant U_{on}$ 且 $u_{CE} > u_{BE}$。此时 I_B=0，而 $i_C \leqslant I_{CEO}$。小功率硅管的 I_{CEO} 在 1μA 以下，锗管的 I_{CEO} 小于几十微安。因此在近似分析中可以认为三极管截止时的 $i_C \approx 0$。

(2) 放大区：其特征是发射结正向偏置(u_{BE} 大于发射结开启电压 U_{on})且集电结反向偏置。对于共射电路，$u_{BE} > U_{on}$ 且 $u_{CE} \geqslant u_{BE}$。此时，i_C 几乎仅仅决定于 i_B，而与 u_{CE} 无关，表现出 i_B 对 i_C 的控制作用，$I_C \approx \beta I_B$，$\Delta i_C \approx \beta \Delta i_B$。在理想情况下，当 I_B 按等差变化时，输出特性是一簇平行于横轴的等距离线。

(3) 饱和区：其特征是发射结与集电结均处于正向偏置。对于共射电路，$u_{BE} > U_{on}$ 且 $u_{CE} < u_{BE}$。此时 i_C 不仅与 i_B 有关，而且明显随 u_{CE} 增大而增大。在实际电路中，若三极管的 u_{BE} 增大时，i_B 随之增大，但 i_C 增大不多或基本不变，则说明三极管进入饱和区。对于小功率管，可以认为当 $u_{CE} = u_{BE}$，即 u_{CB}=0V 时，三极管处于临界状态，即临界饱和或临界放大状态。

2. 三极管的开关特性

三极管是数字电路中最基本的开关元件，多数工作在饱和导通或截止这两种工作状态下，并在这两种工作状态之间进行快速转换。在图 1.7 所示的电路中，当输入端加电压 V_I=0V 时，三极管截止；当 V_I 变化到+3V 时，三极管饱和导通。

通常我们把三极管的基极电流 I_B 大于临界饱和值时的数值 I_{BS} 称为饱和导通条件，而把基极电压 V_{BE} 小于 0.5V 作为三极管截止的条件。

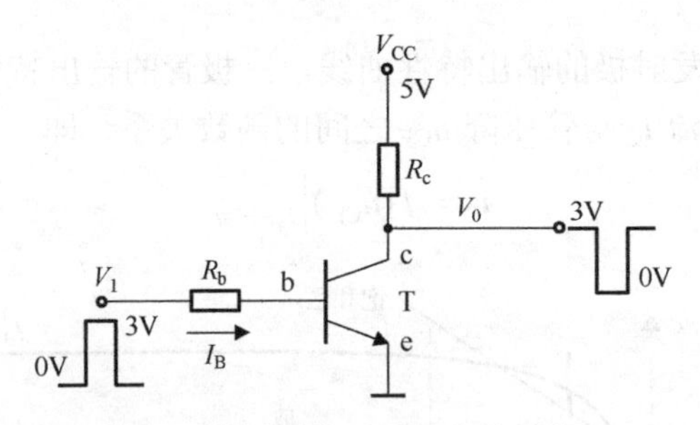

图 1.7　三极管工作状态的转化

1.2.5　分立元件门电路

在数字电路中，门电路大多是集成的，只有少量的(或大功率电路中)用到分立元件门电路。这些分立元件门电路就是由二极管、三极管及电阻等组成的。相关电路见 1.3 节有关实验电路。

1.3　实验内容和步骤

1.3.1　二进制的认识实验

将 THK-880D 实验系统上的四只逻辑开关分别接四只发光二极管(LED)，如图 1.8 所示。

分别拨动逻辑开关 K_1、K_2、K_3、K_4 为表 1.1 中十六种二进制状态，通过 LED 显示，熟记它们所对应的八进制、十进制、十六进制所表示的数。

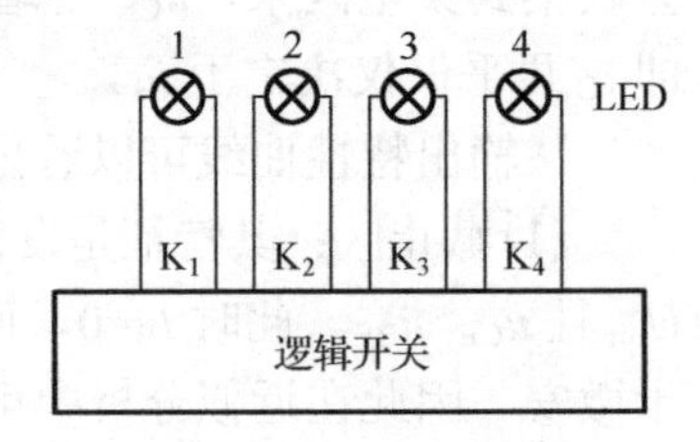

图 1.8　二进制数制实验接线图

1.3.2　二极管开关特性测试

(1) 按图 1.9(a) 接线，输入 V_I 接逻辑开关 K，输出 V_O 接 LED，电阻一端接二极管 D 的负极，一端接实验系统地。

(2) 接通实验系统电源(5V)，拨动逻辑开关，使之输入逻辑 1(>3V)或逻辑 0(0V)电平，用万用表测量电压 V_D 和 V_O，并分别填入表 1.2 中。

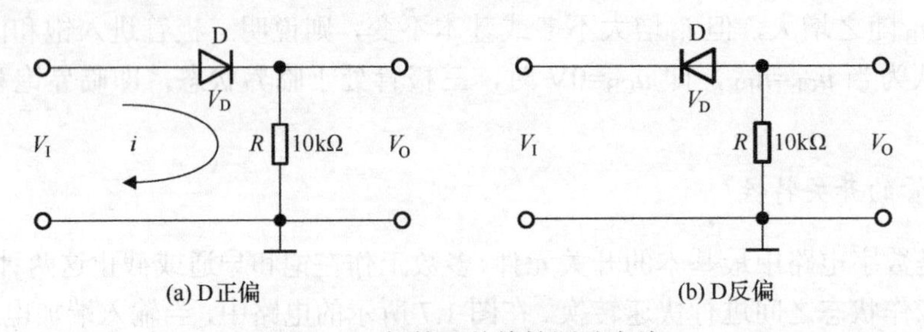

图 1.9　二极管开关特性测试电路

(3) 改变二极管的方向，按图 1.9(b) 接线，重复第(2)步。

表 1.2　二极管开关特性记录表

二极管的状态	V_I/V	V_D/V	V_O/V
正偏	逻辑 1		
	逻辑 0		
反偏	逻辑 1		
	逻辑 0		

1.3.3　三极管开关特性测试

(1) 按图 1.10 所示在实验系统上接好线，其中 R_c=3kΩ，R_b=2kΩ，V_{CC}=5V，输入端 V_I 接逻辑开关(若自选参数，则要求输入分别为高、低电平时，T 分别能可靠地饱和、截止)。

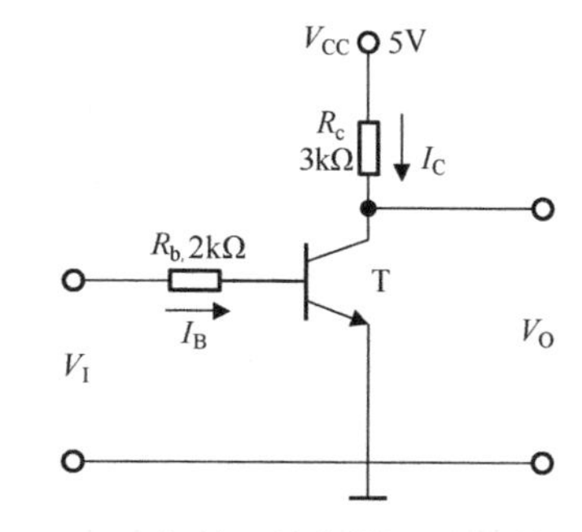

图 1.10　三极管开关特性测试实验电路图

(2) 接通实验系统电源，拨动逻辑开关，在输入端分别加高(逻辑 1)或低(逻辑 0)电平时，按表 1.3 要求测量和记录有关电压、电流值。测量电流时，断开电路，将万用表串入电路中。

(3) 将 V_O 接实验台上的 LED，拨动逻辑开关，观察输入与输出的逻辑关系。

表 1.3　三极管开关特性记录表

V_I/V	I_B/mA	I_C/mA	V_B	V_O	三极管的状态

(4) 用双踪示波器观察输入、输出信号的相位关系。

按图 1.10 把输入端 V_I 改接到实验系统连续脉冲输出端(频率调制 1kHz 左右)，同时接双踪示波器 Y_A；电路输出端 V_O 接示波器 Y_B 输入，示波器显示方式置为“交替”，适当调节“电平”和“扫描速度”旋钮，观察输入、输出信号的相位关系。

1.3.4　分立元件门电路逻辑功能测试

1. 与门逻辑功能测试

(1) 在实验系统上，按图 1.11 所示的电路连线。

(2) 输入端 A、B 接逻辑开关，输出端接发光二极管和万用表，按表 1.4 要求测试并记录输出端逻辑状态，写出 Y 的逻辑表达式。

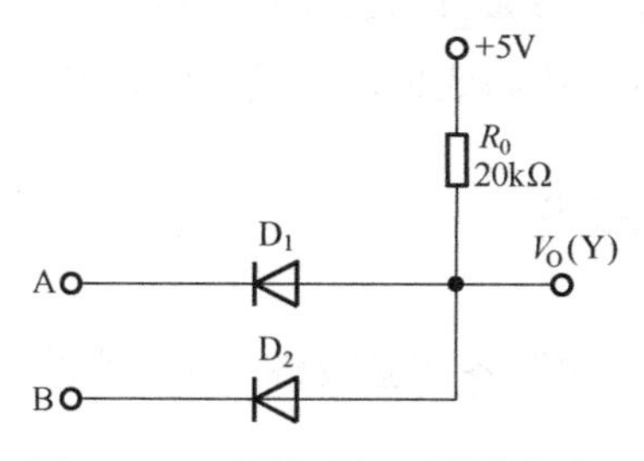

图 1.11　二极管“与”逻辑电路

表 1.4　“与”逻辑功能状态表

A	B	V_O/V	Y 状态
0	0		
0	1		
1	0		
1	1		

2. 或门逻辑功能测试

(1) 在实验系统上，按图 1.12 所示的电路连线。

(2) 输入端 A、B 接逻辑开关，输出端接发光二极管和万用表，按表 1.5 要求测试并记录输出端逻辑状态，写出 Y 的逻辑表达式。

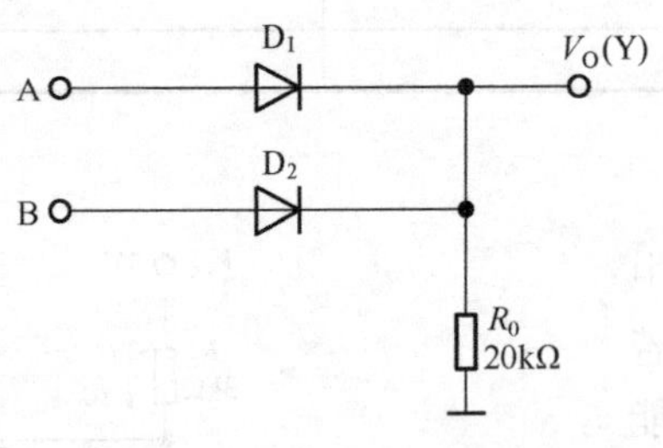

图 1.12　二极管“或”逻辑电路

表 1.5 “或”逻辑功能状态表

A	B	V_O/V	Y 状态
0	0		
0	1		
1	0		
1	1		

1.4 实验器材

(1) THK-880D 型数字电路实验系统。

(2) 直流稳压电源。

(3) 双踪示波器。

(4) 万用表。

(5) 元器件：3DG6 (9011)，1N4001，2kΩ、3kΩ、10kΩ、20kΩ、100kΩ 电阻。

1.5 复习要求与思考题

1.5.1 复习要求

(1) 复习二进制、八进制、十进制、十六进制的基本概念。

(2) 复习二极管、三极管的工作原理及开关特性。

(3) 复习“与”“或”“非”等逻辑功能的意义。

(4) 学习 THK-880D 型数字电路实验系统的基本工作原理和使用说明。

(5) 熟悉双踪示波器、万用表、直流稳压电源等的作用和使用方法。

1.5.2 思考题

(1) 简述半导体二极管、三极管的工作原理及开关特性各自的条件与特点。

(2) 分析分立元件与门、或门中，若输入有一个分别接高或地，对输出的影响。

1.6 实验报告要求

画出实验测试电路的各个电路连接示意图，按要求填写各实验表格，整理实验数据，分析实验结果，与理论值比较是否相符。

实验二　TTL 门电路及其应用

2.1　实 验 目 的

(1) 掌握各种门电路的逻辑符号和集成电路的引脚排列及其使用方法。

(2) 熟悉各种 TTL 门电路的逻辑功能及其特点，掌握测试方法。

(3) 熟悉 OC 门、三态门及其应用。

2.2　实验原理和电路

集成逻辑门电路是最简单、最基本的数字集成元件。任何复杂的组合电路和时序电路都可用逻辑门通过适当的组合连接而成。目前已有门类齐全的集成门电路，例如，“与门”“或门”“非门”“与非门”等。虽然中、大规模集成电路相继问世，但组成某一系统时，仍少不了各种门电路。因此，掌握逻辑门的工作原理，熟练、灵活地使用逻辑门是数字技术工作者所必备的基本功之一。

2.2.1　TTL 门电路

1. *TTL 门电路原理和使用规则*

TTL 门电路是晶体管-晶体管逻辑(transistor-transistor-logic)电路的英文缩写，TTL 门电路是数字集成电路的一大门类。BJT 是用在所有的 TTL 门电路中的活动元素。图 2.1 所示是一个 NPN 型 BJT 的符号，它带有三个端：基极、发射极和集电极。BJT 有两个结点：基极-发射极结点和基极-集电极结点。

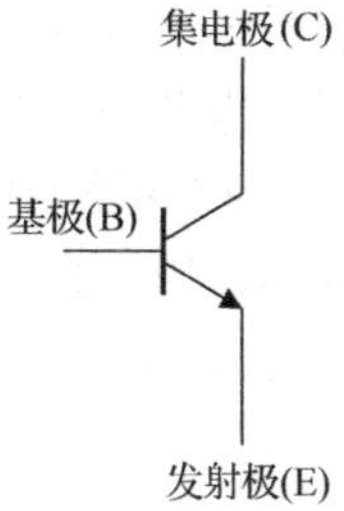

集电极(C)

基极(B)

发射极(E)

图 2.1　BJT 的符号表示

基本的切换操作如下：当基极电压高于发射极电压大约 0.7V，并且向基极提供了足够的电流时，晶体管就会打开，并进入饱和状态。在饱和状态下，晶体管在理想情况下扮演了集电极和发射极之间的一个闭合开关的角色，如图 2.2 所示。用通用的术语总结，就是基极上的高电平打开了晶体管，并使其成为一个闭合开关；基极上的低电平关闭了晶体管，并使其成为一个打开的开关。

TTL 集成门电路由于工作速度高、输出幅度较大、种类多、不易损坏而使用较广，特别是学生进行实验论证时，选用 TTL 门电路比较合适。因此，本书大多采用 74LS(或 74)系列 TTL 集成门电路。它的工作电源电压为 5V±0.5V，逻辑高电平 1 时≥2.4V，低电平 0 时≤0.4V。

图 2.3 所示是 TTL 门电路的输入等效电路和输出等效电路(OC 门除外)，熟悉此等效电路对于 TTL 门电路的正确使用是非常有用的。TTL 门电路在使用中应注意以下几个方面。

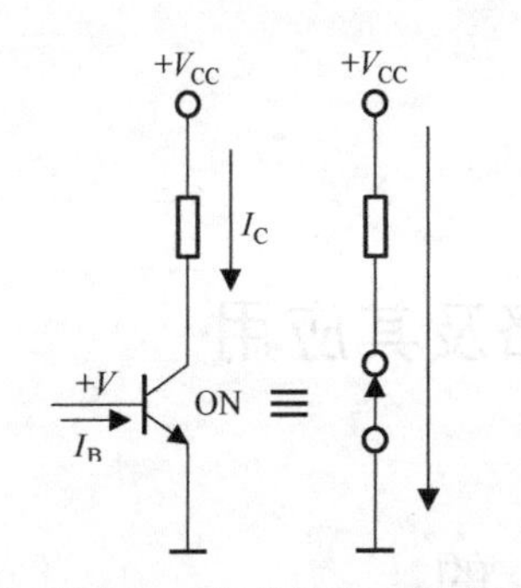

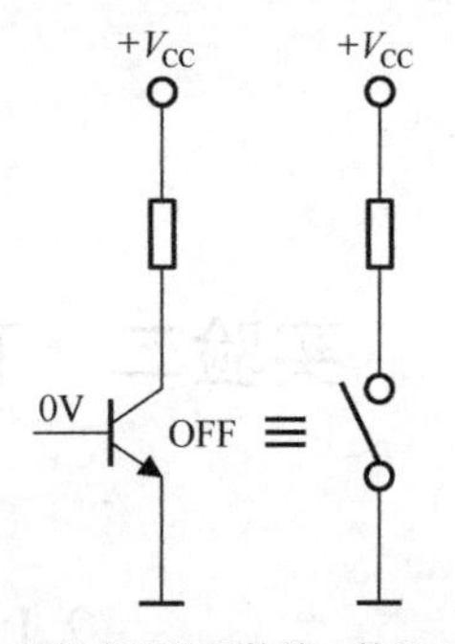

(a) 饱和状态(ON)下的晶体管，等价于理想开关　　(b) OFF状态下的晶体管，等价于理想的开关

图 2.2　BJT 的理想开关操作

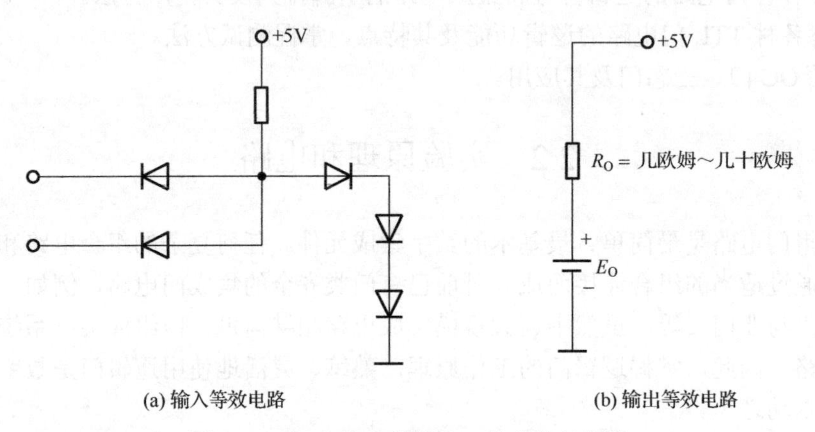

(a) 输入等效电路　　(b) 输出等效电路

图 2.3　TTL 门电路的输入、输出等效电路

1) 电源

(1) 典型电源电压为 V_{CC}=+(5±5%) V (74 系列)。

数字电路系统在工作时存在尖峰电流，因此要求供给系统的电源内阻(阻抗)尽可能小，以减小电源波动(或干扰)对系统稳定性的影响。通常，数字系统要求对电源进行去耦处理。可在系统电源的进入端(即系统电源进入数字电路系统的端口)接入容量不小于 10μF 的电容，以减小电源的低频波动(包括电源本身的波动和电路系统对电源施加影响所产生的波动)。同时，还应在系统中每个集成电路的电源进入端(尽量靠近集成电路的引脚)接一个 0.01～0.1μF 的电容，用来抑制电源的高频噪声。

(2) 数字逻辑电路的电源应与强电控制电路(包括其电源)相隔离，避免强电控制电路的干扰。

2) 输入端

(1) 输入端不能直接与高于+5.5V 和低于−0.5V 的低内阻电源连接，否则将损坏芯片。

(2) 由 TTL 电路的输入等效电路可知：输入端悬空等效于接“1”电平。但在 TTL 时序电路或在数字系统中，不用的输入端悬空容易引入干扰，降低电路的可靠性，故不用的输入端可以接地或接某一固定电压 v，+2.4V<v<+5V。

(3) 如果在输入端对地接入电阻 R，其电阻值的大小直接影响输入 v_1 的逻辑电平值，且因器件类别不同而不同。

3) 输出端

(1) 由 TTL 门电路的输出等效电路可知：除 OC 门和三态门以外，TTL 门电路的输出端不允许并联使用，否则不但会使电路逻辑混乱，而且可能导致电路损坏。

(2) 输出端不允许直接接到+5V 电源或地线，否则会损坏电路。但可以通过电阻与电源或地线相连。

输出端通过电阻(上拉电阻)接到电源或通过电阻(下拉电阻)接到地线，这在数字电路系统中很常见。这样做的目的通常有二：其一，提高输出端的电流输出能力；其二，减小输出端的阻抗，以抑制干扰(主要是指高频)的引入。这样可以大大提高某些场合(如高速通信的场合或存在长引线和高输入电阻电路的场合)中整个电路系统的可靠性。

2. TTL 基本逻辑门电路

图 2.4 所示为二输入“与门”、二输入“或门”、二输入四输入“与非门”和反相器的逻辑符号图。它们的型号分别是 74LS08 二输入端四“与门”、74LS32 二输入端四“或门”、74LS00 二输入端四“与非门”、74LS20 四输入端二“与非门”和 74LS04 六反相器(“反相器”即“非门”)。各自的逻辑表达式分别为：与门 $Q = A \cdot B$，或门 $Q = A + B$，与非门 $Q = \overline{A \cdot B}$，$Q = \overline{A \cdot B \cdot C \cdot D}$，反相器 $Q = \overline{A}$。

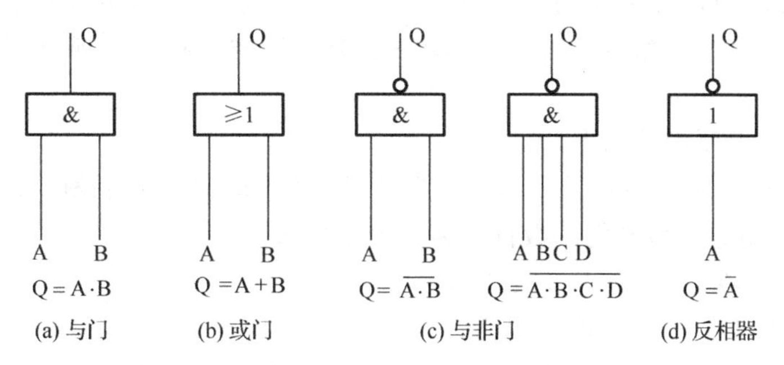

图 2.4　TTL 基本逻辑门电路

TTL 集成门电路引脚分别对应逻辑符号图中的输入、输出端。电源和地一般为集成块的两端，如 14 脚集成电路，则 7 脚为电源地(GND)，14 脚为电源正(V_{CC})，其余引脚为输入和输出，如图 2.5 所示。

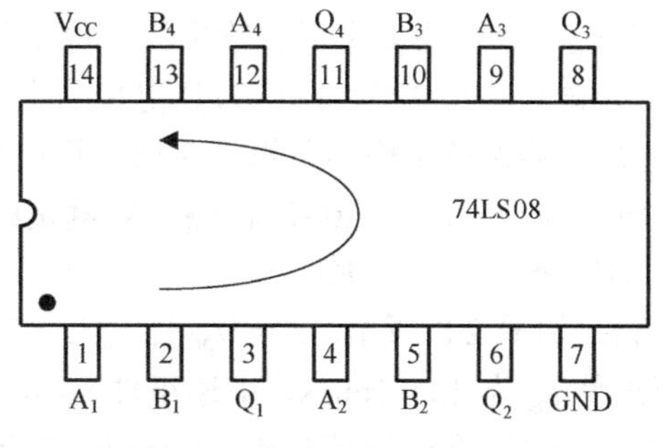

图 2.5　集成电路引脚排列

引脚的识别方法是：将集成块正面对准使用者，以凹口左边或小标志点“·”为起始脚 1，逆时针方向向前数 1,2,…,*n* 脚。使用时，查找集成电路(integrated circuit，IC)手册即可知各引脚功能。

2.2.2 常见 74LS 系列集成电路芯片

1. 74LS00

74LS00 是一个二输入端四与非门集成电路芯片，引脚排列如图 2.6 所示。

表 2.1 为 74LS00 集成电路芯片功能表。

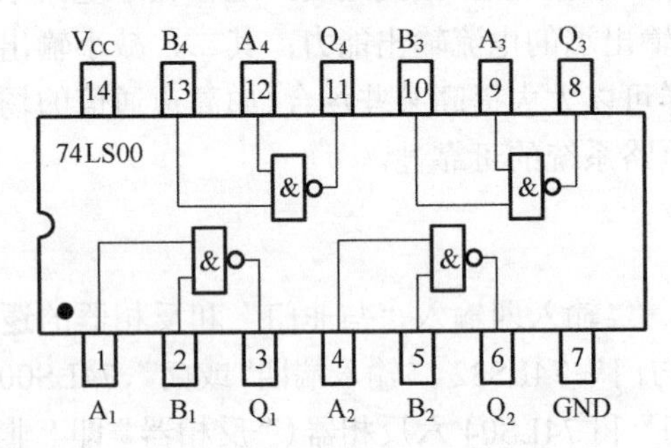

图 2.6 74LS00 集成电路芯片引脚排列图

表 2.1 74LS00 集成电路芯片功能表

输入		输出
A	B	Q
0	0	1
0	1	1
1	0	1
1	1	0

74LS 系列芯片通常参数按时间特性分为两种：静态参数和动态参数。静态参数指电路处于稳定的逻辑状态下测得的参数，而动态参数则指逻辑状态转换过程中与时间有关的参数。

74LS00 芯片的主要参数如下。

(1) 扇入系数 N_i 和扇出系数 N_o：能使电路正常工作的输入端数目称为扇入系数 N_i，电路正常工作时，能带动的同型号门的数目称为扇出系数 N_o。

(2) 输出高电平 V_{OH}：一般 $V_{OH} \geqslant 2.4V$。

(3) 输出低电平 V_{OL}：一般 $V_{OL} \leqslant 0.4V$。

(4) 电压传输特性曲线、开门电平 V_{on} 和关门电平 V_{off}：图 2.7 所示的 V_i-V_o 关系曲线称为电压传输特性曲线。使输出电压 V_o 刚刚达到低电平 V_{OL} 时的最低输入电压称为开门电平 V_{on}。使输出电压 V_o 刚刚达到高电平 V_{OH} 时的最高输入电压 V_i 称为关门电平 V_{off}。

(5) 输入短路电流 I_{IS}：一个输入端接地，其他输入端悬空时，流过该接地输入端的电流为输入短路电流 I_{IS}。

(6) 空载导通功耗 P_{on}：指输入全部为高电平、输出为低电平且不带负载时的功率损耗。

(7) 空载截止功耗 P_{off}：指输入有低电平、输出为高电平且不带负载时的功率损耗。

(8) 抗干扰噪声容限：电路能够保持正确的逻辑关系所允许的最大干扰电压值，称为噪声电压容限。其中输入低电平时的噪声容限为 $\Delta 0 = V_{off} - V_{IL}$（$V_{IL}$ 就是前级的 V_{OL}），而输入高电平时的噪声容限为 $\Delta 1 = V_{IH} - V_{on}$（$V_{IH}$ 就是前级的 V_{OH}）。

(9) 平均传输延迟时间 t_{pd}：如图 2.8 所示，$t_{pd} = (t_{pdl} + t_{pdh})/2$，它是衡量开关电路速度的重要指标。一般情况下，低速组件 t_{pd} 为 40～160ns，中速组件 t_{pd} 为 15～40ns，高速组件为 8～15ns，超高速组件 t_{pd} 小于 8ns。t_{pd} 的近似计算方法：$t_{pd} = T/6$，T 为用三个门电路组成振荡器的周期。

(10) 输入漏电流 $I_{r\sigma}$：指一个输入端接高电平，另一输入端接地时，流过高电平输入端的电流。

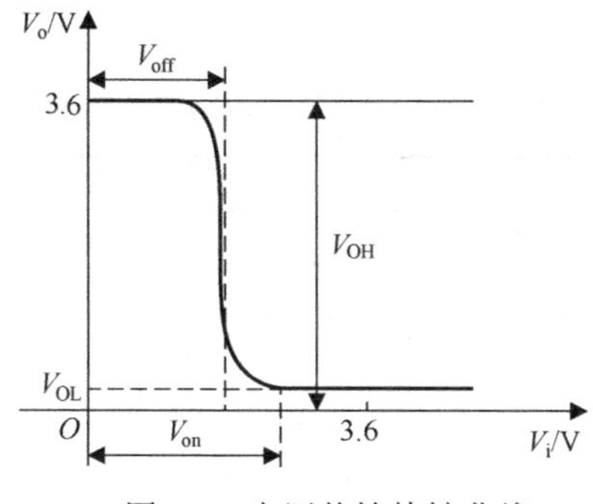

图 2.7　电压传输特性曲线

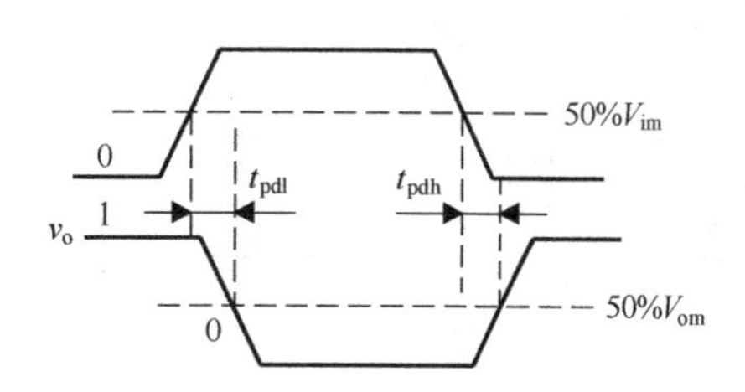

图 2.8　平均传输延迟时间 t_{pd}

2. 74LS04

74LS04 是一个六反相器集成电路芯片，引脚排列如图 2.9 所示。

74LS04 带有 6 个非门芯片，也就是有 6 个反相器，它的输出信号与输入信号相位相反，6 个反相器共用电源端和接地端，其他都是独立的。

反相器可以将输入信号的相位翻转 180°，这种电路经常应用在音频放大、时钟振荡器等电路中。

表 2.2 为 74LS04 集成电路芯片功能表。

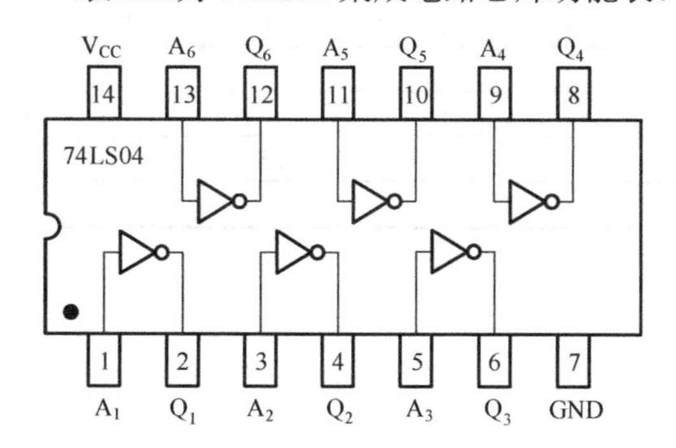

图 2.9　74LS04 集成电路芯片引脚排列图

表 2.2　74LS04 集成电路芯片功能表

输入	输出
A	Q
0	1
1	0

74LS04 芯片的主要参数如下。

(1) 输出高电平 V_{OH}：一般 $V_{OH} \geqslant 2.4V$。

(2) 输出低电平 V_{OL}：一般 $V_{OL} \leqslant 0.4V$。

由于本书只对 74LS00 芯片做参数测试实验，其他 74LS 系列芯片只做逻辑功能实验，故对其他芯片不再列出详细参数，有关内容可自行查看 IC 手册。

3. 74LS08

74LS08 是一个二输入端四与门集成电路芯片，引脚排列如图 2.10 所示。

表 2.3 为 74LS08 集成电路芯片功能表。

74LS08 芯片的主要参数如下。

(1) 输出高电平 V_{OH}：一般 $V_{OH} \geqslant 2.4V$。

(2) 输出低电平 V_{OL}：一般 $V_{OL} \leqslant 0.4V$。

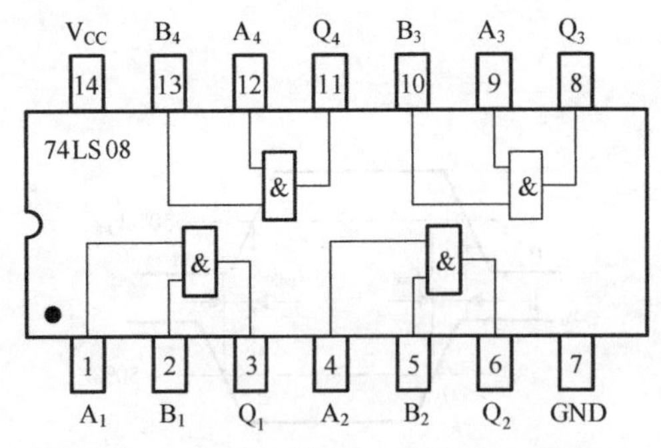

图 2.10　74LS08 集成电路芯片引脚排列图

表 2.3　74LS08 集成电路芯片功能表

输入		输出
A	B	Q
0	0	0
0	1	0
1	0	0
1	1	1

4. 74LS20

74LS20 是一个四输入端二与非门集成电路芯片，引脚排列如图 2.11 所示。表 2.4 为 74LS20 集成电路芯片功能表。

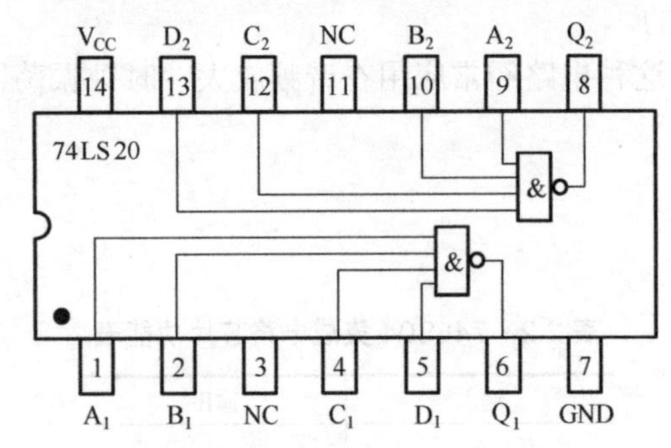

图 2.11　74LS20 集成电路芯片引脚排列图

表 2.4　74LS20 集成电路芯片功能表

输入				输出
A	B	C	D	Q
×	×	×	0	1
×	×	0	×	1
×	0	×	×	1
0	×	×	×	1
1	1	1	1	0

74LS20 芯片的主要参数如下。

(1) 输出高电平 V_{OH}：一般 $V_{OH} \geqslant 2.4V$。

(2) 输出低电平 V_{OL}：一般 $V_{OL} \leqslant 0.4V$。

5. 74LS32

74LS32 是一个二输入端四或门集成电路芯片，引脚排列如图 2.12 所示。表 2.5 为 74LS32 集成电路芯片功能表。

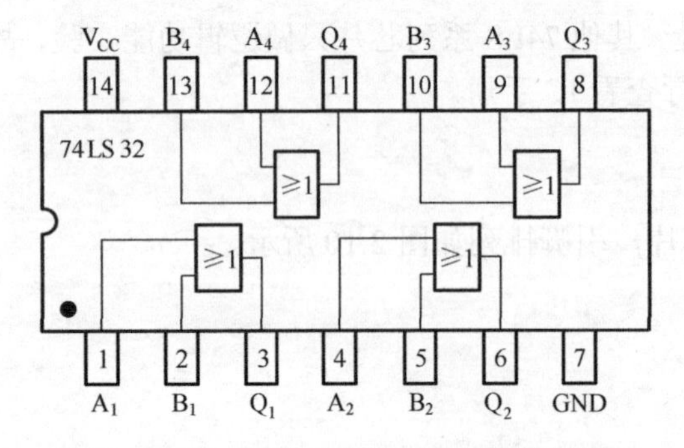

图 2.12　74LS32 集成电路芯片引脚排列图

表 2.5　74LS32 集成电路芯片功能表

输入		输出
A	B	Q
0	0	0
0	1	1
1	0	1
1	1	1

74LS32 芯片的主要参数如下。

(1) 输出高电平 V_{OH}：一般 $V_{OH} \geq 2.4V$。

(2) 输出低电平 V_{OL}：一般 $V_{OL} \leq 0.4V$。

2.2.3 OC 门和三态门

OC 门即集电极开路门。三态门即除了正常的高电平 1 和低电平 0 两种状态外，还有第三种状态输出——高阻态。OC 门和三态门均是两种特殊的 TTL 门电路，若干个 OC 门的输出可以并接在一起，三态门同样。而一般的普通 TTL 门电路，由于它的输出电阻太低，所以它们的输出不能并联在一起，构成“线与”。

1. OC 门

集电极开路“与非”门的逻辑符号如图 2.13 所示，由于输出端内部电路——输出管的集电极是开路，所以工作时需要外接负载电阻 R_L。两个“与非”门(OC)输出端相连时，其输出为 $Q = \overline{AB + CD}$。即把两个 OC“与非”门的输出相与(称“线与”)，完成“与或非”的逻辑功能，如图 2.14 所示。

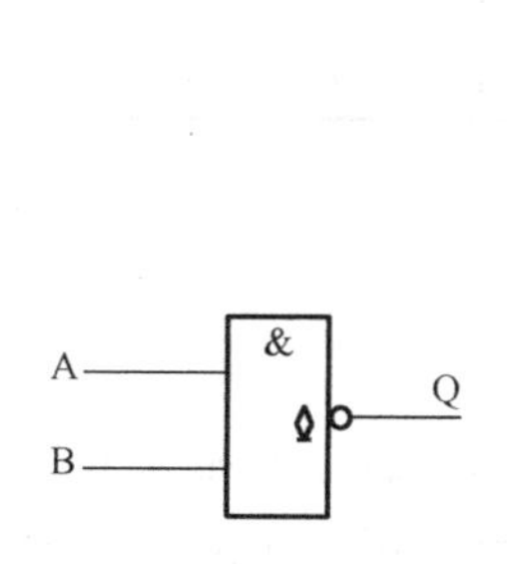

图 2.13　OC 与非门逻辑符号

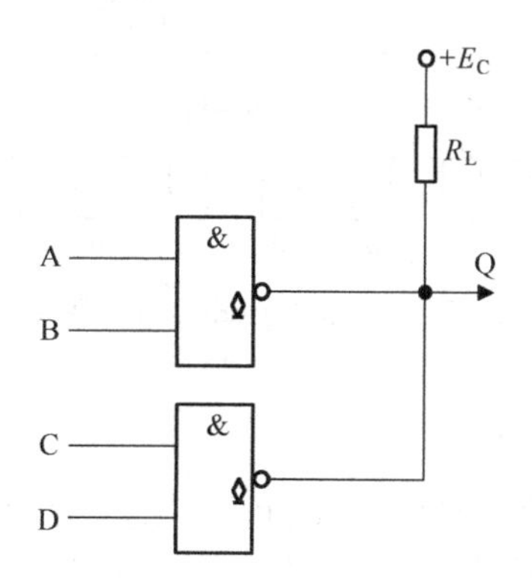

图 2.14　OC 与非门“线与”应用

R_L 的计算方法可通过图 2.15 来说明。如果 n 个 OC 门“线与”驱动 N 个 TTL“与非”门，则负载电阻 R_L 可以根据“线与”的“与非”门(OC)数目 n 和负载门的数目 N 来进行选择。

为保证输出电平符合逻辑关系，R_L 的数值范围为

$$R_{Lmax} = \frac{E_C - V_{OH}}{nI_{OH} + mI_{IH}} \tag{2.1}$$

$$R_{Lmin} = \frac{E_C - V_{OL}}{I_{LM} - NI_{IL}} \tag{2.2}$$

式中，I_{OH} 为 OC 门输出管的截止漏电流；I_{LM} 为 OC 门输出管允许的最大负载电流；I_{IL} 为负载门的低电平输入电流；E_C 为负载电阻 R_L 所接的外接电源电压；I_{IH} 为负载门的高电平输入电流；n 为“线与”输出的 OC 门的个数；N 为负载门的个数；m 为接入电路的负载门输入端个数。

R_L 值会影响输出波形的边沿时间，在工作速度较高时，R_L 的值应尽量小，接近 R_{Lmin}。

OC 门的应用主要有三个：①组成“线与”电路，完成某些特定的逻辑功能；②组成信息通道(总线)，实现多路信息采集；③实现逻辑电平的转换，以驱动 MOS 器件、继电器、三极管等电路。

TTL 门电路中，除集电极开路“与非”门外，还有集电极开路“或”门、“或非”门等其他各种门，在此不一一叙述。

实验电路中选用 74LS01 集电极开路输出的二输入端四与非门。74LS01 引脚排列如图 2.16 所示。

表 2.6 为 74LS01 集成电路芯片功能表。

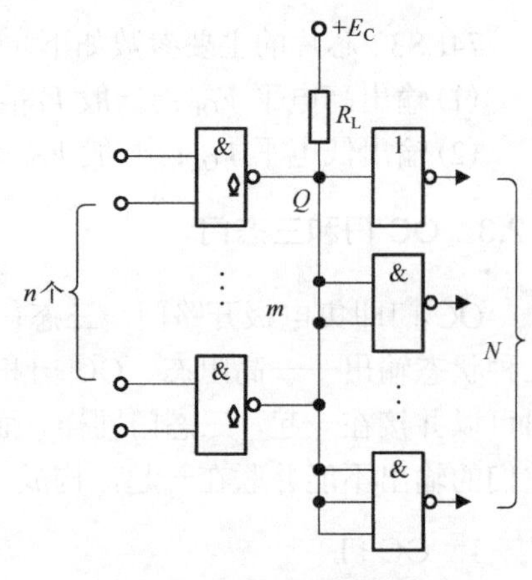

图 2.15 OC 门 R_L 值的确定

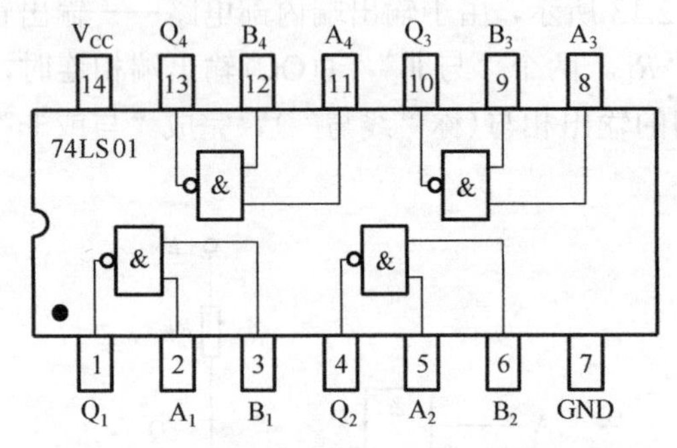

图 2.16 74LS01 集成电路芯片引脚排列图

表 2.6 74LS01 集成电路芯片功能表

输入		输出
A	B	Q
0	0	1
0	1	1
1	0	1
1	1	0

2. 三态门

三态门有三种状态：0、1、高阻态。处于高阻态时，电路与负载之间相当于开路。图 2.17(a)是三态门的逻辑符号，它有一个控制端(又称禁止端或使能端)EN，EN=1 为禁止工作状态，Q 呈高阻状态；EN=0 为正常工作状态，Q=A。

三态门电路最重要的用途是实现多路信息的采集，即用一个传输通道(或称总线)以选通的方式传送多路信号，如图 2.17(b)所示。本实验选用 74LS125 三态门电路进行实验论证。

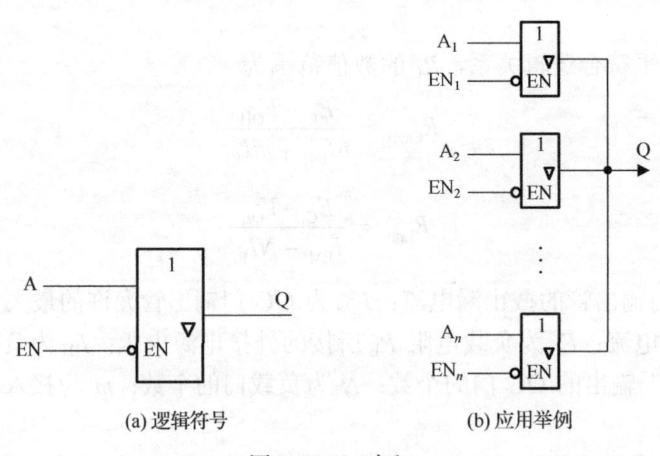

(a) 逻辑符号 (b) 应用举例

图 2.17 三态门

74LS125 集成电路芯片引脚排列图如图 2.18 所示。

表 2.7 为 74LS125 集成电路芯片功能表。

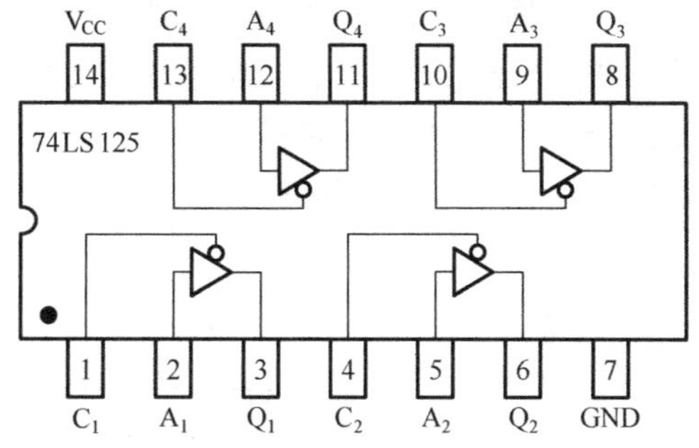

图 2.18　74LS125 集成电路芯片引脚排列图

表 2.7　74LS125 集成电路芯片功能表

输入		输出
A	C	Q
0	0	0
1	0	1
×	1	高阻态

2.3　实验内容和步骤

实验前注意事项如下。

(1) 正确选择集成电路的型号，在集成电路的引脚图中，只有在引脚标“V_{CC}”接电源+5V，引脚标“GND”接电源“接地漏”后，集成电路才能正常工作(千万不可接反，否则将毁坏集成电路)。门电路的输入端接入高电平(逻辑 1 态)或低电平(逻辑 0 态)，可由实验系统中的逻辑电平开关 K_i 提供，门电路的输出端可接逻辑电平指示 LED，由 LED 的亮或灭来判断输出是高电平还是低电平(集成电路的输出端引脚不能与逻辑开关(K)相接，更不能直接接在电源上，否则集成电路会损坏)。

(2) 用数字表逻辑挡检测 TTL 门电路的好坏：先将集成电路电源引脚 V_{CC} 和 GND 接通电源，其他引脚悬空，数字表的黑表笔接到电源“接地漏”上，红表笔测门电路的输入端，数字表逻辑显示应为 1 态，如显示为 0 态则说明 TTL 门电路输入端内部击穿，门电路坏了，此门电路不能再使用；红表笔测门电路的输出端，输出应符合逻辑门的逻辑关系。例如，与非门(74LS00)，两输入端悬空都为逻辑 1，输出应符合逻辑与非的关系，测量应为逻辑 0 态，如果逻辑关系不对，可判断门电路坏了。

(3) 用数字表测试时应注意表笔必须与被测门电路的引脚直接相接触，以免实验系统接触不良而造成错误判断。

(4) TTL 门电路输入负载特性：当门电路需要在输入端与地之间接入电阻 R_i 时，因为有输入电流流过 R_i，会使输入低电平 V_i 提高，从而削弱了电路的抗干扰能力，当 R_i 增大到某一值时 V_i 会变为高电平，从而使逻辑状态发生改变。

2.3.1　TTL 门电路逻辑功能验证

1. 74LS08 逻辑功能验证

实验前按实验系统的使用说明检查实验系统电源是否正常，然后选择实验用的集成电路。按自己设计的实验接线图连线，特别注意 V_{CC} 及地线不能接错。线接好后经实验指导教师检查无误后方可通电实验。实验中改动接线需先断开电源，接好线后再通电实验。

74LS08 芯片为二输入端四与门集成电路芯片，其基本功能是：输入信号有低电平，输出为低电平；输入信号全为高电平，输出才为高电平。输出与输入的逻辑关系为$Q = A \cdot B$。

(1) 按图 2.19 在实验系统上找到相应的门电路，并把输入端接实验系统的逻辑开关，输出端接 LED，图 2.20(a)所示为 TTL 与门电路逻辑功能验证接线图。若实验系统上无门电路集成元件，可把相应型号的集成电路插入实验系统集成块空插座上，再接上电源正、负极，输入端接逻辑开关，输出端接 LED，即可进行验证实验，如图 2.20(b)所示。

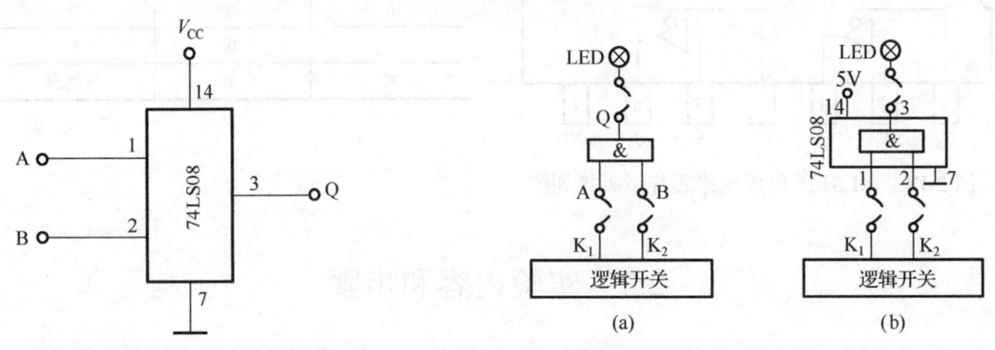

图 2.19　二输入与门电路原理图

图 2.20　TTL 门电路实验接线图

(2) 按表 2.8 输入 A、B(0，1)信号，观察输出结果(看 LED，如灯亮为 1，灯灭为 0)，填入表 2.8 中。

注意：TTL 门电路的输入端若不接信号，则视为 1 电平，在拔插集成块时，必须切断电源。

表 2.8　二输入与门电路逻辑功能表

输入		输出
A	B	Q
0	0	
0	1	
1	0	
1	1	

2. 74LS00 逻辑功能验证

74LS00 芯片为二输入端四与非门集成电路芯片，其基本功能是：在输入信号全为高电平时输出才为低电平；输入信号有低电平，则输出为高电平。输出与输入的逻辑关系为$Q = \overline{A \cdot B}$。

(1) 按图 2.21 在实验系统上找到相应的门电路，并把输入端接实验系统的逻辑开关，输出端接 LED。

(2) 按表 2.9 输入 A、B(0，1)信号，观察输出结果(看 LED，如灯亮为 1，灯灭为 0)，填入表 2.9 中。

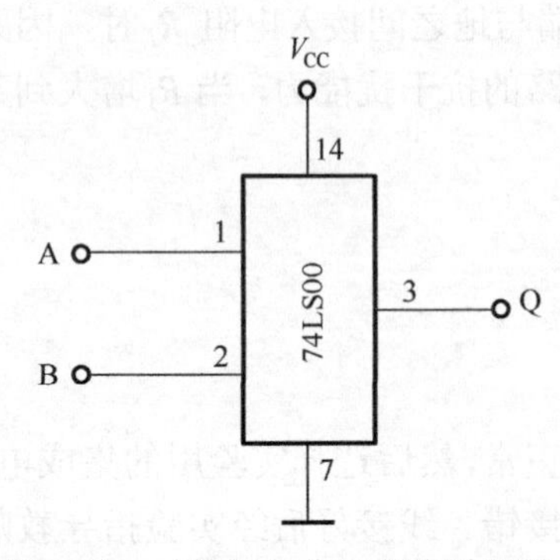

图 2.21　二输入与非门电路原理图

表 2.9　二输入与非门电路逻辑功能表

输入		输出
A	B	Q
0	0	
0	1	
1	0	
1	1	

3. 74LS04 逻辑功能验证

74LS04 是一个六反相器集成电路芯片，其基本功能是：输入与输出反相，输入为高电平时，输出为低电平，输入为低电平时，输出为高电平。输出与输入的逻辑关系为$Q=\overline{A}$。

(1)按图 2.22 在实验系统上找到相应的门电路，并把输入端接实验系统的逻辑开关，输出端接 LED。

(2)按表 2.10 输入 A(0，1)信号，观察输出结果(看 LED，如灯亮为 1，灯灭为 0)，填入表 2.10 中。

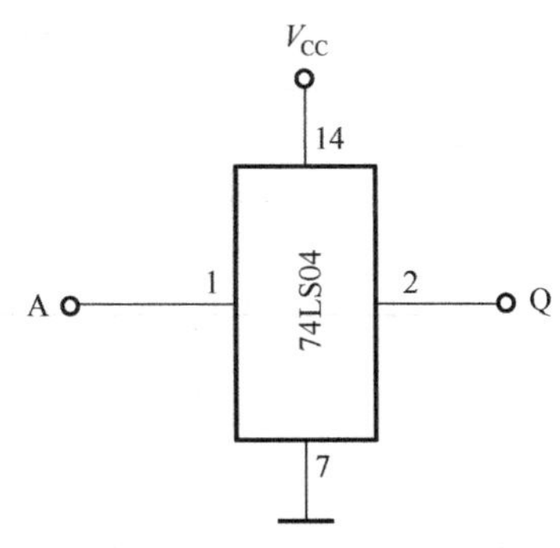

图 2.22 反相器电路原理图

表 2.10 反相器逻辑功能表

输入	输出
A	Q
0	
1	

4. 74LS20 逻辑功能验证

74LS20 是一个四输入端二与非门集成电路芯片，其基本功能是：在输入信号全为高电平时输出才为低电平；输入信号有低电平，则输出为高电平。输出与输入的逻辑关系为$Q=\overline{A\cdot B\cdot C\cdot D}$。

(1)按图 2.23 在实验系统上找到相应的门电路，并把输入端接实验系统的逻辑开关，输出端接 LED。

(2)按表 2.11 输入 A、B、C、D(0，1)信号，观察输出结果(看 LED，如灯亮为 1，灯灭为 0)，填入表 2.11 中。

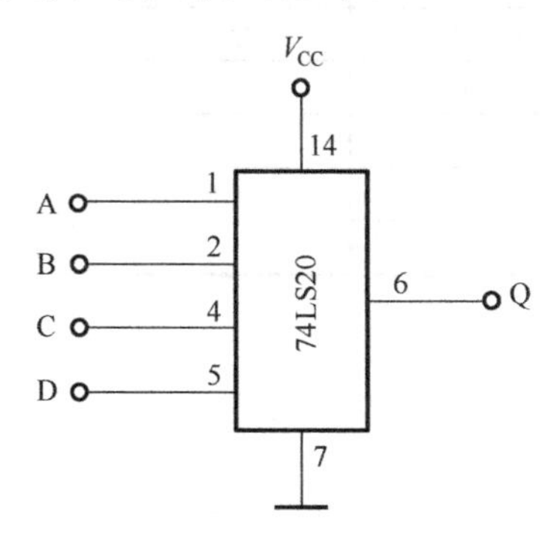

图 2.23 四输入与非门电路原理图

表 2.11 四输入与非门电路逻辑功能表

输入				输出
A	B	C	D	Q
1	1	1	1	
0	1	1	1	
0	0	1	1	
0	0	0	1	
0	0	0	0	

5. 74LS32 逻辑功能验证

74LS32 是一个二输入端四或门集成电路芯片，其基本功能是：在输入信号有高电平时，输出为高电平；输入信号全为低电平，则输出为低电平。输出与输入的逻辑关系为$Q=A+B$。

(1) 按图 2.24 在实验系统上找到相应的门电路，并把输入端接实验系统的逻辑开关，输出端接 LED。

(2) 按表 2.12 输入 A、B (0，1) 信号，观察输出结果(看 LED，如灯亮为 1，灯灭为 0)，填入表 2.12 中。

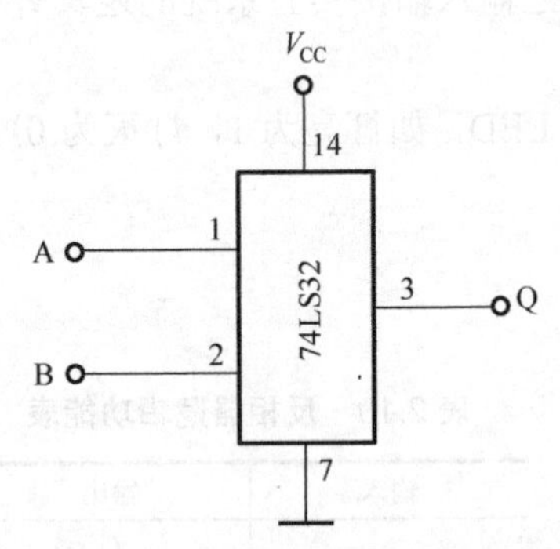

图 2.24　二输入或门电路原理图

表 2.12　或门电路逻辑功能表

输入		输出
A	B	Q
0	0	
0	1	
1	0	
1	1	

6. 74LS01 (OC) 门逻辑功能验证

74LS01 (OC) 门是一个集电极开路输出的二输入端四与非门(正逻辑)集成电路芯片，其基本功能是：在输入信号有低电平时，输出为高电平；输入信号全为高电平，则输出为低电平。输出与输入的逻辑关系为 $Q=\overline{A\cdot B}$。

(1) 按图 2.25 在实验系统上找到相应的门电路，并把输入端接实验系统的逻辑开关，输出端接 LED。

(2) 按表 2.13 输入 A、B (0，1) 信号，观察输出结果(看 LED，如灯亮为 1，灯灭为 0)，填入表 2.13 中。

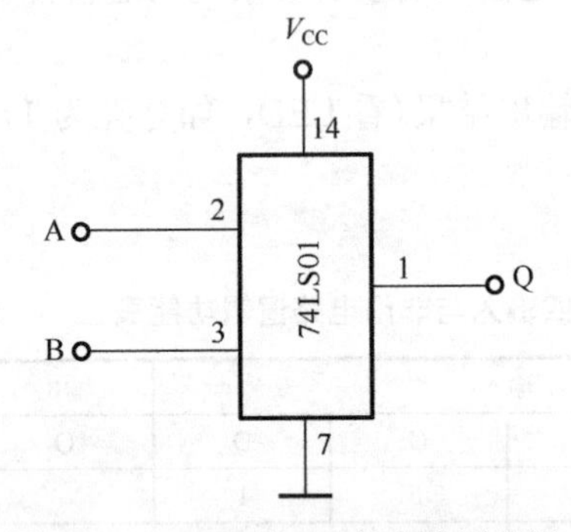

图 2.25　74LS01 (OC) 门电路原理图

表 2.13　74LS01 (OC) 门电路逻辑功能表

输入		输出
A	B	Q
0	0	
0	1	
1	0	
1	1	

7. 74LS125 三态门逻辑功能验证

三态门选用 74LS125，其实验接线图如图 2.26 所示。

当 EN=0 时，其逻辑关系为 Q=A；EN=1 时，为高阻态。

(1) 按图 2.26 接线，其中三态门的三个输入分别接地、1 电平和脉冲源，输出连在一起接 LED。三个使能端分别接实验系统逻辑开关 K_1、K_2、K_3 并全置 1。

(2) 在三个使能端均为 1 时，用万用表测量 Q 端输出。

(3) 分别使 K_1、K_2、K_3 为 0，观察 LED 输出 Q 端情况。

K_1、K_2、K_3 不能有一个以上同时为 0，否则造成与门输出相连，这是绝对不允许的。

记录、分析这些结果。

2.3.2　TTL 门电路参数测试

TTL 门电路参数测试选用 74LS00 集成门电路。

1) 空载导通功耗 P_{on}

空载导通功耗 P_{on} 是指输入全为高电平、输出为低电平且不接负载时的功率损耗：

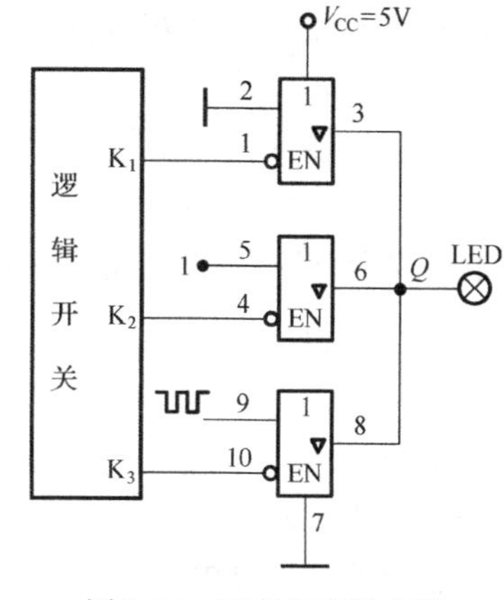

图 2.26　三态门实验电路

$$P_{on} = V_{CC} \cdot I_{CCL} \tag{2.3}$$

式中，V_{CC} 为电源电压；I_{CCL} 为导通电源电流。

测试电路如图 2.27 所示，电流表、电压表用万用表即可。按图 2.27 接线，合上 K_1 和 K_2，再合上电源开关，读出电流值 I_{CCL} 和电压值 V_{CC}，记入表 2.14 中。

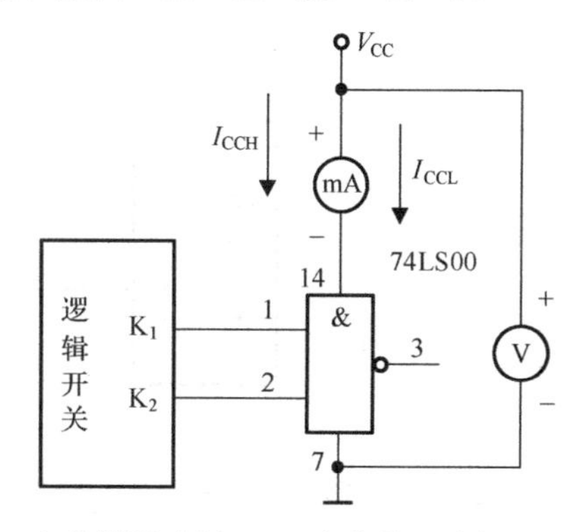

图 2.27　空载导通功耗 P_{on}，空载截止功耗 P_{off} 测试电路

表 2.14　TTL 器件电参数测试结果

参数	P_{on}	V_{CC}	I_{CCL}	P_{off}	V_{CC}	I_{CCH}	I_{IL}	I_{IH}	V_{OH}	V_{OL}	N_o	I_{OL}	T	t_{pd}
测量值														

2) 空载截止功耗 P_{off}

空载截止功耗 P_{off} 是指输入端至少有一个为低电平、输出为高电平且不接负载时的功率损耗：

$$P_{off} = V_{CC} \cdot I_{CCH} \tag{2.4}$$

式中，V_{CC} 为电源电压；I_{CCH} 为截止电源电流。

测试电路见图 2.27。

按图 2.27 接线，接上万用表，K_1 和 K_2 断开，合上电源开关，读出电流值 I_{CCH} 和电压值 V_{CC}，记入表 2.14 中。

3) 低电平输入电流 I_{IL} (I_{IS})

低电平输入电流 I_{IL} 又称输入短路电流 I_{IS}，是指有一个输入端接地，其余端开路，输出空载时，接地输入端流出的电流。

测试电路如图 2.28 所示。

按图 2.28 接线，读出电流值，记入表 2.14 中。

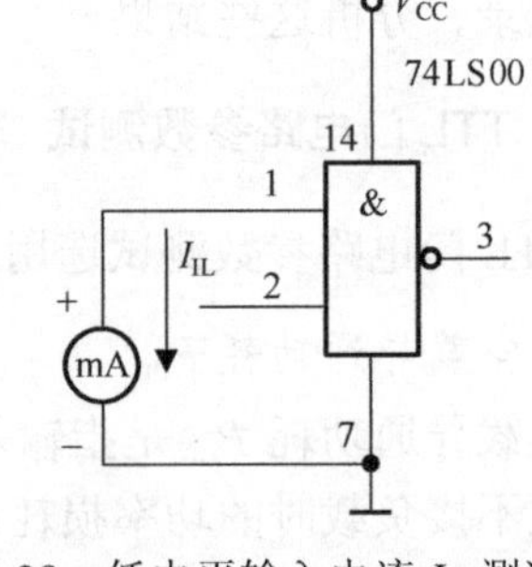

图 2.28　低电平输入电流 I_{IL} 测试电路

4) 高电平输入电流 I_{IH} (I_{Ia})

高电平输入电流 I_{IH} 又称输入漏电流 I_{Ia}、输入反向电流；它是指输入端一端接高电平，其余输入端接地时流过那个接高电平输入端的电流。

测试电路如图 2.29 所示。

按图 2.29 接线，读出电流值，记入表 2.14 中。

5) 输出高电平 V_{OH}

输出高电平 V_{OH} 是指输出不接负载，当有一个输入端为低电平时的电路输出电压值。

测试电路如图 2.30 所示。

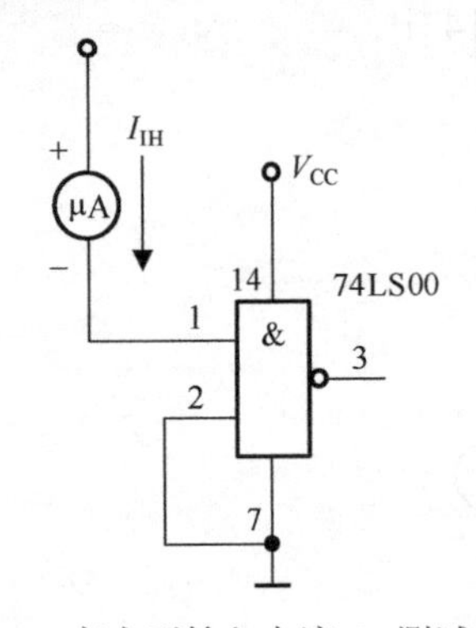

图 2.29　高电平输入电流 I_{IH} 测试电路

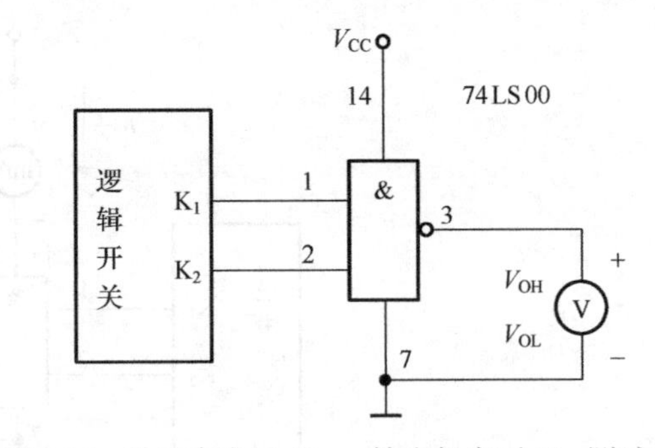

图 2.30　输出高电平 V_{OH}，输出低电平 V_{OL} 测试电路

K_1 合上，K_2 断开，接通电源，读出电压值，记入表 2.14 中。

6) 输出低电平 V_{OL}

输出低电平 V_{OL} 是指所有输入端均接高电平时的输出电压值。

测试电路如图 2.30 所示。

K_1、K_2 均合上，接通电源，读出电压值，记入表 2.14 中。

7) 电压传输特性曲线

电压传输特性曲线是反映输出电压 v_o 与输入电压 v_i 之间关系的特性曲线。

测试电路如图 2.31 所示。

电阻 R 插入实验系统电阻插孔中，K_2 合上为 1，旋转电位器 R_w，使 V_1 值逐渐增大，同时读出 V_1 和 V_2 的值，其中 V_1 值代表输入电压 v_i，V_2 值代表输出电压 v_o。

画出 v_o 与 v_i 的关系曲线，即电压传输特性曲线。

8) 扇出系数 N_o

扇出系数 N_o 是指能正常驱动同型号与非门的最多个数。

测试电路如图 2.32 所示。

1 号引脚、2 号引脚均悬空，接通电源，调节电位器 R_w，使电压表的值为 V_{OL}=0.4V，读出此时的电流表值 I_{OL}，记入表 2.14 中。

扇出系数 $N_o=I_{OL}/I_{IL}$。

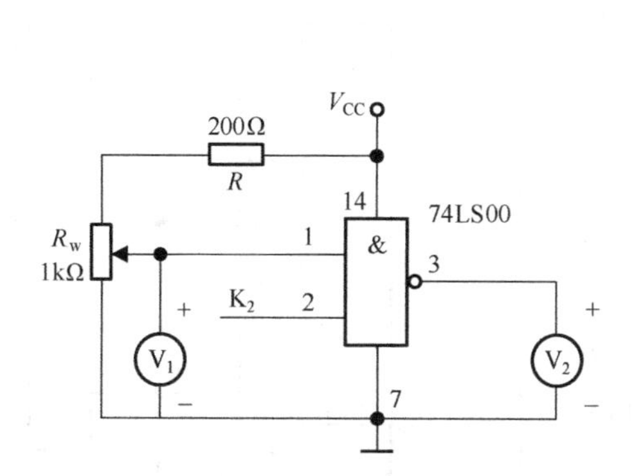

图 2.31　电压传输特性测试电路

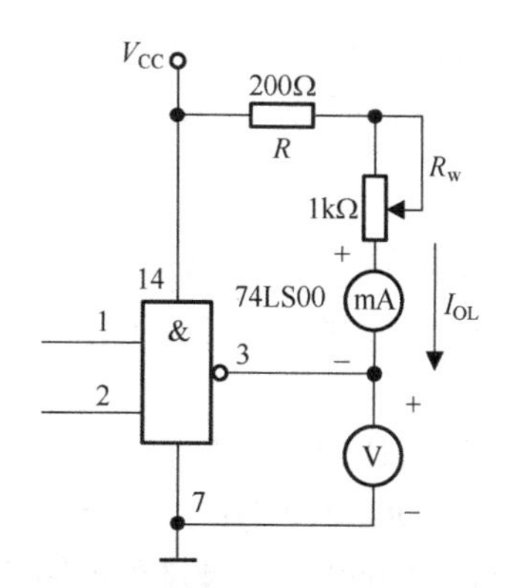

图 2.32　扇出系数 N_o 测试电路

9) 平均传输延迟时间 t_{pd}

TTL 与非门动态参数主要是指传输延迟时间，即输入波形边沿的 0.5V_m 点至输出波形对应边沿的 0.5V_m 点的时间间隔，一般用平均传输延迟时间 t_{pd} 表示。其中 V_m 表示输入以及输出电压的最大值。

测试电路如图 2.33 所示。

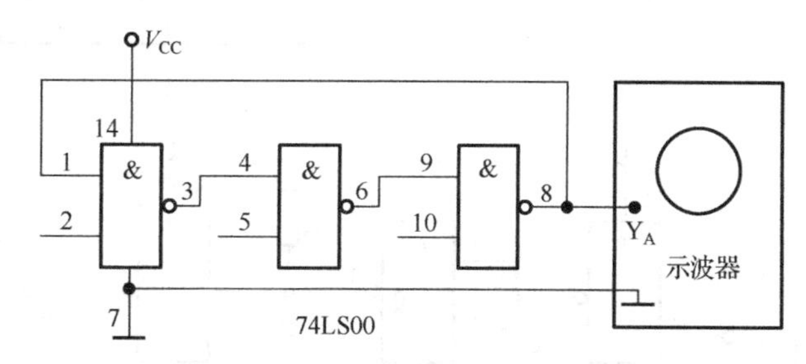

图 2.33　平均传输延迟时间 t_{pd} 测试电路

按图 2.33 接线，3 个与非门组成环形振荡器，从示波器中读出振荡周期 T，记入表 2.14 中。平均传输延迟时间 $t_{pd}=T/6$。

2.3.3　集电极开路(OC)门实验

选用 74LS01 与非门(OC)门进行负载电阻 R_L 确定实验和电平转换实验。

1) 负载电阻 R_L 的确定

将 74LS01 插入实验系统的 IC 插座中。

按图 2.34 接线，反相器用实验系统上原有的电路，也可以自行插入反相器集成电路。负载电阻 R_L 用一只 200Ω 电阻和 10kΩ 电位器串联代替，用实验方法确定 R_{Lmax} 和 R_{Lmin} 并和理论计算的值(此处 R_{Lmax} 为 5kΩ，R_{Lmin} 为 0.5kΩ)进行比较，将结果填入表 2.15 中。

理论计算中取 V_{OH}=2.8V，V_{OL}=0.35V，n=4，m=4，E_C=5V，I_{OH}=0.05mA，I_{LM}=20mA，I_{IL}=1.6mA，I_{IH}=0.05mA。

将“线与”Q 端接实验系统 LED，拨动逻辑开关 K_1～K_8，观察输出端 Q，其结果是否符合“线与”的逻辑关系，即 $Q=\overline{A_1B_1+A_2B_2+A_3B_3+A_4B_4}$ 与或非逻辑功能。

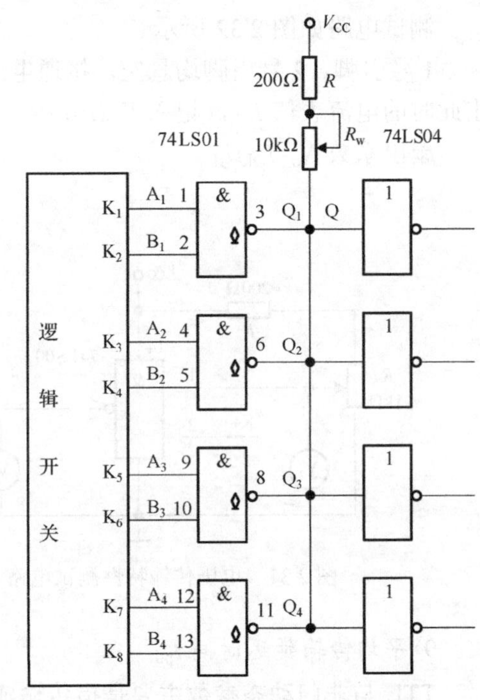

图 2.34　OC 门“线与”实验电路

表 2.15　负载电阻 R_L 的测定

		理论值	实测值
R_L	R_{Lmax}		
	R_{Lmin}		

2）OC 门实现电平转换

按图 2.35 接线，实现 TTL 门电路驱动 CMOS 电路的电平转换。

图 2.35 中 TTL 门电路用实验系统上的 74LS00“与非”门，OC 门为 74LS01，CMOS 电路为 CD4069 反相器，CD4069 的引脚排列如图 2.36 所示。注意，CMOS 电路在接入电源后，CMOS 剩余的输入端需加保护，在此只需将不用的 3、5、9、11、13 引脚连在一起，再接到地上，或接到实验系统的开关电平上。

电路接线完成，并检查无误后，接通电源，在输入端 A、B 输入全 1，用万用表测量 C、D、E 的电压。两次测量的结果填入表 2.16 中。

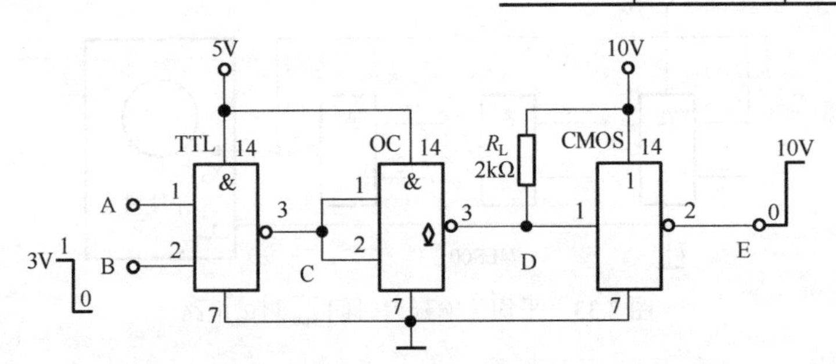

图 2.35　TTL 电路驱动 CMOS 接口电路

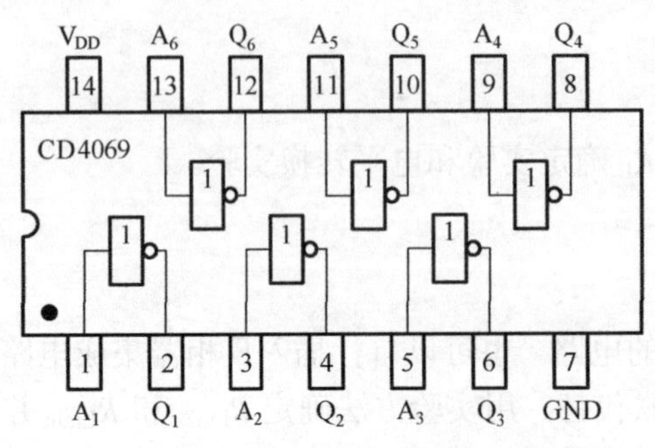

图 2.36　CD4069 引脚排列图

表 2.16　电平实测数据表

输入		C/V	D/V	E/V
A	B			
1	1			
1	0			

2.3.4 TTL 集成门电路应用实验

1. 逻辑电路逻辑关系验证

(1)用 74LS00 按图 2.37(a)、(b)所示接线，输入-输出逻辑关系分别填入表 2.17、表 2.18 中。

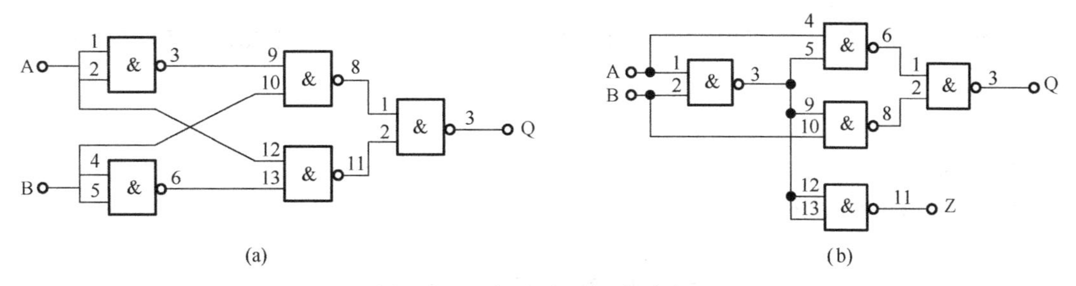

图 2.37 逻辑电路逻辑关系验证

表 2.17 图 2.37(a)逻辑关系结果

输入		输出
A	B	Q
0	0	
0	1	
1	0	
1	1	

表 2.18 图 2.37(b)逻辑关系结果

输入		输出	
A	B	Q	Z
0	0		
0	1		
1	0		
1	1		

(2)写出上面两个电路的逻辑表达式。

2. 74LS00 组成其他电路实验

1)组成或非门

(1)用一片 74LS00 芯片组成或非门 $Q=\overline{A+B}=\bar{A}\cdot\bar{B}$。

(2)画出电路图。

(3)测试并填入表 2.19 中。

2)组成异或门

(1)将异或门表达式转化为与非门表达式。

(2)画出逻辑电路图。

(3)测试并将结果填入表 2.20 中。

表 2.19 74LS00 组成或非门结果

输入		输出
A	B	Q
0	0	
0	1	
1	0	
1	1	

表 2.20 74LS00 组成异或门结果

输入		输出
A	B	Q
0	0	
0	1	
1	0	
1	1	

2.4 实 验 器 材

(1) THK-880D 型数字电路实验系统。

(2) 直流稳压电源。

(3) 集成电路：74LS00、74LS04、74LS08、74LS20、74LS32、74LS01、74LS125、CD4069 等芯片若干。

(4) 万用表。

(5) 示波器。

(6) 元器件：电阻 200Ω，1kΩ；电位器 1kΩ，10kΩ。

2.5 复习要求与思考题

2.5.1 复习要求

(1) 复习各种 TTL 门电路的意义及测试方法。

(2) 复习集电极开门(OC 门)、三态门的工作原理和方法。

(3) 复习用与非门实现“与”“或”“非”的原理及方法。

2.5.2 思考题

(1) 简述用与非门实现“与”“或”“非”的原理及方法和意义。

(2) 分析使用 TTL 门电路、OC 门、三态门的注意事项。

2.6 实验报告要求

画出实验测试电路的各个电路连接示意图，并注明相关 TTL 门电路型号，按要求填写各实验表格，整理实验数据，分析实验结果，与理论值比较是否相符。

实验三　组合逻辑电路设计(一)

3.1　实 验 目 的

(1)熟悉组合逻辑电路的特点及一般分析方法。

(2)掌握编码器、译码器、半加器、全加器的工作原理及其简单应用。

3.2　实验原理和电路

3.2.1　逻辑电路的特点及一般分析方法

1. 逻辑电路的特点

按照逻辑功能的不同特点，常把数字电路分成两大类：一类是组合逻辑电路，另一类是时序逻辑电路。组合逻辑电路是在任何时刻其输出信号的稳态值仅决定于该时刻各个输入信号取值组合的电路。时序逻辑电路是在任何时刻其输出信号的稳态值不仅与该时刻各个输入信号取值有关，而且与其原来的电路状态有关的电路。在组合逻辑电路中，输入信号作用以前电路所处的状态对输出信号无影响。通常组合逻辑电路由门电路组成。

图 3.1 就是一个组合逻辑电路的例子。它有三个输入变量 A、B、CI 和两个输出变量 S、CO。由图可知，无论任何时刻，只要 A、B 和 CI 的取值确定了，S 和 CO 的取值也随之确定，与电路过去的工作状态无关。

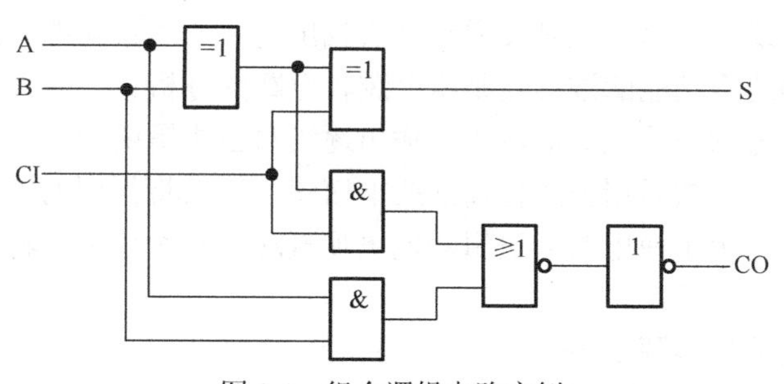

图 3.1　组合逻辑电路实例

逻辑图本身就是逻辑功能的一种表达方式，然而在许多情况下，用逻辑图所表示的逻辑功能不够直观，往往还需要把它转换为逻辑函数式或逻辑真值表的形式，以使电路的逻辑功能更加直观。

例如，将图 3.1 的逻辑功能写成逻辑函数式的形式即可得到

$$\begin{cases} S = (A \oplus B) \oplus CI \\ CO = (A \oplus B)CI + AB \end{cases} \tag{3.1}$$

对于任何一个多输入、多输出的组合逻辑电路，都可以用图 3.2 所示的框图表示。

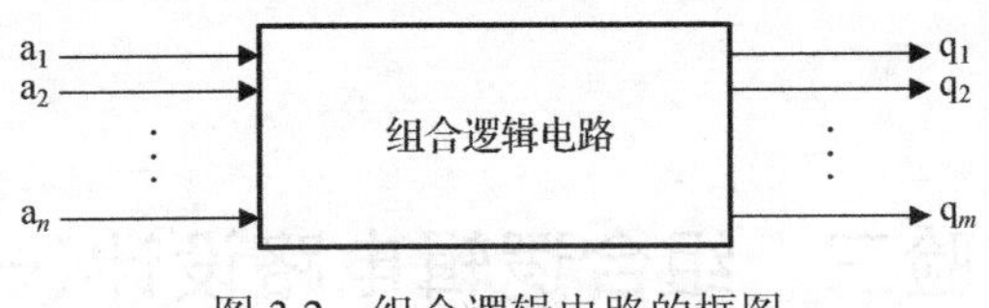

图 3.2　组合逻辑电路的框图

图 3.2 中 $a_1, a_2, \cdots, a_n$ 表示输入变量，$q_1, q_2, \cdots, q_m$ 表示输出变量。输出与输入之间的逻辑关系可以用一组逻辑函数表示：

$$\begin{cases} q_1 = f_1(a_1, a_2, \cdots, a_n) \\ q_2 = f_2(a_1, a_2, \cdots, a_n) \\ \vdots \\ q_m = f_m(a_1, a_2, \cdots, a_n) \end{cases} \tag{3.2}$$

或者写成向量函数形式：

$$\boldsymbol{Y} = F(\boldsymbol{A}) \tag{3.3}$$

从组合逻辑电路逻辑功能的特点不难看出，既然它的输出与电路的历史状况无关，那么电路中就不能包含存储元件。

组合逻辑电路的功能特点如下。

(1) 电路的输入状态确定之后，输出状态则被唯一地确定下来，因而输出变量是输入变量的逻辑函数。

(2) 电路的输出状态不影响输入状态，电路的历史状态不影响输出状态。

组合逻辑电路的结构特点如下。

(1) 电路中不存在输出端到输入端的反馈通路。

(2) 电路中不包含存储信号的记忆元件，一般由各种门电路组合而成。

2. 逻辑电路的分析方法

分析一个给定的逻辑电路，就是要通过分析找出电路的逻辑功能。给出组合逻辑电路的逻辑图，求解该电路逻辑功能的过程就是组合逻辑电路的分析。

通常采用的分析方法是从电路的输入到输出逐级写出逻辑函数式，最后得到表示输出与输入关系的逻辑函数式。然后用公式化简法或卡诺图化简法将得到的函数式化简或变换，以使逻辑关系简单明了。为了使电路的逻辑功能更加直观，有时还可以将逻辑函数式转换为真值表的形式。

组合逻辑电路的分析步骤如下。

(1) 根据给定的逻辑电路图，写出输出函数的逻辑表达式。

(2) 对逻辑表达式进行化简或变换，求出最简表达式。

(3) 设定输入状态，求对应的输出状态，列出输入和输出的逻辑真值表。

(4) 说明电路的逻辑功能。

【例 3.1】 已知一个多输出端的组合逻辑电路如图 3.3 所示，试分析该电路的逻辑功能，列出输入和输出的逻辑真值表。

解：本题属于组合逻辑电路分析问题，根据组合逻辑电路的分析步骤，可得：

(1) 写出输出函数表达式并化简或变换，即

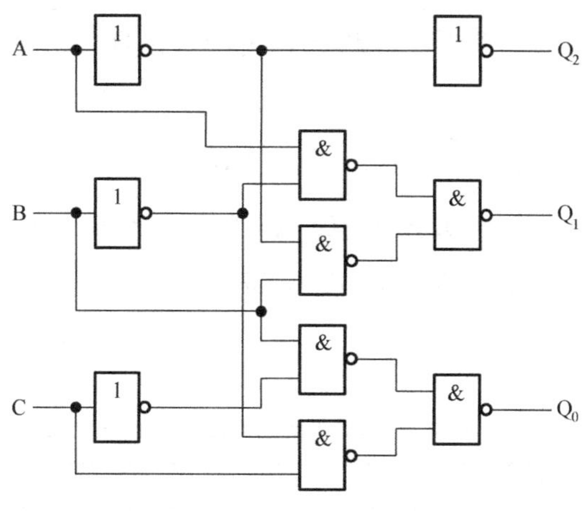

图 3.3　例 3.1 电路

$$Q_2 = A$$

$$Q_1 = \overline{\overline{A\overline{B}}\,\overline{\overline{A}B}} = A\overline{B} + \overline{A}B = A \oplus B$$

$$Q_0 = \overline{\overline{B\overline{C}}\,\overline{\overline{B}C}} = B\overline{C} + \overline{B}C = B \oplus C$$

(2) 根据简化式列出真值表，见表 3.1。

表 3.1　图 3.3 所示电路的逻辑真值表

输入			输出			输入			输出		
A	B	C	Q_2	Q_1	Q_0	A	B	C	Q_2	Q_1	Q_0
0	0	0	0	0	0	1	0	0	1	1	0
0	0	1	0	0	1	1	0	1	1	1	1
0	1	0	0	1	1	1	1	0	1	0	1
0	1	1	0	1	0	1	1	1	1	0	0

(3) 由表 3.1 可知，该电路是代码变换电路，它将三位二进制码变换成三位循环码。可见，一旦将电路的逻辑功能列成真值表，它的功能也就一目了然了。

【例 3.2】 试分析图 3.4 所示电路的逻辑功能，指出该电路的用途。

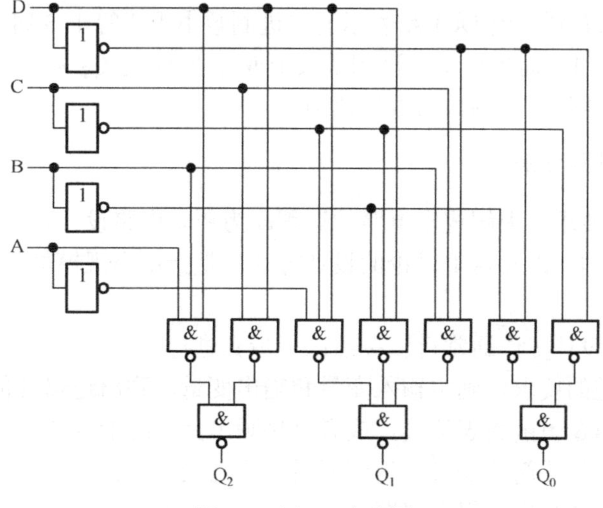

图 3.4　例 3.2 电路图

解：(1) 根据给出的逻辑图可以写出 Q_2、Q_1、Q_0 和 D、C、B、A 之间的函数表达式并化简或变换，即

$$Q_2 = \overline{\overline{DC}\,\overline{DBA}} = DC + DBA$$

$$Q_1 = \overline{\overline{\bar{D}CB}\,\overline{D\bar{C}\bar{B}}\,\overline{D\bar{C}\bar{A}}} = \bar{D}CB + D\bar{C}\bar{B} + D\bar{C}\bar{A}$$

$$Q_0 = \overline{\overline{\bar{D}\bar{C}}\,\overline{\bar{D}\bar{B}}} = \bar{D}\bar{C} + \bar{D}\bar{B}$$

(2) 根据简化式列出真值表，见表 3.2。

表 3.2　图 3.4 所示电路的逻辑真值表

输入				输出		
D	C	B	A	Q_2	Q_1	Q_0
0	0	0	0	0	0	1
0	0	0	1	0	0	1
0	0	1	0	0	0	1
0	0	1	1	0	0	1
0	1	0	0	0	0	1
0	1	0	1	0	0	1
0	1	1	0	0	1	0
0	1	1	1	0	1	0
1	0	0	0	0	1	0
1	0	0	1	0	1	0
1	0	1	0	0	1	0
1	0	1	1	1	0	0
1	1	0	0	1	0	0
1	1	0	1	1	0	0
1	1	1	0	1	0	0
1	1	1	1	1	0	0

(3) 由表 3.2 可以看到，当 DCBA 表示的二进制数小于或等于 5 时 Q_0 为 1，当这个二进制数为 6～10 时 Q_1 为 1，而当这个二进制数大于或等于 11 时 Q_2 为 1。因此，这个逻辑电路可以用来判别输入的四位二进制数的数值范围。

3. 逻辑电路的设计方法

根据逻辑问题的要求，求解逻辑电路的过程即为逻辑电路设计。一般组合逻辑电路是由各种单元门电路组成的，因此这里讨论的设计方法，是指用小规模集成门电路实现组合逻辑电路的方法。

组合逻辑电路的设计工作通常可以按照以下步骤进行。

(1) 根据逻辑问题的要求，确定输入变量和输出变量，列出逻辑真值表。

(2) 由真值表写出逻辑函数表达式，或者直接画出函数的卡诺图。

(3) 对逻辑函数进行化简或变换，得到所需的最简表达式。

(4) 按照最简表达式画出逻辑电路图。

【例 3.3】 试用与非门和异或门设计一个 8421BCD 码转换成余 3 码的变换电路。

解： 本题是组合逻辑电路的设计题，注意把 8421BCD 码未包含的六组取值作为约束项处理。

(1) 根据题意列出 8421BCD 码和余 3 码的变换真值表，见表 3.3。

表 3.3 例 3.3 的真值表

8421BCD 码				余 3 码				8421BCD 码				余 3 码			
A	B	C	D	Q_3	Q_2	Q_1	Q_0	A	B	C	D	Q_3	Q_2	Q_1	Q_0
0	0	0	0	0	0	1	1	0	1	0	1	1	0	0	0
0	0	0	1	0	1	0	0	0	1	1	0	1	0	0	1
0	0	1	0	0	1	0	1	0	1	1	1	1	0	1	0
0	0	1	1	0	1	1	0	1	0	0	0	1	0	1	1
0	1	0	0	0	1	1	1	1	0	0	1	1	1	0	0

(2) 画出输出函数的卡诺图，如图 3.5 所示。

(3) 求最简函数式并用与非和异或符号表示。

$$Q_3 = A + BD + BC = \overline{\overline{A}\,\overline{B\,\overline{\overline{D}\,\overline{C}}}}$$

$$Q_2 = \overline{B}D + \overline{B}C + B\overline{C}\,\overline{D} = B \oplus \overline{\overline{C}\,\overline{D}}$$

$$Q_1 = \overline{C}\,\overline{D} + CD = C \oplus \overline{D}$$

$$Q_0 = \overline{D}$$

(4) 画出逻辑电路图，如图 3.6 所示。

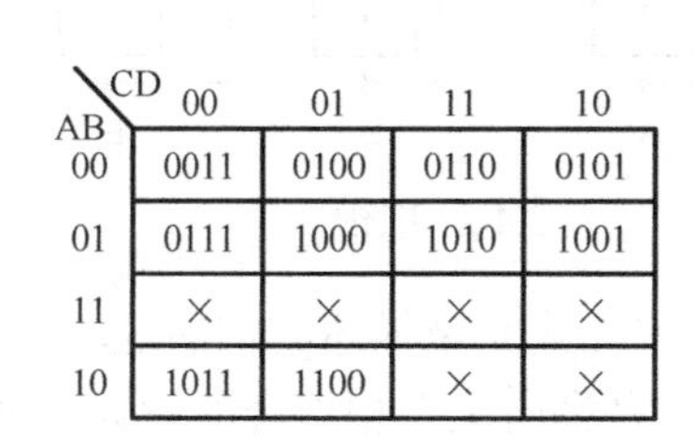

图 3.5 例 3.3 卡诺图

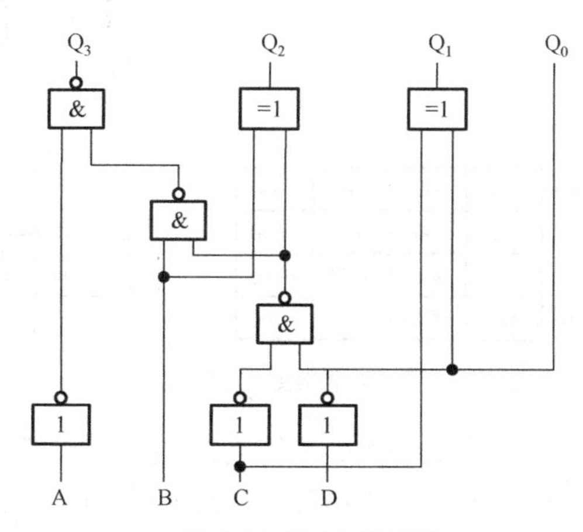

图 3.6 例 3.3 逻辑图

【例 3.4】 用与非门实现两位二进制数的乘法电路。

解： 本题用来熟悉组合逻辑电路的基本设计方法，尤其是如何根据逻辑问题列真值表，如何根据要求变换表达式。

(1) 假设两个两位二进制数分别为 $A=A_1A_0$ 和 $B=B_1B_0$，因为两位二进制数最大值为 3，所以乘积最大值为 9。可见，输出需用四位二进制数表示。假设输出变量为 Q_3、Q_2、Q_1、Q_0，按照乘法运算结果，列出函数真值表，见表 3.4(表中的“×”表示取任意值，本书后面的表中“×”除特别说明外含义相同)。

表 3.4　例 3.4 真值表

输入				输出				输入				输出			
A_1	A_0	B_1	B_0	Q_3	Q_2	Q_1	Q_0	A_1	A_0	B_1	B_0	Q_3	Q_2	Q_1	Q_0
0	0	×	×	0	0	0	0	1	0	1	0	0	1	0	0
×	×	0	0	0	0	0	0	1	0	1	1	0	1	1	0
0	1	×	×	0	0	B_1	B_0	1	1	1	0	0	1	1	0
×	×	0	1	0	0	A_1	A_0	1	1	1	1	1	0	0	1

(2) 为了化简函数，直接画出 Q_3、Q_2、Q_1、Q_0 的卡诺图，如图 3.7 所示。

(3) 写出最简与或表达式。

$$Q_3 = A_1A_0B_1B_0 = \overline{\overline{A_1A_0B_1B_0}}$$

$$Q_2 = A_1B_1\overline{B_0} + A_1\overline{A_0}B_1 = \overline{\overline{A_1B_1\overline{B_0}} \cdot \overline{A_1\overline{A_0}B_1}}$$

$$Q_1 = \overline{A_1}A_0B_1 + A_0B_1\overline{B_0} + A_1\overline{B_1}B_0 + A_1\overline{A_0}B_0$$

$$= \overline{\overline{\overline{A_1}A_0B_1} \cdot \overline{A_0B_1\overline{B_0}} \cdot \overline{A_1\overline{B_1}B_0} \cdot \overline{A_1\overline{A_0}B_0}}$$

$$Q_0 = A_0B_0 = \overline{\overline{A_0B_0}}$$

(4) 画出逻辑图，如图 3.8 所示。

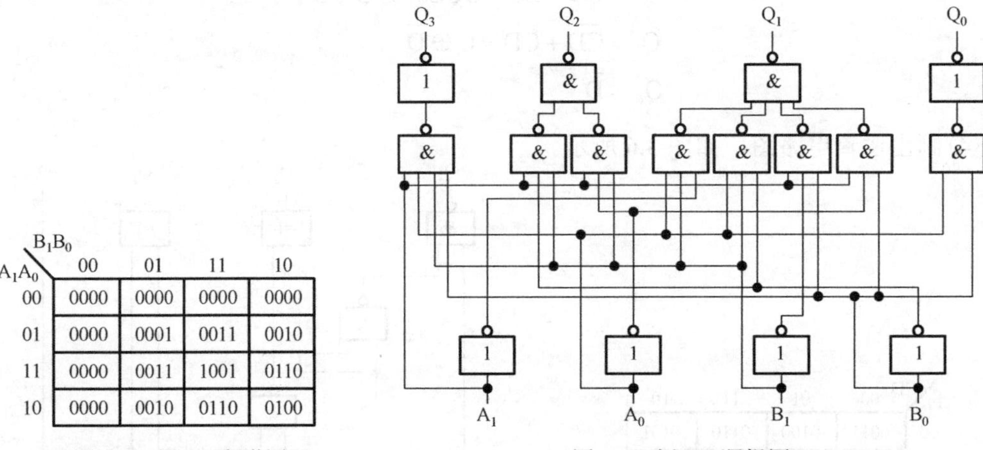

A_1A_0 \ B_1B_0	00	01	11	10
00	0000	0000	0000	0000
01	0000	0001	0011	0010
11	0000	0011	1001	0110
10	0000	0010	0110	0100

图 3.7　例 3.4 卡诺图

图 3.8　例 3.4 逻辑图

对于一些复杂的组合逻辑电路，往往已经难以用一组方程式完全描述它们的逻辑功能了，因而在设计这些逻辑电路时，通常采用“自顶向下”与“自底向上”相结合的设计方法。这两种方法都是首先将电路逐级分解为若干个简单的模块，再将这些模块设计好并连接起来。这些简单的模块电路都可用本节所讲的设计方法设计出来。

3.2.2　常用组合逻辑电路

由于人们在实践中遇到的逻辑问题层出不穷，为解决这些逻辑问题而设计的逻辑电路也不胜枚举。然而我们发现，其中有些逻辑电路经常大量地出现在各种数字系统当中。这些电路包括编码器、译码器、数据选择器、数值比较器、加法器、函数发生器、奇偶校验器/发生器等。为了使用方便，人们已经将这些逻辑电路制成了中、小规模集成的标准化集成电路产品。在设计大规模集成电路时，也经常调用这些模块电路已有的、经过使用验证的设计结果，作为所设计电路的组成部分。下面分别介绍这些电路的工作原理和使用方法。

1. 编码器

目前经常使用的编码器有普通编码器和优先编码器两类。按照被编码信号的不同特点和要求，编码器也分成三类。

(1) 二进制编码器：如用门电路构成的 4-2 线、8-3 线编码器等。

(2) 二-十进制编码器：将十进制的 0～9 编成 BCD 码，如 10 线十进制-4 线 BCD 码编码器 74LS147 等。

(3) 优先编码器：如 8-3 线优先编码器 74LS148 等。

1) 8-3 线编码器

图 3.9 所示是 8-3 线编码器的框图，它的输入是 I_0～I_7 八个高电平信号，输出是 3 位二进制代码 $Q_2Q_1Q_0$。

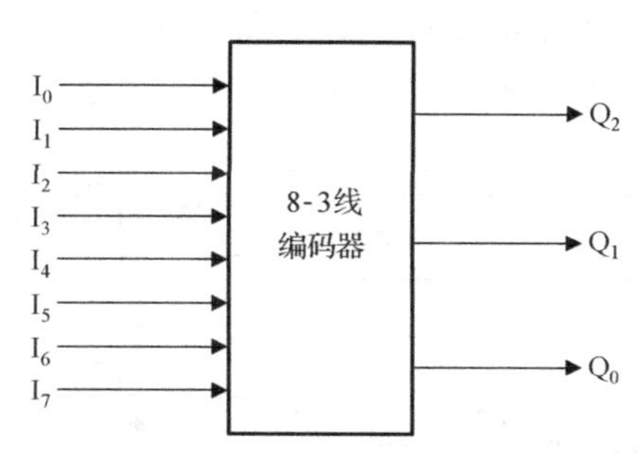

图 3.9　8-3 线编码器框图

输出与输入的对应关系见表 3.5。

表 3.5　8-3 线编码器的真值表

输入								输出		
I_0	I_1	I_2	I_3	I_4	I_5	I_6	I_7	Q_2	Q_1	Q_0
1	0	0	0	0	0	0	0	0	0	0
0	1	0	0	0	0	0	0	0	0	1
0	0	1	0	0	0	0	0	0	1	0
0	0	0	1	0	0	0	0	0	1	1
0	0	0	0	1	0	0	0	1	0	0
0	0	0	0	0	1	0	0	1	0	1
0	0	0	0	0	0	1	0	1	1	0
0	0	0	0	0	0	0	1	1	1	1

将表 3.5 所示的真值表写成对应的逻辑式得到

$$\begin{aligned}
Q_2 &= \overline{I_0 I_1 I_2 I_3} I_4 \overline{I_5 I_6 I_7} + \overline{I_0 I_1 I_2 I_3 I_4} I_5 \overline{I_6 I_7} + \overline{I_0 I_1 I_2 I_3 I_4 I_5} I_6 \overline{I_7} + \overline{I_0 I_1 I_2 I_3 I_4 I_5 I_6} I_7 \\
Q_1 &= \overline{I_0 I_1} I_2 \overline{I_3 I_4 I_5 I_6 I_7} + \overline{I_0 I_1 I_2} I_3 \overline{I_4 I_5 I_6 I_7} + \overline{I_0 I_1 I_2 I_3 I_4 I_5} I_6 \overline{I_7} + \overline{I_0 I_1 I_2 I_3 I_4 I_5 I_6} I_7 \\
Q_0 &= \overline{I_0} I_1 \overline{I_2 I_3 I_4 I_5 I_6 I_7} + \overline{I_0 I_1 I_2} I_3 \overline{I_4 I_5 I_6 I_7} + \overline{I_0 I_1 I_2 I_3 I_4} I_5 \overline{I_6 I_7} + \overline{I_0 I_1 I_2 I_3 I_4 I_5 I_6} I_7
\end{aligned} \tag{3.4}$$

如果任何时刻 I_0～I_7 当中仅有一个取值为 1，即输入变量取值的组合仅有表 3.5 中列出的

八种状态，则输入变量为其他取值下其值等于 1 的那些最小项均为约束项。利用这些约束项将式(3.4)化简，得到

$$
\begin{aligned}
Q_2 &= I_4 + I_5 + I_6 + I_7 \\
Q_1 &= I_2 + I_3 + I_6 + I_7 \\
Q_0 &= I_1 + I_3 + I_5 + I_7
\end{aligned}
\tag{3.5}
$$

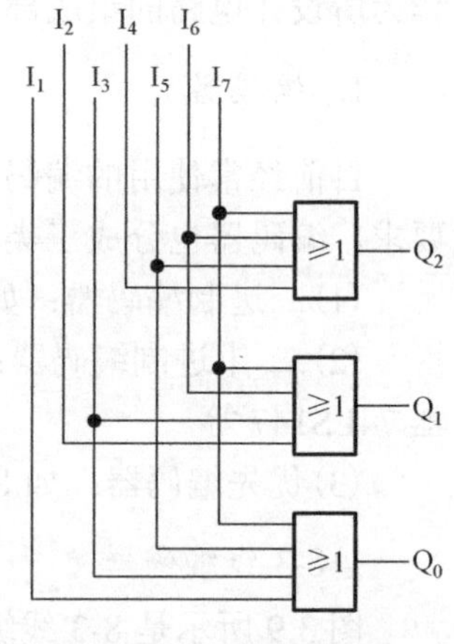

图 3.10　8-3 线编码器

图 3.10 就是根据式(3.5)得出的编码器电路。这个电路是由三个或门组成的。

2) 优先编码器

在优先编码器电路中，允许同时输入两个以上的编码信号。不过在设计优先编码器时已经将所有的输入信号按优先顺序排了队，当几个输入信号同时出现时，只对其中优先权最高的一个进行编码。

图 3.11 是 8-3 线优先编码器 74LS148 的逻辑图。如果不考虑由门 G_1、G_2 和 G_3 构成的附加控制电路，则编码器电路只有图中虚线框以内的这一部分。

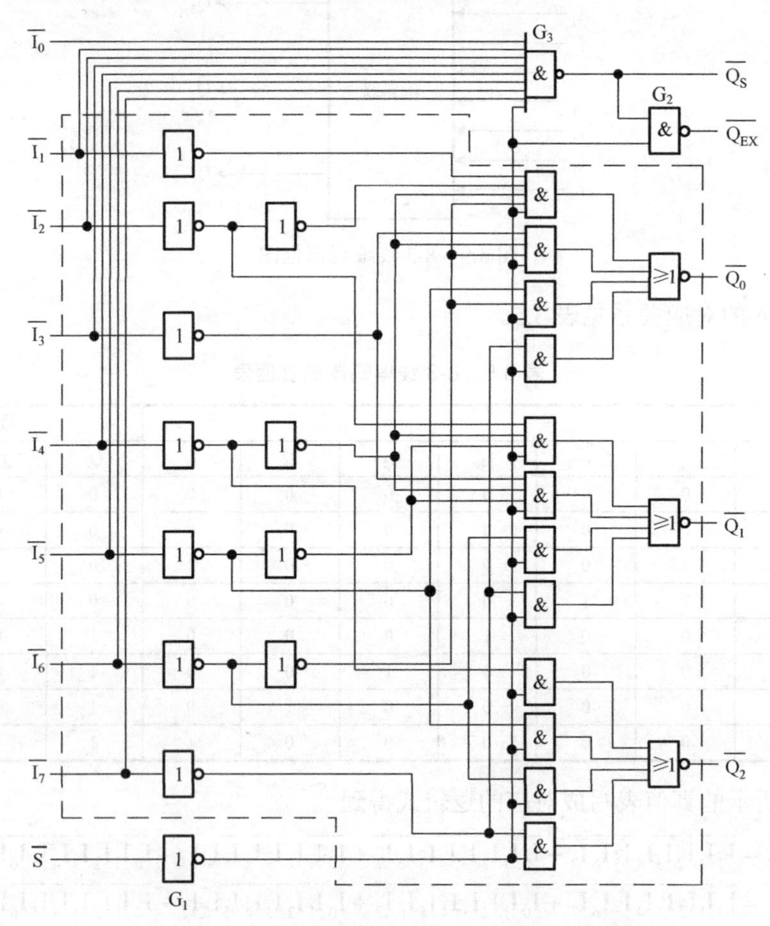

图 3.11　8-3 线优先编码器 74LS148 的逻辑图

由图 3.11 写出逻辑输出的逻辑式，即得到

$$
\begin{aligned}
\overline{Q_2} &= \overline{(I_4+I_5+I_6+I_7)\cdot S} \\
\overline{Q_1} &= \overline{(I_2\overline{I_4}\,\overline{I_5}+I_3\overline{I_4}\,\overline{I_5}+I_6+I_7)\cdot S} \\
\overline{Q_0} &= \overline{(I_1\overline{I_2}\,\overline{I_4}\,\overline{I_6}+I_3\overline{I_4}\,\overline{I_6}+I_5\overline{I_6}+I_7)\cdot S}
\end{aligned}
\tag{3.6}
$$

为了扩展电路的功能和增加使用的灵活性，在 74LS148 的逻辑电路中附加了由门 G_1、G_2 和 G_3 组成的控制电路。其中 $\overline{S}$ 为选通输入端，只有在 $\overline{S}$=0 的条件下，编码器才能正常工作。而当 $\overline{S}$=1 时，所有的输出端均被封锁在高电平。

选通输出端 $\overline{Q_S}$ 和扩展端 $\overline{Q_{EX}}$ 用于扩展编码功能。由图 3.11 可知

$$
\overline{Q_S} = \overline{\overline{I_0}\,\overline{I_1}\,\overline{I_2}\,\overline{I_3}\,\overline{I_4}\,\overline{I_5}\,\overline{I_6}\,\overline{I_7}S}
\tag{3.7}
$$

式(3.7)表明，只有当所有的编码输入端都是高电平(即没有编码输入)，而且 $\overline{S}$=0 时，$\overline{Q_S}$ 才是低电平。因此，$\overline{Q_S}$ 的低电平输出信号表示“电路工作，但无编码输入”。

由图 3.11 还可以写出

$$
\begin{aligned}
\overline{Q_{EX}} &= \overline{\overline{\overline{I_0}\,\overline{I_1}\,\overline{I_2}\,\overline{I_3}\,\overline{I_4}\,\overline{I_5}\,\overline{I_6}\,\overline{I_7}S}\,S} \\
&= \overline{(I_0+I_1+I_2+I_3+I_4+I_5+I_6+I_7)\cdot S}
\end{aligned}
\tag{3.8}
$$

这说明只要任何一个编码器输入端有低电平信号输入，且 $\overline{S}$=0，$\overline{Q_{EX}}$ 即为低电平。因此，$\overline{Q_{EX}}$ 的低电平输出信号表示“电路工作，而且有编码输入”。

根据式(3.6)～式(3.8)可以列出表 3.6 所示的 74LS148 的功能表。它的输入和输出均以低电平作为有效信号。

表 3.6　74LS148 的功能表

输入									输出				
$\overline{S}$	$\overline{I_0}$	$\overline{I_1}$	$\overline{I_2}$	$\overline{I_3}$	$\overline{I_4}$	$\overline{I_5}$	$\overline{I_6}$	$\overline{I_7}$	$\overline{Q_2}$	$\overline{Q_1}$	$\overline{Q_0}$	$\overline{Q_S}$	$\overline{Q_{EX}}$
1	×	×	×	×	×	×	×	×	1	1	1	1	1
0	1	1	1	1	1	1	1	1	1	1	1	0	1
0	×	×	×	×	×	×	×	0	0	0	0	1	0
0	×	×	×	×	×	×	0	1	0	0	1	1	0
0	×	×	×	×	×	0	1	1	0	1	0	1	0
0	×	×	×	×	0	1	1	1	0	1	1	1	0
0	×	×	×	0	1	1	1	1	1	0	0	1	0
0	×	×	0	1	1	1	1	1	1	0	1	1	0
0	×	0	1	1	1	1	1	1	1	1	0	1	0
0	0	1	1	1	1	1	1	1	1	1	1	1	0

由表 3.6 可以看出，在 $\overline{S}$=0 电路正常工作状态下，允许 $\overline{I_0}$ ～ $\overline{I_7}$ 当中同时有几个输入端为低电平，即有编码输入信号。$\overline{I_7}$ 的优先权最高，$\overline{I_0}$ 的优先权最低。当 $\overline{I_7}$=0 时，无论其他输入端有无输入信号(表中以×表示)，输出端只给出 $\overline{I_7}$ 的编码，即 $\overline{Q_2}\cdot\overline{Q_1}\cdot\overline{Q_0}$=000。当 $\overline{I_7}$=1、$\overline{I_6}$=0 时，无论其余输入端有无输入信号，只对 $\overline{I_6}$ 编码，输出为 $\overline{Q_2}\cdot\overline{Q_1}\cdot\overline{Q_0}$=001。其余的输入状态同理。

表 3.6 中出现的三种 $\overline{Q_2}\cdot\overline{Q_1}\cdot\overline{Q_0}$=111 的情况可以用 $\overline{Q_S}$ 和 $\overline{Q_{EX}}$ 的不同状态加以区分。

3) 二-十进制优先编码器

在常用的优先编码器电路中，除了二进制编码器外，还有一类二-十进制优先编码器。它能将$\overline{I_0}\sim\overline{I_9}$ 10 个输入信号分别编成 10 个 BCD 代码。在$\overline{I_0}\sim\overline{I_9}$ 10 个输入信号中$\overline{I_9}$的优先权最高，$\overline{I_0}$的优先权最低。

图 3.12 是二-十进制优先编码器 74LS147 的逻辑图。

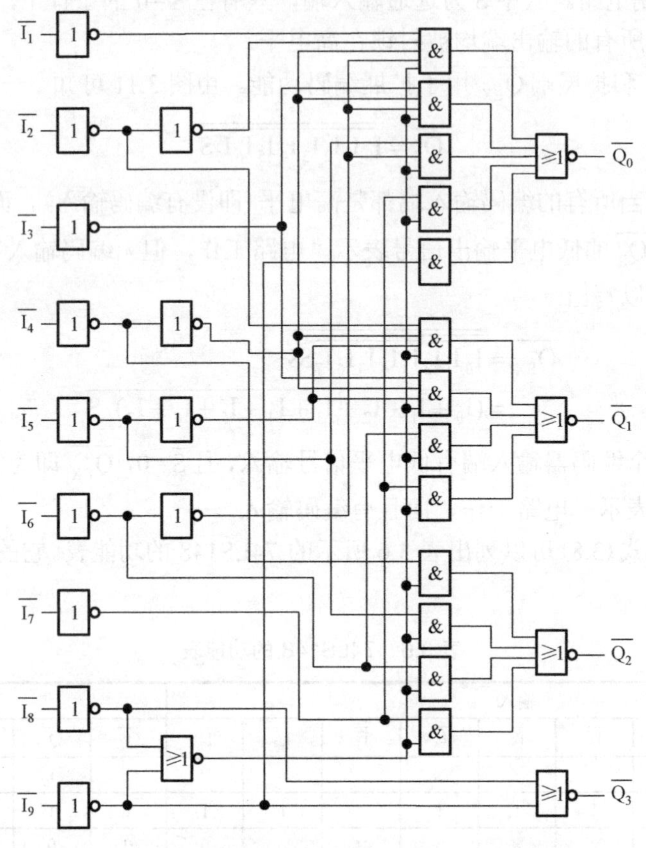

图 3.12 二-十进制优先编码器 74LS147 的逻辑图

由图 3.12 可以得到

$$
\begin{aligned}
\overline{Q_3} &= \overline{I_8 + I_9} \\
\overline{Q_2} &= \overline{I_7\overline{I_8}\,\overline{I_9} + I_6\overline{I_8}\,\overline{I_9} + I_5\overline{I_8}\,\overline{I_9} + I_4\overline{I_8}\,\overline{I_9}} \\
\overline{Q_1} &= \overline{I_7\overline{I_8}\,\overline{I_9} + I_6\overline{I_8}\,\overline{I_9} + I_3\overline{I_4}\,\overline{I_5}\,\overline{I_8}\,\overline{I_9} + I_2\overline{I_4}\,\overline{I_5}\,\overline{I_8}\,\overline{I_9}} \\
\overline{Q_0} &= \overline{I_9 + I_7\overline{I_8}\,\overline{I_9} + I_5\overline{I_6}\,\overline{I_8}\,\overline{I_9} + I_3\overline{I_4}\,\overline{I_6}\,\overline{I_8}\,\overline{I_9} + I_1\overline{I_2}\,\overline{I_4}\,\overline{I_6}\,\overline{I_8}\,\overline{I_9}}
\end{aligned}
\tag{3.9}
$$

将式(3.9)化为真值表的形式，即得到表 3.7。由表 3.7 可知，编码器的输出是反码形式的 BCD 码。优先权以$\overline{I_9}$为最高，$\overline{I_1}$为最低。

2. 译码器

译码器是一种组合逻辑电路，它能够指示规定的组合编码是否出现在其输入端。译码器输入的个数取决于编码的长度或者位数。译码器的输出取决于特定的应用场合。只能检测一种输入组合的译码器的输出只有一个，指示其特定的输入组合是否出现在其输入端。另外，能够检测给定编码中多位组合情况的译码器最多可以有 2^n 个输出，其中 n 是编码的位数。

表 3.7　二-十进制编码器 74LS147 功能表

输入									输出			
$\overline{I_1}$	$\overline{I_2}$	$\overline{I_3}$	$\overline{I_4}$	$\overline{I_5}$	$\overline{I_6}$	$\overline{I_7}$	$\overline{I_8}$	$\overline{I_9}$	$\overline{Q_3}$	$\overline{Q_2}$	$\overline{Q_1}$	$\overline{Q_0}$
1	1	1	1	1	1	1	1	1	1	1	1	1
×	×	×	×	×	×	×	×	0	0	1	1	0
×	×	×	×	×	×	×	0	1	0	1	1	1
×	×	×	×	×	×	0	1	1	1	0	0	0
×	×	×	×	×	0	1	1	1	1	0	0	1
×	×	×	×	0	1	1	1	1	1	0	1	0
×	×	×	0	1	1	1	1	1	1	0	1	1
×	×	0	1	1	1	1	1	1	1	1	0	0
×	0	1	1	1	1	1	1	1	1	1	0	1
0	1	1	1	1	1	1	1	1	1	1	1	0

1) 3-8 线译码器

3-8 线译码器的输入是一组三位的二进制编码，输出的是一组八位的与输入编码一一对应的高、低电平信号。

图 3.13 是 3-8 线译码器的框图。输入的三位二进制编码共有 8 种状态，译码器将每个输入编码译成对应的一根输出线上的高、低电平信号。

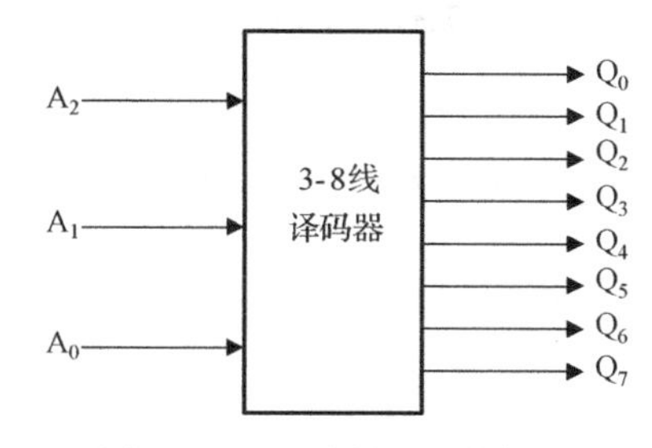

图 3.13　3-8 线译码器的框图

译码器将输入端的每一个输入编码译成对应输出端的高电平信号(或一个 8 位的二进制编码)。它们之间的对应关系见表 3.8。

表 3.8　3-8 线译码器真值表

输入			输出							
A_2	A_1	A_0	Q_7	Q_6	Q_5	Q_4	Q_3	Q_2	Q_1	Q_0
0	0	0	0	0	0	0	0	0	0	1
0	0	1	0	0	0	0	0	0	1	0
0	1	0	0	0	0	0	0	1	0	0
0	1	1	0	0	0	0	1	0	0	0
1	0	0	0	0	0	1	0	0	0	0
1	0	1	0	0	1	0	0	0	0	0
1	1	0	0	1	0	0	0	0	0	0
1	1	1	1	0	0	0	0	0	0	0

实用的译码器电路除了具有编码输入端和译码输出端外，往往还带有附加的选通控制端，以提高使用灵活性。常用的 3-8 线译码器 74LS138 的逻辑电路如图 3.14 所示。

74LS138 的编码输入端为 A_2、A_1、A_0，经一级非门反相后，得 $\overline{A_2}$、$\overline{A_1}$、$\overline{A_0}$，再经一级非门反相后，又得 A_2、A_1、A_0。经一级非门的 $\overline{A_2}$、$\overline{A_1}$、$\overline{A_0}$ 和两级非门的 A_2、A_1、A_0 作为译码门电路的输入信号。74LS138 电路采取这样的连接方式，是为了使编码输入端 A_2、

A_1、A_0 对前级电路而言，其产生的负载仅是一个门。译码输出端为 $\overline{Q_7} \sim \overline{Q_0}$，是反相输出形式，故译码器的译码门电路采用与非门 G_0～G_7 来完成译码。

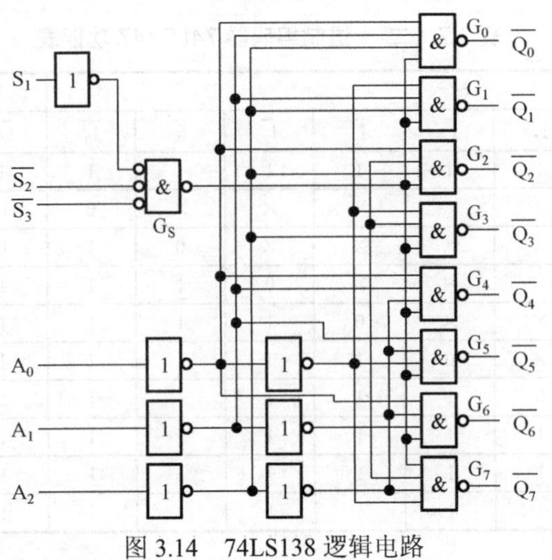

图 3.14 74LS138 逻辑电路

当附加控制门 G_S 的输出为高电平时，由逻辑电路可得译码器的逻辑表达式为

$$
\begin{aligned}
\overline{Q_0} &= \overline{\overline{A_2}\,\overline{A_1}\,\overline{A_0}} \\
\overline{Q_1} &= \overline{\overline{A_2}\,\overline{A_1}\,A_0} \\
\overline{Q_2} &= \overline{\overline{A_2}\,A_1\,\overline{A_0}} \\
\overline{Q_3} &= \overline{\overline{A_2}\,A_1\,A_0} \\
\overline{Q_4} &= \overline{A_2\,\overline{A_1}\,\overline{A_0}} \\
\overline{Q_5} &= \overline{A_2\,\overline{A_1}\,A_0} \\
\overline{Q_6} &= \overline{A_2\,A_1\,\overline{A_0}} \\
\overline{Q_7} &= \overline{A_2\,A_1\,A_0}
\end{aligned}
\tag{3.10}
$$

附加控制门 G_S 接有三个附加的选通控制端 S_1、$\overline{S_2}$、$\overline{S_3}$。当这三个选通控制端均为有效状态，即 $S_1=1$，$\overline{S_2}+\overline{S_3}=0$ 时，G_S 门输出为高电平，使译码器的译码与非门 G_0～G_7 处于开门状态，译码器进入译码工作状态。否则，当 S_1、$\overline{S_2}$、$\overline{S_3}$ 中有一个处于无效状态时，将使 G_S 门输出低电平，G_0～G_7 门全部封锁，输出 $\overline{Q_7} \sim \overline{Q_0}$ 均为高电平。由此可见，选通控制端 S_1、$\overline{S_2}$、$\overline{S_3}$ 的状态决定了译码器是否选通工作，故也称为“片选”输入端。

由以上分析可得 74LS138 的功能(表 3.9)。

3-8 线译码器 74LS138 附加的选通控制端 S_1、$\overline{S_2}$、$\overline{S_3}$ 使其在应用和扩展方面具有很大的灵活性。合理地利用选通控制端将使译码器的功能和可扩展性得到较大的增强。例如，利用选通控制端可以很方便地将多片 74LS138 连接起来，构成译码线数更多的译码器。

2) 74LS138 的简单应用

以 3-8 线译码器 74LS138 扩展构成 4-16 线译码器，将输入的 4 位二进制编码 $D_3D_2D_1D_0$ 译成 16 个低电平有效的输出 $\overline{Q_0} \sim \overline{Q_{15}}$。

表 3.9　3-8 线译码器 74LS138 的功能表

输入					输出							
S_1	$\overline{S_2}+\overline{S_3}$	A_2	A_1	A_0	$\overline{Q_0}$	$\overline{Q_1}$	$\overline{Q_2}$	$\overline{Q_3}$	$\overline{Q_4}$	$\overline{Q_5}$	$\overline{Q_6}$	$\overline{Q_7}$
×	1	×	×	×	1	1	1	1	1	1	1	1
0	×	×	×	×	1	1	1	1	1	1	1	1
1	0	0	0	0	0	1	1	1	1	1	1	1
1	0	0	0	1	1	0	1	1	1	1	1	1
1	0	0	1	0	1	1	0	1	1	1	1	1
1	0	0	1	1	1	1	1	0	1	1	1	1
1	0	1	0	0	1	1	1	1	0	1	1	1
1	0	1	0	1	1	1	1	1	1	0	1	1
1	0	1	1	0	1	1	1	1	1	1	0	1
1	0	1	1	1	1	1	1	1	1	1	1	0

由于 74LS138 是 3-8 线译码器，每一个芯片的译码输出线为 8 条，故构成 4-16 线译码器需要两个芯片，称为芯片(1)和芯片(2)。

以芯片(1)的输出 $\overline{Q_0}\sim\overline{Q_7}$ 作为译码输出的 $\overline{Z_0}\sim\overline{Z_7}$ 端，芯片(2)的输出 $\overline{Q_0}\sim\overline{Q_7}$ 作为译码输出的 $\overline{Z_8}\sim\overline{Z_{15}}$ 端。由于 $\overline{Z_0}\sim\overline{Z_7}$ 和 $\overline{Z_8}\sim\overline{Z_{15}}$ 所对应的输入编码的低三位均是 000～111，故可将芯片(1)和芯片(2)的编码输入端 A_2、A_1、A_0 分别并联后，作为输入编码的低三位 $D_2D_1D_0$ 的输入端。而确定到底是 $\overline{Z_0}\sim\overline{Z_7}$ 中的某一位将被译中还是 $\overline{Z_8}\sim\overline{Z_{15}}$ 中的某一位将被译中则应由输入编码的 D_3 位来完成。当 $D_3=0$ 时，应是 $\overline{Z_0}\sim\overline{Z_7}$ 中的某一位将被译中；而当 $D_3=1$ 时，应是 $\overline{Z_8}\sim\overline{Z_{15}}$ 中的某一位将被译中。因此，应将 D_3 接于芯片(1)的 $\overline{S_2}$、$\overline{S_3}$ 端和芯片(2)的 S_1 端，使当 $D_3=0$ 时，芯片(1)处于选通工作状态，芯片(2)处于封锁状态，只有 $\overline{Z_0}\sim\overline{Z_7}$ 中的某一位可被译中；而当 $D_3=1$ 时，芯片(1)处于封锁状态，芯片(2)处于选通工作状态，只有 $\overline{Z_8}\sim\overline{Z_{15}}$ 中的某一位才可能被译中。

根据以上分析可得出以两片 74LS138 扩展构成的 4-16 线译码器如图 3.15 所示。

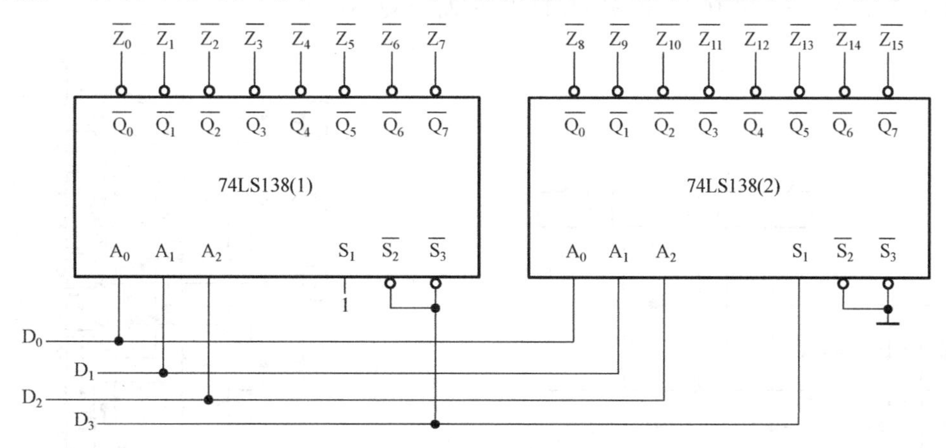

图 3.15　74LS138 扩展构成的 4-16 线译码器

此时两片 74LS138 的输出分别是

$$
\begin{aligned}
&\overline{Z_0}=\overline{\overline{D_3}\,\overline{D_2}\,\overline{D_1}\,\overline{D_0}}, &\quad& \overline{Z_8}=\overline{D_3\overline{D_2}\,\overline{D_1}\,\overline{D_0}} \\
&\overline{Z_1}=\overline{\overline{D_3}\,\overline{D_2}\,\overline{D_1}D_0}, && \overline{Z_9}=\overline{D_3\overline{D_2}\,\overline{D_1}D_0} \\
&\qquad\vdots && \qquad\vdots \\
&\overline{Z_7}=\overline{\overline{D_3}D_2D_1D_0}, && \overline{Z_{15}}=\overline{D_3D_2D_1D_0}
\end{aligned}
\tag{3.11}
$$

显然，此电路将 4 位二进制编码 $D_3D_2D_1D_0$ 译成了 16 个低电平有效的输出 $\overline{Z_0}\sim\overline{Z_{15}}$，构成了 4-16 线译码器。

3) 2-4 线译码器

2-4 线译码器两个输入信号分别用 A、B 表示，4 个输出信号分别用 Q_0、Q_1、Q_2、Q_3 表示，输出信号为低电平有效，AB=00、AB=01、AB=10、AB=11 分别对应 Q_0、Q_1、Q_2、Q_3 信号。2-4 线译码器的真值表如表 3.10 所示。

表 3.10　2-4 线译码器真值表

输入		输出				输入		输出			
A	B	Q_0	Q_1	Q_2	Q_3	A	B	Q_0	Q_1	Q_2	Q_3
0	0	0	1	1	1	1	0	1	1	0	1
0	1	1	0	1	1	1	1	1	1	1	0

由表 3.10 可以写出 Q_0、Q_1、Q_2、Q_3 各输出信号的逻辑表达式为

$$
Q_0=\overline{\overline{A}\,\overline{B}},\quad Q_1=\overline{\overline{A}B},\quad Q_2=\overline{A\overline{B}},\quad Q_3=\overline{AB}
\tag{3.12}
$$

用门电路实现 2-4 线译码器的逻辑电路图如图 3.16 所示。

4) 二-十进制译码器

二-十进制译码器的逻辑功能是将输入的十进制BCD码译成10个高电平或者低电平有效的输出信号。

图 3.17 是二-十进制译码器 74LS42 的逻辑电路图。由图可见，74LS42 只有 4 位 BCD 输入端 A_3、A_2、A_1、A_0 和 10 位译码信号输出端 $\overline{Q_0}\sim\overline{Q_9}$。

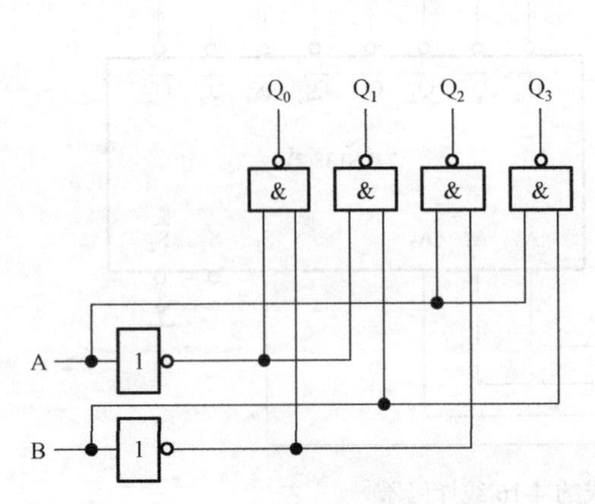

图 3.16　2-4 线译码器逻辑电路图

图 3.17　二-十进制译码器 74LS42 的逻辑电路图

根据逻辑电路图可得逻辑函数式为

$$
\begin{aligned}
&\overline{Q_0}=\overline{\overline{A_3}\,\overline{A_2}\,\overline{A_1}\,\overline{A_0}}, &\quad& \overline{Q_5}=\overline{\overline{A_3}A_2\overline{A_1}A_0}\\
&\overline{Q_1}=\overline{\overline{A_3}\,\overline{A_2}\,\overline{A_1}A_0}, && \overline{Q_6}=\overline{\overline{A_3}A_2A_1\overline{A_0}}\\
&\overline{Q_2}=\overline{\overline{A_3}\,\overline{A_2}A_1\overline{A_0}}, && \overline{Q_7}=\overline{\overline{A_3}A_2A_1A_0}\\
&\overline{Q_3}=\overline{\overline{A_3}\,\overline{A_2}A_1A_0}, && \overline{Q_8}=\overline{A_3\overline{A_2}\,\overline{A_1}\,\overline{A_0}}\\
&\overline{Q_4}=\overline{\overline{A_3}A_2\overline{A_1}\,\overline{A_0}}, && \overline{Q_9}=\overline{A_3\overline{A_2}\,\overline{A_1}A_0}
\end{aligned}
\tag{3.13}
$$

对于十进制 BCD 码以外的 1010～1111 六个伪码，由于 74LS42 的十个译码与非门均不会得到满足译码条件的地址输入，故$\overline{Q_0}$～$\overline{Q_9}$输出端均输出高电平，表示输出无效。因此，74LS42 有拒绝伪码的功能。表 3.11 为二-十进制译码器 74LS42 真值表。

表 3.11　二-十进制译码器 74LS42 真值表

序号	输入				输出									
	A_3	A_2	A_1	A_0	$\overline{Q_0}$	$\overline{Q_1}$	$\overline{Q_2}$	$\overline{Q_3}$	$\overline{Q_4}$	$\overline{Q_5}$	$\overline{Q_6}$	$\overline{Q_7}$	$\overline{Q_8}$	$\overline{Q_9}$
0	0	0	0	0	0	1	1	1	1	1	1	1	1	1
1	0	0	0	1	1	0	1	1	1	1	1	1	1	1
2	0	0	1	0	1	1	0	1	1	1	1	1	1	1
3	0	0	1	1	1	1	1	0	1	1	1	1	1	1
4	0	1	0	0	1	1	1	1	0	1	1	1	1	1
5	0	1	0	1	1	1	1	1	1	0	1	1	1	1
6	0	1	1	0	1	1	1	1	1	1	0	1	1	1
7	0	1	1	1	1	1	1	1	1	1	1	0	1	1
8	1	0	0	0	1	1	1	1	1	1	1	1	0	1
9	1	0	0	1	1	1	1	1	1	1	1	1	1	0
伪码	1	0	1	0	1	1	1	1	1	1	1	1	1	1
	1	0	1	1	1	1	1	1	1	1	1	1	1	1
	1	1	0	0	1	1	1	1	1	1	1	1	1	1
	1	1	0	1	1	1	1	1	1	1	1	1	1	1
	1	1	1	0	1	1	1	1	1	1	1	1	1	1
	1	1	1	1	1	1	1	1	1	1	1	1	1	1

由于 74LS42 没有附加的选通控制端，应用的灵活性显得不足，故在实用中常以 4-16 线译码器 74LS154 来取代 74LS42，利用 74LS154 的前 10 条输出线$\overline{Q_0}$～$\overline{Q_9}$同样可以完成二-十进制译码器的逻辑功能。

5) 数码管

为了能将逻辑电路的输出结果直观地显示出来，就需要各种显示装置。目前广泛使用数码管来显示逻辑电路中的十进制数码。数码管也称作字符显示器，其外形如图 3.18(a)所示。它由可拼合出数字 0～9 的七个显示线段及一个小数点构成。常用的显示数码管主要有发光二极管数码管和液晶数码管两种：发光二极管数码管简称 LED 数码管，液晶数码管简称 LCD 数码管。

LED 数码管由构成 7 个显示线段及一个小数点的 8 只发光二极管组成，通过控制构成七个显示线段的发光二极管的亮、灭组合，就可以显示出 0～9 十个数字。此外，还可通过控制构成小数点的发光二极管的亮、灭来显示小数点的状态。

LED 数码管的内部连接有共阳极和共阴极两种。共阳极 LED 数码管的内部电路如图 3.18(b)所示，其 8 只发光二极管的阳极并联在一起，作为一个公共端引出，而 8 只发光二极管的阴极各自作为一个端子引出，其引脚符号记为 a～h。共阴极 LED 数码管的内部电路如图 3.18(c)所示，其 8 只发光二极管的阴极并联在一起，作为一个公共端引出，而 8 只发光二极管的阳极各自作为一个端子引出，其引脚符号也记为 a～h。共阳极和共阴极 LED 数码管的外观是一样的，但由于其发光二极管的内部连接方式不同，故使用时的驱动方式也有所区别。

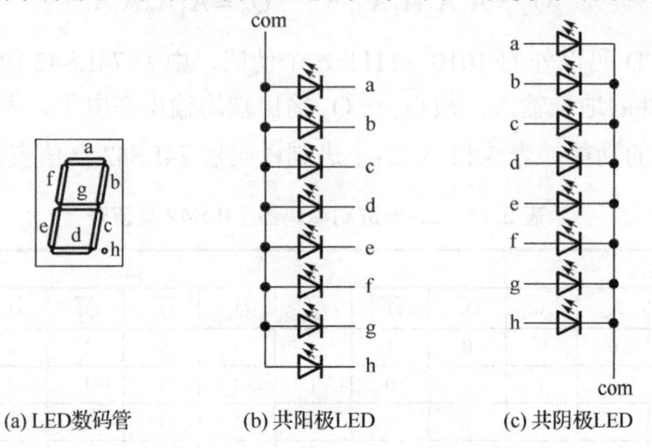

图 3.18　LED 数码管及内部连接

LCD 数码管的七个显示线段及一个小数点均是由液晶构成的。液晶是一种既具有液体的流动性又具有光学特性的有机化合物，它的透明度和呈现的颜色受外加电场的影响。液晶数码管的显示线段结构如图 3.19 所示，其上方是一个透明电极，下方是一个反射电极，液晶夹在两个电极之间。在没有外加电场的情况下，液晶的分子按一定取向整齐地排列着，这时液晶是透明的，相当于没有显示此线段。当在液晶上、下方的电极加上电压后，液晶分子因电离而产生正离子，这些正离子在电场的作用下运动并碰撞其他液晶分子，破坏了液晶分子的整齐排列，这时液晶就呈现浑浊状态，其颜色变为暗灰色，相当于显示此线段。为了保持离子撞击液晶分子的过程不断进行，通常在液晶显示器的两个电极上加数十至数百赫兹频率的交变电压，利用电场的不断交替来保持离子的不停运动。

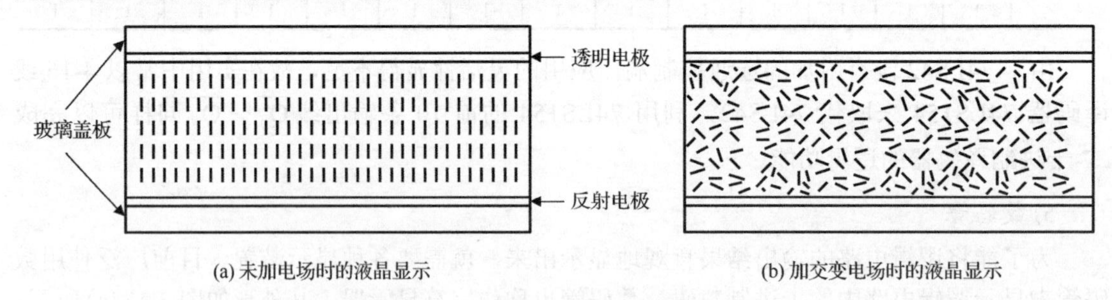

图 3.19　液晶显示器的结构和显示原理

LED 数码管和 LCD 数码管均具有很好的使用性能。LED 数码管具有亮度高、响应时间短(一般不超过 0.1μs)的优点，但缺点是工作电流比较大，每个显示段的工作电流为 10mA 左右。LCD 数码管的特点是功耗极低，每平方厘米功耗在 1μW 以下，但由于液晶本身不会发光，仅靠反射外界的光线来显示，故亮度很低。因此，液晶显示器的响应速度也较低(在 10～200ms 范围)。这两种数码显示器常常根据自身的特点用于不同的领域。

6）BCD-七段显示译码器

要将数字系统中的 BCD 码通过 LED 数码管或者 LCD 数码管显示出来，首先要解决的问题就是将十进制 BCD 码“翻译”成点亮数码管的七个显示段中相应显示段的驱动信号。为此，TTL 和 CMOS 集成电路中均专门设计有 BCD-七段显示译码器芯片，以实现对于 LED 数码管或 LCD 数码管的驱动。

74LS246 是用于驱动共阳极 LED 数码管的 BCD-七段显示译码器，它的输出级采用集电极开路形式，输出状态为低电平或高阻态。74LS246 具有很强的输出驱动能力，其输出级在输出低电平时的最大输出电流可达 40mA，输出高阻态时的耐压可达 30V。

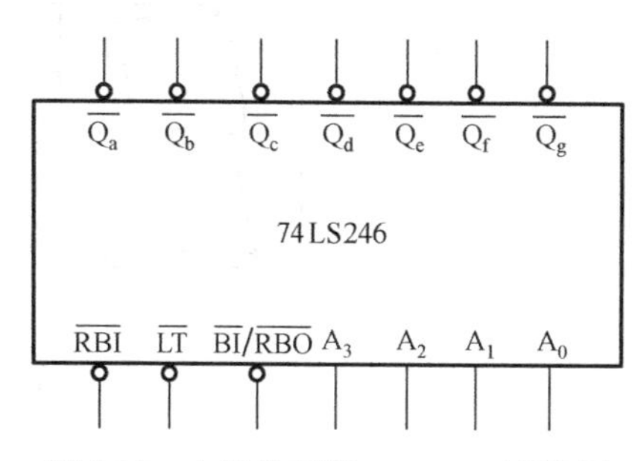

图 3.20　七段数码管 74LS246 引脚图

74LS246 的芯片框图和译码真值表分别如图 3.20 和表 3.12 所示。

表 3.12　BCD-七段显示译码器 74LS246 的真值表

数码	输入				输出							字形
	A_3	A_2	A_1	A_0	$\overline{Q_a}$	$\overline{Q_b}$	$\overline{Q_c}$	$\overline{Q_d}$	$\overline{Q_e}$	$\overline{Q_f}$	$\overline{Q_g}$	
0	0	0	0	0	0	0	0	0	0	0	1	0
1	0	0	0	1	1	0	0	1	1	1	1	1
2	0	0	1	0	0	0	1	0	0	1	0	2
3	0	0	1	1	0	0	0	0	1	1	0	3
4	0	1	0	0	1	0	0	1	1	0	0	4
5	0	1	0	1	0	1	0	0	1	0	0	5
6	0	1	1	0	0	1	0	0	0	0	0	6
7	0	1	1	1	0	0	0	1	1	1	1	7
8	1	0	0	0	0	0	0	0	0	0	0	8
9	1	0	0	1	0	0	0	0	1	0	0	9
10	1	0	1	0	1	1	1	0	0	1	0	
11	1	0	1	1	1	1	0	0	1	1	0	
12	1	1	0	0	1	0	1	1	1	0	0	
13	1	1	0	1	0	1	1	0	1	0	0	
14	1	1	1	0	1	1	1	0	0	0	0	
15	1	1	1	1	1	1	1	1	1	1	1	

其中，A_3～A_0 是 BCD 码的输入端，此输入端接入的 4 位 BCD 码经译码器的译码后，产生驱动共阳极 LED 数码管的 7 个输出信号 $\overline{Q_a}$～$\overline{Q_g}$，用于连接共阳极 LED 数码管的 7 个数码显示段 a～g(不包括小数点的驱动)。

74LS246 与共阳极 LED 数码管的基本连接示意图如图 3.21 所示。图中，共阳极 LED 数码管的阳极公共端接高电平，7 个数码显示段的引脚 a～g 分别接在 74LS246 的输出端 $\overline{Q_a}$～$\overline{Q_g}$ 上。于是，当 74LS246 的某输出端输出低电平时，数码管中的相应显示段就将被点亮，而当某输出端输出为高阻时，数码管中的相应显示段就将被熄灭。因此，74LS246 的输出信号 $\overline{Q_a}$～$\overline{Q_g}$ 是低电平有效的信号。即对输入的 BCD 码 A_3～A_0 译码后，LED 数码管应点亮的显示段所对应的驱动信号为低电平，而不应点亮的显示段对应的驱动信号为高阻态。

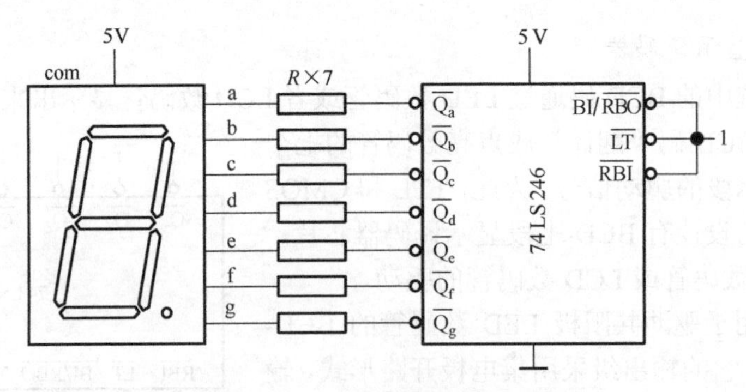

图 3.21 LED 数码管驱动电路

由于 74LS246 的输出驱动电流较大，因此在实际的显示电路中，往往应在共阳极 LED 数码管的引脚 a～g 与 74LS246 的输出端 $\overline{Q_a}$ ～ $\overline{Q_g}$ 之间串入适当阻值的电阻，以限制流过 LED 数码管中发光二极管的电流，防止发光二极管因电流过大而损坏。

74LS246 除了可对输入的 0000～1001 范围内的 BCD 码进行显示译码，还规定了输入为 1010～1111 这六个状态下显示的字形。但由于这些字形比较奇异，故在实际应用中很少使用。

3. *加法器*

加法器是一种算数运算电路，其基本功能是实现两个二进制数的加法运算。然而，由于二进制数的特点，实际上二进制数的减法运算、乘法运算和除法运算均可由加法器及辅助电路来完成，因此电子计算机的运算器往往是通过加法器来最终完成各种算数运算的。

1) 1 位加法器

(1) 半加器。

仅对两个 1 位二进制数 A、B 进行加法运算，而不考虑来自低位的进位，称为半加。实现半加运算功能的电路称为半加器。

根据二进制加法运算法则，可以列出两个 1 位二进制数 A、B 进行“半加”运算的真值表如表 3.13 所示。其中 A、B 是两个加数，S 是相加的和，CO 是相加后向高位的进位。

由半加器运算的真值表可得出半加器的逻辑表达式，即

$$\begin{aligned} S &= \overline{A}B + A\overline{B} = A \oplus B \\ CO &= AB \end{aligned} \tag{3.14}$$

由此逻辑表达式可得出半加器的逻辑电路如图 3.22 (a) 所示。此外，半加器还有专门的逻辑符号，如图 3.22 (b) 所示。

表 3.13 半加器真值表

输入		输出	
A	B	S	CO
0	0	0	0
0	1	1	0
1	0	1	0
1	1	0	1

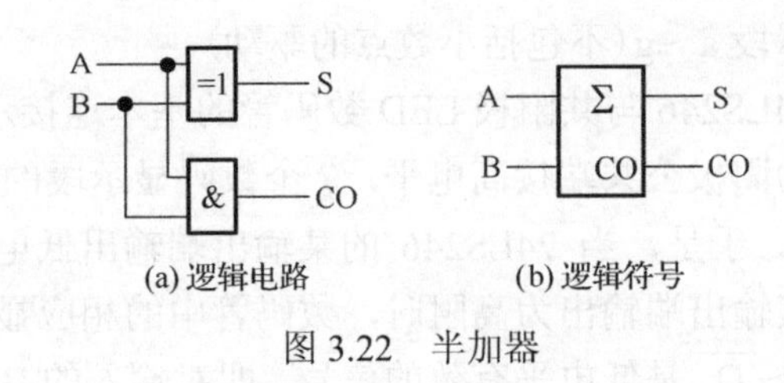

图 3.22 半加器

(2) 全加器。

在将两个多位的二进制数相加时，除了最低位，其余各位均需考虑来自低位的进位。因

此，这些位的加法运算应由全加器来完成。

可对两个 1 位二进制数 A、B 连同低位的进位 CI 进行的加法运算称为全加。实现全加运算功能的电路称为全加器。

根据二进制加法运算法则，不难列出两个 1 位二进制数 A、B 以及低位进位 CI 进行“全加”运算的真值表如表 3.14 所示。其中 A、B 是两个加数，CI 是低位的进位，S 是相加的和，CO 是相加后向高位的进位。

由全加运算的真值表可得出全加器的逻辑表达式为

表 3.14 全加器真值表

输入			输出	
CI	A	B	S	CO
0	0	0	0	0
0	0	1	1	0
0	1	0	1	0
0	1	1	0	1
1	0	0	1	0
1	0	1	0	1
1	1	0	0	1
1	1	1	1	1

$$
\begin{aligned}
S &= \overline{A}B\overline{CI} + A\overline{B}\overline{CI} + \overline{A}\overline{B}CI + ABCI \\
&= (\overline{A}B + A\overline{B})\overline{CI} + (\overline{A}\overline{B} + AB)CI \\
&= (A \oplus B)\overline{CI} + \overline{(A \oplus B)}CI \\
&= A \oplus B \oplus CI
\end{aligned} \tag{3.15}
$$

$$
\begin{aligned}
CO &= AB\overline{CI} + \overline{A}B \cdot CI + A\overline{B} \cdot CI + AB \cdot CI \\
&= AB + A \cdot CI + B \cdot CI \\
&= AB + (A + B)CI
\end{aligned} \tag{3.16}
$$

式(3.15)表明，当 A、B 和 CI 中 1 的个数为奇数时，S=1。而式(3.16)则表示有两种情况可使 CO=1，其一为当 AB=1 时，其二为 A+B=1 且 CI=1 时。

由逻辑式可得全加器电路如图 3.23(a)所示。实际上，化简时若充分考虑 S、CO 两个函数中的相同部分并保留，使某些逻辑门可以为两个逻辑函数所共用，则最后所得电路比图 3.23(a)所示还要简化。但考虑后面的超前进位加法器还要用到式(3.15)和式(3.16)的结果，故此处的逻辑电路不是最简的。此外，全加器还有专门的逻辑符号，如图 3.23(b)所示。

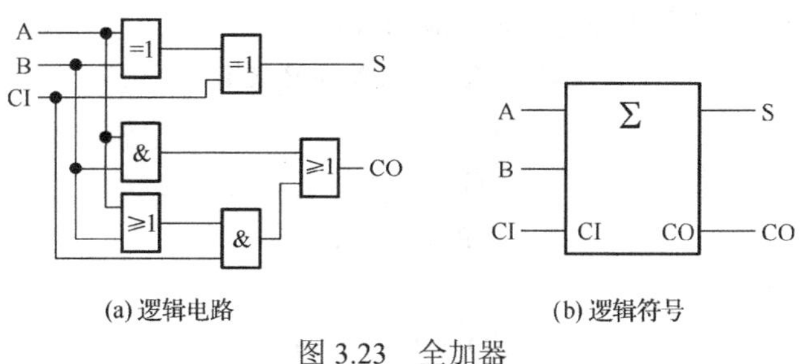

(a) 逻辑电路　　(b) 逻辑符号

图 3.23 全加器

2) 多位加法器

(1) 串行进位加法器。

两个多位的二进制数相加时，可以模仿手工计算的方式，首先求出最低位的和，并将进位向高位传递，随后由低向高逐次求各个高位的全加和，并依次将进位向高位传递，直至最高位。以此方式，可以使用多个全加器，依次将低位全加器的进位输出端 CO 接到高位全加器的进位输入端 CI，就可以构成多位加法器了。

图 3.24 就是根据上述原理构成的 4 位加法器。其进位信号是串行传递的，故称串行进位加法器。它的结构简单，但每一位的相加结果都必须等到低一位的进位产生后才能建立。在

最不利的情况下，做一次4位加法运算需要经过4个全加器的传输延迟时间，显然运算速度比较慢。因此，串行进位加法器只能用于对运算速度要求不高的场合。

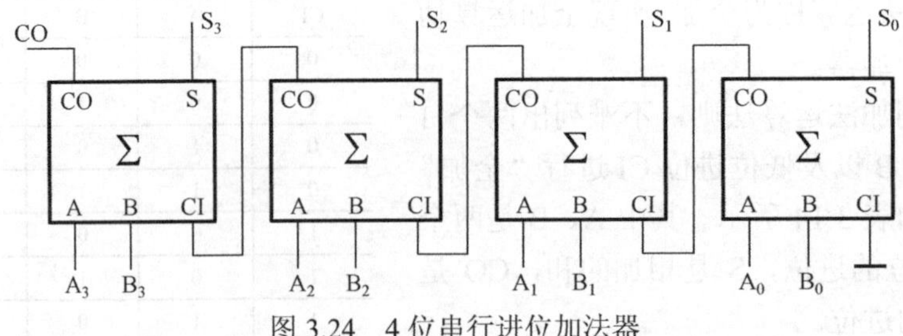

图 3.24　4位串行进位加法器

在一个并行加法器里，处理进位的方法有两种：串行进位加法器和超前进位加法器。串行进位加法器是每一个全加器的进位输出与下一级较高位的进位输入相连。只有当产生了这个进位输入时，才会产生和以及进位输出，但是这样会大大降低相加的速度。

为了避免这种并行进位加法所浪费的时间，提高相加的速度，可以采用超前进位相加法。

(2) 超前进位加法器。

超前进位加法器实现预测每一级的位输入，利用进位生成或进位传送产生每一级的进位输出。

设两个数 $A_nA_{n-1}\cdots A_2A_1A_0$ 与 $B_nB_{n-1}\cdots B_2B_1B_0$ 相加，在相加之前，通过 A_0、B_0 的值就可以判断出此位是否会产生对 A_1、B_1 位的进位，或者说通过 A_0、B_0 就可超前确定 CI_1 的值；而通过 A_1、B_1 的值以及 A_0、B_0 产生的进位 CI_1，又可以判断出是否会产生对 A_2、B_2 位的进位，即由 A_1、B_1 以及 A_0、B_0 就可以超前确定 CI_2 的值。如此向前引申，必可由 $A_{n-1}\cdots A_2A_1A_0$ 与 $B_{n-1}\cdots B_2B_1B_0$ 的值超前推导出对于 A_n、B_n 位的进位 CI_n。以此方式，在加法运算之前就可以超前得知每一位的进位情况，这样，就可使各位全加器同时并行地完成多位的加法运算。采用这种方式运算的加法器称为超前进位加法器。

下面具体分析上述超前进位的求取方法。为分析多位加法运算的进位情况，将全加器的进位逻辑函数式(3.16)改写为式(3.17)的一般形式：

$$CO_i = A_iB_i + (A_i + B_i)CI_i \tag{3.17}$$

令

$$G_i = A_iB_i$$
$$P_i = A_i + B_i$$

则式(3.17)可简记为

$$CO_i = G_i + P_iCI_i \tag{3.18}$$

由于

$$CI_i = CO_{i-1}$$

故式(3.18)可展开为

$$\begin{aligned}CO_i &= G_i + P_iCI_i \\ &= G_i + P_i(G_{i-1} + P_{i-1}CI_{i-1}) \\ &= G_i + P_iG_{i-1} + P_iP_{i-1}(G_{i-2} + P_{i-2}CI_{i-2}) \\ &\ \ \vdots \\ &= G_i + P_iG_{i-1} + P_iP_{i-1}G_{i-2} + \cdots + P_iP_{i-1}\cdots P_1G_0 + P_iP_{i-1}\cdots P_0CI_0\end{aligned} \tag{3.19}$$

由于最低位的进位 CI_0 是可事先确定的，因此根据进行加法运算的两个加数 $A_nA_{n-1}\cdots A_2A_1A_0$ 与 $B_nB_{n-1}\cdots B_2B_1B_0$，根据式(3.19)就可超前求得各个位的进位 CO_i。

再将全加器的求和逻辑式(3.15)改写为式(3.20)的一般形式：

$$\begin{aligned} S_i &= A_i \oplus B_i \oplus CI_i \\ &= A_i \oplus B_i \oplus CO_{i-1} \end{aligned} \tag{3.20}$$

根据逻辑函数式(3.19)和式(3.20)就可得出超前进位加法器。

图 3.25 就是 4 位超前进位加法器 74LS283 的电路结构图。在此电路中，为了能使求进位 CO_i 的电路以及求和 S_i 的电路共用 A_iB_i 及 A_i+B_i 这两个由与门和或门产生的中间结果以简化电路，将式(3.20)中的 $A_i \oplus B_i$ 进行了变形：

$$\begin{aligned} A_i \oplus B_i &= \overline{A_i}B_i + A_i\overline{B_i} \\ &= (\overline{A_i} + \overline{B_i}) \cdot (A_i + B_i) \\ &= \overline{A_iB_i} \cdot (A_i + B_i) \end{aligned} \tag{3.21}$$

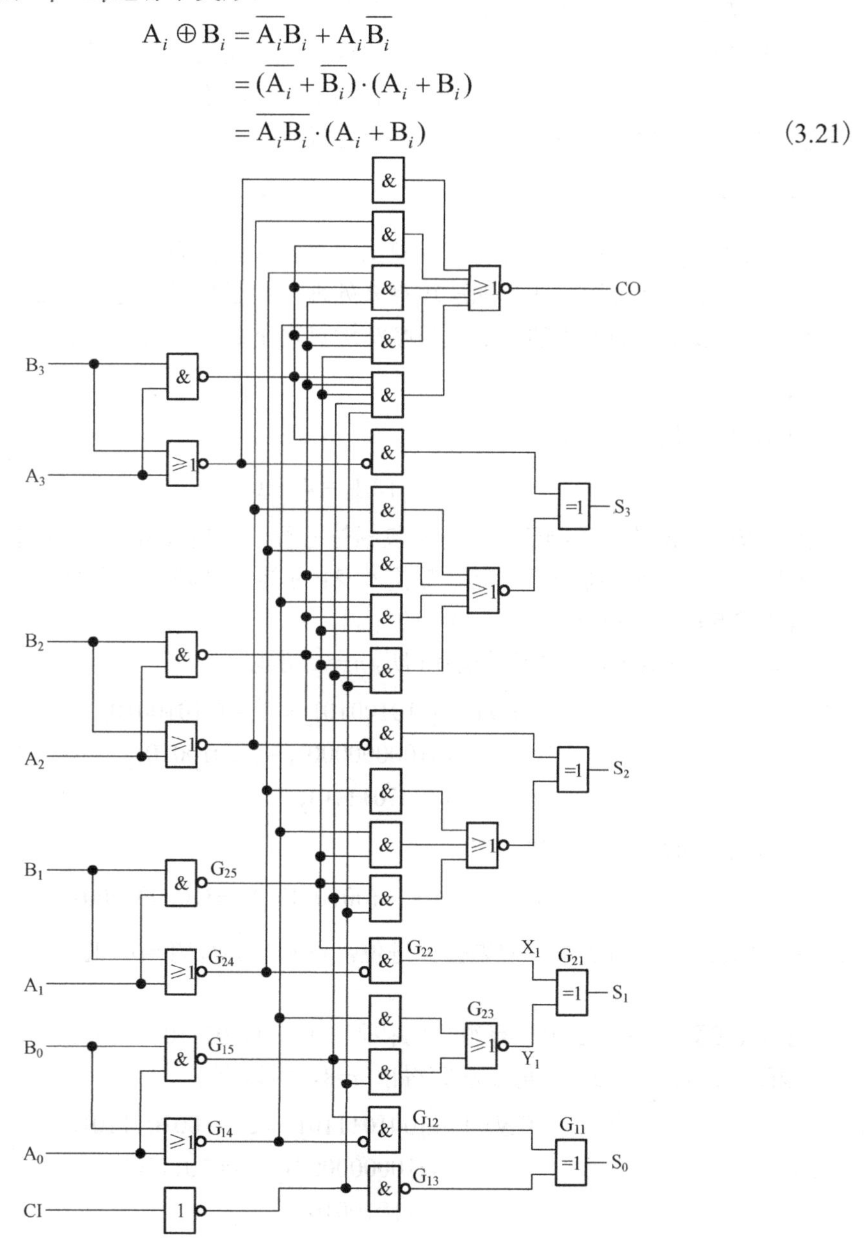

图 3.25　4 位超前进位加法器 74LS283 的电路结构图

故图 3.25 中的 X_1 即为 $A_i \oplus B_i$，而

$$\begin{aligned} Y_1 &= \overline{\overline{A_0 + B_0} + \overline{CI_0 A_0 B_0}} \\ &= A_0 B_0 + (A_0 + B_0) CI_0 \\ &= CO_0 = CI_1 \end{aligned}$$

可见，电路中的 CO_0 和 S_1 与式(3.19)和式(3.21)完全一致。

从图 3.25 所示的 4 位超前进位加法器 74LS283 的电路结构图可见，两个加数从输入加法器到和的产生只需要经过三级门电路的延迟时间，等价于 1 位全加器的延迟时间，因此，其运算速度比串行进位加法器大大增加了。但超前进位加法器电路也比串行进位加法器要复杂多了，特别是当位数增加时，电路的复杂程度将急剧上升。

74LS283 的扩展非常容易，只要将适当数量的加法器芯片级联，即可实现任何两个相同位数的二进制数的加法运算。但需要注意的是，如此连接构成的多位加法器其芯片内部是超前进位的，而芯片之间的连接是串行进位方式。

4. *减法器*

与加法一样，减法运算可以采用减法器来实现。但为了简化系统结构，通常不另行设计减法器，而是将减法运算变为加法运算来处理，使运算器既能实现加法运算，又可以实现减法运算。一般采用加补码的方法代替减法运算，下面介绍这种方法的原理。

1) 补码的定义

$(N)_2$ 的补码的定义为

$$[N]_2 = 2^n - (N)_2 \tag{3.22}$$

式中，$(N)_2$ 为 N 的二进制数，本身不包括符号位，只是数值本身；$[N]_2$ 为 N 的补码，二进制数形式，本身不包括符号位，只是数值本身；n 为二进制数的位数。

【例 3.5】 求 $(N)_2=(11010010)_2$ 的补码，并验证 $(N)_2+[N]_2=0$。

解：从 $(11010010)_2$ 中可以观察得出 $n=8$，所以有

$$\begin{aligned} [N]_2 = [11010010]_2 &= 2^8 - (11010010)_2 \\ &= (100000000)_2 - (11010010)_2 \\ &= (00101110)_2 \end{aligned}$$

对 $(N)_2$ 和 $[N]_2$ 做加运算，即

$$(11010010)_2 + (00101110)_2 = (100000000)_2$$

式中，最左边的 1 为进位，如果丢掉进位，可知 $(N)_2+[N]_2=0$，也就是说，可以用 $[N]_2$ 来表示 $-(N)_2$。

【例 3.6】 求例 3.5 中计算得到的补码 $[N]_2=(00101110)_2$ 的补码。

解：从 $(00101110)_2$ 中可以观察得出 $n=8$，所以有

$$\begin{aligned} [[N]_2]_2 = [00101110]_2 &= 2^8 - (00101110)_2 \\ &= (100000000)_2 - (00101110)_2 \\ &= (11010010)_2 \end{aligned}$$

此外，$[[N]_2]_2$ 与例 3.5 中的 $(N)_2$ 相等。

从例 3.6 中可以得出，对一个数两次求补码的结果还是这个数本身，即

$$[[N]_2]_2 = [-(N)_2]_2 = -(-(N)_2)_2 = (N)_2$$

2) 求补码的算法

从上面补码的定义来求补码比较麻烦，下面给出两个比较简便的算法。

(1) 算法一：从最低位开始向最高位依次观察，碰到的第一个 1 保留，从这一位往左，将所有位求反，就得到了这个数的补码。

【例 3.7】 求 $(N)_2$=(01100100)$_2$ 的补码。

解： N=0 1 1 0 0 1 0 0

$[N]_2$=1 0 0 1 1 1 0 0

(2) 算法二：将所有位求反后再加 1 即可得到补码。

3) 数的真值

因为在一般情况下，数总是有正数和负数之分，所以这里讨论有符号数。对于有符号数，数的真值表示方法是，数值的前面加上相应的正号“+”或负号“-”。例如，+(1101.001)$_2$、-(1101.001)$_2$。

在数字系统中，有符号数表示为机器数(二进制数)，正数的符号和负数的符号也用数字表示，正数的符号用“0”表示，负数的符号用“1”表示，即符号与数值部分统一用二进制代码表示。在机器数中根据数值部分形成的规则不同又分为原码、反码和补码。对于正数来说，原码、反码和补码均相同。下面重点讨论负数的原码、反码和补码。

4) 原码系统

原码也称为符号-数值码(sign-magnitude code)。例如，$(-13)_{10}=-(1101)_2=(11101)_{2sm}$，其中，第一个数$(-13)_{10}$是十进制数；第二个数$-(1101)_2$是对应的二进制数的真值，第三个数$(11101)_{2sm}$是对应的原码，下标用 2sm 表示，最左边的 1 表示符号，是负数。

数的原码表示方法简单直观，与真值之间转换容易。但是数的原码表示方法，当两个数进行加、减运算时较复杂。例如，用原码表示两个数在做加法运算时，要判断两个数是同号还是异号。若同号，则做加法运算；若异号，则实际是做减法运算。当实际是做减法运算时，还要判断两个数的绝对值的大小，要用绝对值大的数减去绝对值小的数，差的符号与绝对值大的相同。这样在计算机中不仅要增加相应的判断电路，而且影响运算速度。数的补码表示方法可以使减法运算全部转换成加法运算。

【例 3.8】 给定$(N)_2=(1100101)_2$，求$\pm(N)_2$的原码，且 n=8。

解： $+(N)_2=(1100101)_2=(01100101)_{2sm}$

$-(N)_2=(11100101)_{2sm}$

注意，在这里$-(N)_2$中包括符号位在内一共为 8 位。

5) 补码系统

在补码系统中，正数的表示方法与原码完全相同，而负数则用对应正数的补码表示。用$(N)_{2cns}$表示补码系统中的一个数。因此$N=+(a_{n-2}, \cdots, a_0)_2=(0, a_{n-2}, \cdots, a_0)_{2cns}$，其中$0\leqslant N\leqslant 2^{n-1}-1$。如果用$N=(a_{n-1}, a_{n-2}, \cdots, a_0)_2$表示，那么$-N$就用$[a_{n-1}, a_{n-2},\cdots,a_0]_2$来表示，这里$-1\geqslant -N\geqslant -2^{n-1}$。

【例 3.9】 给定$(N)_2=(1100101)_2$，求$\pm(N)_2$的补码，且 n=8。

解： $+(N)_2=(1100101)_2=(01100101)_{2cns}$

$$-(N)_2=[+(N)_2]_2=2^8-(01100101)_2=(100000000)_2-(01100101)_2=(10011011)_{2cns}$$

注意，这里包括符号位在内一共为 8 位。

6)减法器电路

基于以上理论，以 74LS283 芯片和 74LS157 芯片实现 4 位二进制数 A($A_3A_2A_1A_0$)、B($B_3B_2B_1B_0$)的加、减运算电路，如图 3.26 所示。

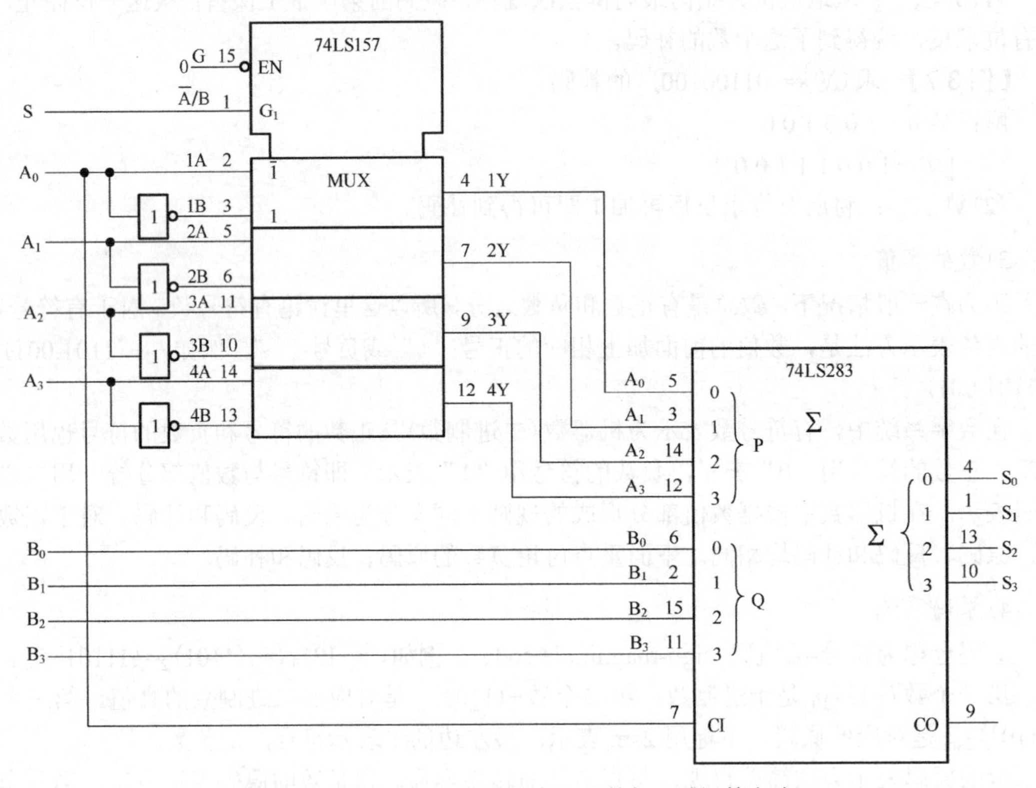

图 3.26　基于 74LS283 和 74LS157 的加、减运算电路

当 S=0 时，74LS283 的 7 脚与 S 相同，为 0。74LS157 选择 A_3、A_2、A_1、A_0 送给其输出端，到达 74LS283 的 12 脚、14 脚、3 脚、5 脚(A_3、A_2、A_1、A_0)输入端，然后与 B_3、B_2、B_1、B_0 进行加法运算。

当 S=1 时，74LS283 的 7 脚与 S 相同，为 1。74LS157 选择经过反相后的 A_3、A_2、A_1、A_0 送入其输出端，到达 74LS283 的 12 脚、14 脚、3 脚、5 脚(A_3、A_2、A_1、A_0)输入端，与 B_3、B_2、B_1、B_0 进行加法运算，并且与 74LS283 的 7 脚的 1 相加，完成了 B 加 A 的补码的运算，即 B−A 的运算。B−A 的运算可以转换成 B 加 A 的补码。

3.3　实验内容和步骤

3.3.1　编码器实验

(1)将 10-4 线(十进制-BCD 码)编码器 74LS147 插入实验系统 IC 空插座中，按照图 3.27 接线，其中输入接 9 位逻辑 0-1 开关，输出 Q_D、Q_C、Q_B、Q_A 接 4 个 LED。

接通电源，按表 3.15 输入各逻辑电平，观察输出结果并填入表 3.15 中。

表 3.15　十进制-BCD 码编码器功能表

输入									输出			
1	2	3	4	5	6	7	8	9	Q_D	Q_C	Q_B	Q_A
1	1	1	1	1	1	1	1	1	1	1	1	1
×	×	×	×	×	×	×	×	0				
×	×	×	×	×	×	×	0	1				
×	×	×	×	×	×	0	1	1				
×	×	×	×	×	0	1	1	1				
×	×	×	×	0	1	1	1	1				
×	×	×	0	1	1	1	1	1				
×	×	0	1	1	1	1	1	1				
×	0	1	1	1	1	1	1	1				
0	1	1	1	1	1	1	1	1				

(2)将 8-3 线优先编码器按上述同样的方法进行实验论证。其接线图如图 3.28 所示。功能见表 3.16。

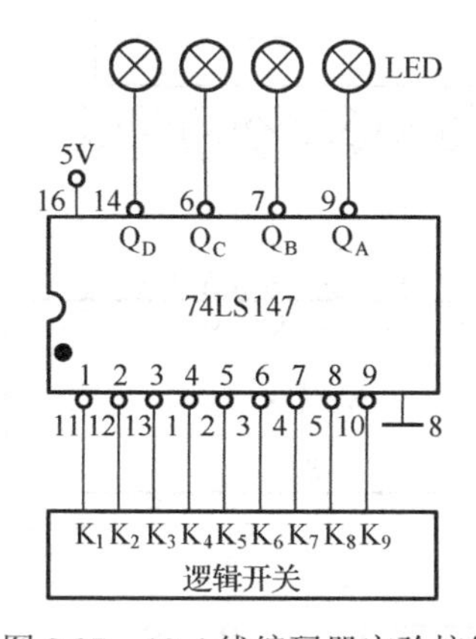

图 3.27　10-4 线编码器实验接线图

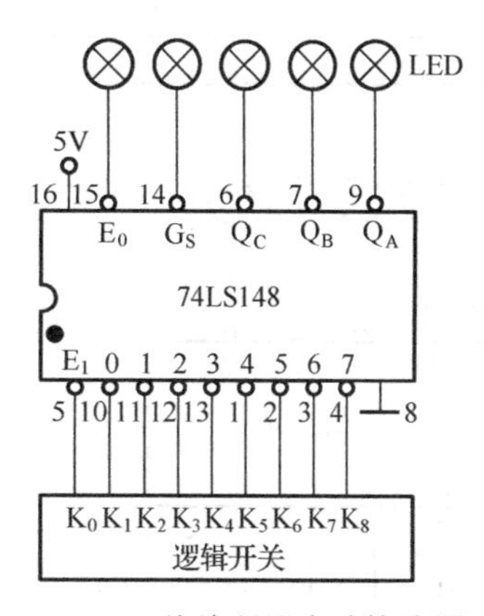

图 3.28　8-3 线编码器实验接线图

表 3.16　8-3 线编码器功能表

输入									输出				
E_I	0	1	2	3	4	5	6	7	Q_C	Q_B	Q_A	G_S	E_0
1	×	×	×	×	×	×	×	×	1	1	1	1	1
0	1	1	1	1	1	1	1	1					
0	×	×	×	×	×	×	×	0					
0	×	×	×	×	×	×	0	1					
0	×	×	×	×	×	0	1	1					
0	×	×	×	×	0	1	1	1					
0	×	×	×	0	1	1	1	1					
0	×	×	0	1	1	1	1	1					
0	×	0	1	1	1	1	1	1					
0	0	1	1	1	1	1	1	1					

3.3.2 译码器实验

(1) 将二进制 2-4 线译码器 74LS139 及二进制 3-8 线译码器 74LS138 分别插入实验系统 IC 空插座中。

按图 3.29 接线，输入 G、A、B 信号，观察 LED 输出 Q_0、Q_1、Q_2、Q_3 的状态，并将结果填入表 3.17 中。

按图 3.30 接线，输入 S_1、$\overline{S_2}$、$\overline{S_3}$、A、B、C 信号，观察 LED 输出 Q_0～Q_7。使能信号 S_1、$\overline{S_2}$、$\overline{S_3}$ 满足表 3.18 的条件时，译码器选通。

(2) 译码器扩展实验。用 74LS139 双 2-4 线译码器可接成 3-8 线译码器。用 74LS138 两片 3-8 线译码器可组成 4-16 线译码器，按图 3.31 (a) 和 (b) 接线，完成 2-4 线、3-8 线译码器的扩展。

表 3.17　74LS139 2-4 线译码器功能表

输入			输出			
G	B	A	Q_0	Q_1	Q_2	Q_3
1	×	×	1	1	1	1
0	0	0				
0	0	1				
0	1	0				
0	1	1				

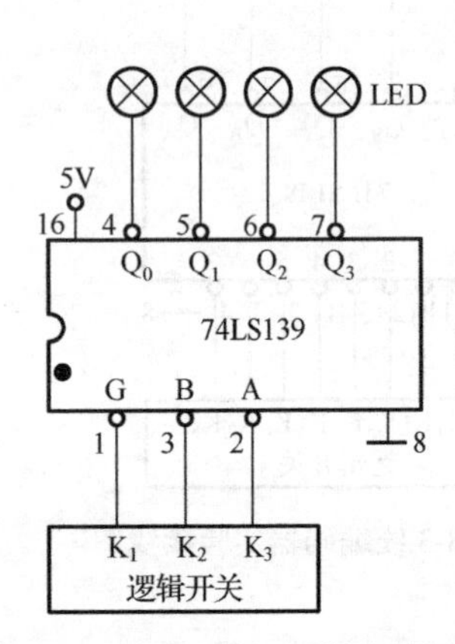

图 3.29　74LS139 2-4 线译码器实验线路

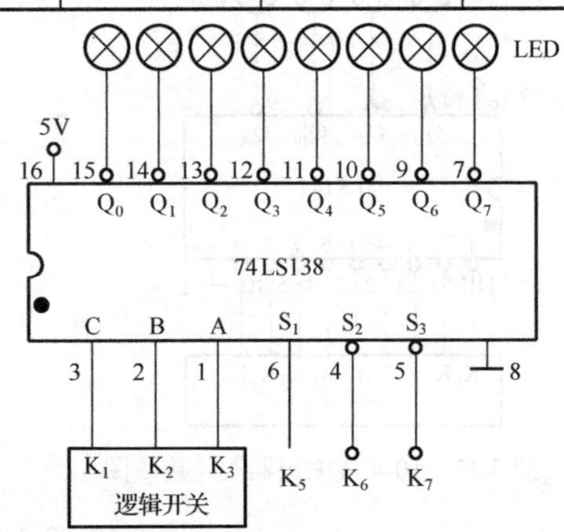

图 3.30　74LS138 3-8 线译码器实验线路

表 3.18　74LS138 3-8 线译码器功能表

输入					输出							
S_1	$\overline{S_2}+\overline{S_3}$	C	B	A	$\overline{Q_0}$	$\overline{Q_1}$	$\overline{Q_2}$	$\overline{Q_3}$	$\overline{Q_4}$	$\overline{Q_5}$	$\overline{Q_6}$	$\overline{Q_7}$
×	1	×	×	×	1	1	1	1	1	1	1	1
0	×	×	×	×	1	1	1	1	1	1	1	1
1	0	0	0	0								
1	0	0	0	1								
1	0	0	1	0								
1	0	0	1	1								
1	0	1	0	0								
1	0	1	0	1								
1	0	1	1	0								
1	0	1	1	1								

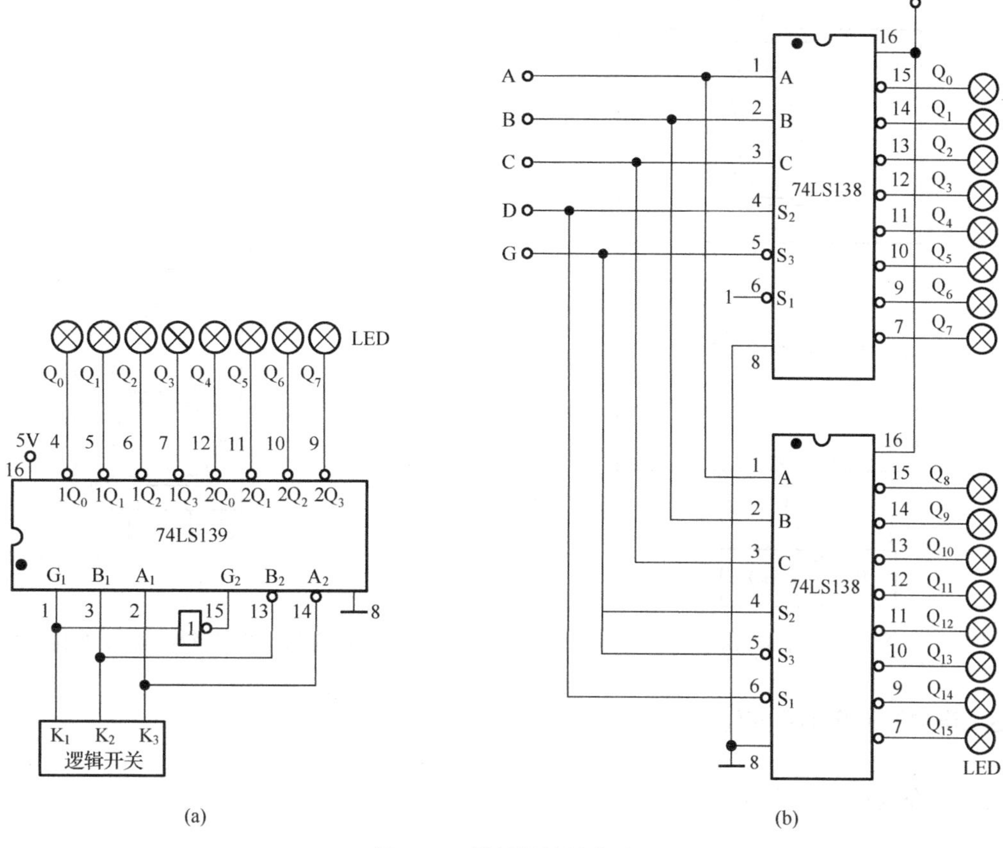

图 3.31　译码器扩展电路

(3) 将 BCD 码-十进制译码器 74LS145 插入实验箱中，按图 3.32 接线。其中 BCD 码是用实验系统的 8421 拨码开关，输出“0～9”与 LED 相连。拨动拨码开关，观察输出 LED 是否和拨码开关所指示的十进制数字一致。

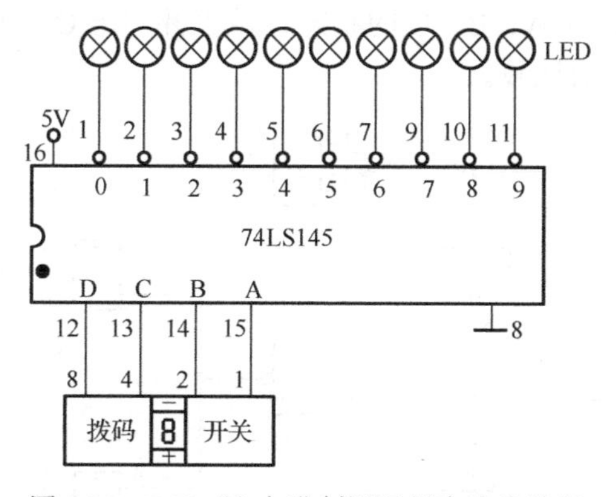

图 3.32　BCD 码-十进制译码器实验线路图

(4) 将译码驱动器 74LS246 和共阳极数码管插入实验系统空 IC 插座中，按图 3.33 接线。图 3.34 为共阳极数码管引脚排列图。

接通电源后，观察数码管显示结果是否和拨码开关指示数据一致。如果实验系统中无 8421 码拨码开关，可用四位逻辑开关代替。

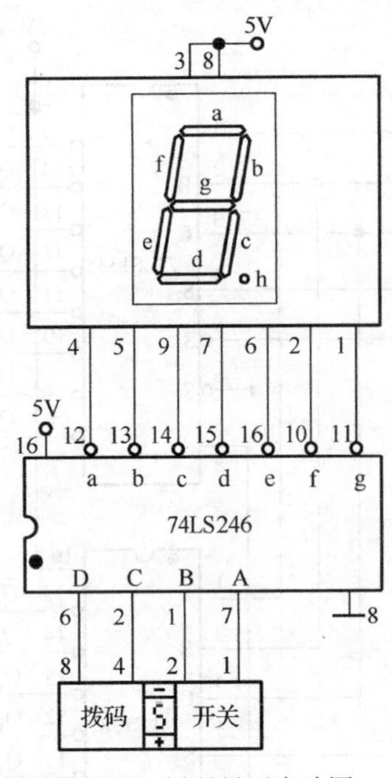

图 3.33 译码显示实验图

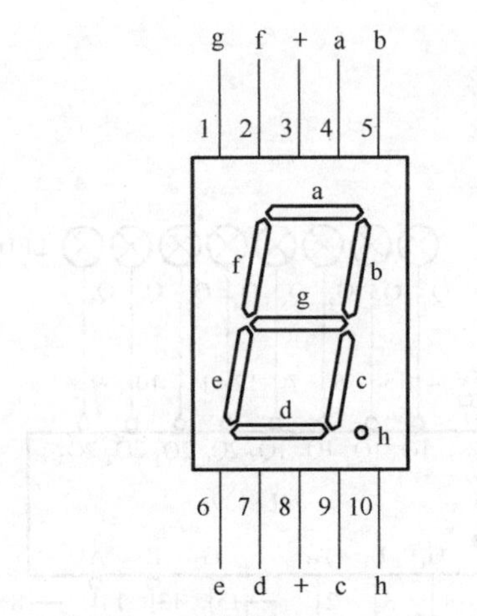

图 3.34 共阳极数码管引脚排列图

3.3.3 半加器和全加器实验

1. 组合逻辑生成半加器测试

1) 组合逻辑电路功能测试

(1) 用两片 74LS00 组成图 3.35 所示的逻辑电路。为了便于接线和检查，在图中要注明芯片编号及各引脚对应的编号。

(2) 图中 A、B、C 接逻辑开关(K_1、K_2、K_3)，输出端 Q_1、Q_2 接 LED。

(3) 按表 3.19 要求，改变 A、B、C 的状态，填表并写出 Q_1、Q_2 的逻辑表达式。

(4) 将运算结果与理论值比较。

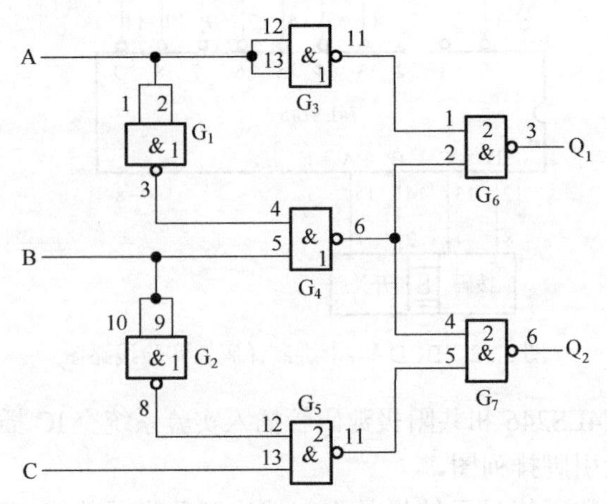

图 3.35 组合逻辑功能测试

表 3.19　组合逻辑功能测试

输入			输出	
A	B	C	Q_1	Q_2
0	0	0		
0	0	1		
0	1	1		
1	1	1		
1	1	0		
1	0	0		
1	0	1		
0	1	0		

2）测试用异或门（74LS86）和与非门组成半加器逻辑功能

根据半加器的逻辑表达式可知，半加器 S 是 A、B 的异或，而进位 CO 是 A、B 相与，故半加器可用一个集成异或门和一个二输入与门组成，如图 3.36 所示。

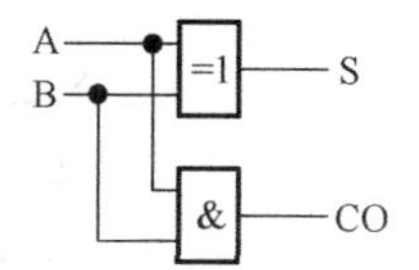

图 3.36　半加器实验原理图

（1）在实验系统上用异或门和与门接成以上电路。A、B 接逻辑开关 K_1、K_2，S、CO 接 LED。

（2）按表 3.20 的要求改变 A、B 的状态并填表。

表 3.20　半加器实验结果

输入	A	0	0	1	1
	B	0	1	0	1
输出	S				
	CO				

2. 全加器实验

1）测试全加器逻辑功能

（1）写出图 3.37 电路的逻辑表达式。

（2）根据逻辑表达式列真值表（表 3.21）。

（3）根据真值表画逻辑函数 S_i、C_i 的卡诺图，如图 3.38 所示。

（4）填写表 3.21 各点状态。

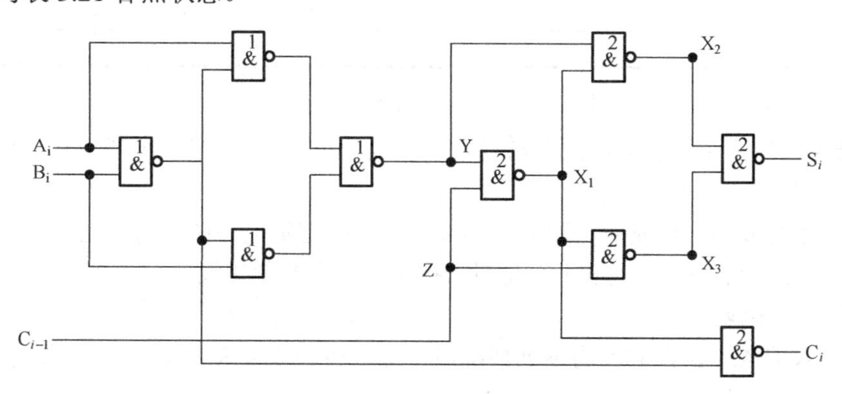

图 3.37　测试全加器逻辑功能电路

$$Y=Z=X_1=X_2=$$

$$X_3=S_i=C_i=$$

表 3.21 全加器逻辑功能电路各点状态

输入			输出						
A_i	B_i	C_{i-1}	Y	Z	X_1	X_2	X_3	S_i	C_i
0	0	0							
0	1	0							
1	0	0							
1	1	0							
0	0	1							
0	1	1							
1	0	1							
1	1	1							

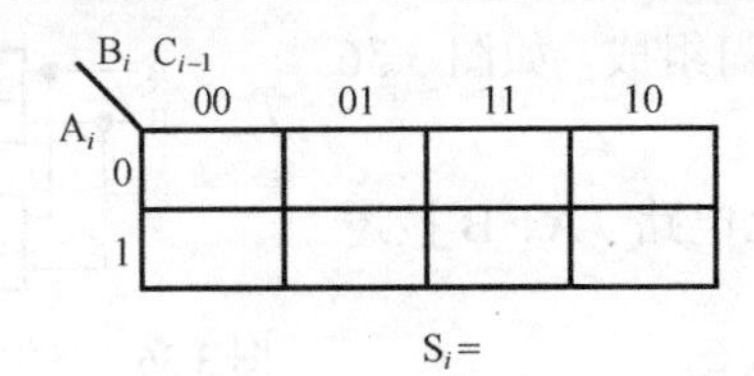

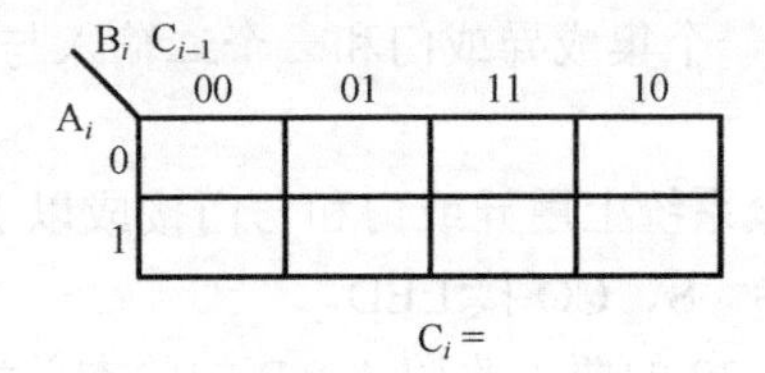

图 3.38 逻辑函数 S_i、C_i 卡诺图

(5) 按原理图选择与非门接线进行测试，将测试结果记入表 3.22 中，并与表 3.21 进行对比，观察逻辑功能是否一致。

表 3.22 测试结果

输入			输出	
A_i	B_i	C_{i-1}	S_i	C_i
0	0	0		
0	1	0		
1	0	0		
1	1	0		
0	0	1		
0	1	1		
1	0	1		
1	1	1		

2) 测试用异或、与或和非门组成的全加器的逻辑功能

全加器可以用两个半加器和两个与门、一个或门组成。在实验中，常用一个双异或门、一个与或非门和一个与非门实现。

(1) 画出用异或门、与或非门和非门实现全加器的逻辑电路图，写出逻辑表达式。

(2) 找出异或门、与或非门和非门器件，按自己画出的图接线。接线时注意与或非门中不用的与门输入端接地。

(3) 当输入端 A_i、B_i 及 C_{i-1} 为下列情况时，用万用表测量 S_i 和 C_i 的电位并将其转为逻辑状态填写入表 3.23 中。

3) 用集成电路芯片 74LS183 实现全加器

在实验过程中，我们可以选用异或门 74LS86 和与门 74LS08 实现半加器的逻辑功能；也可用全与非门 74LS00 反相器 74LS04 组成半加器。本小节实验选用集成的双全加器 74LS183 实现全加器逻辑功能。74LS183 其引脚排列和逻辑功能分别见图 3.39 和表 3.24。

表 3.23 测试结果

输入	A_i	0	0	0	0	1	1	1	1
	B_i	0	0	1	1	0	0	1	1
	C_{i-1}	0	1	0	1	0	1	0	1
输出	S_i								
	C_i								

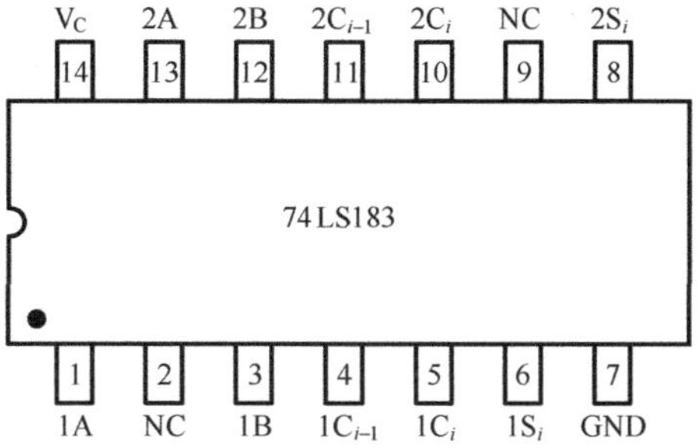

图 3.39 74LS183 双全加器引脚排列图

表 3.24 全加器逻辑功能

输入			输出	
C_{i-1}	B	A	S_i	C_i
0	0	0	0	0
0	0	1	1	0
0	1	0	1	0
0	1	1	0	1
1	0	0	1	0
1	0	1	0	1
1	1	0	0	1
1	1	1	1	1

将 74LS183 的 A、B、C_{i-1} 分别接实验系统逻辑开关 K_1、K_2、K_3，输出 S_i 和 C_i 接 LED，如图 3.40 所示。按全加器真值表输入 K_1、K_2、K_3 逻辑电平信号，观察输出结果和 S_i 及进位 C_i，并记录下来。

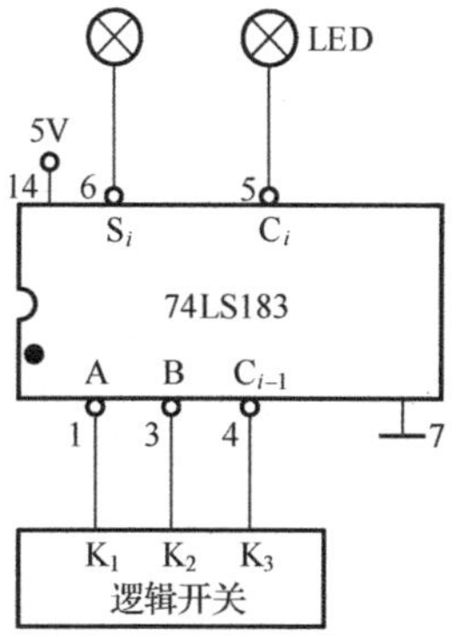

图 3.40 全加器实验接线图

3.4 实 验 器 材

(1) THK-880D 型数字电路实验系统。

(2) 直流稳压电源。

(3) 集成电路：74LS00、74LS04、74LS138、74LS147、74LS148、74LS139、74LS145、74LS246、74LS86、74LS08、74LS183 等芯片若干。

(4) 共阳极数码管。

3.5 复习要求与思考题

3.5.1 复习要求

(1) 复习组合逻辑电路的功能特点和分析、设计方法。

(2) 复习各种编码器、译码器、半加器、全加器和减法器工作原理。

(3) 复习所用集成电路的功能、引脚排布规则。

3.5.2 思考题

(1) 总结组合逻辑电路的特点和一般分析方法。

(2) 试用 74LS138 和门电路设计实现逻辑函数 Y=1。

3.6 实验报告要求

(1) 画出实验测试电路的各个连线示意图，按要求填写各个实验表格，整理实验数据，分析实验结果。

(2) 总结用集成电路设计各种扩展电路的方法。

实验四　组合逻辑电路设计(二)

4.1　实 验 目 的

(1)熟悉4选1、8选1数据选择器及分配器和数值比较器的逻辑功能。

(2)掌握数据选择器、分配器、数值比较器扩展应用原理及方法。

(3)掌握中规模集成组合电路的分析方法。

4.2　实验原理和电路

4.2.1　数据选择器

数据选择器又称多路选择器(multiplexer，MUX)，其框图如图4.1(a)所示。它有n位地址输入、2^n位数据输入、1位输出。每次在地址输入的控制下，从多路输入数据中选择一路输出，其功能类似于一个单刀多掷开关，如图4.1(b)所示。

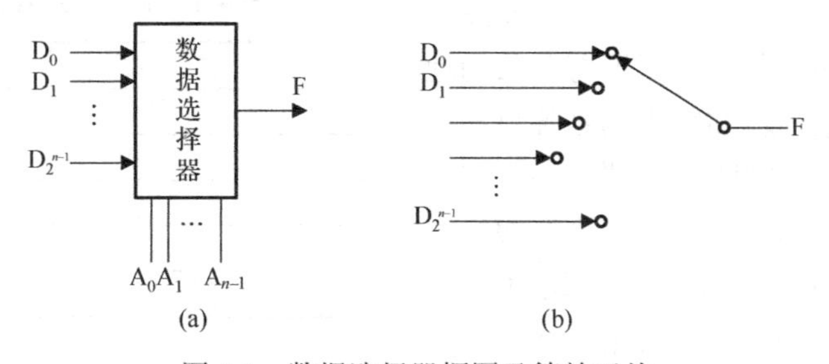

图4.1　数据选择器框图及等效开关

常用的数据选择器有2选1、4选1、8选1和16选1等。由于2选1数据选择器结构简单，故不单独介绍，下面分别详细介绍4选1和8选1数据选择器的设计原理及逻辑功能。

1. 4选1数据选择器

图4.2是4选1数据选择器的逻辑图及符号，其中D_0～D_3是数据输入端，也称为数据通道；A_1、A_0是地址输入端，或称选择输入端；Q是输出端；E是使能端，低电平有效。当E=1时，输出Q=0，即无效；当E=0时，在地址输入A_1、A_0的控制下，从D_0～D_3中选择一路输出，其功能表见表4.1。

当E=0时，4选1数据选择器的逻辑功能还可以用以下表达式表示：

$$Q=\overline{A_1}\,\overline{A_0}D_0+\overline{A_1}A_0D_1+A_1\overline{A_0}D_2+A_1A_0D_2=\sum_{i=0}^{3}m_iD_i \tag{4.1}$$

式中，m_i为地址变量A_1、A_0所对应的最小项，称为地址最小项。式(4.1)还可以用矩阵形式表示为

$$Q = \left(\overline{A_1}\,\overline{A_0} \quad \overline{A_1}A_0 \quad A_1\overline{A_0} \quad A_1A_0\right)\begin{pmatrix} D_0 \\ D_1 \\ D_2 \\ D_3 \end{pmatrix} = \left(A_1A_0\right)_m\left(D_0D_1D_2D_3\right)^T \tag{4.2}$$

式中，$(A_1A_0)_m$为由最小项组成的行阵；$(D_0D_1D_2D_3)^T$为由D_0、D_1、D_2、D_3组成的列阵的转置。

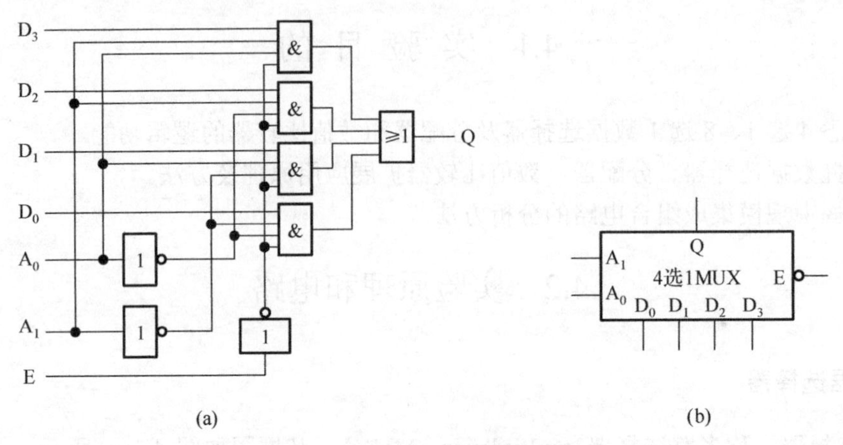

图 4.2　4 选 1 数据选择器

图 4.3 是双 4 选 1 数据选择器 74LS153 的逻辑图。由图可知，它包含两个完全相同的 4 选 1 数据选择器。两个数据选择器有公共的地址输入端，而数据输入端和输出端是各自独立的。通过给定不同的地址编码(即 A_1A_0 的状态)，即可从 4 个输入数据中选出所要的那一个，并送至输出端 Q。图中的$\overline{S_1}$和$\overline{S_2}$是附加控制端，用于控制电路工作状态和扩展功能。

表 4.1　4 选 1 数据选择器功能表

E	A_1	A_2	Q
0	0	0	D_0
0	0	1	D_1
0	1	0	D_2
0	1	1	D_3
1	×	×	0

由图 4.3 可见，当A_0=0 时传输门TG_1和TG_3导通，而TG_2和TG_4截止；当A_0=1 时TG_1和TG_3截止，而TG_2和TG_4导通。同理，当A_1=0 时传输门TG_5导通、TG_6截止；当A_1=1时TG_5截止、TG_6导通。因此，在A_1A_0的状态确定后，D_{10}～D_{13}当中只有一个能通过两级导通的传输门到达输出端。例如，当A_1A_0=01 时，第一级传输门中的TG_2和TG_4导通，第二级传输门的TG_5导通，只有D_{11}端的输入数据能通过传输门TG_2和TG_5到达输出端Q_1。

输出的逻辑式可写成

$$Q_1 = \left[D_{10}(\overline{A_1}\,\overline{A_0}) + D_{11}(\overline{A_1}A_0) + D_{12}(A_1\overline{A_0}) + D_{13}(A_1A_0)\right]\cdot S_1 \tag{4.3}$$

同时，式(4.3)也表明$\overline{S_1}$=0 时数据选择器工作，$\overline{S}$=1 时数据选择器被禁止工作，输出被封锁为低电平。

2. 8 选 1 数据选择器

74LS151 是一种典型的集成 8 选 1 数据选择器，图 4.4 是加了引脚名字的 74LS151 的逻辑符号，图 4.5 是 74LS151 的内部逻辑电路图。

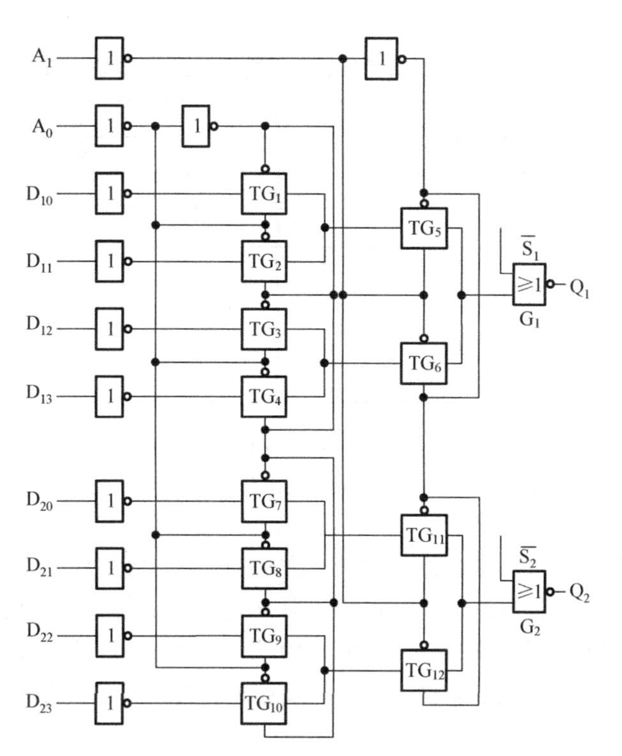

图 4.3　双 4 选 1 数据选择器 74LS153

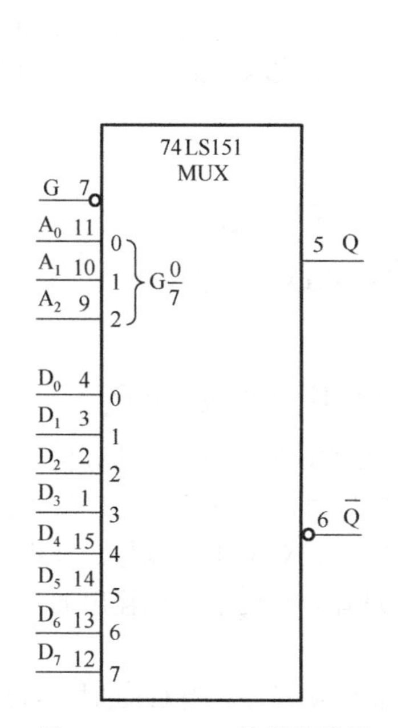

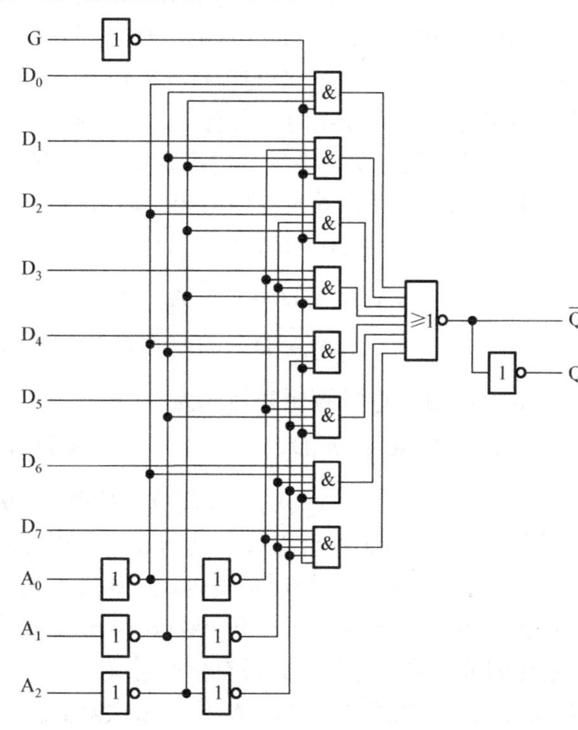

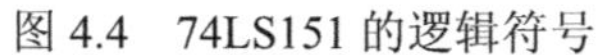

图 4.4　74LS151 的逻辑符号

图 4.5　74LS151 的内部逻辑电路图

由 74LS151 的内部逻辑电路可知，其基本结构为“与-或”形式。它有 8 个数据源 D_0～D_7，3 个地址输入端 A_2、A_1、A_0，两个互补的输出端 Q 和 $\overline{Q}$，1 个使能输入端 G，使能端 G 为低电平有效。74LS151 的功能表如表 4.2 所示。

表 4.2　8 选 1 数据选择器 74LS151 的功能表

输入				输出		输入				输出	
使能	地址选择			Q	$\overline{Q}$	使能	地址选择			Q	$\overline{Q}$
G	A_2	A_1	A_0			G	A_2	A_1	A_0		
1	×	×	×	0	1	0	1	0	0	D_4	$\overline{D_4}$
0	0	0	0	D_0	$\overline{D_0}$	0	1	0	1	D_5	$\overline{D_5}$
0	0	0	1	D_1	$\overline{D_1}$	0	1	1	0	D_6	$\overline{D_6}$
0	0	1	0	D_2	$\overline{D_2}$	0	1	1	1	D_7	$\overline{D_7}$
0	0	1	1	D_3	$\overline{D_3}$						

在图 4.4 所示的 74LS151 逻辑符号中，总限定符 MUX 表示是一个数据选择器，大括号称为分组符号(bit-grouping symbol)，表明组合在一起的这些二进制位产生一个内部值(internal value)，由一组二进制位产生的内部值影响其他的内部值或输出信号，这个内部值是人为规定了位权之后的和，每个位的位权写在相应输入的旁边，在方框的内部。如果所有位的位权都是 2 的幂，则这些位权就可以只用幂来表示，而将底数省略不写。G 表示和内部值的范围在 0～7 内的信号有关联。11 脚 A_0、10 脚 A_1、9 脚 A_2 的位权分别是 2^0、2^1、2^2。当 9 脚 A_2、10 脚 A_1、11 脚 A_0 输入 110 时，内部值就是 6。标有 6 的输入信号 D_6 被传送到输出端，从 5 脚输出。

为了对 8 路数据源进行选择，使用了 3 位地址码 $A_2A_1A_0$ 产生 8 个地址信号：000、001、010、011、100、101、110、111，分别控制 8 个与门的开和闭。显然，任意时刻 $A_2A_1A_0$ 只有一种可能的取值，所以只有一个与门打开，使对应的那一路数据通过，送达 Q 端。输入使能端 G 为低电平有效，当 G=1 时，所有与门都被封锁，无论地址码是什么，Q 总是等于 0；当 G=0 时，与门的封锁解除，由地址码决定哪一个与门打开。例如，如果此时地址码为 010，则 D_2 所对应的与门打开，其余与门关闭，输出 Q 为 D_2。

根据图 4.5 所示的内部逻辑电路图可以写出输出 Q 的逻辑表达式为

$$\begin{aligned}Q=&\overline{G}\,\overline{A_2}\,\overline{A_1}\,\overline{A_0}D_0+\overline{G}\,\overline{A_2}\,\overline{A_1}A_0D_1+\overline{G}\,\overline{A_2}A_1\overline{A_0}D_2+\overline{G}\,\overline{A_2}A_1A_0D_3\\&+\overline{G}A_2\overline{A_1}\,\overline{A_0}D_4+\overline{G}A_2\overline{A_1}A_0D_5+\overline{G}A_2A_1\overline{A_0}D_6+\overline{G}A_2A_1A_0D_7\end{aligned}\tag{4.4}$$

当 G=0 时，输出 Q 的逻辑表达式为

$$Q(A_2,A_1,A_0)=m_0D_0+m_1D_1+m_2D_2+m_3D_3+m_4D_4+m_5D_5+m_6D_6+m_7D_7\tag{4.5}$$

从式(4.5)可知，当以 A_2(9 脚)为高位，按照 A_2(9 脚)、A_1(10 脚)、A_0(11 脚)位号依次降低的顺序，把变量取值组合看成二进制数的方式对最小项编号时，m 的下标与 D 的下标正好一致，这样便于记忆输出的逻辑表达式。如果不是以这样的方式对最小项编号，并不是说不好，但是 m 的下标与 D 的下标不一致[式(4.6)]，没有什么规律，不便于记忆输出的逻辑表达式，这样的最小项编号的方式没有什么意义。

以 A_0 为高位，按照 A_0、A_1、A_2 位号依次降低的顺序对最小项编号。当 G=0 时，输出 Q 的逻辑表达式为

$$Q(A_0,A_1,A_2)=m_0D_0+m_4D_1+m_2D_2+m_6D_3+m_1D_4+m_5D_5+m_3D_6+m_7D_7\tag{4.6}$$

常用的集成电路数据选择器有许多种类，并且有 CMOS 和 TTL 产品。除了上面介绍的 8 选 1 数据选择器 74LS151 和双 4 选 1 数据选择器 74LS153，还有四 2 选 1 数据选择器

74LS157(一片中有四个完全相同的 2 选 1 数据选择器)。还有一些数据选择器具有三态输出功能，例如，与上述产品相对应具有三态输出功能的有 74LS251、74LS257、74LS253 等。输出除了有正常的高电平、低电平之外，当使能端无效时，输出为高阻态。利用这一特点，可以将多个芯片的输出端连接在一起，共用一根数据传输线。

4.2.2 数据选择器的应用

数据选择器的应用很广，典型的应用有以下几个方面。

(1)进行数据选择，以实现多路信号分时传送。

(2)实现组合逻辑函数。

(3)在数据传输时实现并-串转换。

(4)产生序列信号。

1. *数据选择器实现逻辑函数的方法*

对于 n 个地址输入的 MUX，其表达式为

$$Q=\sum_{i=0}^{2^n-1} m_i D_i \tag{4.7}$$

式中，m_i 是由地址变量 A_{n-1}、…、A_1、A_0 组成的地址最小项。而任何一个具有 l 个输入变量的逻辑函数都可以用最小项之和来表示：

$$F=\sum m_i \tag{4.8}$$

式中，m_i 是由函数的输入变量 A、B、C 等组成的某些最小项。

比较 Q 和 F 的表达式就可以看出，只要将逻辑函数的输入变量 A、B、C 等加至数据选择器地址输入端，并适当选择 D_i 的值，使 F=Q，就可以用 MUX 实现函数 F。因此，用 MUX 实现函数的关键在于如何确定 D_i 的对应值。

1) $l \leqslant n$ 的情况

l 为函数的输入变量数，n 为选用的 MUX 的地址输入端数。当 $l=n$ 时，只要将函数的输入变量 A、B、C 等依次接到 MUX 的地址输入端，根据函数 F 所需要的最小项，确定 MUX 中 D_i 的值(0 或 1)即可；当 $l<n$ 时，将 MUX 的高位地址输入端闲置(接 0 或 1)，其余同上。

【例 4.1】 试用 8 选 1MUX 实现逻辑函数：

$$F=\overline{A}B+A\overline{B}+C$$

解： 首先求出 F 的最小项表达式。

将 F 填入卡诺图，如图 4.6 所示，根据卡诺图可得

$$F(A,B,C)=\sum m(1,2,3,4,5,7)$$

当采用 8 选 1MUX 时，有

$$Q=\sum_{i=0}^{7} m_i D_i=(A_2A_1A_0)_m(D_0D_1D_2D_3D_4D_5D_6D_7)^{\mathrm{T}}$$

令 A_2=A，A_1=B，A_0=C，且令 $D_1=D_2=D_3=D_4=D_5=D_7=1$，$D_0=D_6=0$，则有 $Q=(ABC)_m(01111101)^{\mathrm{T}}=\sum m(1,2,3,4,5,7)$，故 F=Q。用 8 选 1MUX 实现函数 F 的逻辑图如图 4.7 所示。

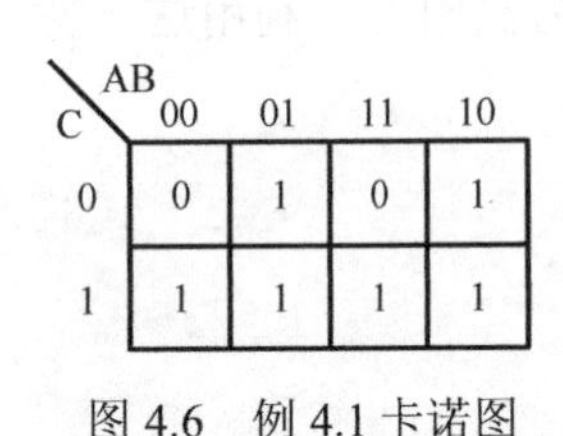

图 4.6 例 4.1 卡诺图

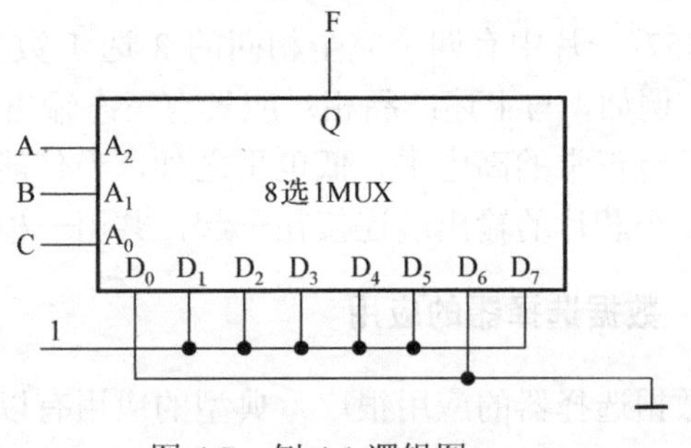

图 4.7 例 4.1 逻辑图

需要注意的是，因为函数 F 中各最小项的标号是按 A、B、C 的权为 4、2、1 写出的，因此 A、B、C 必须依次加到 A_2、A_1、A_0 端。

2) $l>n$ 的情况

当逻辑函数的变量数 l 大于 MUX 的地址输入端数 n 时，不能采用上面所述的简单方法。如果从 l 个输入变量中选择 n 个直接作为 MUX 的地址输入，那么，多余的 $l-n$ 个变量就要映射到 MUX 的数据输入 D_i 端，即 D_i 是多余输入变量的函数，简称余函数。因此设计的关键是如何求出函数 D_i。

确定余函数 D_i 可以采用代数法或降维卡诺图法。

【例 4.2】 试用 4 选 1MUX 实现三变量函数：

$$F=\overline{A}\overline{B}C+\overline{A}\overline{B}\overline{C}+\overline{A}BC+A\overline{B}\overline{C}$$

解：(1) 首先选择地址输入，令 $A_1A_0=AB$，则多余输入变量为 C，余函数 $D_i=f(C)$。

(2) 确定余函数 D_i。

用代数法将 F 的表达式变换为与 Q 相应的形式：

$$Q=\overline{A}_1\overline{A}_0D_0+\overline{A}_1A_0D_1+A_1\overline{A}_0D_2+A_1A_0D_3$$

$$\begin{aligned}F&=\overline{A}\overline{B}C+\overline{A}\overline{B}\overline{C}+\overline{A}BC+A\overline{B}\overline{C}\\&=\overline{A}\overline{B}(C+\overline{C})+\overline{A}BC+A\overline{B}\overline{C}\\&=\overline{A}\overline{B}\cdot 1+\overline{A}B\cdot C+A\overline{B}\cdot\overline{C}+AB\cdot C\end{aligned}$$

将 F 与 Q 对照可得

$$D_0=1,\quad D_1=C,\quad D_2=\overline{C},\quad D_3=0$$

其逻辑电路图如图 4.8 所示。

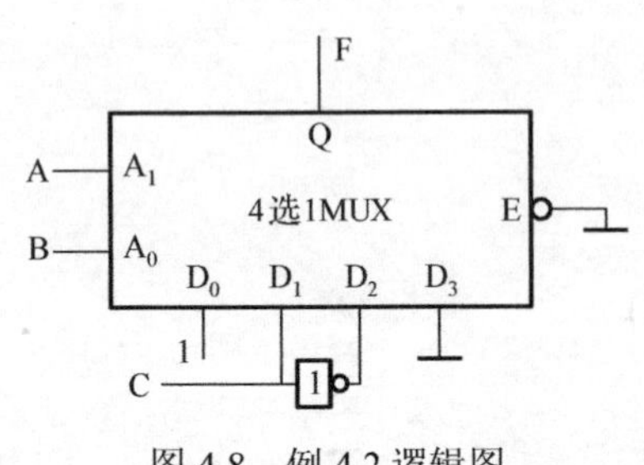

图 4.8 例 4.2 逻辑图

可见，代数法实际就是 F 和 Q 的公式对照法。降维卡诺图法要比代数法更直观、方便。下面仍以例 4.2 为例说明设计方法。

n 变量的逻辑函数，可以用 n 维(即 n 变量)卡诺图表示，也可以用 $n-1$、$n-2$、…维卡诺图表示，这种 $n-1$、$n-2$、…维卡诺图称为降维卡诺图。

例 4.2 中的三变量逻辑函数 F 可以用图 4.9(a)的三变量卡诺图表示，也可以用图 4.9(b)所示的以 A、B 为变量，C 为引入变量的二维卡诺图表示。降维的方法是在图 4.9(a)中先求出在 AB 各组取值下 F 与 C 变量之间的函数关系，然后将它们分别填入图 4.9(b)的降维卡诺图中。从图 4.9(b)中看出，该卡诺图中除了填 0、1 外，还填入了变量 C、$\overline{C}$，因此它又称为引入变量卡诺图。如果选择4选1MUX的地址输入A_1A_0=AB，将图4.9(c)所示Q的卡诺图和图4.9(b)F的卡诺图相对照，则很容易求出多余函数：

$$D_0 = 1, \quad D_1 = C, \quad D_2 = \overline{C}, \quad D_3 = 0$$

为了减少画卡诺图的次数，也可以直接在F的三变量卡诺图上求出余函数D_i。例如，在图4.9(d)F的卡诺图中选择AB=A_1A_0，则AB变量(即地址变量)按其组合可直接将F的卡诺图划分为四个子卡诺图，如图4.9(d)中虚线所示。每个子卡诺图所对应的函数就是余函数D_i。它们仅与多余输入变量C有关，即$D_i=f(C)$。在各子卡诺图上直接化简，便可求出余函数D_i的值。可见，后面这种方法更加简便，其求解步骤归纳如下。

(1)画出函数F的卡诺图。

(2)选择地址输入。

(3)在F的卡诺图上确定余函数D_i的范围。

(4)求余函数D_i。

(5)画出逻辑图。

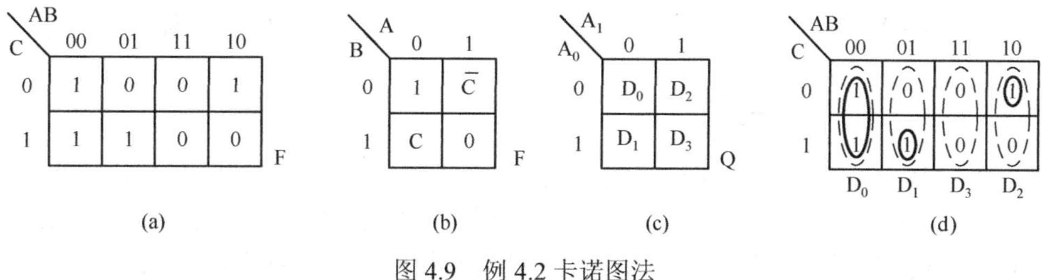

图4.9　例4.2卡诺图法

【例4.3】 试用8选1数据选择器74LS151实现单输出4变量组合逻辑函数。

$$L = ABCD + BC\overline{D} + AC$$

解：

解法一：将要实现的函数转换成最小项表达式，即

$$\begin{aligned} L &= ABCD + BC\overline{D} + AC \\ &= ABCD + ABC\overline{D} + \overline{A}BC\overline{D} + ABCD + A\overline{B}CD + ABC\overline{D} + A\overline{B}C\overline{D} \\ &= ABCD + ABC\overline{D} + \overline{A}BC\overline{D} + A\overline{B}CD + A\overline{B}C\overline{D} \end{aligned}$$

任意取3个变量，这3个变量要与74LS151的3个地址选择端对应，并且将函数写成这3个变量的最小项表达形式，不妨取A、B、C这3个变量，然后按这8个最小项对表达式进行整理。D这个变量要从8个数据输入端进行输入，必要时还要使用门电路，则

$$\begin{aligned} L(A,B,C) &= m_7D + m_7\overline{D} + m_3\overline{D} + m_5D + m_5\overline{D} \\ &= m_7(D + \overline{D}) + m_3\overline{D} + m_5(D + \overline{D}) \\ &= m_7 + m_3\overline{D} + m_5 \end{aligned}$$

当G=0时，74LS151的输出函数表达式为

$$\begin{aligned} Q(A_2,A_1,A_0) &= m_0D_0 + m_1D_1 + m_2D_2 + m_3D_3 + m_4D_4 + m_5D_5 + m_6D_6 + m_7D_7 \\ &= \sum_{i=0}^{7}(m_iD_i) \end{aligned}$$

将本题目要实现的组合逻辑函数与 74LS151 的输出表达式做对应。输入变量 A、B、C 接至数据选择器的地址输入端 A_2、A_1、A_0，即 $A=A_2$，$B=A_1$，$C=A_0$。输出变量接至数据选择器的输出端，即 L=Q。将逻辑函数 L 的最小项表达式与 74LS151 的输出表达式相比较，L 式中没有出现的最小项，对应的数据输入端应接 0，即 $D_0=D_1=D_2=D_4=D_6=0$，$D_3=\overline{D}$，$D_5=D_7=1$。画出连线图如图 4.10 所示。

解法二：写出要实现函数的最小项表达式，即

$$L = ABCD + ABC\overline{D} + \overline{A}BC\overline{D} + A\overline{B}CD + A\overline{B}C\overline{D}$$

任意取 3 个变量，这 3 个变量要与 74LS151 的 3 个地址选择端对应，并且将函数写成这 3 个变量的最小项表达式形式。本解法中取 B、C、D 这 3 个变量，然后按这 8 个最小项对表达式进行整理，得

$$\begin{aligned} L(B,C,D) &= m_7A + m_6A + m_6\overline{A} + m_3A + m_2A \\ &= m_7A + m_6 + m_3A + m_2A \end{aligned}$$

当 G=0 时，74LS151 的输出函数表达式为

$$\begin{aligned} Q(A_2,A_1,A_0) &= m_0D_0 + m_1D_1 + m_2D_2 + m_3D_3 + m_4D_4 + m_5D_5 + m_6D_6 + m_7D_7 \\ &= \sum_{i=0}^{7}(m_iD_i) \end{aligned}$$

输入变量 B、C、D 接至数据选择器的地址输入端 A_2、A_1、A_0，即 $B=A_2$、$C=A_1$、$D=A_0$。输出变量接至数据选择器的输出端，即 L=Q。将逻辑函数 L 的最小项表达式与 74LS151 的输出表达式相比较，L 式中没有出现的最小项，对应的数据输入端应接 0，即 $D_0=D_1=D_4=D_5=0$、$D_2=D_3=D_7=A$、$D_6=1$。画出连线图如图 4.11 所示。

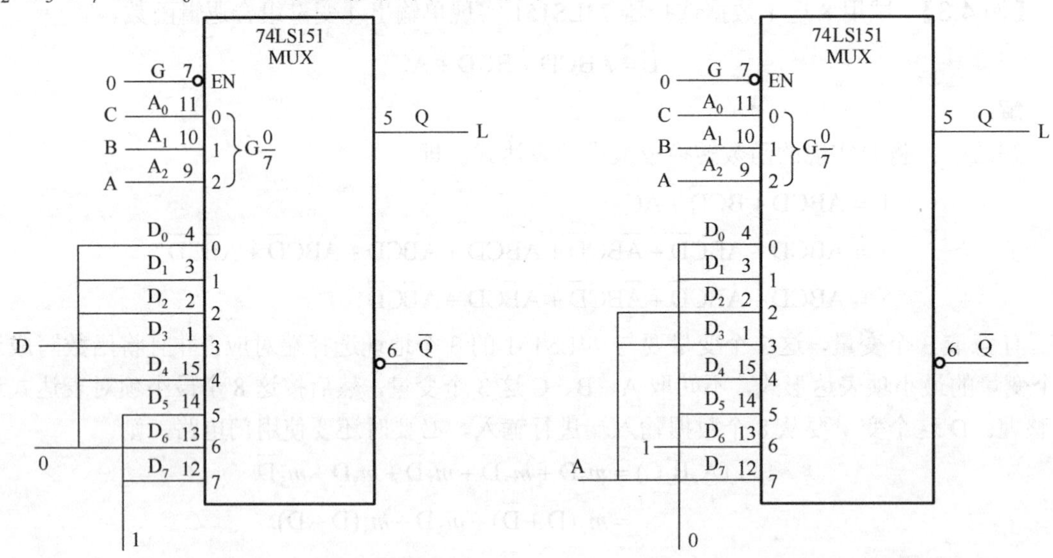

图 4.10　例 4.3 解法一的逻辑电路图　　图 4.11　例 4.3 解法二的逻辑电路图

从 A、B、C、D 中任取 3 个变量，并任意规定位权对最小项编号，将有很多种求解方法。本处不再一一讲解。

通过上面的例子可以看出，与用各种逻辑门设计组合逻辑电路相比，使用数据选择器的好处是不需要对函数进行化简。

2. 数据选择器设计逻辑函数的方法

用数据选择器设计组合逻辑电路的步骤如下。

(1) 列出所求逻辑函数的真值表，写出最小项表达式或画出卡诺图。

(2) 根据逻辑函数包含的变量数，选择合适的数据选择器。如果所求逻辑函数含有 n 个变量，一般选用有 $n-1$ 个地址输入端的数据选择器。

(3) 将所求逻辑函数表达式与数据选择器输出表达式进行对照比较，确定电路输入端的函数式或取值。

(4) 根据输入端的表达式或取值，连接电路，画出逻辑电路连线图。

下面举例说明上述设计步骤。

【例 4.4】 试用数据选择器设计一个路灯控制电路，要求在四个不同的地方都能独立地开灯和关灯。

解： 本题训练用数据选择器设计组合电路的方法。在按上述步骤解题之前，应对输入和输出变量及赋值进行假设。

假设四个地方的开关分别用变量 A、B、C、D 表示，路灯用 Z 表示；假设开关的两个状态以及路灯亮和灭分别用 1 和 0 表示。

(1) 列出逻辑函数真值表，写出最小项表达式。

根据题意列出函数 Z 的真值表，见表 4.3。

表 4.3　例 4.4 逻辑真值表

A	B	C	D	Z	A	B	C	D	Z	A	B	C	D	Z	A	B	C	D	Z
0	0	0	0	0	0	1	1	0	0	1	1	0	0	0	1	0	1	0	0
0	0	0	1	1	0	1	1	1	1	1	1	0	1	1	1	0	1	1	1
0	0	1	1	0	0	1	0	1	0	1	1	1	1	0	1	0	0	1	0
0	0	1	0	1	0	1	0	0	1	1	1	1	0	1	1	0	0	0	1

由表 4.3 可知，当 A、B、C、D 的取值只有一个变量发生变化时，灯的状态也改变，以保证四个地方独立控制灯的亮和灭。函数表达式为

$$Z=\overline{A}\,\overline{B}\,\overline{C}D+\overline{A}\,\overline{B}C\overline{D}+\overline{A}BCD+\overline{A}B\overline{C}\,\overline{D}+AB\overline{C}D+ABC\overline{D}+A\overline{B}CD+A\overline{B}\,\overline{C}\,\overline{D}$$

(2) 选择电路，求数据选择器输入表达式。

函数含四个变量，选用 8 选 1 数据选择器 74LS151。该电路的输出表达式为

$$\begin{aligned}Q=(&\overline{A_2}\,\overline{A_1}\,\overline{A_0}D_0+\overline{A_2}\,\overline{A_1}A_0D_1+\overline{A_2}A_1\overline{A_0}D_2+\overline{A_2}A_1A_0D_3\\&+A_2\overline{A_1}\,\overline{A_0}D_4+A_2\overline{A_1}A_0D_5+A_2A_1\overline{A_0}D_6+A_2A_1A_0D_7)\cdot EN\end{aligned}$$

假设 $EN=1$，$A_2=A$，$A_1=B$，$A_0=C$，对比函数 Z 和输出 Q 的表达式，可求得

$$D_0=D,\ D_1=\overline{D},\ D_2=\overline{D},\ D_3=D$$

$$D_4=\overline{D},\ D_5=D,\ D_6=D,\ D_7=\overline{D}$$

(3) 根据上述结果画出 8 选 1 电路的连线图如图 4.12 所示。

【例 4.5】 试用数据选择器实现表 4.4 所示的逻辑功能。

解： 本题仍然是用数据选择器实现逻辑函数的问题，只是输出用表达式给出了。不难发现 Z 是 A、B、C、D 四个变量的函数。

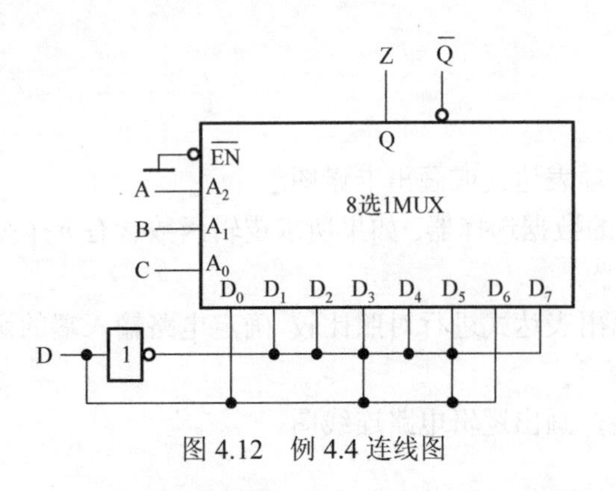

图 4.12　例 4.4 连线图

表 4.4　例 4.5 逻辑功能

A	B	Z
0	0	$\overline{CD}$
0	1	$\overline{C+D}$
1	0	$C\oplus D$
1	1	$C\odot D$

(1)列出逻辑函数真值表，写出表达式。

将函数 Z 和 A、B、C、D 四变量的关系列出真值表，如表 4.5 所示。

表 4.5　例 4.5 变量真值表

A	B	C	D	Z	A	B	C	D	Z	A	B	C	D	Z	A	B	C	D	Z
0	0	0	0	1	0	1	0	0	1	1	0	0	0	0	1	1	0	0	1
0	0	0	1	1	0	1	0	1	0	1	0	0	1	1	1	1	0	1	0
0	0	1	0	1	0	1	1	0	0	1	0	1	0	1	1	1	1	0	0
0	0	1	1	0	0	1	1	1	0	1	0	1	1	0	1	1	1	1	1

可见，可直接写出函数 Z 的最小项表达式，即

$$Z=\overline{A}\,\overline{B}\,\overline{C}\,\overline{D}+\overline{A}\,\overline{B}\,\overline{C}D+\overline{A}\,\overline{B}C\overline{D}+\overline{A}B\overline{C}\,\overline{D}+A\overline{B}\,\overline{C}D+A\overline{B}C\overline{D}+AB\overline{C}\,\overline{D}+ABCD$$

(2)因为逻辑函数含四个变量，选择 8 选 1 数据选择器 74LS151，该电路输出表达式见例 4.4 中 Q 的表达式。

(3)通过表达式对照比较可得出

$$A_2=A,\quad A_1=B,\quad A_0=C,\quad \overline{EN}=0$$

$$D_0=1,\quad D_1=\overline{D},\quad D_2=\overline{D},\quad D_3=0$$

$$D_4=D,\quad D_5=\overline{D},\quad D_6=\overline{D},\quad D_7=D$$

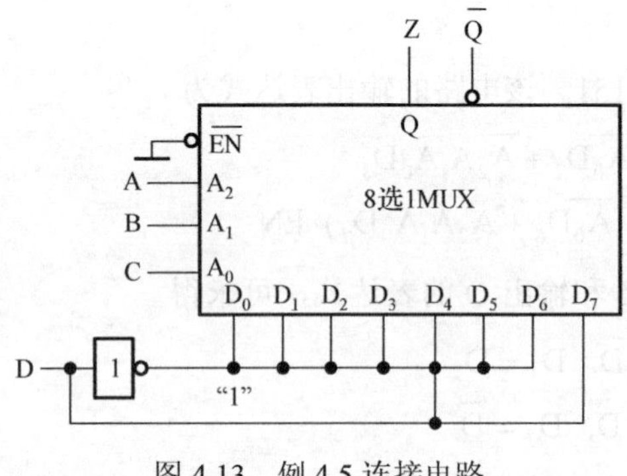

图 4.13　例 4.5 连接电路

(4)按所求结果连接电路，如图 4.13 所示。

3. 实现并行数据到串行数据的转换

图 4.14 是实现并/串行转换的逻辑电路，图 4.15 是输出信号波形图。电路由 8 选 1 数据选择器和 1 个 3 位二进制计数器构成。计数器的作用是累计时钟脉冲的个数，当时钟脉冲 CP 一个接一个送入时，计数器的输出端 $Q_2Q_1Q_0$ 从 000、001、…、111 依次变换，循环往复。由于 Q_2、Q_1、Q_0 分别与选择器的地址输入端 A_2、A_1、A_0 相连，因此，$A_2A_1A_0$ 就随时钟脉冲的逐个输入从 000 向 111 变化，选择器的输出 L 随之接通 D_0、D_1、D_2、…、D_7。当选择器的数据输入端 D_0、D_1、D_2、…、D_7 与一个并行 8 位数据 01001101 相连时，输出端得到的就是一串随时钟节拍变化的数据 0-1-0-0-1-1-0-1，这种数称为串行数据。

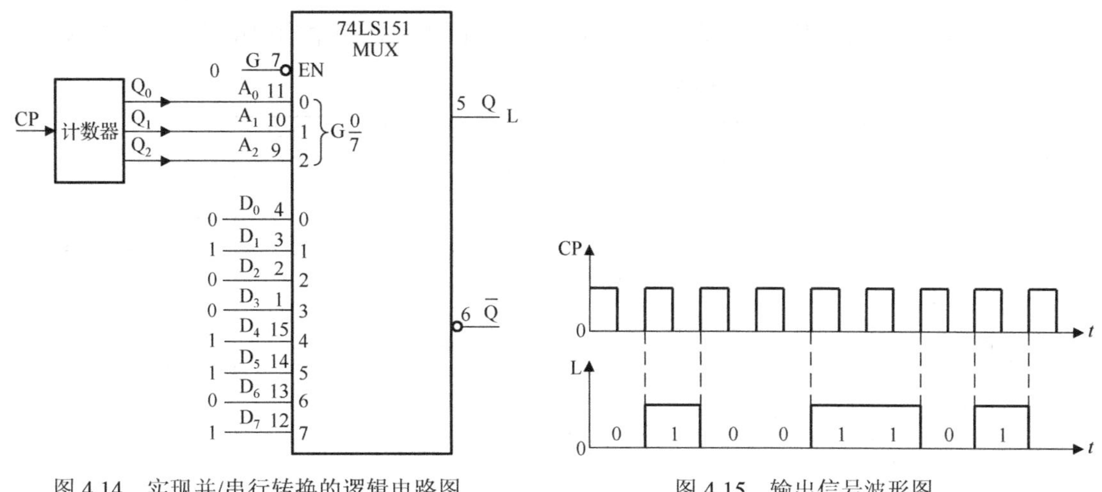

图 4.14　实现并/串行转换的逻辑电路图　　　　图 4.15　输出信号波形图

4.2.3　数据选择器的扩展

作为一种集成器件，常见的数据选择器类型是 8 选 1。选择数据的位数是 1，而数据源通道为 8。如果需要更大规模的数据选择器，可进行扩展。数据选择器的扩展分为两个方面：选择数据位的扩展和数据源通道的扩展。

1. 选择数据位的扩展

前面讨论的都是 1 位的数据选择器，如果需要选择多位数据，可由几个 1 位数据选择器并联组成，即将它们的使能端连接在一起，并将相应的选择输入端连在一起。2 位 8 选 1 数据选择器的连接方法如图 4.16 所示。

在图 4.16 中，74LS151(1)和 74LS151(2)的 7 脚连接在一起，作为使能端，低电平有效。74LS151(1)和 74LS151(2)的 9 脚、10 脚、11 脚分别连接在一起，作为地址选择端 $A_2A_1A_0$。当使能端 G 为低电平，$A_2A_1A_0$=000 时，数据 $D_{10}D_{00}$ 被选择，送到输出端 Q_1Q_0。$A_2A_1A_0$=001 时，数据 $D_{11}D_{01}$ 被选择，送到输出端 Q_1Q_0。以此类推，$A_2A_1A_0$=111 时，数据 $D_{17}D_{07}$ 被选择，送到输出端 Q_1Q_0。当需要进一步扩充数据选择器位数时，仅仅只需要相应地增加器件的数目。

2. 数据源通道的扩展

当需要对数据源通道数目进行扩展时，可以把数据选择器的使能端作为地址选择输入。例如，用两片 74LS151 和 3 个门电路组成的 16 选 1 数据选择器电路，如图 4.17 所示。

16 选 1 数据选择器的地址选择输入应该有 4 位，用 $A_3A_2A_1A_0$ 表示。在图 4.17 中，最高位 A_3 与 74LS151(1)的使能端 7 脚连接在一起；另外，经过一个反相器后与 74LS151(2)的使能端连接。74LS151(1)和 74LS151(2)的 9 脚、10 脚、11 脚分别连接在一起作为 $A_2A_1A_0$。

当 $A_3A_2A_1A_0$=0000 时，因为 A_3=0，所以 74LS151(1)被使能，而 74LS151(2)被禁止，74LS151(2)的 5 脚输出为 0，这时 D_0 数据通过 74LS151(1)送到 5 脚输出，然后通过或门 G_1 送到输出端 L。当 $A_3A_2A_1A_0$=1000 时，因为 A_3=1，所以 74LS151(2)被使能，而 74LS151(1)被禁止，74LS151(1)的 5 脚输出为 0，这时 D_8 数据通过 74LS151(2)送到 5 脚输出，然后通过或门 G_1 送到输出端 L。

若要实现更多的数据源通道扩展，则不可能只借助于附加简单的门电路了，而是需要借助于译码器或者附加的数据选择器来实现。

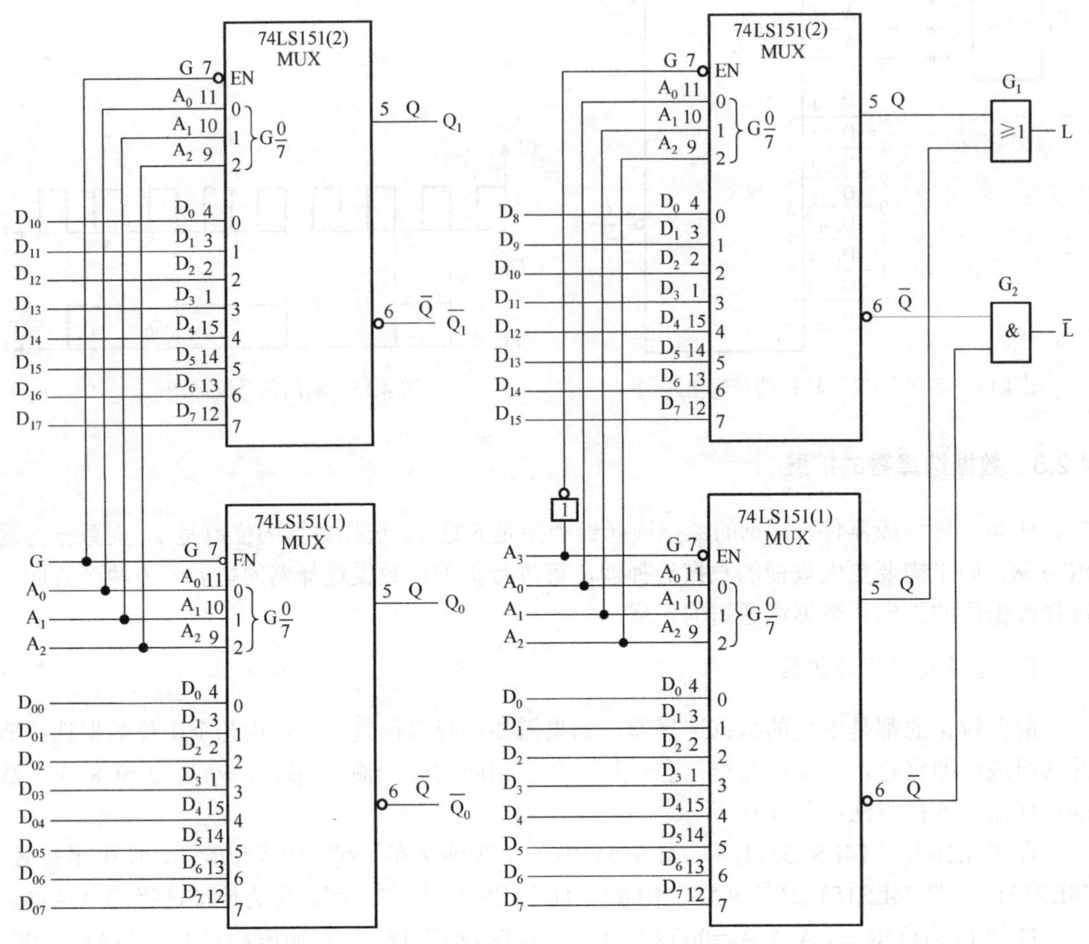

图 4.16　2 位的 8 选 1 数据选择器的逻辑电路图　　图 4.17　用两片 74LS151 组成的 16 选 1 数据选择器的逻辑电路图

【例 4.6】 试用双 4 选 1 数据选择器 74LS153 构成一个 8 选 1 数据选择器。

解：8 选 1 数据选择器应有 8 个信号输入端和 3 条地址线。两个 4 选 1 数据选择器共有 8 个输入端，可满足设计要求。对于 3 条地址线，可以利用最高位地址线来选择两个 4 选 1 数据选择器的选通工作，然后两条地址线来选择选通工作的 4 选 1 数据选择器的哪一路选通。最后通过或门 G_2 将两个 4 选 1 数据选择器的输出端 Q_1 和 Q_2 并接起来，就得到了一个 8 选 1 数据选择器。此电路的连接方式如图 4.18 所示。

8 选 1 数据选择器的电路输出与电路输入之间的逻辑关系为

$$Q=(\overline{A_2}\,\overline{A_1}\,\overline{A_0})D_0+(\overline{A_2}\,\overline{A_1}A_0)D_1+(\overline{A_2}A_1\overline{A_0})D_2+(\overline{A_2}A_1A_0)D_3$$
$$+(A_2\overline{A_1}\,\overline{A_0})D_4+(A_2\overline{A_1}A_0)D_5+(A_2A_1\overline{A_0})D_6+(A_2A_1A_0)D_7$$

在需要对此 8 选 1 数据选择器附加选通控制端时，可将 G_2 改用三输入端的或门，其第三个输入端就可作为选通控制端使用。

实际上单元集成电路中有 8 选 1 数据选择器芯片如 74LS151。但例 4.6 介绍的扩展方法具有普遍的意义，可使用此方法扩展出更多输入端的数据选择器。

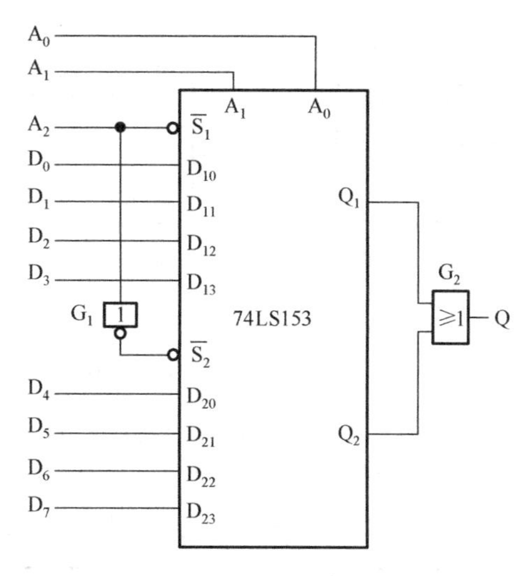

图 4.18　双 4 选 1 扩展为 8 选 1

4.2.4　数据分配器

数据分配器又称为多路分配器(DEMUX)，其功能与数据选择器相反，它可将一路输入数据按 n 位地址分送到 2^n 个数据输出端上。图 4.19 为 1-4DEMUX 的逻辑符号,其功能表如表 4.6 所示。其中 D 为数据输入，A_1、A_0 为地址输入，Q_0～Q_3 为数据输出，E 为使能端。

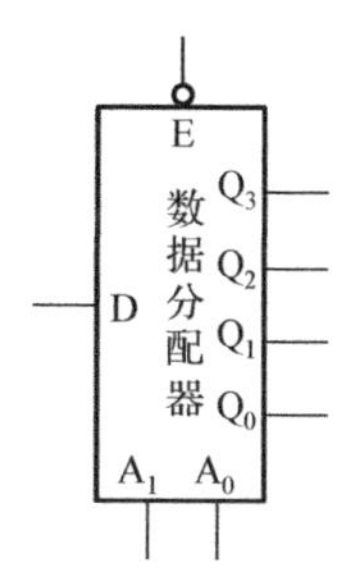

图 4.19　1-4DEMUX 的逻辑符号

表 4.6　1-4DEMUX 功能表

E	A_1	A_0	Q_0	Q_1	Q_2	Q_3
1	×	×	1	1	1	1
0	0	0	D	1	1	1
0	0	1	1	D	1	1
0	1	0	1	1	D	1
0	1	1	1	1	1	D

常用的 DEMUX 有 1-4DEMUX、1-8DEMUX、1-16DEMUX 等。从表 4.6 看出，1-4 DEMUX 与 2-4 线译码器功能相似，如果将 2-4 线译码器的使能端 E 用作数据输入端 D[图 4.20(a)]，则 2-4 线译码器的输出可写成

$$\overline{Q_i} = \overline{\overline{E}m_i} = \overline{\overline{D}m_i},\quad i = 0,\ 1,\ 2,\ 3$$

随着译码器输出地址的改变，可使某个最小项 m_i 为 1，则译码器相应的输出 $\overline{Q_i} = D$，因而只要改变译码器的地址输入 A、B，就可以将输入数据 D 分配到不同的通道上去。因此，凡是具有使能端的译码器，都可以用作数据分配器。图 4.20(b) 是将 3-8 线译码器用作 1-8DEMUX 的逻辑图。其中：

$$E_1 = D,\quad E_{2A} = E_{2B} = 0$$

$$\overline{Q_i} = \overline{E_1 m_i} = \overline{Dm_i}$$

当改变地址输入 A、B、C 时，$\overline{Q_i} = \overline{D}$，即输入数据被反相分配到各输出端。

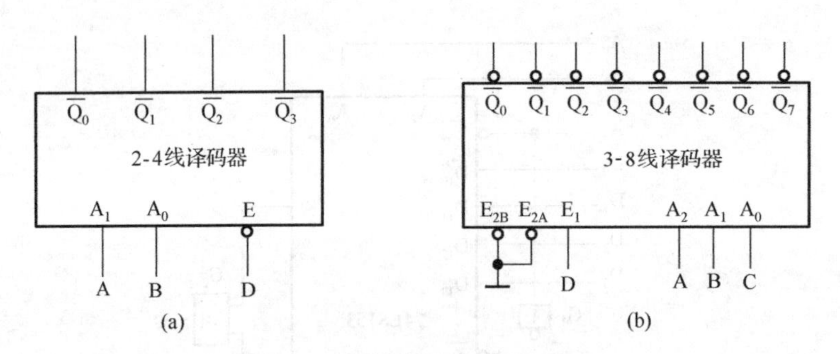

图 4.20　用译码器实现 DEMUX

数据分配器与数据选择器联用，以实现多通道数据分时传送。例如，发送端由 MUX 将各路数据分时送到公共传输线上，接收端再由分配器将公共传输线上的数据适时分配到相应的输出端，而两者的地址输入都是同步控制的，其示意图如图 4.21 所示。

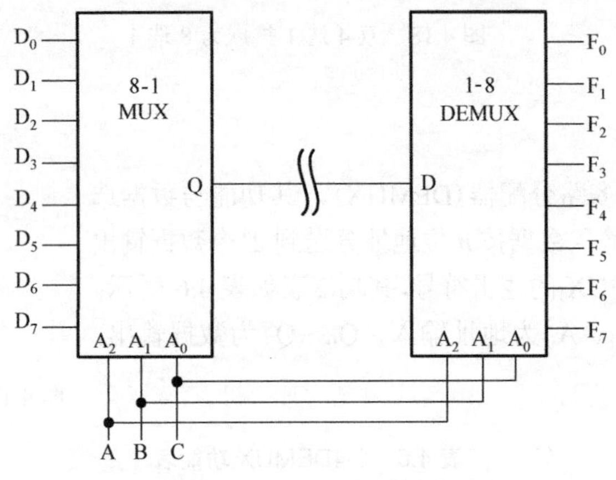

图 4.21　多通道数据分时传送

4.2.5　数值比较器

在一些数字系统中，经常要求比较两个二进制数的大小。为了实现数值的比较功能，人们专门设计出各种用于数值比较的数字逻辑，称这些数字逻辑电路为数值比较器。数值比较器的作用就是比较两个数值的大小。

1. 1 位二进制数值比较器

将两个 1 位数 A 和 B 比较大小，一般有 3 种可能，即 A>B、A<B 和 A=B。由此可知该比较器应有两个输入端 A、B；3 个输出端 $F_{A>B}$、$F_{A<B}$ 和 $F_{A=B}$，规定输出为高电平有效。比较的结果共有 3 种情况：当 A>B 时，$F_{A>B}$=1；当 A<B 时，$F_{A<B}$=1；当 A=B 时，$F_{A=B}$=1。可以得到 1 位二进制数值比较器的真值表，如表 4.7 所示。

表 4.7 1 位二进制数值比较器的真值表

输入		输出			输入		输出		
A	B	$F_{A>B}$	$F_{A<B}$	$F_{A=B}$	A	B	$F_{A>B}$	$F_{A<B}$	$F_{A=B}$
0	0	0	0	1	1	0	1	0	0
0	1	0	1	0	1	1	0	0	1

由真值表 4.7 得出的输出逻辑表达式为

$$F_{A>B}=A\overline{B}$$

$$F_{A<B}=\overline{A}B$$

$$F_{A=B}=\overline{A}\,\overline{B}+AB=\overline{\overline{A}B+A\overline{B}}$$

其逻辑电路图如图 4.22 所示。

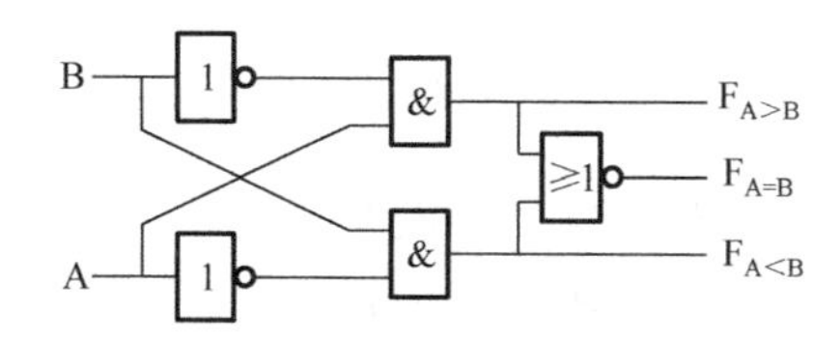

图 4.22　1 位二进制数值比较器逻辑电路图

2. 2 位二进制数值比较器

1 位二进制数值比较器只能对两个 1 位二进制数进行比较，而实用的二进制数值比较器一般是多位的。下面以 2 位为例讨论这种数值比较器。2 位二进制数值比较器的功能表如表 4.8 所示。两个数进行比较时，先对高位比较，若高位已经有结果，低位就没有必要再比较了，只有当高位相等时，才对低位再进行比较。

表 4.8　2 位二进制数值比较器的功能表

数值输入				输出			数值输入				输出		
A_1	B_1	A_0	B_0	$F_{A>B}$	$F_{A<B}$	$F_{A=B}$	A_1	B_1	A_0	B_0	$F_{A>B}$	$F_{A<B}$	$F_{A=B}$
$A_1>B_1$		×	×	1	0	0	$A_1=B_1$		$A_0<B_0$		0	1	0
$A_1<B_1$		×	×	0	1	0	$A_1=B_1$		$A_0=B_0$		0	0	1
$A_1=B_1$		$A_0>B_0$		1	0	0							

比较 A_1A_0 和 B_1B_0 这两个二进制数的大小，2 位二进制数值比较器的真值表如表 4.9 所示。其中，A_1、B_1、A_0、B_0 为数值输入端，$F_{A>B}$、$F_{A<B}$ 和 $F_{A=B}$ 为本位片 3 种不同比较结果的输出端，规定输出端为高电平有效。

表 4.9　2 位二进制数值比较器的真值表

输入				输出			输入				输出		
A_1	B_1	A_0	B_0	$F_{A>B}$	$F_{A<B}$	$F_{A=B}$	A_1	B_1	A_0	B_0	$F_{A>B}$	$F_{A<B}$	$F_{A=B}$
0	0	0	0	0	0	1	1	0	0	0	1	0	0
0	0	0	1	0	1	0	1	0	0	1	1	0	0
0	0	1	0	1	0	0	1	0	1	0	1	0	0
0	0	1	1	0	0	1	1	0	1	1	1	0	0
0	1	0	0	0	1	0	1	1	0	0	0	0	1
0	1	0	1	0	1	0	1	1	0	1	0	1	0
0	1	1	0	0	1	0	1	1	1	0	1	0	0
0	1	1	1	0	1	0	1	1	1	1	0	0	1

画出 3 个输出信号 $F_{A>B}$、$F_{A<B}$ 和 $F_{A=B}$ 的卡诺图如图 4.23 所示。

由卡诺图化简得到最简与或表达式为

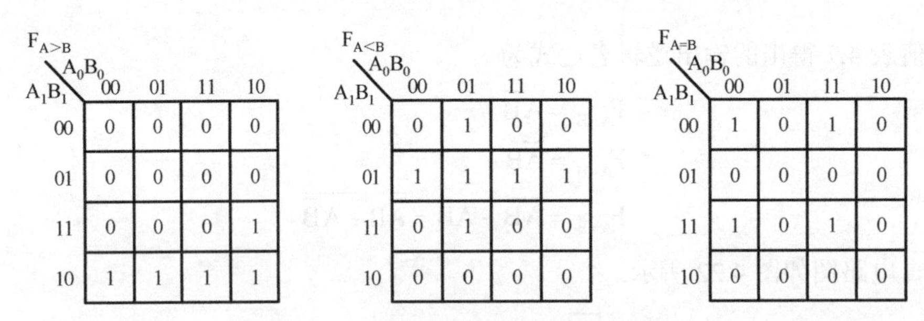

图 4.23　2 位二进制数值比较器的卡诺图

$$F_{A>B} = A_1\overline{B_1} + A_1A_0\overline{B_0} + \overline{B_1}A_0\overline{B_0}$$

$$F_{A<B} = \overline{A_1}B_1 + \overline{A_1}\,\overline{A_0}B_0 + B_1\overline{A_0}B_0$$

$$F_{A=B} = \overline{A_1}\,\overline{B_1}\,\overline{A_0}\,\overline{B_0} + \overline{A_1}\,\overline{B_1}A_0B_0 + A_1B_1\overline{A_0}\,\overline{B_0} + A_1B_1A_0B_0$$

由最简与或表达式可得逻辑电路图如图 4.24 所示。

3. 集成 4 位二进制数值比较器 74LS85

集成二进制数值比较器 74LS85 是典型的集成 4 位二进制数值比较器。图 4.25 是加了引脚名字的 74LS85 的逻辑符号。

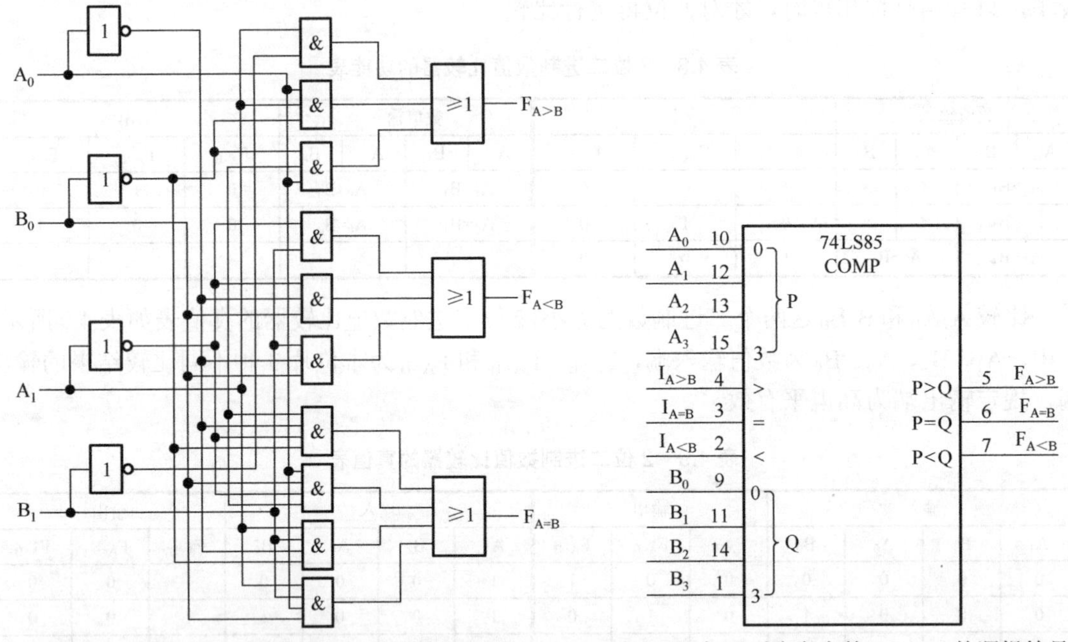

图 4.24　2 位二进制数值比较器的逻辑电路图　　　　图 4.25　加了引脚名字的 74LS85 的逻辑符号

4 位二进制数值比较器 74LS85 的逻辑功能表如表 4.10 所示。其逻辑功能是比较 A 和 B 这两个二进制数的大小。A 是 4 位二进制数，用 $A_3A_2A_1A_0$ 表示；B 是 4 位二进制数，用 $B_3B_2B_1B_0$ 表示。A_3、B_3、A_2、B_2、A_1、B_1、A_0、B_0 为数值输入端，$F_{A>B}$、$F_{A<B}$ 和 $F_{A=B}$ 为本位片三种不同比较结果输出端，规定输出端为高电平有效。两个数进行比较时，先对高位比较，若高位已经有结果，低位就没必要再进行比较，只有当高位相等时，才对低位再进行比较。74LS85 还设计了 3 个级联输入端，用于功能的扩展。从逻辑功能表的倒数第 3 行至倒数第 6 行看出，

当 $A_3A_2A_1A_0=B_3B_2B_1B_0$ 时，比较的结果取决于“级联输入”端，“级联输入”端是高电平有效。逻辑功能表的倒数 3 行没有什么实际意义，只是为了说明当这 3 个输入端处于其他输入组合情况下时输出的逻辑电平。

在图 4.25 所示的逻辑符号中，总定性符 COMP 表示此电路为一个比较器电路，被比较的两个 4 位二进制数 $A_3A_2A_1A_0$、$B_3B_2B_1B_0$ 和级联输入等输入信号列在左边，表示比较结果的 3 个输出信号列在右边，0～3 规定了 4 位二进制数各位的位权。

表 4.10　4 位二进制数值比较器 74LS85 的逻辑功能表

输入							输出		
A_3，B_3	A_2，B_2	A_1，B_1	A_0，B_0	$I_{A>B}$	$I_{A<B}$	$I_{A=B}$	$F_{A>B}$	$F_{A<B}$	$F_{A=B}$
$A_3>B_3$	×	×	×	×	×	×	1	0	0
$A_3<B_3$	×	×	×	×	×	×	0	1	0
$A_3=B_3$	$A_2>B_2$	×	×	×	×	×	1	0	0
$A_3=B_3$	$A_2<B_2$	×	×	×	×	×	0	1	0
$A_3=B_3$	$A_2=B_2$	$A_1>B_1$	×	×	×	×	1	0	0
$A_3=B_3$	$A_2=B_2$	$A_1<B_1$	×	×	×	×	0	1	0
$A_3=B_3$	$A_2=B_2$	$A_1=B_1$	$A_0>B_0$	×	×	×	1	0	0
$A_3=B_3$	$A_2=B_2$	$A_1=B_1$	$A_0<B_0$	×	×	×	0	1	0
$A_3=B_3$	$A_2=B_2$	$A_1=B_1$	$A_0=B_0$	1	0	0	1	0	0
$A_3=B_3$	$A_2=B_2$	$A_1=B_1$	$A_0=B_0$	0	1	0	0	1	0
$A_3=B_3$	$A_2=B_2$	$A_1=B_1$	$A_0=B_0$	0	0	1	0	0	1
$A_3=B_3$	$A_2=B_2$	$A_1=B_1$	$A_0=B_0$	×	×	1	0	0	1
$A_3=B_3$	$A_2=B_2$	$A_1=B_1$	$A_0=B_0$	1	1	0	0	0	0
$A_3=B_3$	$A_2=B_2$	$A_1=B_1$	$A_0=B_0$	0	0	0	1	1	0

4.2.6　数值比较器功能的扩展

当要比较的二进制数的位数多于 4 位时，用一片 74LS85 不能实现，所以要进行位数的扩展。扩展的方法有两种：串联方式扩展和并联方式扩展。

1. *串联方式扩展*

要比较两个 8 位二进制数 $A_7A_6A_5A_4A_3A_2A_1A_0$ 和 $B_7B_6B_5B_4B_3B_2B_1B_0$ 的大小，可以用两片 4 位二进制数值比较器扩展连接成 8 位二进制数值比较器。将两片芯片串联连接，即将低位芯片的输出端 $F_{A>B}$、$F_{A<B}$ 和 $F_{A=B}$ 分别接高位芯片级联输入端 $I_{A>B}$、$I_{A<B}$ 和 $I_{A=B}$，串联的逻辑电路图如图 4.26 所示。当高四位都相等时，就可由低四位来决定两数的大小。

在图 4.26 中，74LS85(1)是低位片，$A_3A_2A_1A_0$ 和 $B_3B_2B_1B_0$ 从 74LS85(1)输入，74LS85(2)是高位片，$A_7A_6A_5A_4$ 和 $B_7B_6B_5B_4$ 从 74LS85(2)输入。低位片 74LS85(1)的 4 脚 $I_{A>B}$ 接 0，2 脚 $I_{A<B}$ 接 0，3 脚 $I_{A=B}$ 接 1。此外 $I_{A=B}$ 端接 1，表示 A_0 和 B_0 就是位数最低的位，没有比其更低的数位了。因此，可以认为 A_0 和 B_0 更低的数位的比较结果为相等，所以 $I_{A=B}$ 端接 1。低位片 74LS85(1)根据 $A_3A_2A_1A_0$ 和 $B_3B_2B_1B_0$ 比较的结果在 5 脚 $F_{A>B}$、6 脚 $F_{A=B}$、7 脚 $F_{A<B}$ 分别输出相应的高电平，然后送给 74LS85(2)高位片。

当 74LS85(2)高位片的输入信号 $A_7A_6A_5A_4$ 和 $B_7B_6B_5B_4$ 能区分出大小时，就不用参考低位片 74LS85(1)送来的 $I_{A>B}$、$I_{A<B}$ 和 $I_{A=B}$ 信号。只有当 $A_7A_6A_5A_4=B_7B_6B_5B_4$ 时，才根据低位

片 74LS85(1)送来的 $I_{A>B}$、$I_{A<B}$ 和 $I_{A=B}$ 信号来决定比较的结果。若 $I_{A>B}$=1，则 A>B；若 $I_{A<B}$=1，则 A<B；若 $I_{A=B}$=1，则 A=B。

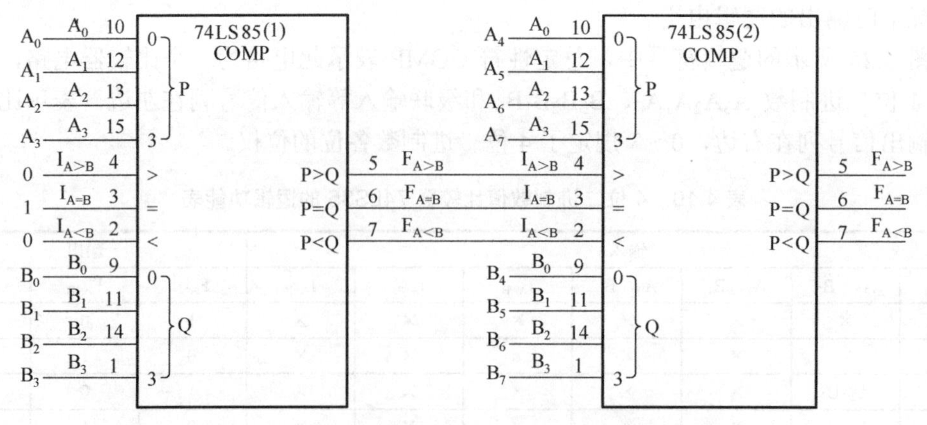

图 4.26　4 位比较器扩展为 8 位比较器的逻辑电路图

2. 并联方式扩展

当两个要比较的二进制数的位数较多，且速度要求较快时，可以采用并联方式扩展。例如，可以用 5 片 4 位二进制数值比较器扩展为 16 位比较器，如图 4.27 所示。两个二进制数分别用 $A=A_{15}A_{14}A_{13}A_{12}A_{11}A_{10}A_9A_8A_7A_6A_5A_4A_3A_2A_1A_0$ 和 $B=B_{15}B_{14}B_{13}B_{12}B_{11}B_{10}B_9B_8B_7B_6B_5B_4B_3B_2B_1B_0$ 表示。注意在图 4.27 中，74LS85(5)～74LS85(1) 5 个芯片的 4 脚、3 脚、2 脚分别接 0、1、0。将待比较的两个 16 位二进制数分成 4 组，$A_{15}A_{14}A_{13}A_{12}$ 和 $B_{15}B_{14}B_{13}B_{12}$ 为一组，送入 74LS85(4)去比较；$A_{11}A_{10}A_9A_8$ 和 $B_{11}B_{10}B_9B_8$ 为一组，送入 74LS85(3)去比较；$A_7A_6A_5A_4$ 和 $B_7B_6B_5B_4$ 为一组，送入 74LS85(2)去比较；$A_3A_2A_1A_0$ 和 $B_3B_2B_1B_0$ 为一组，送入 74LS85(1)去比较。各组的 4 位二进制数的比较是同时进行的，各组得到比较的结果后，分别从对应芯片的 5 脚、6 脚、7 脚输出结果，然后再将每组的比较结果输入 74LS85(5)去进行比较，最后得出比较结果。

要特别注意，在图 4.27 中，74LS85(4)片的 5 脚 $F_{A>B}$ 一定要与 74LS85(5)片的 15 脚 A_3 连接，74LS85(4)片的 7 脚 $F_{A<B}$ 一定要与 74LS85(5)片的 1 脚 B_3 连接；74LS85(3)片的 5 脚 $F_{A>B}$ 一定要与 74LS85(5)片的 13 脚 A_2 连接，74LS85(3)片的 7 脚 $F_{A<B}$ 一定要与 74LS85(5)片的 14 脚 B_2 连接；74LS85(2)片的 5 脚 $F_{A>B}$ 一定要与 74LS85(5)片的 12 脚 A_1 连接，74LS85(2)片的 7 脚 $F_{A<B}$ 一定要与 74LS85(5)片的 11 脚 B_1 连接；74LS85(1)片的 5 脚 $F_{A>B}$ 一定要与 74LS85(5)片的 10 脚 A_0 连接，74LS85(1)片的 7 脚 $F_{A<B}$ 一定要与 74LS85(5)片的 9 脚 B_0 连接。

如果 $A_{15}A_{14}A_{13}A_{12}>B_{15}B_{14}B_{13}B_{12}$，则 74LS85(4)片的 5 脚 $F_{A>B}$=1，7 脚 $F_{A<B}$=0。这时 74LS85(5)片的 15 脚 A_3=1；74LS85(5)片的 1 脚 B_3=0，$A_3>B_3$；74LS85(5)片的 5 脚 $F_{A>B}$ 就输出高电平，表示 A>B。

这种并联扩展方式从数据输入到输出只需要 2 倍的 4 位二进制数值比较器的延迟时间，如果采用串联扩展方式，则需要 4 倍的 4 位二进制数值比较器的延迟时间。

集成比较器不仅能对两个 *N* 位二进制数进行比较，而且能对多个 *N* 位二进制数进行比较。例如，可以利用 3 片 4 位二进制数值比较器及 2 片 4 位 2 选 1 数据选择器接成 4 个 4 位二进制数值比较器。

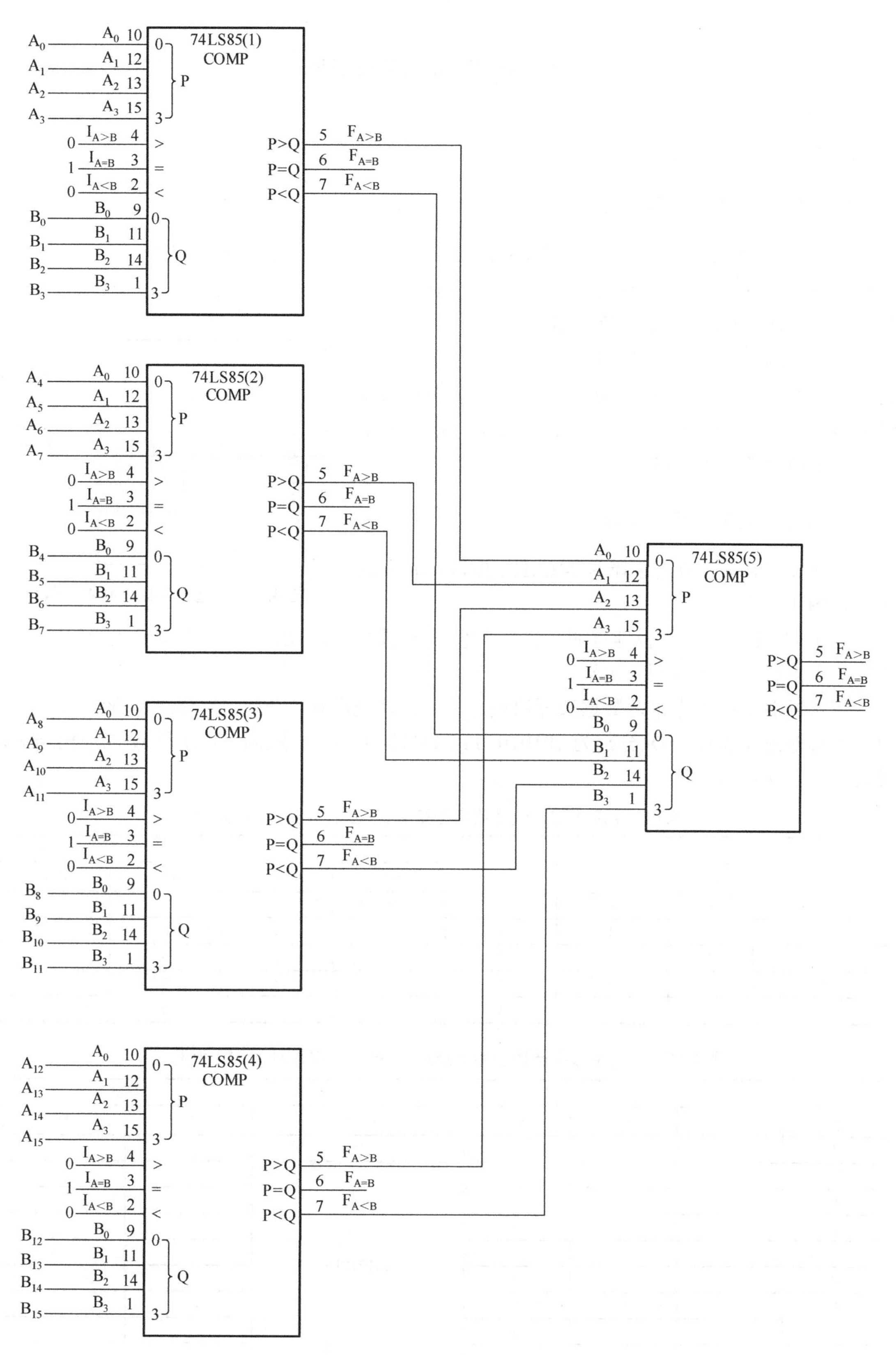

图 4.27　比较器并联方式扩展图

4.3 实验内容和步骤

4.3.1 数据选择器实验

1. 4 选 1 数据选择器实验

将实验用双 4 选 1 数据选择器 74LS153 插入实验系统中，按图 4.28 接线。其中 B、A 为两位地址码，$\overline{1G}$ 为低电平选通输入端，$1C_3$～$1C_0$ 为数据输入端，1Q 为相应的数据位输出端。

置选通端 $\overline{1G}$ 为 0 电平，数据选择器被选中，拨动逻辑开关 K_1、K_0 分别为 00、01、10、11(置数据输入端 $1C_3$～$1C_0$ 分别为 1010 或 1100)，观察输出端 1Q 输出结果，并把结果填入表 4.11。

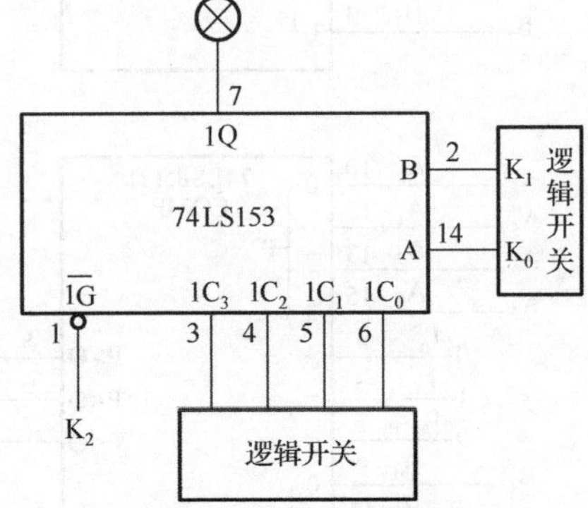

图 4.28　4 选 1 数据选择器接线图

2. 8 选 1 数据选择器实验

将实验用 8 选 1 数据选择器 74LS151 插入实验系统中，按图 4.29 接线。

其中 C、B、A 为三位地址码，$\overline{S}$ 为低电平选通输入端，D_0～D_7 为数据输入端，输出 Q 为原码输出端，W 为反码输出端。

置选通端 $\overline{S}$ 为 0 电平，数据选择器被选中，拨动逻辑开关 K_2～K_0 分别为 000, 001, …, 111(置数据输入端 D_0～D_7 分别为 10101010 或 11110000)，观察输出端 Q 和 W 的输出结果，并记录在表 4.12 中。

表 4.11　4 选 1 数据选择器实验结果(数据输入以 1010 为例)

输入							输出
$\overline{1G}$ (K_2)	K_1	K_0	$1C_3$	$1C_2$	$1C_1$	$1C_0$	1Q
1	×	×	×	×	×	×	
0	0	0	1	0	1	0	
0	0	1	1	0	1	0	
0	1	0	1	0	1	0	
0	1	1	1	0	1	0	

表 4.12　8 选 1 数据选择器实验结果(数据输入以 10101010 为例)

输入					输出	
$\overline{S}$	K_2	K_1	K_0	D_7～D_0	Q	W
1	×	×	×	×		
0	0	0	0	10101010		
0	0	0	1			
0	0	1	0			
0	0	1	1			
0	1	0	0			
0	1	0	1			
0	1	1	0			
0	1	1	1			

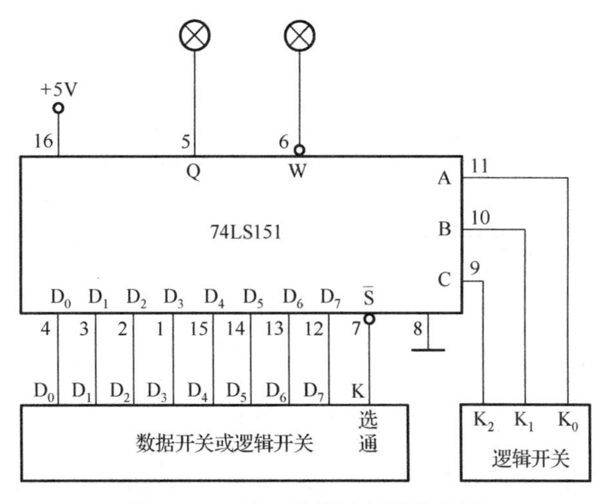

图 4.29　8 选 1 数据选择器接线图

4.3.2　数据分配器实验

译码器常常可接成数据分配器，在多路分配器中即用 3-8 线 74LS138 译码器接成数据分配器形式，从而完成多路信号的传输，具体实验接线见图 4.30。

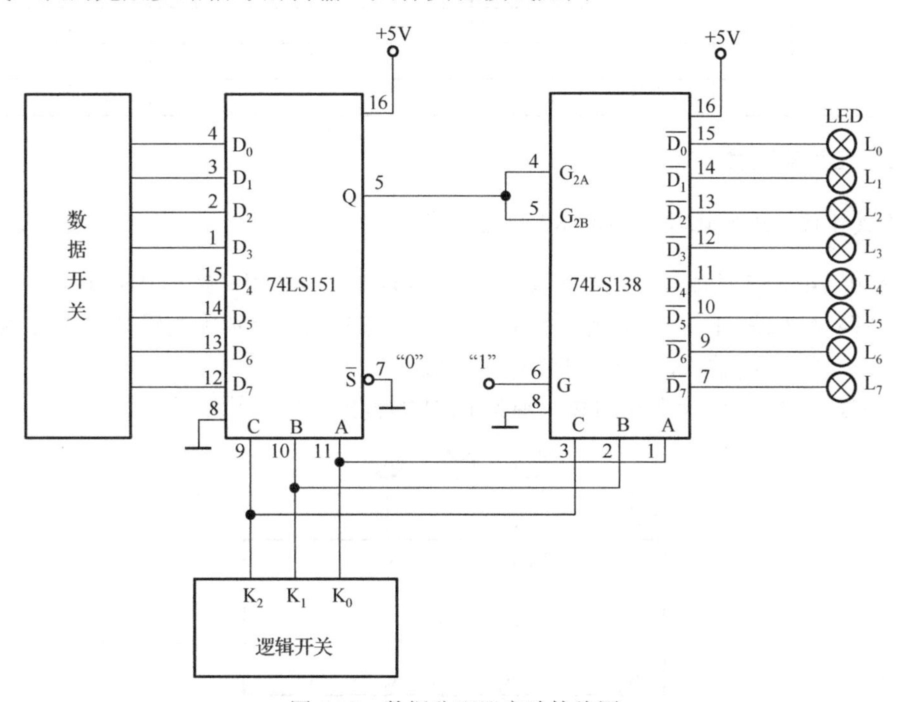

图 4.30　数据分配器实验接线图

按图 4.30 完成接线。D_0～D_7 分别接数据开关或逻辑开关，$\overline{D_0}\sim\overline{D_7}$ 接 8 个 LED 显示，数据选择器和数据分配器的地址码一一对应连接，并接三位逻辑电平开关(也可用 8421 码拨码开关的 4、2、1 三位或三位二进制计数器的输出端 Q_C、Q_B、Q_A)。把数据选择器 74LS151 原码输出端 Q 与 74LS138 的 G_{2A} 和 G_{2B} 输入端相连，两个芯片的选通分别接规定的电平。这样就完成了多路数据分配器的功能。

置 D_0～D_7 为 11110000 和 10101010 两种状态，再分别两次置地址码 K_2～K_0 为 0～7，观察输出 LED 的状态，并记录在表 4.13 中。

表 4.13　数据分配器实验结果

输入				输出							
D_7～D_0	K_2	K_1	K_0	L_7	L_6	L_5	L_4	L_3	L_2	L_1	L_0
11110000	0	0	0								
	0	0	1								
	0	1	0								
	0	1	1								
	1	0	0								
	1	0	1								
	1	1	0								
	1	1	1								
10101010	0	0	0								
	0	0	1								
	0	1	0								
	0	1	1								
	1	0	0								
	1	0	1								
	1	1	0								
	1	1	1								

4.3.3　数值比较器实验

1. 集成 4 位二进制比较器 74LS85 功能测试

将实验用 74LS85 集成 4 位二进制数值比较器插入实验系统，按图 4.31 接线。

其中 $A_3A_2A_1A_0$ 和 $B_3B_2B_1B_0$ 是要比较的两个二进制数，分别用逻辑开关 K_3、K_2、K_1、K_0 和 K_7、K_6、K_5、K_4 输入，三个 LED 输出比较结果。

置 B_3～B_0 和 A_3～A_0 为不同的数，观察 LED 的输出结果，并记录。

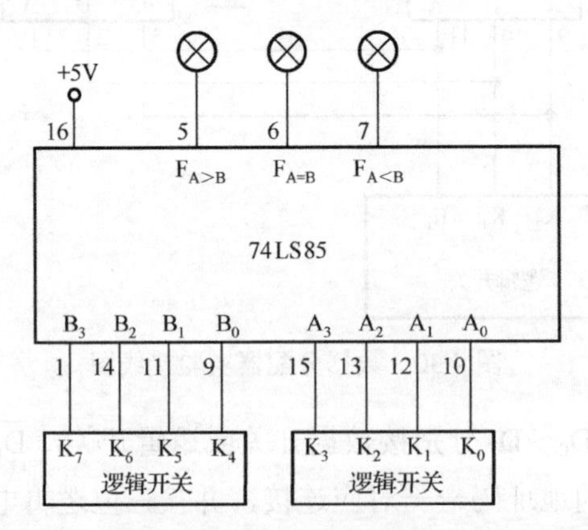

图 4.31　集成 4 位二进制比较器 74LS85 接线图

2. 数值比较器 74LS85 功能扩展实验

将两片集成 4 位二进制比较器 74LS85 插入实验系统，按图 4.32 接线。

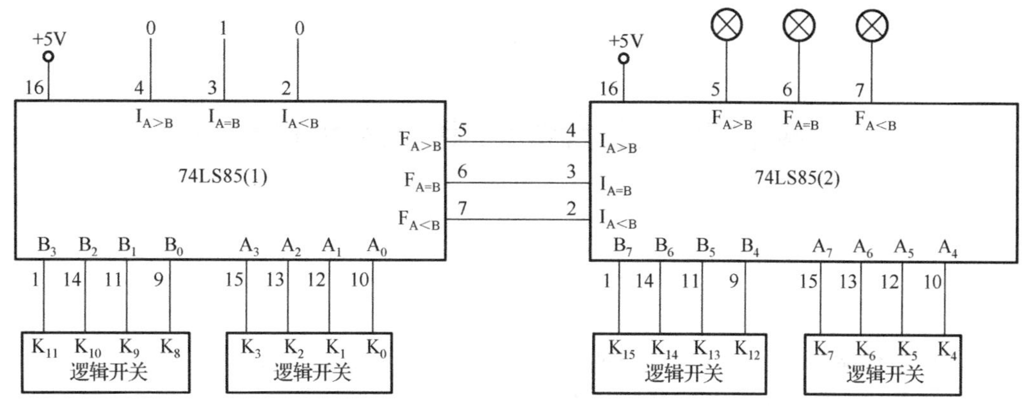

图 4.32　数值比较器功能扩展接线图

图 4.32 中，将 4 位二进制数值比较器 74LS85 扩展成了 8 位二进制数值比较器。其中逻辑开关 K_7～K_0 输入第一个 8 位二进制数 $A_7A_6A_5A_4A_3A_2A_1A_0$，逻辑开关 K_{15}～K_8 输入第二个 8 位二进制数 $B_7B_6B_5B_4B_3B_2B_1B_0$。74LS85(1)中级联输入端 $I_{A>B}$、$I_{A<B}$ 和 $I_{A=B}$ 分别置位为 0、0、1，74LS85(2)接三个 LED 输出比较结果。

置 B_7～B_0 和 A_7～A_0 为不同的数，观察 LED 的输出结果，并记录。

4.4　实 验 器 材

(1) THK-880D 型数字电路实验系统。

(2) 直流稳压电源。

(3) 元器件：74LS151、74LS153、74LS138、74LS85。

4.5　复习要求与思考题

4.5.1　复习要求

(1) 复习中规模集成组合电路的功能特点和分析、设计方法。

(2) 复习 4 选 1、8 选 1 数据选择器及分配器和数值比较器的工作原理与特点。

(3) 复习所用集成电路的功能、引脚排列。

4.5.2　思考题

(1) 试用 8 选 1 数据选择器 74LS151 实现单输出组合函数，并画出逻辑电路图。

$$L = AB + BC + AC$$

(2) 设计用 3 个开关控制一个电灯的逻辑电路，要求改变任何一个开关的状态都能控制电灯由亮到灭或由灭到亮。要求用数据选择器来实现。

4.6　实验报告要求

(1) 画出实验测试电路的各个电路连线示意图，按要求填写各实验表格，整理实验数据，分析实验结果。

(2) 总结以中规模集成组合电路为基础的各种扩展电路设计方法。

实验五　组合逻辑电路综合设计

5.1　实 验 目 的

(1) 掌握用集成门电路设计组合电路的方法，并通过实验验证设计的正确性。

(2) 掌握灵活运用不同的门电路来达到同一设计要求的方法。

(3) 熟悉中规模集成电路的使用方法。

(4) 掌握用中规模集成电路设计组合逻辑电路的方法。

5.2　实验原理和电路

前面讲述了组合逻辑电路的特点、组合逻辑电路的分析方法和设计方法、若干常用组合逻辑电路的原理和使用方法以及常用组合逻辑电路的实验等。本章对组合逻辑电路进行归纳总结。

组合逻辑电路在逻辑功能上的特点是任意时刻的输出仅仅取决于该时刻的输入，而与电路过去的状态无关。它在电路结构上的特点是只包含门电路，而没有存储(记忆)单元。显然，符合上述特点的组合逻辑电路仍然是非常多的，不可能逐一列举。

考虑到有些种类的组合逻辑电路使用得特别频繁，为便于使用，把它们制成了标准化的中规模集成器件，供用户直接选用。这些器件包括编码器、译码器、数据选择器、加法器、数值比较器、奇偶效验/发生器、BCD 与二进制代码转换器等。为了增加使用的灵活性，也为了便于功能扩展，在多数中规模集成的组合逻辑电路上都设置了附加的控制端(或称为使能端、片选端等)。这些控制端既可用于控制电路的状态(工作或禁止)，又可作为输出信号的选通输入端，还能用作输入信号的一个输入端以扩展电路功能。合理地运用这些控制端能最大限度地发挥电路的潜能。灵活地运用这些器件还可以设计出任何其他逻辑功能的组合逻辑电路。此外，在使用大规模集成的可编程逻辑器件设计组合逻辑电路以及设计大规模集成电路芯片的过程中，也经常把这些常用组合逻辑电路作为典型的模块电路，用来构建所需要的逻辑电路。

尽管各种组合逻辑电路在功能上千差万别，但是它们的分析方法和设计方法都是共同的。掌握了分析的一般方法，就可以识别任何一个给定电路的逻辑功能；掌握了设计的一般方法，就可以根据给定的设计要求设计出相应的逻辑电路。因此，学习组合逻辑电路时应将重点放在分析方法和设计方法上，而不必去记忆各种具体的逻辑电路。

组合逻辑电路的设计工作通常可以按照以下步骤进行。

1. 进行逻辑抽象

在许多情况下，要设计的组合逻辑电路是用文字描述的具有一定因果关系的事件。这时就需要通过逻辑抽象的方法，用一个逻辑函数来描述这一因果关系。

逻辑抽象的工作通常是按以下步骤进行的。

(1) 分析事件的因果关系，确定输入变量和输出变量。一般总是把引起事件的原因定为输入变量，而把事件的结果作为输出变量。

(2) 定义逻辑状态的含义。

以二值逻辑的 0、1 两种状态分别代表输入变量和输出变量的两种不同状态。这里 0 和 1 的具体含义完全是由设计者人为选定的。这项工作也称为逻辑状态赋值。

(3) 根据给定的因果关系列出逻辑真值表。

至此，便将一个实际的逻辑问题抽象成一个逻辑函数了。而且，这个逻辑函数首先是以真值表的形式给出的。

2. 写出逻辑函数式

为便于对逻辑函数进行化简和变换，需要把真值表转换为对应的逻辑函数式。

3. 选定器件的类型

为了产生所需要的逻辑函数，既可以用小规模集成的门电路组成相应的逻辑电路，也可以用中规模集成的常用组合逻辑器件或可编程逻辑器件等构成相应的逻辑电路。应该根据对电路的具体要求和器件的资源情况决定采用哪一种类型的器件。

4. 将逻辑函数化简或变换成适当的形式

在使用小规模集成的门电路进行设计时，为获得最简单的设计结果，应将函数式化成最简形式，即函数式中相加的乘积项最少，而且每个乘积项中的因子也最少。如果对所用器件的种类有附加的限制(例如，只允许用单一类型的与非门)，则还应将函数式变换成与器件种类相适应的形式(例如，将函数式化作与非-与非形式)。

在使用中规模集成的常用组合逻辑电路设计电路时，因为每一种中规模集成的组合逻辑电路都有确定的逻辑功能，并可以写成逻辑函数的形式，所以为了使用这些器件构成所需要的逻辑电路，需要将函数式变换为适当的形式，以便能用最少的器件和最简单的连线接成所需要的逻辑电路。每一种中规模集成器件的逻辑功能都可以写成一个逻辑函数式。在使用这些器件设计组合逻辑电路时，应该将待产生的逻辑函数变换成与所用器件的逻辑函数式相同或类似的形式。

将变换后的逻辑函数式与选用器件的函数式对照比较，有以下 4 种可能的情况。

(1) 两者形式完全相同，使用这种中规模集成器件效果最为理想。

(2) 两者形式类同，所选器件的逻辑函数式包含更多的输入变量和乘积项。这时只需对多余的变量输入端和乘积项进行适当处理，也能很方便地得到所要的逻辑电路。

(3) 所选用的中规模集成器件的逻辑函数式是要求产生的逻辑函数的一部分，这时可以通过扩展的方法(将几片联用或附加少量其他器件)组成要求的逻辑电路。

(4) 如果可用的中规模集成电路品种有限，而这些器件的逻辑函数式又与要求产生的逻辑函数在形式上相差甚远，就不宜采用这些器件来设计所需要的逻辑电路了。

根据逻辑函数式对照比较的结果，即可确定所用的器件各输入端应当接入的变量或常量(1 或 0)，以及各片之间的连接方式。

目前用于逻辑设计的计算机辅助设计软件几乎都具有对逻辑函数进行化简或变换的功能，因而，在采用计算和辅助设计时，逻辑函数的化简和变换都是由计算机自动完成的。

5. 根据化简或变换后的逻辑函数式，画出逻辑电路的连接图

至此，原理性设计(或称逻辑设计)已经完成。我们将上述使用中规模集成器件设计组合逻辑电路的方法称为逻辑函数式对照法。

5.2.1 三人表决电路

设计一个三人表决电路，在表决一般问题时以多数同意为通过。在表决重要问题时，必须一致同意才能通过。

由设计要求，首先进行逻辑抽象。取参加表决三人的态度为输入变量，以 A、B、C 表示，并规定 1 状态表示同意，0 状态表示不同意。同时，以 T 表示表决问题的类型，T=0 表示一般问题，T=1 表示重要问题。取表决结果为输出变量，以 Q 表示，并规定 Q=1 表示通过，Q=0 表示不通过。

于是就可以列出表 5.1 所示的真值表。从真值表写出 Q 的最小项之和形式的逻辑函数式：

$$\begin{aligned}Q &= \overline{C}BA\overline{T} + C\overline{B}A\overline{T} + CB\overline{A}\,\overline{T} + CBA\overline{T} + CBAT \\ &= \overline{C}BA\overline{T} + C\overline{B}A\overline{T} + CB\overline{A}\,\overline{T} + CBA(T+\overline{T}) \\ &= \overline{C}BA\overline{T} + C\overline{B}A\overline{T} + CB\overline{A}\,\overline{T} + CBA \qquad (5.1)\end{aligned}$$

表 5.1 三人表决电路的真值表

T	C	B	A	Q
0	0	0	0	0
0	0	0	1	0
0	0	1	0	0
0	0	1	1	1
0	1	0	0	0
0	1	0	1	1
0	1	1	0	1
0	1	1	1	1
1	0	0	0	0
1	0	0	1	0
1	0	1	0	0
1	0	1	1	0
1	1	0	0	0
1	1	0	1	0
1	1	1	0	0
1	1	1	1	1

因为 Q 为四变量逻辑函数，所以选有 3 位地址输入的 8 选 1 数据选择器 74LS151 产生逻辑函数 Q。表 5.2 是器件手册给出的 74LS151 的功能表。按照正逻辑约定，高电平 H 为 1，低电平 L 为 0。即可写出当 $\overline{G}=0$ ($G=1$) 时 Y 的逻辑函数式为

$$Y = \overline{C}\,\overline{B}\,\overline{A}D_0 + \overline{C}\,\overline{B}AD_1 + \overline{C}B\overline{A}D_2 + \overline{C}BAD_3 + C\overline{B}\,\overline{A}D_4 + C\overline{B}AD_5 + CB\overline{A}D_6 + CBAD_7 \qquad (5.2)$$

将式(5.2)与式(5.1)对照一下就可以看出，如果令数据选择器的输入接成 C=C、B=B、A=A、$D_0=D_1=D_2=D_4=0$、$D_3=D_5=D_6=\overline{T}$、$D_7=1$，则式(5.2)可写成

$$
\begin{aligned}
Y &= \overline{C}\,\overline{B}\,\overline{A}\cdot 0+\overline{C}\,\overline{B}A\cdot 0+\overline{C}B\overline{A}\cdot 0+\overline{C}BA\cdot\overline{T}+C\overline{B}\,\overline{A}\cdot 0+C\overline{B}A\cdot\overline{T}+CB\overline{A}\cdot\overline{T}+CBA\cdot 1\\
&=\overline{C}BA\overline{T}+C\overline{B}A\overline{T}+CB\overline{A}\,\overline{T}+CBA\cdot 1
\end{aligned}
\tag{5.3}
$$

可见，式(5.3)给出的 Y 与我们所需要的式(5.1)的 Q 完全相同。

表 5.2　74LS151 功能表

输入				输出	
C	B	A	$\overline{G}$	Y	W
×	×	×	1	0	1
0	0	0	0	D_0	$\overline{D_0}$
0	0	1	0	D_1	$\overline{D_1}$
0	1	0	0	D_2	$\overline{D_2}$
0	1	1	0	D_3	$\overline{D_3}$
1	0	0	0	D_4	$\overline{D_4}$
1	0	1	0	D_5	$\overline{D_5}$
1	1	0	0	D_6	$\overline{D_6}$
1	1	1	0	D_7	$\overline{D_7}$

图 5.1 给出了按上述设计方法得到的逻辑图。

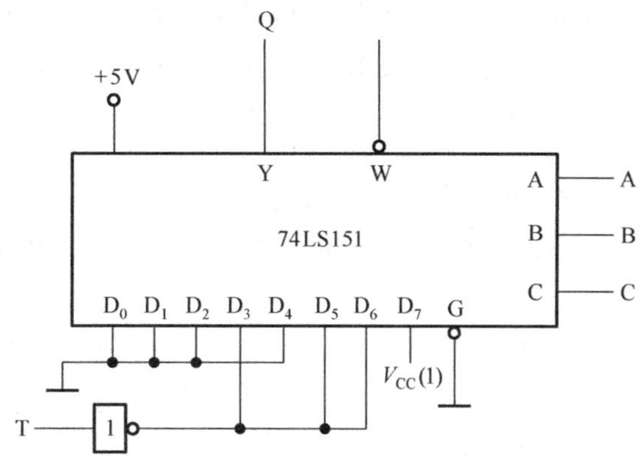

图 5.1　三人表决器电路

5.2.2　数值比较电路

设计一个数值比较电路，比较两个二进制数 A(a_1a_0)和 B(b_1b_0)，要求能分别给出 A−B≥2、B−A≥2 和|A−B|<2 的输出信号。

由设计要求，首先进行逻辑抽象，找出描述所设计逻辑电路逻辑功能的真值表。

以 a_1、a_0、b_1、b_0 为输入变量，以 Z_1、Z_2、Z_3 分别表示 A−B≥2、B−A≥2 和|A−B|<2 的输出，即可列出表 5.3 的真值表。

表 5.3　数值比较电路的真值表

输入				输出		
a_1	a_0	b_1	b_0	Z_1	Z_2	Z_3
0	0	0	0	0	0	1
0	0	0	1	0	0	1

续表

输入				输出		
a_1	a_0	b_1	b_0	Z_1	Z_2	Z_3
0	0	1	0	0	1	0
0	0	1	1	0	1	0
0	1	0	0	0	0	1
0	1	0	1	0	0	1
0	1	1	0	0	0	1
0	1	1	1	0	1	0
1	0	0	0	1	0	0
1	0	0	1	0	0	1
1	0	1	0	0	0	1
1	0	1	1	0	0	1
1	1	0	0	1	0	0
1	1	0	1	1	0	0
1	1	1	0	0	0	1
1	1	1	1	0	0	1

从真值表写出 Z_1、Z_2、Z_3 的逻辑式，得到

$$\begin{cases} Z_1 = a_1\overline{a_0}\,\overline{b_1}\,\overline{b_0} + a_1a_0\overline{b_1}\,\overline{b_0} + a_1a_0\overline{b_1}b_0 = m_8 + m_{12} + m_{13} \\ Z_2 = \overline{a_1}\,\overline{a_0}b_1\overline{b_0} + \overline{a_1}\,\overline{a_0}b_1b_0 + \overline{a_1}a_0b_1b_0 = m_2 + m_3 + m_7 \\ Z_3 = \overline{Z_1 + Z_2} \end{cases} \tag{5.4}$$

从式(5.4)中可以看出，Z_1 和 Z_2 已经是最小项之和的形式了，因此不再需要进行形式的变换。同时还可以看出，$Z_3 = \overline{Z_1 + Z_2}$，所以用 Z_1 和 Z_2 产生 Z_3 比用最小项相加产生 Z_3 要简单得多。

选用有 4 位输入代码的 4-16 线译码器 74LS154 作为四变量最小项发生电路。将 a_1、a_0、b_1、b_0 接到 74LS154 的输入端 D、C、B、A 上，在它的输出端 $\overline{Y_0} \sim \overline{Y_{15}}$ 就给出了 a_1、a_0、b_1、b_0 的全部 16 个最小项，如图 5.2 所示。

$$\begin{cases} \overline{Y_0} = \overline{\overline{a_1}\,\overline{a_0}\,\overline{b_1}\,\overline{b_0}} = \overline{m_0}, & \overline{Y_8} = \overline{a_1\overline{a_0}\,\overline{b_1}\,\overline{b_0}} = \overline{m_8} \\ \overline{Y_1} = \overline{\overline{a_1}\,\overline{a_0}\,\overline{b_1}b_0} = \overline{m_1}, & \overline{Y_9} = \overline{a_1\overline{a_0}\,\overline{b_1}b_0} = \overline{m_9} \\ \overline{Y_2} = \overline{\overline{a_1}\,\overline{a_0}b_1\overline{b_0}} = \overline{m_2}, & \overline{Y_{10}} = \overline{a_1\overline{a_0}b_1\overline{b_0}} = \overline{m_{10}} \\ \overline{Y_3} = \overline{\overline{a_1}\,\overline{a_0}b_1b_0} = \overline{m_3}, & \overline{Y_{11}} = \overline{a_1\overline{a_0}b_1b_0} = \overline{m_{11}} \\ \overline{Y_4} = \overline{\overline{a_1}a_0\overline{b_1}\,\overline{b_0}} = \overline{m_4}, & \overline{Y_{12}} = \overline{a_1a_0\overline{b_1}\,\overline{b_0}} = \overline{m_{12}} \\ \overline{Y_5} = \overline{\overline{a_1}a_0\overline{b_1}b_0} = \overline{m_5}, & \overline{Y_{13}} = \overline{a_1a_0\overline{b_1}b_0} = \overline{m_{13}} \\ \overline{Y_6} = \overline{\overline{a_1}a_0b_1\overline{b_0}} = \overline{m_6}, & \overline{Y_{14}} = \overline{a_1a_0b_1\overline{b_0}} = \overline{m_{14}} \\ \overline{Y_7} = \overline{\overline{a_1}a_0b_1b_0} = \overline{m_7}, & \overline{Y_{15}} = \overline{a_1a_0b_1b_0} = \overline{m_{15}} \end{cases} \tag{5.5}$$

由于这些输出是以 $\overline{m_i}$ 的形式给出的，所以还需要把 Z_1 和 Z_2 化为 $\overline{m_i}$ 的函数。将 Z_1、Z_2 两式经两次求反后得到

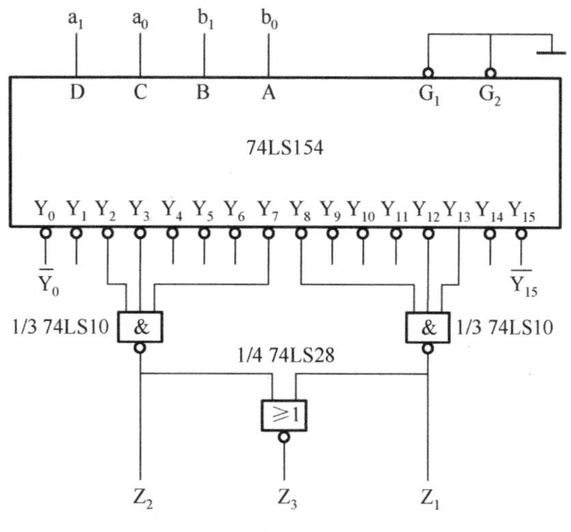

图 5.2　数值比较电路

$$\begin{cases} Z_1 = \overline{\overline{m_3 + m_{12} + m_{13}}} = \overline{\overline{m_3} \cdot \overline{m_{12}} \cdot \overline{m_{13}}} \\ Z_2 = \overline{\overline{m_2 + m_3 + m_7}} = \overline{\overline{m_2} \cdot \overline{m_3} \cdot \overline{m_7}} \\ Z_3 = \overline{Z_1 + Z_2} \end{cases} \tag{5.6}$$

在 74LS154 的输出端附加两个 3 输入与非门和一个 2 输入或非门，就得到了图 5.2 的设计结果。74LS10 是一个三 3 输入与非门，每个器件封装有三个 3 输入端的与非门。74LS28 是四 2 输入或非门，每个器件封装有四个 2 输入或非门。

5.2.3　病房呼叫电路

某医院有一号、二号、三号、四号病房 4 间，每间设有呼叫按钮，同时在护士值班室内对应地装有一号、二号、三号、四号 4 个指示灯。现要求当一号病房的按钮按下时，只有一号灯亮。当一号病房的按钮没有按下而二号病房的按钮按下时，无论三、四号病房的按钮是否按下，只有二号灯亮。当一、二号病房的按钮都未按下而三号病房的按钮按下时，无论四号病房的按钮是否按下，只有三号灯亮。只有在一、二、三号病房的按钮均未按下而按下四号病房的按钮时，四号灯才亮。试用优先编码器 74LS148 和门电路设计满足上述控制要求的逻辑电路，给出控制四个指示灯状态的高、低电平信号。

由设计要求，首先进行逻辑抽象。若以 $\overline{A_1}$、$\overline{A_2}$、$\overline{A_3}$、$\overline{A_4}$ 的低电平分别表示一、二、三、四号病房按下按钮时给出的信号，则将它们接到 74LS148 的 $\overline{I_3}$、$\overline{I_2}$、$\overline{I_1}$、$\overline{I_0}$ 输入端以后，便在 74LS148 输出端 $\overline{Y_2}$、$\overline{Y_1}$、$\overline{Y_0}$ 得到了对应的输出编码，如表 5.4 所示。

表 5.4　病房呼叫电路真值表

输入							输出			
$\overline{A_1}$	$\overline{A_2}$	$\overline{A_3}$	$\overline{A_4}$	$\overline{Y_2}$	$\overline{Y_1}$	$\overline{Y_0}$	Z_1	Z_2	Z_3	Z_4
0	×	×	×	1	0	0	1	0	0	0
1	0	×	×	1	0	1	0	1	0	0
1	1	0	×	1	1	0	0	0	1	0
1	1	1	0	1	1	1	0	0	0	1

若以 Z_1、Z_2、Z_3、Z_4 分别表示一、二、三、四号灯的点亮信号，还需将 74LS148 输出的代码译成 Z_1、Z_2、Z_3、Z_4 对应的输出高电平信号。为此，可列出电路的逻辑真值表，如表 5.4 所示。

由真值表写出

$$\begin{cases} Z_1 = \overline{Y_2} Y_1 Y_0 \\ Z_2 = \overline{Y_2} Y_1 \overline{Y_0} \\ Z_3 = \overline{Y_2}\,\overline{Y_1} Y_0 \\ Z_4 = \overline{Y_2}\,\overline{Y_1}\,\overline{Y_0} \end{cases} \tag{5.7}$$

据此即可画出病房呼叫电路连接图，如图 5.3 所示。

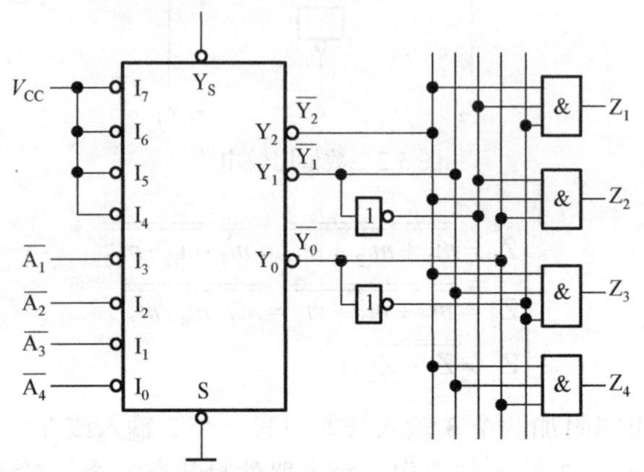

图 5.3　病房呼叫电路连接图

5.2.4　1 位二进制全减器电路

用 3-8 线译码器 74LS138 和门电路设计 1 位二进制全减器电路。输入为被减数、减数和来自低位的借位；输出为两数之差和向高位的借位信号。

由设计要求，首先进行逻辑抽象。设 M_i 为被减数，N_i 为减数，B_{i-1} 为来自低位的借位，D_i 为差，B_i 为向高位的借位，则可列出一位全减器的真值表。由表 5.5 得到 D_i 和 B_i 的逻辑式，并化成由译码器输出 $\overline{Y_0} \sim \overline{Y_7}$ 表示的形式，于是得到

$$\begin{cases} D_i = \overline{M_i}\,\overline{N_i} B_{i-1} + \overline{M_i} N_i \overline{B_{i-1}} + M_i \overline{N_i}\,\overline{B_{i-1}} + M_i N_i B_{i-1} = \overline{\overline{Y_1}\,\overline{Y_2}\,\overline{Y_4}\,\overline{Y_7}} \\ B_i = \overline{M_i}\,\overline{N_i} B_{i-1} + \overline{M_i} N_i \overline{B_{i-1}} + \overline{M_i} N_i B_{i-1} + M_i N_i B_{i-1} = \overline{\overline{Y_1}\,\overline{Y_2}\,\overline{Y_3}\,\overline{Y_7}} \end{cases} \tag{5.8}$$

表 5.5　1 位二进制全减器真值表

输入			输出	
M_i	N_i	B_{i-1}	D_i	B_i
0	0	0	0	0
0	0	1	1	1
0	1	0	1	1
0	1	1	0	1
1	0	0	1	0
1	0	1	0	0
1	1	0	0	0
1	1	1	1	1

根据上面得到的 D_i、B_i 的逻辑式，即可得到如图 5.4 所示的全减器电路。

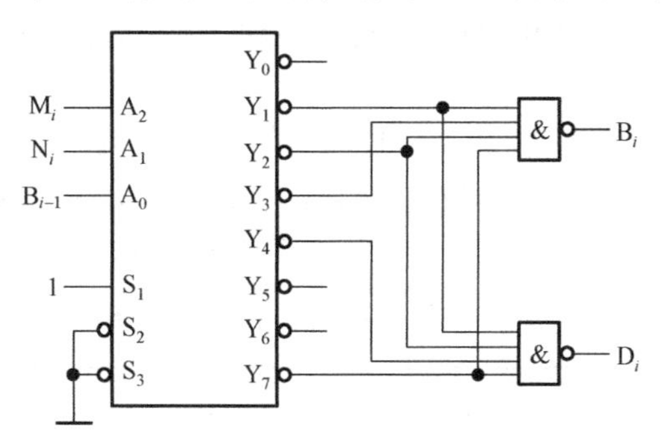

图 5.4 全减器电路

5.2.5 交通信号灯监测电路

设计一个监视交通信号灯工作状态的逻辑电路。每一组信号灯均由红、黄、绿三盏灯组成。正常工作情况下，任何时刻必有一盏灯点亮，而且只允许有一盏灯点亮。当出现灯全不亮、同时亮两盏、三盏灯全亮等情况时，电路发生故障，这时要求发出故障信号，以提醒维护人员前去修理。

由设计要求，首先进行逻辑抽象。取红、黄、绿三盏灯的状态为输入变量，分别用 R、A、G 表示，并规定灯亮时为 1，灯不亮时为 0。取故障信号为输出变量，以 Z 表示，并规定正常工作状态下 Z 为 0，发生故障时 Z 为 1。

根据设计要求列出表 5.6 所示的交通信号灯监测电路逻辑真值表。

表 5.6 交通信号灯监测电路逻辑真值表

输入			输出
R	A	G	Z
0	0	0	1
0	0	1	0
0	1	0	0
0	1	1	1
1	0	0	0
1	0	1	1
1	1	0	1
1	1	1	1

根据表 5.6 的真值表，写出逻辑函数式为

$$
\begin{aligned}
Z &= \overline{R}\overline{A}\overline{G} + \overline{R}AG + R\overline{A}G + RA\overline{G} + RAG \\
&= \overline{R}\overline{A}\overline{G} + RA + RG + AG \qquad (5.9)
\end{aligned}
$$

根据式(5.9)的化简结果画出逻辑电路图，得到图 5.5 所示的电路。

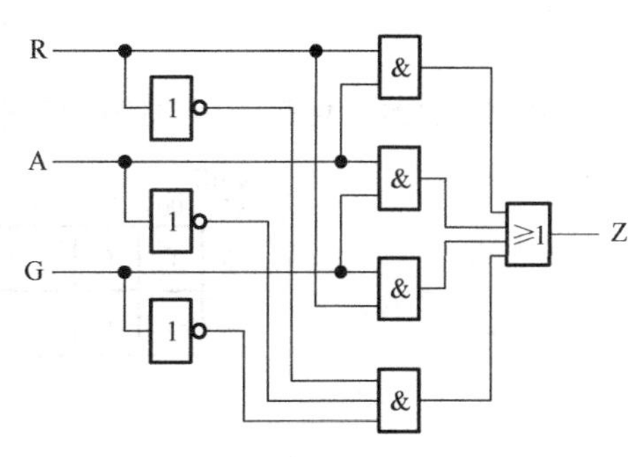

图 5.5 交通信号灯监测电路

5.2.6 工厂供电控制电路

某工厂有三条生产线，耗电分别为 1 号线 10kW，

2 号线 20kW，3 号线 30kW，生产线的电力由两台发电机提供，其中 1 号发电机为 20kW，2 号发电机为 40kW。试设计一个供电控制电路，根据生产线的开工情况启动发电机，使电力负荷达到最佳配置。

由设计要求，首先进行逻辑抽象。设 1～3 号生产线以 A、B、C 三个逻辑变量表示，生产线开工为 1，停工为 0；1 号、2 号发电机以 Y_1、Y_2 表示，发电机启动为 1，关机为 0。

根据题意，可将此问题抽象为表 5.7 所示的真值表形式。

表 5.7　工厂供电控制电路真值表

输入			输出	
A	B	C	Y_1	Y_2
0	0	0	0	0
0	0	1	0	1
0	1	0	1	0
0	1	1	1	1
1	0	0	1	0
1	0	1	0	1
1	1	0	0	1
1	1	1	1	1

由真值表可得逻辑表达式为

$$
\begin{aligned}
Y_1 &= \bar{A}B\bar{C} + \bar{A}BC + A\bar{B}\bar{C} + ABC \\
Y_2 &= \bar{A}\bar{B}C + \bar{A}BC + A\bar{B}C + AB\bar{C} + ABC
\end{aligned}
\tag{5.10}
$$

采用卡诺图对式(5.10)的逻辑函数进行化简(也可省略由真值表写逻辑表达式这一步骤，而直接由真值表转化为卡诺图，直接进行逻辑化简)，由卡诺图(图 5.6)可以得到化简后的逻辑函数式为

$$
\begin{aligned}
Y_1 &= \bar{A}B + BC + A\bar{B}\bar{C} \\
Y_2 &= C + AB
\end{aligned}
\tag{5.11}
$$

最后，根据化简后的逻辑函数式(5.11)，可得逻辑电路图如图 5.7 所示。此电路也可全部由与非门来构成。

对式(5.11)进行变换，可得与非-与非式形式的逻辑函数为

$$
\begin{aligned}
Y_1 &= \overline{\overline{\bar{A}B}\cdot\overline{BC}\cdot\overline{A\bar{B}\bar{C}}} \\
Y_2 &= \overline{\bar{C}\cdot\overline{AB}}
\end{aligned}
\tag{5.12}
$$

由式(5.12)，可得逻辑电路图如图 5.8 所示。

A \ BC	00	01	11	10
0	0	0	1	1
1	1	0	1	0

A \ BC	00	01	11	10
0	0	1	1	0
1	0	1	1	1

图 5.6　卡诺图化简

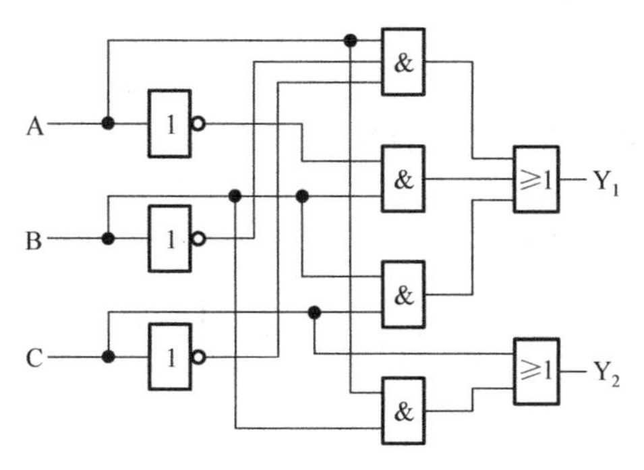

图 5.7　工厂供电控制逻辑电路(1)

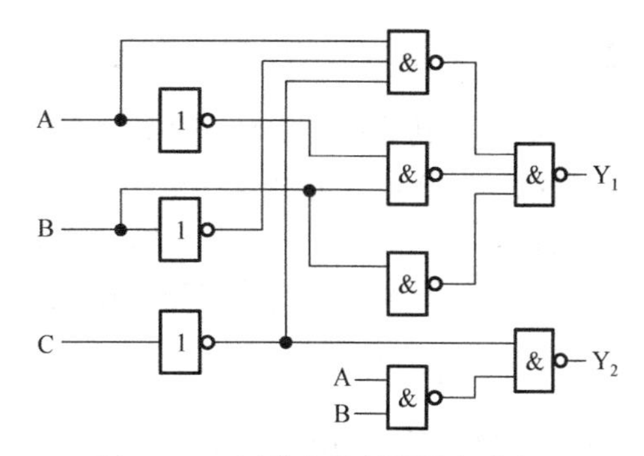

图 5.8　工厂供电控制逻辑电路(2)

5.2.7 码制变换电路

用门电路设计一个将 8421BCD 码转换为余 3 码的变换电路。

1. 分析题意，列真值表

该电路输入为 8421BCD 码，输出为余 3 码，因此它是一个四输入、四输出的码制变换电路，其框图如图 5.9(a)所示。根据两种 BCD 码的编码关系，列出真值表，如表 5.8 所示。由于 8421BCD 码不会出现 1010～1111 这六种状态，因此把它视为无关项。

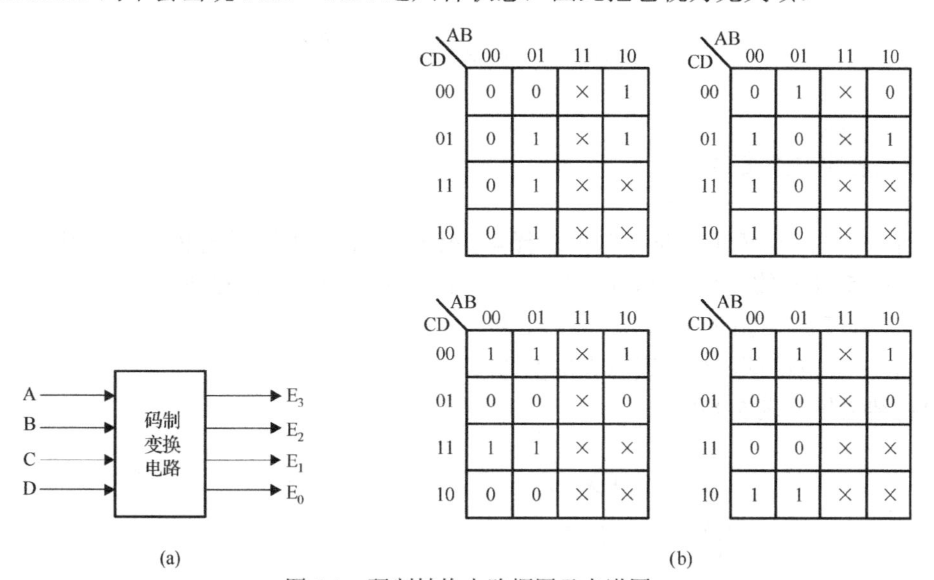

(a)　(b)

图 5.9　码制转换电路框图及卡诺图

表 5.8　码制转换电路真值表

输入				输出				输入				输出			
A	B	C	D	E_3	E_2	E_1	E_0	A	B	C	D	E_3	E_2	E_1	E_0
0	0	0	0	0	0	1	1	1	0	0	0	1	0	1	1
0	0	0	1	0	1	0	0	1	0	0	1	1	1	0	0
0	0	1	0	0	1	0	1	1	0	1	0	×	×	×	×
0	0	1	1	0	1	1	0	1	0	1	1	×	×	×	×
0	1	0	0	0	1	1	1	1	1	0	0	×	×	×	×
0	1	0	1	1	0	0	0	1	1	0	1	×	×	×	×
0	1	1	0	1	0	0	1	1	1	1	0	×	×	×	×
0	1	1	1	1	0	1	0	1	1	1	1	×	×	×	×

2. 选择器件，写出输出函数表达式

设计中没有具体指定用哪一种门电路，因此可以从门电路的数量、种类、速度等方面综合折中考虑，选择最佳方案。该电路化简过程如图 5.9(b)所示，首先得出最简与或式，然后进行函数式变换。变换时一方面应尽量利用公共项以减少门的数量，另一方面减少门的级数，以减少传输延迟时间，因而得到输出函数式为

$$
\begin{aligned}
E_3 &= A + BC + BD = \overline{\overline{A} \cdot \overline{BC} \cdot \overline{BD}} \\
E_2 &= B\overline{CD} + \overline{B}C + \overline{B}D = B\overline{(C+D)} + \overline{B}(C+D) = B \oplus (C+D) \\
E_1 &= \overline{CD} + CD = C \odot D = C \oplus \overline{D} \\
E_0 &= \overline{D}
\end{aligned}
\tag{5.13}
$$

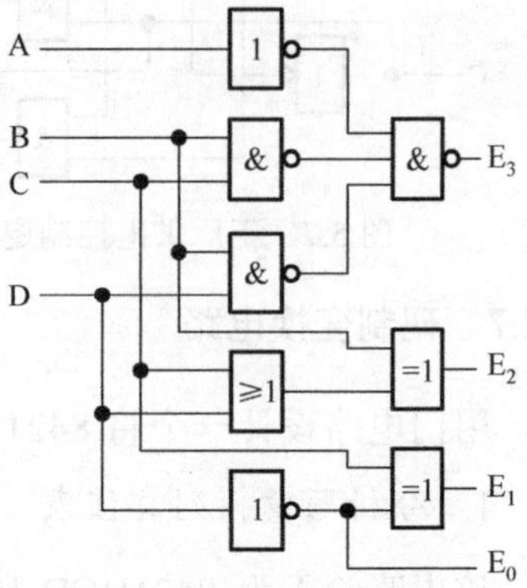

3. 画逻辑电路

该电路采用了四种门电路，速度较快，逻辑图如图 5.10 所示。

图 5.10　8421BCD 码转换为余 3 码电路

5.3　实验内容和步骤

5.3.1　三人表决电路实验

(1) 将 3 位地址输入的 8 选 1 数据选择器 74LS151 插入实验系统 IC 空插座中。

(2) 按图 5.11 接线，输入 T、C、B、A 信号，观察 LED 输出 Q 的状态。

其中 T 为表决问题的类型，C、B、A 为三人表决状态量，Q 为数据输出端，输出表决结果，灯亮表示表决通过，灯灭表示表决不通过。

(3) 将结果填入表 5.9 中。

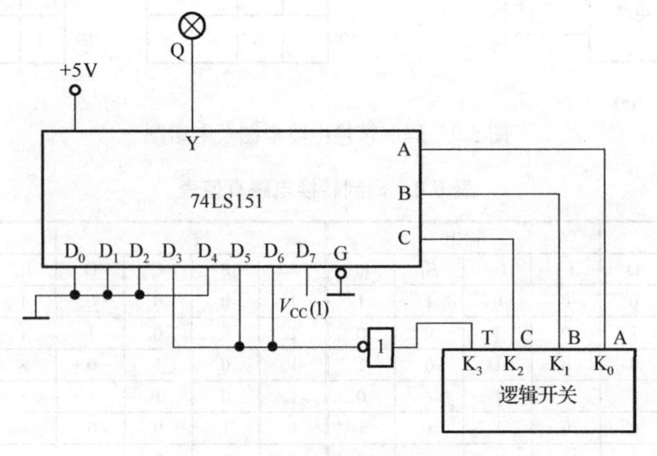

图 5.11　三人表决电路接线图

表 5.9　三人表决电路结果

输入				输出	输入				输出
T	C	B	A	Q	T	C	B	A	Q
0	0	0	0		1	0	0	0	
0	0	0	1		1	0	0	1	
0	0	1	0		1	0	1	0	
0	0	1	1		1	0	1	1	
0	1	0	0		1	1	0	0	
0	1	0	1		1	1	0	1	
0	1	1	0		1	1	1	0	
0	1	1	1		1	1	1	1	

5.3.2　数值比较电路实验

(1)将一片 4-16 线译码器 74LS154、一片三 3 输入与非门 74LS10 和一片四 2 输入或非门 74LS28 插入实验系统 IC 空插座中。

(2)按图 5.12 接线，输入 a_1、a_0、b_1、b_0 信号，观察 LED 输出 Z_1、Z_2、Z_3 的状态。

其中 a_1a_0、b_1b_0 分别为输入的 A、B 两数，$Z_1Z_2Z_3$ 为数据输出端，分别表示 $A-B\geqslant2$、$B-A\geqslant2$ 和 $|A-B|<2$ 的输出结果，LED 灯亮表示结果正确，灯灭表示结果错误。

(3)将结果填入表 5.10 中。

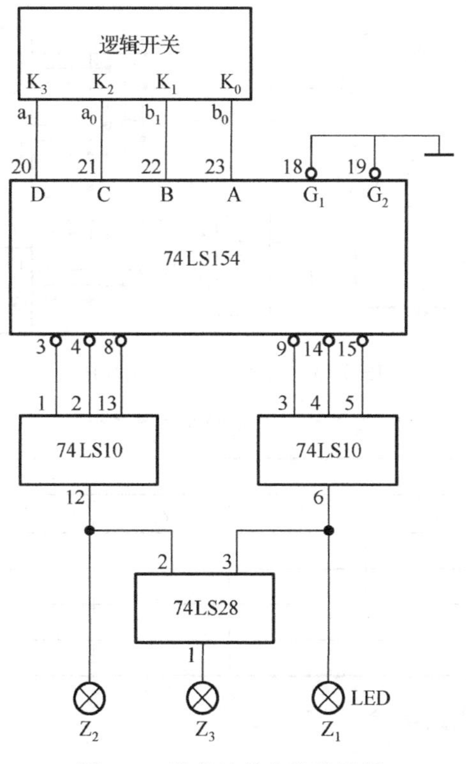

图 5.12　数值比较电路接线图

表 5.10　数值比较电路结果

输入				输出			输入				输出		
a_1	a_0	b_1	b_0	Z_1	Z_2	Z_3	a_1	a_0	b_1	b_0	Z_1	Z_2	Z_3
0	0	0	0				1	0	0	0			
0	0	0	1				1	0	0	1			
0	0	1	0				1	0	1	0			
0	0	1	1				1	0	1	1			
0	1	0	0				1	1	0	0			
0	1	0	1				1	1	0	1			
0	1	1	0				1	1	1	0			
0	1	1	1				1	1	1	1			

5.3.3　病房呼叫电路实验

(1)将一片优先编码器 74LS148、一片反相器 74LS04 和两片三 3 输入与门 74LS11 插入实验系统 IC 空插座中。

(2)按图 5.13 接线，输入$\overline{A_1}$、$\overline{A_2}$、$\overline{A_3}$、$\overline{A_4}$信号，观察 LED 灯输出 Z_1、Z_2、Z_3、Z_4 的状态。其中，$\overline{A_1}$、$\overline{A_2}$、$\overline{A_3}$、$\overline{A_4}$的低电平分别表示一、二、三、四号病房按下按钮时给出的信号，Z_1、Z_2、Z_3、Z_4 分别表示一、二、三、四号灯的点亮信号，灯亮为收到病房呼叫，灯灭为未收到病房呼叫。

(3)将结果填入表 5.11 中。

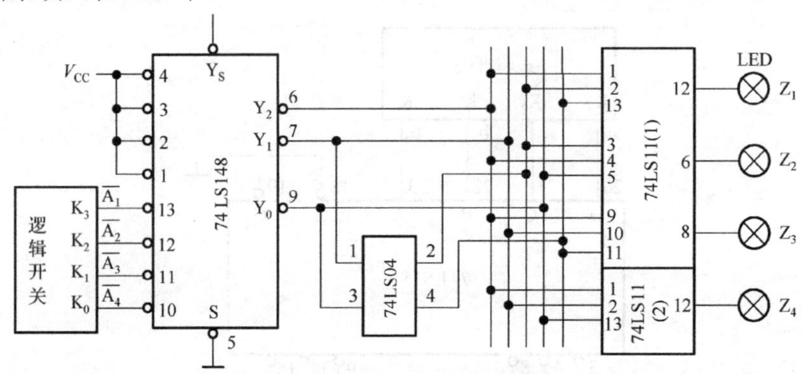

图 5.13　病房呼叫电路接线图

表 5.11　病房呼叫电路结果

输入				输出			
$\overline{A_1}$	$\overline{A_2}$	$\overline{A_3}$	$\overline{A_4}$	Z_1	Z_2	Z_3	Z_4
0	×	×	×				
1	0	×	×				
1	1	0	×				
1	1	1	0				

5.3.4　1 位二进制全减器电路实验

(1)将一片 3-8 线译码器 74LS138 和一片二 4 输入与非门 74LS20 插入实验系统 IC 空插座中。

(2) 按图 5.14 接线，输入 M_i、N_i、B_{i-1} 信号，观察 LED 灯输出 D_i、B_i 的状态。

其中，M_i 为被减数、N_i 为减数、B_{i-1} 为来自低位的借位，D_i 为差、B_i 为向高位的借位，灯亮为 1，灯灭为 0。

(3) 将结果填入表 5.12 中。

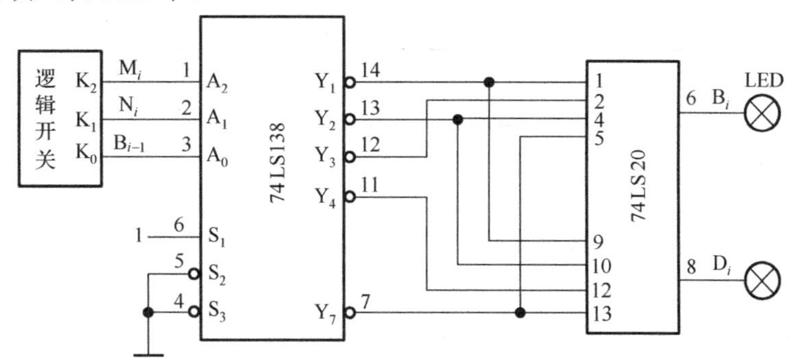

图 5.14　1 位二进制全减器电路接线图

表 5.12　1 位二进制全减器结果

输入			输出		输入			输出	
M_i	N_i	B_{i-1}	D_i	B_i	M_i	N_i	B_{i-1}	D_i	B_i
0	0	0			1	0	0		
0	0	1			1	0	1		
0	1	0			1	1	0		
0	1	1			1	1	1		

5.3.5　交通信号灯监测电路实验

(1) 将一片六反相器 74LS04、一片四 2 输入与非门 74LS00、一片三 3 输入与非门 74LS10 和一片二 4 输入与非门 74LS20 插入实验系统 IC 空插座中。

(2) 按图 5.15 接线，输入 R、A、G 信号，观察 LED 灯输出的 Z 的状态。

其中，R、A、G 分别表示红、黄、绿三种颜色灯的输入状态量，Z 为故障信号输出变量。灯亮为 1，灯灭为 0，并规定正常工作状态下 Z 为 0，发生故障时 Z 为 1。

(3) 将结果填入表 5.13 中。

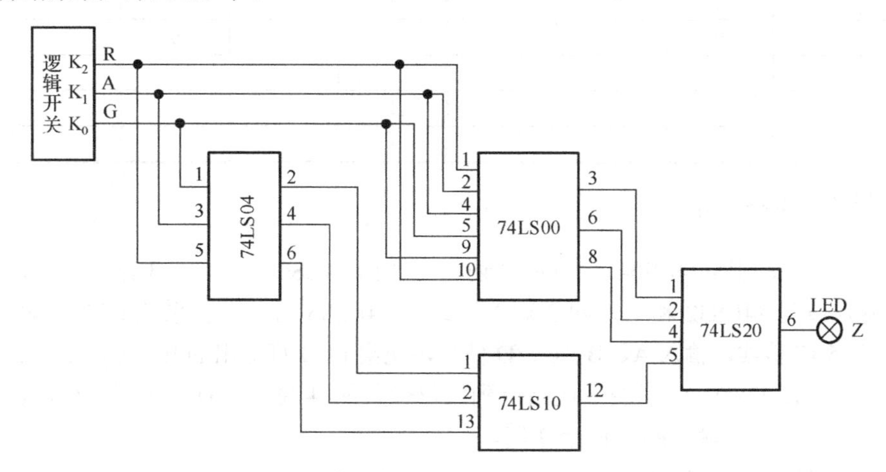

图 5.15　交通信号灯监测电路实验接线图

表 5.13　交通信号灯监测电路结果

输入			输出	输入			输出
R	A	G	Z	R	A	G	Z
0	0	0		1	0	0	
0	0	1		1	0	1	
0	1	0		1	1	0	
0	1	1		1	1	1	

5.3.6　工厂供电控制电路实验

(1) 将一片六反相器 74LS04、一片四 2 输入与非门 74LS00 和一片三 3 输入与非门 74LS10 插入实验系统 IC 空插座中。

(2) 按图 5.16 接线，输入 A、B、C 信号，观察 LED 灯输出的 Y_1、Y_2 的状态。

其中，A、B、C 分别表示 1、2、3 号生产线的输入状态量，Y_1、Y_2 分别为 1 号和 2 号发电机启动信号。生产线开工为 1，停工为 0；发电机启动为 1，关机为 0。

(3) 将结果填入表 5.14 中。

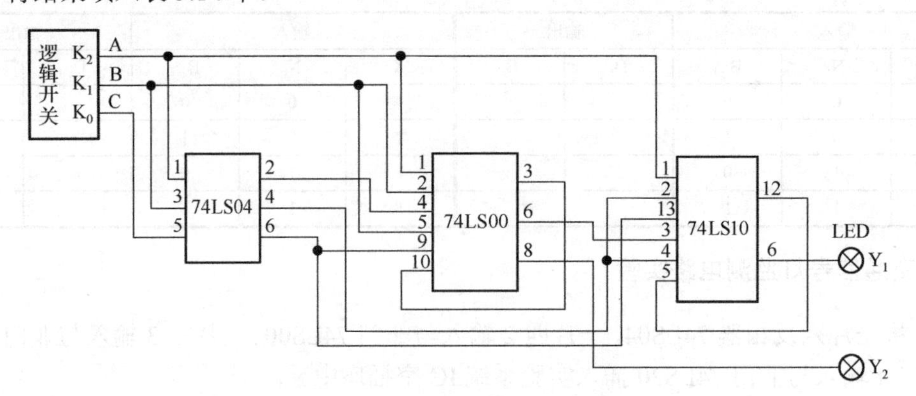

图 5.16　工厂供电控制电路接线图

表 5.14　工厂供电控制电路结果

输入			输出		输入			输出	
A	B	C	Y_1	Y_2	A	B	C	Y_1	Y_2
0	0	0			1	0	0		
0	0	1			1	0	1		
0	1	0			1	1	0		
0	1	1			1	1	1		

5.3.7　码制变换电路实验

(1) 将一片六反相器 74LS04、一片四 2 输入与非门 74LS00、一片三 3 输入与非门 74LS10、一片四 2 输入或门 74LS32 和一片四 2 输入异或门 74LS86 插入实验系统 IC 空插座中。

(2) 按图 5.17 接线，输入 A、B、C、D 信号，观察 LED 灯输出的 E_3、E_2、E_1、E_0 的状态。

其中，A、B、C、D 分别表示从高位到低位输入的 4 位 8421BCD 码，E_3、E_2、E_1、E_0 分别表示从高位到低位输出的 4 位余 3 码。

(3) 将结果填入表 5.15 中。

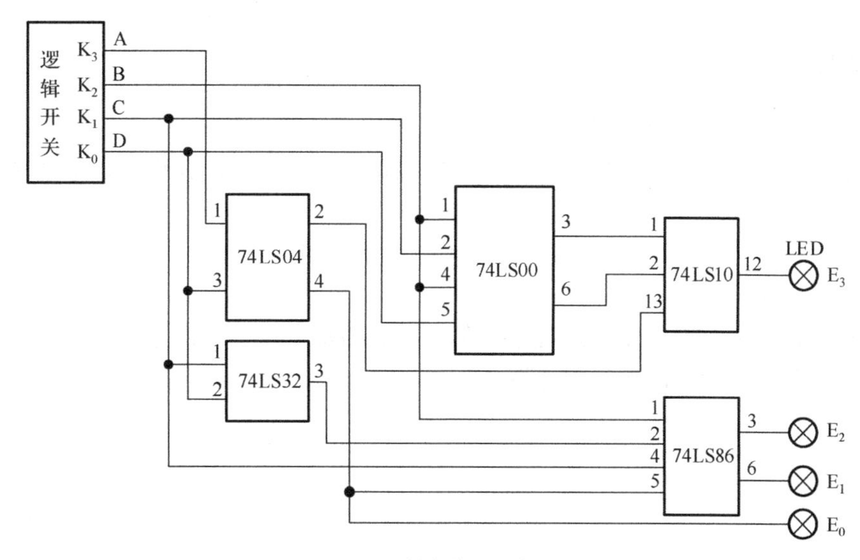

图 5.17 码制变换电路接线图

表 5.15 码制变换电路结果

输入				输出				输入				输出			
A	B	C	D	E_3	E_2	E_1	E_0	A	B	C	D	E_3	E_2	E_1	E_0
0	0	0	0					1	0	0	0				
0	0	0	1					1	0	0	1				
0	0	1	0					1	0	1	0	×	×	×	×
0	0	1	1					1	0	1	1	×	×	×	×
0	1	0	0					1	1	0	0	×	×	×	×
0	1	0	1					1	1	0	1	×	×	×	×
0	1	1	0					1	1	1	0	×	×	×	×
0	1	1	1					1	1	1	1	×	×	×	×

5.4 实验器材

(1) THK-880D 型数字电路实验系统。

(2) 直流稳压电源。

(3) 元器件：74LS00、74LS04、74LS10、74LS11、74LS20、74LS28、74LS32、74LS86、74LS138、74LS148、74LS151、74LS154。

5.5 复习要求与思考题

5.5.1 复习要求

(1) 复习小规模组合逻辑电路的设计方法。

(2) 复习中规模组合逻辑电路的设计方法。

5.5.2 思考题

(1)用与非门设计一位全减器。

(2)总结使用中规模组合逻辑器件设计逻辑电路的一般方法，并设计一位全减器。

5.6 实验报告要求

(1)总结在设计和实现电路的过程中，你所遇到的难点及其解决方法。

(2)画出实验中所设计的逻辑电路图。

实验六　RS、D、JK 触发器，三态输出触发器及锁存器

6.1　实 验 目 的

(1) 掌握基本触发器的电路组成及功能。
(2) 熟悉并掌握 RS、D、JK、T、T′触发器的构成、工作原理和功能测试方法。
(3) 了解不同逻辑功能触发器间的相互转换方法。
(4) 掌握三态触发器和锁存器的功能及使用方法。

6.2　实验原理和电路

前面所介绍的各种组合逻辑电路有一个共同的特点，就是某一时刻的输出完全取决于当前的输入信号，它们没有记忆保持功能。在各种复杂的数字系统中，常常需要对数值进行算数运算或对二值变量进行各种逻辑运算，并需要将这些运算结果保存起来，为此需要使用具有记忆功能的基本逻辑单元。

6.2.1　触发器的特点与分类

1. 触发器的特点

能够存储 1 位二值信号的基本单元电路统称为触发器(flip-flop)。触发器是在逻辑门电路的基础上引入适当的反馈构成的，它具有记忆功能，能够保存 1 位二值信号，是时序逻辑电路的基本单元电路。

为了能够保存 1 位二值信号，触发器必须具备两个基本特点：一是触发器具有两个能自行保持的稳定状态，分别表示信号的逻辑 0 和逻辑 1；二是在适当输入信号的触发作用下，触发器能够从一种稳定状态转变为另外一种稳定状态，当触发信号消失后，能够保持当前状态不变。

触发器在输入信号触发作用下，其稳定状态的转变包含 4 种情况：稳定状态从逻辑 0 变为逻辑 1；稳定状态从逻辑 1 变为逻辑 0；稳定状态从逻辑 0 变为逻辑 0；稳定状态从逻辑 1 变为逻辑 1。

2. 触发器的分类

触发器的种类很多，按照电路结构的不同，触发器可以分为基本触发器、同步触发器、主从触发器、边沿触发器等。这些不同电路结构的触发器在状态转变过程中具有不同的动作特点，触发信号的触发方式也不一样。因此，按照触发方式，触发器可以分为电平触发的触发器、脉冲触发的触发器、边沿触发的触发器。按照触发器的逻辑功能，可以分为 RS 触发器、JK 触发器、D 触发器、T 触发器和 T′触发器。

此外，根据触发器存储数据的原理，将触发器分为静态触发器和动态触发器两大类。静态触发器是靠电路状态的自锁存储数据的；动态触发器是通过在 MOS 管栅极输入电容上存储电荷来存储数据的。

触发器的电路结构和逻辑功能之间不存在固定的对应关系，用同一种电路结构可以实现不同逻辑功能的触发器，同一种逻辑功能的触发器也可以用不同的电路结构来实现。例如，JK 触发器有主从 JK 触发器，也有边沿 JK 触发器。

触发器的触发方式是由其电路结构形式决定的，所以触发器的电路结构与触发方式之间存在固定的对应关系。如果是采用同步 RS 结构的触发器，无论逻辑功能如何，一定是电平触发的触发器；如果是采用主从 RS 结构的触发器，无论逻辑功能如何，一定是脉冲触发的触发器。因此，同一种触发方式可以实现不同逻辑功能的触发器，也就是说，同一逻辑功能的触发器可以用不同的触发方式来实现。例如，边沿触发方式可以实现 D 触发器，也可以实现 JK 触发器。

逻辑功能和触发方式是触发器的两个重要属性。目前触发器的集成电路种类很多，在任何一种集成电路的资料说明中，对触发器的逻辑功能和触发方式都有明确的说明。这里将重点介绍各种触发器的外部逻辑功能及其触发方式，学习如何正确理解并使用触发器。

6.2.2 基本 RS 触发器

基本 RS 触发器是各种触发器中电路结构最简单的一种，也是组成其他触发器的基础。基本 RS 触发器可以使用与非门构成，也可使用或非门构成，它主要作为中规模、大规模集成电路的基本记忆单元使用。

1. 双稳态电路

由两个非门构成的双稳态电路如图 6.1 所示。由图可知，一个非门的输出是另一个非门的输入，假设某一时刻 G_1 的输出 Q=0，由于 G_1 的输出是 G_2 的输入，因此 G_2 的输出 $\overline{Q}=1$，$\overline{Q}$ 又返回到 G_1 的输入，使 G_1 的输出 Q=0，此时电路处于稳定的状态。同理，若某一时刻 G_1 的输出 Q=1，则 G_2 的输出 $\overline{Q}=0$，是电路的另一个稳定状态。由于该电路只有 Q=0、$\overline{Q}=1$ 和 Q=1、$\overline{Q}=0$ 两种稳定状态，所以称为双稳态电路。从图 6.1 中可以看出，由于电路没有输入端，所以无法控制或改变电路的状态，即该电路的输出状态只能是两种稳定状态的一种，不能相互转换。

2. 与非门构成的基本 RS 触发器

图 6.2(a)是用两个与非门构成的基本 RS 触发器，它有两个互补输出端 Q 和 $\overline{Q}$，一般用 Q 端的逻辑值来表示触发器的状态。$Q=1$、$\overline{Q}=0$ 时，称触发器处于 1 状态；$Q=0$、$\overline{Q}=1$ 时，称触发器处于 0 状态。R_D、S_D 为触发器的两个输入端(或称激励端)。当输入信号 R_D、S_D 不变化(即 R_DS_D=11)时，该触发器必定处于 $Q=1$ 或 $Q=0$ 的某一状态保持不变，所以它是具有两个稳定状态的双稳态触发器。

当输入信号发生变化时，触发器可以从一个稳定状态转换到另一个稳定状态。我们把输入信号作用前的触发器状态称为现在状态(简称现态)，用 Q^n 和 $\overline{Q^n}$ (或 Q、$\overline{Q}$)表示，把输入信号作用后触发器所进入的状态称为下一状态(简称次态)，用 Q^{n+1} 和 $\overline{Q^{n+1}}$ 表示。因此根据图 6.2(a)电路中的与非逻辑关系，可以得出以下结果。

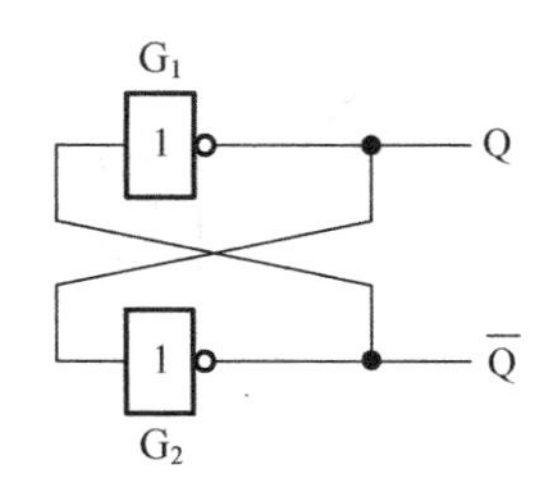

图 6.1　双稳态电路图

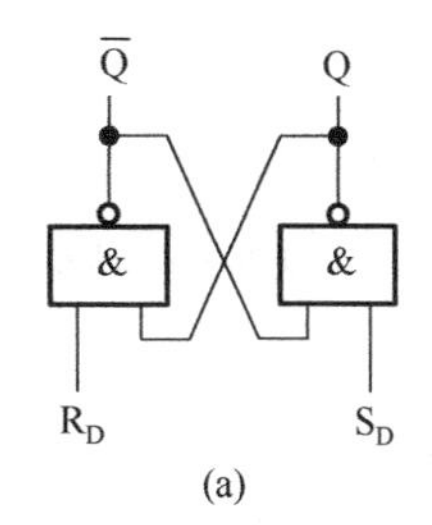

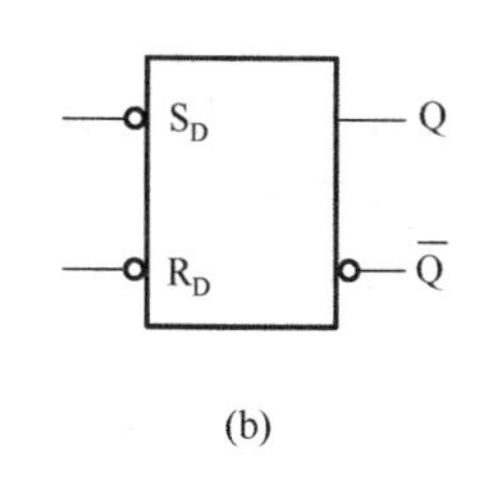

图 6.2　与非门构成的基本 RS 触发器

(1) 当 R_D=0，S_D=1 时，无论触发器原来处于什么状态，其次态一定为 0，即 $Q^{n+1}=0$，$\overline{Q^{n+1}}=1$，称触发器处于置 0 (复位) 状态。

(2) 当 R_D=1，S_D=0 时，无论触发器原来处于什么状态，其次态一定为 1，即 $Q^{n+1}=1$，$\overline{Q^{n+1}}=0$，称触发器处于置 1 (置位) 状态。

(3) 当 R_D=1，S_D=1 时，触发器状态不变，即 $Q^{n+1}=Q^n$，$\overline{Q^{n+1}}=\overline{Q^n}$，称触发器处于保持 (记忆) 状态。

(4) 当 R_D=0，S_D=0 时，两个与非门输出均为 1 (高电平)，此时破坏了触发器的互补输出关系，而且当 R_D、S_D 同时从 0 变化为 1 时，由于门的延迟时间不一致，触发器的次态不确定，即 $Q^{n+1}=\phi$，这种情况是不允许的。因此规定输入信号 R_D、S_D 不能同时为 0，它们遵循 $R_D+S_D=1$ 的约束条件。

从以上分析可见，基本 RS 触发器具有置 0、置 1 和保持的逻辑功能，通常 S_D 称为置 1 端或置位 (Set) 端，R_D 称为置 0 或复位 (Reset) 端，因此该触发器又称为置位-复位 (Set-Reset) 触发器或 R_DS_D 触发器，其逻辑符号如图 6.2 (b) 所示。因为它是以 R_D 和 S_D 为低电平时被清 0 和置 1 的，所以称 R_D、S_D 低电平有效，且在图 6.2 (b) 中 R_D、S_D 的输入端有低电平标志。

描述触发器的逻辑功能值，通常采用以下几种方法。

1) 状态转移真值表 (状态表)

将触发器的次态 Q^{n+1} 与现态 Q^n、输入信号之间的逻辑关系用表格形式表示出来，这种表格就称为状态转移真值表，简称状态表。根据以上分析，图 6.2 (a) 与非门构成的基本 RS 触发器的状态转移真值表如表 6.1 所示，表 6.2 是它的化简表。它们与组合电路的真值表相似，不同的是触发器的次态 Q^{n+1} 不仅与输入信号有关，还与它的现态 Q^n 有关，这正体现了时序电路的特点。

表 6.1 也可以用图 6.3 所示卡诺图的形式来表示，它称为次态卡诺图，也可称为次态表。当已知现态和输入信号时，可以直接从表中看出次态如何变化。

表 6.1　与非门构成的基本 RS 触发器状态表

R_D	S_D	Q^n	Q^{n+1}
0	0	0	×
0	0	1	×
0	1	0	0
0	1	1	0
1	0	0	1
1	0	1	1
1	1	0	0
1	1	1	1

表 6.2　表 6.1 的化简表

R_D	S_D	Q^{n+1}
0	0	×
0	1	0
1	0	1
1	1	Q^n

2) 特征方程(状态方程)

描述触发器逻辑功能的函数表达式称为特征方程或状态方程。对图 6.3 的次态卡诺图化简，可以求得与非门构成的基本 RS 触发器的特征方程为

Q^n \ R_DS_D	00	01	11	10
0	×	0	0	1
1	×	0	1	1

图 6.3　次态卡诺图

$$\begin{aligned} Q^{n+1} &= \overline{S_D} + R_D Q^n \\ S_D + R_D &= 1(\text{约束条件}) \end{aligned} \tag{6.1}$$

特征方程中的约束条件表示 R_D 与 S_D 不允许同时为 0，即 R_D 和 S_D 总有一个为 1。

3) 状态转移图(状态图)与激励表

状态转移图用图形方式来描述触发器的状态转移规律。图 6.4 为与非门构成的基本 RS 触发器的状态转移图。图中两个圆圈分别表示触发器的两个稳定状态，箭头表示在输入信号作用下状态转移的方向，箭头旁的标注表示转移条件。

激励表(也称驱动表)表示触发器由当前状态 Q^n 转至确定的下一状态 Q^{n+1} 时，对输入信号的要求。与非门构成的基本 RS 触发器的激励表如表 6.3 所示。

状态图和激励表可以直接从图 6.4 的次态卡诺图求得。

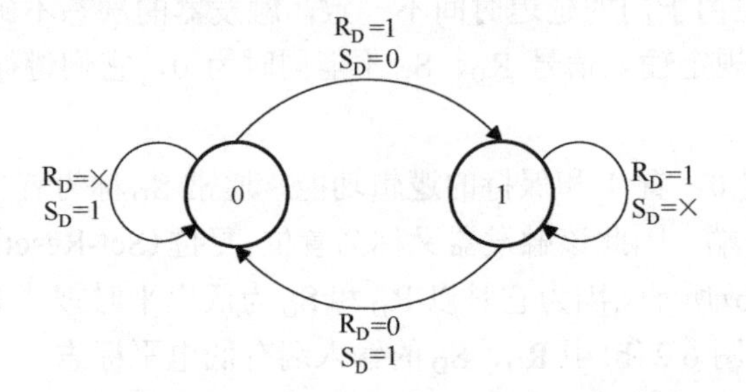

图 6.4　与非门构成的基本 RS 触发器状态图

表 6.3　与非门构成的基本 RS 触发器激励表

Q^n →	Q^{n+1}	R_D	S_D
0	0	×	1
0	1	1	0
1	0	0	1
1	1	1	×

4) 波形图

工作波形图又称时序图，它反映了触发器的输出状态随时间和输入信号变化的规律，是实验中可观察到的波形。

图 6.5 为与非门构成的基本 RS 触发器的工作波形。图中虚线部分表示状态不确定。

以上讨论的是用与非门构成的基本 RS 触发器。也可用或非门构成基本 RS 触发器，其工作原理和逻辑符号见后面内容。

3. 或非门构成的基本 RS 触发器

用或非门构成的基本 RS 触发器的逻辑电路图如图 6.6(a)所示，它是用两个或非门交叉连接构成的基本 RS 触发器，其逻辑符号如图 6.6(b)所示。从图中可以看出，信号输入端 R_D、S_D 上面无反号，表示高电平有效，即 R_D、S_D 为高电平表示有信号，为低电平表示无信号。Q、$\overline{Q}$ 为触发器的两个互补输出端，表示触发器的状态。

当 R_D=0、S_D=1 时，或非门 G_2 的输出 $\overline{Q}$=0，$\overline{Q}$ 又反馈到 G_1 的输入端，使 G_1 的两个输入端同时为 0，输出 Q=1，从而使 G_2 的输出维持在 $\overline{Q}$=0 的状态。此时，即使 S_D=1 信号消失，电路还可以维持 Q=1、$\overline{Q}$=0 的状态不变，即维持 1 态不变。

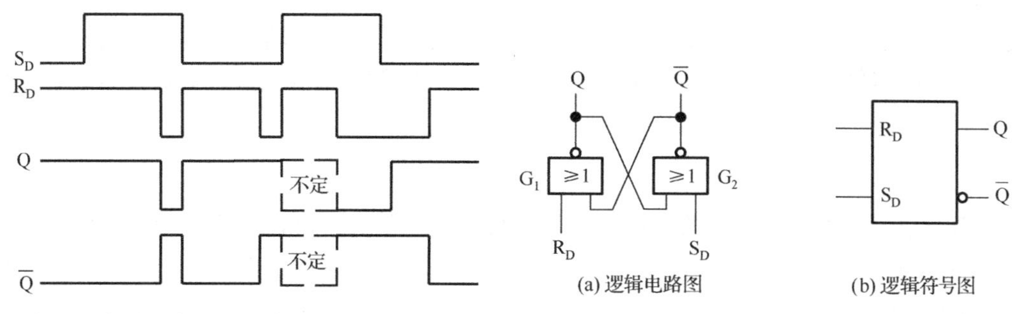

图 6.5 与非门构成的基本 RS 触发器波形图

图 6.6 由或非门构成的基本 RS 触发器

当 R_D=1、S_D=0 时，Q=0、$\overline{Q}$=1。在 R_D=1 信号消失后，电路保持 0 态不变。

当 R_D=0、S_D=0 时，电路的功能和双稳态电路相同，即电路维持原来的状态不变。

当 R_D=1、S_D=1 时，Q=0、$\overline{Q}$=0，即电路出现非常态。当 R_D、S_D 同时回到 0 以后无法判断触发器次态是 1 态还是 0 态。因此在正常使用时，不允许输入信号 R_D 和 S_D 同时为 1，即要遵守 RS=0 的约束条件。

用或非门构成的基本 RS 触发器是以高电平作为输入信号的，根据其工作原理可以得出如表 6.4 所示的特性表。

表 6.4 用或非门构成的基本 RS 触发器的特性表

输入		输出		输入		输出	
R_D	S_D	Q^n	Q^{n+1}	R_D	S_D	Q^n	Q^{n+1}
0	0	0	0	1	0	0	0
0	0	1	1	1	0	1	0
0	1	0	1	1	1	0	×
0	1	1	1	1	1	1	×

由特性表可得用或非门构成的基本 RS 触发器的逻辑关系式如下：

$$\begin{aligned} Q^{n+1} &= S_D + \overline{R_D} Q^n \\ S_D \cdot R_D &= 0(\text{约束条件}) \end{aligned} \tag{6.2}$$

无论与非门构成的基本 RS 触发器，还是或非门构成的基本 RS 触发器都具有以下特点。

(1) 结构简单，只要把两个与非门或者或非门交叉连接起来即可，是触发器的基础结构形式。

(2) 具有置 0、置 1 和保持功能。

(3) 电平直接控制，即在输入信号存在期间，其电平直接控制着触发器输出端的状态。这不仅给触发器的使用带来了不便，而且导致电路抗干扰能力下降。

(4) R_D、S_D 之间有约束。在由与非门构成的基本 RS 触发器中，当违反约束条件即 R_D=S_D=0 时，Q 端和 $\overline{Q}$ 端都将为高电平；在由或非门构成的电路中，当 R_D=S_D=1 时，出现的是 Q 端和 $\overline{Q}$ 端均为低电平的情况。显然，这个缺点也限制了基本 RS 触发器的使用。

6.2.3 同步触发器

在数字系统中，为了协调各部分的动作，常常要求触发器按一定的节拍同步动作。为此，必须引入同步信号，使触发器仅在同步信号到达时按输入信号改变状态。通常把这个同步信号称为时钟脉冲(CP)，简称时钟。具有时钟脉冲控制的触发器称为同步触发器，又称为钟控触发器、时钟触发器。这种触发器只有在时钟脉冲到来时，输出端才根据这时的输入信号改变状态值。同步触发器可分为同步 RS 触发器、同步 D 触发器和同步 JK 触发器。下面分别介绍它们的电路结构和工作特征。

1. 同步 RS 触发器

前面介绍的基本 RS 触发器的触发过程直接由输入信号控制，而实际上，常常要求系统中的各触发器在规定的时刻按各自输入信号所决定的状态同步触发翻转，这个时刻可由外加的时钟脉冲 CP 来决定。给触发器加一个时钟控制端 CP，只有在 CP 端上出现时钟脉冲时，触发器的状态才能改变。这种触发器称为同步触发器。CP 实质上是控制它何时触发的信号，即时钟信号，也有的教材称为锁存使能信号，用 E 表示。同步 RS 触发器是在基本 RS 触发器的基础上增加 2 个与非门构成的，其逻辑电路及逻辑符号如图 6.7 所示。

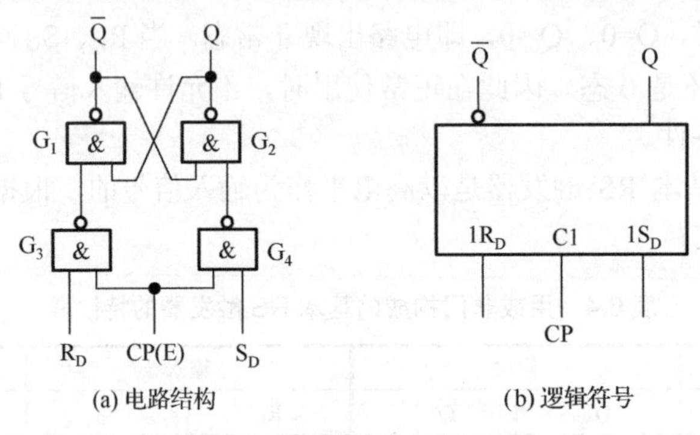

图 6.7　同步 RS 触发器

由图 6.7 可知，这是由 4 个与非门构成的同步 RS 触发器。与非门 G_1 和 G_2 构成基本 RS 触发器，与非门 G_3 和 G_4 构成控制电路。S_D 和 R_D 分别作用于 G_4 和 G_3，CP 同时作用于 G_3 和 G_4。

当 CP 为 0 时，控制门 G_3、G_4 关闭，且其输出均为 1，R_D、S_D 不会影响触发器的状态。只有当 CP 为 1 时，控制门 G_3、G_4 打开，将 R_D、S_D 端的信号传送到基本 RS 触发器的输入端，触发器触发翻转。假设 CP=1 期间 R_D 和 S_D 信号保持不变。

S_D=0，R_D=0 时，在 CP 脉冲到达后，即 CP=1，G_3 和 G_4 输出均为 1，相当于基本 RS 触发器输入信号均为 1，所以触发器输出保持不变。

S_D=1，R_D=0 时，在 CP=1 时，G_3 输出为 1，G_4 输出为 0，相当于基本 RS 触发器置 1，所以输出为 1。

S_D=0，R_D=1 时，在 CP=1 时，G_3 输出为 0，G_4 输出为 1，相当于基本 RS 触发器置 0，所以输出为 0。

S_D=1，R_D=1 时，在 CP=1 时，G_3 和 G_4 输出均为 0，G_1 和 G_2 输出均为 1，相当于基本 RS 触发器的不定状态，应当避免这种情况。

根据以上分析，可得同步 RS 触发器的特性表，如表 6.5 所示。

根据特性表，可得同步 RS 触发器的逻辑功能，用下述表达式表示：

$$\begin{aligned} &Q^{n+1} = S_D + \overline{R_D} Q^n \\ &S_D \cdot R_D = 0(\text{约束条件}) \end{aligned} \tag{6.3}$$

式(6.3)称为触发器的特性方程。

表 6.5　同步 RS 触发器的特性表

输入		输出		功能	输入		输出		功能
R_D	S_D	Q^n	Q^{n+1}		R_D	S_D	Q^n	Q^{n+1}	
0	0	0	0	保持	1	0	0	0	输出状态
0	0	1	1		1	0	1	0	同 S_D 状态
0	1	0	1	输出状态	1	1	0	×	不定
0	1	1	1	同 S_D 状态	1	1	1	×	

由表 6.5 可列出在 CP=1 时同步 RS 触发器的驱动表，如表 6.6 所示。

同步 RS 触发器的逻辑功能还可以用状态转移图来描述。它表示触发器从一个状态变化到另一个状态或保持原状态不变时，对输入信号(R_D、S_D)提出的要求。图 6.8 所示状态转移图是根据表 6.6 画出来的。图中的两个圆圈分别表示触发器的两个稳定状态，箭头表示在输入时钟信号 CP 的作用下状态转换的情况，箭头线旁标注的 R_D、S_D 值表示触发器状态转换的条件。例如，要求触发器由 0 状态转换到 1 状态时，由图 6.8 可知，应取输入信号 $R_D=0$、$S_D=1$。

表 6.6　同步 RS 触发器的驱动表

Q^n → Q^{n+1}		R_D	S_D
0	0	×	0
0	1	0	1
1	0	1	0
1	1	0	×

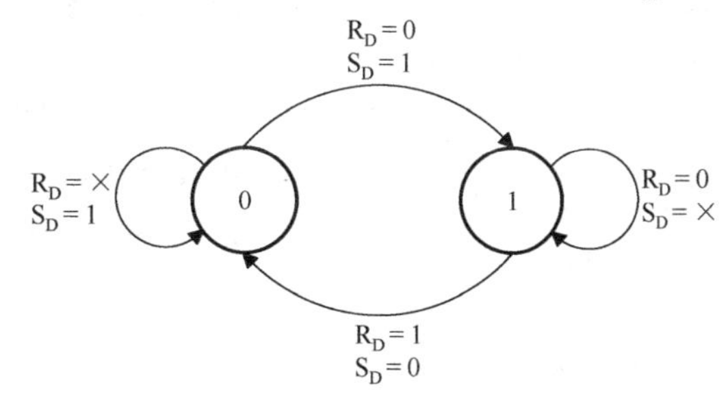

图 6.8　同步 RS 触发器的状态转移图

同步 RS 触发器的特点如下。

(1) 始终电平控制。在 CP=0 时状态保持不变，在 CP=1 时接收输入数据。但当 CP=1 时，输入信号 R_D 和 S_D 始终作用于触发器。如果输入信号出现干扰，发生多次改变，那么触发器的状态也会发生多次翻转，因此同步 RS 触发器抗干扰能力不强。

(2) 存在约束条件 $R_DS_D=0$，不允许出现 R_D 和 S_D 同时为 1 的情况，这就限制了同步 R_DS_D 触发器的应用价值。

下面介绍带有异步置位、复位端的同步 RS 触发器。这种触发器在同步 RS 触发器的基础上多了一个置位端和一个复位端。其电路图与逻辑符号如图 6.9 所示。

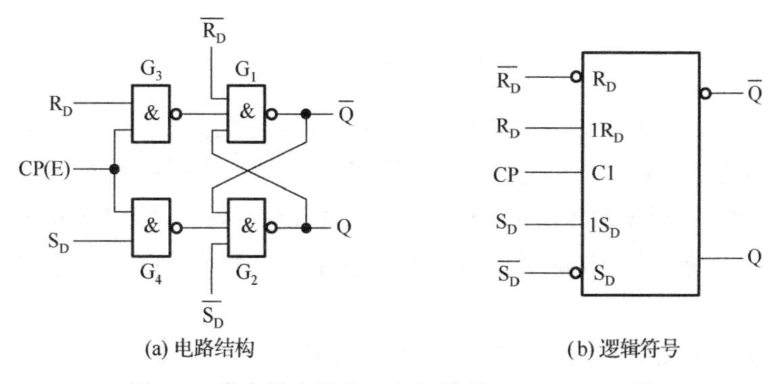

(a) 电路结构　　(b) 逻辑符号

图 6.9　带有异步置位、复位端的同步 RS 触发器

由图 6.9(a)可以看出，只要在$\overline{S_D}$或$\overline{R_D}$端加入低电平，即可立即将触发器置 1 或置 0，而不受时钟脉冲 CP 和输入信号 R_D、S_D的控制。因此，将$\overline{S_D}$称为异步置位(置 1)端，将$\overline{R_D}$称为异步复位(置 0)端。

需要注意的是，一般这两个异步控制端不能同时有效，且在时钟信号控制下正常工作时应使$\overline{S_D}$和$\overline{R_D}$处于高电平。用$\overline{S_D}$或$\overline{R_D}$将触发器置位或复位应当在 CP=0 的状态下进行，否则在$\overline{S_D}$或$\overline{R_D}$返回高电平后预置的状态不一定能保存下来。

下面对图 6.9(b)所示逻辑符号进行简要说明：框内的 R_D、S_D为复位和置位关联符号，C 为控制关联符号，C 右边和 R_D、S_D左边的 1 为关联序号 *m*(*m* 通常用阿拉伯数字替代，这里取 *m* 为 1)。它的含义是：当控制信号 C 的输入有效(这里指 CP 为高电平)时，与 C 序号相同的 R_D、S_D(指 $1R_D$、$1S_D$)才能对电路起作用。

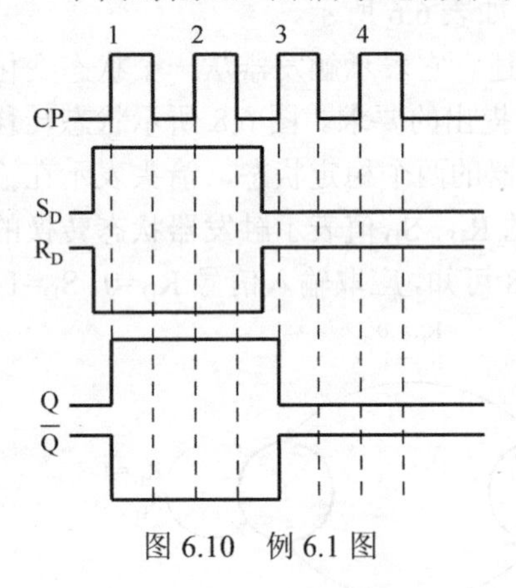

图 6.10 例 6.1 图

【例 6.1】 图 6.7 所示同步 RS 触发器的 CP、R_D、S_D的波形如图 6.10 所示。只有当 CP 为 1 时，控制门 G_3、G_4打开，R_D、S_D的状态变化才会引起触发器状态的变化。因此，这种触发器的触发翻转只是被控制在一个时间间隔内(CP=1 时)，而不是控制在某一时刻进行。所以在 CP=1 期间 S_D和 R_D信号的变化都将引起触发器输出端状态的变化。

2. 同步 D 触发器

为了避免同步 RS 触发器的输入信号同时为 1，可以在 S_D和 R_D之间接一个“非门”，信号只从 S_D端输入，并将 S_D端改称为数据输入端 D，如图 6.11 所示。这种单输入的触发器称为同步 D 触发器，也称 D 锁存器。其电路结构和逻辑符号如图 6.11 所示。

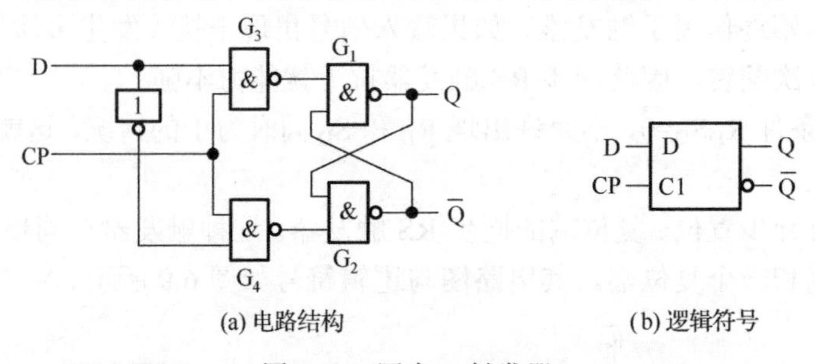

(a) 电路结构 (b) 逻辑符号

图 6.11 同步 D 触发器

由图 6.11 可知，当 CP=0 时，控制门 G_3、G_4关闭，输出均为 1，G_1、G_2构成的基本 RS 触发器处于保持状态，无论 D 信号怎样变化，输出的 Q 和$\overline{Q}$均保持不变。如果需要改变状态，必须将 CP 置 1，此时，根据输入信号 D 的不同，输出也不同。如果 D=0，根据同步 RS 触发器的特性表可知，无论基本 RS 触发器原来的状态如何，都将使 Q=0，$\overline{Q}$=1。反之，则将使触发器置 1。

由此可见，D 触发器具有置 0、置 1 功能。当 D=0，且时钟到来时(变为高电平)，将 0 存入触发器，CP 过后(变为低电平)触发器保持 0 状态不变，反之亦然。

由此，可得同步 D 触发器的特性表如表 6.7 所示。

表 6.7 同步 D 触发器的特性表

CP	D	Q^n	Q^{n+1}	功能
0	×	0	0	保持
0	×	1	1	
1	0	0	0	置 0
1	0	1	0	
1	1	0	1	置 1
1	1	1	1	

由特性表可直接得到 D 触发器的特性方程为

$$Q^{n+1}=D \tag{6.4}$$

同步 D 触发器在计算机系统中有着重要的应用，只不过把 CP 端当作控制端来使用。例如，带有三态门的 8D 锁存器 74LS373 就是同步 D 触发器的重要应用，逻辑符号如图 6.12 所示。其使能信号为低电平时，三态门处于导通状态，允许数据输出，当为高电平时，输出三态门断开，禁止输出。当其用作地址锁存器时，首先应使三态门的使能信号为低电平，这时，当控制端 G 为高电平时，锁存器输出(Q_0～Q_7)状态和输入端(D_0～D_7)状态相同；当控制端 G 为低电平时，输入端(D_0～D_7)的数据锁入 Q_0～Q_7 的 8 位锁存器中。

3. 同步 JK 触发器

在同步 RS 触发器中 $R_D=S_D=1$ 是被禁止的，因为它可能使触发器的状态不确定。克服同步 RS 触发器在 $R_D=S_D=1$ 时出现不定状态的另一种方法是将触发器输出端 Q 和 $\overline{Q}$ 状态反馈到输入端，这样，G_3 和 G_4 的输出不会同时出现 0，从而避免了不定状态的出现。

J、K 端相当于同步 RS 触发器的 S_D、R_D 端。其电路结构和逻辑符号如图 6.13 所示。

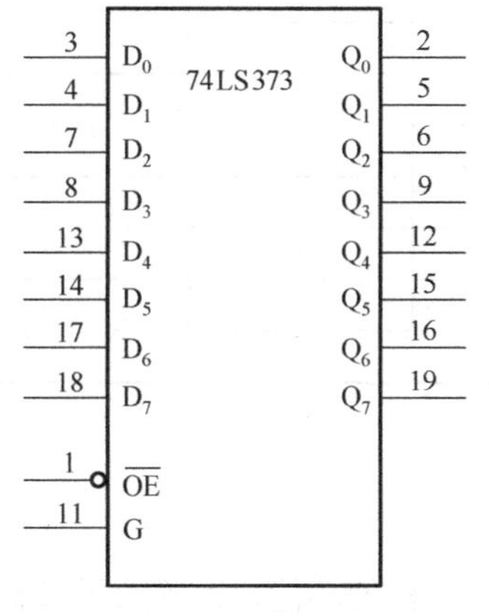

图 6.12 74LS373 逻辑符号

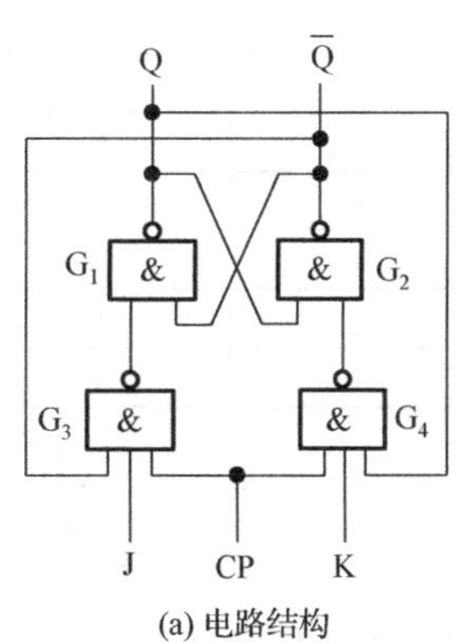

(a) 电路结构

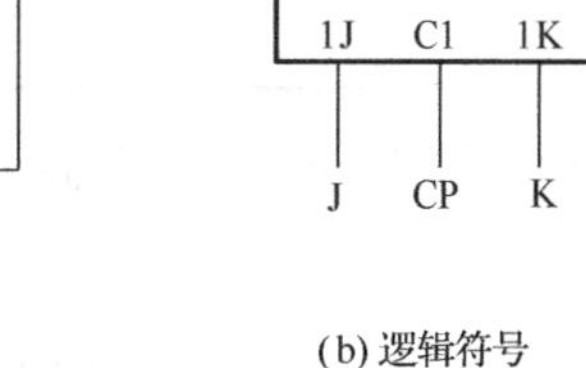

(b) 逻辑符号

图 6.13 同步 JK 触发器

下面分析一下同步 JK 触发器的工作原理。

当 CP=0 时，G_3 和 G_4 被封锁，它们的输出均为 1，由 G_1、G_2 构成的基本 RS 触发器保持原有状态。

当 CP=1 时，G_3、G_4 解除封锁，输入 J、K 端的信号可控制触发器的状态。可将同步 JK 触发器看成同步 RS 触发器来分析。由图可知：

$$R_D = KQ^n, \ S_D = J\overline{Q^n} \tag{6.5}$$

(1) 当 J=K=0 时，代入式(6.5)，可得 $R_D=S_D=0$。

如处于 $Q^n=0$、$\overline{Q^n}=1$ 的 0 状态，把此条件代入式(6.3)，可得 $Q^{n+1}=Q^n=0$。

如处于 $Q^n=1$、$\overline{Q^n}=0$ 的 1 状态，把此条件代入式(6.3)，可得 $Q^{n+1}=Q^n=1$。

因此可得当 J=K=0 时，JK 触发器处于保持状态。

(2) 当 J=0、K=1 时，代入式(6.5)，可得 $S_D=0$。

如处于 $Q^n=0$、$\overline{Q^n}=1$ 的 0 状态，相当于 $R_D=0$，把此条件代入式(6.3)，可得 $Q^{n+1}=0$。

如处于 $Q^n=1$、$\overline{Q^n}=0$ 的 1 状态，相当于 $R_D=1$，把此条件代入式(6.3)，可得 $Q^{n+1}=0$。

因此可得当 J=0、K=1 时，JK 触发器处于置 0 状态。

(3) 当 J=1、K=0 时，代入式(6.5)，可得 $R_D=0$。

如处于 $Q^n=0$、$\overline{Q^n}=1$ 的 0 状态，相当于 $S_D=1$，把此条件代入式(6.3)，可得 $Q^{n+1}=1$。

如处于 $Q^n=1$、$\overline{Q^n}=0$ 的 1 状态，相当于 $S_D=0$，把此条件代入式(6.3)，可得 $Q^{n+1}=1$。

因此可得当 J=1、K=0 时，JK 触发器处于置 1 状态。

(4) 当 J=K=1 时，代入式(6.5)，可得 $R_D=Q^n$、$S_D=\overline{Q^n}$。

如处于 $Q^n=0$、$\overline{Q^n}=1$ 的 0 状态，相当于 $R_D=0$、$S_D=1$，把此条件代入式(6.3)，可得 $Q^{n+1}=1$。

如处于 $Q^n=1$、$\overline{Q^n}=0$ 的 1 状态，相当于 $R_D=1$、$S_D=0$，把此条件代入式(6.3)，可得 $Q^{n+1}=0$。

因此可得当 J=K=1 时，JK 触发器处于翻转状态。

由此可得到同步 JK 触发器的特性表如表 6.8 所示。

表 6.8　同步 JK 触发器的特性表

J	K	Q^n	S_D	R_D	Q^{n+1}	说明
0	0	0	0	0	0	保持原态
		1	0	0	1	
0	1	0	0	0	0	置 0
		1	0	1	0	
1	0	0	1	0	1	置 1
		1	0	0	1	
1	1	0	1	0	1	状态翻转
		1	0	1	0	

由特性表可得到同步 JK 触发器的特性方程如式(6.6)所示：

$$Q^{n+1} = J\overline{Q^n} + \overline{K}Q^n \tag{6.6}$$

从特性表可以看出，同步 JK 触发器除了具有和 RS 触发器同样的功能，还解除了对输入信号的限制，而且当 J=K=1 时，触发器处于翻转状态。

4. 同步触发器的空翻

上面分析的同步触发器，当时钟脉冲 CP 为低电平(CP=0)时，触发器不接收输入信号，状态保持不变；当时钟脉冲 CP 为高电平(CP=1)时，触发器接收输入信号，状态发生转换。这种同步方式称为电位触发方式。

由于在 CP=1 期间，同步触发器都可以接收输入信号而改变状态，所以在 CP=1 期间，如果输入信号发生多次变化，则触发器的状态也必然会随之进行多次改变，如图 6.14 所示。这种在 CP=1 期间，由于输入信号变化而引起的触发器多次翻转的现象，称为触发器的空翻现象。下面以 RS 触发器为例进行说明。

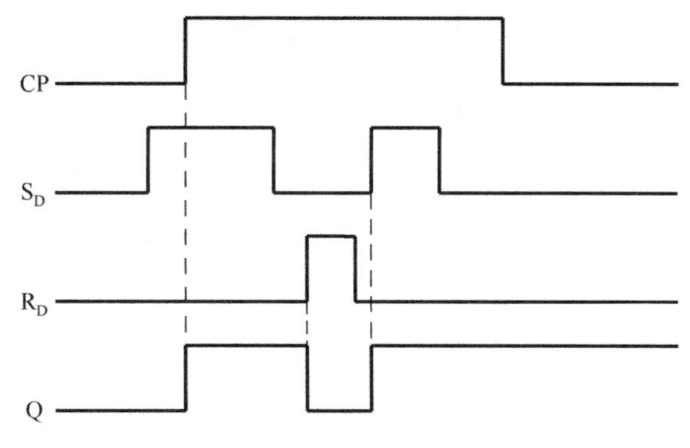

图 6.14　同步 RS 触发器的空翻现象

由图 6.14 可知，该同步 RS 触发器在 CP=1 期间，G_3、G_4 门都是开着的，都能接收 R_D、S_D 信号，而在 CP=1 期间 R_D、S_D 发生多次变化，所以触发器的状态也发生了多次翻转，即存在空翻现象。

由于同步触发器存在空翻问题，其应用范围也就受到了限制。它不能用来构成移位寄存器(register)和计数器(counter)，因为在这些部件中，当 CP=1 时，不可避免地会使触发器的输入信号发生变化，从而出现空翻，使这些部件不能按时钟脉冲的节拍正常工作。此外，这种触发器在 CP=1 期间，如遇到一定强度的正向脉冲干扰，使 S_D、R_D 或 D 信号发生变化，也会引起空翻现象，所以它的抗干扰能力也差。为了克服空翻，必须采用其他的电路结构，这就产生了无空翻的边沿触发器、主从触发器等新的电路结构。

6.2.4　边沿触发器

边沿触发器只在时钟脉冲 CP 上升沿或下降沿到达时刻接收输入信号，电路状态才发生翻转，而在 CP 的其他时间内，电路状态不会发生变化，从而提高了触发器工作的可靠性和抗干扰能力，它没有空翻现象。TTL 边沿触发器主要有边沿 JK 触发器、维持阻塞 D 触发器、CMOS 边沿触发器等。

1. TTL 边沿 JK 触发器

1) 电路组成

TTL 边沿 JK 触发器的逻辑图如图 6.15(a)所示。图中 G_1、G_2 两个与或非门交叉耦合组成基本 RS 触发器，G_3、G_4 为输入信号接收门。在制造时，要求保证 G_3、G_4 的传输延迟时间比由 G_1 和 G_2 组成的基本 RS 触发器的翻转时间长，J、K 为输入端。图 6.15(b)为其逻辑符号，图中框内“^”表示边沿触发输入，左边又加了一个小圆圈“○”，则表示下降沿触发输入。

2) 逻辑功能

(1) CP=0 时，触发器的状态不变。CP=0 时，G_3、G_4 被封锁，Q_3=1、Q_4=1，与门 A 和 D 被封锁，因此，触发器保持原稳定状态不变。若触发器原处于 $Q^n=0$、$\overline{Q^n}=1$ 的 0 状态，则与门B输入全1，输出Q^{n+1}=0，与门C和D都输入有0，输出$\overline{Q^{n+1}}$=1。触发器保持0状态不变。若触发器原处于1状态，同样能保持1状态不变。

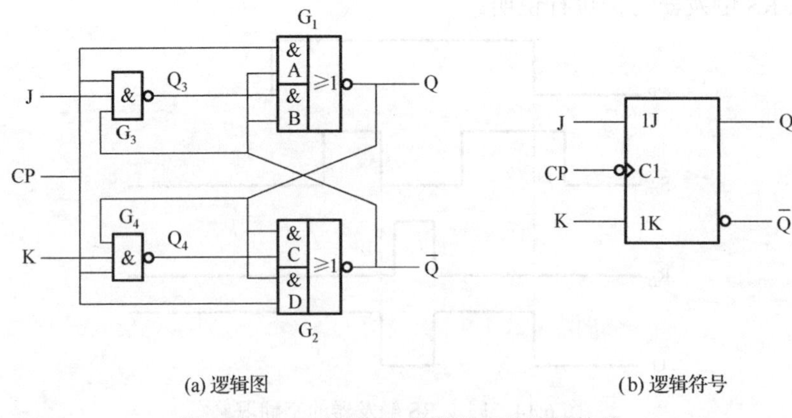

(a) 逻辑图　　(b) 逻辑符号

图6.15　TTL边沿JK触发器及其逻辑符号

(2) CP由0正跃到1时，触发器状态不变。在CP=0时，若触发器的状态为Q^n=0、$\overline{Q^n}$=1，当CP由0正跃到1时，首先与门A输入全1，不论与门B输入为何状态，输出Q^{n+1}=0。由于Q^{n+1}=0同时加到与门C和D的输入端，所以输出$\overline{Q^{n+1}}$=1，触发器保持原状态不变。若触发器为1状态，则在CP由0正跃到1时，触发器同样保持1状态不变。

(3) CP由1负跃到0时，触发器的状态根据J、K端的输入信号和Q、$\overline{Q}$端的信号翻转。

① J=0、K=0时：若在CP=1期间触发器处于Q^n=0、$\overline{Q^n}$=1的0状态，由于J=0、K=0，所以Q_3=1、Q_4=1，与门A和B的输入全1，与门C和D的输入有0。因此，当CP由1负跃到0时，由于与门B输入仍为全1，输出Q^{n+1}=0，与门C和D的输入都有0，输出$\overline{Q^{n+1}}$=1，触发器保持0状态不变。同理，若触发器处于Q^n=1、$\overline{Q^n}$=0的1状态，则CP由1负跃到0时，同样能保持1状态。

② J=1、K=1时：若在CP=1时触发器处于Q^n=0、$\overline{Q^n}$=1的0状态，该状态反馈到G_3、G_4的输入端，使Q_3=0、Q_4=1，与门B、C、D的输入都有0，只有与门A输入全1。当CP由1负跃到0时，由于G_3和G_4延迟时间较长，其输出Q_3和Q_4不会马上改变，在此时刻与门A首先被封锁，使Q^{n+1}=1，接着与门C输入全1，输出$\overline{Q^{n+1}}$=0，触发器由0状态翻转到1状态，即$\overline{Q^{n+1}}=\overline{Q^n}$。若触发器原处于$Q^n$=1、$\overline{Q^n}$=0的1状态，同理，在CP由1负跃到0时，电路由1状态翻转到0状态。因此，当输入CP为连续脉冲时，则触发器的状态便不断来回翻转。

③ J=1、K=0时：若在CP=1时触发器处于Q^n=0、$\overline{Q^n}$=1的0状态，则Q_3=0、Q_4=1，与门B、C和D的输入都有0，与门A输入全1。当CP由1负跃到0时，首先封锁与门A，使Q^{n+1}=1。因此，与门C输入全1，输出$\overline{Q^{n+1}}$=0，触发器由0状态翻转到1状态。可见，在J、K端输入信号不同时，触发器翻转到和J相同的状态。若触发器原处于Q^n=1、$\overline{Q^n}$=0的1状态，则在CP由1负跃到0时，触发器保持1状态不变。应当指出：在G_1和G_2组成的基本RS触发器翻转期间，由于G_3和G_4的延迟，Q_3和Q_4的状态不会改变。

④ J=0、K=1时：在CP由1负跃到0时，利用同样的分析方法可知，触发器会翻转到0状态，和J的状态相同。

由以上分析可知，边沿 JK 触发器是利用时钟脉冲 CP 的下降沿进行触发的，它的逻辑功能和前面讨论的同步 JK 触发器的功能相同，因此，它们的特性表和特性方程也相同。但在边沿 JK 触发器中，特性方程只有在 CP 下降沿到达时刻才有效，即

$$Q^{n+1} = J\overline{Q^n} + \overline{K}Q^n \qquad \text{(CP下降沿到达时刻有效)} \tag{6.7}$$

【例 6.2】 图 6.16 所示为下降沿触发边沿 JK 触发器 CP、J、K 端输入的电压波形，试画出输出 Q 端的电压波形(为了方便，Q 端波形在图 6.16 中给出，后面的例题也是如此)。设触发器的初始状态为 Q=0。

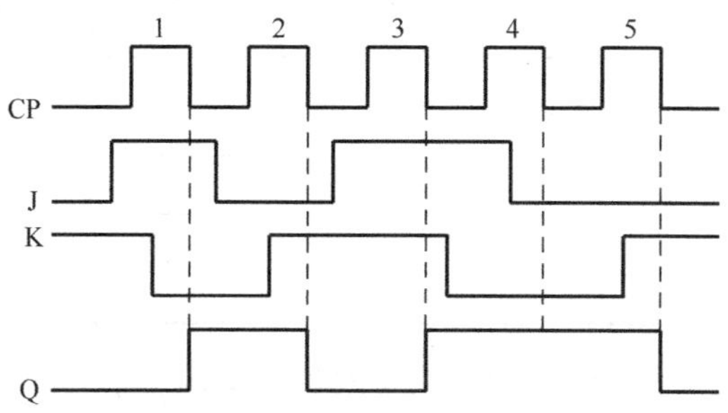

图 6.16 边沿 JK 触发器的输入和输出电压波形

解： 第 1 个时钟脉冲 CP 下降沿到达时，由于 J=1、K=0，所以触发器由 0 状态翻转到 1 状态。

第 2 个时钟脉冲 CP 下降沿到达时，J=0、K=1，触发器由 1 状态翻转到 0 状态。

第 3 个时钟脉冲 CP 下降沿到达时，因 J=K=1，所以，触发器由 0 状态翻转到 1 状态。

第 4 个时钟脉冲 CP 下降沿到达时，J=K=0，所以，触发器保持原来的 1 状态不变。

第 5 个时钟脉冲 CP 下降沿到达时，J=0、K=1，触发器由 1 状态翻转到 0 状态。

通过例 6.2 的分析可以看出：

(1) 边沿 JK 触发器是用时钟脉冲 CP 下降沿触发的。只有在 CP 下降沿到达时刻电路才会接收 J、K 端的输入信号，而在 CP 为其他值时，不管 J、K 为何值，电路的状态不会改变。

(2) 边沿 JK 触发器的状态值取决于 CP 下降沿到达时刻 J、K 端的输入信号。若 J 和 K 输入的信号不同，则在 CP 下降沿作用下，触发器翻转到和 J 端信号相同的状态；若 J=K=1，则每输入一个 CP 的下降沿，触发器的状态变化一次；J=K=0 时，在 CP 下降沿作用下仍保持原状态不变。

(3) 一个时钟脉冲 CP 只有一个下降沿，只能接收一次 J、K 端的输入信号。

3) 集成边沿 JK 触发器 74LS112

74LS112 芯片由两个独立的下降沿触发的边沿 JK 触发器组成，它的逻辑符号如图 6.17 所示，表 6.9 为其功能表。由该表可看出 74LS112 有如下主要功能。

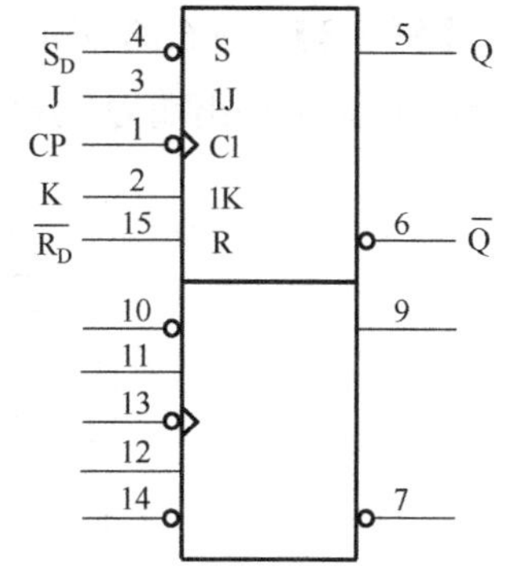

图 6.17 74LS112 的逻辑符号

(1) 异步置 0。当 $\overline{R_D}$ =0、$\overline{S_D}$ =1 时，触发器置 0，Q^{n+1} =0，它与时钟脉冲 CP 及 J、K 端的输入信号无关，这也是异步置 0 的来历，$\overline{R_D}$ 为异步置 0 端，又称直接置 0 端，低电平有效。

(2) 异步置 1。当 $\overline{R_D}$ =1、$\overline{S_D}$ =0 时，触发器置 1，Q^{n+1} =1，它与时钟脉冲 CP 及 J、K

端的输入信号也无关，这也是异步置 1 的来历，$\overline{S_D}$ 为异步置 1 端，又称直接置 1 端，低电平有效。

表 6.9　74LS112 的功能表

输入					输出		功能说明
$\overline{R_D}$	$\overline{S_D}$	J	K	CP	Q^{n+1}	$\overline{Q^{n+1}}$	
0	1	×	×	×	0	1	异步置 0
1	0	×	×	×	1	0	异步置 1
1	1	0	0	↓	Q^n	$\overline{Q^n}$	保持
1	1	0	1	↓	0	1	置 0
1	1	1	0	↓	1	0	置 1
1	1	1	1	↓	$\overline{Q^n}$	Q^n	计数
1	1	×	×	1	Q^n	$\overline{Q^n}$	保持
0	0	×	×	×	1	1	不允许

由此可见，$\overline{R_D}$、$\overline{S_D}$ 端的置 0、置 1 信号对触发器的控制作用优先于 CP 和 J、K 信号。

(3) 保持。取 $\overline{R_D}=\overline{S_D}=1$，J=K=0 时，触发器保持原来的状态不变。即使在 CP 下降沿作用下，电路状态也不会改变，$Q^{n+1}=Q^n$。

(4) 置 0。取 $\overline{R_D}=\overline{S_D}=1$，J=0，K=1 时，在 CP 下降沿作用下，触发器翻转到 0 状态，即置 0，$Q^{n+1}=0$。由于触发器的置 0 和 CP 的到来同步，因此，又称为同步置 0。

(5) 置 1。取 $\overline{R_D}=\overline{S_D}=1$，J=1，K=0 时，在 CP 下降沿作用下，触发器翻转到 1 状态，即置 1，$Q^{n+1}=1$。由于触发器的置 1 和 CP 的到来同步，因此，又称为同步置 1。

(6) 计数。取 $\overline{R_D}=\overline{S_D}=1$，J=K=1 时，则每输入 1 个 CP 的下降沿，触发器的状态变化一次，即 $Q^{n+1}=\overline{Q^n}$，这种情况通常用来计数。

取 $\overline{R_D}=\overline{S_D}=0$ 时，$Q^{n+1}=\overline{Q^{n+1}}=1$，这既不是 0 状态，也不是 1 状态。因此，在使用 74LS112 时，这种情况是不允许的。触发器工作时，应取 $\overline{R_D}=\overline{S_D}=1$。

【例 6.3】 图 6.18 所示为边沿 JK 触发器 74LS112 的 CP、J、K、$\overline{R_D}$ 和 $\overline{S_D}$ 端的输入电压波形，试画出输出端 Q 的电压波形。设触发器的初始状态为 Q=0 态。

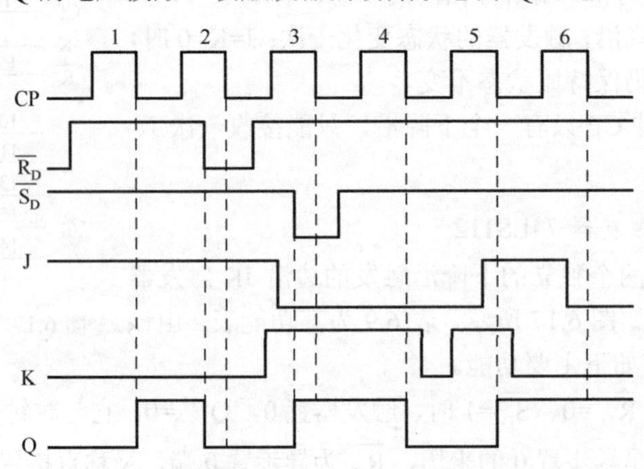

图 6.18　具有异步输入的边沿 JK 触发器的工作波形

解：第 1 个时钟脉冲 CP 下降沿到达时，由于 $\overline{R_D}=\overline{S_D}=1$ 和 J=1、K=0，所以触发器由 0 状态翻转到 1 状态。

第 2 个时钟脉冲 CP 下降沿到达前，由于 $\overline{R_D}=0$、$\overline{S_D}=1$，触发器被强迫置 0。在第 2 个时钟脉冲下降沿到达时，虽然 J=1、K=0，但由于这时仍为 $\overline{R_D}=0$、$\overline{S_D}=1$，所以触发器的 0 状态不会改变。

第 3 个时钟脉冲 CP 下降沿到达前，触发器因 $\overline{R_D}=1$、$\overline{S_D}=0$，被强迫置 1。在第 3 个时钟脉冲下降沿到达时，虽然 J=0、K=1，但由于这时仍为 $\overline{R_D}=1$、$\overline{S_D}=0$，所以触发器仍保持 1 状态不变。

第 4 个时钟脉冲 CP 下降沿到达时，由于 $\overline{R_D}=\overline{S_D}=1$、J=0、K=1，所以触发器由 1 状态翻转到 0 状态。

第 5 个时钟脉冲 CP 下降沿到达时，由于 $\overline{R_D}=\overline{S_D}=1$、J=K=1，所以触发器由 0 状态翻转到 1 状态。

第 6 个时钟脉冲 CP 下降沿到达时，虽然 $\overline{R_D}=\overline{S_D}=1$，但由于 J=K=0，所以触发器保持原来的 1 状态不变。

通过例 6.3 的分析可看到：

(1) 边沿 JK 触发器利用时钟脉冲 CP 的下降沿进行触发。在 CP 下降沿到达时刻接收 J、K 端输入的信号。输出状态根据 JK 触发器的功能变化。

(2) 异步置 0 和异步置 1 信号优先于其他所有输入信号。在异步置 0 端 $\overline{R_D}$ 和异步置 1 端 $\overline{S_D}$ 输入低电平置 0 或置 1 时，触发器被立刻置 0 或置 1，而与 CP、J、K 端的输入信号无关。进行异步置 0 或置 1 时，$\overline{R_D}$ 和 $\overline{S_D}$ 端上应加互补信号。

(3) 要使边沿 JK 触发器在 CP 下降沿到达时刻能接收 J 和 K 端的输入信号，$\overline{R_D}$ 和 $\overline{S_D}$ 端必须同时为高电平 1。

2. 维持阻塞 D 触发器

维持阻塞型触发器是边沿触发器的一种结构形式。当触发器置 1 时，利用内部产生的信号维持置 1 信号的存在，同时阻塞由于输入变化产生的置 0 信号，保证触发器可靠置 1；而当触发器置 0 时，则维持置 0 信号，同时阻塞置 1 信号，保证触发器可靠置 0。采用维持阻塞结构可构成各种逻辑功能的触发器，但以维持阻塞 D 触发器的应用最广。

维持阻塞 D 触发器的逻辑电路与逻辑符号如图 6.19 所示。该触发器由三个用与非门构成的基本 RS 触发器组成，其中 G_1、G_2 和 G_3、G_4 构成的两个基本 RS 触发器响应外部输入数据 D 和时钟信号 CP，它们的输出 Q_2、Q_3 控制着由 G_5、G_6 构成的第三个基本 RS 触发器的状态。下面分析其工作原理。

(1) CP=0 时，与非门 G_2、G_3 被封锁，其输出 $Q_3=Q_2=1$，使输出触发器处于保持状态，触发器的输出 Q、$\overline{Q}$ 状态保持不变。同时，由于 Q_2 和 Q_3 的反馈信号分别将 G_1 和 G_4 两个门打开，因此可接收输入信号 D，$Q_4=\overline{D}$，$Q_1=\overline{Q_4}=D$。D 信号进入触发器，为触发器状态刷新做好准备。

(2) 当 CP 由 0 变 1 时触发器翻转。这时 G_2、G_3 打开，它们的输出 Q_2、Q_3 的状态由 G_1、G_4 的输出状态决定。$Q_2=\overline{Q_1}=\overline{D}$，$Q_3=\overline{Q_4}=D$，两者状态永远是互补的，也就是说其中

必定有一个为 0。由基本 RS 触发器的逻辑功能可知 $Q^{n+1}=D$，触发器状态按此前 D 的逻辑值刷新。

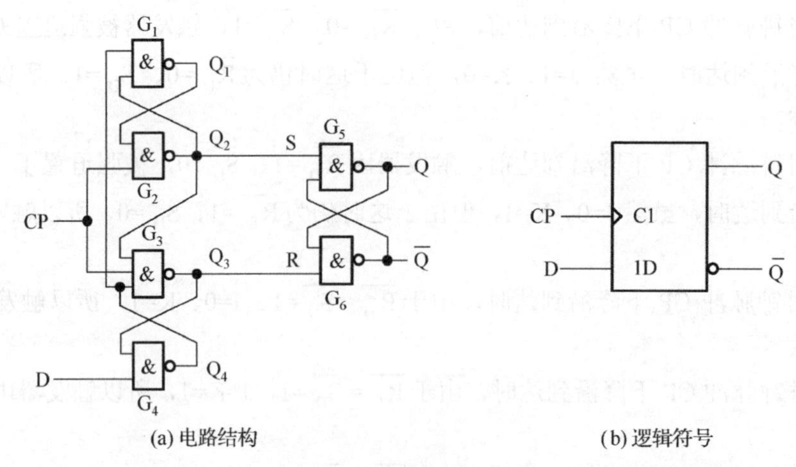

图 6.19 维持阻塞 D 触发器

(3) 触发器翻转后，在 CP=1 时输入信号被封锁。这是因为 G_1、G_2 和 G_3、G_4 分别构成的两个基本 RS 触发器可以保证 Q_2、Q_3 状态不变，使触发器状态不受输入信号 D 变化的影响。在 Q=1 时，$Q_2=0$，则将 G_1 和 G_3 封锁。Q_2 至 G_1 的反馈线使 $Q_1=1$，起维持 $Q_2=0$ 的作用，从而维持了触发器的 1 状态，称为置 1 维持线。而 Q_2 至 G_3 的反馈线使 $Q_3=1$，虽然 D 信号在此期间的变化可能使 Q_4 相应变化，但不会改变 Q_3 的状态，从而阻塞了 D 端输入的置 0 信号，称为置 0 阻塞线。在 Q=0 时，$Q_3=0$，则将 G_4 封锁，使 $Q_4=1$，既阻塞了 D=1 信号进入触发器的路径，又与 CP=1，$Q_2=1$ 共同作用，将 Q_3 维持为 0，而将触发器维持在 0 状态，故将 Q_3 至 G_4 的反馈线称为置 1 阻塞、置 0 维持线。正因为这种触发器工作中的维持、阻塞特性，所以称为维持阻塞触发器。

总之，该触发器是一个上升沿触发的边沿 D 触发器，它的逻辑符号时钟处“^”表示上升沿触发。触发器的状态由 CP 上升沿到达时的输入信号 D 决定，在 CP=0 和 CP=1 期间，无论 D 信号如何变化，触发器状态都保持不变。其功能表如表 6.10 所示。

表 6.10 维持阻塞 D 触发器的功能表

CP	D	Q	Q^{n+1}
×	×	×	Q^n
↑	0	0	0
↑	0	1	0
↑	1	0	1
↑	1	1	1

边沿 D 触发器的特性方程为

$$Q^{n+1}=D(\text{CP上升沿有效}) \tag{6.8}$$

在集成电路中，经常用到的维持阻塞 D 触发器是加了置位、复位端的，其电路结构与逻辑符号如图 6.20 所示。

$\overline{S_D}$ 和 $\overline{R_D}$ 接至基本 RS 触发器的输入端，它们分别是预置和清零端，低电平有效。当 $\overline{S_D}=0$，$\overline{R_D}=1$ 时，无论输入端 D 为何种状态，都会使 Q=1，$\overline{Q}=0$，即触发器置 1；当 $\overline{S_D}=1$，$\overline{R_D}=0$ 时，Q=0，即触发器置 0 复位。$\overline{S_D}$ 和 $\overline{R_D}$ 通常又称为直接置 1 和置 0 端；当 $\overline{S_D}=\overline{R_D}=1$ 时，其工作过程与上述工作原理相同。其功能表如表 6.11 所示。

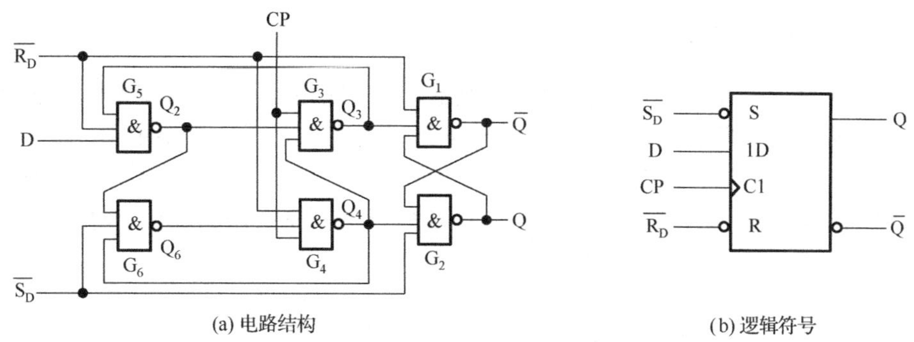

(a) 电路结构　　　　　　(b) 逻辑符号

图 6.20　具有异步置位、复位端的维持阻塞 D 触发器

表 6.11　具有异步置位、复位端维持阻塞 D 触发器的功能表

CP	$\overline{S_D}$	$\overline{R_D}$	D	Q^{n+1}	功能
×	0	0	×	1*	状态不定
×	0	1	×	1	异步置 1
×	1	0	×	0	异步置 0
↑	1	1	0	0	Q^{n+1} =D
↑	1	1	1	1	

*表示状态不定，可为 0，可为 1。

总之，该触发器是在 CP 上升沿前接收输入信号，上升沿时触发翻转，上升沿后输入即被封锁，所以有边沿触发器之称。与主从触发器相比，同工艺的边沿触发器有更强的抗干扰能力和更高的工作速度。

常用的集成维持阻塞 D 触发器有 74LS74 等，一个集成芯片内含有两个完全一样的 D 触发器。每一个 D 触发器的电路结构和逻辑符号与图 6.20 相同，其功能表与表 6.11 相同。其引脚图如图 6.21 所示。

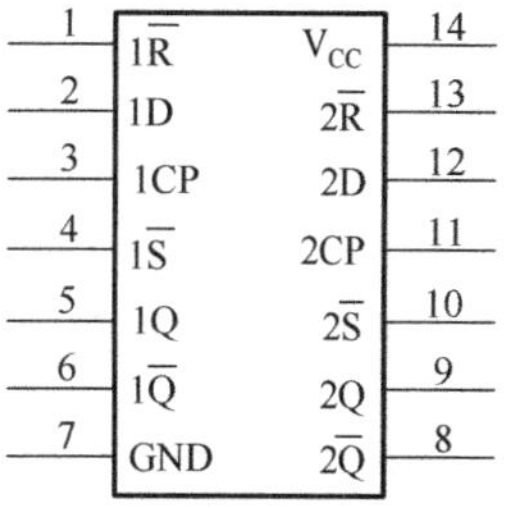

引脚	名称	名称	引脚
1	$1\overline{R}$	V_{CC}	14
2	1D	$2\overline{R}$	13
3	1CP	2D	12
4	$1\overline{S}$	2CP	11
5	1Q	$2\overline{S}$	10
6	$1\overline{Q}$	2Q	9
7	GND	$2\overline{Q}$	8

图 6.21　74LS74 引脚图

【例 6.4】 已知双 D 触发器 74LS74 的 CP、$\overline{S_D}$、$\overline{R_D}$ 及 D 端波形如图 6.22 所示。试画出输出端 Q 的波形。

解：在 CP 的上升沿观察一下 $\overline{S_D}$、$\overline{R_D}$ 及 D 的值，由表 6.11 可以很轻松地得到 Q 的输出波形。

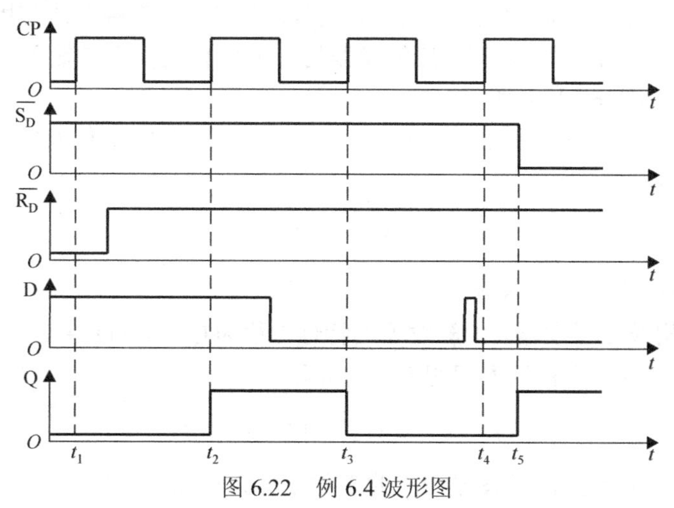

图 6.22　例 6.4 波形图

3. T 触发器和 T′触发器

在计数器中经常要用到 T 触发器和 T′触发器，而集成触发器产品中并没有这两种类型的电路，它们主要是用来简化集成计数器的逻辑电路。T 和 T′触发器主要由 JK 触发器或 D 触发器构成。T 触发器是指根据 T 端输入信号的不同，在时钟脉冲 CP 作用下具有翻转和保持功能的电路，它的逻辑符号如图 6.23 所示。而 T′触发器则是指每输入一个时钟脉冲 CP，状态变化一次的电路。它实际上是 T 触发器的翻转功能。

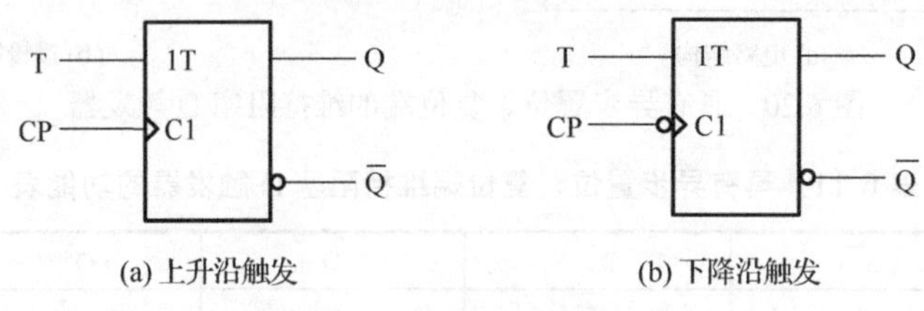

图 6.23　T 触发器的逻辑符号

1) JK 触发器构成 T 和 T′触发器

(1) JK 触发器构成 T 触发器。将 JK 触发器的 J 和 K 相连作为 T 输入端便构成了 T 触发器，电路如图 6.24(a)所示。

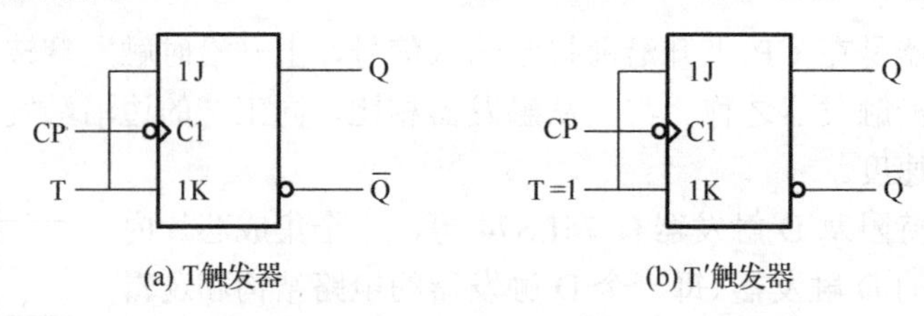

图 6.24　JK 触发器构成的 T 触发器和 T′触发器

将 T 代入 JK 触发器特性方程中的 J 和 K 便得到了 T 触发器的特性方程：

$$Q^{n+1} = T\overline{Q^n} + \overline{T}Q^n \tag{6.9}$$

由式(6.9)可知 T 触发器有如下逻辑功能：当 T=1 时，$Q^{n+1} = \overline{Q^n}$，这时，每输入一个时钟脉冲 CP，触发器的状态变化一次，即具有翻转功能；当 T=0 时，$Q^{n+1} = Q^n$，输入时钟脉冲 CP 时，触发器仍保持原来的状态不变，即具有保持功能。T 触发器常用来组成计数器。

(2) JK 触发器构成 T′触发器。将 JK 触发器的 J 和 K 相连作为 T′输入端并接高电平 1，便构成了 T′触发器，如图 6.24(b)所示。

T′触发器实际上是 T 触发器输入 T=1 时的一个特例，将 T=1 代入式(6.9)中便得到了 T′触发器的特性方程：

$$Q^{n+1} = \overline{Q^n} \tag{6.10}$$

2) D 触发器构成 T 和 T′触发器

(1) D 触发器构成 T 触发器。T 触发器的特性方程为 $Q^{n+1} = T\overline{Q^n} + \overline{T}Q^n$，D 触发器的特性方程为 $Q^{n+1} = D$，使这两个特性方程相等，由此得

$$Q^{n+1} = D = T\overline{Q^n} + \overline{T}Q^n = T \oplus Q^n \tag{6.11}$$

根据式(6.11)可画出由 D 触发器构成的 T 触发器，如图 6.25(a)所示。

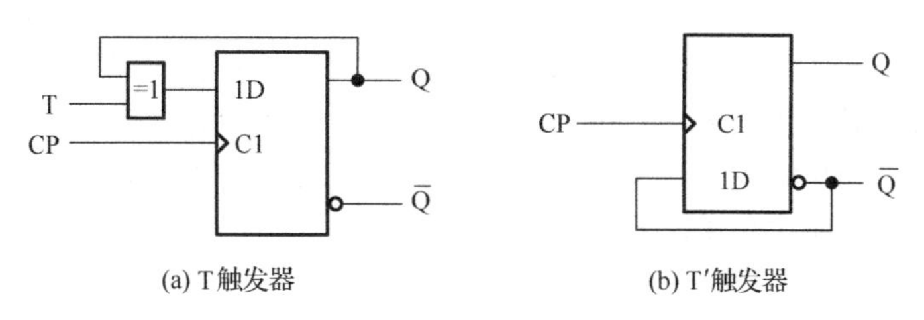

(a) T触发器　　(b) T′触发器

图 6.25　D 触发器构成的 T 触发器和 T′触发器

(2) D 触发器构成 T′触发器。将 T=1 代入式(6.11)中便得到由 D 触发器构成的 T′触发器的特性方程：

$$Q^{n+1} = D = \overline{Q^n} \tag{6.12}$$

根据式(6.12)可画出由 D 触发器构成的 T′触发器，如图 6.25(b)所示。

6.2.5　主从触发器

为了避免空翻，提高触发器工作的可靠性，出现了主从结构的触发器。主从触发器由两级触发器构成，其中一级接收输入信号，其状态直接由输入信号决定，称为主触发器；另一级的输入与主触发器的输出连接，其状态由主触发器的状态决定，称为从触发器。主触发器和从触发器分别受互补的脉冲时钟控制。下面分别介绍主从 RS 触发器和主从 JK 触发器。

1. 主从 RS 触发器

主从 RS 触发器由两个同步 RS 触发器组成，它们分别称为主触发器和从触发器。反相器使这两个触发器加上互补时钟脉冲，其电路结构与逻辑符号如图 6.26 所示。由图可得，主从 RS 触发器由两级同步 RS 触发器串联组成。G_1～G_4 组成从触发器，G_5～G_8 组成主触发器。CP 与 CP′互补，使两个触发器工作在两个不同的时区内。

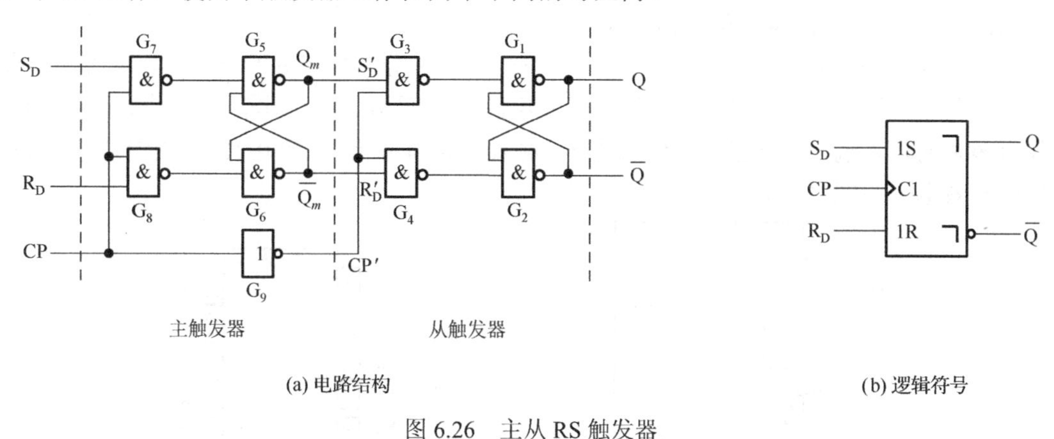

(a) 电路结构　　(b) 逻辑符号

图 6.26　主从 RS 触发器

其工作原理如下。

(1) 当 CP=1 即时钟脉冲到来时，G_7、G_8 门打开，接收 R_D、S_D 端的信号，使主触发器发生动作；由于 CP′=0，G_3、G_4 门被封锁，使从触发器即整个触发器保持原状态不变。

(2) 当 CP=0 即时钟脉冲回到低电平时，G_7、G_8 门被封锁，主触发器不动作，其状态保持不变；由于 CP′=1，G_3、G_4 门打开，接收主触发器原状态信号，从触发器发生动作，从而导致整个触发器处于某一确定状态。主从 RS 触发器状态的翻转发生在 CP 脉冲的下降沿，即

CP 由 1 跳变到 0 的时刻。在 CP=1 期间触发器的状态保持不变。因此，来一个时钟脉冲，触发器状态至多改变一次，从而解决了同步 RS 触发器的空翻问题。

它的功能与同步 RS 触发器相同，所以可得到其特性表如表 6.12 所示。其特性方程与同步 RS 触发器也相同，如式(6.13)所示：

$$\begin{cases} Q^{n+1} = S_D + \overline{R_D}Q^n \\ R_D S_D = 0 \end{cases} \tag{6.13}$$

表 6.12　主从 RS 触发器的特性表

CP	S_D	R_D	Q^n	Q^{n+1}	功能
×	×	×	0 1	0 1	状态保持
↓	0	0	0 1	0 1	保持
↓	0	1	0 1	0 0	置 0
↓	1	0	0 1	1 1	置 1
↓	1	1	0 1	1* 1*	不定

主从 RS 触发器的特点可总结如下。

(1) 主从 RS 触发器的功能与同步 RS 触发器一样，不同的地方是主从 RS 触发器的翻转在 CP 由 1 变 0 时刻(CP 下降沿)发生。CP 一旦变为 0，主触发器被封锁，其状态不再受 R_D、S_D 影响，因此不会有空翻现象。

(2) 仍存在着约束问题，即在 CP=1 时，输入信号 R_D、S_D 变化会引起主从 RS 触发器输出多次改变，因此 R_D、S_D 不能同时为 1。

TTL 集成主从 RS 触发器 74LS71 的逻辑符号和引脚分布如图 6.27 所示。触发器分别有 3 个 S_D 端和 3 个 R_D 端，均为与逻辑关系，即 $1R_D = R_{D1} \cdot R_{D2} \cdot R_{D3}$，$1S_D = S_{D1} \cdot S_{D2} \cdot S_{D3}$。使用中如有多余的输入端，要将它们接至高电平。触发器带有清零端(置 0)R_D 和预置端(置 1)S_D，它们的有效电平为低电平。

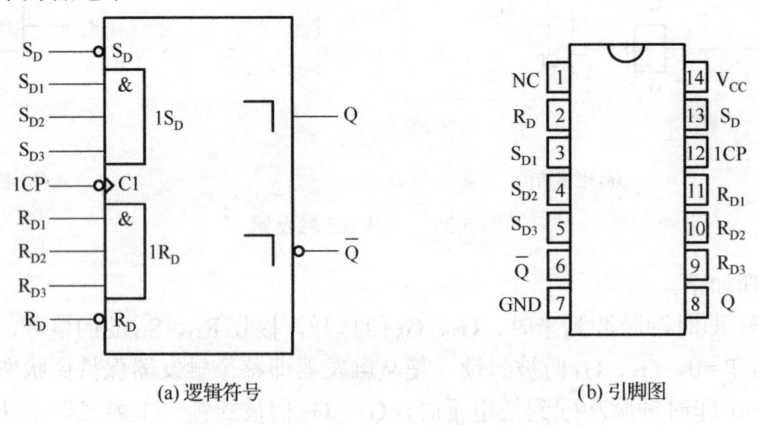

图 6.27　74LS71 的逻辑符号和引脚图

它所对应的功能表如表 6.13 所示。

表 6.13　74LS71 的功能表

输入					输出	
预置 S_D	清零 R_D	CP	$1S_D$	$1R_D$	Q	$\overline{Q}$
0	1	×	×	×	1	0
1	0	×	×	×	0	1
1	1	↓	0	0	Q^n	$\overline{Q^n}$
1	1	↓	1	0	1	0
1	1	↓	0	1	0	1
1	1	↓	1	1	不定	

通过表 6.13 可以得到该触发器的逻辑功能如下。

(1)具有预置、清零功能。预置端加低电平，清零端加高电平时，触发器置 1，反之，触发器置 0。预置和清零与 CP 无关，这种方式称为直接预置和直接清零。

(2)正常工作时，预置端和清零端必须都加高电平，且要输入时钟脉冲。

(3)触发器的功能表和同步 RS 触发器的功能一致。

【例 6.5】 在图 6.26(a)所示的主从 RS 触发器中，若 CP、S_D 和 R_D 的电压波形如图 6.28 所示。试求出 Q 和 $\overline{Q}$ 端的电压波形。设触发器的初始状态为 0。

解：已知主从 RS 触发器的时钟信号和输入信号波形，求 Q 端的波形时，如果在 CP=1 期间，输入信号没有发生变化，则可在时钟的下降沿到来时，由特性方程算出触发器的次态，从而画出 Q 端的波形，而不必画出主触发器 Q_m 端的波形；如果在 CP=1 期间，输入信号发生多次变化，则根据输入信号画出主触发器 Q_m 端的波形。在时钟的跳沿(下降沿或上升沿)将主触发器的状态移入从触发器之中。Q 和 $\overline{Q}$ 端的电压波形如图 6.28 所示。

2. 主从 JK 触发器

主从 JK 触发器结构框图如图 6.29 所示，它由两级触发器——主触发器和从触发器组成，主触发器的数据输入即为整个主从触发器的数据输入。其工作分为两步：CP=1 时，主触发器接收输入数据，从触发器被封锁(状态不变)；CP 由 1 变为 0 后，主触发器的输出值由从触发器转移到输出端，此时主触发器被封锁，从而使主从触发器每来一个 CP，状态改变一次。

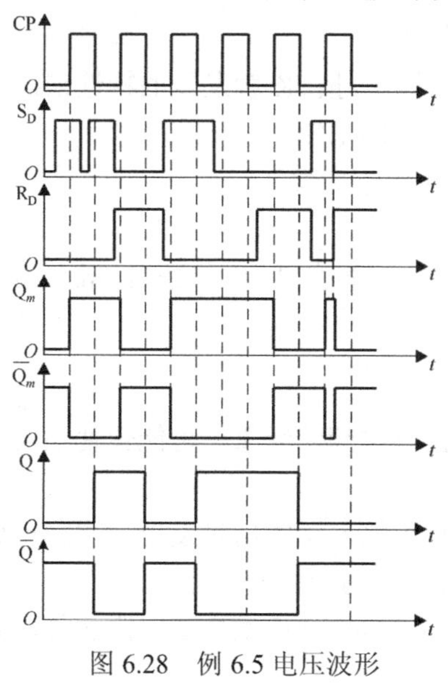

图 6.28　例 6.5 电压波形

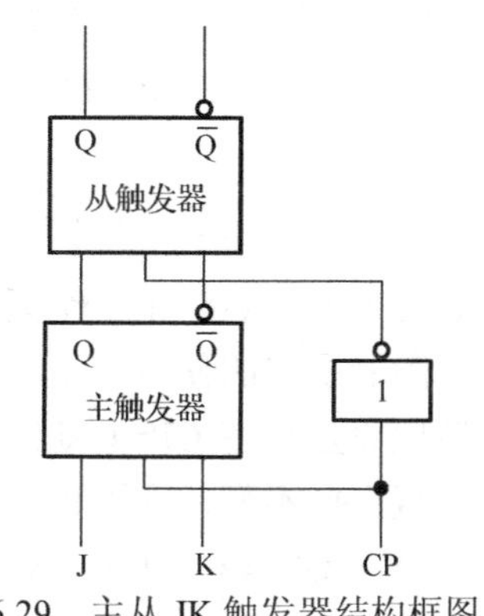

图 6.29　主从 JK 触发器结构框图

1) 主从 JK 触发器工作原理

主从 JK 触发器电路如图 6.30 所示。它由两个钟控 RS 触发器构成，其中 G_1～G_4 门组成从触发器，G_5～G_8 门组成主触发器。

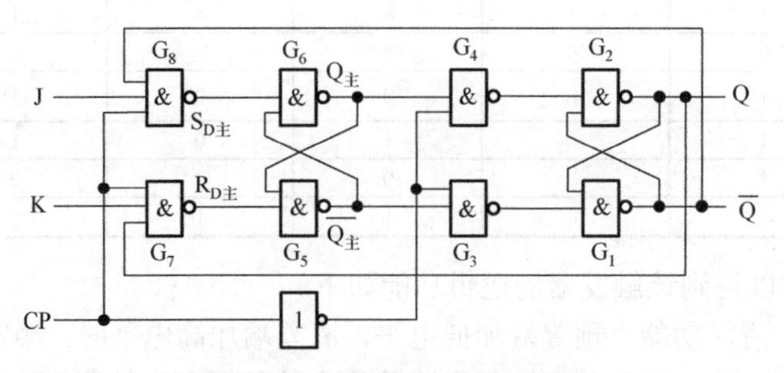

图 6.30　主从 JK 触发器电路

当 CP=1 时，$\overline{CP}=0$，从触发器被封锁，输出状态不变化。此时主触发器输入门打开，接收 J、K 输入信息，$R_{D主}=\overline{JQ^n}$，$S_{D主}=\overline{JQ^n}$，代入式(6.1)得出状态方程为

$$Q_主^{n+1}=\overline{S_{D主}}+R_{D主}Q_主^n=J\overline{Q^n}+\overline{KQ^n}Q_主^n \tag{6.14}$$

当 CP=0 时，$\overline{CP}=1$，主触发器被封锁，输入 J、K 的变化不会引起主触发器状态变化；从触发器输入门被打开，从触发器按照主触发器的状态(即主触发器维持在 CP 下降沿前一瞬间的状态)翻转，其中：

$$R'_D=Q_主^{n+1}，\ S'_D=\overline{Q_主^{n+1}}$$

则

$$Q^{n+1}=\overline{S'_D}+R'_DQ^n=Q_主^{n+1}+Q_主^{n+1}Q^n=Q_主^{n+1}$$

即将主触发器的状态转移到从触发器的输出端，从触发器的状态和主触发器一致。将 $Q^n=Q_主^n$ 代入式(6.14)可得

$$Q_主^{n+1}=J\overline{Q_主^n}+\overline{K}Q_主^n \tag{6.15}$$

这就是主从 JK 触发器的状态方程，说明 CP=1 时，可按 JK 触发器的特性来决定主触发器的状态，然后在 CP 下降沿从触发器的输出才改变一次状态。

综上所述，主从 JK 触发器防止了空翻，其工作特点如下。

(1) 输出状态变化的时刻在时钟的下降沿。

(2) 输出状态如何变化，由时钟 CP 下降沿到来前一瞬间的 J、K 值按 JK 触发器的特性方程来决定。

2) 主从 JK 触发器的一次翻转

主从 JK 触发器虽然防止了空翻现象，但还存在一次翻转现象，可能会使触发器产生错误动作，因而限制了它的使用。

一次翻转现象是指在 CP=1 期间，主触发器接收了输入激励信号发生一次翻转后，主触发器状态就一直保持不变，它不再随输入激励信号 J、K 的变化而变化。

例如，设 $Q^n=Q_主^n=0$，J=0，K=1，如果在 CP=1 期间 J、K 发生了多次变化，如图 6.31

所示。其中第一次变化发生在 t_1 时，此时 J=K=1，从触发器输出 $Q^n=0$，因而 $R_{D主}=\overline{KQ^n}=1$，$S_{D主}=\overline{J\overline{Q^n}}=0$，从而主触发器发生一次翻转，即 $Q_{主}^{n+1}=1$，$\overline{Q_{主}^{n+1}}=0$。在 t_2 瞬间，J=0，K=1，$R_{D主}=\overline{KQ^n}=1$，$S_{D主}=\overline{J\overline{Q^n}}=1$，主触发器状态不变。由于 CP=1 期间 $Q^n=0$，图 6.30 中 G_7 门一直被封锁，$R_{D主}=1$，因此 t_3 时刻 K 变化不起作用，$Q_{主}^{n+1}=1$ 一直保持不变。当 CP 下降沿到来时，从触发器的状态为 $Q^{n+1}=Q_{主}^{n+1}=1$。这就是一次翻转情况，它和 CP 下降沿到来时由当时的 J、K 值(J=0，K=1)所确定的状态 $Q^{n+1}=0$ 不一致，即一次翻转会使触发器产生错误动作。

若是在 CP=1 时，J、K 信号发生了变化，就不能根据 CP 下降沿时的 J、K 值来决定输出 Q。这时可按以下方法来处理。

(1)若 CP=1 以前 Q=0，则从 CP 的上升沿时刻起 J、K 信号出现使 Q 变为 1 的组合，即 JK=10 或 11，则 CP 下降沿时 Q 也为 1；否则 Q 仍为 0。

(2)若 CP=1 以前 Q=1，则从 CP 的上升沿时刻起 J、K 信号出现使 Q 变为 0 的组合，即 JK=01 或 11，则 CP 下降沿时 Q 也为 0；否则 Q 仍为 1。

图 6.32 为考虑了一次翻转后主从 JK 触发器的工作波形，它仅在第 5 个 CP 时没有产生一次翻转。

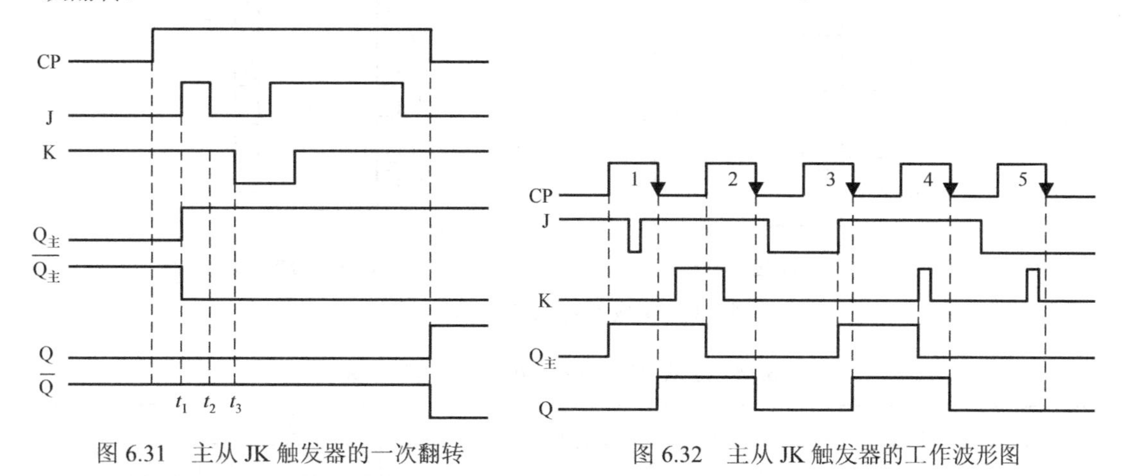

图 6.31　主从 JK 触发器的一次翻转　　　图 6.32　主从 JK 触发器的工作波形图

为了使 CP 下降时输出值和当时的 J、K 信号一致，要求在 CP=1 的期间 J、K 信号不变化。但实际上由于干扰信号的影响，主从触发器的一次翻转现象仍会使触发器产生错误动作，因此主从 JK 触发器数据输入端抗干扰能力较弱。为了减少接收干扰的机会，应使 CP=1 的宽度尽可能窄。

3)主从触发器的脉冲工作特性

为了正确使用触发器，必须了解触发器的脉冲工作特性，它是指触发器对时钟脉冲的要求及触发器状态变化和时钟脉冲之间的时间关系。

从图 6.30 所示主从 JK 触发器可以看出：

(1)时钟 CP 由 0 上升至 1 及 CP=1 的准备阶段，要求完成主触发器状态的正确转移，则：第一，在 CP 上升沿到达时，J、K 信号已处于稳定状态，且在 CP=1 期间，J、K 信号不发生变化；第二，从 CP 上升沿抵达到主触发器状态变化稳定，需要经历三级与非门的延迟时间，即 $3t_{pd}$，因此要求 CP=1 的持续期 $t_{CPH}\geqslant 3t_{pd}$。

(2) CP 由 1 下降至 0 时，主触发器的状态转移至从触发器。从 CP 下降沿开始，到从触发器状态转变完成，也需经历三级与非门的延迟时间，即 $3t_{pd}$，因此要求 CP=0 的持续期 $t_{CPL} \geqslant 3t_{pd}$。此间主触发器已被封锁，因而 J、K 信号可以变化。

(3) 为了保证触发器能可靠地进行状态变化，允许时钟信号的最高工作频率为

$$f_{CP\max} \leqslant \frac{1}{t_{CPH}+t_{CPL}} = \frac{1}{6t_{pd}} \tag{6.16}$$

主从触发器在 CP=1 时为准备阶段。CP 由 1 下降至 0 时触发器状态发生转移，因此它是一种脉冲触发方式，而状态转移发生在 CP 下降沿时刻。

4) 集成主从 JK 触发器

TTL 集成主从 JK 触发器 74LS72 是多输入的主从 JK 触发器，其逻辑符号及引脚分布如图 6.33 所示。查 TTL 器件手册，其逻辑功能如表 6.14 所示。

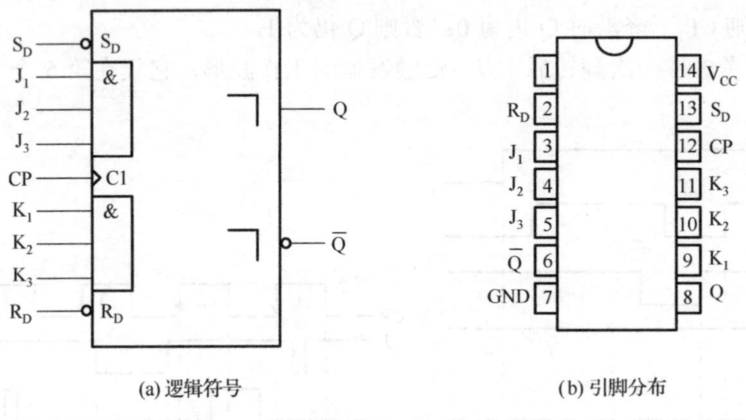

图 6.33　集成主从 JK 触发器 74LS72

表 6.14　主从 JK 触发器 74LS72 的逻辑功能表

S_D	R_D	J	K	Q^n	Q^{n+1}
0	1	×	×	×	1
1	0	×	×	×	0
0	0	×	×	×	不定
1	1	0	0	0	0
1	1	0	0	1	1
1	1	0	1	0	0
1	1	0	1	1	0
1	1	1	0	0	1
1	1	1	0	1	1
1	1	1	1	Q^n	$\overline{Q^n}$

触发器的 $J = J_1 \cdot J_2 \cdot J_3$，$K = K_1 \cdot K_2 \cdot K_3$。该触发器带有清零输入端 R_D 和预置输入端 S_D。从逻辑功能表可见，当 R_D=S_D=1 (高电平) 时，触发器可在 CP 脉冲的作用下按 JK 触发器逻辑功能改变状态。而在 R_D 端为低电平，S_D 端为高电平时，不管 CP 及 J、K 信号如何，触发器被置 0，R_D 端又称为直接置 0 端；在 S_D 为低电平，R_D 端为高电平时，不管 CP 及 J、K 信号如何，触发器置 1，S_D 端又称为直接置 1 端。若 R_D=S_D=0，则在 R_D 和 S_D 端低电平期间，

$Q=\overline{Q}=1$，而在 R_D、S_D 低电平消失后，触发器状态不定，此情况在应用中应避免。在许多时钟触发器集成电路中，往往都具有上述“清零”(R_D)和“预置”(S_D)输入端，它们具有如下特点。

(1)在有效电平(低或高电平)作用期间使触发器直接置 0 或置 1。

(2)清零和预置与 CP 时钟无关。

这种清零和置数也称异步清零和异步置数。

【例 6.6】 集成主从 JK 触发器 74LS72 电路及输入信号 CP、A、B 及 C 的波形如图 6.34 所示。设触发器的初态为 0，试画出输出端 Q 的波形。

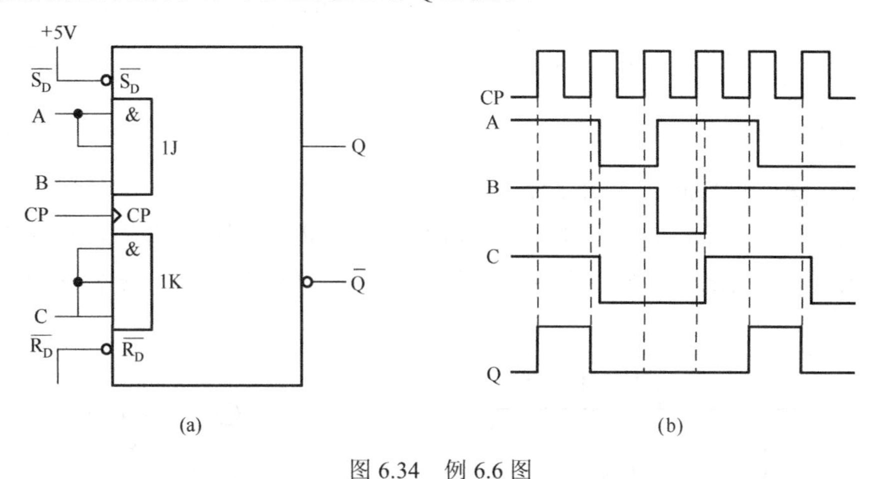

图 6.34　例 6.6 图

解: 集成主从 JK 触发器 74LS72 电路是时钟脉冲 CP 上升沿触发方式。图中，$\overline{S_D}=\overline{R_D}=1$，直接置 1、置 0 端输入的是无效电平，$J=A\cdot B$，K=C。根据触发器的逻辑功能，可确定在每个 CP 脉冲作用下触发器的状态。

当第一、第二个 CP 脉冲上升沿到来前，$J=A\cdot B=1\cdot 1$，K=C=1，在 CP 脉冲上升沿到来后触发器翻转；在第一个 CP 脉冲上升沿到来后，Q 由 0 变为 1；在第二个 CP 脉冲上升沿到来后，Q 又由 1 变为 0。

当第三个 CP 脉冲上升沿到来前，$J=A\cdot B=0\cdot 1=0$，K=C=0，在 CP 脉冲上升沿到来后，触发器状态保持不变。

同理，可确定其他 CP 脉冲作用下触发器的状态，于是可画出 Q 端输出波形，如图 6.34(b)所示。

6.3　实验内容和步骤

6.3.1　基本触发器

1. 由与非门组成的基本触发器

(1)将 74LS00 2 输入四与非门插入实验系统中，接上电源和地线。按图 6.35 接线，其中 Q 和 $\overline{Q}$ 分别接两个 LED，$\overline{S_D}$、$\overline{R_D}$ 分别接逻辑开关 K_1 和 K_2。

(2) 按表 6.15 分别拨动逻辑开关 K_1 和 K_2，输入 $\overline{S_D}$ 和 $\overline{R_D}$ 的状态，观察输出 Q 和 $\overline{Q}$ 的状态，并记录。

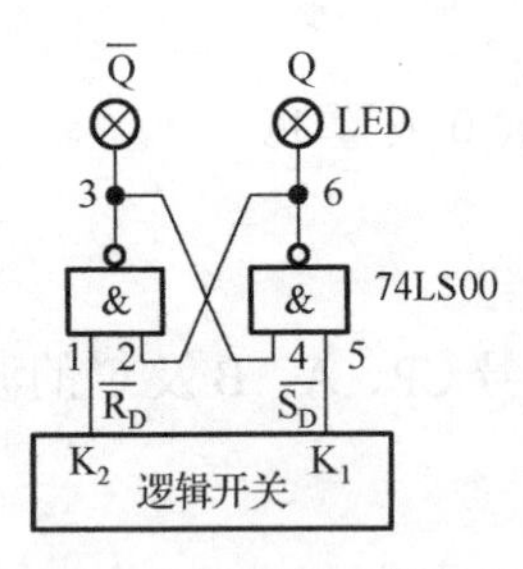

图 6.35　由与非门组成的基本触发器接线图

表 6.15　由与非门组成的基本触发器结果

K_1	K_2	Q	$\overline{Q}$
1	1		
1	0		
0	1		
0	0		

2. 由或非门组成的基本触发器

(1) 或非门选用 74LS02，其引脚排列如图 6.36 所示。

(2) 按图 6.37 接线，Q 和 $\overline{Q}$ 分别接两个 LED，S_D 和 R_D 分别接逻辑开关 K_1 和 K_2。

(3) 按表 6.16 分别拨动逻辑开关 K_1 和 K_2，输入 S_D 和 R_D 的状态，观察 Q 和 $\overline{Q}$ 的状态，并记录。

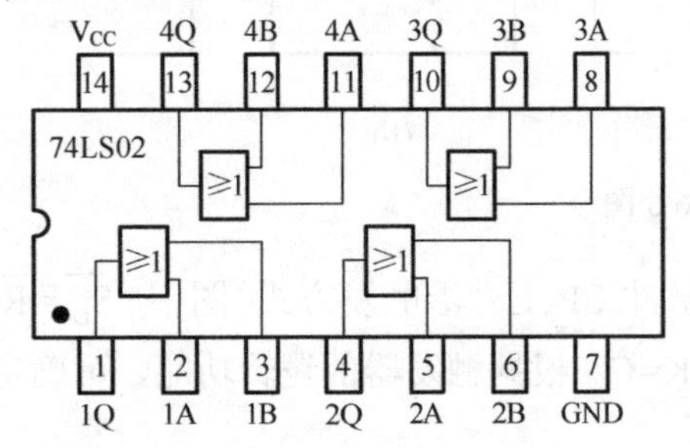

图 6.36　74LS02 2 输入四或非门引脚排列图

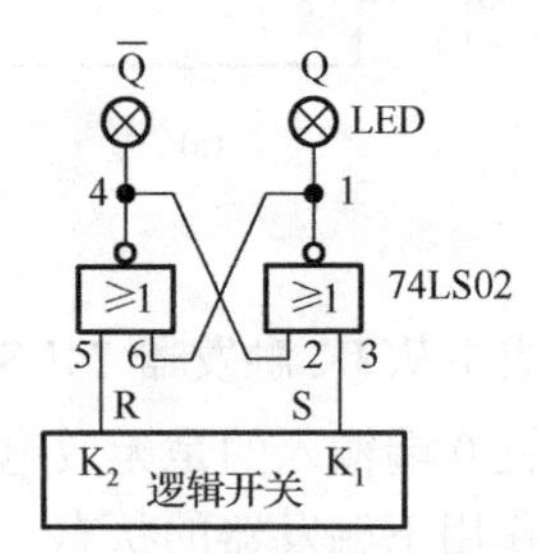

图 6.37　由或非门组成的基本触发器的接线图

6.3.2　时钟触发器

我们选用常用的上升沿触发的 74LS74 双 D 功能的触发器和下降沿触发的 74LS112 双 JK 触发器。

表 6.16　由或非门组成的基本触发器结果

K_1	K_2	Q	$\overline{Q}$
0	0		
0	1		
1	0		
1	1		

1. D 触发器

74LS74 双 D 触发器的引脚排列图如图 6.38 所示。

(1) 将 74LS74 芯片插入实验系统 IC 空插座中，按图 6.39 的 D 触发器接线图接线，其中 1D、$1\overline{R_D}$、$1\overline{S_D}$ 分别接逻辑开关 K_1、K_2 和 K_3，1CP 接单次脉冲，输出 1Q 和 $1\overline{Q}$ 分别接两个 LED。V_{CC} 和 GND 接 5V 电源+和−端。

(2) 接通电源，按下列几步验证 D 触发器的功能。

① 置 $1\overline{R_D}$ $(K_2)=0$，$1\overline{S_D}$ $(K_3)=1$，则 Q=0，按动单次脉冲，Q 和 $\overline{Q}$ 状态不变，改变 1D(K_1)，Q 和 $\overline{Q}$ 仍不变。

② 置$1\overline{S_D}$ $(K_3)=0$，$1\overline{R_D}$ $(K_2)=1$，则 Q=1；按动单次脉冲或改变 1D(K_1)，Q 和$\overline{Q}$状态不变。

③ 置$1\overline{S_D}$ $(K_3)=1$，$1\overline{R_D}$ $(K_2)=1$，若 1D$(K_1)=1$，按动单次脉冲，则 Q=1。若 1D$(K_1)=0$，按动单次脉冲，则 Q=0。

④ 把 1D 接到 K_1 的导线去掉，把$\overline{Q}$和 1D 相连接，输入(按动)单次脉冲，Q 这时在脉冲上升沿时翻转，即 $Q^{n+1}=\overline{Q^n}$。

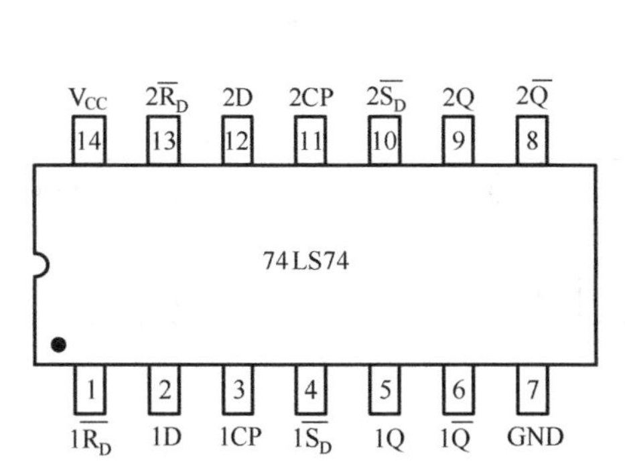

图 6.38　74LS74 双 D 触发器的引脚排列图

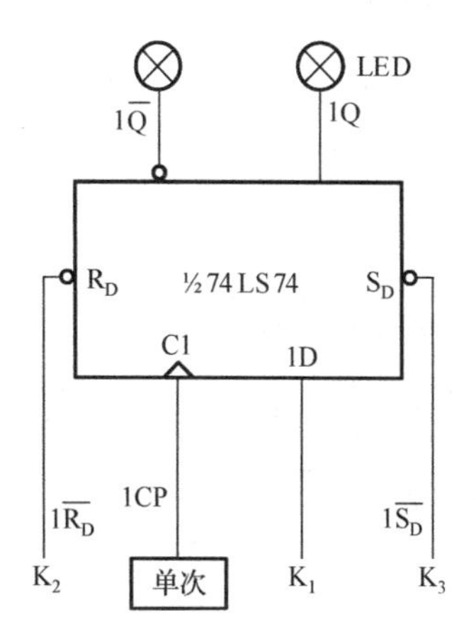

图 6.39　D 触发器接线图

2. JK 触发器

74LS112 双 JK 触发器的引脚排列图如图 6.40 所示。

(1)将 74LS112 芯片插入实验系统 IC 空插座中，按图 6.41 的 JK 触发器接线图接线，其中$1\overline{R_D}$、$1\overline{S_D}$、1J、1K 分别接四只逻辑开关 K_1、K_2、K_3、K_4，1CP 接单次脉冲，Q 和$\overline{Q}$分别接 LED，V_{CC}和 GND 接 5V 电源的+和−端。

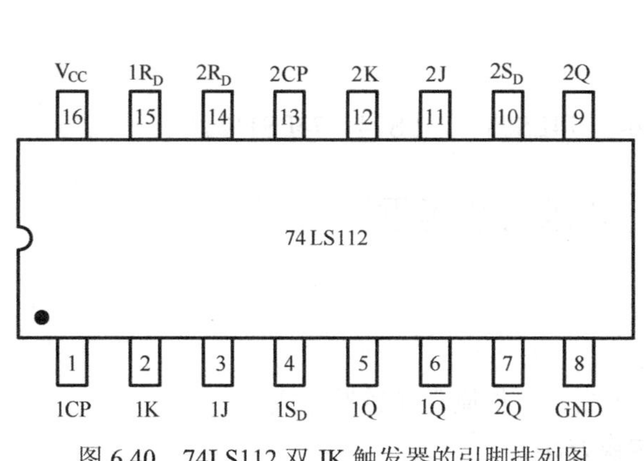

图 6.40　74LS112 双 JK 触发器的引脚排列图

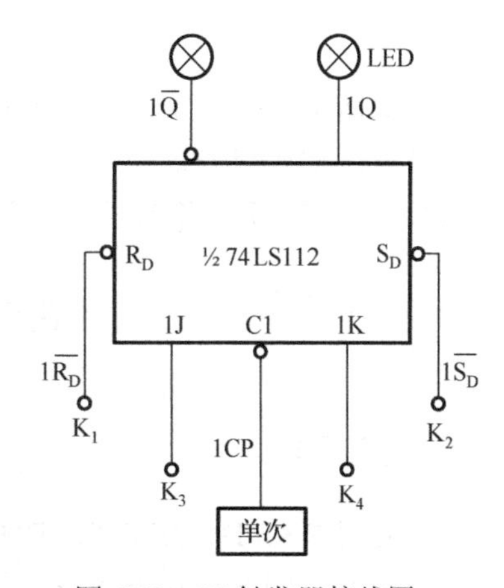

图 6.41　JK 触发器接线图

(2) $1\overline{R_D}$ 和 $1\overline{S_D}$ 为直接置 0 和置 1 端，所以当：① $1\overline{R_D}$ $(K_1)=0$、$1\overline{S_D}$ $(K_2)=1$ 时，Q=0；② $1\overline{R_D}$ $(K_1)=1$、$1\overline{S_D}$ $(K_2)=0$ 时，Q=1。

(3)当$1\overline{R_D}$ 和$1\overline{S_D}$ =1 时，则分别置：① 1J$(K_3)=0$，1K$(K_4)=1$，输入单次脉冲，则在 CP 下降沿时，Q 输出为 0。继续输入单次脉冲，Q 保持 0 不变；② 1J$(K_3)=1$，1K$(K_4)=0$，输

入单次脉冲，则在 CP 下降沿时，Q 输出为 1。继续输入单次脉冲，Q 保持 1 不变；③ $1J(K_3)=1$，$1K(K_4)=1$，输入单次脉冲，则在 CP 下降沿时，Q 输出翻转。$Q^{n+1}=\overline{Q^n}$；④ $1J(K_3)=0$，$1K(K_4)=0$，输入单次脉冲，Q 状态不变，保持。即若原先 Q=1，则 Q 仍为 1；若原先 Q=0，则 Q 仍为 0。

6.3.3　不同逻辑功能触发器之间的转换

触发器之间的转换在实际应用中是经常用到的，如 JK 功能的触发器转换成 D、RS、T、T′型功能的触发器，或 D 功能的触发器转换成 JK、RS、T、T′型触发器等。

图 6.42 中列出了几种触发器之间的转换。

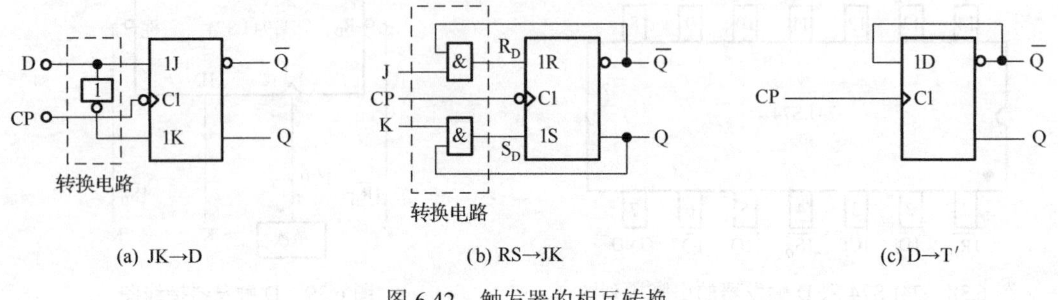

图 6.42　触发器的相互转换

按图 6.42(a)、(b)、(c)分别进行接线。输入信号，观察它们的输出是否和要转换的触发器功能一致。

例如，JK→D 型触发器，在 J 端输入 1 或 0，在 CP 的作用下，其功能是否和 D 型触发器功能一致。

6.4　实 验 器 材

(1) THK-880D 型数字电路实验系统。

(2) 直流稳压电源。

(3) 元器件：74LS00、74LS02、74LS04、74LS08、74LS74、74LS112。

6.5　复习要求与思考题

6.5.1　复习要求

(1) 复习 RS、D、JK、T、T′触发器的构成、工作原理和触发方式。

(2) 复习不同逻辑功能触发器的相互转换方法。

(3) 复习三态触发器的工作原理及相关内容。

6.5.2　思考题

(1) RS 触发器“不定”状态的含义是什么？

(2) 指出图 6.43 的电路是什么功能，并画出时序图。

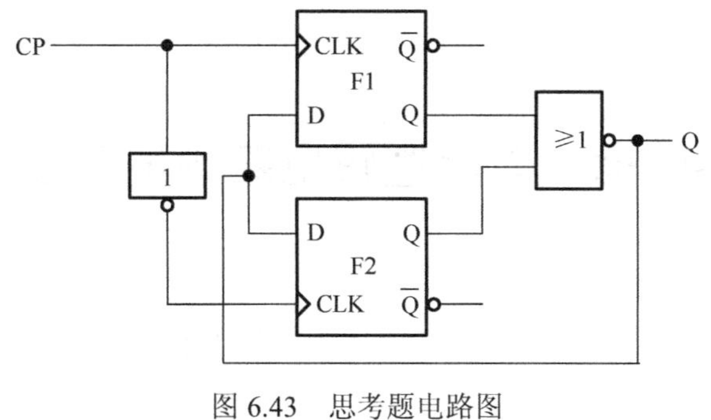

图 6.43　思考题电路图

6.6　实验报告要求

(1) 画出实验测试电路的各个电路连线示意图，按要求填写各实验表格，整理实验数据，并进行分析、总结。

(2) 总结各类触发器的特点。

(3) 设计 D→JK 触发器之间的转换电路。

实验七　时序逻辑电路测试及设计

7.1　实 验 目 的

(1) 掌握同步时序逻辑电路的一般分析方法和设计方法。

(2) 掌握异步时序逻辑电路的一般分析方法。

7.2　实验原理和电路

7.2.1　概述

1. 时序逻辑电路的基本概念

时序逻辑电路的特点是具有记忆功能，其输出不仅与当前的输入有关，还与电路此前的输出有关。利用触发器等将电路的输出保存作为电路的状态，并利用配套的组合逻辑电路控制电路状态连续地变化，是实现时序逻辑电路功能的关键。因此，时序逻辑电路的分析和设计实际上都要围绕着电路状态及其变化来展开。

时序逻辑电路(应有)状态的个数 M 取决于实现(预期/所需)功能控制所需要记忆的事件个数。二值逻辑数字电路的状态通常用二进制编码表示。因为 1 个触发器可以记忆 1 位二进制码，所以 n 个触发器输出所组成的 n 位二进制码共可以表示 2^n 个不同状态，因此一般地，时序逻辑电路使用的状态数 M 和电路中触发器的个数 n 满足不等式 $M \leqslant 2^n$。

如果 $M \neq 2^n$，则 n 个触发器所组成的 2^n 个状态符中有 2^n-M 个无效状态存在，分析和设计该时序电路时就必须考虑电路的自启动能力，即要检查当电路处于任何一个无效状态时(因上电过程的随机性和干扰、故障的存在，这种情况难免会出现)，能否在随后的有限多个时钟周期内，自动转换到有效状态并产生正确的输出。若电路不具备自启动能力，通常还需要修改电路，使之能够自启动，以保证其能可靠工作。

2. 时序逻辑电路的分类

1) 电平型和钟控型

根据电路中触发器的触发控制方式，可将时序逻辑电路分为电平型和钟控型两类。电平型时序逻辑电路采用直接触发的触发器，其状态转换由输入信号控制；而更为常用的钟控型时序逻辑电路采用受时钟脉冲触发的触发器，其状态转换由输入信号和时钟信号共同控制。

2) 同步时序电路和异步时序电路

钟控型时序电路又可细分为同步时序电路和异步时序电路两类。在同步时序电路中，所有触发器的触发输入由同一时钟信号控制，触发器的状态变化是同时进行的。只有在时钟触发有效时，触发器的次态才会产生；否则，无论激励输入如何变化，电路状态均保持不变。

在异步时序电路中，至少有一个触发器的时钟信号与其他触发器不同，各触发器的次态在其自身的时钟控制有效时才会产生，电路的状态变化不同步。所以，异步时序电路的分析和设计均较同步时序电路复杂，但电路结构可能相对简单。

3）米利(Mealy)型和摩尔(Moore)型

根据电路输出的控制方式，可将时序逻辑电路分为米利型和摩尔型两类。米利型时序电路的输出是触发器状态和外部输入控制的组合函数；摩尔型时序电路的输出仅受触发器状态控制，与外部输入无关。所以，摩尔型电路可以看作米利型电路的特例。再者，当输入变化时，米利型电路的输出立即响应；而摩尔型电路必须在时钟触发有效时，输入首先影响到电路状态，然后由状态控制输出改变。所以从时序控制的角度看，前者的输出为异步控制，后者的输出由时钟同步控制。

3. 常用的时序逻辑电路模块

利用基本模块组合成为较大规模和较为复杂的电路、系统是结构化设计的基本思路，也是胜任大规模、复杂系统设计的必由之路。数字电路和系统的结构化、层次化的特点更加突出。下面简要介绍部分典型和常用的时序逻辑电路模块，重点是有关基本概念和结构特点，为后续学习时序逻辑电路的分析和设计打下基础。

1）寄存器

寄存器用于寄存一组二进制代码，它被广泛用于各类数字系统包括数字计算机中。因为1个触发器能存储1位二进制代码，所以由 n 个触发器组成的寄存器能够存储一组 n 位二进制代码。任何具有置1、置0功能的触发器，包括基本RS结构的触发器、数据锁存器和主从结构或边沿触发结构的触发器，均可用于组成寄存器。

寄存器主要有二拍接收和单拍接收两种类型。二拍接收的寄存器需要两个节拍(步骤)才能将一组数据存入寄存器：①发出清零信号(一般为负脉冲)，使寄存器即其中各位触发器的状态为0；②将数据送至寄存器的输入端，然后发出接收信号(一般为正脉冲)，将数据保存至寄存器即其中各位触发器。单拍接收的寄存器，则不需要先清零，只需将数据送至寄存器的输入端，然后发出接收信号(一般为正脉冲)即可。

图7.1和图7.2分别是二拍寄存器和单拍寄存器的示例。从电路结构上看，它们的共同特点是：寄存器中所有的触发器共用接收信号和清零信号(仅对二拍寄存器)，除此之外各触发器之间相互独立；触发器的(间接)输入、输出即为寄存器的输入、输出，因此该类寄存器属于并行输入、并行输出的并行数据寄存器。

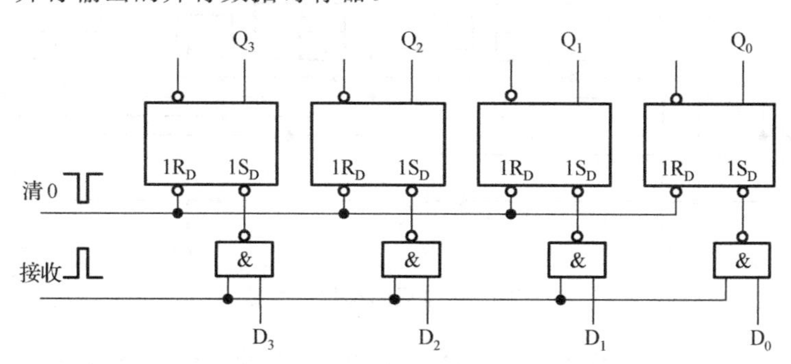

图7.1　二拍接收(4位)寄存器

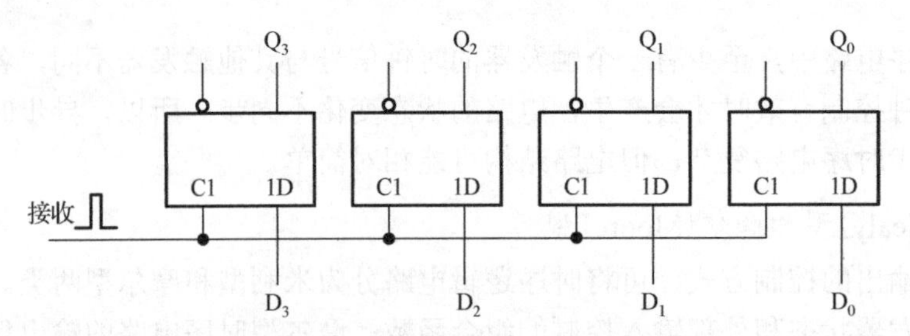

图 7.2 单拍接收(4 位)寄存器

2)移位寄存器

移位寄存器既能保存并行(即多位同时)输入数据又能保存串行(即多位分时)输入数据，而且能对数据进行左移和右移操作。按数据的移位方向，移位寄存器可分为左移(从低位向高位移动)、右移(从高位向低位移动)和双向移位(可控左移或右移)寄存器；按数据的输入方式，可分为串行输入(简称串入)和并行输入(简称并入)移位寄存器；按数据的输出方式，可分为串行输出(简称串出)和并行输出(简称并出)移位寄存器。不同的移位方向、输入方式、输出方式又可以任意组合，形成了移位寄存器较丰富的功能和电路形式。图 7.3 所示为(4 位)单向移位(右移)、串入、并出(也可将 Q_0 作为输出，即串行输出)的移位寄存器。图 7.4 所示为 4 位双向移位、并入、并出的移位寄存器。

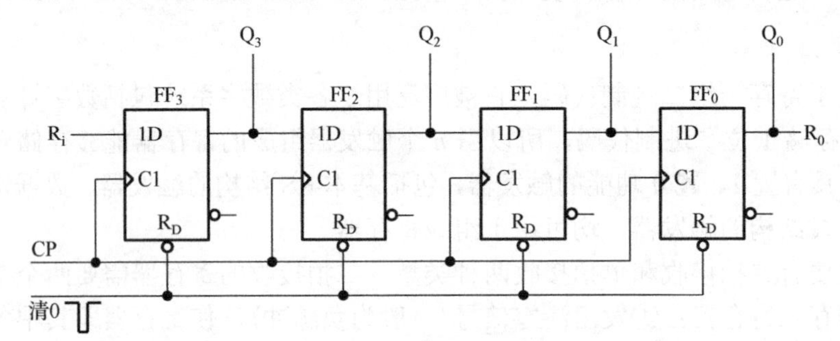

图 7.3 4 位单向移位(右移)寄存器

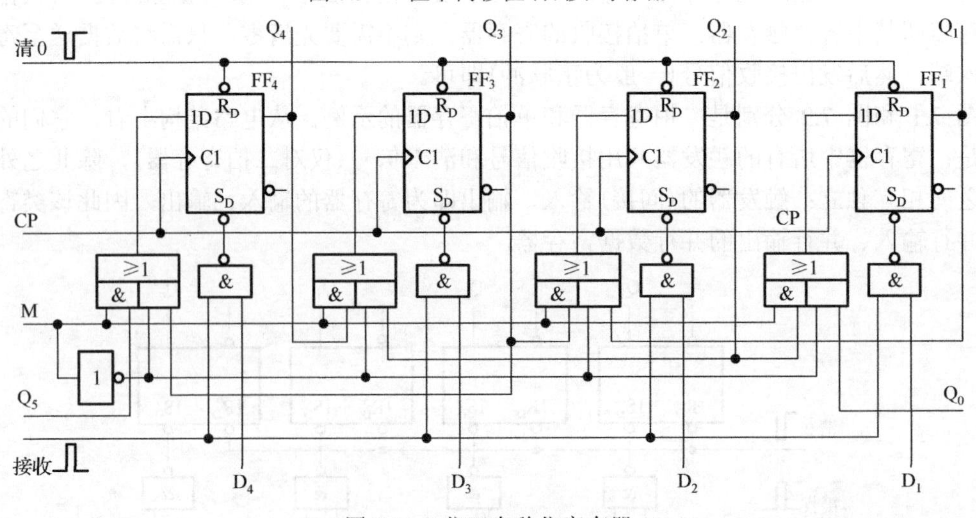

图 7.4 4 位双向移位寄存器

需要提醒的是，移位寄存器具有专门的用途和较复杂的结构(特别是双向移位的移位寄存器)，其应用较丰富，若不了解和掌握其电路结构与工作原理而使用一般方法进行分析、设计，往往事倍功半和容易出错。因此，应记住移位寄存器的基本结构特征并加以利用：各触发器共用同一时钟信号(故为同步时序电路)；左端或右端的触发器的输入来自于外部输入，其余各触发器的输入均直接或经门电路连接至与之相邻的触发器的输出端。

3) 计数器

计数器的主要功能是累计输入脉冲的个数。它是一个周期性的时序电路，其状态转换图有一个闭合环，闭合环循环一次所需要的时钟脉冲的个数称为计数器的模值 M。由 n 个触发器构成的计数器，其模值 M 一般应满足 $2^{n-1}<M\leqslant 2^n$。

计数器有许多不同的类型。按时钟控制方式，可分为异步、同步两大类；按计数过程中数值的增减规律，可分为加(法)、减(法)、可逆三类；按计数模值，又可分为二进制、十进制和任意进制三类。但不同类型的计数器仍具有共同的基本特征：以触发器的输出作为电路对外的输出。参见表 7.1。

表 7.1 计数器分类

名称	模值	状态编码方式	自启动情况	
二进制计数器	$M=2^n$	二进制码	无多余状态，能自启动	
十进制计数器	$M=10$	BCD 码	有 6 个多余状态	需检查多余状态
任意进制计数器	$M<2^n$	多种方式	2^n-M 个多余状态	
环型计数器	$M=n$	—	2^n-n 个多余状态	
扭环型计数器	$M=2n$	—	2^n-2n 个多余状态	

计数器不仅可用于计数、分频(将时钟频率降低若干倍后输出)，还可以用于系统的定时、顺序控制等，因而是数字系统中应用最广泛的时序逻辑部件之一。其分析、设计和应用也是本课程的学习重点。

4) 脉冲分配器

脉冲分配器的电路功能，是在时钟脉冲作用下将脉冲信号按顺序分配到各个输出端。在电路结构上，它一般以计数器(包括移存型计数器)为核心；在时序波形图上，其特征更加明显：多个输出波形的形状完全相同，只是彼此在时间上相差(移位)了若干个时钟周期，如图 7.5 所示。

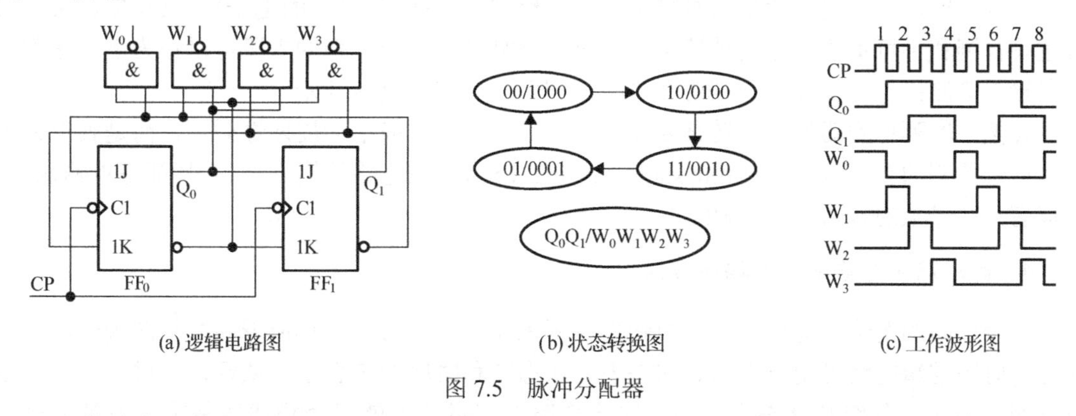

(a) 逻辑电路图　(b) 状态转换图　(c) 工作波形图

图 7.5 脉冲分配器

5) 序列信号发生器

序列信号发生器又称为序列发生器。其功能是产生具有一定长度、一定码组的循环系列。它也是状态循环变化的时序电路，其循环周期(时钟数)便等于所产生的序列的长度。在电路结构上，它一般以计数器(包括移存型计数器)为核心，辅之以组合电路；多数情况下为无输入、单输出。其波形特征更加明显：输出端周期性地输出特定的序列，如图 7.6 所示。

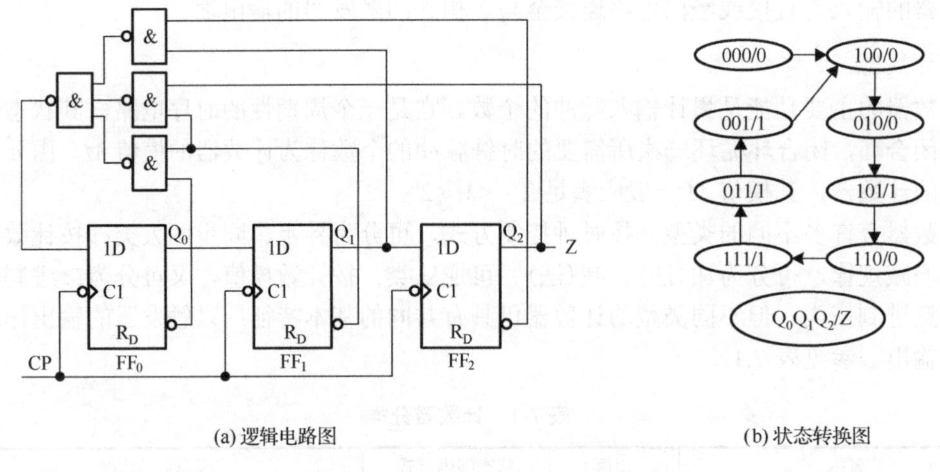

(a) 逻辑电路图　　(b) 状态转换图

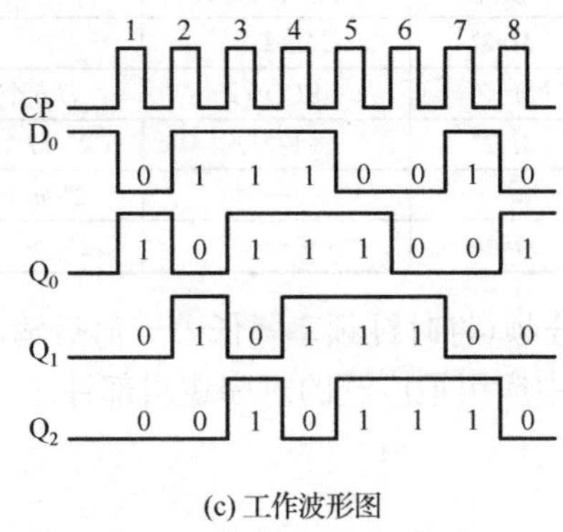

(c) 工作波形图

图 7.6　序列信号(0010111)发生器

6) 序列检测器

序列检测器的功能是检测给定的序列信号，即每个时钟周期都将输入的序列信号与目标序列进行比较，当发现二者相同时输出一个“检测到”标记(设定的电平)。具体地，又分为可重叠检测和不可重叠检测两种情况：可重叠检测是指前一序列的末段可以作为下一序列的首段接受检测；不可重叠检测则要在“检测到”之后完全重新开始。

显然，序列检测器的状态转移要随输入信号而变，一般不会周期性循环，而是表现为受输入信号控制的有限状态机(finite state machine，FSM)。在电路结构方面，其特征是单输入(也可能有一个以上的输入)、单输出。

4. 时序逻辑电路功能的描述方法

组合电路的逻辑功能可以用一组输出方程来表示，也可以用真值表和波形图来表示。相应地，时序逻辑电路可用方程组、状态表、状态图和时序图来表示。从理论上讲，有了输出方程组、激励方程组和状态方程组，时序电路的逻辑功能就已经描述清楚了。但是，对于许多时序电路而言，仅从这三组方程还不能获得电路逻辑功能的完整印象，这主要是由于电路每一时刻的状态都和电路的历史情况有关。同样在设计时序电路时，往往很难根据给出的逻辑需求直接求出这三组方程。因此，还需要用能够直观反映电路状态变化的状态表和状态图来描述。三组方程、状态表和状态图之间可以直接实现相互转换，根据其中任意一种表达方式，都可以画出时序图。下面通过具体例子来讨论时序逻辑电路逻辑功能的四种表达方法。

1)逻辑方程

如图 7.7 所示的时序电路，它由组合电路和存储电路两部分组成。其中，由两个 D 触发器 FF_1、FF_0 构成存储电路，二者共用一个时钟信号 CP，因而构成的是同步时序电路。电路有一个输入信号 A、一个输出信号 Y。对触发器的激励信号为 D_1 和 D_0，Q_1、Q_0 为电路的状态变量。

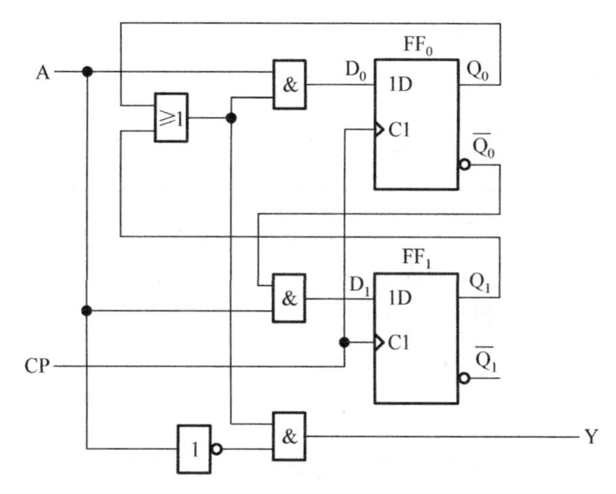

图 7.7　时序逻辑电路的一个简单例子

(1)输出方程组。输出方程描述的是输出信号与输入信号、状态变量的关系。在图 7.7 所示的逻辑图中只有一个输出变量 Y。根据图中的逻辑关系，可写出输出方程为

$$Y=(Q_0+Q_1)\overline{A} \tag{7.1}$$

(2)激励方程组。激励方程描述的是激励信号与输入信号、状态变量的关系。在图 7.7 中有两个 D 触发器，输入端分别为 D_0、D_1，根据图中的逻辑关系，可写出激励方程组为

$$D_0=(Q_0+Q_1)A \tag{7.2}$$

$$D_1=\overline{Q_0}A \tag{7.3}$$

(3)状态方程组。状态方程描述的是存储电路从现态到次态的转换，因此将激励方程式(7.2)和式(7.3)分别代入 D 触发器的特性方程 $Q^{n+1}=D$，就得到状态方程组为

$$Q_0^{n+1}=(Q_0^n+Q_1^n)A \tag{7.4}$$

$$Q_1^{n+1}=\overline{Q_0^n}A \tag{7.5}$$

由式(7.4)和式(7.5)可知，触发器的次态 Q_0^{n+1} 和 Q_1^{n+1} 是输入变量 A 和触发器现态 Q_0^n 和 Q_1^n 的函数。

状态方程组存在触发器从现态到次态的变化，因此，需要分别用上标 n 和 n+1 区别这两种状态，其他方程组不存在这种变化，所以其未标注的变量全部为现态值。

2) 状态表

与组合电路类似，根据式(7.1)、式(7.4)、式(7.5)可以列出真值表，如表 7.2 所示。其中，把现态作为输入变量，把次态作为输出变量处理，因此输入变量为 Q_0^n、Q_1^n 和 A，输出变量为 Q_0^{n+1}、Q_1^{n+1} 和 Y。由于表 7.2 反映了触发器从现态到次态的转换，因此称为状态转换真值表。

表 7.2　图 7.7 所示电路的状态转换真值表

Q_1^n	Q_0^n	A	Q_1^{n+1}	Q_0^{n+1}	Y
0	0	0	0	0	0
0	0	1	1	0	0
0	1	0	0	0	1
0	1	1	0	1	0
1	0	0	0	0	1
1	0	1	1	1	0
1	1	0	0	0	1
1	1	1	0	1	0

在分析和设计时序电路时，更常用的是状态表，如表 7.3 所示。它与表 7.2 完全等效，为其简化形式。表 7.3 表达出在不同现态和输入条件下，电路的状态转换和输出逻辑值。需要注意的是，表中的输出值 Y(斜线后)是现态和输入的函数，而不是次态(斜线前)的函数。即次态值与输出值都是由输入信号和现态值确定的。

3) 状态图

将表 7.3 转换为图 7.8 所示的状态图，可以更直观形象地表示出电路的状态转换过程，它以信号流图方式表达了电路的逻辑功能。图中，圆圈表示电路的各个状态，圆圈中的二进制码为该状态编码。带箭头的方向线指明状态转换的方向，当方向线的起点和终点在同一个圆圈上时，则表示次态和现态为同一状态，状态保持不变。标在方向线旁斜线左、右两侧的二进制数分别表示状态转换前输入信号的值和相应的输出值。

我们从图 7.8 中拿出一个状态来研究一下，如当状态处于 01 时，如果输入值保持为 1，则输出为 0，下一状态保持不变，仍为 01。若在状态转换前输入由 1 变化为 0，则输出值立即变化为 1，下一状态则转换为 00。因此状态转换的方向，取决于电路中下一个时钟脉冲触发沿到来前瞬间的输入信号，如果在此之前输入信号发生变化，则状态转换的方向也会立即改变。

表 7.3　图 7.7 所示电路的状态表

$Q_1^nQ_0^n$	$Q_1^{n+1}Q_0^{n+1}$ / Y	
	A=0	A=1
00	00/0	10/0
01	00/1	01/0
10	00/1	11/0
11	00/1	01/0

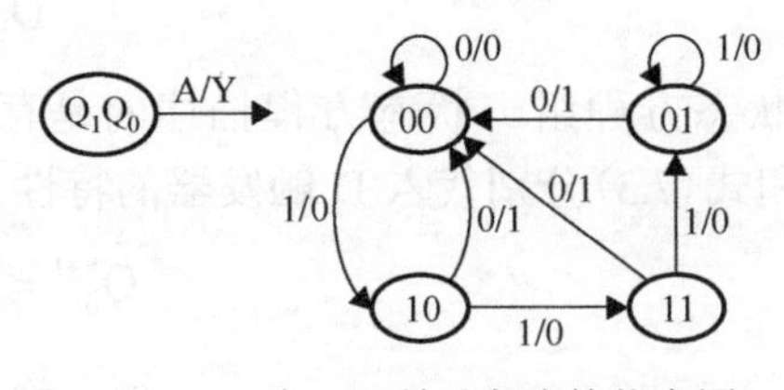

图 7.8　表 7.3 所示电路的状态图

4) 时序图

时序图即时序电路的工作波形。由组合电路中的学习可知，波形图能直观地表达时序电路中各信号在时间上的对应关系，因此，在时序电路中我们也通常用波形图来表示时序电路的工作原理。通常把时序电路的状态和输出同时钟脉冲序列和输入信号序列相应的波形图称为时序图。时序图可以从上述三组逻辑方程、状态表和状态图得到。图 7.7 中电路的时序图如图 7.9 所示。

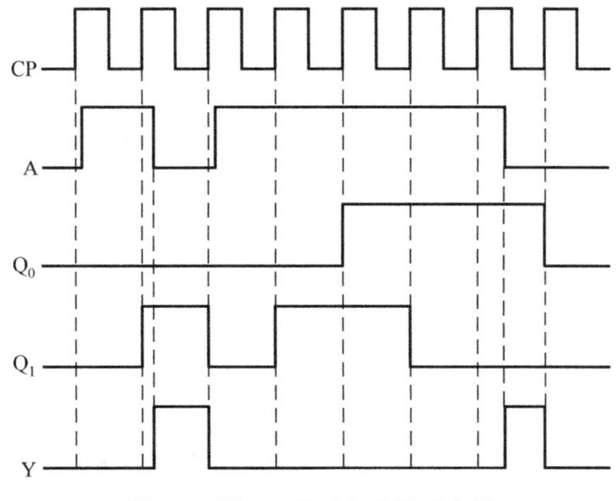

图 7.9 图 7.7 所示电路的时序图

以上几种同步时序逻辑电路功能描述的方法各有特点，但实质相同，且可以相互转换，它们都是同步时序逻辑电路分析和设计的主要工具。

7.2.2 时序逻辑电路的分析

时序逻辑电路的分析就是在给定时序逻辑电路的基础上，找出该时序逻辑电路在输入信号及时钟信号的作用下，电路的状态及输出的变化规律，从而得出其逻辑功能。在时序逻辑电路中，存储单元的基本单元是触发器，基于触发器的时序逻辑电路分析是时序逻辑电路分析的基础，本节重点介绍基于触发器的时序逻辑电路的分析方法。

1. 同步时序逻辑电路的分析方法

同步时序逻辑电路的分析就是根据给定的同步时序逻辑电路，首先写出其驱动方程、输出方程和状态方程，然后分析在输入信号和时钟信号的作用下，电路状态及输出的转换规律，最后说明该电路的逻辑功能。由于同步时序逻辑电路中的触发器都是在同一个时钟脉冲操作下工作的，所以其分析方法相对来说比较简单。

同步时序逻辑电路的分析一般情况下可按下列步骤进行。

1)写方程式

(1)写出各个触发器的驱动方程。触发器的驱动方程就是触发器输入端的逻辑表达式。

(2)写出电路输出方程。输出方程是电路输出信号的逻辑表达式，它反映了电路的输出与触发器现态及电路输入信号之间的逻辑关系。

(3)写出各个触发器的状态方程。将每个触发器的驱动方程代入相应触发器的特性方程，便可以求出每个触发器的状态方程，从而可以得到整个时序逻辑电路的状态方程组。

2)列出状态转换表或画出状态转换图、时序图

将电路的输入和现态的各种可能取值代入状态方程和输出方程中，求出相应的次态和输出，从而列出状态转换表或画出状态转换图、时序图。在此过程中，要注意电路的现态是所有触发器现态的组合，而且不能漏掉任何可能出现的现态及输入信号的取值。

3) 说明电路逻辑功能

根据状态转换表或转换图、时序图，结合输入信号、输出信号的物理意义，经过分析，说明电路的逻辑功能。

【例 7.1】 分析如图 7.10 所示同步时序逻辑电路的逻辑功能。

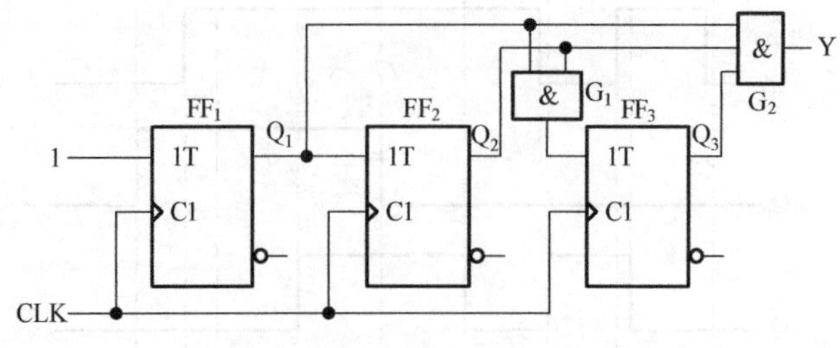

图 7.10 例 7.1 的电路图

解： (1) 写方程式。该电路的存储单元由 3 个 T 触发器组成，它的驱动方程为

$$T_1 = 1$$
$$T_2 = Q_1^n$$
$$T_3 = Q_2^n Q_1^n$$

该电路的输出方程为

$$Y = Q_3^n Q_2^n Q_1^n$$

将电路的驱动方程代入 T 触发器的特性方程 $Q^{n+1} = T(Q^n)' + T'Q^n$，得到的状态方程为

$$Q_1^{n+1} = T_1(Q_1^n)' + T_1'Q_1^n = 1\cdot(Q_1^n)' + 0\cdot(Q_1^n)' = (Q_1^n)'$$

$$Q_2^{n+1} = T_2(Q_2^n)' + T_2'Q_2^n = Q_1^n(Q_2^n)' + (Q_1^n)'Q_2^n = Q_2^n(Q_1^n)' + (Q_2^n)'Q_1^n$$

$$Q_3^{n+1} = T_3(Q_3^n)' + T_3'Q_3^n = Q_2^nQ_1^n(Q_3^n)' + (Q_2^nQ_1^n)'Q_3^n = Q_3^n(Q_1^n)' + Q_3^n(Q_2^n)' + (Q_3^n)'Q_2^nQ_1^n$$

(2) 列出状态转换表，画状态转换图、时序图。首先将触发器的现态组合 $Q_3^nQ_2^nQ_1^n$ 列入表内，再将 $Q_3^nQ_2^nQ_1^n$ 的取值代入状态方程和输出方程，求出触发器的次态和电路的输出，并填入表内，得到的状态转换表见表 7.4。

表 7.4 例 7.1 的状态转换表 1

现态			次态			输出
Q_3^n	Q_2^n	Q_1^n	Q_3^{n+1}	Q_2^{n+1}	Q_1^{n+1}	Y
0	0	0	0	0	1	0
0	0	1	0	1	0	0
0	1	0	0	1	1	0
0	1	1	1	0	0	0
1	0	0	1	0	1	0
1	0	1	1	1	0	0
1	1	0	1	1	1	0
1	1	1	0	0	0	1

由状态转换表可以画出状态转换图，电路中有 3 个触发器，顺序为 $Q_3Q_2Q_1$，共有 8 种状态，将这 8 种状态用 8 个圆圈表示，并以箭头表示转换方向，便可得到如图 7.11 所示的状态转换图。

画电路输出在时钟信号作用下的时序图时，先假设电路的初始状态为$Q_3Q_2Q_1$=000，然后画出电路的状态波形，最后画输出波形，得到的时序图如图 7.12 所示。

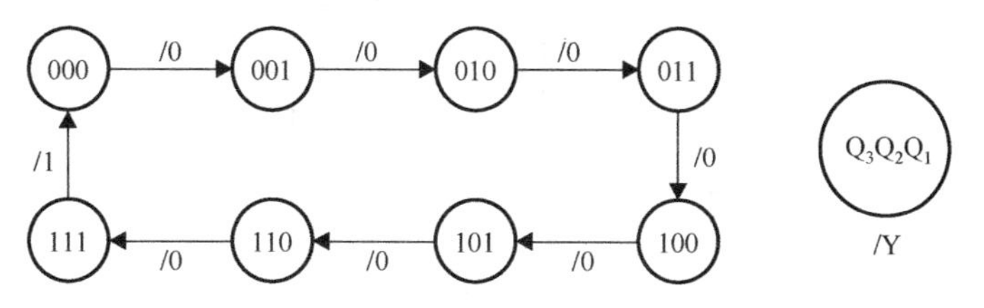

图 7.11　例 7.1 的状态转换图

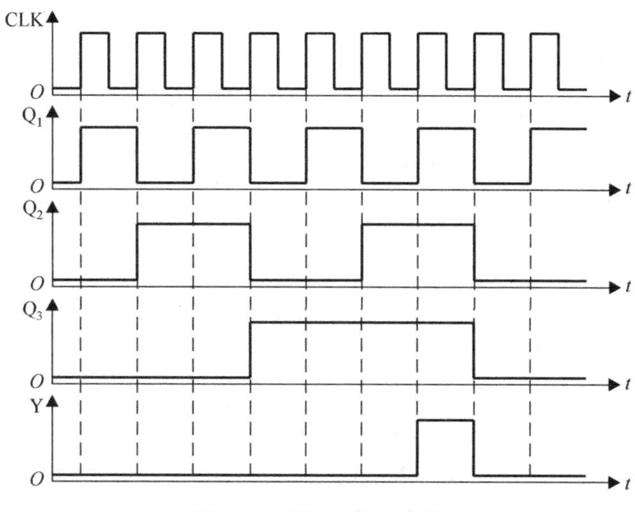

图 7.12　例 7.1 的时序图

(3) 说明电路逻辑功能。通过状态转换表或状态转换图、时序图可以清楚地看出，每经过 8 个时钟脉冲的作用，$Q_3Q_2Q_1$的状态从 000 到 111 按二进制数顺序递增，电路状态循环一次，同时在输出端产生一个高电平输出，即输出信号可以作为进位信号。因此，图 7.10 所示电路是一个同步八进制加法计数器，时钟脉冲 CLK 是计数脉冲输入，输出端 Y 是进位输出。

为了表示时序逻辑电路的状态转换规律，有时也可以采用表 7.5 所示的状态转换表，在此表中，以时钟脉冲的顺序作为状态转换次序，在每一行不再单独列出触发器的现态和次态，这种表示方法比较直观。

表 7.5　例 7.1 的状态转换表 2

转换次序	触发器状态			输出
CLK	Q_3	Q_2	Q_1	Y
0	0	0	0	0
1	0	0	1	0
2	0	1	0	0
3	0	1	1	0
4	1	0	0	0
5	1	0	1	0
6	1	1	0	0
7	1	1	1	1

【例 7.2】 试分析图 7.13 所示同步时序逻辑电路的逻辑功能，列出状态转换真值表，画出状态转换图和时序图。

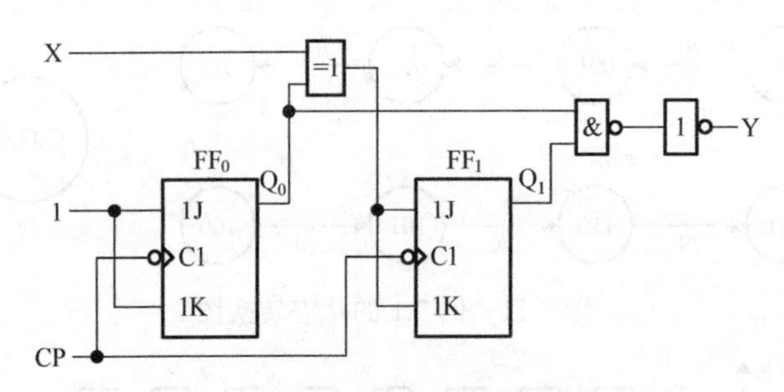

图 7.13　例 7.2 的时序逻辑电路

解：在图 7.13 中，FF_0 和 FF_1 为存储电路，X 为输入变量，Y 为输出变量，其输出的信号只与 Q_0 和 Q_1 有关，而与 X 输入的信号无关，因此，图 7.13 所示电路为摩尔型同步时序逻辑电路。下面分析它的逻辑功能。

(1) 写方程式。

输出方程为

$$Y = Q_1^n Q_0^n$$

驱动方程为

$$\begin{cases} J_0 = 1, \quad K_0 = 1 \\ J_1 = X \oplus Q_0^n, \ K_1 = X \oplus Q_0^n \end{cases}$$

状态方程为

$$\begin{cases} Q_0^{n+1} = J_0 \overline{Q_0^n} + \overline{K_0} Q_0^n = \overline{Q_0^n} \\ Q_1^{n+1} = J_1 \overline{Q_1^n} + \overline{K_1} Q_1^n \\ \qquad = (X \oplus Q_0^n)\overline{Q_1^n} + \overline{(X \oplus Q_0^n)} Q_1^n \\ \qquad = (X \oplus Q_0^n)\overline{Q_1^n} + (X \odot Q_0^n) Q_1^n \end{cases}$$

(2) 列状态转换真值表。由于输入控制信号 X 可取 0，也可取 1，因此，应分别列出 X=0 和 X=1 的两张状态转换真值表。设电路的现态为 $Q_1^n Q_0^n$=00，代入输出方程和状态方程中进行计算，由此可得表 7.6 和表 7.7 所示的真值表。

(3) 逻辑功能说明。由表 7.6 可看出，在 X=0 时，电路为加法计数器；由表 7.7 又可看出，在 X=1 时，电路为减法计数器。因此，图 7.13 所示电路为同步四进制加/减计数器。

表 7.6　X=0 时例 7.2 的状态转换真值表

现态		次态		输出
Q_1^n	Q_0^n	Q_1^{n+1}	Q_0^{n+1}	Y
0	0	0	1	0
0	1	1	0	0
1	0	1	1	0
1	1	0	0	1

表 7.7　X=1 时例 7.2 的状态转换真值表

现态		次态		输出
Q_1^n	Q_0^n	Q_1^{n+1}	Q_0^{n+1}	Y
0	0	1	1	0
1	1	1	0	1
1	0	0	1	0
0	1	0	0	0

(4)画状态转换图和时序图。根据表 7.6 和表 7.7 可画出图 7.14(a)、(b)所示的 X=0 和 X=1 时的两个状态转换图。

图 7.14(c)为根据表 7.6 和表 7.7 画出的时序图。

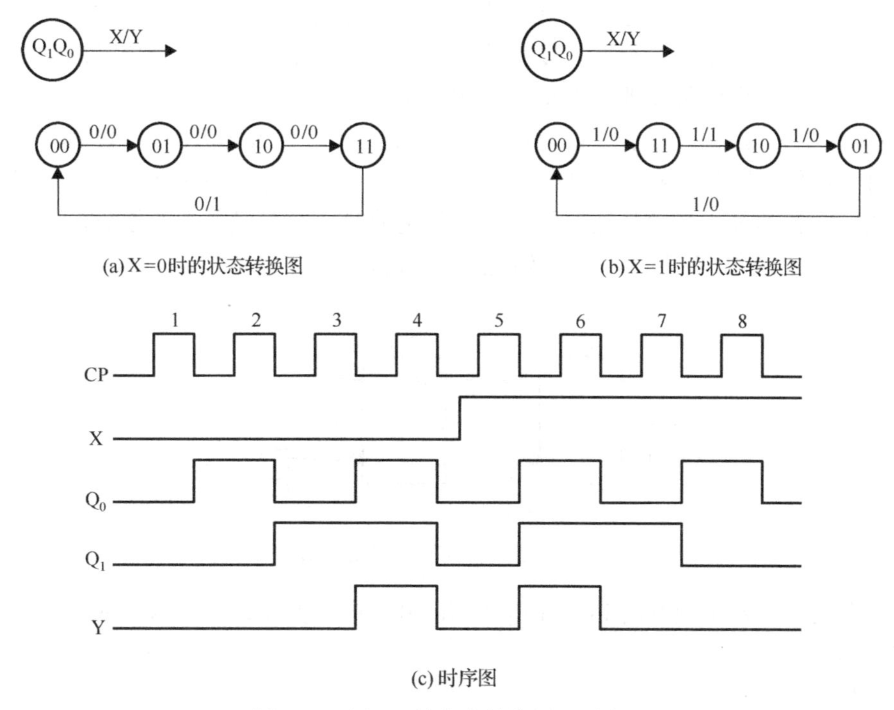

(c) 时序图

图 7.14　例 7.2 的状态转换图和时序图

2. 异步时序逻辑电路的分析方法

异步时序逻辑电路与同步时序逻辑电路的区别主要在于电路中没有统一的时钟脉冲，因而各存储电路不是同时更新状态，状态之间没有准确的分界。在异步时序逻辑电路中，由于触发器并不都在同一个时钟信号作用下动作，因此在计算电路的次态时，需要考虑每个触发器的时钟信号，只有那些有时钟信号的触发器才用状态方程去计算次态，而没有时钟信号的触发器将保持原状态不变。因此异步时序逻辑电路的分析较同步时序逻辑电路要更复杂。

异步时序逻辑电路分析的一般步骤如下。

(1)写出下列各逻辑方程式。

① 时钟方程。

② 触发器的激励方程。

③ 输出方程。

④ 状态方程。

(2)列出状态转换表或画出状态图和波形图。

(3)确定电路的逻辑功能。

由上述可知，异步时序逻辑电路的分析步骤与同步时序逻辑电路基本相同，但在分析异步时序逻辑电路时必须注意以下几点。

(1)分析状态转换时必须考虑各触发器的时钟信号作用情况。

异步时序逻辑电路中，由于各个触发器只有在其时钟输入 CP_n(n 表示电路中第 n 个触发器)端的相应脉冲沿作用时，才有可能改变状态。因此，在分析状态转换时，首先应根据给定的电路列写各个触发器时钟信号的逻辑表达式，据此分别确定各触发器的 CP_n 端是否有时钟信号的作用，是否发生了状态改变。发生状态改变的触发器，根据激励信号确定触发器的次态，没有发生状态改变的触发器则保持原有状态不变。

(2)每一次状态转换必须从输入信号所能触发的第一个触发器开始逐级确定。

同步时序逻辑电路的分析可以从任意一个触发器开始推导状态转换，而异步时序逻辑电路每一次状态转换的分析必须从输入信号所能作用的第一个触发器开始推导。

【例 7.3】 试分析如图 7.15 所示逻辑电路的功能。

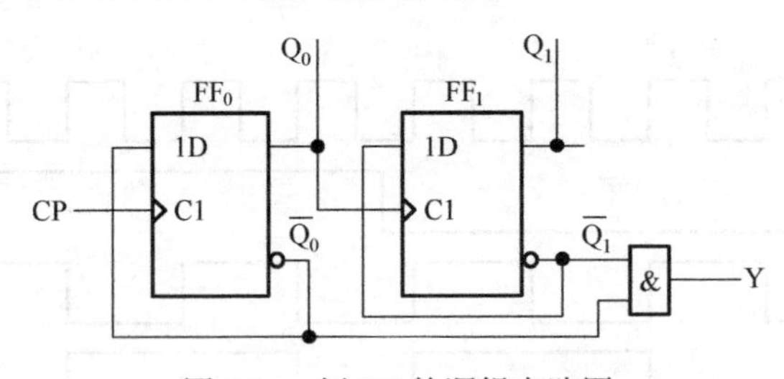

图 7.15　例 7.3 的逻辑电路图

解：该电路中的两个触发器 FF_0、FF_1 的 CP_0 和 CP_1 未共用时钟信号，故该电路属于异步时序逻辑电路。

(1)列出各逻辑方程组。

① 时钟方程：$CP_0 = CP, CP_1 = Q_0$，均为上升沿有效。

② 输出方程：$Y = \overline{Q_1} \cdot \overline{Q_0}$。

③ 激励方程：$D_0 = \overline{Q_0}, D_1 = \overline{Q_1}$。

④ 求电路状态方程：将激励方程代入 D 触发器的特性方程，即可得到电路的状态方程，不过这时需要考虑各触发器的时钟信号 CP_n 的作用。

$$Q_0^{n+1} = D_0 = \overline{Q_0^n}, Q_1^{n+1} = D_1 = \overline{Q_1^n}$$

(2)列状态表。

设电路的初态为 Q_1Q_0=00，依次代入上述触发器的状态方程和输出方程中进行计算，得到电路的状态转换表如表 7.8 所示。

(3)画状态图、波形图。

由表 7.8 所示的状态表可画出如图 7.16 所示的状态图和如图 7.17 所示的波形图。

表 7.8　例 7.3 的状态表

现态		次态		输出	时钟脉冲	
Q_1^n	Q_0^n	Q_1^{n+1}	Q_0^{n+1}	Y	CP_1	CP_0
0	0	1	1	1	↑	↑
1	1	1	0	0	0	↑
1	0	0	1	0	↑	↑
0	1	0	0	0	0	↑

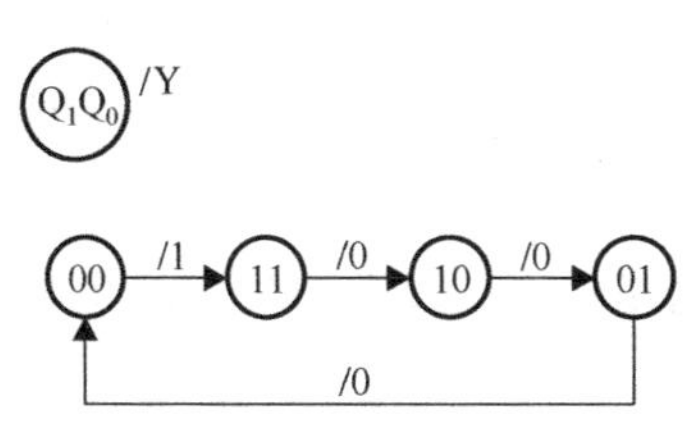

图 7.16　例 7.3 的状态图

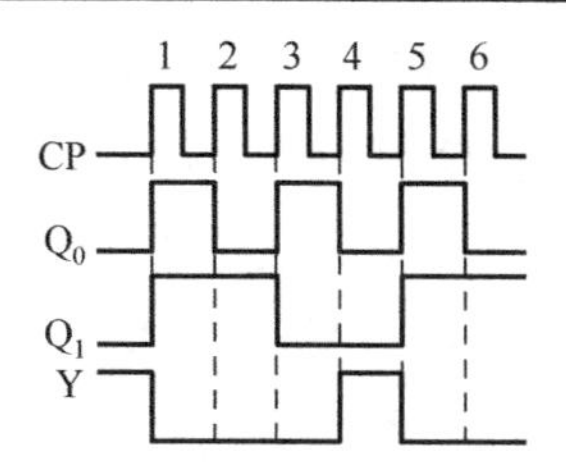

图 7.17　例 7.3 的波形图

(4) 逻辑功能分析。

由状态图可知：该电路一共有 4 个状态 00、01、10 和 11，在时钟脉冲作用下，按照减 1 规律循环变化，所以是一个 4 进制减法计数器，Y 是借位信号。因为该电路的所有状态都有效，因此不存在自启动问题。

【例 7.4】 试分析如图 7.18 所示的逻辑电路。

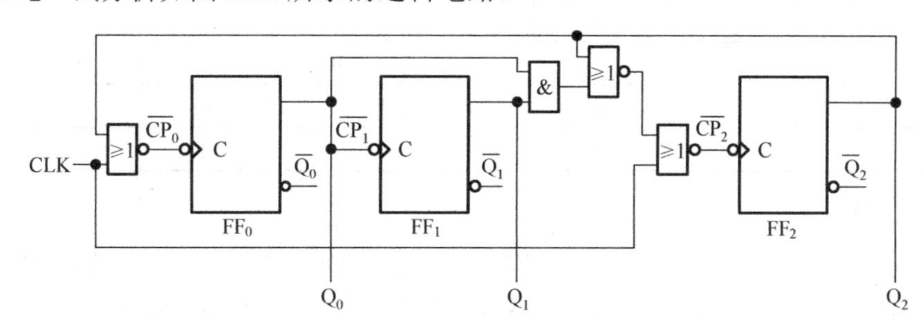

图 7.18　例 7.4 的逻辑电路图

解：该电路是由三个下降沿触发的 T′触发器构成的异步时序逻辑电路。只要相应触发器的时钟输入端 $\overline{CP_n}$ 出现一次从 1 到 0 的跳变，其状态就会翻转一次。下面按步骤进行分析。

(1) 列出各逻辑方程组。

① 根据逻辑图列出各个触发器时钟信号的逻辑表达式：

$$\overline{CP_0} = \overline{Q_2 + CLK} = \overline{Q_2}\,\overline{CLK}$$

$$\overline{CP_1} = Q_0$$

$$\overline{CP_2} = \overline{\overline{Q_0 Q_1 + Q_2} + CLK} = (Q_0 Q_1 + Q_2)\overline{CLK}$$

② 输出方程，即三个触发器的输出信号 Q_2、Q_1、Q_0。

③ 求电路状态方程，引入 CP_n 后，T′触发器的特性方程 $Q_0^{n+1} = \overline{Q_0^n}$ 应改写为如下状态方程：

$$Q_0^{n+1} = \overline{Q_0^n} CP_0 + Q_0^n \overline{CP_0}$$

$$Q_1^{n+1} = \overline{Q_1^n} CP_1 + Q_1^n \overline{CP_1}$$

$$Q_2^{n+1} = \overline{Q_2^n} CP_2 + Q_2^n \overline{CP_2}$$

注意：此例中每当$\overline{CP_n}$发生由 1 到 0 的跳变时 CP_n=1。

(2) 列状态表。

从现态 Q_2=Q_1=Q_0=0 开始列状态表，从 CLK 触发的第一个触发器 FF_0 开始推导其次态。首先确定 CP_0：根据触发器时钟信号的逻辑表达式，由于 Q_2=0，CLK 信号从 0 变为 1，必然使$\overline{CP_0}$从 1 变为 0，所以 CP_0=1。然后将 CP_0 和现态 Q_0^n=0 代入电路状态方程中，得到 Q_0^{n+1}=1。同样，当 Q_2=Q_1=Q_0=0 时，$\overline{CP_2}$为 0，因此 FF_2 保持原来的状态，Q_2^{n+1}=0。再根据触发器时钟信号的逻辑表达式确定 CP_1：因为 Q_0 从 0 变为 1，所以 CP_1=0，Q_1 也保持原来的状态。所以可以得到结论：当 CLK 信号第一个上升沿到来后，电路状态改变为 001。以此类推，可得电路的状态表，如表 7.9 所示。

表 7.9　例 7.4 的状态表

Q_2^n	Q_1^n	Q_0^n	CP_2	CP_1	CP_0	Q_2^{n+1}	Q_1^{n+1}	Q_0^{n+1}
0	0	0	0	0	1	0	0	1
0	0	1	0	1	1	0	1	0
0	1	0	0	0	1	0	1	1
0	1	1	1	1	1	1	0	0
1	0	0	1	0	0	0	0	0
1	0	1	1	0	0	0	0	1
1	1	0	1	0	0	0	1	0
1	1	1	1	0	0	0	1	1

(3) 画状态图。

由表 7.9 所示的状态表可画出如图 7.19 所示的状态图。该图表明，当电路处于循环外的状态(101、110、111 三个状态)时，在 CLK 信号出现第一个上升沿后，电路便能进入有效循环状态。

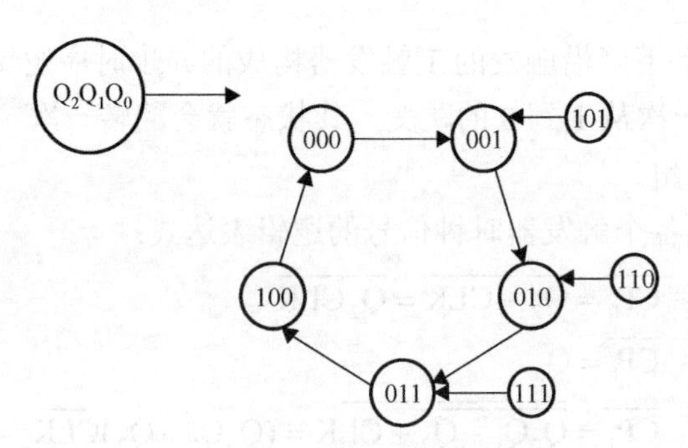

图 7.19　例 7.4 的状态图

(4) 逻辑功能分析。

电路是一个异步五进制加计数电路。该电路进入无效状态后，经过一个时钟上升沿即能进入有效状态，因此该电路具有自启动能力。

7.2.3 同步时序逻辑电路的设计

同步时序逻辑电路的设计是根据给定的任务设计出符合要求的逻辑电路。下面讨论同步时序逻辑电路的一般设计方法。

1. 同步时序逻辑电路总体设计

同步时序逻辑电路的设计过程和同步时序逻辑电路的分析正好相反，它是根据设计任务选择合适的元器件，设计出能实现给定逻辑要求的同步时序逻辑电路。同步时序逻辑电路的设计方法如下。

(1) 根据设计要求确定电路的转换状态，并画出状态转换图。主要确定输入变量、输出变量和电路的状态数，并画出电路状态转换图。这是同步时序逻辑电路设计的关键。

(2) 状态简化。在画出的原始状态中，有些状态在输入相同时，不仅输出相同，而且转换的次态也相同，这些状态为等价状态。这些等价状态可合并为一个状态。合并等价状态可减少使用触发器和门电路的数量，使电路比较简单。

(3) 状态分配。将简化状态转换图(或状态转换真值表)中的每个状态用一组二进制数码来代替，称为状态分配，或称状态编码。若电路的状态数为 N，二进制数码的位数为 n，则可按下式计算二进制码的位数，即使用触发器的个数：

$$2^{n-1}<N\leqslant 2^n$$

(4) 确定触发器的类型，求出输出方程、状态方程和驱动方程。由于不同逻辑功能的触发器其驱动方程不同，因此设计出来的电路也不同。所以，在设计前应确定所选用的触发器类型，从而写出电路的输出方程、状态方程和驱动方程。

(5) 根据驱动方程和输出方程画出逻辑电路图。

(6) 检查所设计的电路能否自启动。因为设计出来的电路有可能在无效状态中循环而不能自动进入有效状态，即不能自启动，这时应采取措施加以解决。主要有两种办法：一种是在工作前将电路强行置入有效状态；另一种是重新选择编码或修改逻辑设计。

2. 同步时序逻辑电路设计举例

【例 7.5】 设计一个递增同步六进制计数器。要求计数器状态转换代码具有相邻性(相邻的两组代码中只有一位代码不同)，且代码不包含全 0 和全 1 的码组。

解：(1) 根据设计要求，画原始状态转换图。根据题意可知该同步计数器的原始状态有 6 个，即 N=6，这 6 个状态分别用 S_0、S_1、…、S_5 表示，S_0 为初始状态。在输入时钟脉冲 CP 作用下，电路状态依次转换。在状态为 S_5 时，输出 Y=1，为其他状态时，Y=0。如再输入一个时钟脉冲 CP，计数器返回初始状态，同时 Y 输出一个负跃变的进位信号。由此可画出图 7.20 所示的计数器的原始状态转换图。

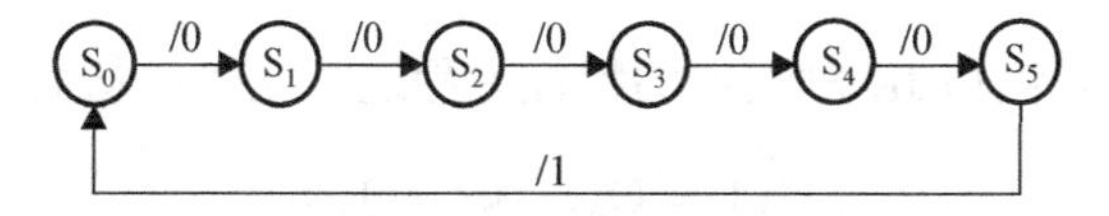

图 7.20 例 7.5 的原始状态转换图

由于本例题的状态不能化简，原始状态图和状态图相同，因此状态合并可略去。

(2) 列出状态转换编码表。由于 N=6，故根据式 $2^{n-1}<N\leqslant 2^n$ 可求得 n=3。因此，该计数器

由 3 个触发器构成，其状态为 3 位二进制编码，即 S_0～S_5 都为 3 位二进制代码，且不能选用 000 和 111。设编码从 $Q_2^nQ_1^nQ_0^n$=001 开始，由此可列出状态转换编码表，如表 7.10 所示。

表 7.10　例 7.5 计数器的状态转换编码表

状态顺序	现态			次态			输出	等效十进制数
	Q_2^n	Q_1^n	Q_0^n	Q_2^{n+1}	Q_1^{n+1}	Q_0^{n+1}	Y	
S_0	0	0	1	0	1	1	0	0
S_1	0	1	1	0	1	0	0	1
S_2	0	1	0	1	1	0	0	2
S_3	1	1	0	1	0	0	0	3
S_4	1	0	0	1	0	1	0	4
S_5	1	0	1	0	0	1	1	5

(3) 确定触发器类型，求输出方程、状态方程和驱动方程。选用边沿 JK 触发器，其特征方程为 $Q^{n+1}=J\overline{Q^n}+\overline{K}Q^n$。

根据表 7.10 可画出图 7.21 所示的 4 个卡诺图。在用卡诺图求各个触发器的特性方程时，应根据 JK 触发器特性方程的标准形式画包围圈。

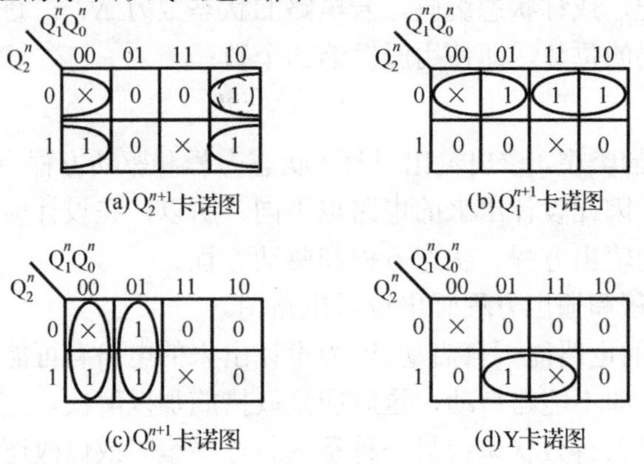

图 7.21　例 7.5 计数器次态和输出函数的卡诺图

输出方程为

$$Y=Q_2^nQ_0^n$$

状态方程为

$$\begin{cases}Q_2^{n+1}=\overline{Q_0^n}\,\overline{Q_2^n}+\overline{Q_0^n}Q_2^n\\Q_1^{n+1}=\overline{Q_2^n}\,\overline{Q_1^n}+\overline{Q_2^n}Q_1^n\\Q_0^{n+1}=\overline{Q_1^n}\,\overline{Q_0^n}+\overline{Q_1^n}Q_0^n\end{cases}$$

驱动方程：将状态方程和 JK 触发器的特性方程进行比较，从而求得驱动方程为

$$\begin{cases}J_2=\overline{Q_0^n},\quad K_2=Q_0^n\\J_1=\overline{Q_2^n},\quad K_1=Q_2^n\\J_0=\overline{Q_1^n},\quad K_0=Q_1^n\end{cases}$$

(4) 检查自启动。该计数器的无效状态为 000 和 111，将 000 状态代入状态方程中进行核算后得 111，为无效状态；将 111 状态代入状态方程中计算得 000，也为无效状态。可见，该计数器一旦进入无效状态后，电路只能在无效状态中循环，而不能自启动。为了使计数器能自启动，需要对原设计方案进行修改。为此，将图 7.21 (a) 中的 000 方格中的任意项“×”改为 0，单独圈 010 方格，由此可得状态方程为

$$Q_2^{n+1} = Q_1^n \overline{Q_0^n Q_2^n} + \overline{Q_0^n} Q_2^n$$

驱动方程为

$$J_2 = Q_1^n \overline{Q_0^n}, \quad K_2 = Q_0^n$$

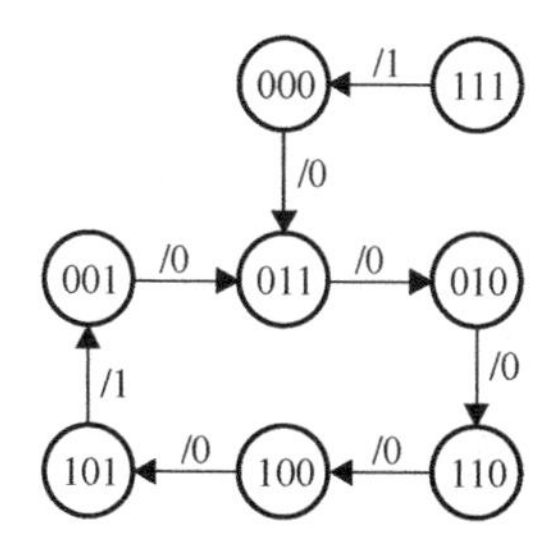

图 7.22　例 7.5 的状态转换图

设计方案修改后，再次将无效状态 000 和 111 分别代入修改前和修改后的状态方程中的 Q_1^{n+1}、Q_0^{n+1} 式中进行计算得 011 和 000，再将 000 代入上述式中计算得 011。可见，一旦电路进入无效状态，只要继续输入时钟脉冲 CP，电路就会进入有效状态工作，电路能自启动。状态转换如图 7.22 所示。

(5) 画逻辑图。根据修改前的驱动方程中的 J_1、K_1 和 J_0、K_0，修改后的驱动方程中的 J_2、K_2 及输出方程可画出图 7.23 所示的同步六进制加法计数器的逻辑图。

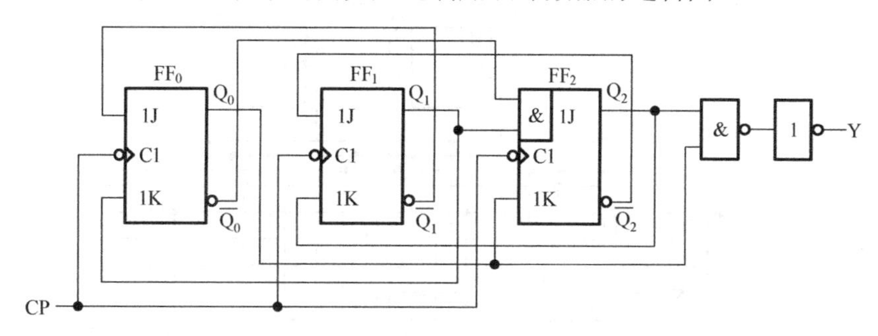

图 7.23　同步六进制计数器的逻辑图

【例 7.6】 设计一个自动饮料机的逻辑电路。它的投币口每次只能投入一枚 5 角或 1 元的硬币。累计投入 2 元硬币后给出一瓶饮料。如果投入 1.5 元硬币以后再投入一枚 1 元硬币，则给出饮料的同时还应找回 5 角钱。要求设计的电路能自启动。

解： 取投币信号为输入的逻辑变量，以 A=1 表示投入 1 元硬币的信号，未投入时 A=0；以 B=1 表示投入 5 角硬币的信号，未投入时 B=0；以 X=1 表示给出饮料，给出时 X=0；以 Y=1 表示找钱，Y=0 不找钱。若未投币前状态为 S_0，投入 5 角后的状态为 S_1，投入 1 元后的状态为 S_2，投入 1.5 元后的状态为 S_3，若再投入 5 角硬币 (B=1) 时 X=1，返回 S_0 状态；如果投入 1 元硬币，则 X=Y=1，返回状态 S_0。于是得到状态转换图如图 7.24 所示。

若以触发器 Q_1Q_0 的四个状态组合 00、01、10、11 分别表示 S_0、S_1、S_2、S_3，作 $Q_1^{n+1}Q_0^{n+1}$ / XY 的卡诺图如图 7.25 所示。

由卡诺图化简得出状态方程、激励方程为

$$\begin{cases} Q_1^{n+1} = D = A\overline{Q_1} + \overline{A}\overline{B}Q_1 + \overline{A}Q_1\overline{Q_0} + B\overline{Q_1}Q_0 \\ Q_0^{n+1} = D = A\overline{Q_1}Q_0 + \overline{A}\overline{B}Q_0 + B\overline{Q_0} \end{cases}$$

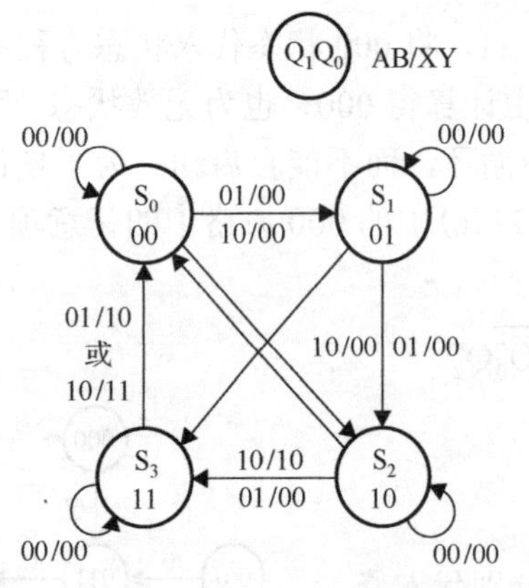

图 7.24　例 7.6 的原始状态图

AB \ Q_1Q_0	00	01	11	10
00	00/00	01/00	11/00	10/00
01	01/00	10/00	00/10	11/00
11	×	×	×	×
10	10/00	11/00	00/11	00/10

($Q_1^{n+1}+Q_0^{n+1}$/XY)

图 7.25　例 7.6 的电路次态、输出卡诺图

输出方程为

$$\begin{cases} X = AQ_1 + BQ_1Q_0 \\ Y = AQ_1Q_0 \end{cases}$$

由上述方程组可画出逻辑图，如图 7.26 所示。

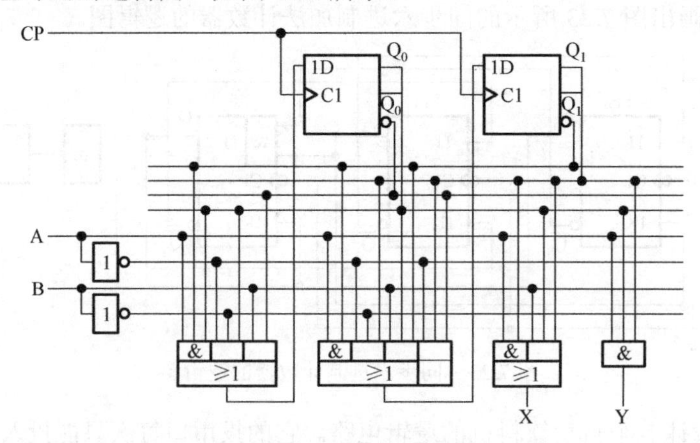

图 7.26　例 7.6 的逻辑图

7.3　实验内容和步骤

7.3.1　同步时序逻辑电路的分析实验

(1)分析图 7.27 所示的时序逻辑电路的逻辑功能，写出电路的驱动方程、状态方程和输出方程，画出电路的状态转换图和时序图。

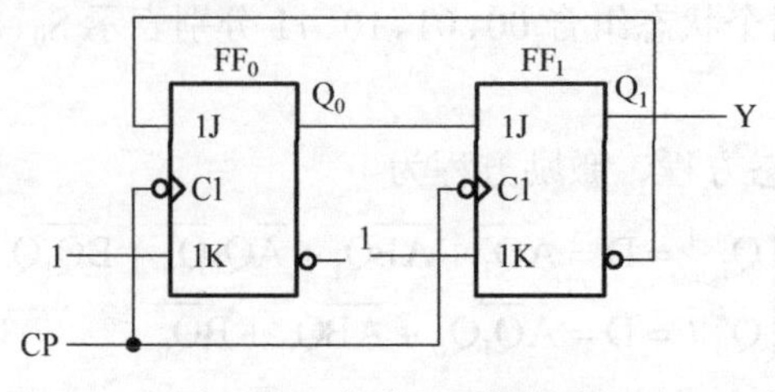

图 7.27　实验 1 逻辑电路

(2) 分析图 7.28 所示的时序逻辑电路的逻辑功能，写出电路的驱动方程、状态方程和输出方程，画出电路的状态转换图，说明电路是否能自启动。

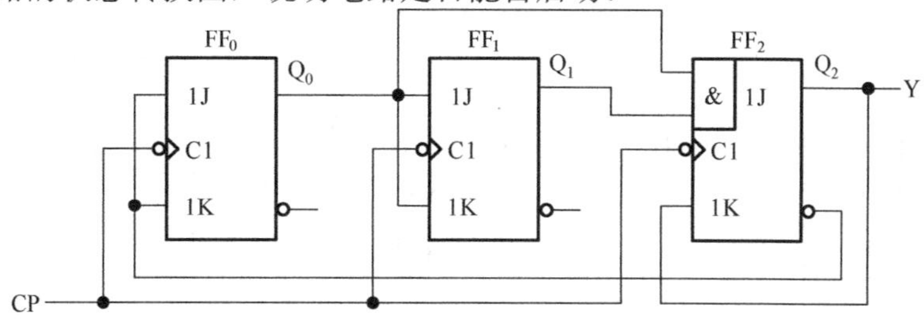

图 7.28　实验 2 逻辑电路

(3) 试分析图 7.29 所示同步时序逻辑电路的逻辑功能。

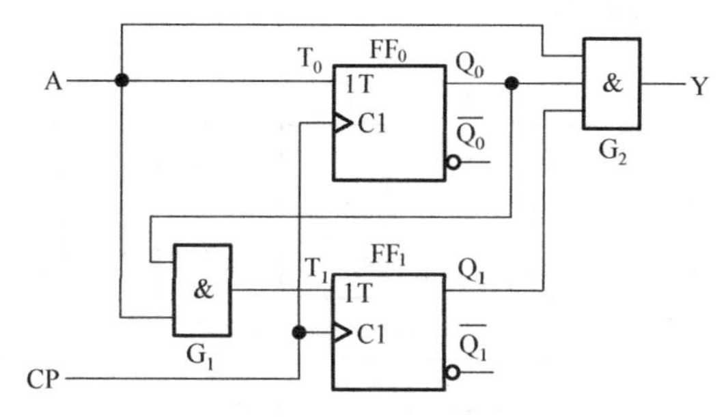

图 7.29　实验 3 逻辑电路

(4) 试分析图 7.30 所示时序逻辑电路的逻辑功能，写出电路的驱动方程、状态方程和输出方程，画出电路的状态转换图，检查电路是否能自启动。

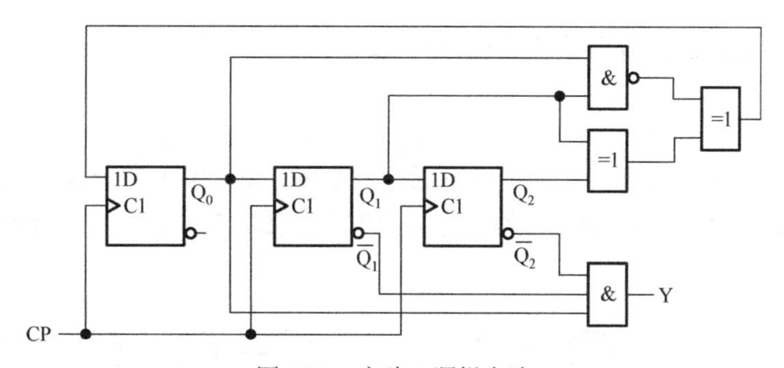

图 7.30　实验 4 逻辑电路

7.3.2　异步时序逻辑电路的分析实验

(1) 试分析图 7.31 所示的时序逻辑电路。

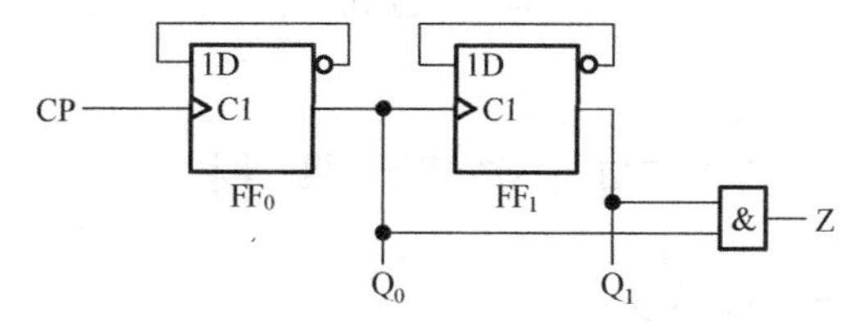

图 7.31　实验 5 逻辑电路

(2) 试分析图 7.32 所示逻辑电路的功能(触发器和门电路均为 TTL 电路，画出电路的状态图和时序图)。

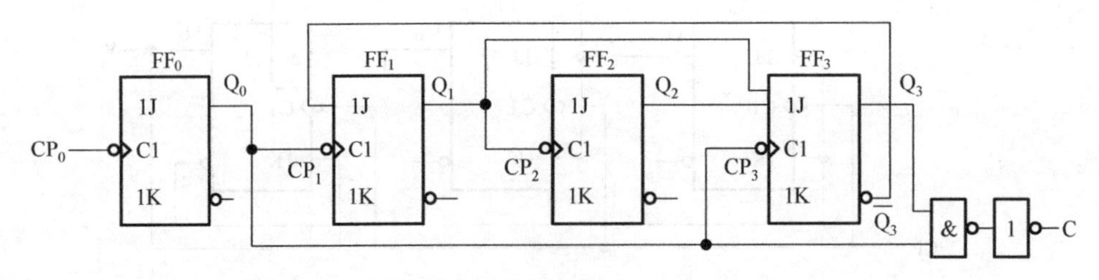

图 7.32　实验 6 逻辑电路

(3) 试分析图 7.33 所示电路的逻辑功能。

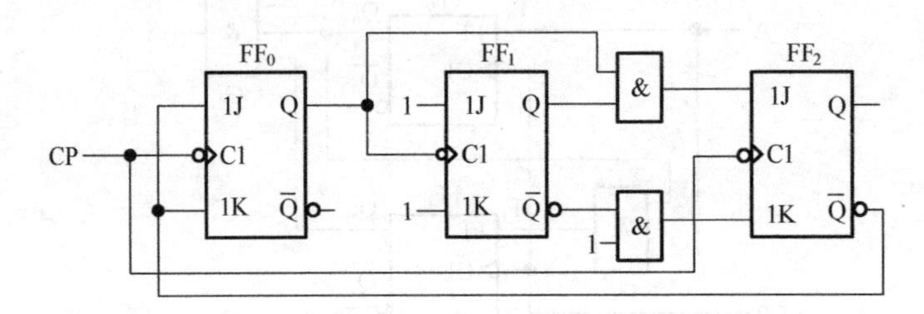

图 7.33　实验 7 逻辑电路

7.3.3　同步时序逻辑电路的设计实验

(1) 试用同步十进制计数器芯片 74LS160 设计一个三百六十五进制计数器，要求各位间为十进制关系。

(2) 试用 JK 触发器实现一个自然态序列同步七进制加法计数器。

(3) 设计一个步进电机用的三相 6 状态脉冲分配器，如果用 1 表示线圈导通，用 0 表示线圈截止，则要求三个线圈 A、B、C 的状态转换图应如图 7.34 所示。在正转时，控制输入端 M=1，反转时 M=0。

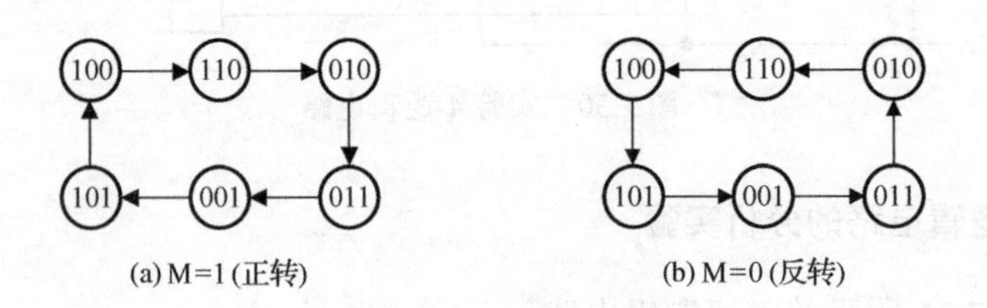

图 7.34　实验 10 用图

7.4　实 验 器 材

THK-880D 型数字电路实验系统。

7.5 复习要求与思考题

7.5.1 复习要求

(1) 复习同步时序逻辑电路及其分析、设计方法。

(2) 复习异步时序逻辑电路分析方法。

7.5.2 思考题

(1) 分析时序逻辑电路的功能特点，时序逻辑电路与组合逻辑电路相比有何不同？

(2) 总结同步时序逻辑电路的分析和设计方法。

(3) 总结异步时序逻辑电路的分析方法。

7.6 实验报告要求

画出实验设计电路连线示意图，根据要求画出状态转换图、时序图，说明电路功能。

实验八 计 数 器

8.1 实 验 目 的

(1)熟悉同步、异步计数器的分析、设计方法，学会用触发器构成计数器的方法。

(2)掌握常用中规模集成电路计数器的功能特点及应用方法，学会使用中规模集成电路计数器组成 N 进制计数器的方法。

8.2 实验原理和电路

在数字系统中使用得最多的时序电路就是计数器了。计数器不仅能用于对时钟脉冲计数，还可用于分频、定时、产生节拍脉动和脉冲序列以及进行数字运算等。

计数器的种类非常繁多。如果按计数器中的触发器是否同时翻转分类，可以将计数器分为同步式和异步式两种。在同步计数器中，当时钟脉冲输入时触发器的翻转是同时发生的。而在异步计数器中，触发器的翻转有先有后，不是同时发生的。

如果按计数过程中计数器中的数字增减分类，又可以将计数器分为加法计数器、减法计数器和可逆计数器(或称为加/减计数器)。随着计数脉冲的不断输入而作递增计数的称为加法计数器，作递减计数的称为减法计数器，可增可减的称为可逆计数器。

如果按计数器中数字的编码方式分类，还可以分成二进制计数器、二-十进制计数器、格雷码计数器等。

此外，有时也用计数器的计数容量来区分各种不同的计数器，如十进制计数器、六十进制计数器等。

8.2.1 同步计数器

1. 同步二进制加法计数器

图 8.1 给出的是一个同步 4 位二进制加法计数器，下面按时序电路的分析步骤对此电路进行分析。

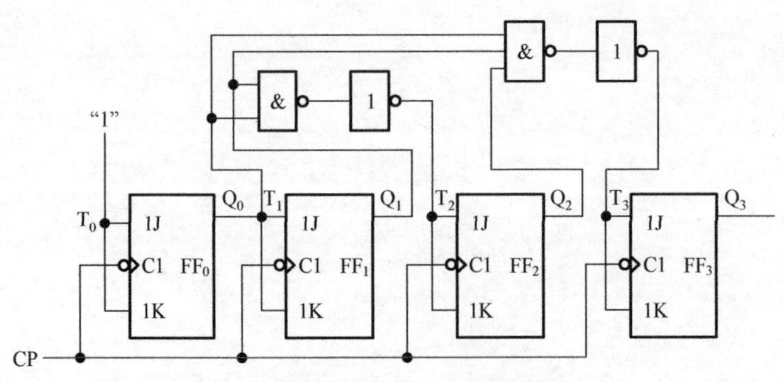

图 8.1 同步二进制加法计数器逻辑图

1) 写方程

时钟方程：$CP_0=CP_1=CP_2=CP_3=CP$，对于同步时序电路，因触发器同时满足有效的时钟条件，因此上面的时钟方程也可省略不写。

驱动方程：

$$T_0 = 1,\quad T_1 = Q_0^n,\quad T_2 = Q_1^n Q_0^n,\quad T_3 = Q_2^n Q_1^n Q_0^n$$

输出方程：此电路除触发器 Q、$\overline{Q}$ 端之外，没有另外的输出，所以没有输出方程。

2) 求状态方程

T 触发器的特性方程为

$$Q^{n+1} = T \oplus Q^n$$

将驱动方程代入特性方程可得各触发器的状态方程为

$$Q_0^{n+1} = \overline{Q_0^n},\quad Q_1^{n+1} = Q_0^n \oplus Q_1^n$$
$$Q_2^{n+1} = (Q_1^n Q_0^n) \oplus Q_2^n,\quad Q_3^{n+1} = (Q_2^n Q_1^n Q_0^n) \oplus Q_3^n$$

3) 列状态表

由于此电路除了触发器的输入、输出端外，没有其余的输入、输出端，因而状态表中只需列出四个触发器的各种现态取值组合及相应的次态，如表 8.1 所示(设各触发器的初态 $Q_3Q_2Q_1Q_0 = 0000$)。

表 8.1 4 位二进制加法计数器状态表

计数脉冲序号	现态				次态				现态对应的十进制数
	Q_3^n	Q_2^n	Q_1^n	Q_0^n	Q_3^{n+1}	Q_2^{n+1}	Q_1^{n+1}	Q_0^{n+1}	
1	0	0	0	0	0	0	0	1	0
2	0	0	0	1	0	0	1	0	1
3	0	0	1	0	0	0	1	1	2
4	0	0	1	1	0	1	0	0	3
5	0	1	0	0	0	1	0	1	4
6	0	1	0	1	0	1	1	0	5
7	0	1	1	0	0	1	1	1	6
8	0	1	1	1	1	0	0	0	7
9	1	0	0	0	1	0	0	1	8
10	1	0	0	1	1	1	1	0	9
11	1	0	1	0	1	1	1	1	10
12	1	0	1	1	1	0	0	0	11
13	1	1	0	0	1	0	0	1	12
14	1	1	0	1	1	1	1	0	13
15	1	1	1	0	1	1	1	1	14
16	1	1	1	1	0	0	0	0	15

4) 画状态图和时序图

由表 8.1 可画出图 8.2 所示的状态图和时序图。

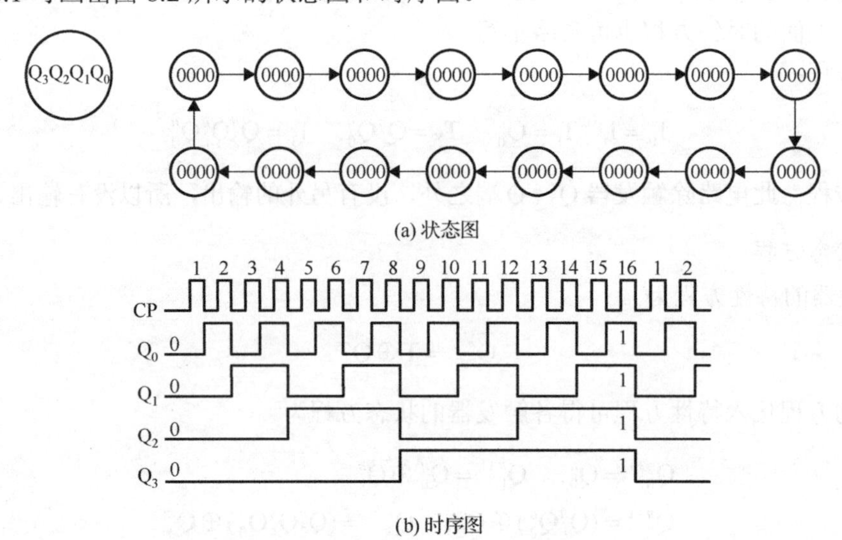

图 8.2　同步 4 位二进制加法计数器

5) 检查能否自启动，说明功能

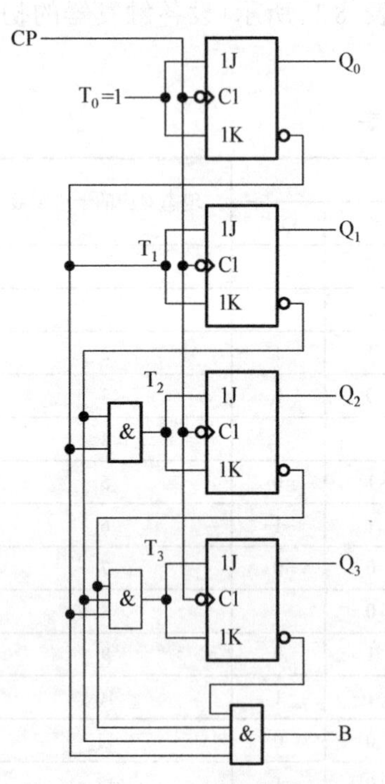

图 8.3　4 位同步二进制减法计数器

在图 8.2(a)所示的状态图中只存在一个循环(有效循环)，故能自启动，即电路无论落入哪种状态，在 CP 作用下，总是循环工作的。

由图 8.2(a)所示的状态图可知，该电路是按二进制加法规律进行递增计数的，因此该电路的逻辑功能是能自启动的同步 4 位二进制加法计数器。

2. 同步二进制减法计数器

图 8.3 所示是 4 位同步二进制减法计数器的一种实现方式。图中，4 个 JK 触发器的 J、K 端连在一起，实现 T 触发器的逻辑功能。在用 T 触发器组成同步二进制减法计数器时，N 位二进制计数器第 i 位 T 触发器激励方程的一般化表达式为

$$\begin{cases} T_0 = 1 \\ T_i = \overline{Q_{i-1}}\,\overline{Q_{i-2}}\cdots\overline{Q_1}\,\overline{Q_0}, \quad i = 1, 2, \cdots, n-1 \end{cases}$$

其工作原理与二进制加法计数器类似，在这里就不详细介绍了，有兴趣的读者可自行分析。

3. 同步二进制可逆计数器

同时具有加法和减法两种计数功能的计数器称为可逆计数器。4 位二进制同步可逆计数器如图 8.4 所示。

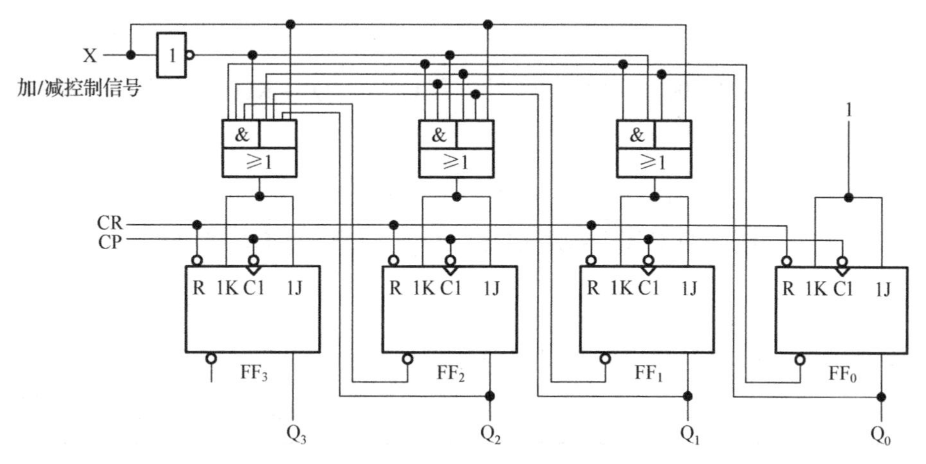

图 8.4　4 位二进制同步可逆计数器

由图 8.4 可知，各触发器的驱动信号分别为

$$J_0 = K_0 = 1$$

$$J_1 = K_1 = XQ_0^n + \overline{\overline{X}Q_0^n}$$

$$J_2 = K_2 = XQ_0^nQ_1^n + \overline{\overline{X}Q_0^nQ_1^n}$$

$$J_3 = K_3 = XQ_0^nQ_1^nQ_2^n + \overline{\overline{X}Q_0^nQ_1^nQ_2^n}$$

当加/减控制信号 X=1 时，各触发器中 J、K 端分别与低位各触发器的 Q 端接通，执行加法计数；当 X=0 时，各 J、K 端分别与低位各触发器的 $\overline{Q}$ 端接通，执行减法计数，从而实现了可逆计数器的功能。

4. 同步十进制加法计数器

同步十进制加法计数器的电路如图 8.5 所示，分析过程如下。

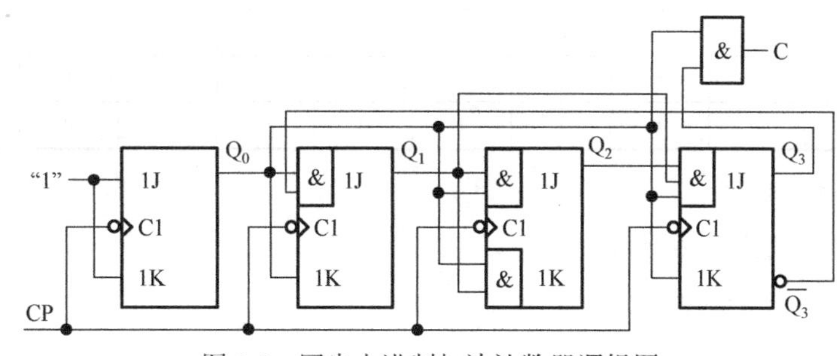

图 8.5　同步十进制加法计数器逻辑图

1) 列方程

根据图 8.5 所示的逻辑电路图列出时钟方程、输出方程和驱动方程。

时钟方程：$CP_0=CP_1=CP_2=CP_3=CP$，同步时序电路。

输出方程：$C = Q_3^nQ_0^n$。

驱动方程：

$$J_0 = K_0 = 1;\quad J_1 = \overline{Q_3^n}Q_0^n,\quad K_1 = Q_0^n$$

$$J_2 = K_2 = Q_1^nQ_0^n;\quad J_3 = Q_2^nQ_1^nQ_0^n,\quad K_3 = Q_0^n$$

2）求状态方程

将上述驱动方程代入 JK 触发器的特性方程 $Q^{n+1}=J\overline{Q^n}+\overline{K}Q^n$，可得四个触发器的状态方程：

$$Q_0^{n+1}=\overline{Q_0^n},\quad Q_1^{n+1}=\overline{Q_3^n}Q_0^n\overline{Q_1^n}+\overline{Q_0^n}Q_1^n$$

$$Q_2^{n+1}=Q_1^nQ_0^n\overline{Q_2^n}+\overline{Q_1^nQ_0^n}Q_2^n,\quad Q_3^{n+1}=Q_2^nQ_1^nQ_0^n\overline{Q_3^n}+\overline{Q_0^n}Q_3^n$$

3）列状态表

状态表如表 8.2 所示（设初始状态 $Q_3Q_2Q_1Q_0$=0000）。

表 8.2　同步十进制加法计数器状态表

计数脉冲序号	现态				次态				输出
	Q_3^n	Q_2^n	Q_1^n	Q_0^n	Q_3^{n+1}	Q_2^{n+1}	Q_1^{n+1}	Q_0^{n+1}	C
1	0	0	0	0	0	0	0	1	0
2	0	0	0	1	0	0	1	0	0
3	0	0	1	0	0	0	1	1	0
4	0	0	1	1	0	1	0	0	0
5	0	1	0	0	0	1	0	1	0
6	0	1	0	1	0	1	1	0	0
7	0	1	1	0	0	1	1	1	0
8	0	1	1	1	1	0	0	0	0
9	1	0	0	0	1	0	0	1	0
10	1	0	0	1	0	0	0	0	1
	1	0	1	0	1	0	1	1	0
	1	0	1	1	0	1	0	0	1
	1	1	0	0	1	1	0	1	0
	1	1	0	1	0	1	0	0	1
	1	1	1	0	1	1	1	1	0
	1	1	1	1	0	0	0	0	1

4）画状态图和时序图

状态图及时序图如图 8.6 所示。

$Q_3Q_2Q_1Q_0$
/C

(a) 状态图

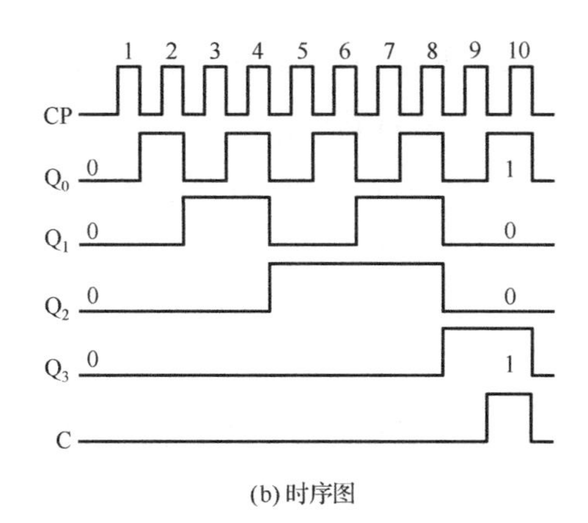

(b) 时序图

图 8.6　同步十进制加法计数器

5) 检查能否自启动，说明功能

在图 8.6(a) 的状态图中仅存在一个有效循环，其他六个无效状态均可在时钟脉冲信号的作用下自动进入有效循环，故电路无论落入哪种状态，在 CP 作用下，总能自动进入有效循环，即能够自启动。

本逻辑电路为具有自启动功能的 8421 编码同步十进制加法计数器。

【例 8.1】 用 D 触发器设计一个 8421 码十进制同步加法计数器。

解： 按照同步时序电路设计方法来设计。

(1) 列出状态表和驱动表，如表 8.3 所示。

表 8.3　8421 码十进制同步加法计数器计数状态表

计数脉冲 CP 的顺序	现态				次态				驱动信号			
	Q_3^n	Q_2^n	Q_1^n	Q_0^n	Q_3^{n+1}	Q_2^{n+1}	Q_1^{n+1}	Q_0^{n+1}	D_3	D_2	D_1	D_0
0	0	0	0	0	0	0	0	1	0	0	0	1
1	0	0	0	1	0	0	1	0	0	0	1	0
2	0	0	1	0	0	0	1	1	0	0	1	1
3	0	0	1	1	0	1	0	0	0	1	0	0
4	0	1	0	0	0	1	0	1	0	1	0	1
5	0	1	0	1	0	1	1	0	0	1	1	0
6	0	1	1	0	0	1	1	1	0	1	1	1
7	0	1	1	1	1	0	0	0	1	0	0	0
8	1	0	0	0	1	0	0	1	1	0	0	1
9	1	0	0	1	0	0	0	0	0	0	0	0
10	1	0	1	0	×	×	×	×	×	×	×	×
11	1	0	1	1	×	×	×	×	×	×	×	×
12	1	1	0	0	×	×	×	×	×	×	×	×
13	1	1	0	1	×	×	×	×	×	×	×	×
14	1	1	1	0	×	×	×	×	×	×	×	×
15	1	1	1	1	×	×	×	×	×	×	×	×

1 个十进制计数器有 10 个状态，至少需要 4 个触发器构成。4 个触发器共有 16 个组合状态(0000～1111)，其中有 6 个状态(1010～1111)在 8421 码十进制计数器中是无效的组合，在表 8.3 中用“×”表示。

(2)用卡诺图化简，如图 8.7 所示。可求出各 D 触发器的驱动信号表达式。

$$D_3 = Q_3\overline{Q_0} + Q_2Q_1Q_0$$

$$D_2 = Q_2\overline{Q_1} + Q_2\overline{Q_0} + \overline{Q_2}Q_1Q_0$$

$$D_1 = Q_1\overline{Q_0} + \overline{Q_3}\overline{Q_1}Q_0$$

$$D_0 = \overline{Q_0}$$

(3)画出此计数器的逻辑电路图，如图 8.8 所示。

(4)画出完整的状态图，并检查设计的计数器能否自启动。请读者自行分析完成。

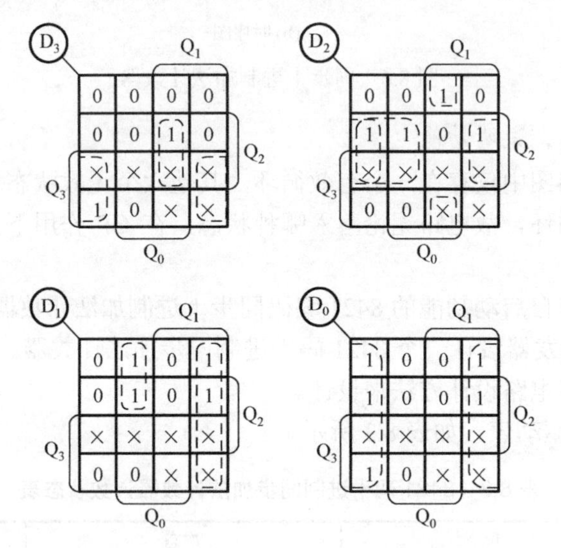

图 8.7　例 8.1 的卡诺图

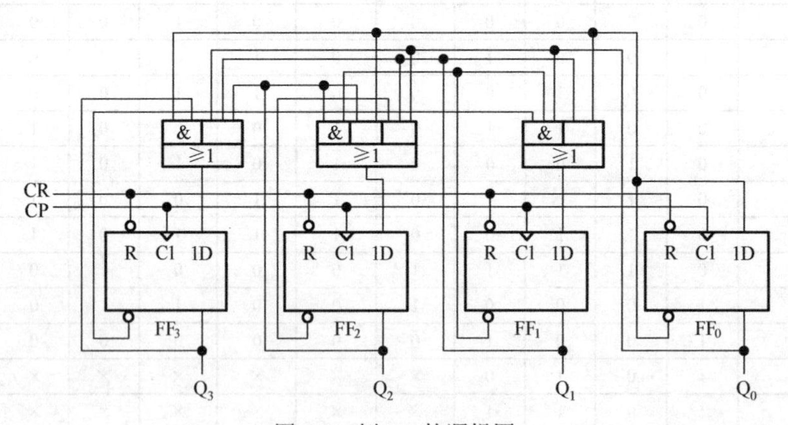

图 8.8　例 8.1 的逻辑图

8.2.2　异步计数器

异步时序逻辑电路与同步时序逻辑电路的分析过程稍有些不同，由于异步时序逻辑电路中各个触发器状态转换的时间不完全是由同一时钟脉冲单独控制的，因此，在异步时序逻辑电路的分析中时钟方程就是必不可少的。

1. 异步二进制加法计数器

图 8.9 是异步 2 位二进制加法计数器。

分析步骤如下。

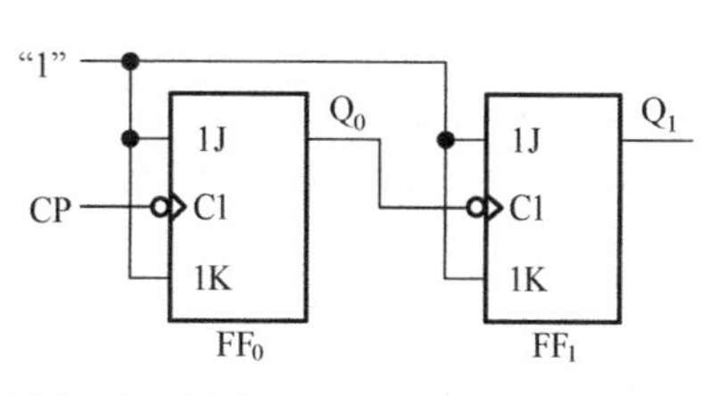

图 8.9 异步 2 位二进制加法计数器

1) 写方程

时钟方程：CP_0=CP，CP_1=Q_0，异步时序电路。

驱动方程：T_0=T_1=1（因触发器为 T′触发器，驱动方程也可不写）。

2) 求状态方程

T′触发器的特性方程为：$Q^{n+1}=\overline{Q^n}$。

求得状态方程：$Q_0^{n+1}=\overline{Q_0^n}\left[CP\downarrow\right]$；$Q_1^{n+1}=\overline{Q_1^n}[Q_0\downarrow]$（"[ ]"表示有效时钟条件，说明只有在相应时钟脉冲触发沿到来时，触发器才会按状态方程进行状态转换，否则将保持原来状态）。

3) 列状态表

状态表（表 8.4），设初始状态 Q_1Q_0=00。

表 8.4 异步 2 位二进制加法计数器状态表

时钟序号	现态		次态		时钟条件	
	Q_1^n	Q_0^n	Q_1^{n+1}	Q_0^{n+1}	CP_1	CP_0
1	0	0	0	1		↓
2	0	1	1	0	↓	↓
3	1	0	1	1		↓
4	1	1	0	0	↓	↓

列表时应特别注意有效时钟条件。例如，$Q_1^nQ_0^n=00$，当 CP 下降沿到来时，由于 CP_0=CP，触发器 FF_0 就具备了时钟条件，因此，FF_0 将按状态方程 $Q_0^{n+1}=\overline{Q_0^n}$ 来更新状态，即由 0 转换成 1；而 CP_1=Q_0 时，Q_0 为上升沿，FF_1 不具备时钟条件，故 FF_1 保持原来状态，即 $Q_1^{n+1}=0$。

4) 画状态图和时序图

其状态图和时序图如图 8.10 所示。从时序图上能更清楚地看到各个触发器下降沿触发的特点。

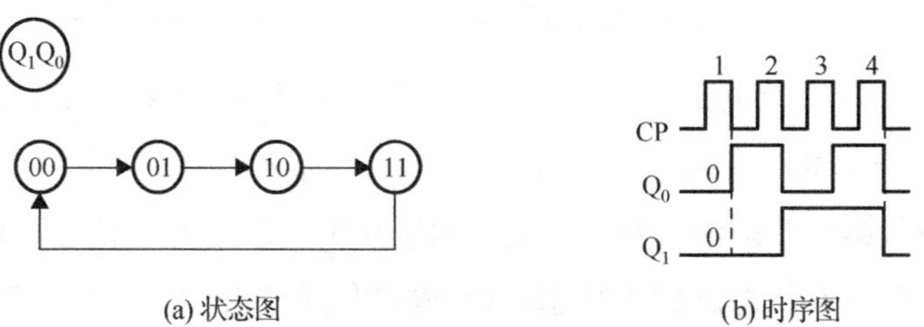

(a) 状态图　　(b) 时序图

图 8.10 异步 2 位二进制加法计数器状态图和时序图

5) 检查自启动，说明功能

由状态图可知，此电路只有一个有效循环，故本逻辑电路为能自启动的异步二进制加法计数器。

2. 异步二进制减法计数器

按二进制编码方式进行减法运算的电路，称为二进制减法计数器。每输入一个计数脉冲CP，进行一次减“1”运算。

在讨论减法计数器的工作原理之前，先简要介绍一下二进制数的减法运算规则：1–1=0，0–1 不够，向相邻高位借 1 作 2，这时可视为(1)0–1=1。如为二进制数 0000–1 时，可视为(1)0000–1=1111；1111–1=1110，其余减法运算以此类推。由以上讨论可知，4 位二进制减法计数器实现减法运算的关键是在输入第1个减法计数脉冲CP后，计数器的状态应由0000翻到1111。

图 8.11(a)所示为由 JK 触发器组成的 4 位二进制减法计数器的逻辑图。FF_3～FF_0 都为 T′ 触发器，负跃变触发。为了能实现向相邻高位触发器输出借位信号，要求低位触发器由 0 状态变为 1 状态时能使高位触发器的状态翻转，为此，低位触发器应从 $\overline{Q}$ 端输出借位信号。图 8.11(a)就是按照这个要求连接的。

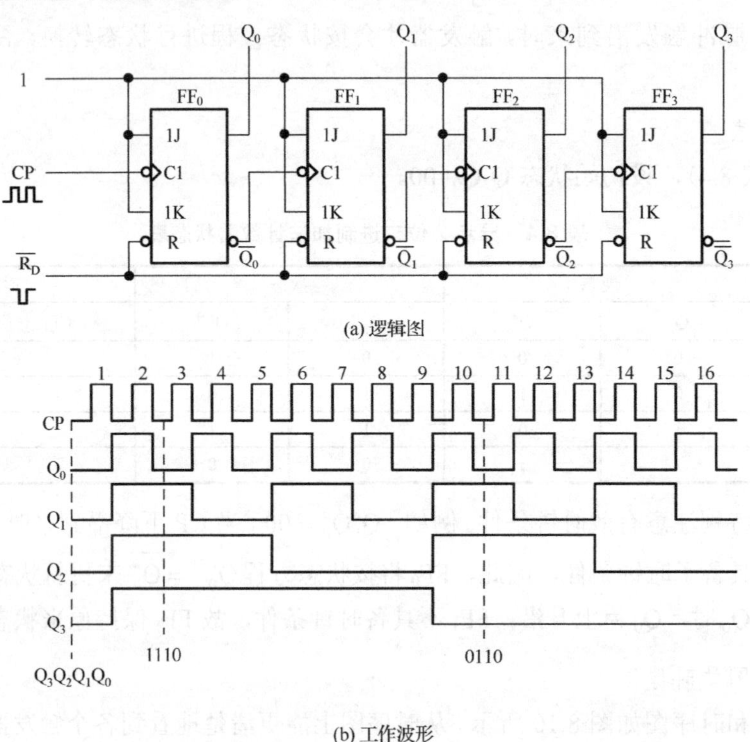

(b) 工作波形

图 8.11　由 JK 触发器组成的 4 位异步二进制减法计数器

它的工作原理如下：设电路在进行减法计数前，在置 0 端 $\overline{R_D}$ 上输入负脉冲，使计数器的状态为 $Q_3Q_2Q_1Q_0$=0000。在减法计数过程中，$\overline{R_D}$ 为高电平。

当在 CP 端输入第一个减法计数脉冲时，FF_0 由 0 状态翻到 1 状态，$\overline{Q_0}$ 输出一个负跃变的借位信号，使 FF_1 由 0 状态翻到 1 状态，$\overline{Q_1}$ 输出负跃变的借位信号，使 FF_2 由 0 状态翻到 1 状态。同理，FF_3 也由 0 状态翻到 1 状态，$\overline{Q_3}$ 输出一个负跃变的借位信号。使计数器翻到 $Q_3Q_2Q_1Q_0$=1111。当 CP 端输入第二个减法计数脉冲时，计数器的状态为 $Q_3Q_2Q_1Q_0$=1110。当 CP 端连续输入减法计数脉冲时，电路状态变化情况如表 8.5 所示。图 8.11(b)所示为减法计数器的工作波形。

表 8.5　4 位二进制减法计数器状态表

计数顺序	计数器状态			
	Q_3	Q_2	Q_1	Q_0
0	0	0	0	0
1	1	1	1	1
2	1	1	1	0
3	1	1	0	1
4	1	1	0	0
5	1	0	1	1
6	1	0	1	0
7	1	0	0	1
8	1	0	0	0
9	0	1	1	1
10	0	1	1	0
11	0	1	0	1
12	0	1	0	0
13	0	0	1	1
14	0	0	1	0
15	0	0	0	1
16	0	0	0	0

3．异步十进制加法计数器

图 8.12(a)所示为由 4 个 JK 触发器组成的 8421BCD 码异步十进制加法计数器，它是在 4 位异步二进制加法计数器的基础上经过适当修改获得的，它跳过了 1010～1111 六个状态，利用二进制数 0000～1001 前十个状态形成十进制计数有效循环。状态转换顺序如表 8.6 所示。

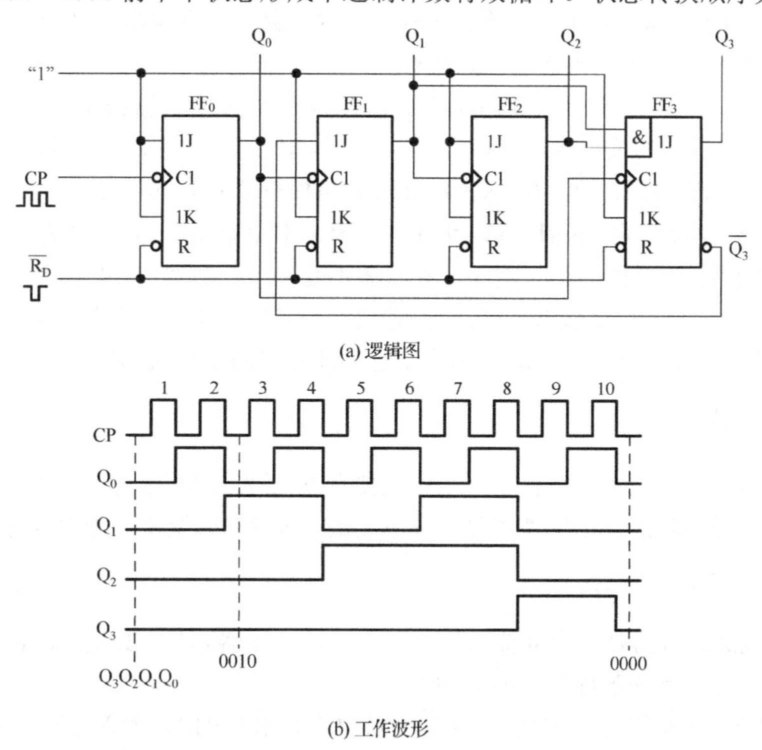

(a) 逻辑图

(b) 工作波形

图 8.12　8421 码异步十进制加法计数器和工作波形

表 8.6　十进制计数器状态表

计数顺序	计数器状态			
	Q_3	Q_2	Q_1	Q_0
0	0	0	0	0
1	0	0	0	1
2	0	0	1	0
3	0	0	1	1
4	0	1	0	0
5	0	1	0	1
6	0	1	1	0
7	0	1	1	1
8	1	0	0	0
9	1	0	0	1
10	0	0	0	0

它的工作原理如下：计数前，在计数器的清零端 $\overline{R_D}$ 上加负脉冲，使电路处于 $Q_3Q_2Q_1Q_0$=0000 状态。由图 8.12(a)可知，FF_1 的 $J_1=\overline{Q_3}=1$，这时 FF_0～FF_2 都为 T'触发器，而 FF_3 的 $J_3=Q_2Q_1=0$，$K_3=1$。因此，输入前 7 个计数脉冲时，计数器按异步二进制加法计数器的计数规律进行计数。当输入第 7 个计数脉冲 CP 时，计数器的状态为 $Q_3Q_2Q_1Q_0$=0111。这时，FF_3 的 $J_3=Q_2Q_1=1$，$K_3=1$，FF_3 具备翻到 1 状态的条件。

输入第 8 个计数脉冲 CP 时，FF_0 由 1 状态翻转到 0 状态，Q_0 输出负跃变，它一方面使 FF_3 由 0 状态翻转到 1 状态，另一方面使 FF_1 由 1 状态翻转到 0 状态，FF_2 也随之由 1 状态翻转到 0 状态，计数器处于 $Q_3Q_2Q_1Q_0$=1000 状态。

输入第 9 个计数脉冲 CP 时，FF_0 由 0 状态翻转到 1 状态，Q_0 输出正跃变，其他触发器的状态不变。计数器为 $Q_3Q_2Q_1Q_0$=1001 状态。这时，FF_3 的 $J_3=Q_2Q_1=0$，$K_3=1$，FF_3 具备翻转到 0 状态的条件；FF_1 的 $J_1=\overline{Q_3}=0$，$K_1=1$，FF_1 具有保持 0 状态的功能。

输入第 10 个计数脉冲 CP 时，FF_0 由 1 状态翻转到 0 状态，Q_0 输出负跃变，使 FF_3 由 1 状态翻转到 0 状态，而 FF_1 和 FF_2 则保持 0 状态不变，使计数器由 1001 状态返回到 0000 状态，跳过了 1010～1111 六个状态，同时 Q_3 输出一个负跃变的进位信号给高位计数器，从而实现了十进制加法计数。图 8.12(b)所示为十进制计数器的工作波形图。

8.2.3　集成计数器

集成计数器的产品比较多，目前使用的主要有 TTL 和 CMOS 集成计数器。对于使用者来说，做到了解器件功能及正确使用是至关重要的，表 8.7 介绍了几种集成计数器产品。

1. 74LS163 集成计数器

74LS163 集成计数器是一个 4 位二进制同步加法计数器芯片，其逻辑功能如表 8.8 所示。从功能表中可了解该芯片具有如下功能。

(1)同步清零：$\overline{CR}$ 端为清零端。当 $\overline{CR}$ 为低电平($\overline{CR}$=0)时，加入 CP 脉冲的上升沿，各触发器均被清零，计数器的输出 $Q_3Q_2Q_1Q_0$=0000；不清零时应使 $\overline{CR}$ 接高电平($\overline{CR}$=1)。

(2) 同步置数(预置数、送数)：$\overline{LD}$ 为预置数控制端。在 $\overline{CR}=1$(不处于清零状态)的条件下，$\overline{LD}$ 接低电平($\overline{LD}=0$)的同时，加入 CP 脉冲的上升沿，计数器被置数，输入数据 $d_3d_2d_1d_0$ 被置入相应的触发器，即计数器输出 $Q_3Q_2Q_1Q_0$ 等于数据输入端 $D_3D_2D_1D_0$ 输入的二进制数($Q_3Q_2Q_1Q_0=d_3d_2d_1d_0$)，这就可以使计数器从预置数开始进行加法计数。不预置数时应使 $\overline{LD}$ 接高电平($\overline{LD}=1$)。

表 8.7　几种集成计数器

CP 脉冲引入方式	型号	计数模式	清零方式	预置数方式
同步	74LS161	4 位二进制加法	异步(低电平)	同步
	74HC161	4 位二进制加法	异步(低电平)	同步
	74HCT161	4 位二进制加法	异步(低电平)	同步
	74LS163	4 位二进制加法	同步(低电平)	同步
	74LS191	单时钟 4 位二进制可逆	无	异步
	74LS193	双时钟 4 位二进制可逆	异步(高电平)	异步
	74LS160	十进制加法	异步(低电平)	同步
	74LS190	单时钟十进制可逆	无	异步
异步	74LS293	双时钟 4 位二进制加法	异步	无
	74LS290	二-五-十进制加法	异步	异步

表 8.8　74LS163 集成计数器功能表

输入									输出				工作模式
CP	$\overline{CR}$	$\overline{LD}$	CT_P	CT_T	D_3	D_2	D_1	D_0	Q_3^n	Q_2^n	Q_1^n	Q_0^n	
↑	0	×	×	×	×	×	×	×	0	0	0	0	同步清零
↑	1	0	×	×	d_3	d_2	d_1	d_0	d_3	d_2	d_1	d_0	同步置数
×	1	1	×	0	×	×	×	×	Q_3^{n-1}	Q_2^{n-1}	Q_1^{n-1}	Q_0^{n-1}	保持
×	1	1	0	×	×	×	×	×	Q_3^{n-1}	Q_2^{n-1}	Q_1^{n-1}	Q_0^{n-1}	
↑	1	1	1	1	×	×	×	×	加法计数				加法计数

(3) 计数：CT_P 和 CT_T 为计数允许控制端。在 $\overline{CR}=1$(不清零)和 $\overline{LD}=1$(不送数)的条件下，若控制端 CT_P、CT_T 均为高电平($CT_P=CT_T=1$)，计数器处于对 CP 的计数状态，此时它为一种典型的 4 位二进制加法计数器。当计数器计数到 $Q_3Q_2Q_1Q_0=1111$ 时，进位输出 CO=1；再输入一个计数脉冲，计数器输出从 1111 返回到 0000 状态，CO 由 1 变为 0 作为进位输出信号。

(4) 保持：在 $\overline{CR}=1$(不清零)和 $\overline{LD}=1$(不送数)的条件下，控制端 CT_P 和 CT_T 中只要有一个为低电平，则计数器处于保持状态，各触发器保持原状态不变，其进位输出 CO 在 $CT_P=0$、$CT_T=1$ 时，状态不变；而在 $CT_P=1$、$CT_T=0$ 时，进位输出 CO=0。

对照图 8.13 所示的工作波形图(时序图)，将有助于了解其逻辑功能。

图 8.14 为 74LS163 集成计数器的引脚排列图和逻辑符号。

图 8.14(b) 为 74LS163 的新国标图形符号，这种符号概括性很强，读者往往无须了解电路内部结构，无须查阅功能表，即可由图形符号直接读懂芯片整体的逻辑功能以及各输入、输出之间的逻辑关系，下面以图 8.14(b) 为例介绍符号的含义。

总限定符 CTRDIV16 表明这是一个 4 位二进制计数器，计数长度为 $2^4=16$。CP 端仅有“+”，而无“-”标记，故为加法计数器。

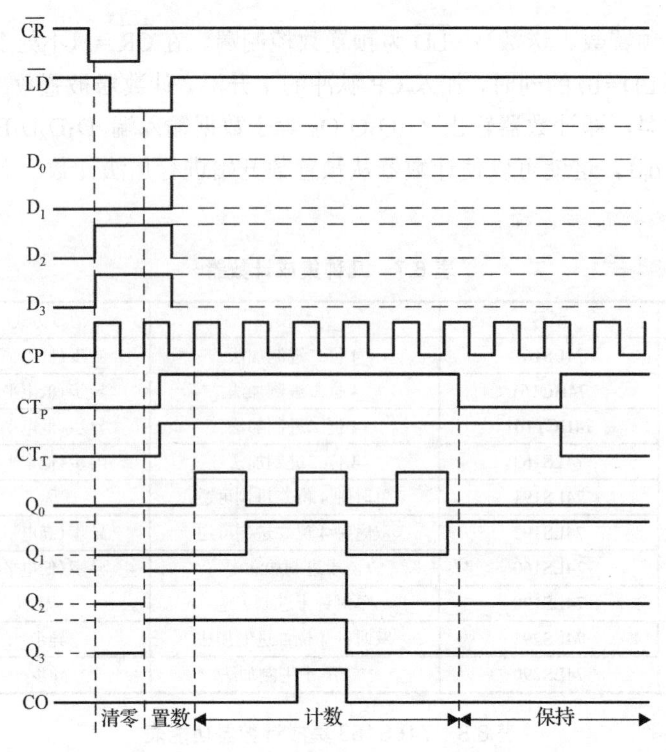

图 8.13　74LS163 集成计数器工作波形图

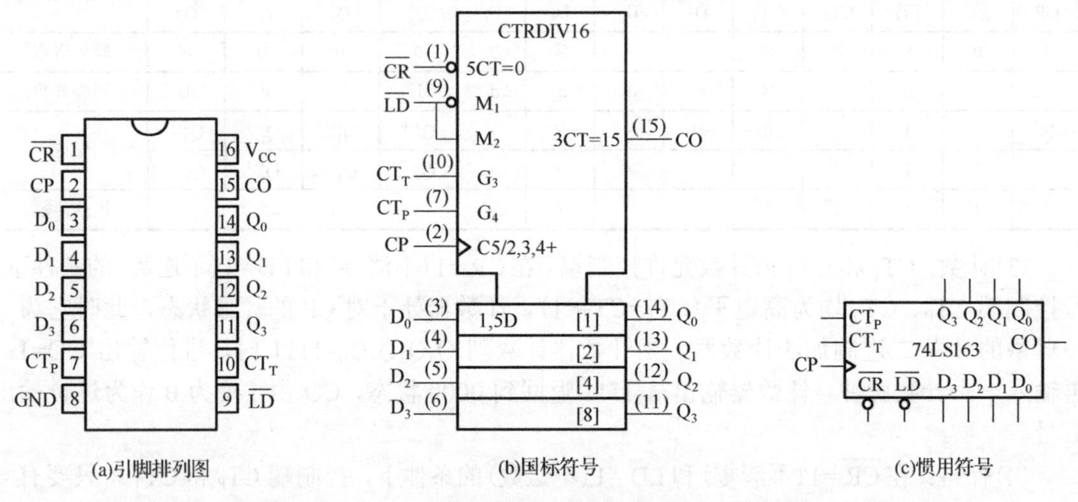

(a)引脚排列图　(b)国标符号　(c)惯用符号

图 8.14　74LS163 集成计数器的引脚排列图和逻辑符号

CP(CLK)端的"C5"(C 称为控制关联符号)和 $\overline{CR}$ (CLR)的"5CT=0"以及 $\overline{CR}$ 端的"∘"表明，当 $\overline{CR}$ 为低电平，且 CP 上升沿出现时，计数器置零，因此为同步清零。

$\overline{LD}$ 端的"M_1"(M 称为方式关联符号)、CP 端的"C5"和 D_0～D_3 端的"1,5D"("1, 5D"只在 D_0 端标出，D_1～D_3 端因简化画法而省略)以及 $\overline{LD}$ 的"∘"共同表明，D_0～D_3 四端的数据是在 $\overline{LD}$ 为低电平，且 CP 出现上升沿时被置入计数器，因此该电路为同步置数。

CP 端的"2, 3, 4+"和关联符号"M_2，G_3，G_4(G 称为与关联符号)"表示，当 $\overline{LD}$ 和 $\overline{CR}$ 为高电平，CT_P(P)和 CT_T(T)也为高电平时，CP 上升沿将使计数器进行加法计数；"G_3"和

"3CT=15"表明，当 CT_T 为高电平时，一旦计数值为 15，进位输出端 CO 将输出进位脉冲。

$\overline{CR}=\overline{LD}=1$ 时，若 $CT_T \cdot CT_P=0$，计数器保持不变。

可见，图形符号分析的结果与功能表是一致的。

新国标图形符号虽然概括性很强，但作为逻辑图中的逻辑符号稍嫌烦琐，因此常用惯用符号画逻辑电路图。

2. 74LS161 集成计数器

74LS161 集成计数器也是一个 4 位二进制同步加法计数器芯片，其逻辑功能如表 8.9 所示。

表 8.9 74LS161 集成计数器功能表

输入									输出				工作模式
CP	$\overline{CR}$	$\overline{LD}$	CT_P	CT_T	D_3	D_2	D_1	D_0	Q_3^n	Q_2^n	Q_1^n	Q_0^n	
×	0	×	×	×	×	×	×	×	0	0	0	0	异步清零
↑	1	0	×	×	d_3	d_2	d_1	d_0	d_3	d_2	d_1	d_0	同步置数
×	1	1	×	0	×	×	×	×	Q_3^{n-1}	Q_2^{n-1}	Q_1^{n-1}	Q_0^{n-1}	保持
×	1	1	0	×	×	×	×	×	Q_3^{n-1}	Q_2^{n-1}	Q_1^{n-1}	Q_0^{n-1}	
↑	1	1	1	1	×	×	×	×	加法计数				加法计数

从功能表中可知，该芯片与 74LS163 的差异在于清零功能：74LS163 为同步清零；而 74LS161 是异步清零。即 74LS161 进行异步清零时，只要 $\overline{CR}$ 为低电平($\overline{CR}=0$)，不管其他输入端(包括 CP)状态如何，各触发器均被清零，计数器的输出 $Q_3Q_2Q_1Q_0=0000$。同样，不清零时应使 $\overline{CR}$ 接高电平($\overline{CR}=1$)。

图 8.15 和图 8.16 分别给出了 74LS161 集成计数器的工作波形图(时序图)和引脚排列图及逻辑符号。

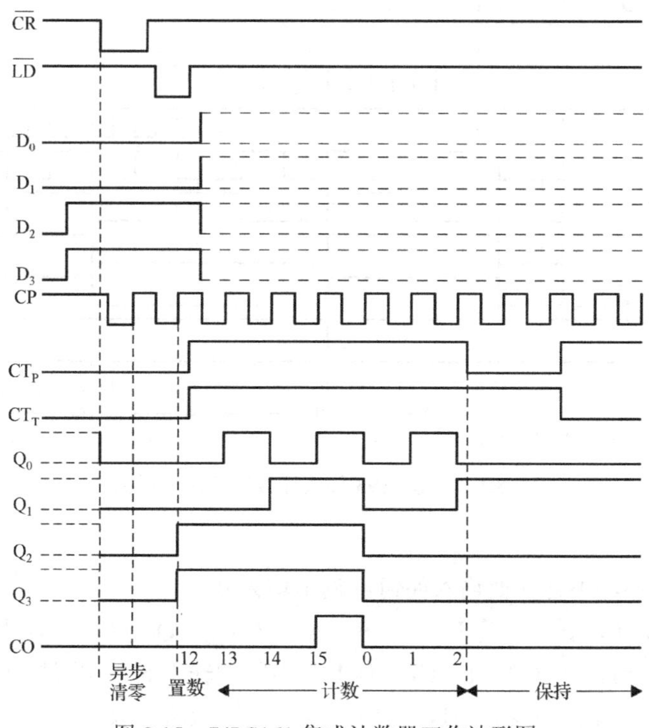

图 8.15 74LS161 集成计数器工作波形图

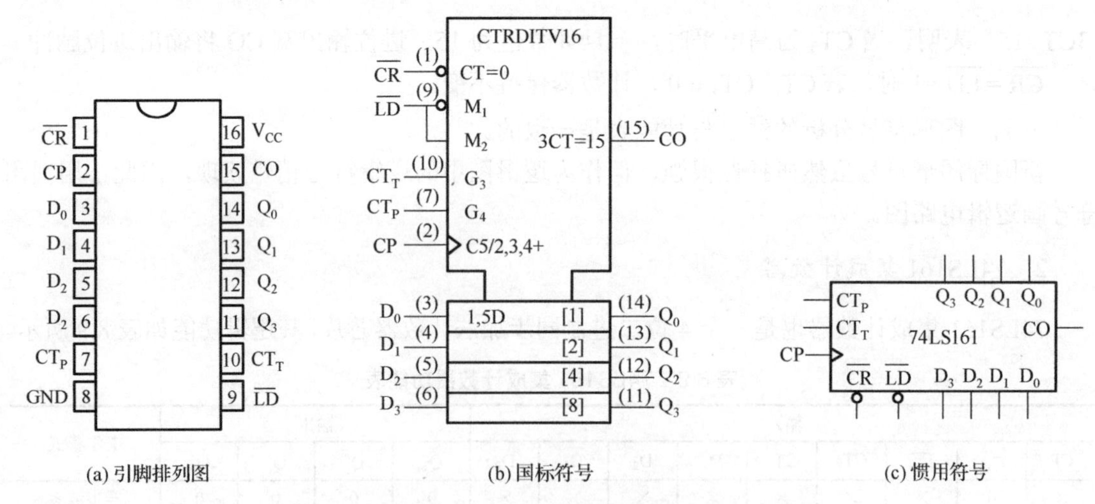

(a) 引脚排列图　　(b) 国标符号　　(c) 惯用符号

图 8.16　74LS161 集成计数器的引脚排列图和逻辑符号

3. 74LS193 集成计数器

74LS193 是具有清除双时钟功能的可预置数 4 位二进制同步可逆计数器。图 8.17 为 74LS193 集成计数器工作波形图。

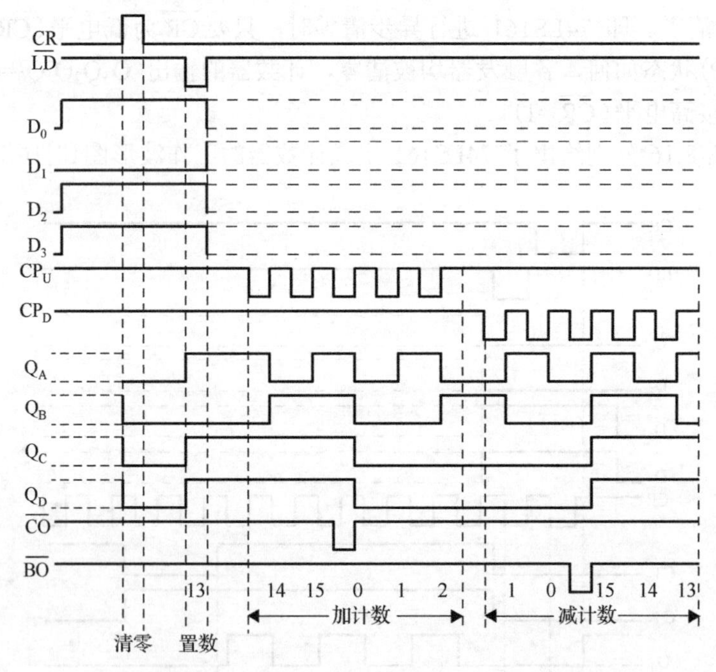

图 8.17　74LS193 集成计数器工作波形图

其主要功能如下。

(1) CR=1 为清零，不管其他输入如何，输出均为 0。

(2) CR=0，$\overline{LD}$=0，置数，将 D、C、B、A 置入 Q_D、Q_C、Q_B、Q_A 中。

(3) CR=0，$\overline{LD}$=1，在 CP_D=1，CP_U 有上升沿脉冲输入时，实现同步二进制加法计数。在 CP_U=1，CP_D 有上升沿脉冲输入时，实现同步二进制减法计数。

(4)在计数状态下($CR=0$，$\overline{LD}=1$，$CP_D=1$ 时)CP_U 输入脉冲，进行加法计数，仅当计数到 $Q_D \sim Q_A$ 全 1，且 CP_U 为低电平时，进位 $\overline{CO}$ 输出为低电平；减法计数时($CP_U=1$，CP_D 为脉冲输入，$CR=0$，$\overline{LD}=1$)，仅当 $Q_D \sim Q_A$ 全 0，且 CP_D 为低电平时，借位 $\overline{BO}$ 输出为低电平。

74LS193 的引脚排列图如图 8.18 所示。

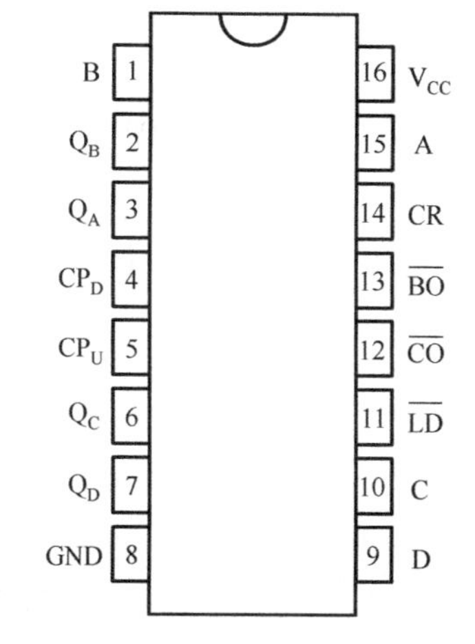

图 8.18　74LS193 的引脚排列图

8.2.4　集成计数器的应用

1. 计数器的级联

计数器的级联是将多个集成计数器连接起来，以获得计数容量更大的计数器。两个模 N 的计数器级联，可实现 $N \times N$ 的计数器。

计数器的级联一般用低位片的进位/借位输出端和高位片的使能端或时钟端相连来实现。根据集成计数器进位/借位输出信号的类型，计数器有下列两种常用的级联方式。

1) 同步级联

图 8.19 是用两片 4 位二进制加法计数器 74LS161 采用同步级联方式构成的 8 位二进制同步加法计数器，模为 $16 \times 16=256$。两芯片共用外部时钟和清零信号。由于低位片的 $CT_T=CT_P=1$，所以总是工作在计数状态。而高位片的 CT_T、CT_P 接低位片的进位输出端 CO，所以，只有当低位片计数达到最大值 1111 时，$CO=1$，使高位片的 $CT_T=CT_P=1$，满足计数条件，在下一个计数脉冲到来时，低位片回零，高位片加 1，实现了进位。由于两芯片共用外部时钟，在需要翻转时，两芯片同时翻转，所以称为同步级联。

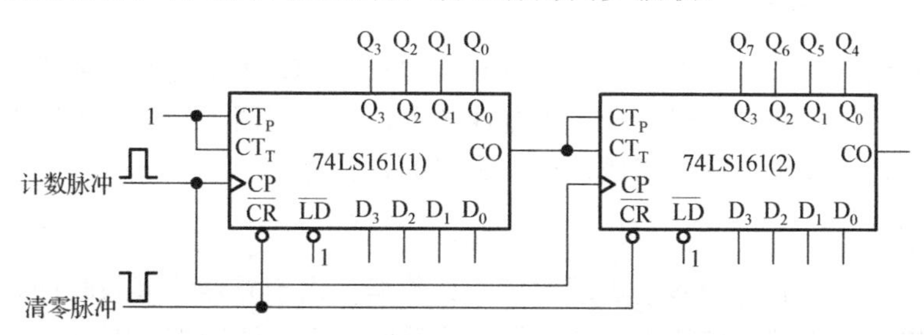

图 8.19　74LS161 同步级联组成 8 位二进制加法计数器

2) 异步级联

用两片 74LS191 采用异步级联方式构成的 8 位二进制异步可逆计数器如图 8.20 所示。外部时钟信号接低位片的 CP 端，低位片的进位/借位输出端 CO 接高位片的 CP 端。作加法计数时，每当低位片的计数值由 1111 回到 0000 时，低位片的 CO 发一个进位脉冲上升沿给高位片的 CP 端，实现进位；作减法计数时，每当低位片的计数值由 0000 回到 1111 时，低位片的 CO 发一个借位脉冲上升沿给高位片的 CP 端，实现借位。由于两芯片没有共用外部时钟，在需要翻转时，低位片先翻转，高位片后翻转，所以称为异步级联。

有的集成计数器没有进位/借位输出端，这时可根据具体情况，用计数器的输出信号 Q_3、Q_2、Q_1、Q_0 产生一个进位/借位。例如，用两片二-五-十进制异步加法计数器 74LS290 采用异步级联方式组成的二位 8421BCD 码十进制加法计数器如图 8.21 所示，模为 $10 \times 10=100$。图中的两片 74LS290 都接成 8421BCD 码十进制计数器(Q_0 接到 CP_2)。由于 74LS290 没有进位信号，且为 CP 下降沿计数，所以选低位片的 Q_3 作为进位信号，与高位片的 CP_1 端相连。每当低位片的计数值由 1001 回到 0000 时，Q_3 由 1 变为 0，发一个进位脉冲下降沿给高位片的 CP_1 端，实现进位。由于两芯片的时钟信号不统一，所以属于异步级联。

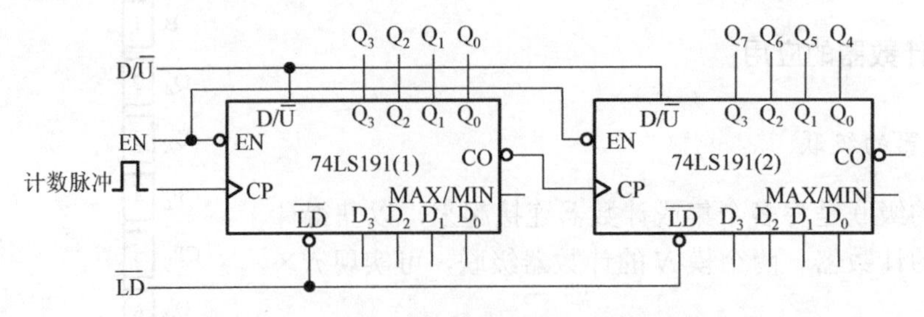

图 8.20　74LS191 异步级联组成 8 位二进制可逆计数器

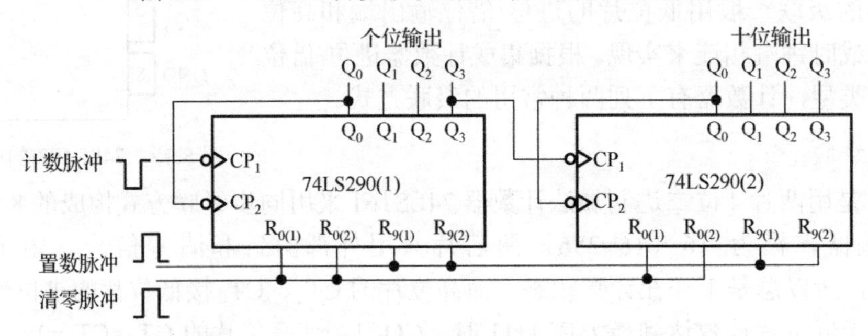

图 8.21　74LS290 异步级联组成 100 进制计数器

2. 组成任意进制计数器

市场上能买到的集成计数器一般为二进制和 8421BCD 码十进制计数器，如果需要其他进制的计数器，可用现有的二进制或十进制计数器，利用其清零端或预置数端，外加适当的门电路连接而成。下面举例说明组成任意计数器的几种方法。

1)异步清零法

异步清零法适用于具有异步清零端的集成计数器。由于异步清零与时钟脉冲 CP 没有任何关系，只要异步清零端出现清零有效信号，计数器便立刻被清零。因此，在输入第 N 个计数脉冲 CP 后，通过控制电路产生一个清零信号加到异步清零端上，使计数器回零，则可获得 N 进制计数器。图 8.22(a)所示是用集成计数器 74LS161 和与非门组成的 6 进制计数器。74LS161 本身是 16 进制加法计数器，且具有异步清零端 $\overline{CR}$。当 74LS161 从 0000 状态开始计数，输入第 6 个计数脉冲(上升沿)时，输出 $Q_3Q_2Q_1Q_0$=0110，与非门输出端变低电平，反馈给 $\overline{CR}$ 端一个清零信号，立即使 $Q_3Q_2Q_1Q_0$ 返回 0000 状态，接着，与非门输出端变为高电平，$\overline{CR}$ 端的清零信号随之消失，74LS161 重新从 0000 状态开始新的计数周期。可见 0110 状态仅在极短的瞬间出现，为过渡状态。该电路的有效状态是 0000～0101，共 6 个状态，所以为 6 进制计数器。图 8.22(b)所示为该电路的状态图，其中虚线所示的状态为过渡状态。

2)同步清零法

同步清零法适用于具有同步清零端的集成计数器。和异步清零不同，同步清零输入端获得清零有效信号后，计数器并不能立刻被清零，只是为清零创造了条件，还需要再输入一个计数脉冲 CP，计数器才被清零。因此，利用同步清零端获得 N 进制计数器时，应在输入第 N–1 个计数脉冲 CP 时，使同步清零输入端获得清零信号，这样，在输入第 N 个计数脉冲 CP 时，计数器才被清零，从而实现 N 进制计数。图 8.23(a)所示是用集成计数器 74LS163 和与非门组成的 6 进制计数器。74LS163 与 74LS161 一样，也是 16 进制同步加法计数器，所不同的是，它的清零端 $\overline{CR}$ 为同步清零方式。由图 8.23 可知，当 74LS163 从 0000 状态开始计数，输入第 5 个计数脉冲(上升沿)时，输出 $Q_3Q_2Q_1Q_0$=0101，与非门输出端变低电平，使 $\overline{CR}$ 端有效，为清零做好了准备，再输入一个脉冲，即第 6 个脉冲(上升沿)时，使 $Q_3Q_2Q_1Q_0$ 返回 0000 状态，同时，$\overline{CR}$ 端的有效信号消失，74LS163 重新从 0000 状态开始新的计数周期。图 8.23(b)所示为该电路的状态图。

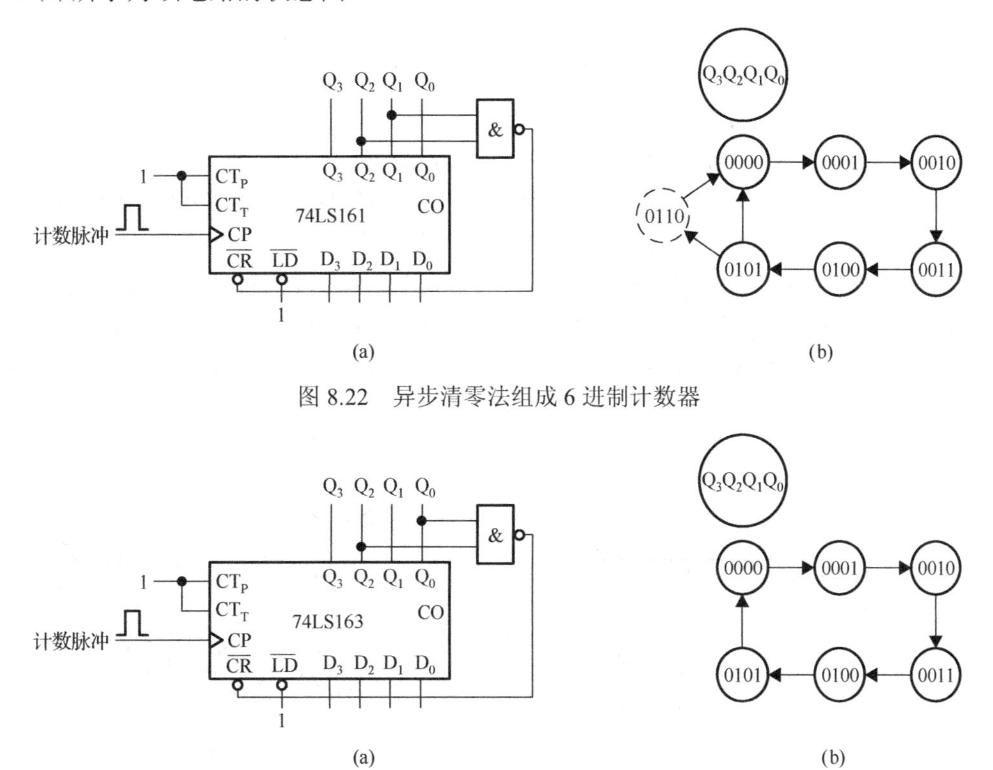

图 8.22　异步清零法组成 6 进制计数器

图 8.23　同步清零法组成 6 进制计数器

3)异步预置数法

异步预置数法适用于具有异步预置端的集成计数器。和异步清零一样，异步置数与时钟脉冲没有任何关系，只要异步置数控制端出现置数有效信号，并行输入的数据便立刻被置入计数器的输出端。因此，利用异步置数控制端先预置一个初始状态，在输入第 N 个计数脉冲 CP 后，通过控制电路产生一个置数信号加到置数控制端上，使计数器返回到初始的预置数状态，即可实现 N 进制计数。图 8.24(a)所示是用集成计数器 74LS191 和与非门组成的 10 进制计数器。74LS191 本身是 4 位二进制同步可逆计数器，具有异步预置数端 $\overline{LD}$。由图 8.24 可见，该电路已接成加法计数器，电路的预置数为 $D_3D_2D_1D_0$=0011，当计数到 1101 时，与非门输出端变为低电平，$\overline{LD}$=0，电路立即执行预置操作，重新将 0011 状态置入计数器。同时使 $\overline{LD}$=1，新的计数周期又从 0011 开始。去掉 1101 过渡状态，该电路的有效状态是 0011～1100，共有 10 个状态，可作为余 3 码计数器。图 8.24(b)所示为该电路的状态图。

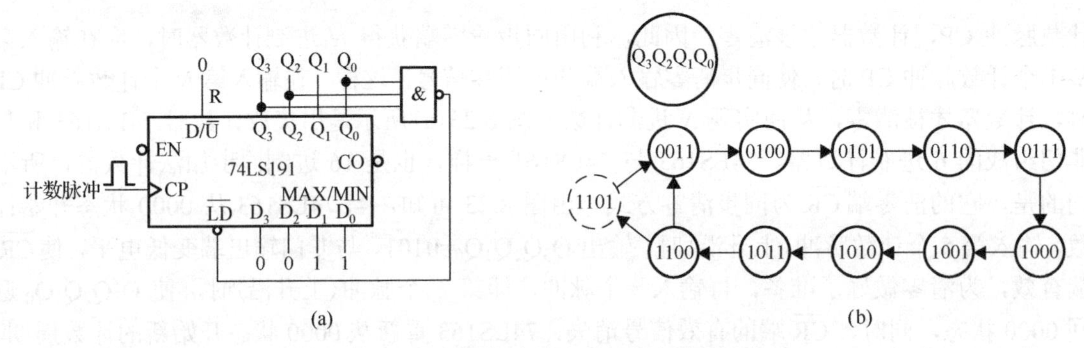

图 8.24　异步预置数法组成余 3 码十进制计数器

4) 同步预置数法

同步预置数法适用于具有同步预置数端的集成计数器。方法与异步预置数法类似，不同的是，应在输入第 N–1 个计数脉冲 CP 后，通过控制电路产生一个置数信号，使置数控制端有效，然后，再输入一个(第 N 个)计数脉冲 CP 时，计数器执行预置操作，重新将预置状态置入计数器，从而实现 N 进制计数。图 8.25(a)所示是用集成计数器 74LS160 和与非门组成的 7 进制计数器。74LS160 本身是 8421BCD 码加法计数器，具有同步预置数端 $\overline{LD}$ 。由图 8.25 可知，电路的预置数为 $D_3D_2D_1D_0$=0011，当输入第 6 个 CP 脉冲后计数到 1001 状态时，进位输出端 CO=1，$\overline{LD}$=0，在第 7 个 CP 脉冲到来后，计数器执行预置操作，重新将 0011 状态置入计数器。同时使 CO=0，$\overline{LD}$=1，新的计数周期又从 0011 开始。图 8.25(b)所示为该电路的状态图。

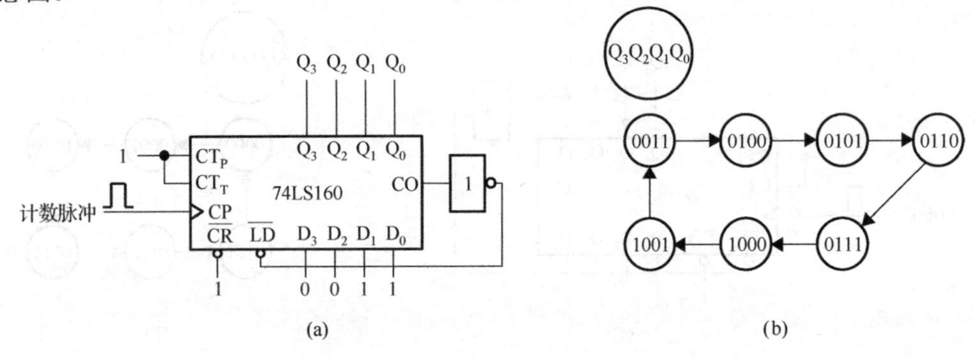

图 8.25　同步预置数法组成 7 进制计数器

综上所述，改变集成计数器的模可用清零法，也可用预置数法。清零法比较简单，预置数法比较灵活。但不管用哪种方法，都应首先搞清楚所用集成组件的清零端或预置端是异步还是同步工作方式，根据不同的工作方式选择合适的清零信号或预置信号。

3. 组成分频器

前面提到，模 N 计数器进位输出端输出脉冲的频率是输入脉冲频率的 1/N，因此可用模 N 计数器组成 N 分频器。

【例 8.2】 某石英晶体振荡器输出脉冲信号的频率为 32768Hz，用 74LS161 集成计数器芯片组成分频器，将其分频为频率为 1Hz 的脉冲信号。

解：因为 32768=2^{15}，经 15 级二分频，就可获得频率为 1Hz 的脉冲信号。因此将四片 74LS161 级联，从高位片(4)的 Q_2 输出即可，其逻辑电路如图 8.26 所示。

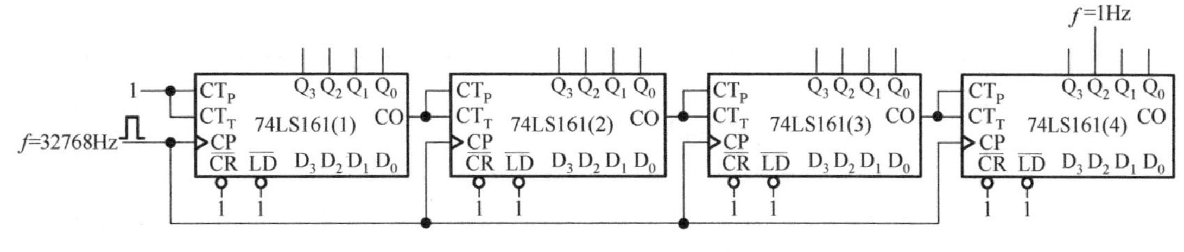

图 8.26　例 8.2 的逻辑电路图

4. 组成序列信号发生器

序列信号是在时钟脉冲作用下产生的一串周期性的二进制信号。图 8.27 是用 74LS161 及门电路构成的序列信号发生器。其中 74LS161 与 G_1 构成了一个模 5 计数器，且 $Z = Q_0\overline{Q_2}$。在 CP 作用下，计数器的状态变化如表 8.10 所示。由于 $Z = Q_0\overline{Q_2}$，故不同状态下的输出如表 8.10 的最后一列所示。因此，这是一个 01010 序列信号发生器，序列长度 P=5。

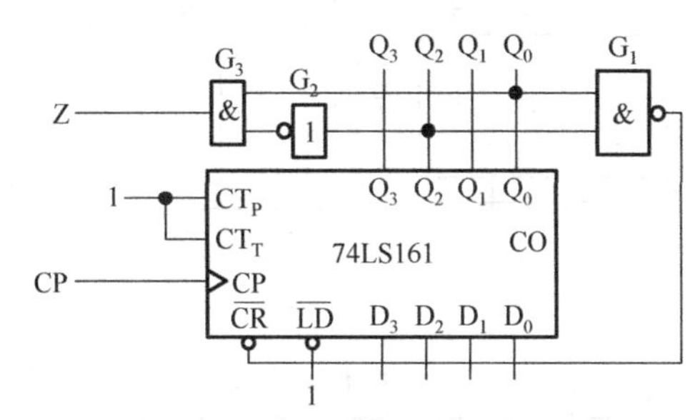

图 8.27　计数器组成序列信号发生器

表 8.10　状态表

现态			次态			输出
Q_2^n	Q_1^n	Q_0^n	Q_2^{n+1}	Q_1^{n+1}	Q_0^{n+1}	Z
0	0	0	0	0	1	0
0	0	1	0	1	0	1
0	1	0	0	1	1	0
0	1	1	1	0	0	1
1	0	0	0	0	0	0

用计数器辅以数据选择器可以方便地构成各种序列发生器，构成的方法如下。

(1) 构成一个模 P 计数器。

(2) 选择适当的数据选择器，把欲产生的序列按规定的顺序加在数据选择器的数据输入端，把地址输入端与计数器的输出端适当地连接在一起。

【例 8.3】 试用计数器 74LS161 和数据选择器设计一个 01100011 序列发生器。

解：由于序列长度 P=8，故将 74LS161 构成模 8 计数器，并选用数据选择器 74LS151 产生所需序列，从而得电路如图 8.28 所示。

5. 组成脉冲分配器

脉冲分配器是数字系统中定时部件的组成部分，它在时钟脉冲作用下，顺序地使每个输出端输出节拍脉冲，用以协调系统各部分的工作。

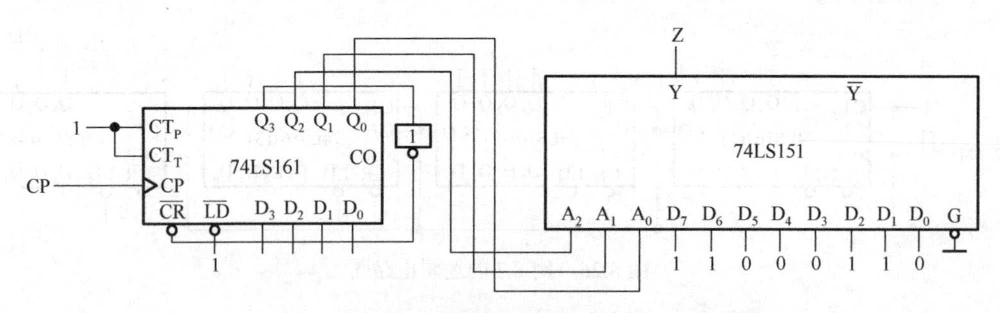

图 8.28　计数器和数据选择器组成序列信号发生器

图 8.29(a)为一个由计数器 74LS161 和译码器 74LS138 组成的脉冲分配器。74LS161 构成模 8 计数器，输出状态 $Q_2Q_1Q_0$ 在 000～111 循环变化，从而在译码器输出端 Y_0～Y_7 分别得到图 8.29(b)所示的脉冲序列。

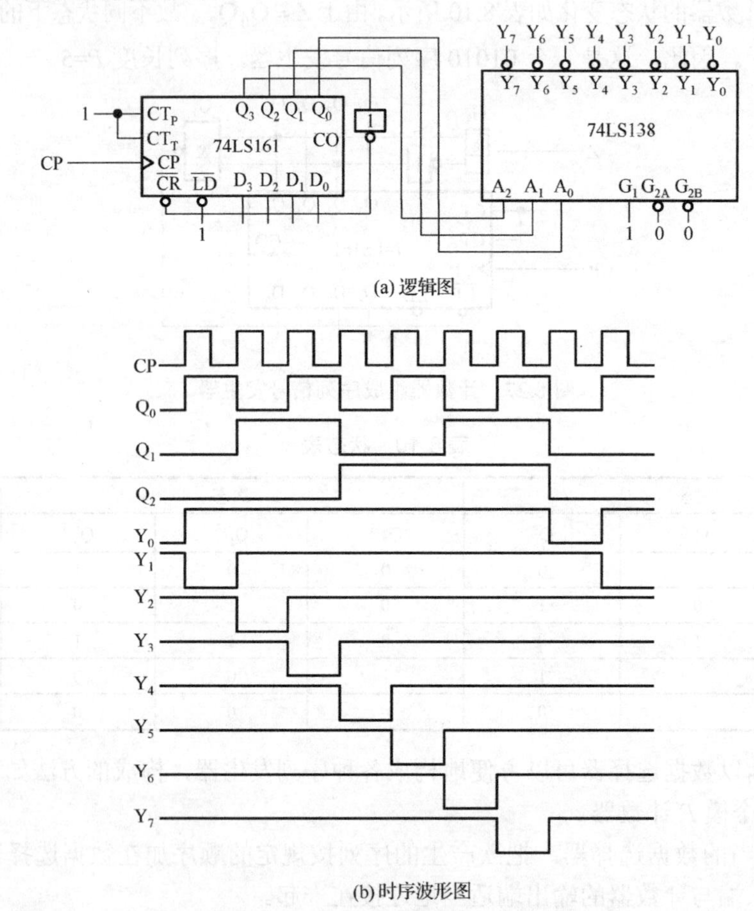

(a) 逻辑图

(b) 时序波形图

图 8.29　计数器和译码器组成的脉冲分配器

8.3　实验内容和步骤

1. 异步二进制加法计数器

(1) 在实验系统中选四个 JK 触发器(也可自行插入两片 74LS112 双 JK 触发器)，按图 8.30 接线。74LS112 引脚排列如图 6.40 所示。

(2) CP 接单次脉冲(或接连续脉冲)，R 端接实验系统上的复位开关 K_5。

(3) 接通实验系统电源，先按复位开关 K_5(复位开关平时处于 1，LED 灯亮，按下为 0，LED 灯灭，再松开开关，恢复至原位处于 1，LED 灯亮)，计数器清零。

(4) 按动单次脉冲(即输入 CP 脉冲)，计数器按二进制工作方式工作。这时 Q_3、Q_2、Q_1、Q_0 的状态应和图 8.31 一致。如不一致，则说明电路有问题或接线有误，需重新排除错误后，再进行实验论证。

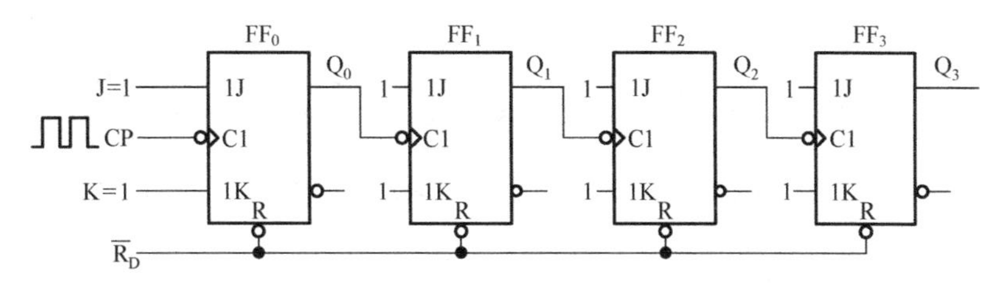

图 8.30　异步二进制加法计数器实验接线图

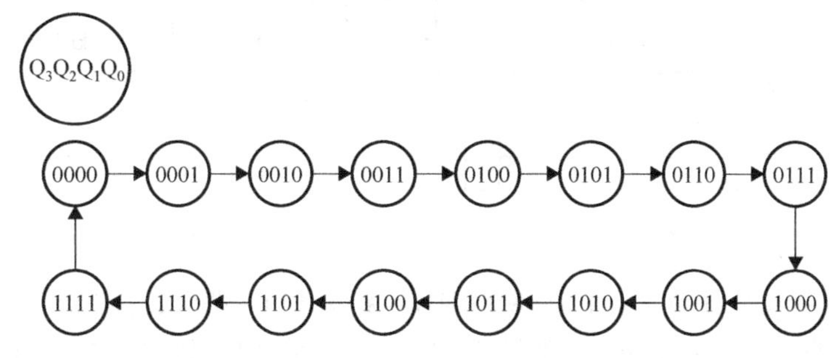

图 8.31　异步二进制加法计数器实验状态图

2. 异步二进制减法计数器

(1) 按图 8.32 接线，实际上，只要把异步二进制加法计数器的输出脉冲引脚由 Q 端换成 $\overline{Q}$ 端，即为异步二进制减法计数器。

(2) 输入单次脉冲 CP，观察输出 Q_3、Q_2、Q_1、Q_0 的状态是否和图 8.33 一致。

(3) 将 CP 脉冲连线接至连续脉冲输出(注意：必须先断开与单次脉冲的连线，再接到连续脉冲输出上)，调节连续脉冲旋钮，观察计数器的输出。

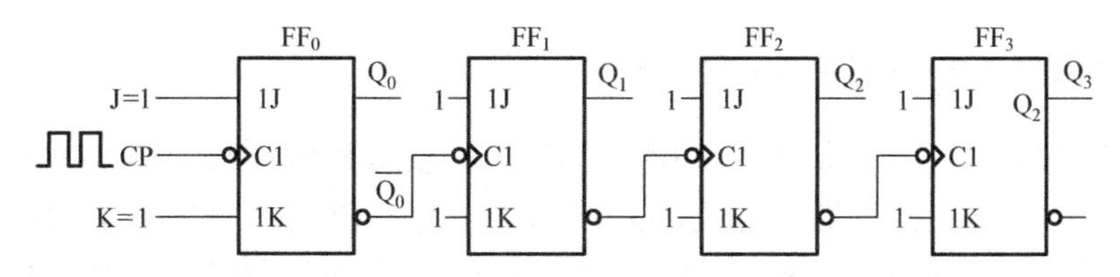

图 8.32　异步二进制减法计数器实验接线图

3. 用 D 触发器构成计数器

(1) 按图 8.34 接线，即为 4 位二进制(十六进制)异步加法计数器，验证方法同上。从本实验不难发现，用 D 触发器构成的二进制计数器与 JK 触发器构成的二进制计数器的接线(即电路连接)不一样，原因是 74LS74 双 D 触发器为上升沿触发，而 74LS112 双 JK 触发器为下降沿触发。

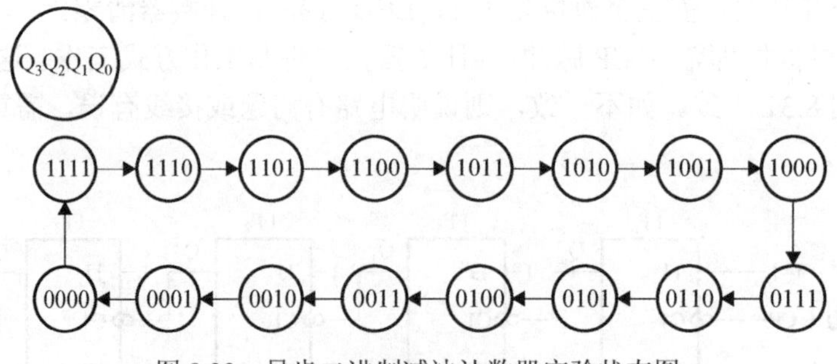

图 8.33　异步二进制减法计数器实验状态图

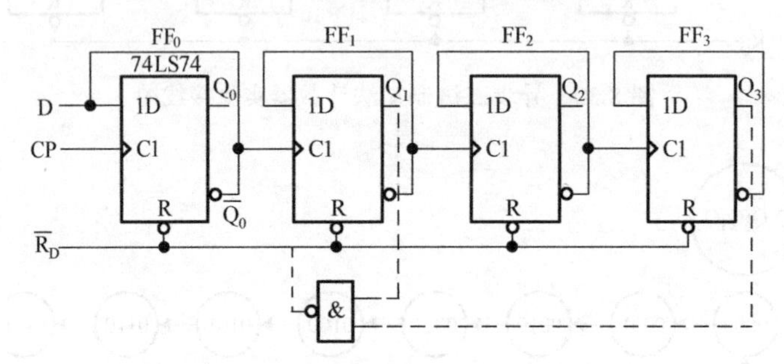

图 8.34　用 D 触发器构成计数器实验接线图

(2)构成十进制异步计数器。在图 8.34 中，将 Q_3 和 Q_1 两输出端接至与非门的输入端，输出端接计数器的四个清零端 $\overline{R}_D$ 。如图中虚线所示(原来 $\overline{R}_D$ 接复位按钮 K_5 的导线应该断开)。按动单次脉冲输入，就可发现其逻辑功能为十进制(8421 码)计数器。

若要构成十二进制或十四进制计数器，则只需将 Q_3、Q_2、Q_1 进行不同组合即可。如图 8.35 所示，分别为十进制、十二进制、十四进制计数器反馈接线图。

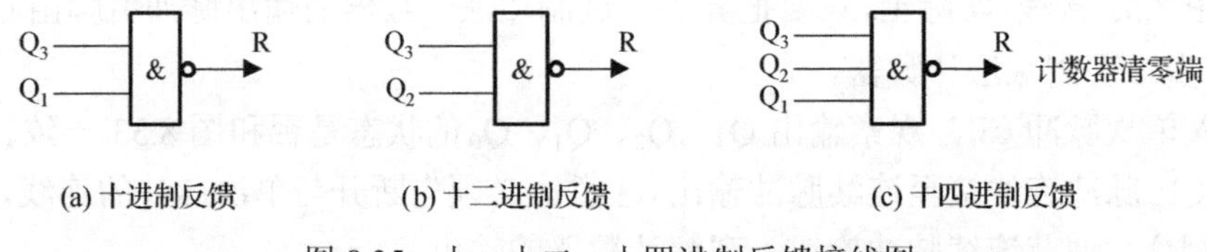

图 8.35　十、十二、十四进制反馈接线图

4. 集成计数器 74LS161 的功能验证和应用

(1)将 74LS161 芯片插入实验系统 IC 空插座中，按图 8.36 接线。16 脚接电源+5V，8 脚接地，D_0、D_1、D_2、D_3 接四位数据开关，Q_0、Q_1、Q_2、Q_3、CO 接五只 LED，置数控制端 $\overline{LD}$、清零端 $\overline{CR}$ 分别接逻辑开关 K_1、K_2。CT_P、CT_T 分别接另外两只逻辑开关 K_3、K_4，CP 接单次脉冲。

接线完毕，接通电源，进行 74LS161 功能验证。

① 清零：拨动逻辑开关 K_2=0($\overline{CR}$=0)，则输出 Q_0～Q_3 全为 0，即 LED 全灭。

② 置数：设数据开关 $D_3D_2D_1D_0$=1010，再拨动逻辑开关 K_1=0，K_2=1(即 $\overline{LD}$=0，$\overline{CR}$=1)，按动单次脉冲(应在上升沿时)，输出 $Q_3Q_2Q_1Q_0$=1010，即 D_3～D_0 数据并行置入计数器中，

若数据正确，再设置 $D_3 \sim D_0$ 为 0111，输入单次脉冲，观察输出是否正确($Q_3 \sim Q_0$=0111)。如不正确，则找出原因。

③ 保持功能：置 $K_1=K_2=1$(即 $\overline{CR}=\overline{LD}=1$)，$K_3$ 或 $K_4=0$(即 $CT_T=0$ 或 $CT_P=0$)，则计数器保持不变，此时若按动单次脉冲输入 CP，计数器输出 $Q_3 \sim Q_0$ 不变(即 LED 状态不变)。

④ 计数：置 $K_1=K_2=1$($\overline{CR}=\overline{LD}=1$)，$K_3=K_4=1$($CT_T=CT_P=1$)，则 74LS161 处于加法计数状态。这时，可按动单次脉冲输入 CP，LED 显示十六进制计数状态，即从 0000、0001、…、1111 进行顺序计数，当计到计数器全为 1111 时，进位输出 LED 亮(即 CO=1，$CO = CP \cdot Q_3 \cdot Q_2 \cdot Q_1 \cdot Q_0$)。

将 CP 接到单次脉冲的导线断开，连至连续脉冲输出端，这时可看到二进制计数器连续翻转的情况。

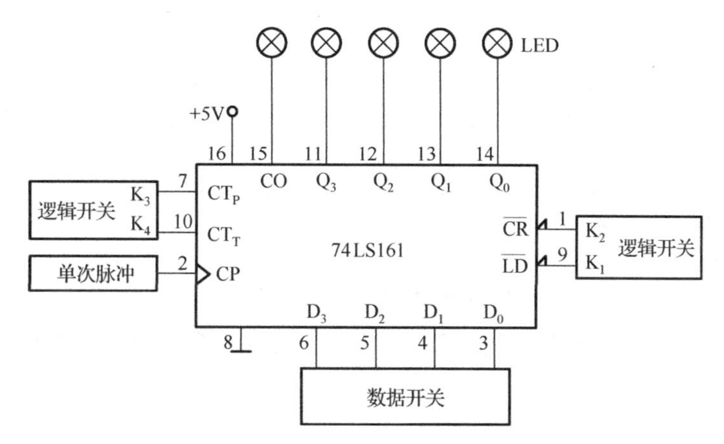

图 8.36　74LS161 实验论证接线图

(2) 十进制计数也可用 74LS161 方便地实现。将 Q_3 和 Q_1 通过与非门反馈后接到 $\overline{CR}$ 端，如图 8.37(a)所示。利用此法，74LS161 可以构成小于模 16 的任意进制计数器。

此外，还可利用另一控制端 $\overline{LD}$ 把 74LS161 设计成十进制计数器，如图 8.37(b)所示。

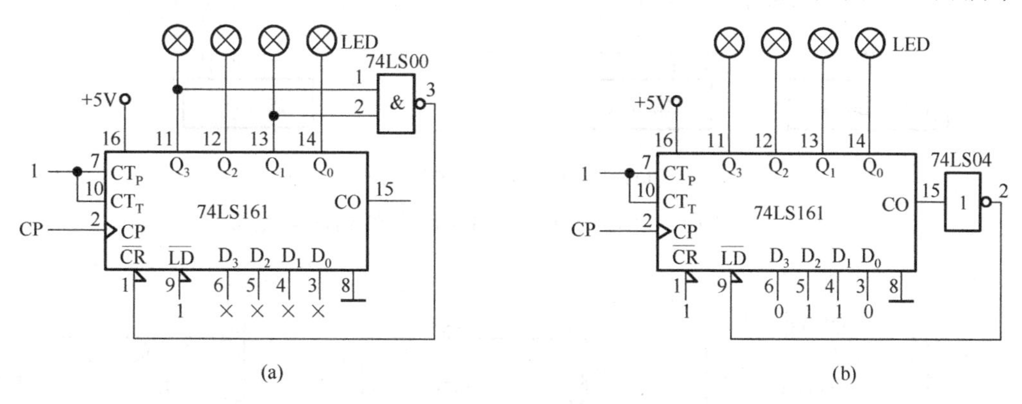

图 8.37　74LS161 构成十进制计数器接线图

同步置数法，就是利用 $\overline{LD}$ 这一端给一个零信号，使数据 $D_3D_2D_1D_0$=0110, 6(0110)这个数并行置入计数器中，然后以 6 为基向上计数直至 15(共十个状态)，即 0110、0111、1000、1001、1010、1011、1100、1101、1110、1111。所以利用 15=“1111”状态 CO 为 1 的特点，反相后接到 $\overline{LD}$，而完成十进制计数器这一功能。同样的道理，也可以从 0、1、2 等数值开始，再取中间十个状态为计数状态，取最终状态的“1”信号相与非后，作为 $\overline{LD}$ 的控制信号，就可完成十进制计数器。例如，若 $D_3D_2D_1D_0$=0000=0，则计到 9；若 $D_3D_2D_1D_0$=0001=1，则计到 10 等。

(3) 用两片或三片 74LS161 完成更多位数的计数器，实验电路如图 8.38 和图 8.39 所示。其中图 8.38 为两片 74LS161 构成 174 进制计数器的两种接法。图 8.39 为三片构成 4096 进制计数器的两种接法。按图 8.38 和图 8.39 分别进行实验论证。

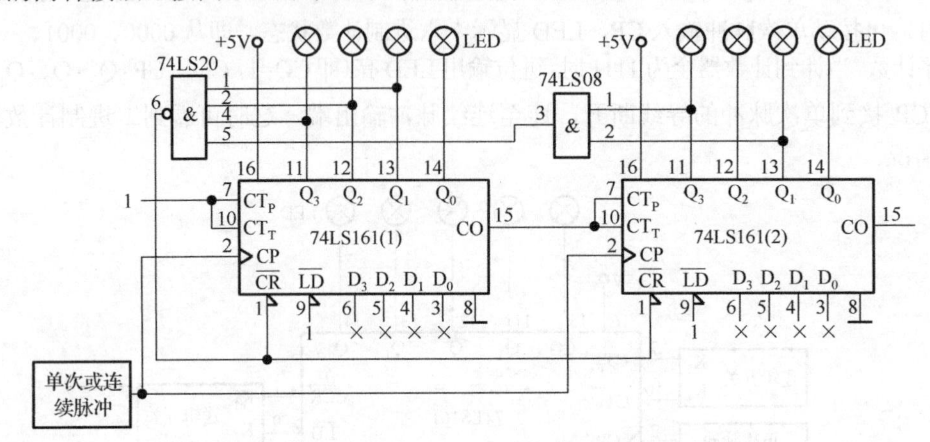

(a) 同步清零构成同步174进制加法计数器

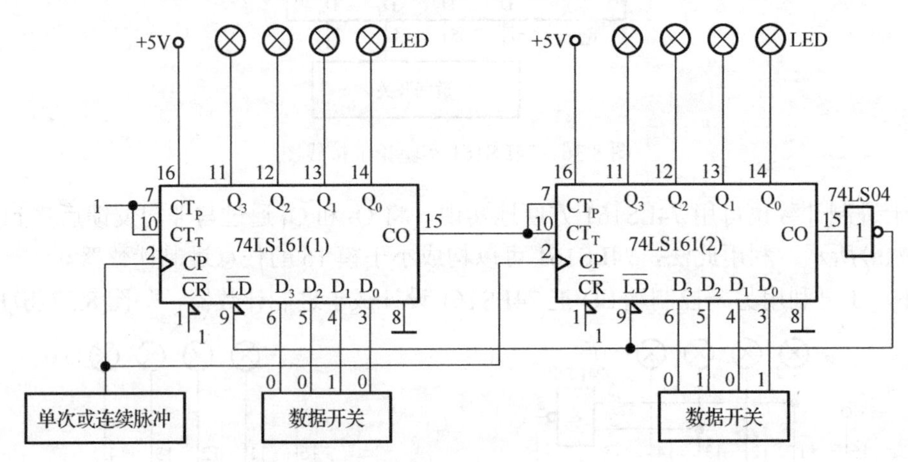

(b) 同步置数法构成174进制计数器

图 8.38　两片 74LS161 构成的 174 进制计数器的实验电路图

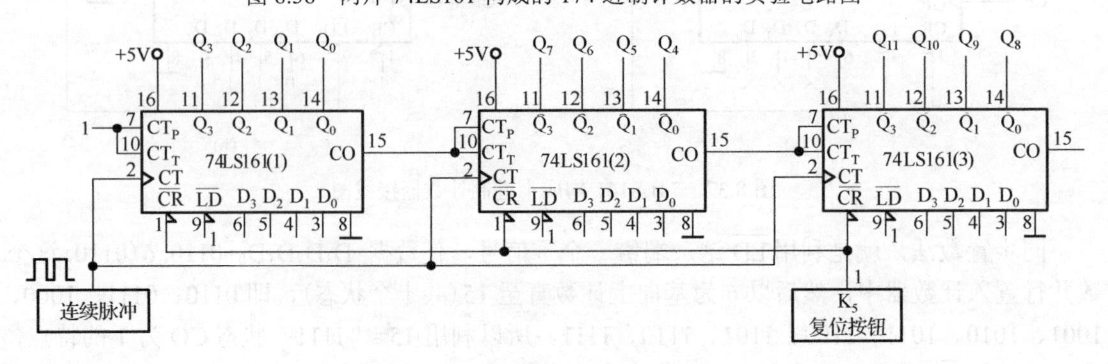

(a) 基本接法

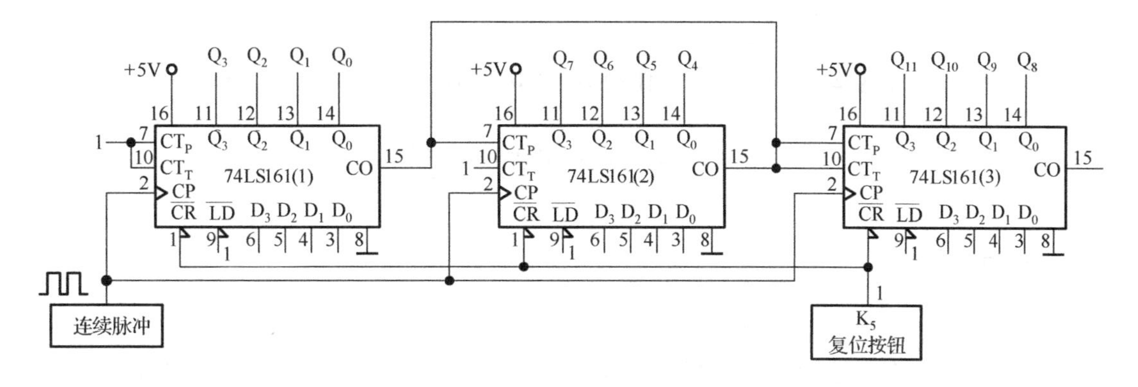

(b) 改进接法

图 8.39 用三片 74LS161 构成的 4096 进制计数器的两种实验电路

5. 集成计数器 74LS193 的功能验证

74LS193 计数器的使用方法和 74LS161 很相似。图 8.40 为其实验接线图。按图 8.40 接线，进行 74LS193 的功能验证。

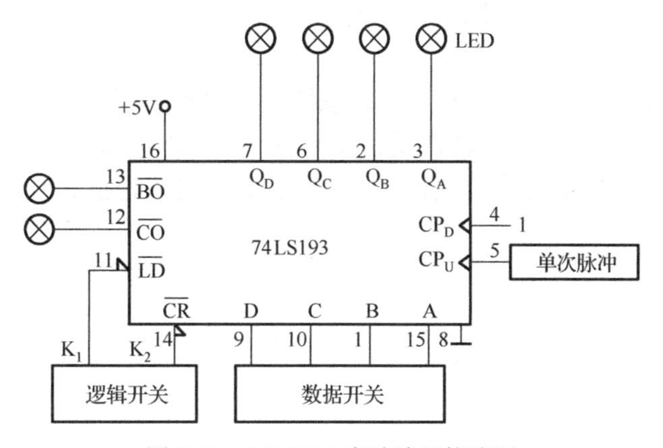

图 8.40 74LS193 实验论证接线图

(1) 清零：74LS193 的 CR 端与 74LS161 不同，它是“1”信号起作用，即 CR=1 时，74LS193 清零。实验时，将 CR 置 1，观察输出 Q_D、Q_C、Q_B、Q_A 的状态，并和图 8.17 比较。

(2) 计数：74LS193 可以加、减计数。在计数状态时，即 CR=0，$\overline{LD}$=1，CP_D=1，CP_U 输入脉冲，为加法计数器；CP_U=1，CP_D 输入脉冲，计数器为减法计数器。

(3) 置数：CR=0，置数开关为任意二进制数(如 0111)，拨动逻辑开关 K_1=0($\overline{LD}$=0)，则数据 D、C、B、A 已送入 Q_D～Q_A 中。

(4) 用 74LS193 也可实现任意进制计数器，这里不一一实验了。读者可以试做一下其他几个任意进制的计数器。

8.4 实 验 器 材

(1) THK-880D 型数字电路实验系统。

(2) 直流稳压电源。

(3) 万用表。

(4) 元器件：74LS74、74LS112、74LS193、74LS161、74LS04、74LS08、74LS20 等。

8.5　复习要求与思考题

8.5.1　复习要求

(1) 复习计数器电路的工作原理和组成及其分析、设计方法。

(2) 复习中规模集成电路计数器的功能特点及其使用方法，所用集成电路的功能和外部引脚排列及使用方法。

8.5.2　思考题

(1) 用中规模集成电路计数器构成 N 进制计数器的方法有几种？各有什么特点？

(2) 同步计数器与异步计数器有什么不同？什么是计数器的循环长度？

8.6　实验报告要求

(1) 画出实验测试电路的各个电路连线示意图，按要求填写各实验表格，整理实验数据，分析实验结果，根据要求画出状态转换图、波形图，说明电路功能。

(2) 总结按要求设计完成的实验项目，并将实验数据与理论值比较。

实验九　寄　存　器

9.1　实 验 目 的

(1) 熟悉寄存器的电路结构、工作原理和特点。

(2) 掌握中规模集成电路寄存器的逻辑功能及使用方法。

(3) 熟悉移位寄存器的功能特点及其典型应用。

9.2　实验原理和电路

具有暂时存储二进制数据功能的电路称为寄存器。按其功能特点可分为数据寄存器和移位寄存器两大类。数据寄存器的功能是接收、存储和输出数据，主要由触发器的控制门组成。*N* 个触发器可存储 *n* 位二进制数据。数据寄存器又称为数据缓冲存储器或数据锁存器，按其接收数的方式又划分为双拍式和单拍式两种。移位寄存器除了接收、存储、输出数据，还能将寄存数据按一定方向进行移动，按其移动方向又划分为单向移位和双向移位两种。

数据寄存器和移位寄存器在计算机和其他数字设备中有着广泛的应用。

9.2.1　数据寄存器

常用的 TTL、CMOS 集成数据寄存器芯片的分类，如表 9.1 所示。

表 9.1　常用集成数据寄存器芯片的分类

TTL 芯片			CMOS 芯片
多位触发器	锁存器	寄存器阵列	
74LS175	74LS375	74LS170	CC4021　CC40108
74LS173	74LS373	74LS670	CC4031　CC40195
74LS174	74LS278	74LS172	CC4035　CC4508
74LS374			CC4042　CC4517
74LS177			CC4076　CC4557
			CC4099　CC4562
			CC40104　CC4598
			CC40105　CC4599

数据寄存器是数字系统中用来存储代码或数据的逻辑部件，广泛用于各类数字系统和数字计算机中。它的主要组成部分是触发器。一个触发器能存储 1 位二进制代码，存储 *n* 位二进制代码的寄存器需要用 *n* 个触发器组成。寄存器实际上是若干触发器的集合。对寄存器中使用的触发器只要求有置 1、置 0 的功能，因而无论用基本 RS 触发器，还是用同步、主从结构等的触发器，都能构成寄存器。寄存器按其接收数据的方式可分为双拍式和单拍式两种。单拍式：接收数据后直接把触发器置为相应的数据，不考虑初态。双拍式：接收数据之前，先用复“0”脉冲把所有的触发器恢复为“0”，第二拍把触发器置为接收的数据。

1. 双拍接收 4 位数据寄存器

图 9.1 所示是由基本 RS 触发器构成的双拍接收 4 位数据寄存器。当清零端为逻辑 1，接收端为逻辑 0 时，寄存器保持原来的状态。当需要把 4 位二进制数据存入数据寄存器时，需要 2 拍完成：第一拍，发清零信号(一个负向脉冲)，使寄存器状态为 0($Q_3Q_2Q_1Q_0$=0000)；第二拍，将要保存的数据 $D_3D_2D_1D_0$ 送数据输入端(如 $D_3D_2D_1D_0$=0011)，再送接收信号(一个正向脉冲)，要保存的数据将被保存在数据寄存器中($Q_3Q_2Q_1Q_0$=0011)。从该数据寄存器的输出端 $Q_3Q_2Q_1Q_0$ 可获得被保存的数据。

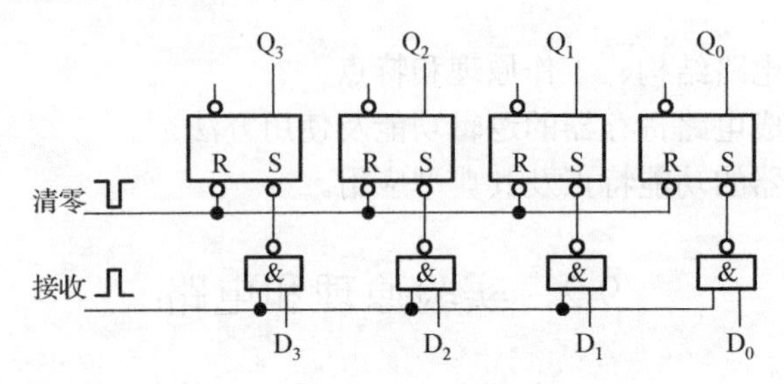

图 9.1　双拍接收 4 位数据寄存器

2. 单拍接收 4 位数据寄存器

图 9.2 所示是由 D 触发器构成的单拍接收 4 位数据寄存器。当接收端 CP 为逻辑 0 时，寄存器保持原来的状态。当需要把 4 位二进制数据存入数据寄存器时，单拍即能完成，不需要先进行清零。

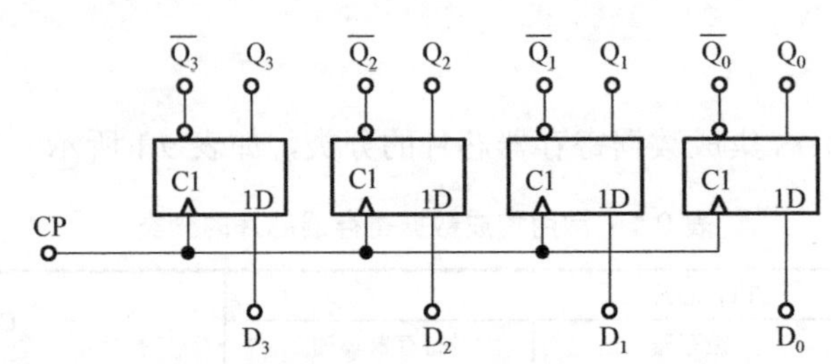

图 9.2　单拍接收 4 位数据寄存器

3. 边沿 D 触发器 74LS175

一个 4 位的集成寄存器 74LS175 的逻辑电路图如图 9.3 所示。其中 $\overline{CR}$ 是异步清零端。在往寄存器中存放数据或代码前必须先将寄存器清零，否则有可能出错。D_0～D_3 是并行数据输入端，在 CP 脉冲上升沿作用下，D_0～D_3 端的数据能被并行地存入寄存器。输出数据可以并行从 Q_0～Q_3 端引出，也可以并行从 $\overline{Q_0}$ ～$\overline{Q_3}$ 端引出反码输出。

工作原理如下。

(1)清零。当 $\overline{CR}$ =0 时，无论寄存器中原来的内容是什么，便通过 $\overline{R_D}$ 端将 4 个边沿 D 触发器都复位到 0 状态，即 $Q_3^{n+1}Q_2^{n+1}Q_1^{n+1}Q_0^{n+1}$ =0000。

(2)置数。当 $\overline{CR}$ =1 时，CP 的上升沿置数，无论寄存器中原来的内容是什么，CP 的上升沿到来时，加在并行数据输入端的 D_3～D_0 就立即送入寄存器中，使 $Q_3^{n+1}Q_2^{n+1}Q_1^{n+1}Q_0^{n+1}$ = $D_3D_2D_1D_0$。

(3) 保持。当 $\overline{CR}$=1 时，在 CP 上升沿以外时间，寄存器保持内容不变。

74LS175 的功能表如表 9.2 所示。

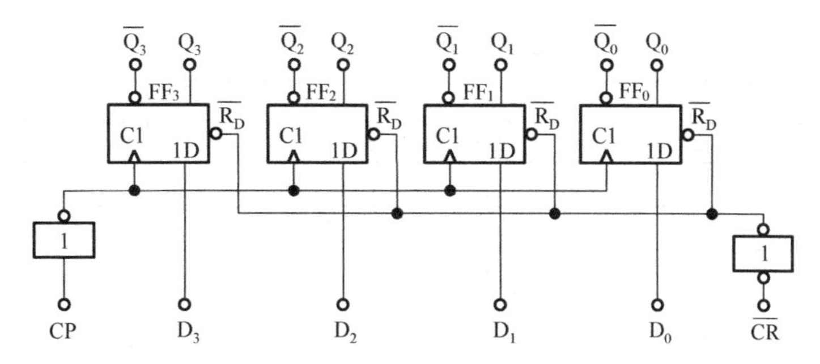

图 9.3　74LS175 的逻辑电路图

表 9.2　74LS175 的功能表

清零	时钟	输入				输出				工作模式
$\overline{CR}$	CP	D_0	D_1	D_2	D_3	Q_0	Q_1	Q_2	Q_3	
0	×	×	×	×	×	0	0	0	0	异步清零
1	↑	D_0	D_1	D_2	D_3	D_0	D_1	D_2	D_3	数码寄存
1	1	×	×	×	×	保持				数据保持
1	0	×	×	×	×	保持				数据保持

边沿 D 触发器在 CP 操作下工作，抗干扰能力很强，应用十分广泛。

4. 4 字×4 位文件寄存器 74LS170

4 字×4 位文件寄存器 74LS170 的引脚排列图和逻辑功能示意图分别如图 9.4(a) 和 (b) 所示。

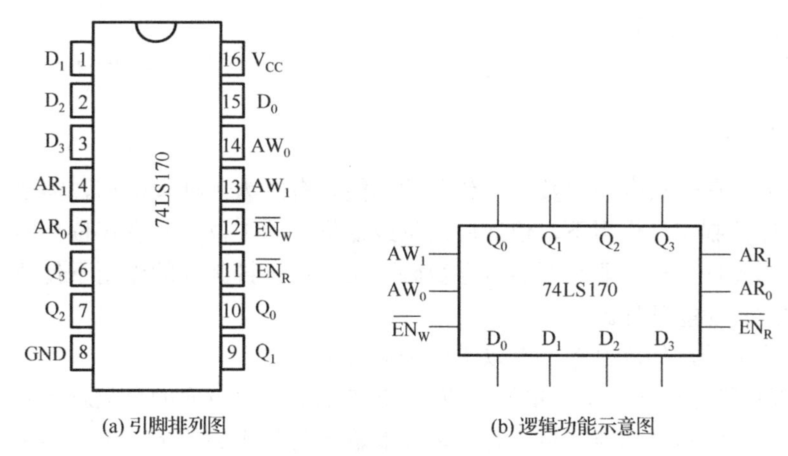

(a) 引脚排列图　　(b) 逻辑功能示意图

图 9.4　4 字×4 位文件寄存器 74LS170

1) 引脚端

AW_0、AW_1，写入地址码；AR_0、AR_1，读出地址码；$\overline{EN_R}$，读出时钟脉冲；$\overline{EN_W}$，写入时钟脉冲；D_0～D_3，并行输入数据端；Q_0～Q_3，并行输出数据端。

2) 逻辑功能

4×4 寄存器阵列 74LS170 芯片内部有 16 个 D 锁存器 FF_{00}～FF_{03}、FF_{10}～FF_{13}、FF_{20}～FF_{23}、

FF_{30}～FF_{33}，对应的输出为 Q_{00}～Q_{03}，构成字 W_0；Q_{10}～Q_{13}，构成字 W_1；Q_{20}～Q_{23}，构成字 W_2；Q_{30}～Q_{33}，构成字 W_3。功能如表 9.3 所示。

表 9.3　74LS170 功能表

输入						内部存储数据				输出				功能说明
AW_1	AW_0	EN_W	AR_1	AR_0	EN_R	d_0～d_3为加在输入端的数码				Q_0	Q_1	Q_2	Q_3	
0	0	0				$Q_{00}^{n+1}=d_0$	$Q_{01}^{n+1}=d_1$	$Q_{02}^{n+1}=d_2$	$Q_{03}^{n+1}=d_3$					写入字 W_0
0	1	0				$Q_{10}^{n+1}=d_0$	$Q_{11}^{n+1}=d_1$	$Q_{12}^{n+1}=d_2$	$Q_{13}^{n+1}=d_3$					写入字 W_1
1	0	0				$Q_{20}^{n+1}=d_0$	$Q_{21}^{n+1}=d_1$	$Q_{22}^{n+1}=d_2$	$Q_{23}^{n+1}=d_3$					写入字 W_2
1	1	0				$Q_{30}^{n+1}=d_0$	$Q_{31}^{n+1}=d_1$	$Q_{32}^{n+1}=d_2$	$Q_{33}^{n+1}=d_3$					写入字 W_3
×	×	0				保持								写入字禁止
			0	0	0					Q_{00}	Q_{01}	Q_{02}	Q_{03}	读出 W_0
			0	1	0					Q_{10}	Q_{11}	Q_{12}	Q_{13}	读出 W_1
			1	0	0					Q_{20}	Q_{21}	Q_{22}	Q_{23}	读出 W_2
			1	1	0					Q_{30}	Q_{31}	Q_{32}	Q_{33}	读出 W_3
			×	×	1					1	1	1	1	读出禁止

3) 禁止功能

当 $\overline{EN_W}=1$ 时，数码输入被禁止，内部存储矩阵数据保持不变。

当 $\overline{EN_R}=1$ 时，数码输出被禁止，各输出端均呈高电平，即 $Q_0=Q_1=Q_2=Q_3=1$。

4) 主要特点

(1) 读地址 AR_0、AR_1，写地址 AW_0、AW_1 及读写时钟信号 $\overline{EN_R}$、$\overline{EN_W}$ 彼此分开，允许同时进行读和写操作。

(2) 为集电极开路输出。

(3) 共有 W_0～W_3 4 个字，每个字有 4 位 $Q_3Q_2Q_1Q_0$，故容量为 4×4=16 位。

9.2.2　移位寄存器

前面介绍的寄存器只有寄存数据或代码的功能。有时为了处理数据，需要将寄存器中的各位数据在移位控制信号作用下，依次向高位或低位移动 1 位。具有移位功能的寄存器称为移位寄存器。因此移位寄存器是既能寄存数码，又能在时钟脉冲的作用下使数码管向高位或向低位移动的逻辑功能部件。

从逻辑结构上看，移位寄存器有以下两个显著特征。

(1) 移位寄存器由相同的寄存单元组成。一般来说，寄存单元的个数就是移位寄存器的位数。为了完成不同的移位功能，每个寄存单元的输出与其相邻的下一个寄存单元的输入之间的连接方式也不同。

(2) 所有寄存单元共用一个时钟。在公共时钟的作用下，各个寄存单元的工作是同步的。每输入一个时钟脉冲，寄存器的数据就顺序向左或向右移动 1 位。

根据移位寄存器存入数据的移动方向，又分为单向移位寄存器和双向移位寄存器。单向移位寄存器可分为左移和右移寄存器。同时具有右移和左移存入数据功能的寄存器称为双向移位寄存器。移位寄存器根据输出方式，分为串行输出移位寄存器和并行输出移位寄存器。

移位寄存器中数据的输入、输出方式灵活，既可以串行输入和输出，也可以并行输入和输出。移位寄存器的存储单元只能是主动触发器或边沿触发器。

1. 单向移位寄存器

1) 工作原理

图 9.5 所示是一个 4 位移位寄存器，串行二进制数据从输入端 D_{SI} 输入，左边触发器的输出作为右邻触发器的数据输入。图中 D_{SI} 端为串行数据输入端，D_{PO} 称为并行数据输出端，D_{SO} 称为串行数据输出端。下面研究其工作原理。

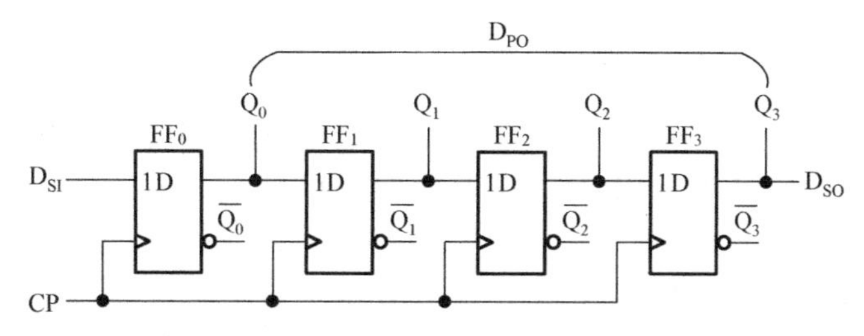

图 9.5　用 D 触发器构成的 4 位移位寄存器

如图 9.5 所示电路的激励方程为

$$D_0 = D_{SI}, \quad D_1 = Q_0, \quad D_2 = Q_1, \quad D_3 = Q_2$$

状态方程为

$$Q_0^{n+1} = D_{SI}, \quad Q_1^{n+1} = D_1 = Q_0^n, \quad Q_2^{n+1} = D_2 = Q_1^n, \quad Q_3^{n+1} = D_3 = Q_2^n$$

从 CP 上升沿开始到输出新状态的建立需要经过一段传输延迟时间，所以当 CP 上升沿同时作用于所有触发器时，它们输入端的状态都未改变。于是，FF_0 按 D_{SI} 原来的状态翻转，FF_1 按 Q_0 原来的状态翻转，FF_2 按 Q_1 原来的状态翻转，FF_3 按 Q_2 原来的状态翻转，总的效果是寄存器的代码依次右移 1 位。

若将串行数码 $D_3D_2D_1D_0$ 从高位(D_3)至低位(D_0)按时钟序列送到 D_{SI} 端，经过第一个时钟脉冲后，$Q_0=D_3$。由于跟随数码 D_3 后面的数码是 D_2，经过第二个时钟脉冲后，触发器 FF_0 的状态移入触发器 FF_1，而 FF_0 变为新的状态，即 $Q_1=D_3$、$Q_0=D_2$。以此类推，可得到该移位寄存器的状态，如表 9.4 所示(×表示不确定状态)。由此表可知，输入数码依次由低位触发器移到高位触发器。经过四个时钟脉冲后，4 个触发器的输出状态 $Q_3Q_2Q_1Q_0$ 与输入数码 $D_3D_2D_1D_0$ 相对应。为了加深理解，在图 9.6 中画出数码 1101 在寄存器中移位的波形，经过 4 个时钟脉冲后，1101 出现在触发器的输出端 $Q_3Q_2Q_1Q_0$。这样，就将串行输入数据转换为并行输出数据 D_{PO} 了。

表 9.4　移位寄存器的状态表

CP	Q_0	Q_1	Q_2	Q_3
第一个 CP 脉冲之前	×	×	×	×
1	D_3	×	×	×
2	D_2	D_3	×	×
3	D_1	D_2	D_3	×
4	D_0	D_1	D_2	D_3

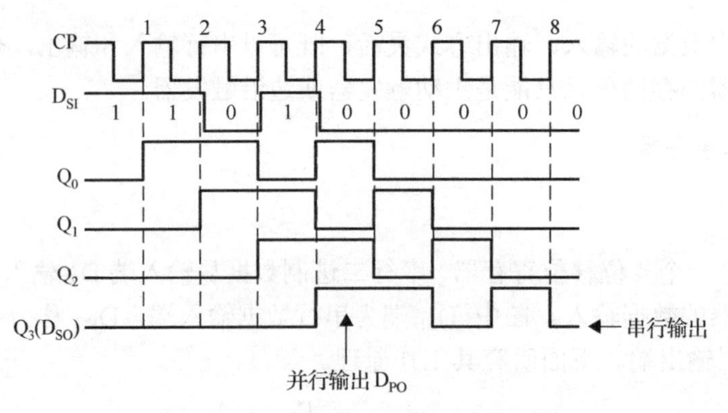

图 9.6　图 9.5 电路的时序图

由图 9.6 可知，在第 5 个脉冲到第 8 个脉冲作用下，D_{SO} 端的输出为 1101，与 D_{SI} 端串行输入的数码一致。因此经过 7 个 CP 脉冲作用后，从 D_{SI} 端串行输入的数码就可以从 D_{SO} 端串行输出。

单向移位寄存器具有以下特点。

(1) 单向移位寄存器中的数码，在 CP 脉冲作用下，可以依次右移或左移。

(2) n 位单向移位寄存器可以寄存 n 位二进制代码。n 个 CP 脉冲即可完成串行输入工作，此后可以从 Q_0～Q_{n-1} 端获得并行的 n 位二进制数码，再用 n 个 CP 脉冲又可实现串行输出操作。

(3) 若串行输入端状态为 0，则 n 个 CP 脉冲后，寄存器便被清零。

2) 典型集成电路

图 9.7 所示为中规模集成的 8 位移位寄存器 74LS164 的内部逻辑图。电路原理与图 9.5 相同，只是把位数扩展到 8 位，增加了异步清零输入端 $\overline{CR}$。图中，D_{SA} 和 D_{SB} 是两个串行数据输入端，实际输入移位寄存器的数据为 $D_{ST} = D_{SB} \cdot D_{SA}$。应用中可利用其中一个输入端作为串行数据的使能端。例如，令 D_{SA}=1，则容许 D_{SB} 的串行数据进入移位寄存器；反之，D_{SA}=0，则禁止 D_{SB} 而输入逻辑 0。在 Q_7～Q_0 端可得到 8 位并行数据输出，同时在 Q_7 端得到串行输出。

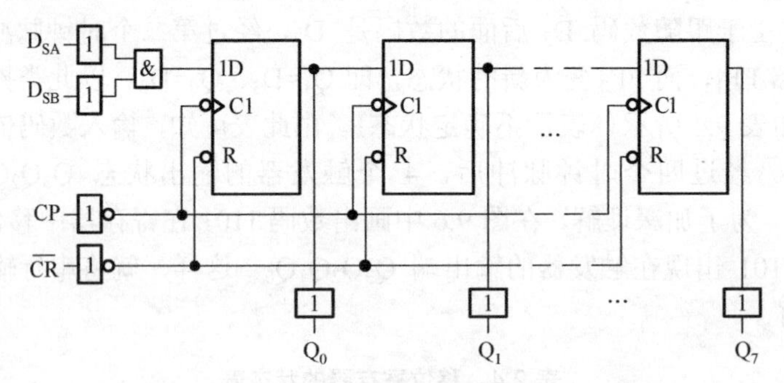

图 9.7　8 位移位寄存器 74LS164 的内部逻辑图

2. 双向移位寄存器

有时需要对移位寄存器的数据流向加以控制，所以适当加一些控制电路与控制信号，以便实现数据的双向移动，其中一个方向称为右移，另一个方向称为左移，这种移位寄存器称为双向移位寄存器。

为了扩展逻辑功能和增加使用的灵活性，某些双向移位寄存器集成电路产品又附加了并行输入、并行输出等功能。图 9.8 所示是上述几种工作模式的简化示意图。

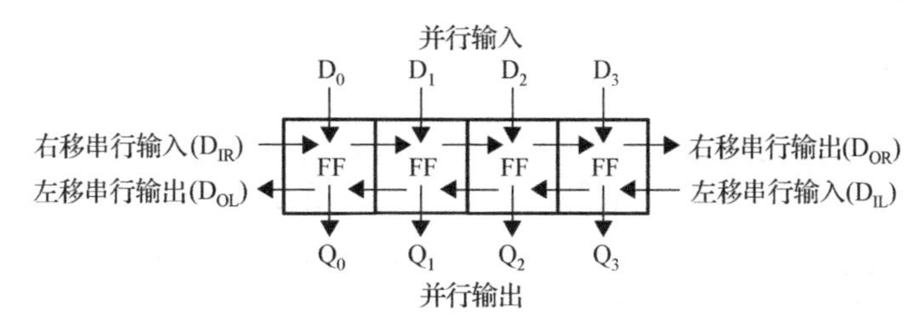

图 9.8　多功能移位寄存器工作模式简图

图 9.9 所示是实现数据保持、右移、左移、并行输入、并行输出的一种电路方案。以 FF_m 触发器为例讲解其工作原理。图中的 D 触发器 FF_m 是 N 位移位寄存器中的第 m 位触发器，在其数据输入端插入了一个 4 选 1 数据选择器 MUX_m，用 2 位编码输入 S_1、S_0 控制 MUX_m，来选择触发器输入信号 D_m 的来源。当 $S_1=S_0=0$ 时，选择该触发器本身的输出 Q_m，次态 $Q_m^{n+1}=D_m=Q_m^n$，使触发器处于保持状态。当 $S_1=0$、$S_0=1$ 时，触发器 FF_{m-1} 的输出 Q_{m-1} 被选中，所以当 CP 脉冲上升沿到来时，FF_m 的次态变为 $Q_m^{n+1}=Q_{m-1}^n$，而 $Q_{m+1}^{n+1}=Q_m^n$，从而实现右移功能。以此类推，当 $S_1=1$、$S_0=0$ 时，MUX_m 选中 Q_{m+1}，实现左移功能。当 $S_1=S_0=1$ 时，则选中并行输入数据 D_{im}，其次态 $Q_m^{n+1}=DI_m$，从而实现并行数据的置入功能。上述四种操作可用表 9.5 所示。同时，在各触发器的输出端 Q_{N-1}～Q_0 可以得到 N 位并行数据的输出。

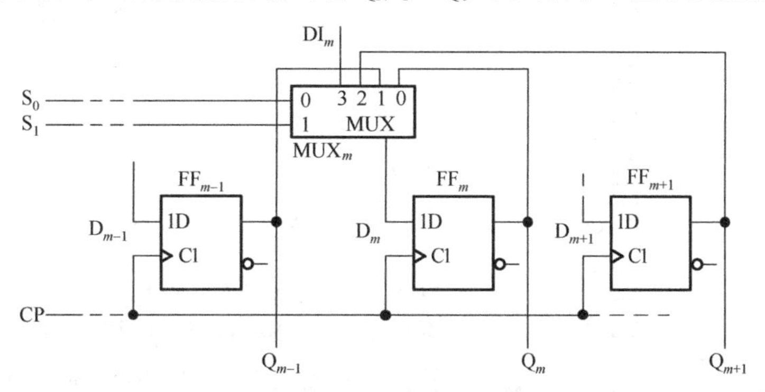

图 9.9　实现多功能双向移位寄存器的一种方案

表 9.5　图 9.9 的功能表

控制信号		功能	控制信号		功能
S_1	S_0		S_1	S_0	
0	0	保持	1	0	左移
0	1	右移	1	1	并行输入

9.2.3　集成移位寄存器

中规模集成 4 位双向通用移位寄存器 74LS194 是目前数字系统中广泛应用的集成移位寄存器之一。它由 4 个 RS 触发器及其输入控制电路组成。图 9.10 和图 9.11 分别是 74LS194 的逻辑电路图和逻辑符号。

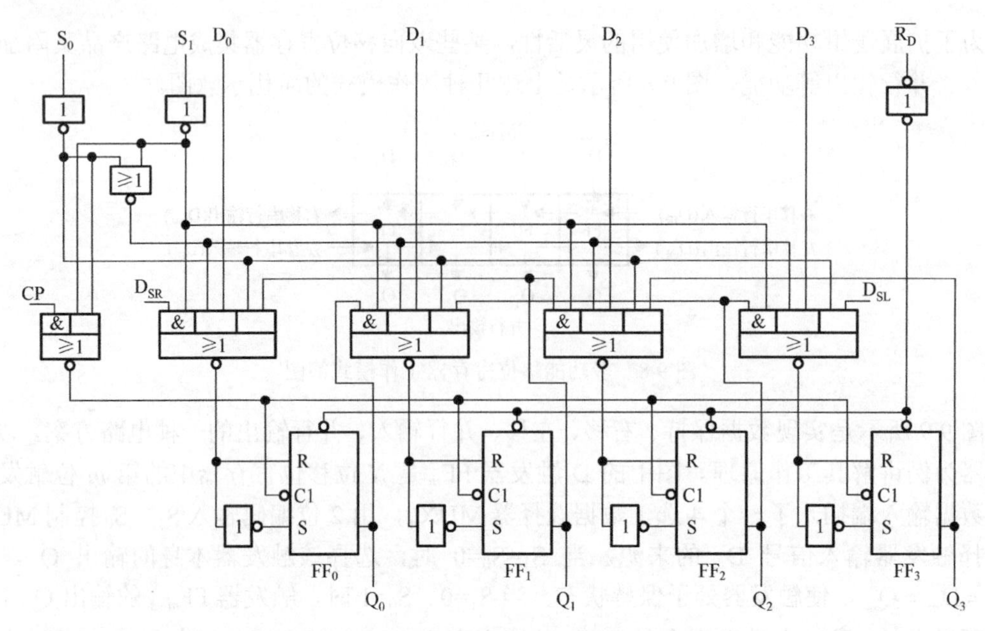

图 9.10 双向移位寄存器 74LS194 逻辑电路图

根据图 9.10 的逻辑电路图，以触发器 FF_1 为例，分析一下该电路的逻辑功能。由 RS 触发器的特征方程可得

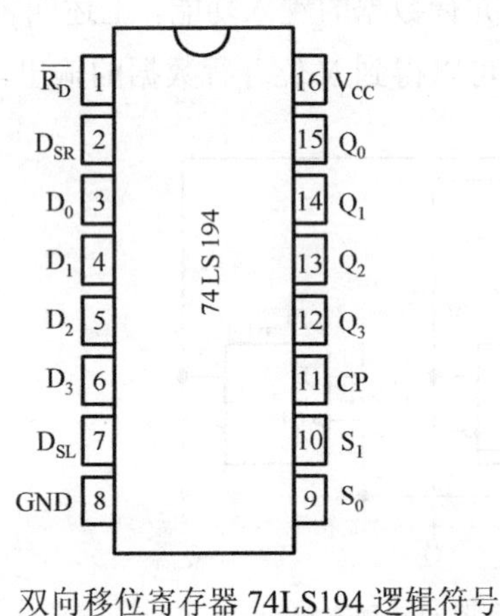

图 9.11 双向移位寄存器 74LS194 逻辑符号

$$Q_1^{n+1} = S + \overline{R}Q_1^n$$

而

$$S = \overline{R}$$

所以

$$Q_1^{n+1} = \overline{R} = \overline{S_0}Q_2^n + \overline{S_1}Q_0^n + S_0S_1D_1$$

可得当 $S_0=0$，$S_1=1$ 时，$Q_1^{n+1} = Q_2^n$，即为左移移位寄存器；当 $S_0=1$，$S_1=0$ 时，$Q_1^{n+1} = Q_0^n$，即为右移移位寄存器；当 $S_0=1$，$S_1=1$ 时，$Q_1^{n+1} = D_1$，具有并行存入功能；当 $S_0=0$，$S_1=0$ 时，CP 不能输入(被封锁)，触发器状态保持不变，寄存器具有保持功能。

74LS194 的功能表如表 9.6 所示。

表 9.6 74LS194 的功能表

序号	清零	输入									输出			
	$\overline{R_D}$	控制信号		串行输入		时钟 CP	并行输入				Q_3	Q_2	Q_1	Q_0
		S_1	S_0	D_{SL}	D_{SR}		D_3	D_2	D_1	D_0				
1	0	×	×	×	×	×	×	×	×	×	0	0	0	0
2	1	×	×	×	×	1 (0)	×	×	×	×	Q_3^n	Q_2^n	Q_1^n	Q_0^n
3	1	1	1	×	×	↑	D_3	D_2	D_1	D_0	D_3	D_2	D_1	D_0
4	1	1	0	1	×	↑	×	×	×	×	1	Q_3^n	Q_2^n	Q_1^n
5	1	1	0	0	×	↑	×	×	×	×	0	Q_3^n	Q_2^n	Q_1^n

续表

序号	清零 $\overline{R_D}$	输入									输出			
		控制信号		串行输入		时钟 CP	并行输入				Q_3	Q_2	Q_1	Q_0
		S_1	S_0	D_{SL}	D_{SR}		D_3	D_2	D_1	D_0				
6	1	0	1	×	1	↑	×	×	×	×	Q_2^n	Q_1^n	Q_0^n	1
7	1	0	1	×	0	↑	×	×	×	×	Q_2^n	Q_1^n	Q_0^n	0
8	1	0	0	×	×	×	×	×	×	×	Q_3^n	Q_2^n	Q_1^n	Q_0^n

【例 9.1】 试画出图 9.12 所示电路的输出波形，并分析该电路的功能。

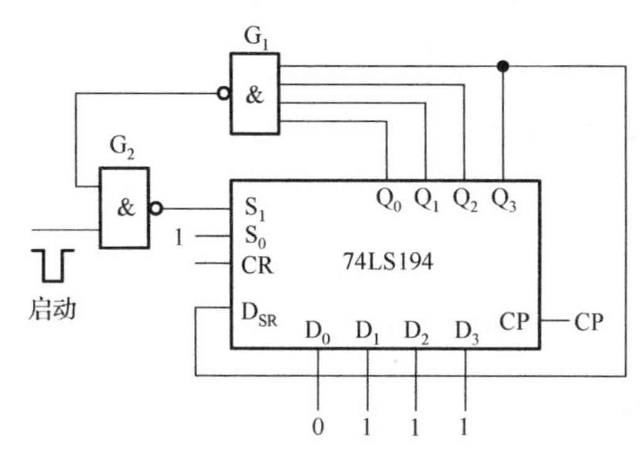

图 9.12　例 9.1 的逻辑电路图

解：当启动信号输入负脉冲时，使 G_2 输出为 1，$S_1=S_0=1$，寄存器执行并行输入功能，$Q_3Q_2Q_1Q_0=D_3D_2D_1D_0=1110$。启动信号消除后，寄存器输出端 $Q_0=0$，使 G_1 输出为 1，G_2 输出为 0，$S_1S_0=01$，开始执行右移功能。在移动过程中，因为 G_1 输入端总有一个为 0，所以能保证 G_1 输出为 1，G_2 输出为 0，维持 $S_1S_0=01$，不断进行向右移位。移位情况可用表 9.7 的状态表及图 9.13 的时序图来表示。

表 9.7　例 9.1 电路的状态表

移位脉冲序号	$D_{SR}(Q_3)$	Q_3	Q_2	Q_1	Q_0
1	1	1	1	1	0
2	1	1	1	0	1
3	1	1	0	1	1
4	0	0	1	1	1
5	1	1	1	1	0

9.2.4 移位寄存器的应用

移位寄存器应用很广，可构成移位寄存器型计数器、顺序脉冲发生器和串行累加器，也可用作数据转换，即把串行数据转换为并行数据，或把并行数据转换为串行数据等。下面简单地介绍几种应用。

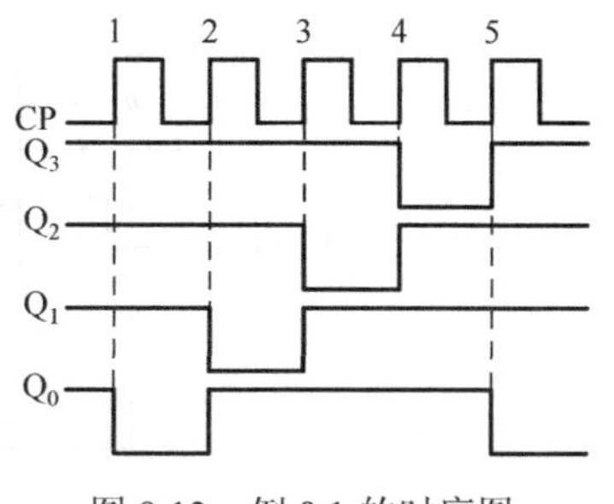

图 9.13　例 9.1 的时序图

1. 功能扩展

【例 9.2】 试用 74LS194 接成 8 位双向移位寄存器。

解：由于 74LS194 为 4 位双向移位寄存器，故需两片 74LS194 相连才能构成 8 位双向移位寄存器，其电路连接如图 9.14 所示。在图中，将一片 74LS194 的 Q_3 输出与另一片的右移串行输入 D_{SR} 相连，而将另一片的 Q_0 输出与该片的左移串行输入 D_{SL} 相连，同时将两片 74LS194 的 S_0、S_1、CP 和 $\overline{R_D}$ 端分别并接。

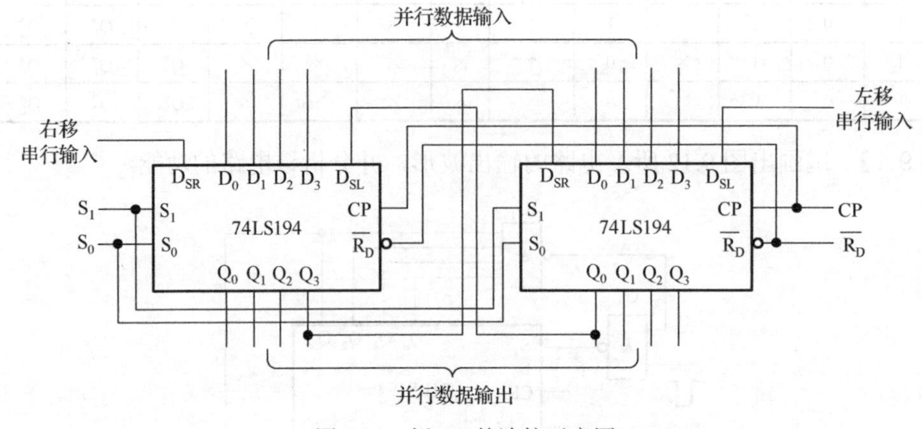

图 9.14　例 9.2 的连接示意图

2. 实现数据的串、并转换

在数字系统中，信息的传播通常是串行的，而处理和加工往往是并行的，因此经常要进行输入、输出的串、并转换。

【例 9.3】 用 74LS194 双向移位寄存器实现七位串行/并行转换功能。

解：串行/并行转换是指串行输入的数据，经过转换电路之后变成并行输出。其电路连接如图 9.15 所示。电路中采用了两片 74LS194，两片 74LS194 的 S_0、S_1、CP 和 $\overline{R_D}$ 端分别并接。电路中 S_0 端接高电平 1，S_1 受 Q_7 控制，两片寄存器连接成串行输入右移工作模式。Q_7 是转换结束标志。当 Q_7=1 时，S_1 为 0，使之成为 S_1S_0=01 的串入右移工作方式。当 Q_7=0 时，S_1 为 1，有 S_1S_0=11，则串行送数结束，标志着串行输入的数据已转换成为并行输出了，由 Q_0～Q_6 作为并行输出端，可得到双向移位寄存器实现七位串行/并行转换功能的功能表如表 9.8 所示。

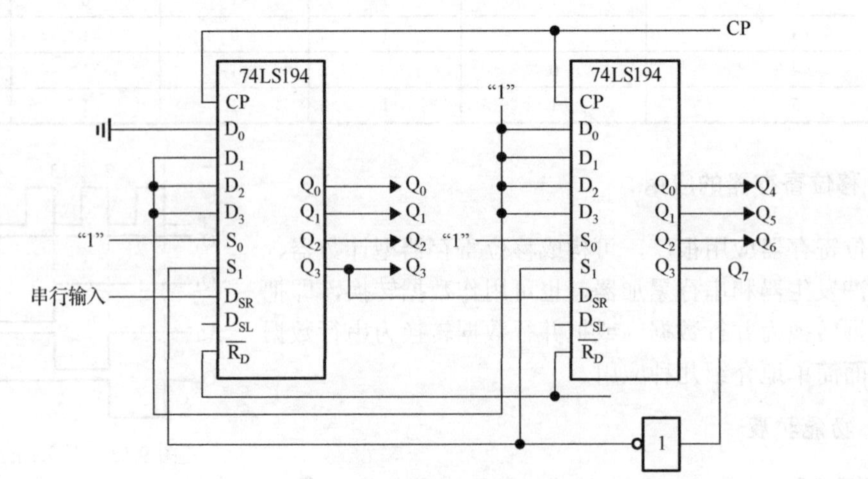

图 9.15　例 9.3 的连接示意图

表 9.8　例 9.3 连接示意图的功能表

CP	Q_0	Q_1	Q_2	Q_3	Q_4	Q_5	Q_6	Q_7	操作
0	0	0	0	0	0	0	0	0	清零
1	0	1	1	1	1	1	1	1	置数
2	D_0	0	1	1	1	1	1	1	右移七次
3	D_1	D_0	0	1	1	1	1	1	
4	D_2	D_1	D_0	0	1	1	1	1	
5	D_3	D_2	D_1	D_0	0	1	1	1	
6	D_4	D_3	D_2	D_1	D_0	0	1	1	
7	D_5	D_4	D_3	D_2	D_1	D_0	0	1	
8	D_6	D_5	D_4	D_3	D_2	D_1	D_0	0	
9	0	1	1	1	1	1	1	1	置数

同理也可得到七位并行/串行转换功能的电路。并行/串行转换是指并行输入的数据，经过转换电路之后变成串行输出。下面是用两片 74LS194 构成的七位并行/串行转换电路，如图 9.16 所示。与图 9.15 相比，它多了两个与非门，而且多了一个转换启动信号(负脉冲或低电平)，工作方式同样为右移。

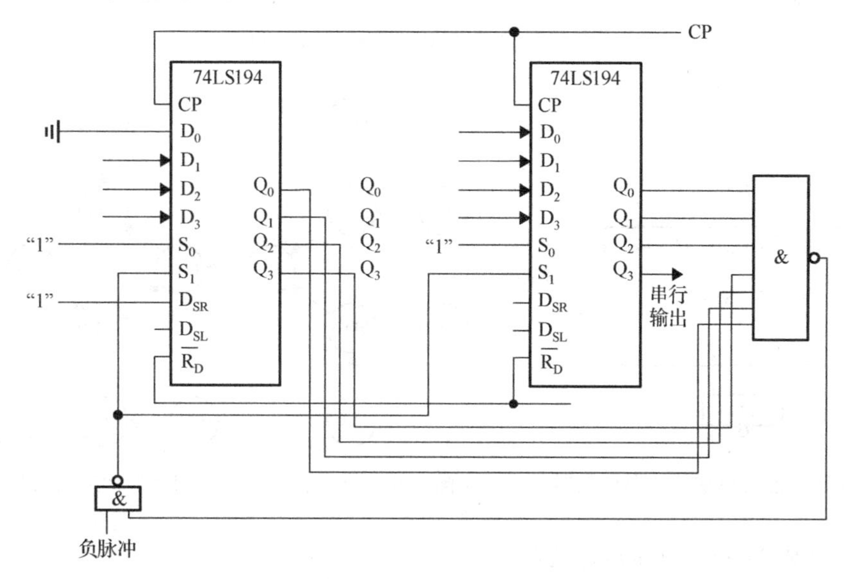

图 9.16　七位并行/串行转换电路示意图

3. 用 74LS194 构成环形计数器

有时要求在移位过程中数据不要丢失，仍然保持在寄存器中。只要把移位寄存器最高位的输出接至最低位的输入端，或将最低位的输出接至最高位的输入端，这种移位寄存器称为循环移位寄存器。它也可以作为计数器使用，因此又称为环形计数器，如图 9.17 所示。

首先将 S_1 置高电平，将移位寄存器预先存入某一数据，如 $D_0D_1D_2D_3$=1000，加入一个时钟 CP 后，移位寄存器的状态为 $Q_0Q_1Q_2Q_3$=1000，即环形计数器的初始状态，然后置 S_1 为低电平，让移位寄存器工作在右移状态。此后不断输入时钟脉冲，存入移位寄存器的数据将不断地循环右移，电路的状态将按 1000→0100→0010→0001→1000 的次序循环变化。其状态转换图如图 9.18 所示。

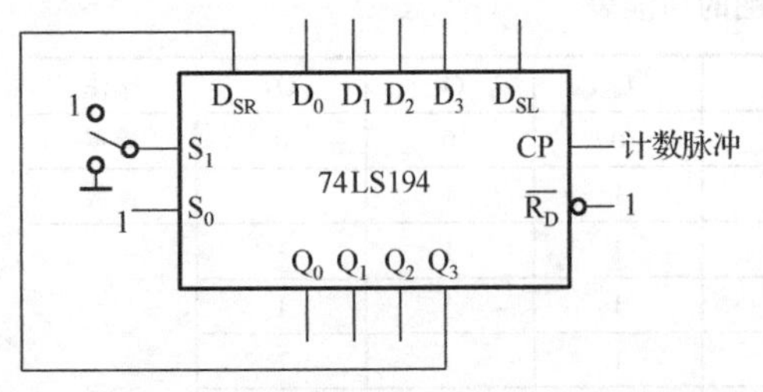

图 9.17 74LS194 构成的环形计数器

如果取 1000、0100、0010 和 0001 所组成的状态循环为有效循环，那么还存在着其他的几种无效循环。而且一旦脱离了有效循环，电路将不会自动返回到有效循环中去，为了确保它能正常工作，采用如图 9.19 所示的能够自启动的环形计数器，其状态转换图如图 9.20 所示。

环形计数器的优点是在有效循环的每个状态只包含一个 1(或 0)时，可以直接以各个触发器输出端的 1 状态表示电路的一个状态，不需要另外加译码电路。缺点是没有充分利用电路的状态。n 位移位寄存器组成的环形计数器只用了 n 个状态，而电路共有 $2n$ 个状态，这是一种浪费。

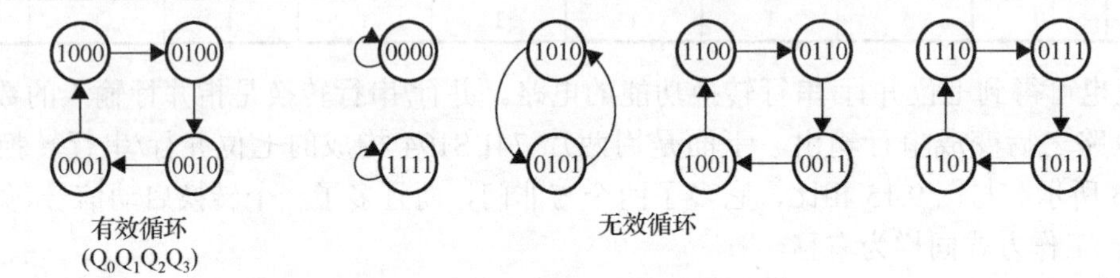

图 9.18 环形计数器的状态转换图

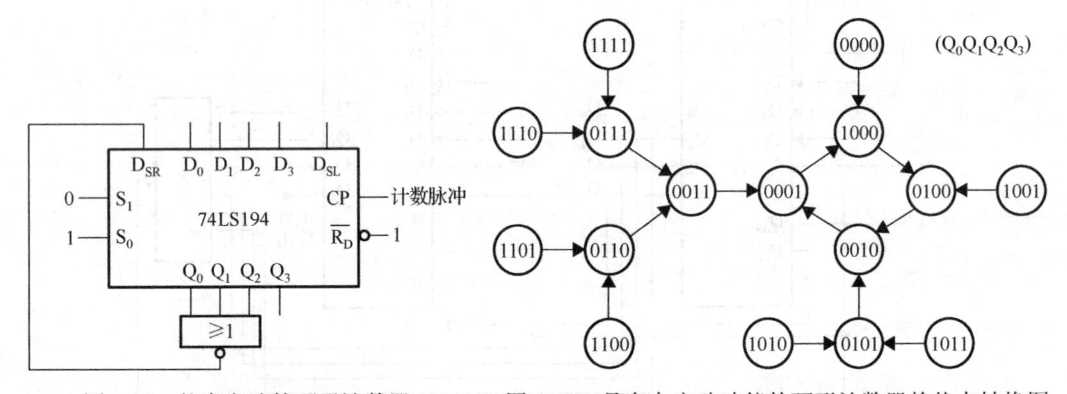

图 9.19 能自启动的环形计数器

图 9.20 具有自启动功能的环形计数器的状态转换图

4. 用 74LS194 构成扭环形计数器

扭环形计数器与环形计数器相比，电路结构上的差别仅在于扭环形计数器最低位的输入信号取自最高位的$\overline{Q}$，而不是 Q 端，其电路图如图 9.21 所示。其状态转换图如图 9.22 所示。

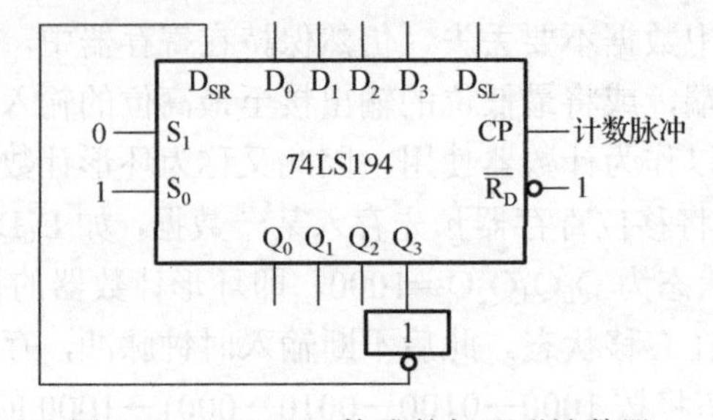

图 9.21 74LS194 构成的扭环形计数器

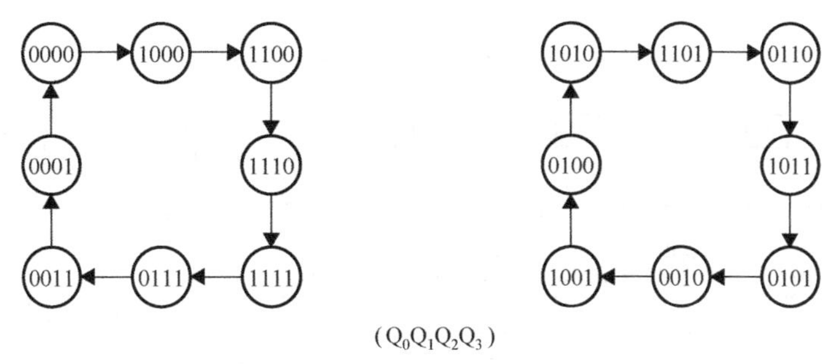

图 9.22　扭环形计数器的状态转换图

从图 9.22 可以看出，它有两个状态循环，若取图中左边的一个为有效循环，则余下的另一个为无效循环，显然这个计数器不能自启动。为了确保它能正常工作，采用如图 9.23 所示的能够自启动的扭环形计数器，其状态转换图如图 9.24 所示。

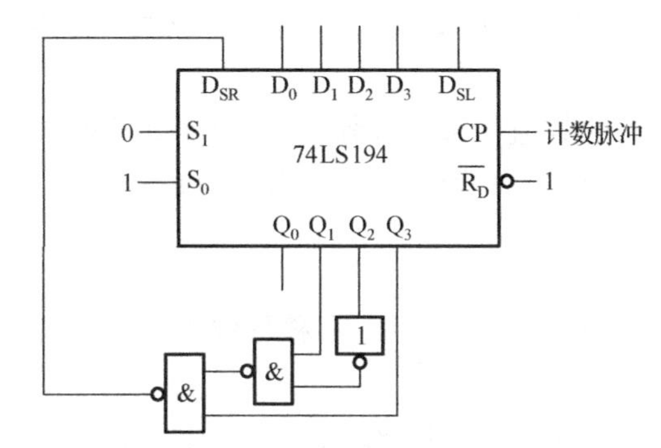

图 9.23　能自启动的扭环形计数器

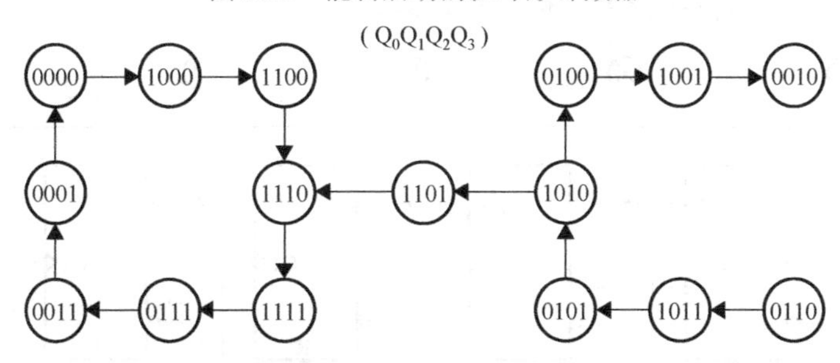

图 9.24　具有自启动功能的扭环形计数器的状态转换图

从图 9.24 中可以看出，用 n 位移位寄存器构成的扭环形计数器可以得到含有 $2n$ 个有效状态的循环，状态利用率比环形计数器提高了一倍。

9.3　实验内容和步骤

1. 数据寄存器

(1)在实验系统中，选用四只 JK 触发器(也可以把 74LS112 双 JK 触发器芯片自行插入实验系统中)，按图 9.25 直接接线。d_3、d_2、d_1、d_0 接数据开关或逻辑开关，与门输出接四只 LED，四只触发器的清零端 $\overline{R_D}$ 连接到实验箱中的复位按钮，写入脉冲接单次脉冲，读出脉冲接逻辑开关。

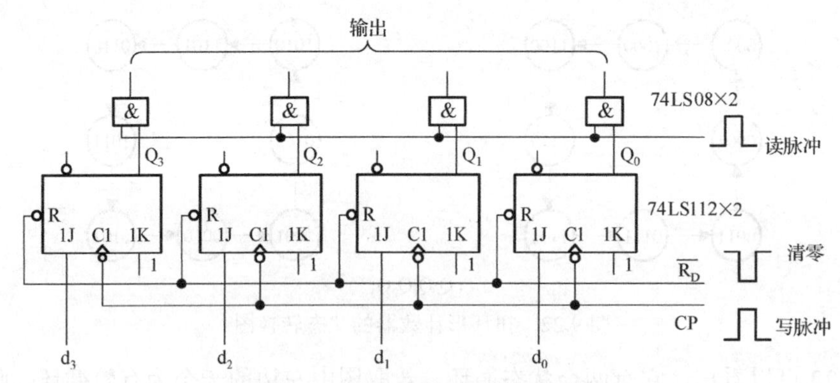

图 9.25　数据寄存器实验接线图

(2)接线完毕，则可通电实验。置 $d_3d_2d_1d_0$=1010，清零后，按动单次脉冲，这时 Q_3、Q_2、Q_1、Q_0 将被置为 1010，再将读出开关(逻辑开关)置 1，就可以观察到这四只 LED 为亮、灭、亮、灭，即输出数据为 1010。

(3)改变 d_3、d_2、d_1、d_0 的数值，重复步骤(2)，验证其数据寄存的功能，并记录结果。

用 D 触发器代替 JK 触发器，也能很方便地实现，读者可自行改接实验连线(电路)。

2. 移位寄存器

(1)用四只 D 触发器(74LS74)连成左移、右移移位寄存器。按图 9.26(a)连线，D 触发器用实验系统中的(也可自行插入)。

(2)接线完毕后，先置数据 0001，然后输入移位脉冲。置数，即把 Q_3、Q_2、Q_1、Q_0 置成 0001。按动单次脉冲，移位寄存器实现左移功能。

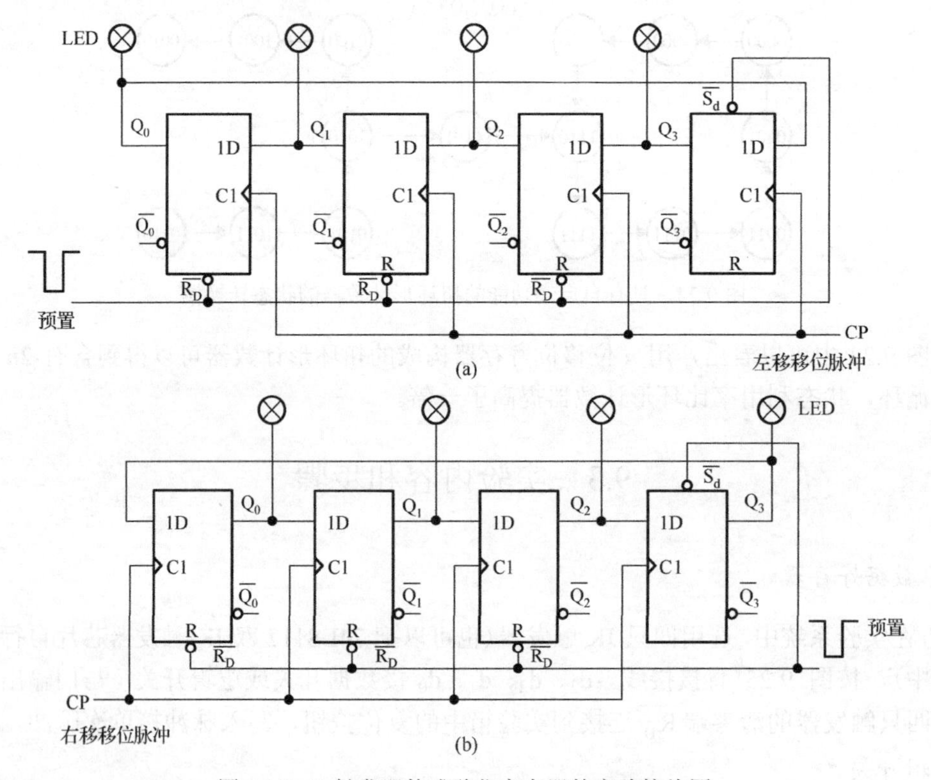

图 9.26　D 触发器构成移位寄存器的实验接线图

(3) 按图 9.26(b) 连线，方法同步骤(2)，则完成右移移位功能。

(4) 图 9.27 为带移位控制的串入、串出、并出的四位左移移位寄存器，读者可自行连线进行实验验证。

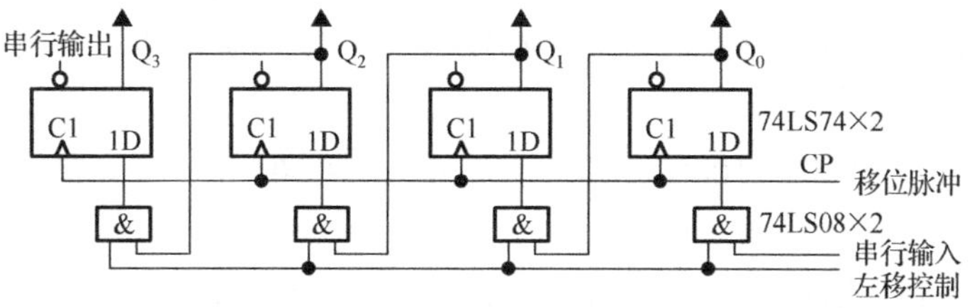

图 9.27 带移位控制的串入、串出、并出的四位左移移位寄存器实验接线图

3. 集成移位寄存器

1) 基本功能验证

将 74LS194 插入实验系统中，按图 9.28 接线，16 脚接电源正，8 脚接地，输出端 Q_0、Q_1、Q_2、Q_3 接四只 LED，工作方式控制端 S_1、S_0 及清零端 $\overline{R_D}$ 分别接逻辑开关 K_1、K_2 和复位按钮 K_5，CP 端接单次脉冲，数据输入端 D_0、D_1、D_2、D_3 分别接四只数据开关或逻辑开关。

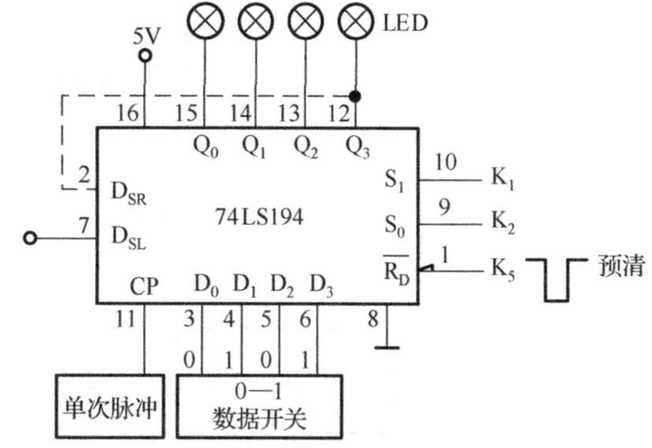

图 9.28 74LS194 双向移位寄存器实验接线图

接线完毕后，接通电源，对照表 9.6 输入各有关参数，即可进行 74LS194 双向移位寄存器的功能验证。

(1) 清除(零)：按复位按钮 K_5，使 $\overline{R_D}=0$，这时 Q_0、Q_1、Q_2、Q_3 接的四只 LED 全灭，即 $Q_0Q_1Q_2Q_3=0000$。

(2) 保持：使 $\overline{R_D}=1$，CP=0 状态，拨动逻辑开关 $K_1(S_1)$ 和 $K_2(S_0)$，输出状态不变；或者使 $\overline{R_D}=1$，$S_1=S_0=0$，按动单次脉冲，这时输出状态仍不变。

(3) 置数：使 $\overline{R_D}=1$，$S_1=S_0=1$(即 $K_1=K_2=1$)，置数据开关为 0101(5)，按动单次脉冲，这时数据 0101(5) 已存入 D_0～D_3 中。LED 此时为灭、亮、灭、亮(即 0101)。变换数据 D_0～D_3=1011，输入单次脉冲，则数据 1011 在 CP 上升沿时存入 Q_0～Q_3 中。

(4) 右移：把 Q_3 接到 D_{SR}，如图 9.28 中的虚线，按上述方法先置入数据 0001(这时使 $\overline{R_D}=1$，$S_1=S_0=1$，D_0～D_3=0001)。再置 $S_1=0$，$S_0=1$ 为右移方式，输入单次脉冲，移位寄存器这时在 CP 上升沿时实现右移操作。按动 4 次单次脉冲，一次移位循环结束。即如图 9.29(a) 状态图所示。

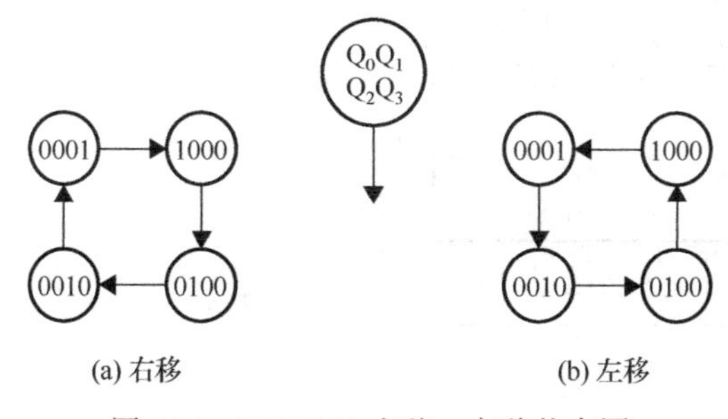

图 9.29 74LS194 右移、左移状态图

(5) 左移：将 Q_3 连到 D_{SR} 的线断开，而把 Q_0 接到左移输入 D_{SL} 端，其余方法同步骤(4)。即 $\overline{R_D}=1$，$S_0=0$，$S_1=1$(寄存器起始态仍为 0001)，则输入四个移位脉冲后，数据左移，最后结果仍为 0001。其左移状态如图 9.29(b) 所示。

再把 Q_3 接到 D_{SL}(Q_0 与 D_{SL} 连线断开)，输入单次脉冲，观察移位情况，并进行记录分析。

2）应用

用 74LS194 移位寄存器可构成各种计数器。

（1）按图 9.30（a）接线，Q_0～Q_3 接 4 只 LED，D_{SR} 与 Q_3 相连，D_0～D_3 接数据开关（或逻辑开关），S_1、S_0、$\overline{R_D}$ 分别接逻辑开关和复位开关，CP 接单次脉冲，电源正、负分别接芯片 16 脚、8 脚。

接线完毕，预置寄存器为 1000 状态，并使 $S_0=1$，$S_1=0$，$\overline{R_D}=1$，寄存器处于移位（右移）状态，即环形计数状态。输入单次计数脉冲，观察 LED Q_0～Q_3 状态。不难发现 Q_0～Q_3 按右移方式状态出现，且一次循环为 4 个脉冲，即计数器的模 $M=4$。

（2）按图 9.30（b）接线，并按步骤（1）进行实验，发现 Q_A～Q_G 输出按右移方式状态出现，且一次循环为 14 个脉冲，即计数器的模为 14（$M=14$）。这种计数器称为扭环形计数器。

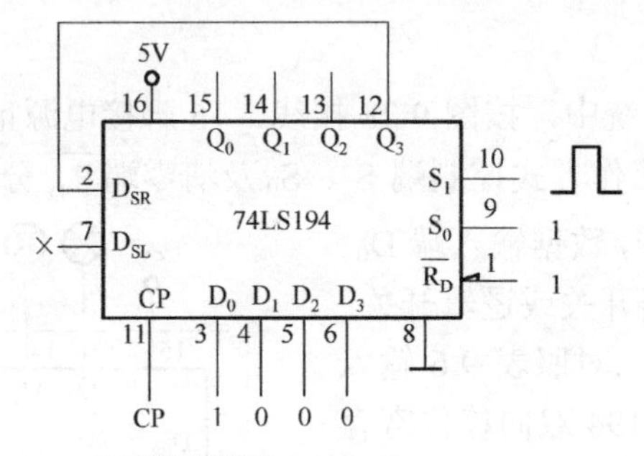

(a) 环形计数器（$n=4$, $M=4$）

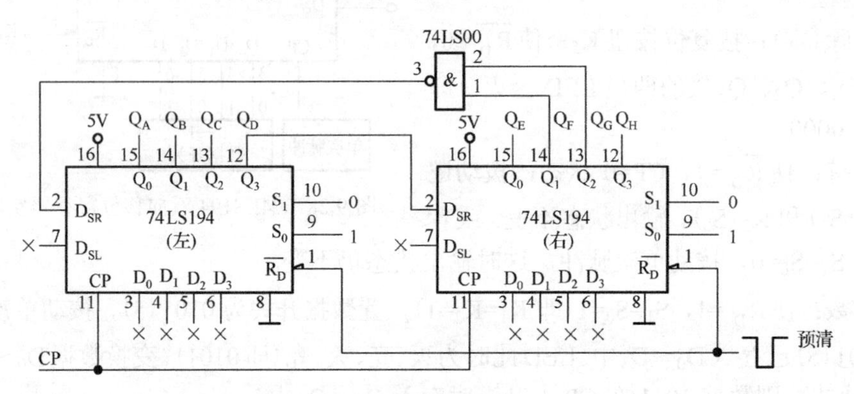

(b) 扭环形计数器（$M=14$）

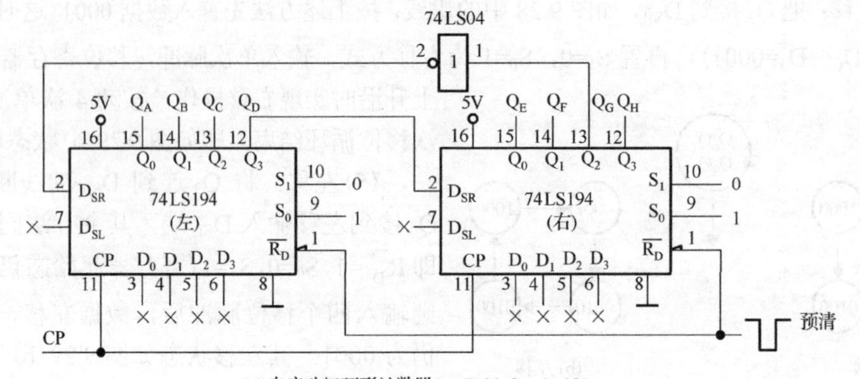

(c) 自启动扭环形计数器（$n=7$, $M=2n-1=13$）

图 9.30　74LS194 双向移位寄存器的应用

(3) 图 9.30(c) 为自启动扭环形计数器。按图 9.30(c) 接线，进行实验验证。计数器的状态应和图 9.31 所示的 M=13 的状态图一致。

这里 CP 接单次脉冲，$\overline{R_D}$ 接复位开关，S_1、S_0 接逻辑开关，J_A 的 D_0～D_3 和 J_B 的 D_0～D_3 分别接数据开关。寄存器 J_A 送全加器(74LS183)的 A_i 端，J_B 送全加器(74LS183)的 B_i 端，全加器的进位 C_i 由 D 触发器(74LS74)寄存，D 触发器的输出作为上次进位的输出接到全加器的 C_{i-1} 端，全加器的和 S_i 接到寄存器 J_A 的输入端，这里选用右移方式，则把和 S_i 接到右移输入端 D_{SR}，J_B 寄存器数据仍送回 J_B 中。

接线完毕，先预清：J_A=0，J_B=0，进位触发器 D 为零。然后置数：J_A=1010，J_B=0101(置数方法，参考 74LS194 基本功能验证方法)。输入移位脉冲，进行 $(J_A)+(J_B)\rightarrow J_A$ 的运算。输入 4 个脉冲，一次运算完成，此时 J_A 应该为 1111，J_B 应该为 0101，如果结果不是此数，则出错，应找出出错原因。若运算结果正确，再更换 J_A、J_B 另一组数，进行 $(J_A)+(J_B)\rightarrow J_A$ 的操作。

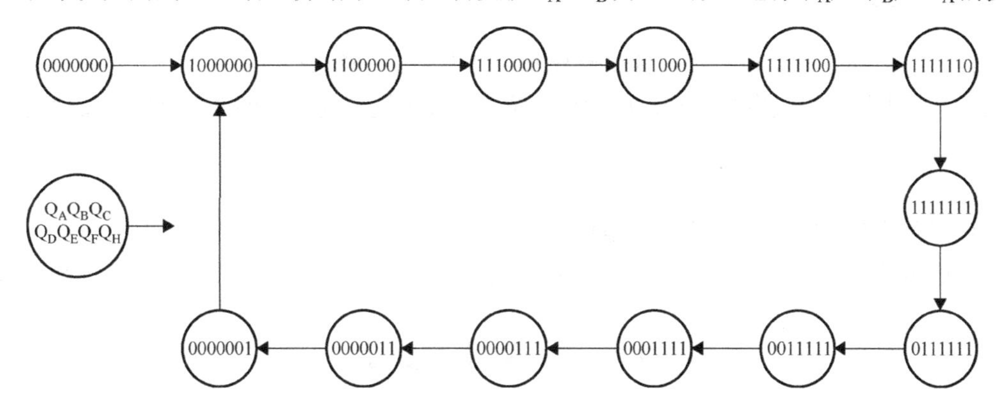

图 9.31　用 74LS194 构成的自启动环形计数器，模 M=13 的状态图

(4) 按图 9.32 接线，进行 $(J_A)+(J_B)\rightarrow J_A$。

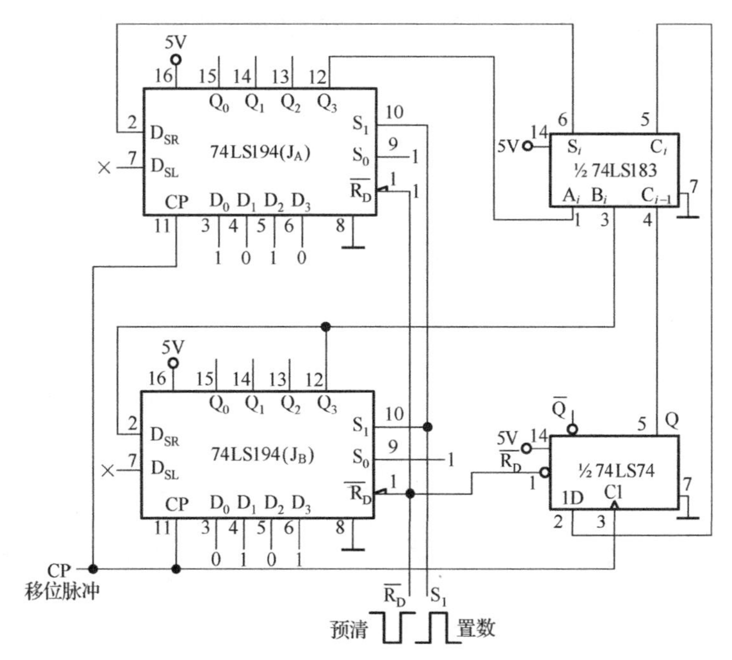

图 9.32　用 74LS194 双向移位寄存器组成的加法电路 $J_A+J_B\rightarrow J_A$

9.4 实验器材

(1) THK-880D 型数字电路实验系统。

(2) 直流稳压电源。

(3) 万用表。

(4) 元器件：74LS74、74LS112、74LS08、74LS194、74LS04、74LS00、74LS183。

9.5 复习要求与思考题

9.5.1 复习要求

(1) 复习寄存器、移位寄存器的电路结构、工作原理和特点。

(2) 熟悉中规模集成电路 74LS194 双向移位寄存器的逻辑功能、外部引脚排列及使用方法。

9.5.2 思考题

(1) 寄存器分为哪几类？其功能是什么？

(2) 试用 74LS194 设计八位、十六位移位寄存器，并实现 M=25 的自启动扭环形计数器。

9.6 实验报告要求

(1) 画出实验测试电路的各个电路连线示意图，按要求填写实验表格，整理实验数据，分析实验结果，根据要求画出状态转换图、波形图，说明电路功能。

(2) 总结按要求设计完成的实验项目，并将实验数据与理论值比较。

实验十　顺序脉冲发生器和序列信号发生器

10.1　实 验 目 的

(1) 熟悉寄存器的电路结构、工作原理和特点。
(2) 掌握中规模集成电路寄存器的逻辑功能及使用方法。
(3) 熟悉移位寄存器的功能特点及其典型应用。
(4) 掌握顺序脉冲发生器和序列信号发生器的工作原理和使用方法。

10.2　实验原理和电路

10.2.1　顺序脉冲发生器

在一些数字系统中，有时需要系统按照事先规定的顺序进行一系列的操作。这就要求系统的控制部分能给出一组在时间上有一定先后顺序的脉冲信号，再用这组脉冲形成所需要的各种控制信号。顺序脉冲发生器就是用来产生这样一组顺序脉冲的电路。

顺序脉冲发生器可以用移位寄存器构成。当环形计数器工作在每个状态中只有一个 1 的循环状态时，它就是一个顺序脉冲发生器。由图 10.1 可见，当 CP 端不断输入系列脉冲时，Q_0～Q_3 端将依次输出正脉冲，并不断循环。

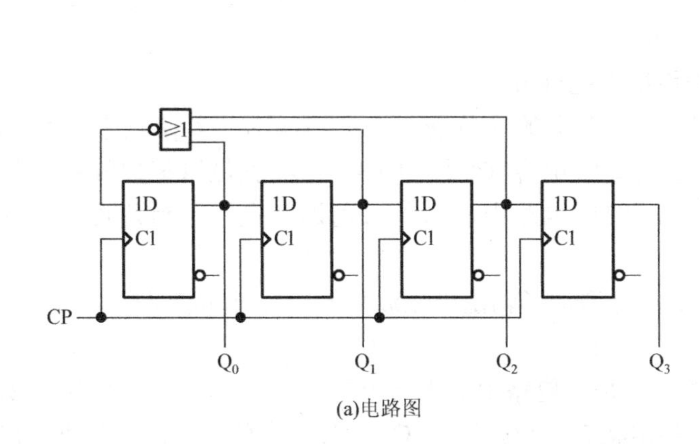

(a)电路图

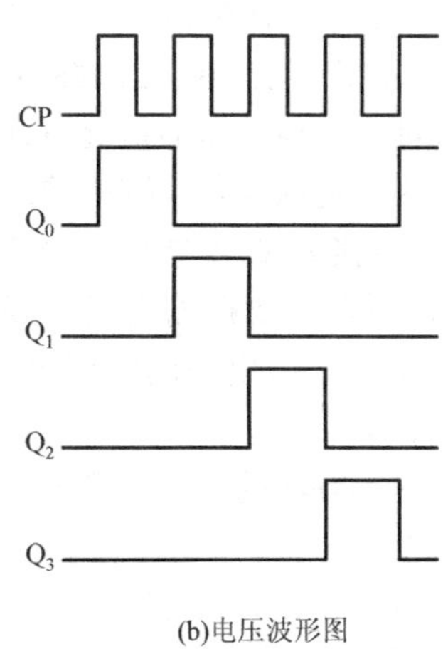

(b)电压波形图

图 10.1　用环形计数器作顺序脉冲发生器

这种方案的优点是不必附加译码电路，结构比较简单。缺点是使用的触发器数目较多，同时还必须采用能自启动的反馈逻辑电路。

在顺序脉冲数较多时，可以用计数器和译码器组合成顺序脉冲发生器。图 10.2(a)所示电路是有 8 个顺序脉冲输出的顺序脉冲发生器的例子。图中的三个触发器 FF_0、FF_1 和 FF_2 组成

3 位二进制计数器，8 个与门组成 3-8 线译码器。只要在计数器的输入端 CP 加入固定频率的脉冲，便可在 P_0～P_7 端依次得到输出脉冲信号，如图 10.2(b)所示。

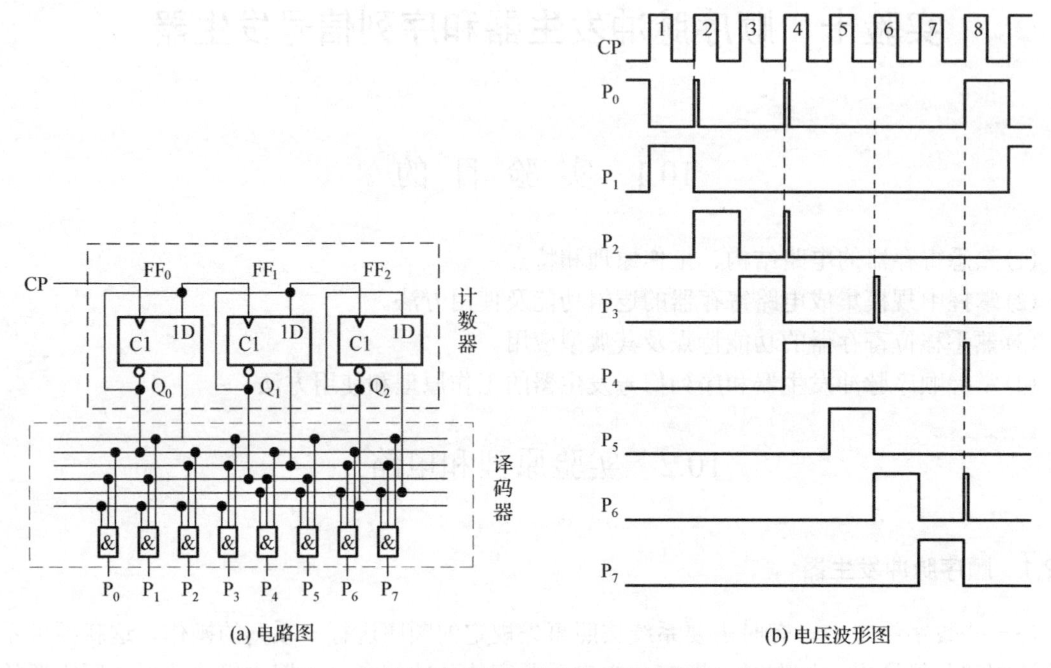

图 10.2　用计数器和译码器构成的顺序脉冲发生器

由于使用了异步计数器，在电路状态转换时三个触发器在翻转时有先有后，因此当两个以上触发器同时改变状态时将发生竞争-冒险现象，有可能在译码器的输出端出现尖峰脉冲，如图 10.2(b)所表示的那样。

例如，在计数器的状态 $Q_2Q_1Q_0$ 由 001 变为 010 的过程中，因 FF_0 先翻转为 0 而 FF_1 后翻转为 1，因此在 FF_0 已经翻转而 FF_1 尚未翻转的瞬间计数器将出现 000 状态，使 Q_0 端出现尖峰脉冲。其他类型的情况请读者自行分析。

为了消除竞争-冒险现象，可以采用如下几种方法。

(1) 接入滤波电容。由于竞争-冒险而产生的尖峰脉冲一般都很窄(多在几十纳秒以内)，所以只要在输出端并接一个很小的滤波电容 C_f(图 10.3(a))，就足以把尖峰脉冲的幅度削弱至门电路的阈值电压以下。在 TTL 电路中，C_f 的数值通常在几十至几百皮法的范围内。

这种方法的优点是简单易行，而缺点是增加了输出电压波形的上升时间和下降时间，使波形变坏。

(2) 引入选通脉冲。第二种常用的方法是在电路中引入一个选通脉冲 p，如图 10.3(a)所示。因为 p 的高电平出现在电路到达稳定状态以后，所以 G_0～G_3 每个门的输出端都不会出现尖峰脉冲。但需要注意，这时 G_0～G_3 正常的输出信号也将变成脉冲信号，而且它们的宽度与选通脉冲相同。例如，当输入信号 AB 变成 11 以后，Q_3 并不马上变成高电平，而要等到 p 端的正脉冲出现时才给出一个正脉冲。

(3) 修改逻辑设计。图 10.4 所示电路输出的逻辑函数式为 $Q = AB + \overline{A}C$，而且在 B=C=1 的条件下，当 A 改变状态时存在竞争-冒险现象。

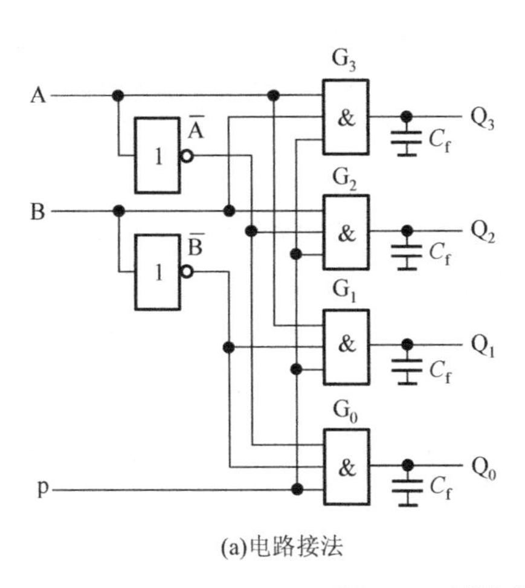

(a)电路接法

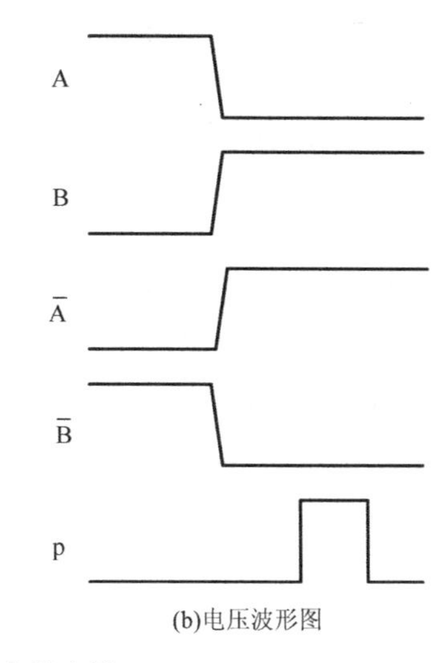

(b)电压波形图

图 10.3　消除竞争-冒险现象的几种方法

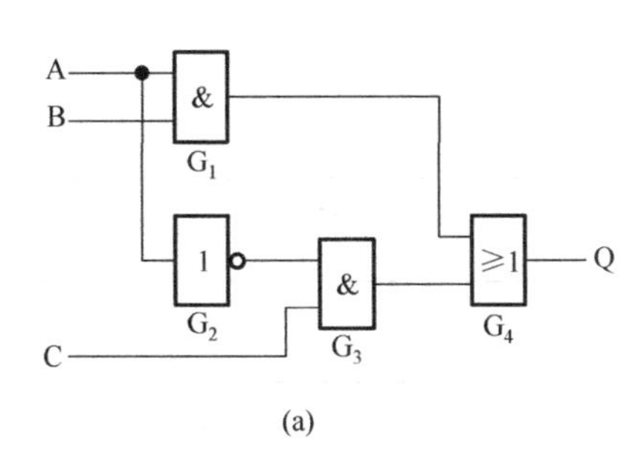

(a)

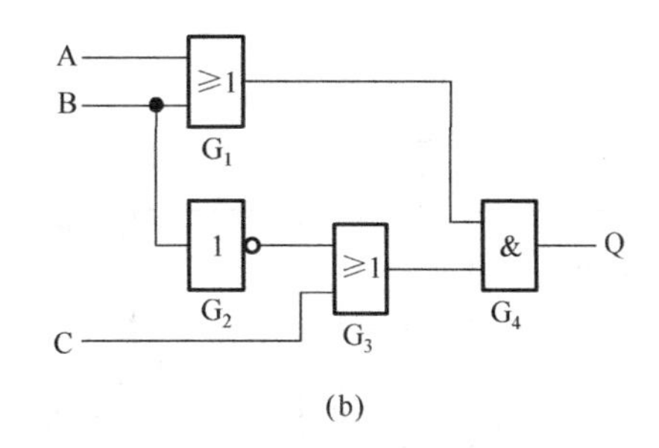

(b)

图 10.4　具有竞争-冒险现象电路

根据逻辑代数的常用公式可知

$$Q = AB + \overline{A}C = AB + \overline{A}C + BC \tag{10.1}$$

我们发现，在增加了 BC 项以后，在 B=C=1 时无论 A 如何改变，输出始终保持 Q=1。因此，A 的状态变化不再会引起竞争-冒险现象。

因为 BC 一项对函数 Q 来说是多余的，所以将它称为 Q 的冗余项，同时将这种修改逻辑设计的方法称为增加冗余项的方法。增加冗余项以后的电路如图 10.5 所示。

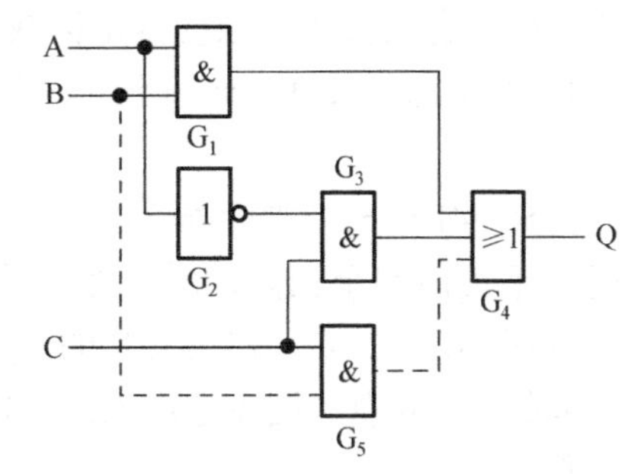

图 10.5　用增加冗余项消除竞争-冒险现象

用增加冗余项的方法消除竞争-冒险现象的适用范围是很有限的。从图 10.5 所示电路中不难发现，如果 A 和 B 同时改变状态，即 AB 从 10 变为 01 时，电路仍然存在竞争-冒险现象。可见，增加了冗余项 BC 以后仅仅消除了在 B=C=1 时，由于 A 的状态改变所导致的竞争-冒险。

将上述三种方法比较一下不难看出，接滤波电容的方法简单易行，但输出电压的波形随之变坏。因此，只适用于对输出波形的前、后沿无严格要求的场合。引入选通脉冲的方法也比较简单，而且不需要增加电路元件。但使用这种方法时必须设法得到一个与输入信号同步的选通脉冲，对这个脉冲的宽度和作用的时间均有严格的要求。至于修改逻辑设计的方法，若能运用得当，有时可以收到令人满意的效果。例如，在图 10.5 所示的电路中，如果门 G_5 在电路中本来就已存在，那么只需增加一根连线，把它的输出引到门 G_4 的一个输入端即可，既不必增加门电路，又不给电路的工作带来任何不利的影响。然而，这样有利的条件并不是任何时候都存在，而且这种方法能解决的问题也是很有限的。

在使用中规模集成的译码器时，由于电路上大多数均设有控制输入端，可以作为选通脉冲的输入端使用，所以采用选通的方法极易实现。图 10.6(a)所示电路是用 4 位同步二进制计数器 74LS161 和 3-8 线译码器 74LS138 构成的顺序脉冲发生器电路。图中以 74LS161 的低 3 位输出 Q_0、Q_1、Q_2 作为 74LS138 的 3 位输入信号。

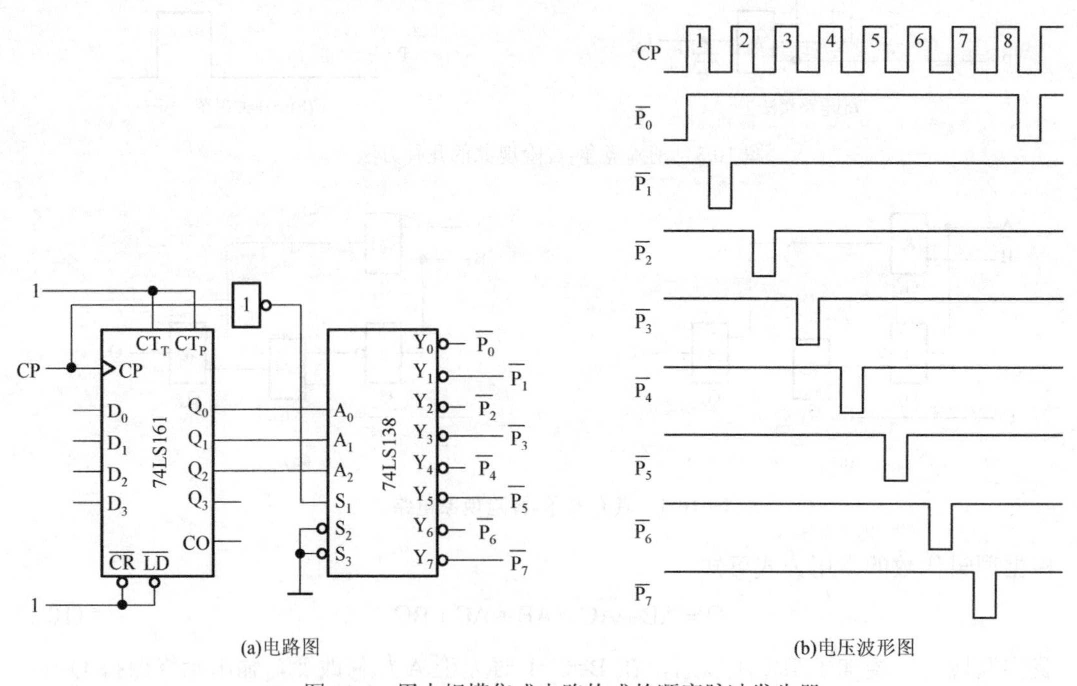

(a)电路图　　(b)电压波形图

图 10.6　用中规模集成电路构成的顺序脉冲发生器

由 74LS161 的功能表可知，为使电路工作在计数状态，$\overline{R_D}$、$\overline{LD}$、EP 和 ET 均应接高电平。由于它的低 3 位触发器是按八进制计数器连接的，所以在连续输入 CP 信号的情况下，$Q_2Q_1Q_0$ 的状态将按 000 一直到 111 的顺序反复循环，并在译码器输出端依次输出 $\overline{P_0}\sim\overline{P_7}$ 的顺序脉冲。

虽然 74LS161 中的触发器是在同一时钟信号操作下工作的，但由于各个触发器的传输延迟时间不可能完全相同，所以在将计数器的状态译码时仍然存在竞争-冒险现象。为消除竞争-冒险现象，可以在 74LS138 的 S_1 端加入选通脉冲。选通脉冲的有效时间应与触发器的翻转时间错开。例如，图中选取 CP 作为 74LS138 的选通脉冲，即得到图 10.6(b)所示的输出电压波形。

如果将图 10.6(a)电路中的计数器改成 4 位的扭环形计数器，并取图 10.7 所示的有效循环，组成如图 10.8 所示的顺序脉冲发生器电路，则可以从根本上消除竞争-冒险现象。因为扭环形计数器在计数循环过程中任何两个相邻状态之间仅有一个触发器状态不同，因而在状态转换过程中任何一个译码器的门电路都不会有两个输入端同时改变状态，即不存在竞争现象。

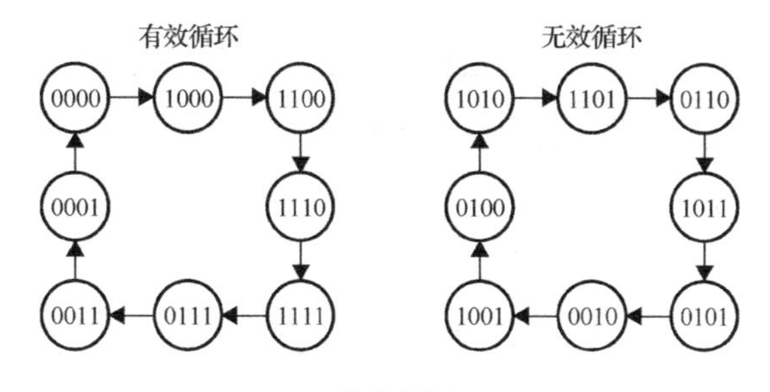

图 10.7　扭环形计数器有效循环图

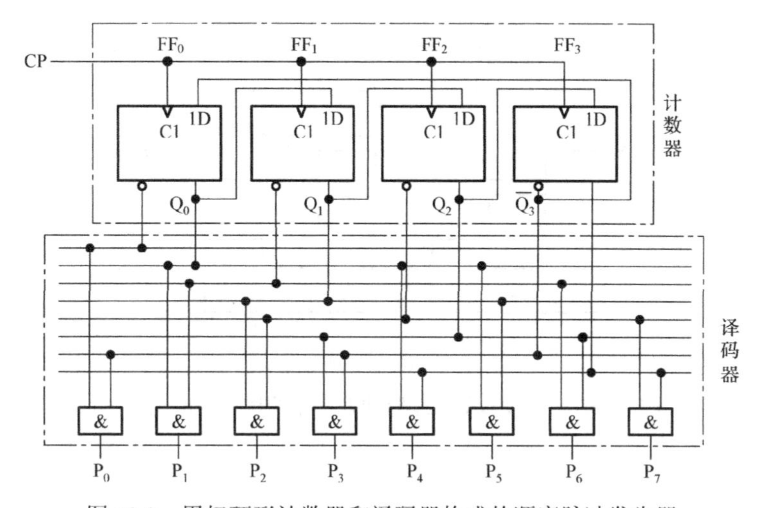

图 10.8　用扭环形计数器和译码器构成的顺序脉冲发生器

由以上分析可知，顺序脉冲发生器一般由计数器(包括移位寄存器型计数器)和译码器组成。作为时间基准的计数脉冲由计数器的输入端送入，译码器即将计数器状态译成输出端上的顺序脉冲，使输出端上的状态按一定时间、一定顺序轮流为 1，或者为 0。显然，前面介绍的扭环形计数器的输出就是顺序脉冲，故不加译码电路即可直接作为顺序脉冲发生器。

按其结构来分，顺序脉冲发生器可分为计数器型和移位型两种。

1. 计数器型顺序脉冲发生器

计数器型顺序脉冲发生器一般用按自然态序计数的二进制计数器和译码器构成。图 10.9(a)所示是一个能循环输出 4 个脉冲的顺序脉冲发生器的逻辑电路图。两个 JK 触发器构成一个四进制即 2 位二进制计数器；4 个与门构成了 2 位二进制译码器；CP 是输入计数脉冲；Y_0、Y_1、Y_2、Y_3是 4 个顺序脉冲输出端。

由图 10.9(a)所示的逻辑电路图，可得到以下方程。

输出方程为

$$\begin{cases} Y_0 = \overline{Q_1^n}\,\overline{Q_0^n} \\ Y_1 = \overline{Q_1^n}Q_0^n \\ Y_2 = Q_1^n\overline{Q_0^n} \\ Y_3 = Q_1^nQ_0^n \end{cases} \tag{10.2}$$

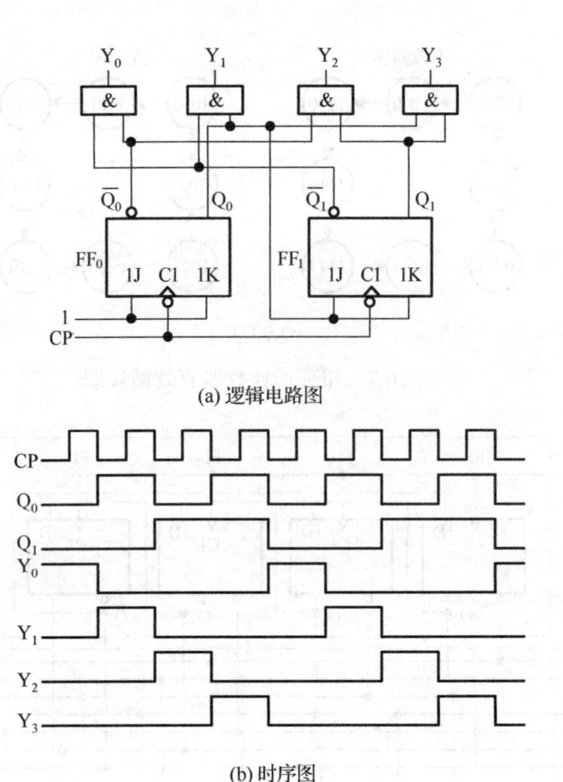

图 10.9　4 输出计数器型顺序脉冲发生器的逻辑电路图和时序图

状态方程为

$$\begin{cases} Q_0^{n+1} = \overline{Q_0^n} \\ Q_1^{n+1} = Q_0^n \overline{Q_1^n} + \overline{Q_0^n} Q_1^n \end{cases} \tag{10.3}$$

根据输出方程、状态方程及时钟方程 $CP_0=CP_1=CP$，可画出如图 10.9(b)所示的时序图。由时序图可见图 10.9(a)所示电路是一个 4 输入顺序脉冲发生器。

如果用 n 位二进制计数器，由于有 2^n 个不同的状态，则经过译码器译码后，可获得 2^n 个顺序脉冲。

图 10.10 所示是用集成计数器 74LS163 和集成 3-8 线译码器 74LS138 构成的 8 输出顺序脉冲发生器。如果用两片 74LS138 构成 4-16 线译码器，则得到的是 16 输出顺序脉冲发生器。

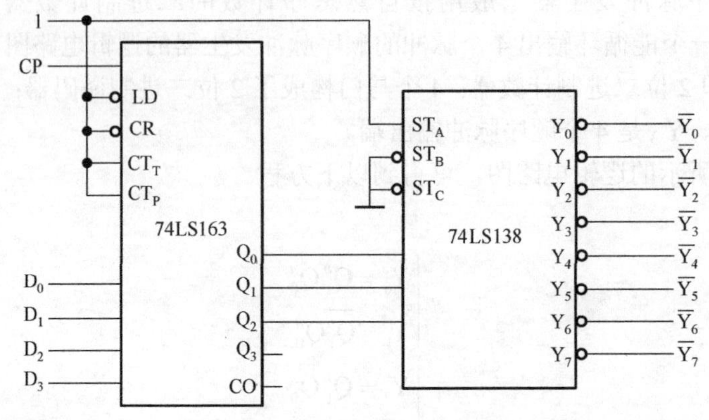

图 10.10　由集成计数器 74LS163 和集成 3-8 线译码器 74LS138 构成的 8 输出顺序脉冲发生器

计数器型顺序脉冲发生器状态利用率高，但由于每次 CP 信号到来时，可能有两个或两个以上的触发器翻转，因此会产生竞争-冒险，若在输出端 $\overline{Y_0} \sim \overline{Y_7}$ 再接一个由 D 触发器组成的寄存器 74LS374，即可消除竞争-冒险现象。

2. 移位型顺序脉冲发生器

移位型顺序脉冲发生器由移位寄存器型计数器加译码电路构成。其中环形计数器的输出就是顺序脉冲，故不加译码电路就可直接作为顺序脉冲发生器。环形计数器每次 CP 信号到来时只有一个触发器翻转，没有竞争-冒险问题，但状态利用率很低。

图 10.11 所示是一个由 4 位扭环形计数器和译码器构成的 8 输出移位型顺序脉冲发生器的逻辑电路图。

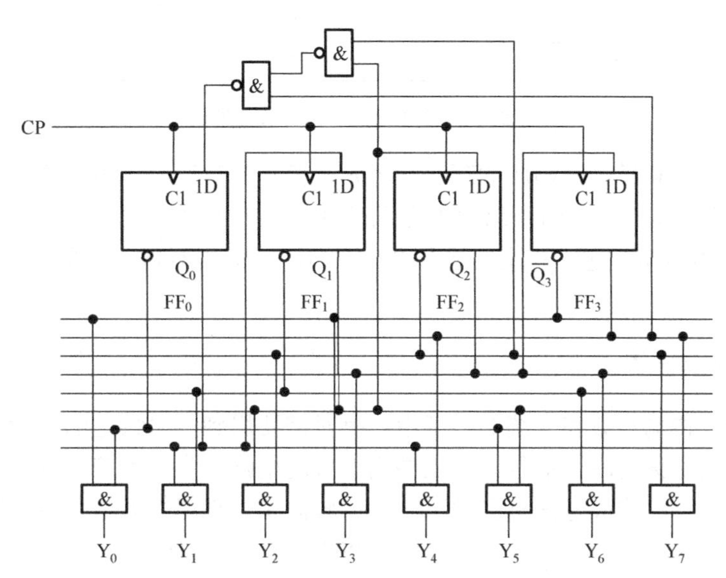

图 10.11　8 输出移位型顺序脉冲发生器的逻辑电路图

输出方程为

$$\begin{cases} Y_0 = \overline{Q_0^n}\,\overline{Q_3^n}, Y_1 = Q_0^n\overline{Q_1^n} \\ Y_2 = Q_1^n\overline{Q_2^n}, Y_3 = Q_2^n\overline{Q_3^n} \\ Y_4 = Q_0^n Q_3^n, Y_5 = \overline{Q_0^n}Q_1^n \\ Y_6 = \overline{Q_1^n}Q_2^n, Y_7 = \overline{Q_2^n}Q_3^n \end{cases} \tag{10.4}$$

状态方程为

$$\begin{cases} Q_0^{n+1} = \overline{\overline{Q_1^n\overline{Q_2^n}}\,Q_3^n} \\ Q_1^{n+1} = Q_0^n \\ Q_2^{n+1} = Q_1^n \\ Q_3^{n+1} = Q_2^n \end{cases} \tag{10.5}$$

根据输出方程、状态方程及时钟方程 $CP_0=CP_1=CP_2=CP_3=CP$，可画出如图 10.12 所示的时序图。由时序图可知图 10.11 所示电路是一个 8 输出移位型顺序脉冲发生器。

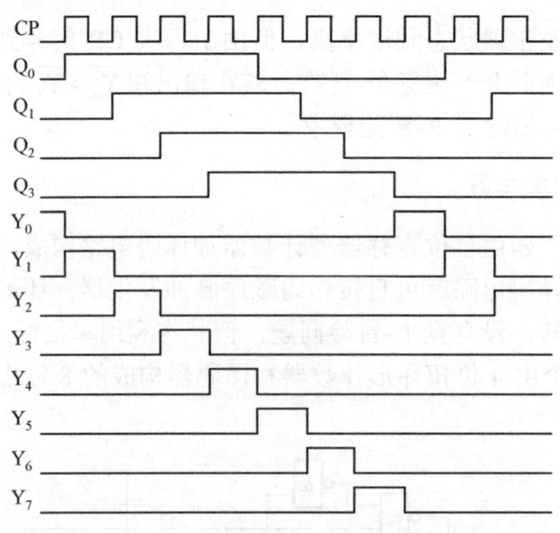

图 10.12 8 输出移位型顺序脉冲发生器的时序图

由扭环形计数器和译码器构成的顺序脉冲发生器，计数器部分电路连接简单，译码器部分用 2 输入与门即可，而且由于每次 CP 信号到来时，计数器中只有一个触发器改变状态，所以译码器无竞争-冒险问题，其缺点是电路状态利用率仍然不高，有效状态数只是触发器数的两倍。

10.2.2 序列信号发生器

在数字信号的传输和数字系统的测试中，有时需要用到一组特定的串行数字信号。通常将这种串行数字信号称为序列信号。产生序列信号的电路称为序列信号发生器。

序列信号发生器的构成方法有多种。一种比较简单、直观的方法是用计数器和数据选择器组成。例如，需要产生一个 8 位的序列信号 00010111(时间顺序为自左而右)，则可用一个八进制计数器和一个 8 选 1 数据选择器组成，如图 10.13 所示。其中八进制计数器取自 74LS161 (4 位二进制计数器)的低 3 位。74LS152 是 8 选 1 数据选择器。

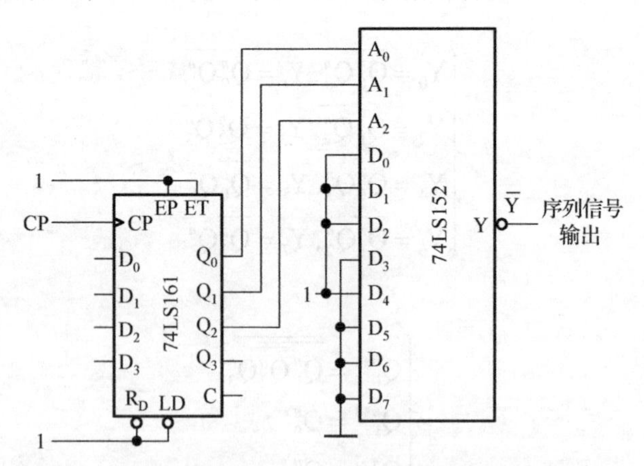

图 10.13 用计数器和数据选择器组成的序列信号发生器

当 CP 信号连续不断地加到计数器上时，$Q_2Q_1Q_0$ 的状态(也就是加到 74LS152 上的地址输入代码 $A_2A_1A_0$)便按照表 10.1 中所示的顺序不断循环，$\overline{D_0} \sim \overline{D_7}$ 的状态就循环不断地依次出现在 $\overline{Y}$ 端。只要令 $D_0=D_1=D_2=D_4=1$、$D_3=D_5=D_6=D_7=0$，便可在 $\overline{Y}$ 端得到不断循环的序列信

号 00010111。在需要修改序列信号时，只要修改加到 D_0～D_7 的高、低电平即可实现，而不需要对电路结构进行任何更动。因此，使用这种电路既灵活又方便。

表 10.1　图 10.13 电路的状态转换表

CP 顺序	Q_2 (A_2)	Q_1 (A_1)	Q_0 (A_0)	$\overline{Y}$
0	0	0	0	$\overline{D_0}$ (0)
1	0	0	1	$\overline{D_1}$ (0)
2	0	1	0	$\overline{D_2}$ (0)
3	0	1	1	$\overline{D_3}$ (1)
4	1	0	0	$\overline{D_4}$ (0)
5	1	0	1	$\overline{D_5}$ (1)
6	1	1	0	$\overline{D_6}$ (1)
7	1	1	1	$\overline{D_7}$ (1)
8	0	0	0	$\overline{D_0}$ (0)

构成序列信号发生器的另一种很常见的方法是采用反馈逻辑电路的移位寄存器。如果序列信号的位数为 m，移位寄存器的位数为 n，则应取 $2^n \geqslant m$。例如，若仍然要求产生 00010111 这样一组 8 位的序列信号，则可用 3 位的移位寄存器加上反馈逻辑电路构成所需要的序列信号发生器，如图 10.14 所示。移位寄存器从 Q_2 端输出的串行输出信号就应当是所要求的序列信号。

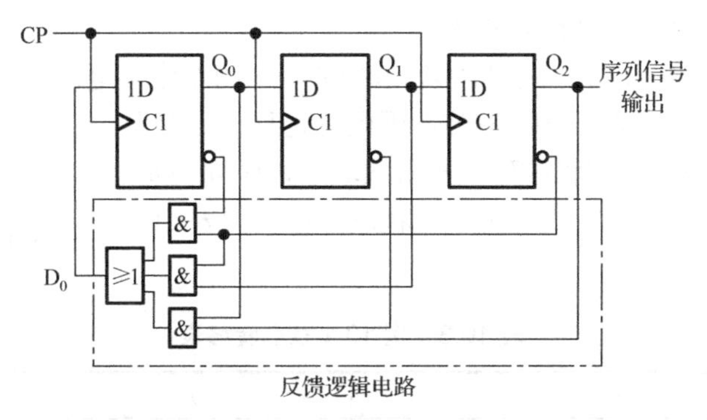

图 10.14　用移位寄存器构成的序列信号发生器

根据要求产生的序列信号，即可列出移位寄存器应具有的状态转换表，如表 10.2 所示。再从状态转换表的要求出发，得到对移位寄存器输入端 D_0 取值的要求，如表 10.2 所示。表中也同时给出了 D_0 与 Q_2、Q_1、Q_0 之间的函数关系。利用图 10.15 所示的卡诺图将 D_0 的函数式化简，得到

$$D_0 = Q_2\overline{Q_1}Q_0 + \overline{Q_2}Q_1 + \overline{Q_2 Q_0} \tag{10.6}$$

图 10.14 中的反馈逻辑电路就是按式(10.6)接成的。

表 10.2　图 10.14 电路的状态转换表

CP 顺序	Q_2	Q_1	Q_0	D_0
0	0	0	0	1
1	0	0	1	0

续表

CP 顺序	Q_2	Q_1	Q_0	D_0
2	0	1	0	1
3	1	0	1	1
4	0	1	1	1
5	1	1	1	0
6	1	1	0	0
7	1	0	0	0
8	0	0	0	1

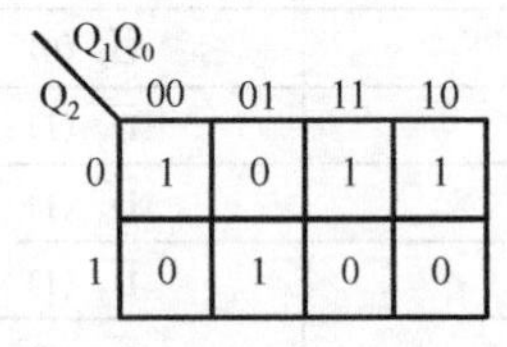

图 10.15　图 10.14 中 D_0 的卡诺图

下面介绍两种设计序列信号发生器电路的方法：一是根据给定序列信号设计产生电路；二是只要求序列长度 M，选择长度为 M 的序列信号，设计产生电路。

1. 设计给定序列信号的产生电路

设计给定序列信号的产生电路一般有两种结构形式，一是移存型序列信号发生器；二是计数型序列信号发生器，下面通过例题分别说明。

1) 移存型序列信号发生器

移存型序列信号发生器以移位寄存器作为主要存储部件。因此要将给定的长度为 M 的序列信号按移存规律组成 M 个状态组合，完成状态转移。然后求出移位寄存器的串行输入激励函数，就可构成该序列信号的产生电路。

【例 10.1】 设计产生序列信号 11000、11000……的发生器电路。

解：给定序列信号的循环长度 M=5，因此确定移位寄存器的位数 $n \geqslant 3$。若选择 n=3，则将序列信号依次取 3 位序列码元，构成 5 个状态的循环，如图 10.16 所示，状态转移表如表 10.3 所示。

1100011000…

图 10.16　序列信号循环示意图

表 10.3　例 10.1 状态转移表

序号	Q_3	Q_2	Q_1
0	1	1	0
1	1	0	0
2	0	0	0
3	0	0	1
4	0	1	1

由于状态转移符合移存规律，因此只需设计输入第 1 级的激励信号。通常采用 D 触发器构成移位寄存器，由图 10.17 的卡诺图可以求得

$$Q_1^{n+1} = \overline{Q_3^n Q_2^n} \tag{10.7}$$

最后检验是否具有自启动特性。由表 10.3 可见，有效状态为 5 个，尚有 3 个偏离状态 101、010、111。根据式(10.7)及移存规律，不难求得偏离状态的转移为 101→010→100、111→110，具有自启动特性，其状态转移图如图 10.18 所示。发生器电路如图 10.19 所示。

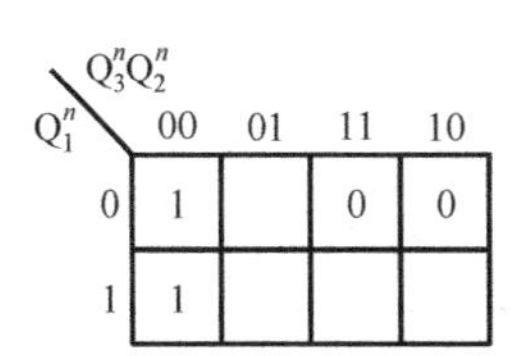

图 10.17 例 10.1 卡诺图

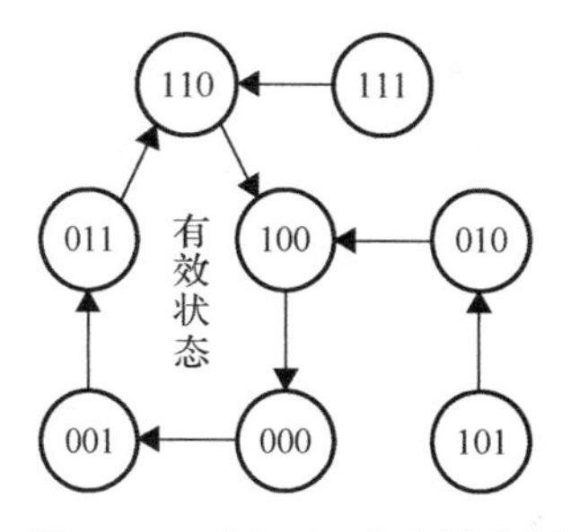

图 10.18 例 10.1 状态转移图

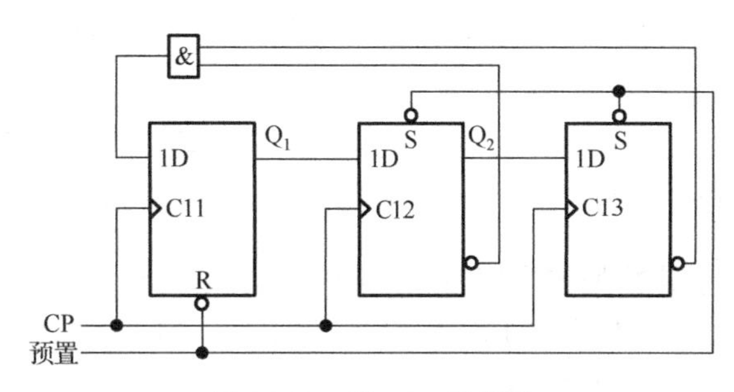

图 10.19 例 10.1 逻辑图

必须指出，根据给定的序列信号列状态转移表时，可能出现同一状态的下一状态发生两种不同的转移的情况，在没有外加控制信号条件下，是无法实现的，只有通过增加位数 n 直至得到 M 个独立状态构成循环为止。增加的位数越多，偏离状态越多，电路越不节省，工作越不可靠。

2) 计数型序列信号发生器

计数型序列信号发生器是在同步计数器的基础上加输出组合电路构成的。

【例 10.2】 设计产生序列信号 1111000100、1111000100……的计数型序列信号发生器电路。

解： 由于给定序列长度为 M=10，因此选用一个模 10 的同步计数器，如 CT54160。令其在状态转移过程中，每一状态稳定时输出符合给定序列要求的信号，因此可以列出其输出真值表，如表 10.4 所示，经卡诺图(图 10.20)化简，得

$$F=\overline{Q_3^n Q_2^n}+Q_1^n Q_0^n \tag{10.8}$$

表 10.4 例 10.2 输出真值表

Q_3	Q_2	Q_1	Q_0	F
0	0	0	0	1
0	0	0	1	1
0	0	1	0	1
0	0	1	1	1
0	1	0	0	0
0	1	0	1	0
0	1	1	0	0
0	1	1	1	1
1	0	0	0	0
1	0	0	1	0

这样，在CT54160模10同步计数器基础上加上F函数的输出组合电路，就构成了产生1111000100序列信号的计数型序列信号发生器电路，如图10.21所示。

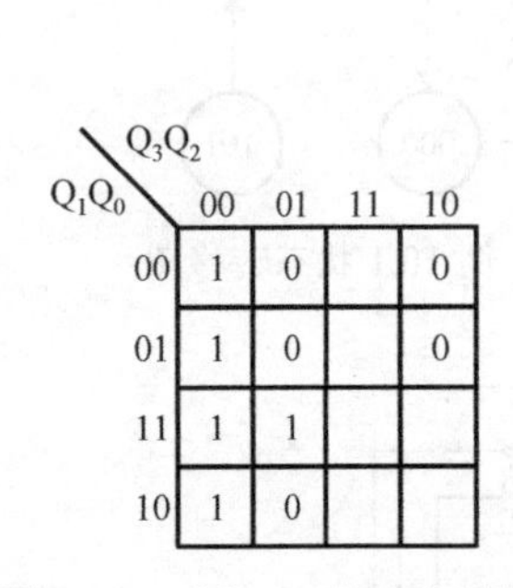

图10.20 例10.2输出卡诺图

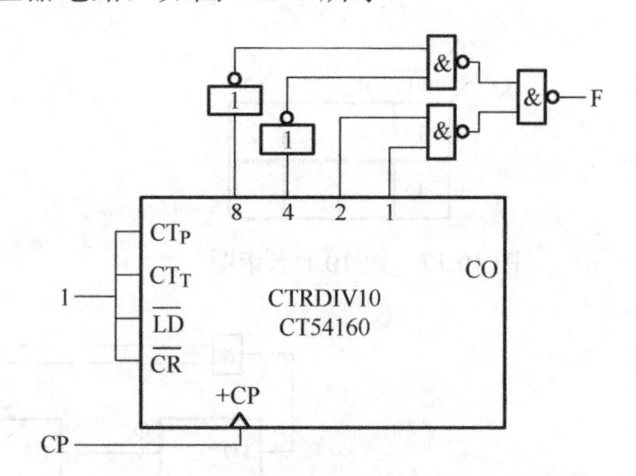

图10.21 例10.2计数型序列信号发生器电路

最后必须指出，对于计数型序列信号发生器电路，在同一计数器基础上，加上不同的输出电路，可以得到循环长度 M 相同的多组序列信号输出，但是由于输出是组合电路，在输出的序列中有可能有“冒险”的毛刺。

2. 根据序列循环长度 M 的要求设计发生器电路

当设计要求只给定序列循环长度 M 时，首先要选择序列信号的码型，确定了码型之后，可按照前面介绍的给定序列的方法进行设计。能满足长度 M 要求的序列信号是多种的。现介绍一种常用的 $M=2^n-1$ 的最长线性序列及其派生的 $M<2^n-1$ 的非最长序列发生器电路。

1) 最长线性序列信号($M=2^n-1$ 长度的序列)发生器

最长线性序列信号发生器是在 n 位移位寄存器的基础上，加上异或反馈电路构成的。其一般结构如图10.22所示。n 级D触发器构成 n 位移位寄存器，由异或网络组合逻辑产生的输出f作为串行输入，即

$$f = c_1Q_1 \oplus c_2Q_2 \oplus \cdots \oplus c_iQ_i \oplus \cdots \oplus c_nQ_n \tag{10.9}$$

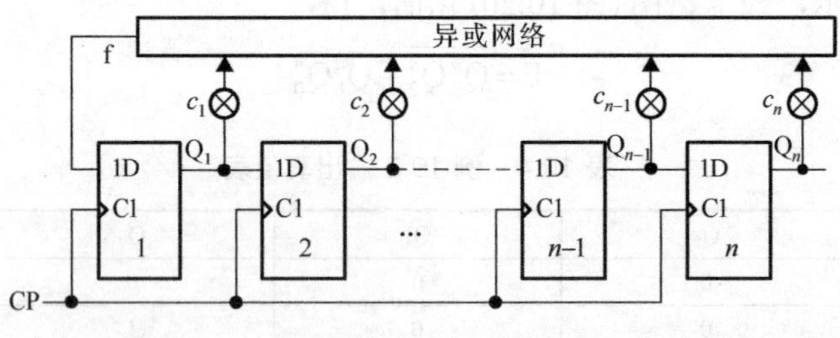

图10.22 最长线性序列信号发生器一般结构

式(10.9)中 c_i 为系数，Q_i 为第 i 级触发器输出。当 $c_i=1$ 时，则第 i 级的输出 Q_i 参与反馈；$c_i=0$ 时，表示第 i 级 Q_i 不参与反馈。例如，$c_4=1$，$c_3=1$，其余为0，则 $f=Q_4 \oplus Q_3$，就得到如图10.23所示的电路。当初始状态为1111时，在时钟CP作用下，Q_4 端输出序列为111100010011010，循环长度为 $2^4-1=15$。

对于 n 位移位寄存器产生 2^n-1 长度的最长线性序列的反馈函数，可查表10.5。所列号码为 $c_i=1$ 参与反馈的触发器的号码。

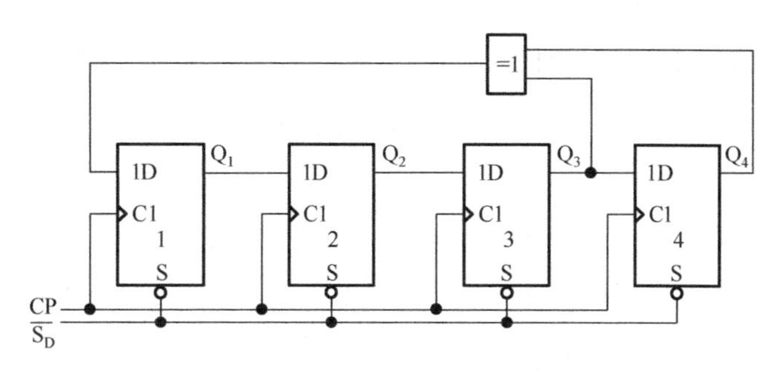

图 10.23　M=15 的序列信号发生器

表 10.5　最长线性序列反馈函数

n	f	n	f
1	1	26	26，25，24，20
2	2，1	27	27，26，25，22
3	3，2	28	28，25
4	4，3	29	29，27
5	5，3	30	30，29，26，24
6	6，5	31	31，28
7	7，6	32	32，31，30，29，27，25
8	8，6，5，4	33	33，32，29，27
9	9，5	34	34，33，32，29，28，27
10	10，7	35	35，33
11	11，9	36	36，35，34，32，31，30
12	12，11，8，6	37	37，36，35，34，33，32
13	13，12，10，9	38	38，37，33，32
14	14，13，11，9	39	39，35
15	15，14	40	40，37，36，35
16	16，14，13，11	41	41，38
17	17，14	42	42，41，40，39，38，37
18	18，17，16，13	43	43，40，39，37
19	19，18，17，14	44	44，42，39，38
20	20，17	45	45，44，42，41
21	21，19	46	46，45，44，43，41，36
22	22，21	47	47，42
23	23，18	48	48，47，46，44，43，41
24	24，23，21，20	49	49，45，44，43
25	25，22	50	50，48，47，46

例如，n=5，表 10.5 中 f 为(5，3)，表示 $f=Q_5 \oplus Q_3$。如果初始状态为 11111，则 Q_5 输出为 1111100011011101010000100101100。

因此，如果要求给定的序列信号长度 $M=2^n-1$，则由 n 查表 10.5，可得到相应的反馈网络函数 f。

必须指出，最长线性序列信号发生器一共有 2^n-1 个有效状态，全 0 状态是偏离状态。由于反馈网络是异或网络结构，当各级触发器均处于 0 状态时，其输出 f=0。因此，最长线性序列信号发生器在全 0 状态不具有自启动特性。为了使其具有自启动特性，必须修改 D_1 激励

函数，使处于状态 000…00 时，能自动纳入 000…01 状态。修改的激励函数一般形式为

$$\overline{D}=[f]\oplus\overline{Q_n Q_{n-1}}\cdots\overline{Q_1} \tag{10.10}$$

图 10.23 所示电路中，修改激励为

$$\overline{D}=Q_4\oplus Q_3\oplus\overline{Q_4 Q_3 Q_2 Q_1}=\overline{Q_4}Q_3+Q_4\overline{Q_3}+\overline{Q_4 Q_2 Q_1} \tag{10.11}$$

则得具有自启动特性的循环长度为 15 的序列信号发生器，其电路图如图 10.24 所示，状态转移图如图 10.25 所示。图 10.25 中，圆圈中的标号为 $Q_4Q_3Q_2Q_1$ 的二进制代码所对应的十进制数。

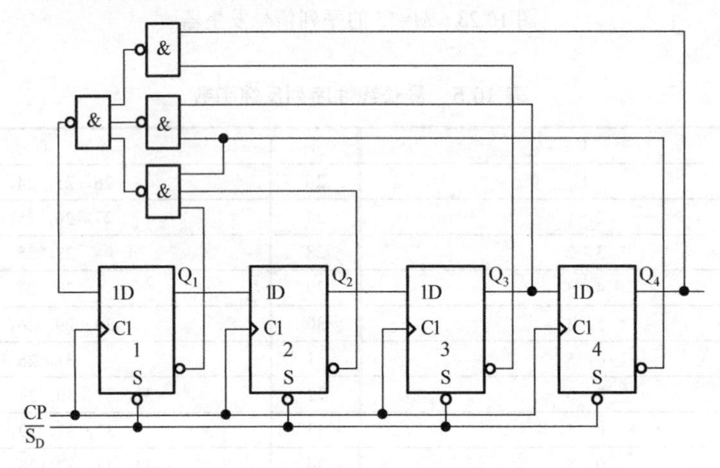

图 10.24　具有自启动特性 M=15 的序列信号发生器

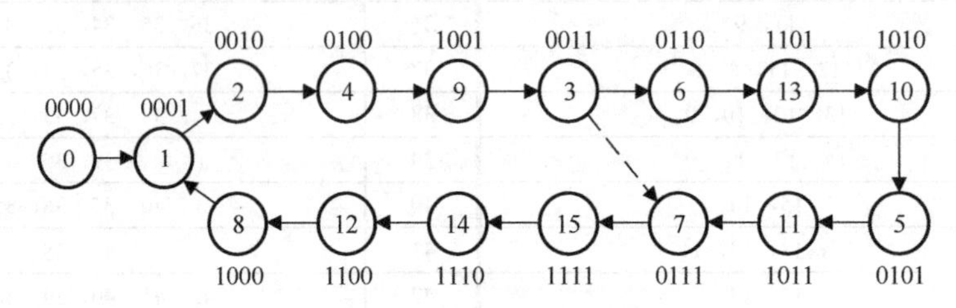

图 10.25　M=15 的状态转移图

2) $M\neq 2^n-1$ 任意长度的序列信号发生器

在 2^n-1 最长线性序列信号发生器的基础上，修改其第 1 级的激励函数，可以得到任意长度 M($M\neq 2^n-1$，且 $2^n-1<M\leqslant 2^n$) 的序列信号发生器电路。

(1) 循环长度 $M=2^n$ 的序列信号发生器。

在循环长度为 2^n-1 的最长线性序列中，全 0 状态为偏离状态，现要求 $M=2^n$，只需将全 0 状态插入有效序列之中成为有效状态即可。根据移存规律，全 0 状态的前一状态必定是 100…0；下一状态必定是 00…01；其余状态转移按正常线性反馈进行。因此可以将 2^n-1 的反馈函数修改为

$$\overline{f}=[f]\oplus\overline{Q_{n-1}Q_{n-2}}\cdots\overline{Q_1} \tag{10.12}$$

(2) 循环长度 $M<2^n-1$ 的序列信号发生器。

在循环长度为 2^n-1 的移存型序列信号发生器中，按表 10.5 所给出的反馈，一共有 2^n-1 个有效状态，按移存规律转移，如 n=4 时，如图 10.25 所示。现在 $M<2^n-1$，就必须在 2^n-1

个有效状态中跳过 2^n-1-M 个状态，形成 M 个有效状态转移，且符合移存规律。例如，要求 M=10，则必须在 2^n-1=15 的图 10.25 中，寻找起跳状态，跳过 5 个状态，且又符合移存规律。如图 10.25 中虚线所示，从状态③(0011)跳过 5 个状态，转移至状态⑦(0111)，这样既跳过了 5 个状态，又符合移存规律。因此，当初始状态为 1111 时，由 Q_4 输出的 M=10 的序列应从 2^n-1 的线性序列 111100010011010 中扣除掉 5 个码元 01011，成为 1100010011 序列输出。上面 2^n-1 的线性序列下标___为起跳状态，下标・为扣除的码元。

找到起跳状态，在得到 M=10 的序列后，可以按前面介绍的已知序列的条件设计产生电路的方法进行设计。但由于这是由 2^n-1 线性序列派生出来的序列，因此可以通过修改反馈函数设计电路。与前面分析的道理相同，修改反馈函数为

$$\bar{\mathrm{f}}=[\mathrm{f}]\oplus 起跳状态 \tag{10.13}$$

但由于 2^n-1 序列中全 0 状态无自启动特性，式(10.13)加自启动后变为

$$\bar{\mathrm{f}}=[\mathrm{f}]\oplus 起跳状态\oplus\overline{Q_n}\,\overline{Q_{n-1}}\cdots\overline{Q_1} \tag{10.14}$$

所以，在 $M=2^n-1$ 线性序列的基础上，只要找到起跳状态，就确定了 M 长度的序列信号，其产生电路不难设计。寻找起跳状态的方法很多，有表可查，也可以通过公式计算求得。下面介绍一种常用的简便方法。

根据 M 长度的要求，确定位数 n，由表 10.5 查出反馈函数 f，从而得到 2^n-1 长度的线性序列Ⅰ，再将 2^n-1 序列向左移 2^n-1-M 位，得到序列Ⅱ，将这两个序列进行异或运算，得到序列Ⅲ。在序列Ⅲ中找到 100…0(n−1 个连 0)的码组，其对应位置序列Ⅰ中的 n 位码就是起跳状态。下面通过例题具体说明。

【例 10.3】 设计 M=10 的序列信号发生器。

解：(1)确定移位寄存器位数 n。由于 M=10，可以确定 n=4。

(2)由表 10.5，n=4，$f=Q_4\oplus Q_3$。

(3)寻找起跳状态。由 f 反馈函数，假设初始状态 1111，则可以写出输出序列为 111100010011010，作为序列Ⅰ，将其左移 2^n-1-M=16−1−10=5 位，得序列Ⅱ；序列Ⅰ和序列Ⅱ对应位置进行异或运算，得序列Ⅲ。

序列Ⅰ　　　　　　　111100010011010

左移 5 位，得序列Ⅱ　　001001101011110

Ⅰ ⊕ Ⅱ，得序列Ⅲ　　110101111000100

在序列Ⅲ中找到 1000，对应于序列Ⅰ为 0011，0011 为起跳状态，产生的 M=10 的序列从 0011 起扣去 5 位码元 01011，即得到 M=10 的序列信号为 1100010011。

(4)可以根据 2.2.1 节所介绍的方法设计序列信号 1100010011 的产生电路，也可以通过修改反馈函数得到。由式(10.14)，可得到

$$\begin{aligned}\bar{\mathrm{f}}&=Q_4\oplus Q_3\oplus\overline{Q_4}\,\overline{Q_3}Q_2Q_1\oplus\overline{Q_4}\,\overline{Q_3}\,\overline{Q_2}\,\overline{Q_1}\\&=\overline{Q_4}Q_3+Q_4\overline{Q_3}+\overline{Q_4}\,\overline{Q_2}\,\overline{Q_1}+\overline{Q_3}Q_2Q_1\end{aligned} \tag{10.15}$$

由此可画出产生 M=10 序列的电路图，如图 10.26 所示。状态转移图如图 10.27 所示。最后说明一点，循环长度为 M 的序列信号发生器，实质上也是一个模值为 M 的移存型计数器。

最后必须指出，由于时序逻辑电路通常包括组合电路和存储电路两部分，所以在时序逻辑电路中引起竞争-冒险现象也有两个方面。一方面是组合电路冒险产生的尖峰脉冲，如果被

存储电路接收，会引起触发器误动作。另一方面是如果触发器的激励输入和时钟信号同时改变，而在时间上配合不当，也会导致触发器误动作。

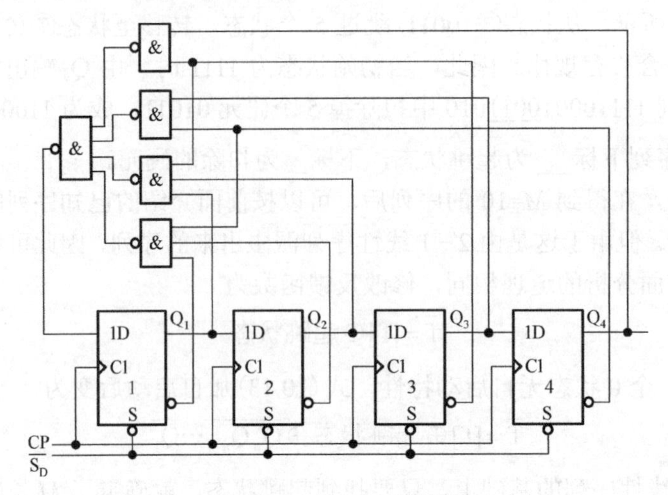

图 10.26　例 10.3 逻辑图

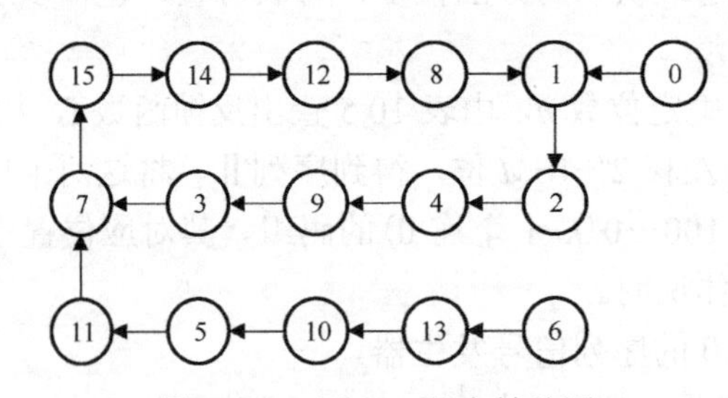

图 10.27　例 10.3 状态转移图

在同步时序电路中，由于所有触发器都在同一时钟操作下动作，而且在此之前每个触发器的激励输入均已处于稳定状态，因而一般可以认为同步时序电路不存在竞争现象，存储电路的竞争-冒险现象仅存在于异步时序电路中，所以在设计较大型的时序系统时多数采用同步时序电路。

10.3　实验内容和步骤

(1) 按图 10.28 接线。D 触发器选用 74LS74 双 D 触发器。与门选用 74LS08，或门选用 74LS32，反相器选用 74LS04。这些部件实验系统都已具备(如没有，可在实验系统中自行插入这些芯片，各集成块引脚排列见有关产品手册)。

(2) t_1、t_2、t_3、t_4 分别接 4 只 LED，计数脉冲接单次脉冲，预清端接实验系统复位开关 K_5(或逻辑开关)，其余按图接线。

(3) 先按复位按钮(预清零)，再按动单次脉冲，输入计数脉冲，扭环形计数器工作。当再清零后，t_1、t_2、t_3、t_4 均为 0，输入第一个脉冲后，t_1=1，即第一个 LED 亮；再按一次单次脉冲，输入第二个脉冲，t_1LED 灭，t_2LED 亮；再连续输入 8 个脉冲，则 t_3LED 闪耀 8 次；最后，再输入一个脉冲，t_4LED 亮，其余 LED 均灭，一次插补运算就结束了。如再输入脉冲(12)个，又重复实现上述循环。

(4) 按图 10.29 用两片 74LS194 搭试自启动扭环形计数器，实验方法参考实验九中移位寄存器的实验方法。输入计数脉冲，观察其状态是否和图 10.30 的状态图一致。计数器正确后，再搭试译码电路：$t_1 = Q_0 \cdot \overline{Q_1}$，$t_2 = Q_1 \cdot \overline{Q_2}$，$t_3 = (Q_2 + Q_4) \cdot \overline{CP}$，$t_4 = \overline{Q_4} \cdot Q_5$，并接至 4 只 LED，再输入计数脉冲，观察 LED 状态是否和要求的一致。读者在实验时不难发现，用这种方法实现的时序逻辑电路，其计数脉冲为 11 个完成一次计数循环。

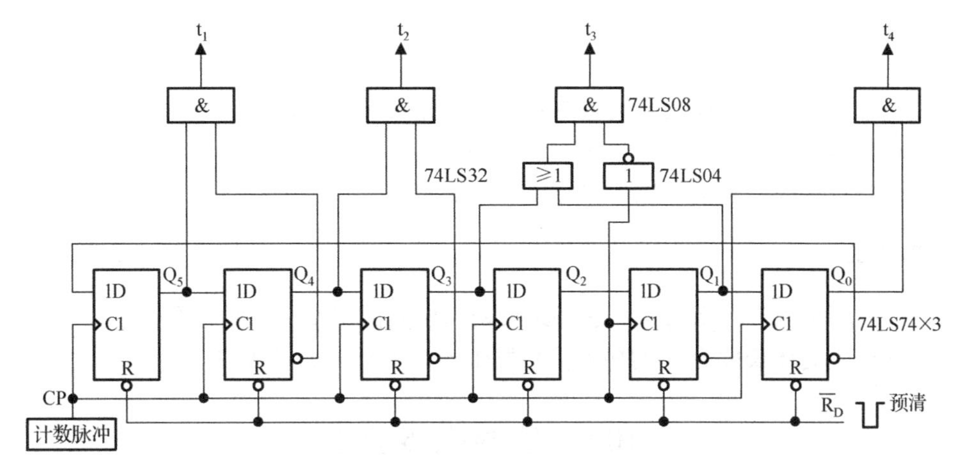

图 10.28　顺序脉冲逻辑电路图

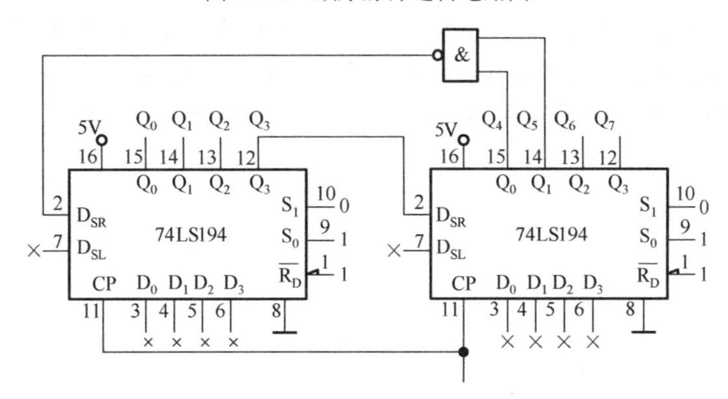

图 10.29　74LS194 构成模 M=11 自启动扭环形计数器电路图

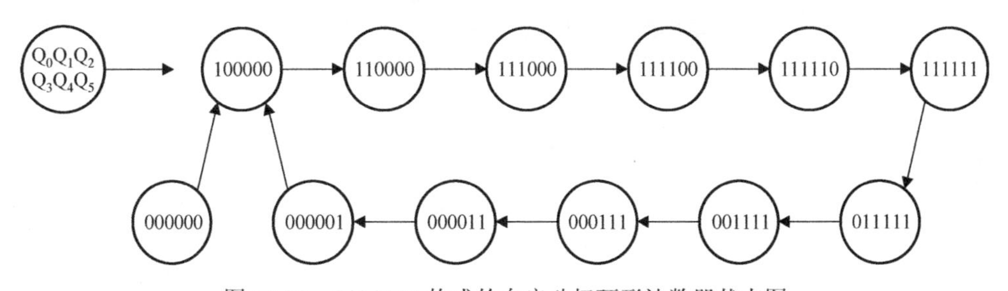

图 10.30　74LS194 构成的自启动扭环形计数器状态图

10.4　实 验 器 材

(1) THK-880D 型数字电路实验系统。

(2) 直流稳压电源。

(3) 万用表。

(4) 元器件：74LS74、74LS08、74LS194、74LS04、74LS32。

10.5 复习要求与思考题

10.5.1 复习要求

(1) 复习各种计数器、译码器的电路结构、工作原理和设计方法。

(2) 了解竞争-冒险现象及其检查和消除方法。

(3) 掌握两种设计序列信号发生器电路的方法。

10.5.2 思考题

(1) 时序逻辑电路有什么特点？它和组合逻辑电路的主要区别是什么？

(2) 设计产生循环长度为 N 的序列信号发生器：①N=12；②N=21。

10.6 实验报告要求

(1) 画出实验测试电路的各个电路连线示意图，按要求填写实验表格，整理实验数据，分析实验结果，根据要求画出状态转换图、波形图，说明电路功能。

(2) 总结按要求设计完成的实验项目，并将实验数据与理论值比较。

实验十一　脉冲波形产生及单稳态触发器

11.1　实 验 目 的

(1) 掌握 TTL 和 CMOS 门电路多谐振荡器的电路特点及工作原理。

(2) 熟悉单稳态触发器、施密特触发器的工作原理。

(3) 熟悉石英晶体振荡器及其分频电路。

11.2　实验原理和电路

11.2.1　脉冲信号与脉冲电路

在电子技术中，脉冲信号是一个按一定电压幅度、一定时间间隔连续发出的脉冲信号。脉冲信号之间的时间间隔称为周期；而将在单位时间(如 1s) 内所产生的脉冲个数称为频率。频率是描述周期性循环信号(包括脉冲信号) 在单位时间内所出现的脉冲数量的计量名称；频率的标准计量单位是赫兹(Hz)。

但电压(V) 或电流(A) 的波形，像心电图上的脉搏跳动的波形以及现在听到的电源脉冲、声脉冲等又作何解释呢？脉冲的原意被延伸出来，即隔一段相同的时间发出的波等机械形式，学术上把脉冲定义为在短时间内突变而随后又迅速返回其初始值的物理量。

1. 脉冲信号

从脉冲的定义不难看出，脉冲有间隔性，因此可以把脉冲作为一种信号。脉冲信号的定义由此产生：相对于连续信号在整个信号周期内短时间中都有信号，脉冲信号在大部分周期内是没有信号的。就像人的脉搏一样，脉冲信号现在一般指数字信号，它已经是一个周期内有一半时间(甚至更长时间) 有信号。

脉冲信号是一种离散信号，与普通模拟信号(如正弦波) 相比，波形之间在时间轴不连续(波形与波形之间有明显的间隔) 但具有一定的周期性是它的特点。脉冲信号可以用来表示信号，也可以用来作为载波，如脉冲调制中的脉冲编码调制(PCM)、脉冲宽度调制(PWM) 等，还可以作为各种数字电路、高性能芯片的时钟信号。

脉冲信号有各式各样的形状，有矩形、三角形、锯齿形、钟形、阶梯形和尖顶形，如图 11.1 所示。最具有代表性的是矩形脉冲，下面以矩形波为例介绍其参数。

脉冲信号最常用的波形是矩形波、方波。理想的矩形波如图 11.2 所示，实际的矩形波如图 11.3 所示。

图 11.3 中的主要参数如下。

(1) 幅度 V_m：脉冲电压变化的最大值。

(2) 上升时间 t_r：脉冲从幅度的 10%处上升到幅度的 90%处所需的时间。

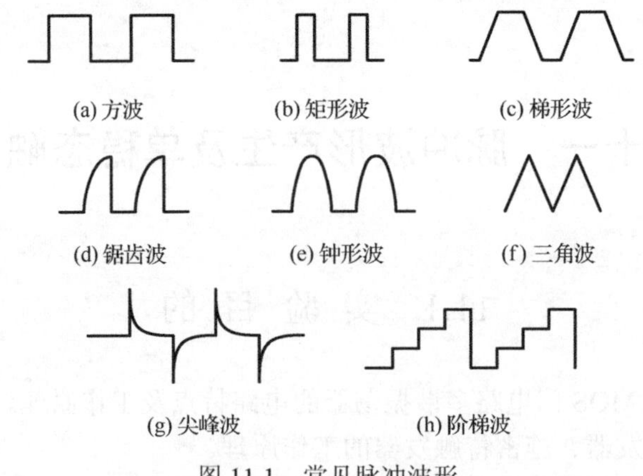

图 11.1　常见脉冲波形

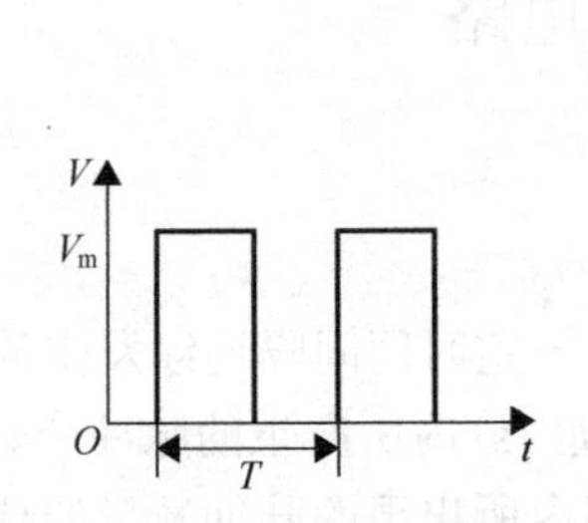

图 11.2　理想的矩形波波形

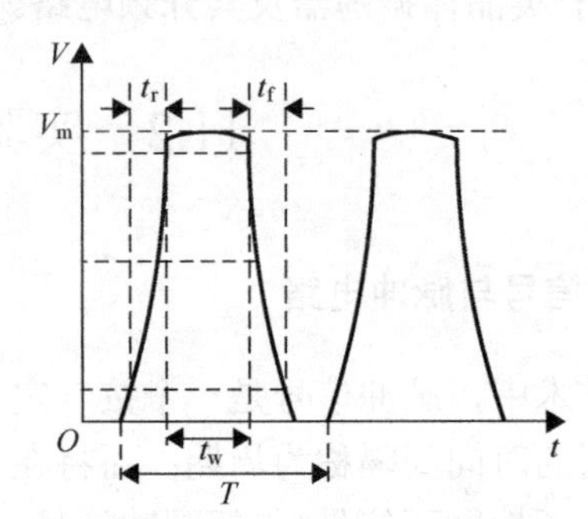

图 11.3　实际的矩形波波形

(3) 下降时间 t_f：脉冲从幅度的 90%处下降到幅度的 10%处所需的时间。

(4) 脉冲宽度 t_w：定义为前沿和后沿幅度为 50%处的宽度。

(5) 脉冲周期 T：对周期性脉冲，相邻两脉冲波对应点间相隔的时间。周期的倒数为脉冲的频率 f，即 $f=\dfrac{1}{T}$。

2. 脉冲电路

在电子电路中，电源、放大、振荡和调制电路称为模拟电子电路，因为它们加工和处理的是连续变化的模拟信号。电子电路中另一大类电路是数字电子电路。它加工和处理的对象是不连续变化的数字信号。数字电子电路又可分成脉冲电路和数字逻辑电路，它们处理的都是不连续的脉冲信号。

脉冲有各种各样的用途，有对电路起开关作用的控制脉冲，有起统率全局作用的时钟脉冲，有作计数用的计数脉冲，有起触发启动作用的触发脉冲等。这些脉冲波形的获取通常采用两种方法：一种是利用脉冲信号产生器直接产生；另一种则是对已有信号进行整形，使之满足系统的要求。

脉冲电路是专门用来产生电脉冲和对电脉冲进行放大、变换和整形的电路。家用电器中的定时器、报警器、电子开关、电子钟表、电子玩具以及电子医疗器具等都要用到脉冲电路。

脉冲电路的特点是脉冲电路中的晶体管是工作在开、关状态的。大多数情况下，晶体管是工作在特性曲线的饱和区或截止区的，所以脉冲电路有时也称为开关电路。脉冲电路的另一个特点是一定有电容器(用电感较少)作为关键元件，脉冲的产生、波形的变换都离不开电容器的充放电。

脉冲波形的整形电路中，最常用的电路有施密特触发器和单稳态触发器；脉冲波形的产生电路中，最常用的电路是多谐振荡器。

施密特触发器、单稳态触发器和多谐振荡器可以用基本门组成，也可以用 555 定时器构成。

11.2.2 施密特触发器

施密特触发器是脉冲波形变换中经常使用的一种电路，利用它可以将正弦波、三角波以及其他一些周期性的脉冲波形变换成边沿陡峭的矩形波。另外，它还可以用作脉冲鉴幅器、比较器。门电路有一个阈值电压，当输入电压从低电平上升到阈值电压或从高电平下降到阈值电压时电路的状态将发生变化。施密特触发器是一种特殊的门电路，与普通的门电路不同，施密特触发器有两个阈值电压，分别称为正向阈值电压和负向阈值电压。在输入信号从低电平上升到高电平的过程中使电路状态发生变化的输入电压称为正向阈值电压，在输入信号从高电平下降到低电平的过程中使电路状态发生变化的输入电压称为负向阈值电压。正向阈值电压与负向阈值电压之差称为回差电压。电路具有以下工作特点：

(1) 电路的触发方式属于电平触发，对于缓慢变化的信号依然适用，当输入电压达到某一定值时，输出电压会发生跳变。由于电路内部正反的作用，输出电压波形的边沿很陡直。

(2) 在输入信号增加和减少时，施密特触发器有不同的阈值电压：正向阈值电压 V_{T+}和负向阈值电压 V_{T-}。正向阈值电压与负向阈值电压之差，称为回差电压，用 ΔV_T 表示($\Delta V_T = V_{T+} - V_{T-}$)。根据输入相位、输出相位的关系，施密特触发器有同相输出和反相输出两种电路形式。其电压传输特性曲线及逻辑符号如图 11.4 所示。电路的特性曲线类似于铁磁材料的磁滞回线，此曲线作为施密特触发器的标志，具有两个稳定状态，而且由于具有回差电压，所以抗干扰能力也较强。外部输入电平必须达到一定电压值，状态才能发生翻转。因此，施密特触发器中不存在任何暂稳态。

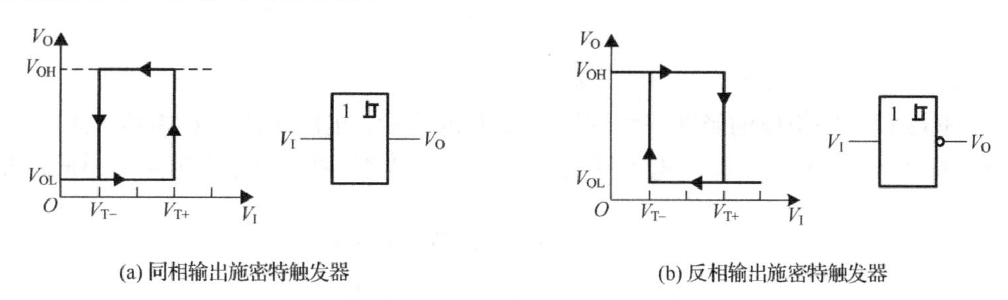

(a) 同相输出施密特触发器

(b) 反相输出施密特触发器

图 11.4 施密特电路的传输特性

1. 用门电路组成的施密特触发器

1) TTL 门电路组成的施密特触发器

TTL 门电路组成的施密特触发器，经常采用图 11.5 所示的电路。因为 TTL 门电路输入特性的限制，所以 R_1 和 R_2 的数值不能取得很大。串入二极管 D 防止 $V_O = V_{OH}$ 时门 G_2 的负载电流过大。

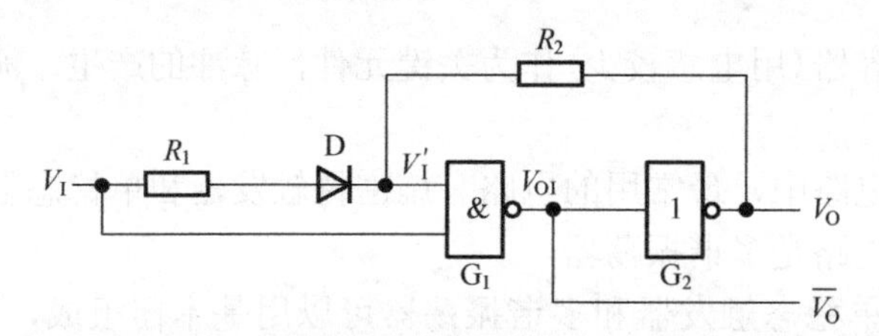

图 11.5　TTL 门电路组成的施密特触发器电路

由图 11.5 可知，V_I=0V 时，V_O=V_{OL}。假定门电路的阈值电压为 V_{TH}，同样地，可分析 V_I 上升过程和下降过程电路的工作情况。

(1) V_I 上升过程。当 V_I 从 0V 上升至 V_{TH} 时，由于 G_1 的另一个输入端的电平 V_I' 仍低于 V_{TH}，所以电路状态并不改变。当 V_I 继续升高，并使 V_I'=V_{TH} 时，G_1 开始导通输出为低电平，经 G_2 反相和电路中的正反馈，V_O 迅速跳变为高电平，使 V_O=V_{OH}。此时对应的输入电平 V_{T+} 可由下式得到：

$$V_I' = V_{TH} = (V_{T+} - V_D)\frac{R_2}{R_1 + R_2} \tag{11.1}$$

所以

$$V_{T+} = V_{TH}\frac{R_1 + R_2}{R_2} + V_D \tag{11.2}$$

式中，V_D 是二极管 D 的导通压降。

(2) V_I 下降过程。当 V_I 由高电平逐渐下降，只要降至 V_I=V_{TH} 以后，经 G_1、G_2 和电路中的正反馈，V_O 迅速返回 V_O=V_{OL} 的状态。因此 V_I 下降过程对应的输入转换电平为

$$V_{T-} = V_{TH} \tag{11.3}$$

因此，可以求出电路的回差电压为

$$\Delta V_T = V_{T+} - V_T = \frac{R_1}{R_2}V_{TH} + V_D \tag{11.4}$$

2) CMOS 门电路组成的施密特触发器

用 CMOS 门电路组成的施密特触发器如图 11.6 所示。电路中两个 CMOS 反相器 G_1、G_2 串接，分压电阻 R_1、R_2 将输出端的电压反馈到 G_1 门的输入端。要求电路中电阻关系满足 $R_1<R_2$。

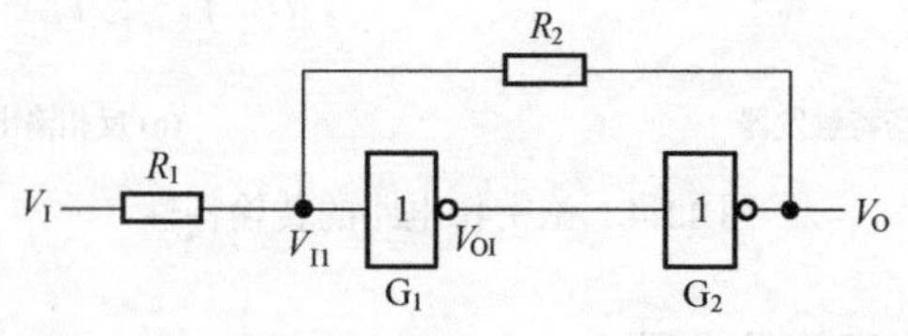

图 11.6　CMOS 反相器组成的施密特触发器

设 CMOS 反相器的阈值电压 $V_{TH} \approx \frac{V_{DD}}{2}$，输入信号 V_I 为三角波。

由图 11.6 可知，G_1 门的输入电平 V_{I1} 决定着电路的输出状态。

$$V_{I1} = \frac{R_2}{R_1 + R_2} \cdot V_I + \frac{R_1}{R_1 + R_2} \cdot V_O \tag{11.5}$$

当 V_I=0V 时，V_{I1}=0V，G_1 门截止，$V_{O1}=V_{OH}\approx V_{DD}$，$G_2$ 门导通，$V_O=V_{OL}\approx 0V$。输入信号 V_I 从 0V 电压逐渐增加，只要 $V_{I1}<V_{TH}$，电路保持 $V_O\approx 0V$ 不变。当 V_I 继续上升到 $V_{I1}=V_{TH}$ 时，G_1 门进入其电压传输特性转折区，此时 V_{I1} 的增加在电路中产生如图 11.7 所示的正反馈过程。

这样，电路的输出状态很快从低电平跳变为高电平，$V_O\approx V_{DD}$。

输入信号上升过程中，使电路的输出电平发生跳变所对应的输入电压称为正向阈值电压，用 V_{T+}表示。即由式(11.5)，得

$$V_{I1}=V_{TH}=\frac{R_2}{R_1+R_2}V_{T+} \tag{11.6}$$

$$V_{T+}=\left(1+\frac{R_1}{R_2}\right)V_{TH} \tag{11.7}$$

如果 V_{I1} 继续上升，输出状态维持 $V_O\approx V_{DD}$ 不变。

如果 V_{I1} 从高电平开始逐渐下降，当降至 $V_{I1}=V_{TH}$ 时，G_1 门又进入其电压传输特性转折区，电路又产生如图 11.8 所示的第二次正反馈过程。

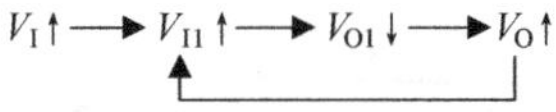

$V_I\uparrow \longrightarrow V_{I1}\uparrow \longrightarrow V_{O1}\downarrow \longrightarrow V_O\uparrow$

图 11.7 V_{I1} 产生正反馈过程

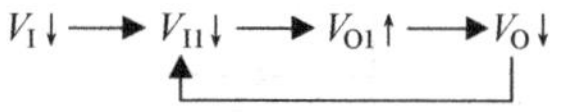

$V_I\downarrow \longrightarrow V_{I1}\downarrow \longrightarrow V_{O1}\uparrow \longrightarrow V_O\downarrow$

图 11.8 V_{I1} 第二次正反馈过程

电路迅速从高电平跳变为低电平，$V_O\approx 0V$。

输入信号在下降过程中，使输出电平发生跳变时所对应的输入电平称为负向阈值电压，用 V_{T-}表示。根据式(11.5)，有

$$V_{I1}\approx V_{TH}=\frac{R_2}{R_1+R_2}V_{T-}+\frac{R_1}{R_1+R_2}V_{DD} \tag{11.8}$$

将 $V_{DD}=2V_{TH}$ 代入式(11.8)，可得

$$V_{T-}=\left(1-\frac{R_1}{R_2}\right)V_{TH} \tag{11.9}$$

定义 V_{T+}与 V_{T-}之差为回差电压，记作 ΔV_T。由式(11.7)和式(11.9)，可求得

$$\Delta V_T=V_{T+}-V_{T-}\approx 2\frac{R_1}{R_2}V_{TH}=\frac{R_1}{R_2}V_{DD} \tag{11.10}$$

由式(11.10)可知，电路的回差电压 ΔV_T 与 $\frac{R_1}{R_2}$ 成正比，因此改变 R_1、R_2 比值即可调节回差电压的大小。根据以上分析，可画出电路的工作波形及电压传输特性如图 11.9 所示。从图 11.9(a)可知，以 V_O 端作为电路的输出，电路为同相输出施密特触发器；如果以 V_{O1} 作为传输端，则电路为反相输出施密特触发器，它们的电压传输特性曲线分别如图 11.9(b)和图 11.9(c)所示。

TTL 门电路构成的施密特触发器的电压传输特性与 CMOS 门电路是一样的，只是参数有所差别。

【例 11.1】 在图 11.6 所示的电路中，已知 R_1=12kΩ，R_2=15kΩ，G_1 和 G_2 是 CMOS 反相器，V_{DD}=12V。试计算电路的触发阈值电平 V_{T+}、V_{T-}和回差电压 ΔV_T。

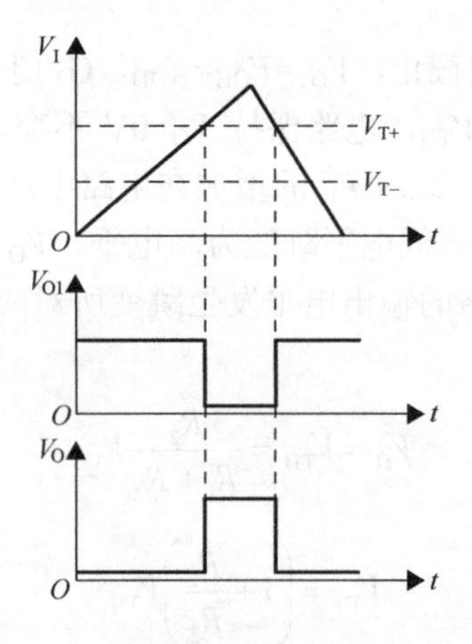

(a) 电路的工作波形

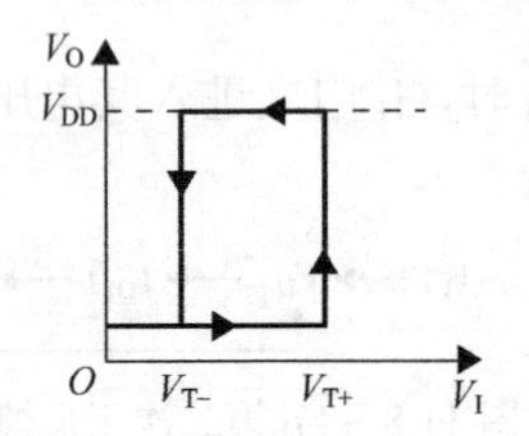

(b) V_O 输出的施密特触发器传输特性曲线

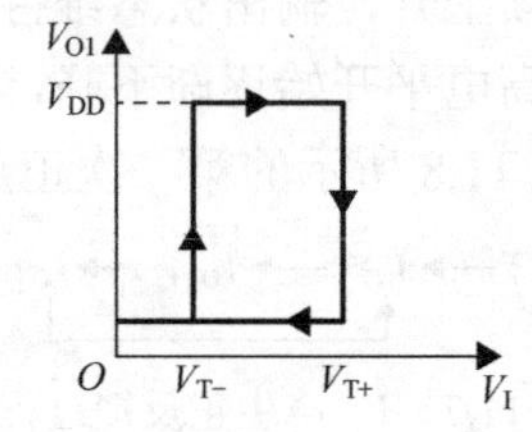

(c) V_{O1} 输出的施密特触发器传输特性曲线

图 11.9　施密特触发器工作波形及电压传输特性

解：由于门 G_1 和 G_2 是 CMOS 反相器，它们的阈值电平 $V_{TH} \approx \frac{1}{2}V_{DD} = 6V$。由式(11.7)～式(11.10)计算，可得

$$V_{T+} = \left(1 + \frac{R_1}{R_2}\right)V_{TH} = 10.8V$$

$$V_{T-} = \left(1 - \frac{R_1}{R_2}\right)V_{TH} = 1.2V$$

$$\Delta V_T = V_{T+} - V_{T-} = 9.6V$$

2. 集成施密特触发器

集成施密特触发器性能优良，应用广泛，无论是 CMOS 还是 TTL 电路，都有单片的集成施密特触发器产品。例如，CMOS 产品有六施密特反相器 CC40106、施密特四 2 输入与非门 CC4093 等；TTL 产品主要有六施密特反相器 7414/5414、74LS14、54LS14，施密特四 2 输入与非门 74132/54132、74LS132、54LS132，双 4 输入与非门 7413/5413、74LS13、54LS13 等。

1) TTL 集成施密特触发器

下面介绍一种典型的 TTL 集成施密特触发器 7413。其电路结构及其逻辑符号如图 11.10 所示。电路由二极管与门、施密特电路、电平偏移电路和推拉输出反相器 4 部分组成。作为核心电路的施密特电路由 VT_1、VT_2、R_2、R_3 和 R_4 组成。由于这一电路的输入附加了逻辑与功能，在电路的输出附加了逻辑非功能，所以它又称为施密特触发的与非门。

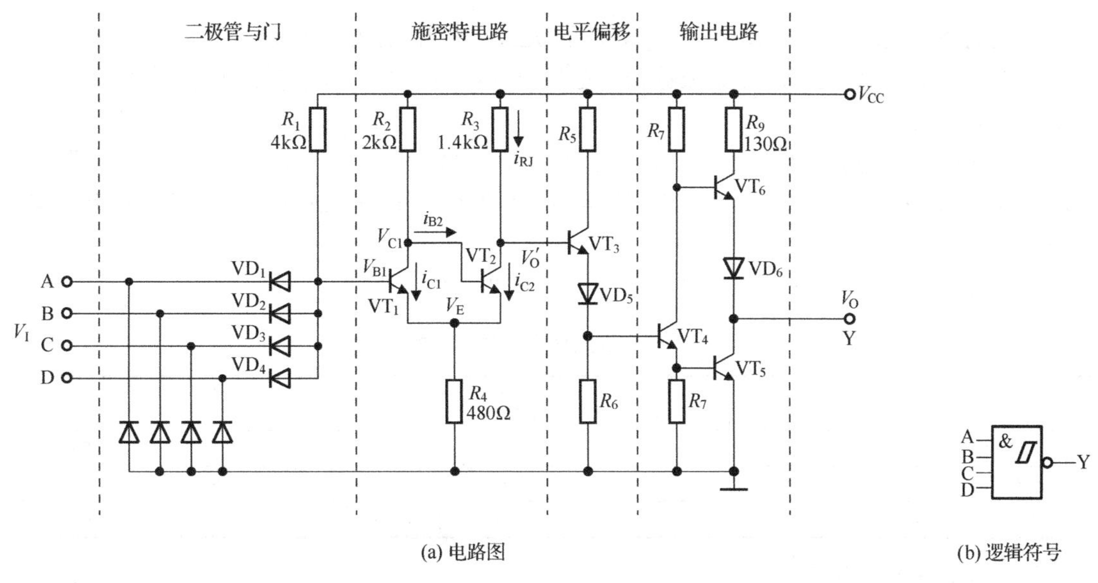

图 11.10　TTL 集成施密特触发器电路

由电路的组成可以看出，施密特电路是由 VT_1、VT_2 构成的两级正反馈放大器，两级之间的反馈是由公共发射极电阻 R_4 进行耦合的。假设电路中三极管发射结的导通压降和二极管正向导通压降均为 0.7V。

当 V_I=0V 时，V_{B1}=0.7V，则 $V_{BE1}=V_{B1}-V_E=0.7V-V_E<0.7V$，所以 VT_1 截止，VT_2 饱和导通，这时 VT_2 的发射极电流在 R_4 上的电压为 $V_E=i_{E2}R_4$。由图 11.9 中参数计算可得 V_E=1.7V。这时 VT_2 的集电极电压 $V_O'=V_E+V_{CE2(sat)}=1.7+0.2=1.9V$，使 VT_4 和 VT_5 截止，电路输出 V_O 为高电平。

V_I 从 0V 开始上升，V_{B1} 随之上升，当 $V_{BE1}\geqslant 0.7V$ 时，VT_1 由截止开始导通，电路发生如图 11.11 所示的正反馈过程。

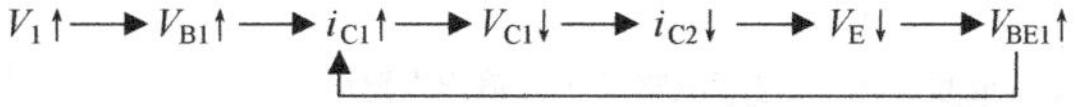

$$V_I\uparrow \rightarrow V_{B1}\uparrow \rightarrow i_{C1}\uparrow \rightarrow V_{C1}\downarrow \rightarrow i_{C2}\downarrow \rightarrow V_E\downarrow \rightarrow V_{BE1}\uparrow$$

图 11.11　电路正反馈过程

导致电路迅速翻转为 VT_1 导通、VT_2 截止的工作状态。这时，V_O' 变为高电平，流过 R_3 的电流使 VT_3 饱和导通，进一步使 VT_4、VT_5 导通，而 VT_6 截止，输出 V_O 为低电平。

由上述分析可知，电路的输出由高电平变为低电平所对应的输入电平值，即正向触发阈值电平 $V_{T+}=V_E+V_{BE1}-V_D\approx V_E=i_{E2}R_4=1.7V$。

此时，若输入电压 V_I 继续上升，电路的状态不会发生变化，输出 V_O 维持低电平。

V_I 由高电平逐渐下降，当下降到 $V_I=V_{T+}$ 时，电路的状态保持不变。这是因为此时 VT_1 饱和导通，$V_E=i_{E1}R_4$，由电路参数可知，$R_2>R_3$，所以 $i_{E1}<i_{E2}$。因此，当 $V_I=V_{T+}$ 时仍能维持 VT_1 导通、VT_2 截止的工作状态，输出 V_O 不变。

V_I 继续下降，当下降到使 $V_{BE1}\leqslant 0.7V$ 时，VT_1 开始由导通变为截止，电路又发生了另一个如图 11.12 所示的正反馈过程。

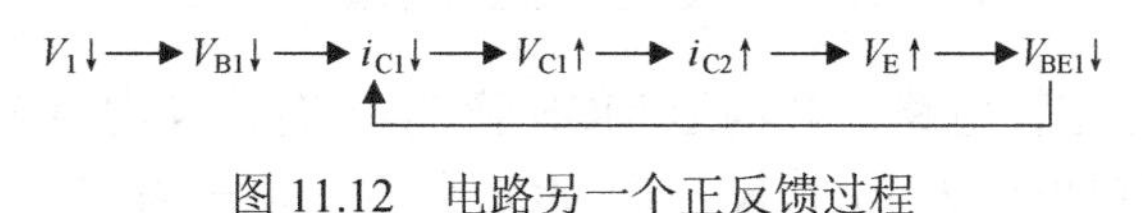

图 11.12　电路另一个正反馈过程

导致电路迅速回到 VT_1 截止、VT_2 导通的状态，输出 V_O 为高电平。

由上述分析可以得到 TTL 集成施密特触发器 7413 的电压传输特性曲线，其回差电压为 $\Delta V_T=V_{T+}-V_{T-}=0.9V$。

电压滞后特性是施密特触发器的固有特性。对于每个具体的 TTL 集成施密特触发器来说，它的 V_{T+}、V_{T-}、回差电压 ΔV_T 都是固定的，是不可调节的，这使它在使用上具有一定的局限性。

一些常用的 TTL 集成施密特触发器的典型值如表 11.1 所示。

表 11.1　TTL 集成施密特触发器的典型值

电路名称	型号	典型延迟时间/ns	典型每门功耗/mW	典型 V_{T+}/V	典型 V_{T-}/V	典型 ΔV_T/V
六反相器	74LS14	15	8.6	1.6	0.8	0.8
四 2 输入与非门	74LS132	15	8.8	1.6	0.8	0.8
双 4 输入与非门	74LS13	15	8.75	1.6	0.8	0.8

2）CMOS 集成施密特触发器

现以 CMOS 集成施密特触发器 CC40106 为例介绍其工作原理。图 11.13 所示为 CC40106 的电路图、逻辑符号和引脚图。集成施密特触发器 CC40106 的内部电路由施密特电路、整形电路和输出电路三部分组成，其核心部分是施密特电路。

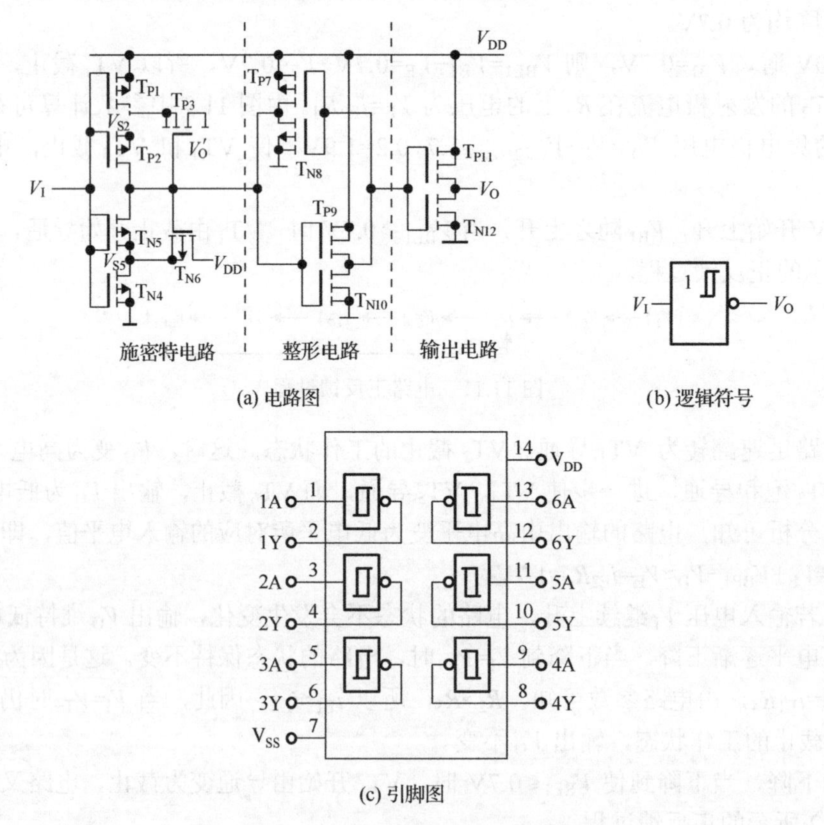

(a) 电路图

(b) 逻辑符号

(c) 引脚图

图 11.13　CMOS 集成施密特触发器电路

(1) 施密特电路。施密特电路由 P 沟道 MOS 管 T_{P1}～T_{P3}、N 沟道 MOS 管 T_{N4}～T_{N6} 组成，设 P 沟道 MOS 管的开启电压为 V_{TP}，N 沟道 MOS 管开启电压为 V_{TN}。

电路的输入信号 V_I 为三角波。当 V_I=0V 时，T_{P1}、T_{P2} 导通，T_{N4}、T_{N5} 截止，电路中 V_O' 为高电平（$V_O'≈V_{DD}$），T_{P3} 截止，T_{N6} 导通，电路为源极跟随器。T_{N5} 的源极电位 $V_{S5}≈V_{DD}-V_{DSN6}$，该电位较高，$V_O≈V_{OH}$。

V_I 电位逐渐升高，当 $V_I>V_{TN}$ 时，T_{N4} 导通，由于 T_{N5} 的源极电压 V_{S5} 较大，即使 $V_I>V_{DD}$，T_{N5} 仍截止。V_I 继续升高，直至 T_{P1}、T_{P2} 的栅源电压减小，使 T_{P1}、T_{P2} 趋于截止，其内阻增大并使 V_O' 和 V_{S5} 开始下降。当 $V_I-V_{S5}≥V_{TN}$ 时，T_{N5} 才开始导通，并引起如图 11.14 所示的正反馈过程。

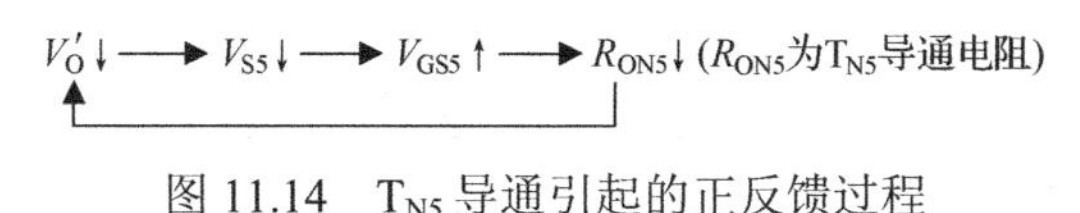

图 11.14　T_{N5} 导通引起的正反馈过程

于是，T_{N5} 迅速导通，V_O'随之也急剧下降，致使 T_{P3} 很快导通，并带动 V_{S2} 下降，T_{P2} 截止，$V_O'≈0V$。V_I 的继续升高，最终使 T_{P1} 也完全截止，输出电压 V_O 从高电平跳变为低电平 $V_O=V_{OL}$。在 $V_{DD} \gg V_{TN}+|V_{TP}|$的条件下，电路的正向阈值电压 V_{T+}远大于 $1/2V_{DD}$。

同理，在 V_I 逐渐下降的过程中，在$|V_I-V_{S2}|>|V_{TP}|$时，与 V_I 上升过程类似，电路也会出现一个急剧变化的工作过程，使电路转换为 V_O'为高电平，$V_O=V_{OH}$ 的状态。在 V_I 下降过程中的负向阈值电压 V_{T-}也远低于 $1/2V_{DD}$。

由以上分析可知，电路如 V_I 上升和下降过程中有两个不同的阈值电压，电路为反相输出的施密特触发器。

(2) 整形电路。图 11.13 (a) 中 T_{P7}、T_{N8} 和 T_{P9}、T_{N10} 组成两个首尾相连的反相器组成整形电路，在 V_O'上升和下降过程中，利用两级反相器的正反馈作用，可使输出波形的上升沿和下降沿陡直。

(3) 输出电路。输出电路为 T_{P11}、T_{N12} 组成的反相器，它不仅能起到与负载隔离的作用，而且可提高电路的带负载能力。

CC40106 的主要静态参数如表 11.2 所示。

表 11.2　CC40106 的主要静态参数

电源电压 V_{DD}/V	V_{T+}最小值/V	V_{T+}最大值/V	V_{T-}最小值/V	V_{T-}最大值/V	ΔV_T 最小值/V	ΔV_T 最大值/V
5	2.2	3.6	0.9	2.8	0.3	1.6
10	4.6	7.1	2.5	5.2	1.2	3.4
15	6.8	10.8	4	7.4	1.6	5

值得指出的是，由于集成电路内部器件参数差异较大，电路的 V_{T+}和 V_{T-}的数值有较大的差异，不同的 V_{DD} 有不同的 V_{T+}、V_{T-}值，即使 V_{DD} 相同，不同的器件也有不同的 V_{T+}和 V_{T-}值。

集成施密特触发器具有以下特点。

(1) 对于阈值电压和回差电压均有温度补偿，温度稳定性较好。

(2) 电路中一般加有缓冲级，有较强的带负载能力和抗干扰能力。

(3) CMOS 电路阈值电压与电源电压关系密切，随电源电压增大而增大。

(4) 阈值电压和回差电压均不可调。

3. 施密特触发器的应用

施密特触发器的应用较广，下面介绍几个典型的应用。

1) 脉冲波形变换

施密特触发器可以将三角波、正弦波及变化缓慢的周期性信号变换成矩形脉冲。只要输入信号幅度大于 V_{T+}，即可在施密特触发器的输出端得到相同频率的矩形脉冲信号。

例如，在施密特触发器的输入端加入正弦波，根据电路的电压传输特性，可对应画出输出电压波形，如图 11.15 所示。改变施密特触发器的 V_{T+}和 V_{T-}就可调节 V_O 的脉宽。将非矩形波变换为矩形波，也可以采用施密特触发器。

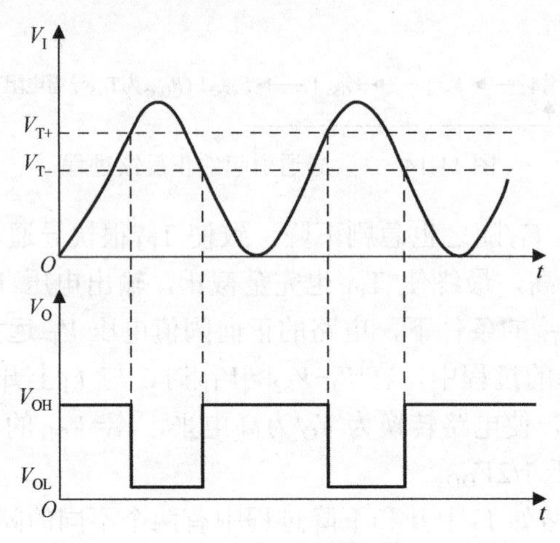

图 11.15　用施密特触发器实现波形变换

2) 波形的整形

矩形脉冲经传输后往往会发生波形畸变。其中常见的有图 11.16 所示的几种情况。当传输线上电容较大时，波形的前、后沿将明显变坏，如图 11.16(a)所示；当传输线较长，而且接收端的阻抗与传输线的阻抗不匹配时，在波形的上升沿和下降沿将产生振荡现象，如图 11.16(b)所示；当其他脉冲信号通过导线之间的分布电容或公共电源线叠加到矩形脉冲信号上时，信号上将出现附加的噪声，如图 11.16(c)所示。

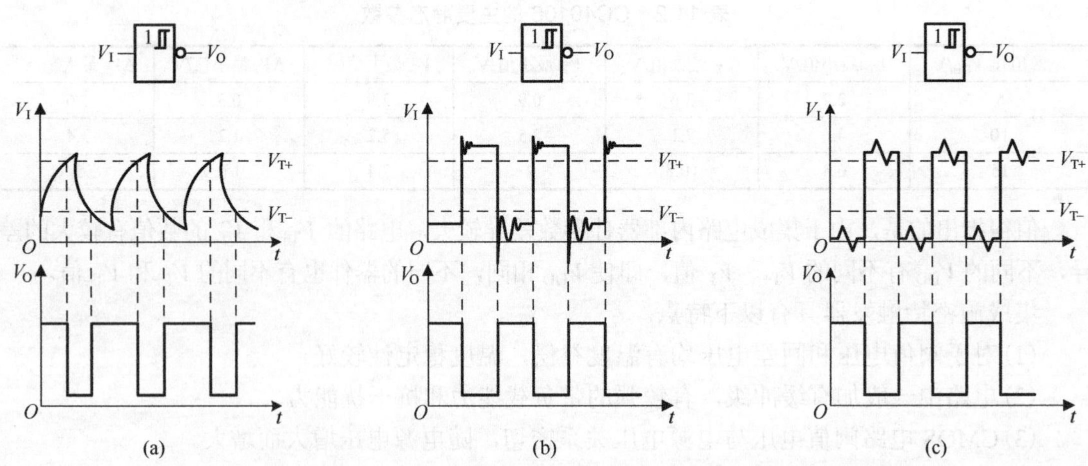

图 11.16　用施密特触发器实现脉冲波形的整形

对于上述信号传输过程中产生的畸变，可采用施密特触发器对波形进行整形，只要回差电压选择恰当，就可达到理想的整形效果。

采用施密特触发器消除干扰，回差电压大小的选择很重要。例如，要消除图 11.17(a)所示信号的顶部干扰，回差电压取小了，顶部干扰没有消除，输出波形如图 11.17(b)所示；调大回差电压才能消除干扰，得到如图 11.17(c)所示的理想波形。由此可以看出适当增大回差电压，可提高电路的抗干扰性能。

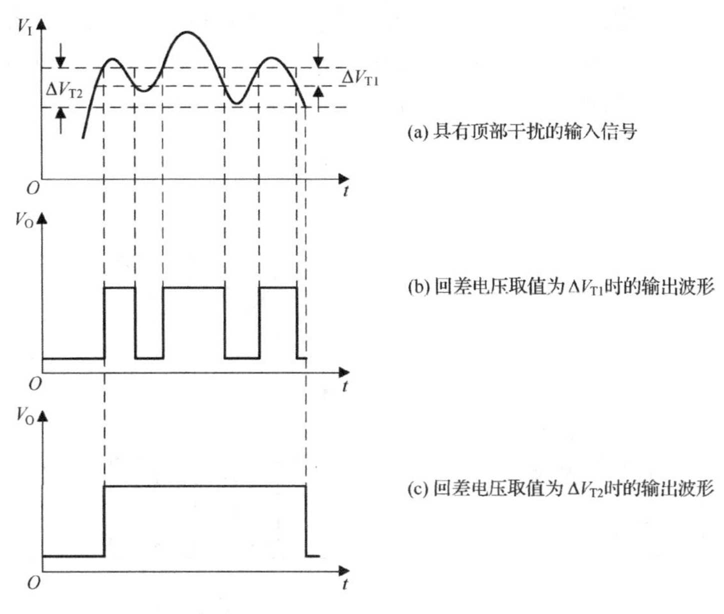

图 11.17　利用回差电压抗干扰

3) 幅度鉴别

利用施密特电路，可以从输入幅度不等的一串脉冲中，去掉幅度较小的脉冲，保留幅度超过 V_{T+}的脉冲，这就是幅度鉴别。

施密特触发器的触发方式属于电平触发，其输出状态与输入信号 V_I 的幅值有关。根据这一工作特点，可以用它作为幅度鉴别电路。例如，输入信号为幅度不等的一串脉冲，如图 11.18 所示。要鉴别幅度大于 V_{TH} 的脉冲，只要将施密特触发器的正向阈值电压 V_{T+}调整到规定的幅度，这样，只有幅度大于 V_{T+}的那些脉冲才会使施密特触发器翻转，V_O 有相应的脉冲输出；而对于幅度小于 V_{T+}的脉冲，施密特触发器不翻转，V_O 就没有相应的脉冲输出。

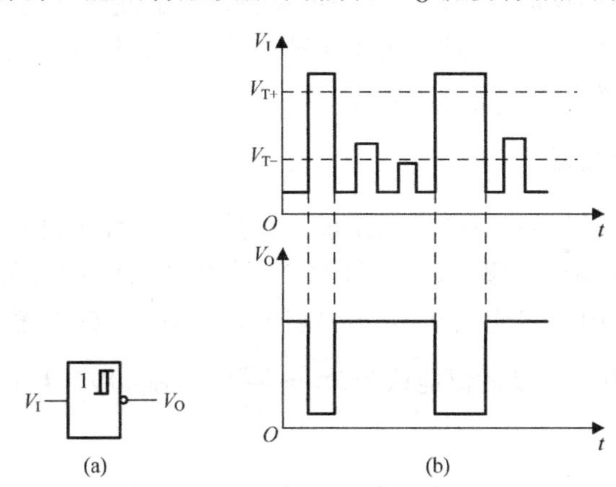

图 11.18　用施密特触发器进行幅度鉴别

4) 构成多谐振荡器

图 11.19(a)是用施密特触发器构成的多谐振荡器，图 11.19(b)是振荡波形的产生过程。

在接通电源瞬间，电容 C 上的电压为 0V，输出 V_O 为高电平。V_O 的高电平通过电阻 R 对电容 C 充电，使 V_I 逐渐上升，当 V_I 达到 V_{T+} 时，施密特触发器发生翻转，输出 V_O 变为低电平，此后电容 C 通过电阻 R 放电，使 V_I 逐渐下降，当 V_I 达到 V_{T-} 时，施密特触发器又发生翻转，输出 V_O 变为高电平，电容又通过电阻 R 充电，如此周而复始，电路不停地振荡，在施密特触发器输出端得到的就是矩形脉冲 V_O。如再通过一级反相器对 V_O 整形，就可得到很理想的输出脉冲。

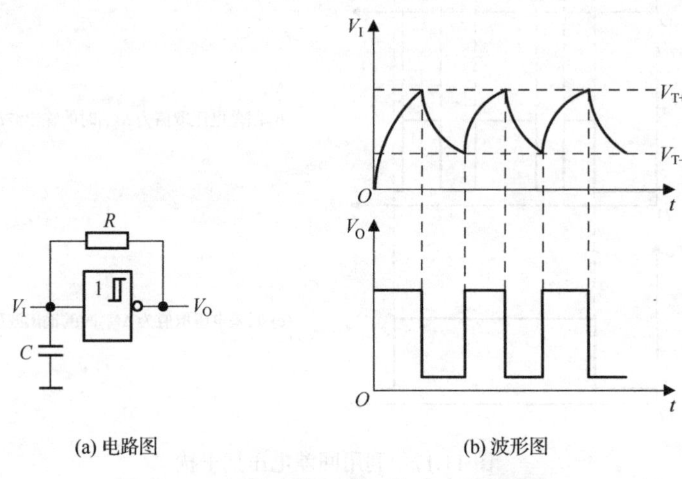

(a) 电路图　　(b) 波形图

图 11.19　用施密特触发器构成多谐振荡器

11.2.3　单稳态触发器

前面介绍的施密特触发器有两个稳定状态。在数字电路中，还有另一种只有一个稳定状态的电路，这就是单稳态触发器。单稳态触发器又称单稳态振荡器，具有如下工作特性。

(1) 它有一个稳定状态和一个暂时稳定状态(简称暂稳态)。

(2) 在外来触发脉冲的作用下，能够由稳定状态翻转到暂稳态，在暂稳态维持一段时间以后，再自动返回稳态。

(3) 暂稳态的维持时间仅取决于电路本身的参数，与触发脉冲的宽度和幅度无关。

单稳态触发器的这些特性广泛地应用于脉冲的整形、延迟和定时等。

单稳态触发器分为微分型单稳态触发器、积分型单稳态触发器和集成单稳态触发器三类。

1. 微分型单稳态触发器

单稳态触发器可由逻辑门和 RC 电路组成。根据 RC 电路的连接方式，单稳态触发器有微分型单稳和积分型单稳两种电路形式。图 11.20 是用 CMOS 门电路和 RC 微分电路组成的微分型单稳态触发器。图中 RC 电路按微分电路的方式连接在 G_1 门输出端和 G_2 门的输入端。

在 CMOS 门电路中，可以近似地认为 $V_{TH} \approx \frac{V_{DD}}{2}$，$V_{OL} \approx 0V$，$V_{OH} \approx V_{DD}$。下面说明单稳态触发器的工作原理。

(1) 没有触发器信号时，电路处于一种稳定状态。V_I 为低电平，由于 G_2 门的输入端经电

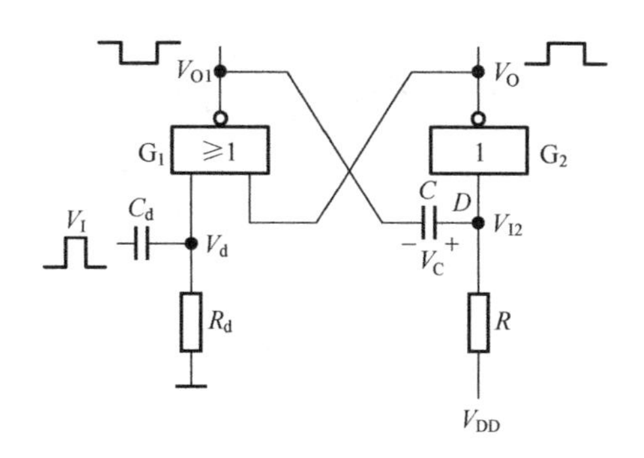

图 11.20　CMOS 门组成的微分型单稳态触发器

阻 R 接 V_{DD}，V_O≈0V；这样，G_1 门两输入端均为 0，V_{O1}≈V_{DD}，电容器 C 两端的电压接近 0V，电路处于一种稳定状态。只要没有正脉冲触发，电路就一直保持这一稳定状态不变。

(2)外加触发信号，电路由稳态翻转到暂稳态。外加触发脉冲，在 V_I 的上升沿，R_d、C_d 微分电路输出正的窄脉冲，当 V_d 上升到 G_1 门的阈值电压 V_{TH} 时，在电路中产生如图 11.21 所示的正反馈过程。

这一正反馈过程使 G_1 瞬间导通，V_{O1} 迅速地从高电平跳变为低电平，由于电容 C 两端的电压不能突变，V_{I2} 也同时跳变为低电平，G_2 截止，输出 V_O 变为高电平。即使触发信号 V_I 撤除(V_I 为低电平)，V_O 仍维持高电平。由于电路的这个状态是不能长久保持的，故将此时的状态称为暂稳态。暂稳态时 V_{O1}≈0V，V_O≈V_{DD}。

(3)电容器 C 充电，电路自动从暂稳态返回至稳态。暂稳态期间，电源 V_{DD} 经电阻 R 和 G_1 门导通的工作管对电容 C 充电，V_{I2} 按指数规律升高，当 V_{I2} 到达 V_{TH} 时，电路又产生图 11.22 所示的第二种正反馈过程。

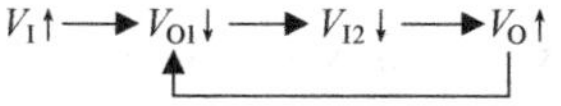

$V_I\uparrow \longrightarrow V_{O1}\downarrow \longrightarrow V_{I2}\downarrow \longrightarrow V_O\uparrow$

图 11.21　微分电路第一种正反馈过程

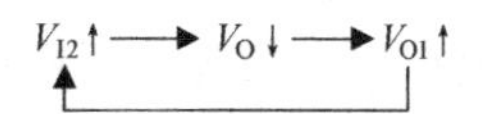

图 11.22　微分电路第二种正反馈过程

如果此时触发脉冲已消失，上述正反馈使 G_1 门迅速截止，G_2 门迅速导通，V_{O1}、V_{I2} 跳变到高电平，输出返回到 V_O≈0V 的状态。此后电容通过电阻 R 和 G_2 门的输入保护电路放电，最终使电容 C 上的电压恢复到稳定状态时的初始值，电路从暂稳态返回稳态。

在上述工作过程中单稳态触发器各点电压工作波形如图 11.23 所示。

在微分型单稳态触发器电路中有几个特别重要的参数，下面我们介绍一下。

(1)输出脉冲宽度 t_w。输出脉冲宽度就是 V_{I2} 从 0V 上升到 V_{TH} 所需时间，RC 充电过程决定了暂稳态持续时间。根据 RC 电路过渡过程的分析，有

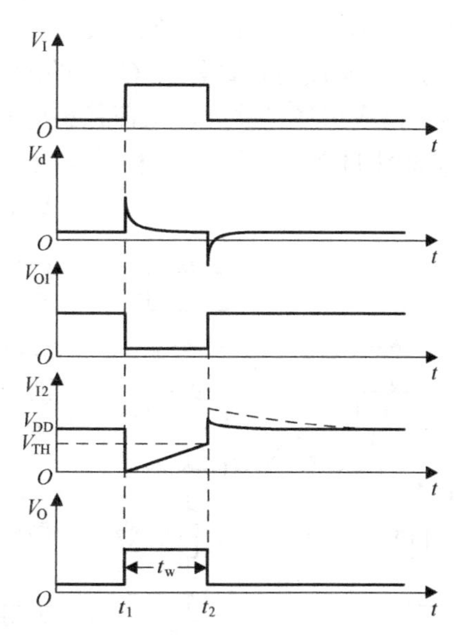

图 11.23　微分型单稳态触发器各点电压工作波形图

$$t_w = RC\ln\frac{V_C(\infty)-V_C(0)}{V_C(\infty)-V_{TH}} \tag{11.11}$$

在电路中，$V_C(0^+)=0V$，$V_C(\infty)=V_{DD}$，$\tau=RC$，$V_{TH}=\frac{V_{DD}}{2}$，将上述条件代入式(11.11)，可求得

$$t_w = RC\ln\frac{V_{DD}-0}{V_{DD}-V_{TH}} = RC\ln 2 \tag{11.12}$$

$$t_w \approx 0.7RC \tag{11.13}$$

(2)恢复时间 t_{re}。暂稳态结束后，要使电路完全恢复到触发前的起始状态，还需要经过一段恢复时间，使电容器 C 上的电荷释放完($V_C=0V$)。恢复时间一般为(3～5)τ，$\tau=RC$。

(3)分辨时间 T_d。分辨时间是指在保证电路能正常工作的前提下，允许两个相邻触发脉冲之间的最小时间间隔，所以有

$$T_d \approx t_w + t_{re} \tag{11.14}$$

(4)最高工作频率 f_{max}。设触发信号 V_I 的周期为 T，为了使单稳电路能正常工作，应满足 $T>t_w+t_{re}$ 的条件。因此，单稳态触发器的最高工作频率为

$$f_{max} = \frac{1}{T_{min}} < \frac{1}{t_w + t_{re}} \tag{11.15}$$

在微分型单稳态触发器中还存在以下几点，需要加以注意。

(1)在实际应用中，往往要求在一定范围内调节脉冲宽度 t_w。一般选取不同的电容 C 实现粗调，用电位器代替 R 实现细调。由于 R 的选择必须保证稳态时 G_2 门输入为低电平，所以其可调范围很小，一般为几百欧姆。R 取值越大，G_2 门输入就越接近阈值电压 V_{TH}，电路的抗干扰能力就越差。因此，为了扩大 R 的调节范围，特别是在要求输出宽脉冲的场合，可在 G_2 门和电阻 R 之间插入一级射极跟随器。

(2)由于微分型单稳态触发器是用窄脉冲触发的，所以遇到触发脉冲宽度大于单稳态触发器输出的脉冲宽度时，最好在 G_1 门的触发输入端加入 R_d、C_d 微分电路，如图 11.24 所示。这里 R_d 的值应选择足够大，保证稳态时 G_1 门输入为高电平。

(3)如图 11.24 所示，在暂稳态结束瞬间($t=t_2$)，G_2 门的输入电压 V_{I2} 较高，这时可能会损坏 CMOS 门。为了避免这种现象发生，在 CMOS 器件内部设有保护二极管 D，如图 11.24 中虚线所示。在电容 C 充电期间，二极管 D 开路。而当 $t=t_2$ 时，二极管 D 导通，于是 V_{I2} 被钳制在 V_{DD}+0.6V 的电位上。在恢复期间，电容 C 放电时间常数 $\tau_d=(R//R_f)C$(R_f 为二极管 D 的正向电阻)，由于 $R_f<<R$，因此电容放电的时间也很短。

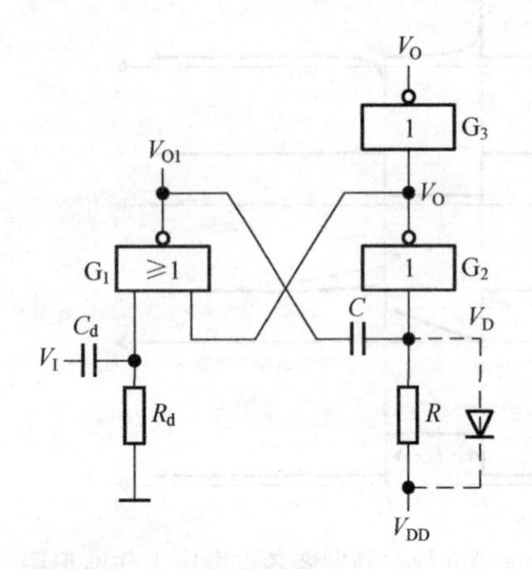

图 11.24　宽脉冲触发器的单稳态电路

(4)为了改善输出波形，一般在图 11.20 所示电路的输出端再加一级反相器 G_3，如图 11.24 所示。

(5)若采用 TTL 与非门构成如图 11.20 所示的单稳态触发器，考虑到 TTL 逻辑门存在输入电流，为了保证稳态时 G_2 的输入为低电平，电阻 R 要小于 0.7kΩ；

R_d的数值则应大于2kΩ,才能保证稳态时G_1门的输入电压大于其开门电平(V_{ON})。由于CMOS门不存在输入电流，用CMOS门组成的单稳态触发器中，R、R_d不受此限制。

2. 积分型单稳态触发器

图11.25是用TTL与非门和反相器以及RC积分电路组成的积分型单稳态触发器。为了保证V_{O1}为低电平时V_A在V_{TH}以下，R的阻值不能取得很大。这个电路用正脉冲触发。

稳态下由于V_I=0V，所以$V_O=V_{OH}$，$V_A=V_{O1}=V_{OH}$。

当输入正脉冲以后，V_{O1}跳变为低电平。但由于电容C上的电压不能突变，所以在一段时间里V_A仍在V_{TH}以上。因此，在这段时间里G_2的两个输入端电压同时高于V_{TH}，使$V_O=V_{OL}$，电路进入暂稳态。同时，电容C开始放电。

然而这种暂稳态不能长久地维持下去，随着电容C的放电，V_A不断降低，至$V_A=V_{TH}$后，V_O回到高电平。待V_I返回低电平以后，V_{O1}又重新变成高电平V_{OH}，并向电容C充电。经过恢复时间t_{re}(从V_I回到低电平的时刻算起)以后，V_A恢复为高电平，电路达到稳态。电路中各点电压的波形如图11.26所示。

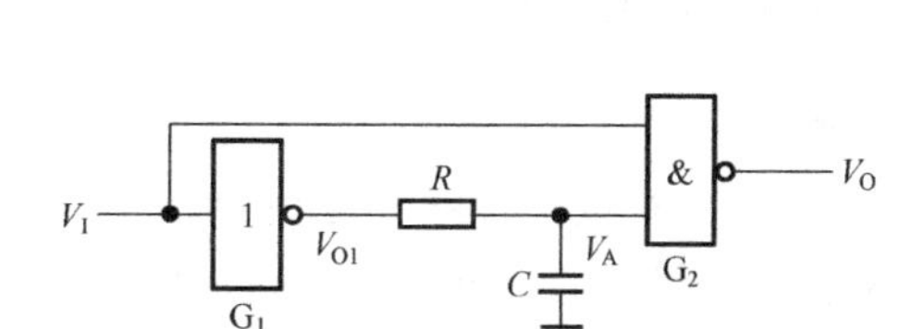

图 11.25　积分型单稳态触发器

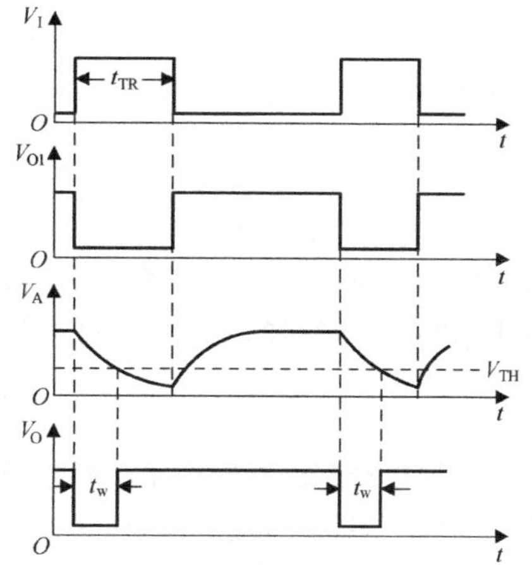

图 11.26　图11.25电路的电压波形图

由图11.26可知，输出脉冲的宽度等于从电容C开始放电的一刻到V_A下降至V_{TH}的时间。为了计算t_w，需要画出电容C放电的等效电路，如图11.27(a)所示。鉴于V_A高于V_{TH}期间G_2的输入电流非常小，可以忽略不计，因而电容C放电的等效电路可以简化为$R+R_O$与C串联。这里的R_O是G_1输出为低电平时的输出电阻。

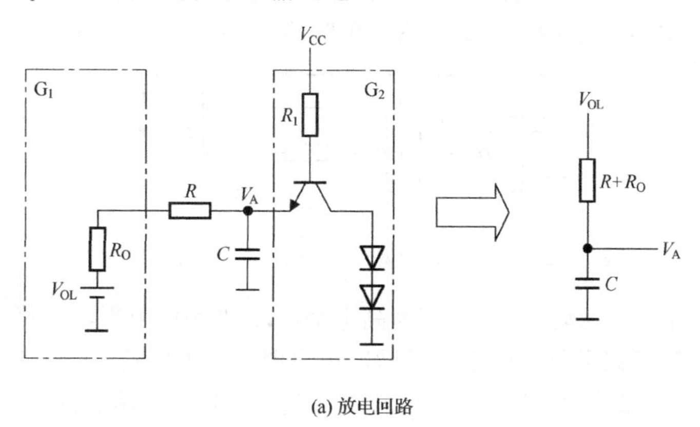

(a) 放电回路

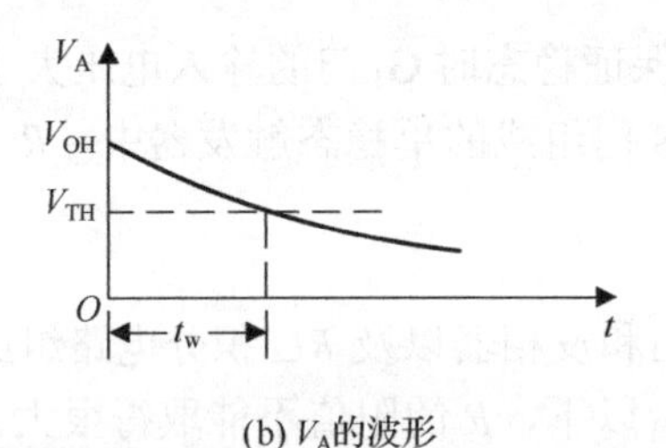

(b) V_A的波形

图 11.27　图 11.25 电路中电容 C 的放电回路和 V_A 的波形

将图 11.27(b) 曲线给出的 $V_C(0)=V_{OH}$、$V_C(\infty)=V_{OL}$ 代入式(11.11)即可得到

$$t_w = (R+R_O)C\ln\frac{V_{OL}-V_{OH}}{V_{OL}-V_{TH}} \tag{11.16}$$

输出脉冲的幅度为

$$V_m = V_{OH} - V_{OL} \tag{11.17}$$

恢复时间等于 V_{O1} 跳变为高电平后电容 C 充电至 V_{OH} 所经过的时间。若取充电时间常数的 3～5 倍时间为恢复时间，则得

$$t_{re} \approx (3\sim5)(R+R_O')C \tag{11.18}$$

式中，R_O' 是 G_1 输出高电平时的输出电阻。这里为简化计算而没有计入 G_2 输入电路对电容充电过程的影响，所以算出的恢复时间是偏于安全的。

这个电路的分辨时间应为触发脉冲的宽度 t_{TR} 和恢复时间之和，即

$$t_d = t_{TR} + t_{re} \tag{11.19}$$

与微分型单稳态触发器相比，积分型单稳态触发器具有抗干扰能力较强的优点。因为数字电路中的噪声多为尖峰脉冲的形式(即幅度较大而宽度极窄的脉冲)，而积分型单稳态触发器在这种噪声作用下不会输出足够宽度的脉冲。

积分型单稳态触发器的缺点是输出波形的边沿比较差，这是电路的状态转换过程中没有正反馈作用的缘故。此外，这种积分型单稳态触发器必须在触发脉冲的宽度大于输出脉冲宽度时才能正常工作。

如果想使图 11.25 所示的积分型单稳态电路在窄脉冲的触发下能够正常工作，可以采用图 11.28 所示的改进电路。不难看出，这个电路是在图 11.25 电路的基础上增加了与非门 G_3 和输出至 G_3 的反馈连线而形成的。该电路用负脉冲触发。

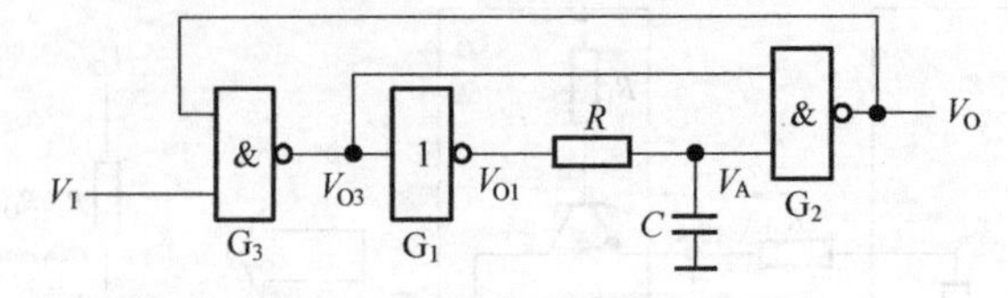

图 11.28　窄脉冲可以触发的积分型单稳态触发器

当负触发脉冲加到输入端时，V_{O3} 变为高电平，V_O 变为低电平，电路进入暂稳态。由于 V_O 反馈到了输入端，所以虽然这时负触发脉冲很快消失，在暂稳态期间 V_{O3} 的高电平也将继续维持。直到 RC 电路放电到 $V_A=V_{TH}$ 以后，V_O 才返回高电平，电路回到稳态。

3. 集成单稳态触发器

用逻辑门组成的单稳态触发器虽然电路结构简单，但它存在触发方式单一、输出脉宽稳定性差、调节范围小等缺点。为提高单稳态触发器的性能指标，产生了大量的集成单稳态触发器。由于集成单稳态触发器外接元件和连线少，触发方式灵活，工作稳定性好，因此有着广泛的应用。在单稳态触发器集成电路产品中，有些为可重复触发，有些为不可重复触发。所谓可重复触发，是指在暂态期间，能够接收新的触发信号，重新开始暂态过程；不可重复触发是指单稳态触发器一旦被触发进入暂态后，即使有新的触发脉冲到来，其既定的暂态过程会照样进行下去，直到结束。其工作波形如图 11.29 所示。

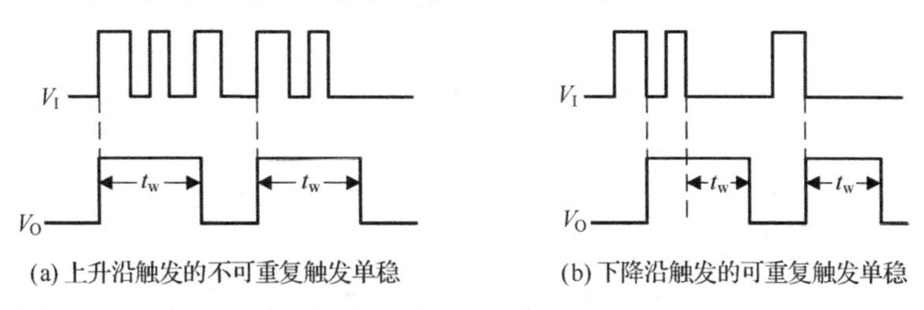

(a) 上升沿触发的不可重复触发单稳　　(b) 下降沿触发的可重复触发单稳

图 11.29　两种集成单稳态触发器的工作波形

1) 不可重复触发的集成单稳态触发器

TTL 集成器件 74121 是一种不可重复触发的集成单稳态触发器，其逻辑图和引脚图如图 11.30 所示。它是在普通微分型单稳态触发器的基础上附加输入控制电路和输出缓冲电路而形成的。它采用 DIP 封装形式。

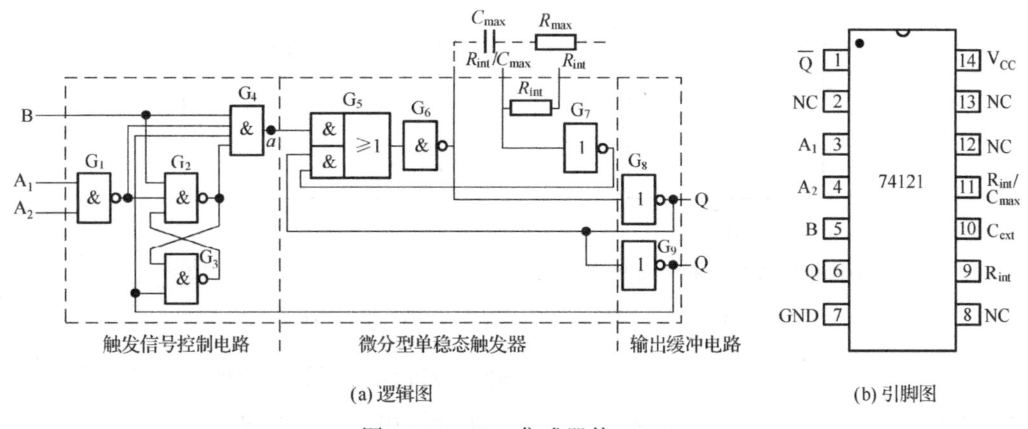

(a) 逻辑图　　(b) 引脚图

图 11.30　TTL 集成器件 74121

74121 有三个输入端，分别为 A_1、A_2 和 B，电路只有一个稳态 Q=0，$\overline{Q}=1$。74121 的功能表如表 11.3 所示。根据功能表可知，74121 的主要作用是实现边沿触发的控制，有三种触发方式：①在 A_1 或 A_2 端用下降沿触发，这时要求另外两个输入端必须为高电平；②A_1 与 A_2 同时用下降沿触发，这时要求 B 端为高电平；③在 B 端用上升沿触发，此时应保证 A_1 或 A_2 中至少要有一个是低电平。74121 在具体使用时，可以通过选择输入端决定上升沿触发还是下降沿触发。

74121 的暂稳态脉宽(即定时时间)取决于定时电阻和定时电容的数值。定时电容 C_{ext} 连接在引脚 C_{ext}(第 10 脚)和 R_{ext}/C_{ext}(第 11 脚)之间。如果使用有极性的电解电容，电容的正极应接在 C_{ext}(第 10 脚)。对于定时电阻，有两种选择：

表 11.3　74121 的功能表

A_1	A_2	B	Q	$\overline{Q}$
0	×	1	0	1
×	0	1	0	1
×	×	0	0	1
1	1	×	0	1
1	↓	1	1	0
↓	1	1	1	0
↓	↓	1	1	0
0	×	↑	1	0
×	0	↑	1	0

(1) 采用内部定时电阻 R_{int}(约为 2kΩ)，此时只需将 R_{int} 引脚(第 9 脚)接至电源 V_{CC}。

(2) 采用外部定时电阻 R_{ext}，此时 R_{int} 引脚(第 9 脚)应悬空，外部定时电阻接在引脚 R_{ext}/C_{ext}(第 11 脚)和 V_{CC} 之间。

采用外部电阻和内部电阻组成单稳态触发器，电路连接如图 11.31 所示。

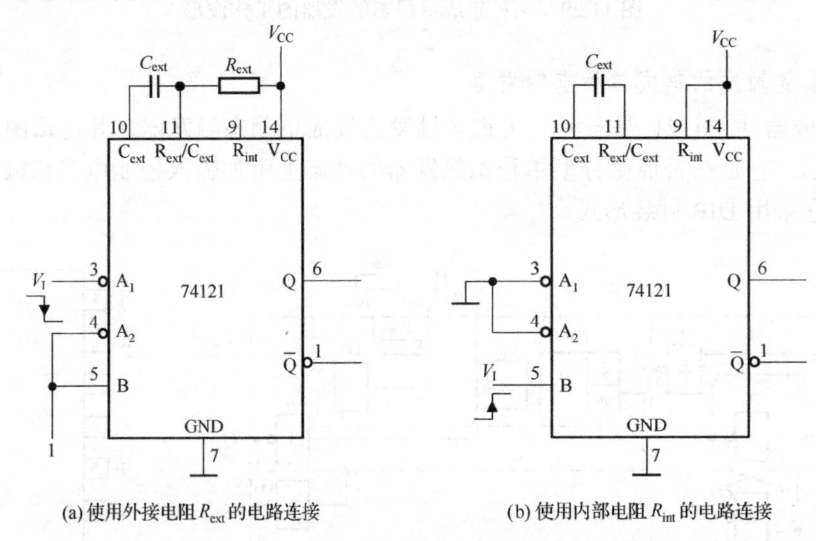

(a) 使用外接电阻 R_{ext} 的电路连接　　(b) 使用内部电阻 R_{int} 的电路连接

图 11.31　74121 定时电容器、电阻器的连接

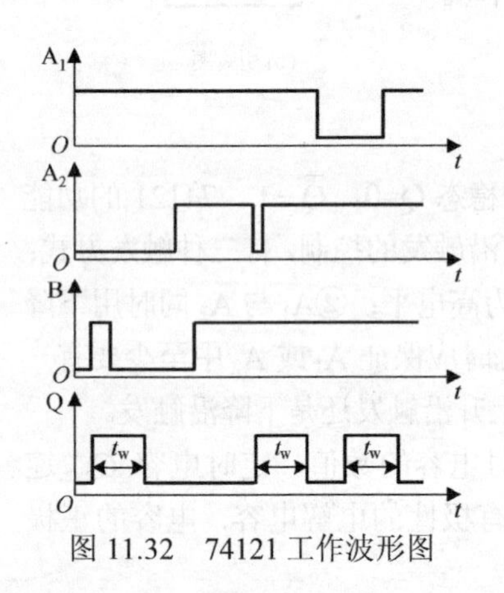

图 11.32　74121 工作波形图

74121 在触发脉冲作用下的波形如图 11.32 所示。由图可以看出，74121 的输出脉冲宽度为

$$t_w \approx 0.7RC \tag{11.20}$$

如果要求输出脉宽较宽，通常 R 的取值为 2～30kΩ，C 的数值则为 10pF～10μF，得到的脉冲宽度为 20ns～200ms。

2) 可重复触发集成单稳态触发器

74LS123 是具有复位、可重复触发功能的集成单稳态触发器，而且在同一芯片上集成了两个相同的单稳电路。其引脚图和逻辑符号如图 11.33 所示，功能表如表 11.4 所示。

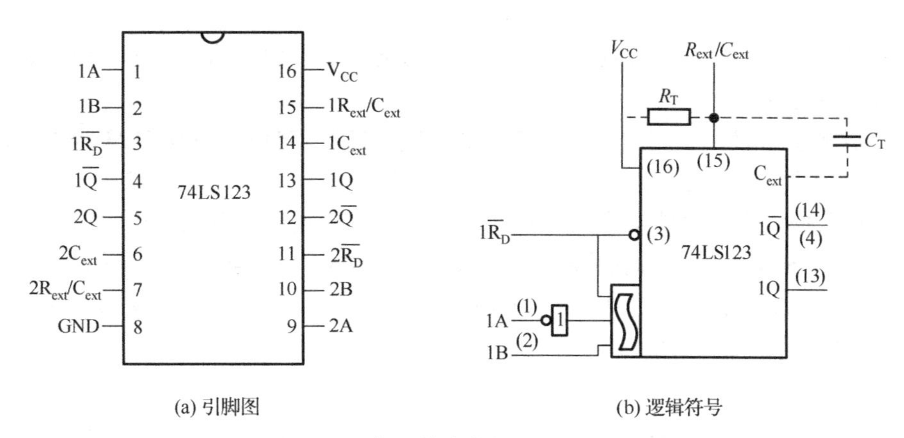

(a) 引脚图　　(b) 逻辑符号

图 11.33　集成单稳态触发器 74LS123

表 11.4　集成单稳态触发器 74LS123 的功能表

$\overline{R_D}$	A	B	Q	$\overline{Q}$
0	×	×	0	1
×	1	×	0	1
×	×	0	0	1
1	0	↑	1	0
1	↓	1	1	0
↑	0	1	1	0

74LS123 对于输入触发脉冲的要求和 74LS121 基本相同。其外接定时电阻 R_T(即 R_{ext})的取值范围为 5～50kΩ，对外接定时电容 C_T(即 C_{ext})通常没有限制。输出脉宽为

$$t_w \approx 0.28RC\left(1+\frac{0.7}{R}\right) \tag{11.21}$$

$C_T \leqslant 1000$pF 时，t_w 可通过查找有关图表求得。

单稳态触发器 74LS123 具有可重触发功能，并带有复位输入端 $\overline{R_D}$ 。所谓可重触发，是指该电路在输出定时时间 t_w 内可被输入脉冲重新触发。图 11.34(a)是重触发的示意图。不难看出，采用可重触发可以方便地产生持续时间很长的输出脉冲，只要在输出脉冲宽度 t_w 结束之前再输入触发脉冲，就可以延长输出脉冲宽度。直接复位功能可以使输出脉冲在预定的任何时期结束，而不由定时电阻 R_T 和电容 C_T 的取值来决定。在预定的时刻加入复位脉冲就可以实现复位，提前结束定时，其复位关系如图 11.34(b)所示。

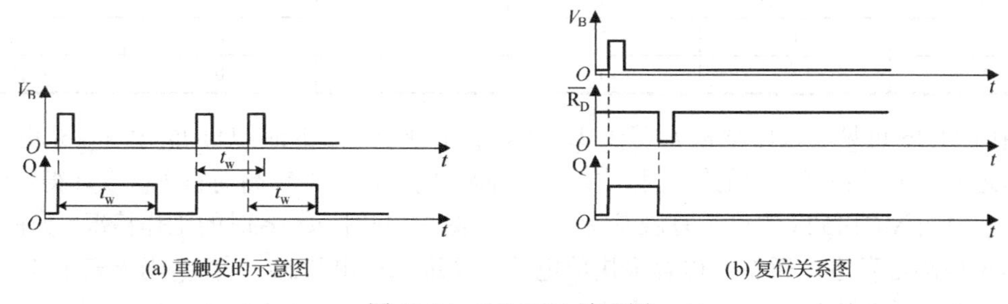

(a) 重触发的示意图　　(b) 复位关系图

图 11.34　74LS123 波形图

还需指出，这种单稳态触发器不存在死区时间。因此，在 t_w 结束之后立即输入新的触发

脉冲，电路可以立即响应，不会使新的输出脉冲的宽度小于给定的 t_W。正是由于这种触发器可重触发且没有死区时间，因此它的用途十分广泛。

TTL 集成触发器就介绍这两种，而 74122、74LS122、74123、74LS123 等则是可重复触发的触发器。有些集成单稳态触发器上还设置复位端(例如，74221、74122、74123 等)。通过在复位端加入低电平信号能够立即终止暂稳态过程，使输出端返回低电平。

常用的 CMOS 集成单稳态触发器有 J210、MC14528 和 CC4098 等，下面以常用 CMOS 集成器件 MC14528 为例，简述可重复触发单稳态触发器的工作原理。该器件的逻辑图和引脚图如图 11.35 所示，图 11.35(a) 中 R_{ext} 和 C_{ext} 为外接定时电阻和电容。

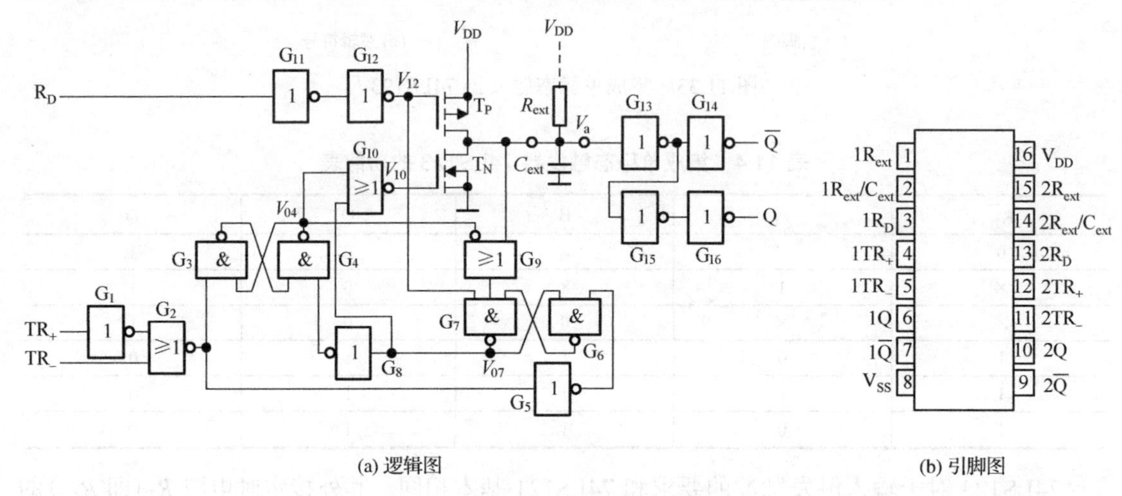

(a) 逻辑图　　　　(b) 引脚图

图 11.35　MC14528 的逻辑图和引脚图

由图 11.35 可知电路主要由三态门、外接积分电路、控制电路组成的积分型单稳态触发器及输出缓冲电路组成。TR_+为下降沿触发输入端。TR_-为上升沿触发输入端，R_D 为置零输入端，低电平有效，Q、$\overline{Q}$为互补输出端。

MC14528 功能表和工作波形分别如表 11.5 和图 11.36 所示。

表 11.5　MC14528 功能表

输入			输出		功能
R_D	TR_+	TR_-	Q	$\overline{Q}$	
0	×	×	0	1	清零
×	1	×	0	1	禁止
×	×	0	0	1	禁止
1	1	↑	1	0	单稳
1	↓	0	1	0	单稳

由图 11.36 可见，输出脉宽 t_W 等于 V_C 由 V_{th13} 下降至 V_{th9} 的时间与 V_C 由 V_{th9} 充电至 V_{th13} 的时间之和。为了获得较宽的输出脉冲，一般都将 V_{th13} 设计得较高而将 V_{th9} 设计得较低。

为了说明 MC14528 的可重复触发特性，分析图 11.36 中 t_5～t_7 时的工作情况。如前所述，在 t_5 时刻电路触发进入暂态，电容很快放电后，又进入充电状态。当 V_C 尚未充至 V_{th13} 时，t_6 时刻电路被再次触发，G_2 门的低电平使 $V_{04}=V_{OL}$，G_{10} 门输出高电平，T_N 管导通，电容 C 又放电，当放电使 $V_C \ll V_{th9}$ 时，G_{10} 门输出低电平，T_N 截止。电容又充电，一直充到 V_{th13} 且无触发信号作用时，电路才返回至稳态。显然，在这两个重复脉冲触发下，输出脉冲宽度为 $t_{\Delta}+t_{W}$。这种可重复触发单稳态可利用在暂稳态加触发脉冲的方法增加输出脉宽。

4. 单稳态触发器的应用

1) 定时与延时

单稳态触发器能够产生一定宽度的矩形脉冲，在数字电路中，常用它来控制其他一些电路在这个脉冲宽度时间内动作或不动作，达到定时的作用。数字电路中还经常需要将某一信号进行延时，以实现时序控制，利用单稳态触发器可以很方便地形成这种脉冲延时。利用单稳态触发器实现定时和延时的电路如图 11.37 所示。

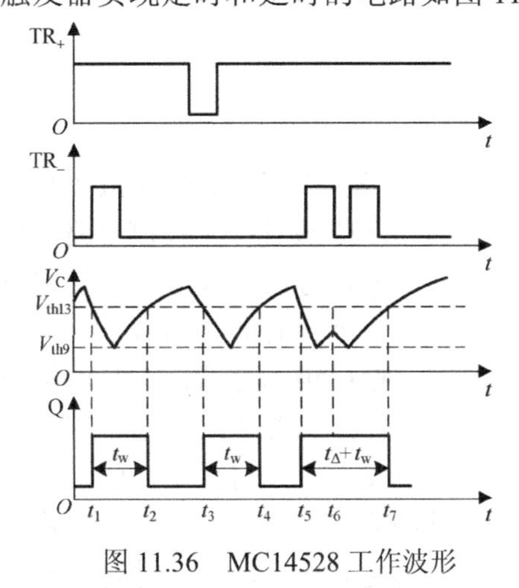

图 11.36　MC14528 工作波形

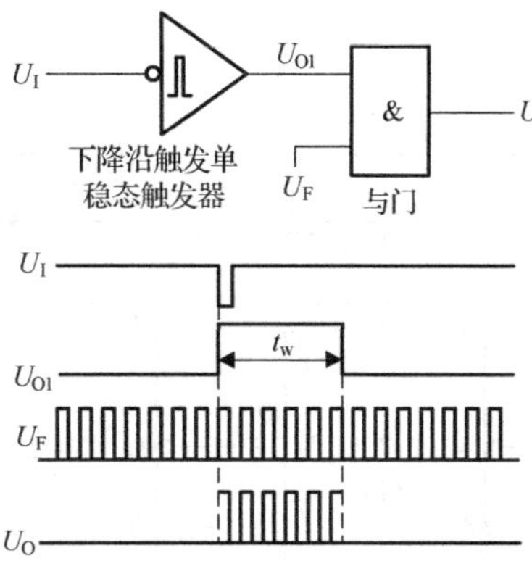

图 11.37　单稳态触发器用于延时与定时

(1) 定时。在图 11.37 中，单稳态触发器的输出电压 U_{O1} 用作与门的输入定时控制信号，当 U_{O1} 为高电平时，与门打开，$U_O=U_F$，当 U_{O1} 为低电平时，与门关闭，U_O 为低电平，这显示了单稳态触发器的定时选通作用。显然，与门打开的时间是恒定不变的，就是单稳态触发器输出脉冲 U_{O1} 的宽度 t_W。

(2) 延时。在图 11.37 中，U_{O1} 的下降沿比 U_I 的下降沿滞后了时间 t_W，即延迟了时间 t_W。单稳态触发器的这种将脉冲延时的作用常应用于时序控制中。

2) 噪声消除电路

由单稳态触发器组成的噪声消除电路及工作波形如图 11.38 所示。有用的信号一般都有一定的脉冲宽度，而噪声多表现为脉冲形式。合理地选择 R、C 的值，使单稳态电路的输出脉宽大于噪声宽度小于信号的脉宽，即可消除噪声。

3) 多谐振荡器

利用两个单稳态触发器可以构成多谐振荡器。由两片 74121 集成单稳态触发器组成的多谐振荡器如图 11.39 所示，图中开关 S 为振荡器控制开关。

合上电源时，开关 S 是合上的，电路处于 $Q_1=0$，$Q_2=0$ 状态，将开关 S 打开，电路开始振荡，其工作过程如下：在起始时，单稳态触发器 Ⅰ 的 A_1 为低电平，开关 S 打开瞬间，B 端产生正跳变，单稳态 Ⅰ 被触发，Q_1 输出正脉冲，其脉冲宽度为 $0.7R_1C_1$，当单稳态 Ⅰ 暂稳态结束时，Q_1 的下降沿触发单稳态 Ⅱ，Q_2 端输出正脉冲，Q_2 的下降沿又触发单稳态 Ⅰ，此后周而复始地产生振荡，其振荡周期为 $T=0.7(R_1C_1+R_2C_2)$。

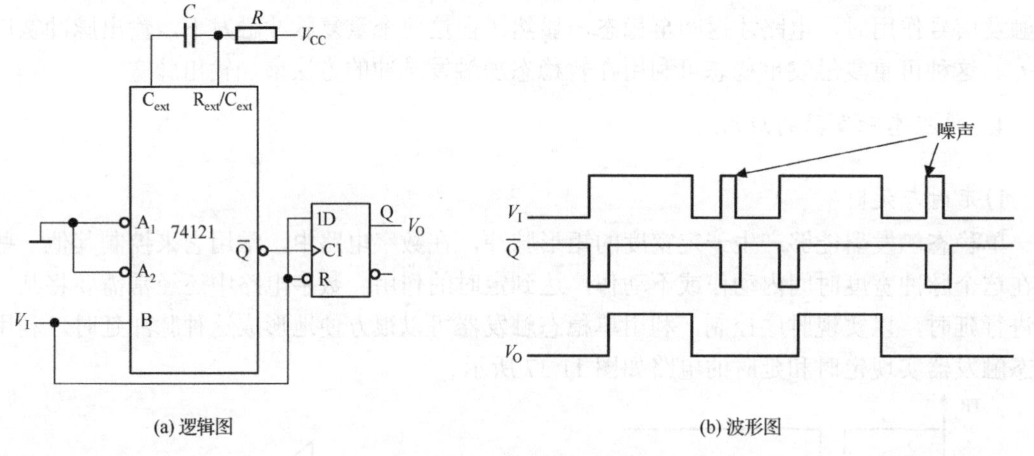

(a) 逻辑图

(b) 波形图

图 11.38　噪声消除电路

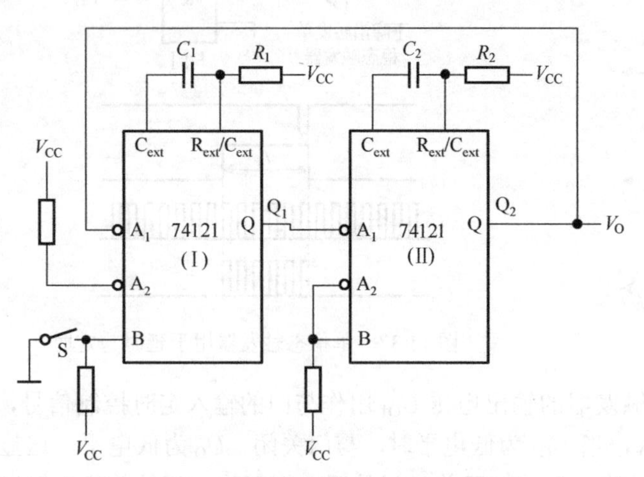

图 11.39　单稳态触发器构成的多谐振荡器

【例 11.2】 试用集成单稳态触发器 74121 设计一个控制电路，要求接收触发信号后，延迟 2ms 后继电器才吸合，吸合时间为 1ms。

解：根据题意，控制电路需要两片 74121 单稳态触发器。第一片单稳态触发器起延时作用，即接收到触发脉冲后滞后 2ms。第二个单稳态触发器起定时作用，定时时间为 1ms。

根据集成单稳态触发器 74121 的暂稳态时间 $t_w≈0.7RC$ 来确定 R、C 的值。假设电阻值选取 $R_1=R_2=10\text{k}\Omega$，则可得

$$C_1=2/(0.7\times10\times10^3)\approx0.29(\mu\text{F})$$

$$C_2=1/(0.7\times10\times10^3)\approx0.14(\mu\text{F})$$

根据上述设计画出如图 11.40(a)所示的电路图，工作波形如图 11.40(b)所示。

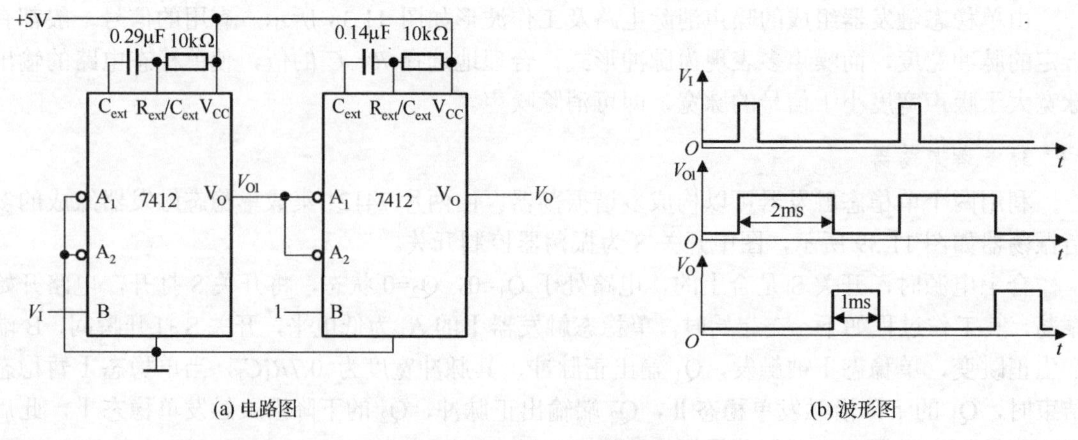

(a) 电路图

(b) 波形图

图 11.40　例 11.2 的图形

11.2.4 多谐振荡器

多谐振荡器又称为方波发生器，不需要外加触发信号就能周期性地自动翻转，产生幅值和宽度一定的矩形脉冲，它可由分立元件、集成运放或门电路组成。

多谐振荡器又称无稳态多谐振荡器，无稳态是指电路没有稳定状态，表示此电路一加电源，马上往复振荡，不需要加触发器即可自行产生某一频率的信号，因此无稳态多谐振荡器又称为自激式多谐振荡器。

尽管多谐振荡器有多种电路形式，但它们都具有以下结构特点：电路由开关器件和反馈延时环节组成。开关器件可以是逻辑门、电源比较器、定时器等，其作用是产生脉冲信号的高、低电平。反馈延时环节一般为 *RC* 电路，*RC* 电路将输出电压延时后，适当地反馈到开关器件输入端，以改变其输出状态。

1. 不对称多谐振荡器

一种由 CMOS 门电路组成的不对称多谐振荡器如图 11.41 所示。其原理图和工作波形如图 11.42(a) 所示。图 11.42(a) 中 D_1、D_2、D_3、D_4 均为保护二极管。

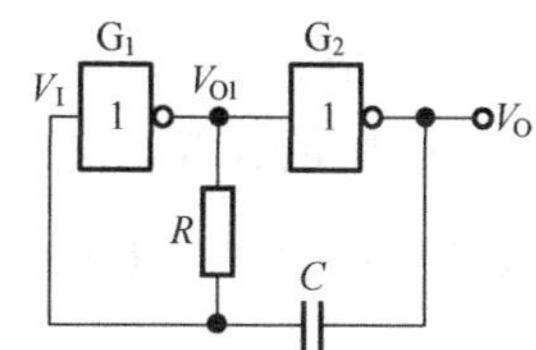

图 11.41 不对称多谐振荡器

1) 第一暂稳态及电路自动翻转的过程

在 t=0 时接通电源，电容 C 尚未充电，电路初始状态为 $V_{O1}=V_{OH}$，$V_I=V_O=V_{OL}$，即第一暂稳态。此时，电源 V_{DD} 经 G_1 的 T_P 管、R 和 G_2 的 T_N 管给电容 C 充电，如图 11.42(a) 所示。随着充电时间的增加，V_I 的值不断上升，当 V_I 达到 V_{th} 时，电路发生如图 11.43 所示的正反馈过程。

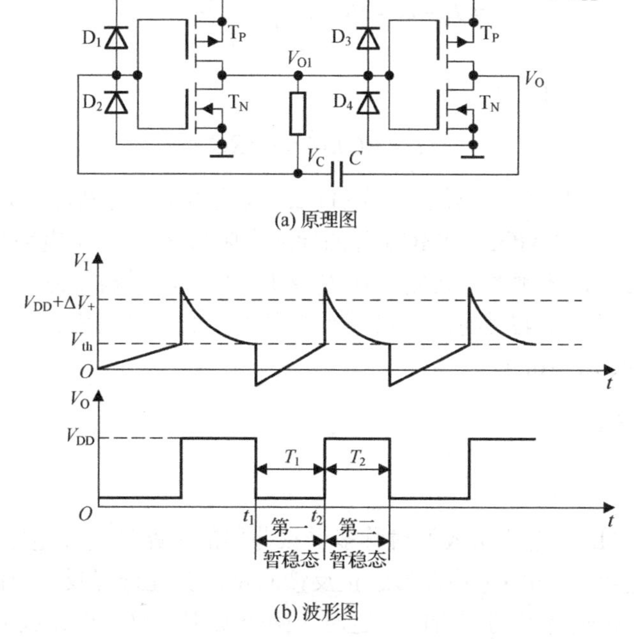

图 11.42 不对称多谐振荡器原理图与波形图

这一正反馈过程瞬间完成，使 $V_{O1}=V_{OL}$，$V_{O1}=V_{OH}$，电路进入第二暂稳态。

2) 第二暂稳态及电路自动翻转的过程

电路进入第二暂稳态瞬间，V_O由0V上升至V_{DD}，由于电容两端电压不能突变，则V_I也将上升至V_{DD}，本应升至$V_{DD}+V_{th}$，但由于保护二极管的钳位作用，V_I仅上升至$V_{DD}+\Delta V_+$。随后，电容C通过G_2的T_P、电阻R和G_1的T_N放电，使V_I下降，当V_I降至V_{th}后，电路又产生如图11.44所示的正反馈过程。

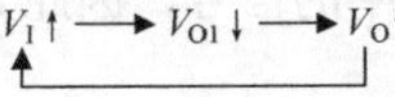

$V_I\uparrow \longrightarrow V_{O1}\downarrow \longrightarrow V_O\uparrow$

图11.43 第一暂稳态正反馈过程

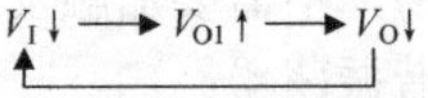

$V_I\downarrow \longrightarrow V_{O1}\uparrow \longrightarrow V_O\downarrow$

图11.44 第二暂稳态正反馈过程

从而使电路又回到第一暂稳态，$V_{O1}=V_{OH}$，$V_O=V_{OL}$。此后，电路重复上述过程，周而复始地从一个暂稳态翻转到另一个暂稳态，在G_2的输出端得到方波。

由上述分析不难看出，多谐振荡器的两个暂稳态的转换过程是通过电容C充、放电作用来实现的。

在振荡过程中，电路状态的转换主要取决于电容的充、放电，而转换时刻则取决于V_I的数值。根据以上分析所得电路在状态转换时V_I的几个特征值，可以计算出图11.42(b)中的T_1、T_2的值。

(1) T_1的计算。对应于第一暂稳态，将图11.42(b)中T_1、T_2作为时间起点，$T_1=t_2-t_1$，$V_I(0^+)=-\Delta V_-\approx 0\text{V}$，$V_I(\infty)=V_{DD}$，$\tau=RC$。根据$RC$电路瞬态响应的分析，有$T_1=RC\ln\dfrac{V_{DD}}{V_{DD}-V_{th}}$。

(2) T_2的计算。对应于图11.42(b)，在第二暂稳态，将t_2作为时间起点，则有$V_I(0^+)=V_{DD}+\Delta V_+\approx V_{DD}$，$V_I(\infty)=0\text{V}$，$\tau=RC$，由此可求出$T_2=RC\ln\dfrac{V_{DD}}{V_{th}}$，所以

$$T=T_1+T_2=RC\ln\left[\frac{V_{DD}^2}{(V_{DD}-V_{th})V_{th}}\right] \tag{11.22}$$

将$V_{th}=V_{DD}/2$代入式(11.22)，有

$$T=RC\ln 4\approx 1.4RC \tag{11.23}$$

图11.41是一种最简型多谐振荡器，式(11.23)仅适用于$R\gg R_{ON(P)}+R_{ON(N)}$(其中，$R_{ON(P)}$、$R_{ON(N)}$分别为CMOS门中NMOS、PMOS管的导通电阻)，C远大于电路分布电容的情况。当电源电压波动时，会使振荡频率不稳定，在$V_{th}\neq V_{DD}/2$时，影响尤为严重。一般可在该图中增加一个补偿电阻，如图11.45所示。R_S可减小电源电压变化对振荡频率的影响。当$V_{th}=V_{DD}/2$时，取$R_S>>R$(一般取$R_S=10R$)。

2. 对称多谐振荡器

1) 电路组成

图11.46是由TTL门电路组成的对称多谐振荡器的电路结构和电路符号。图中G_1、G_2两个反相器之间经电容C_1和C_2耦合形成正反馈回路。合理选择反馈电阻R_{F1}和R_{F2}，可使G_1和G_2工作在电压传输特性的转折区，这时，两个反相器都工作在放大区。由于G_1和G_2的外部电路对称，因此，又称为对称多谐振荡器。

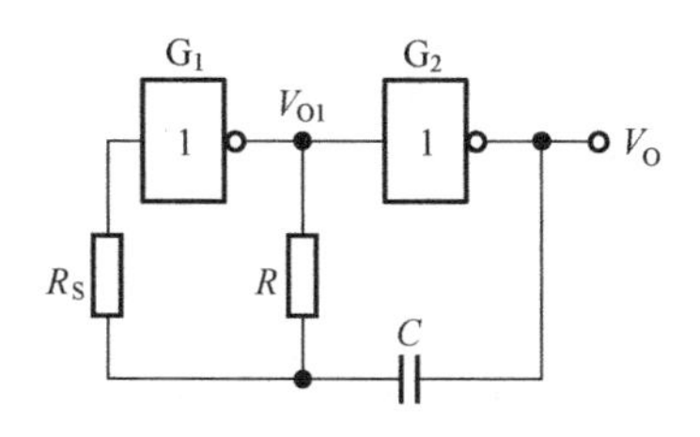

图 11.45　加补偿电阻的 CMOS 多谐振荡器

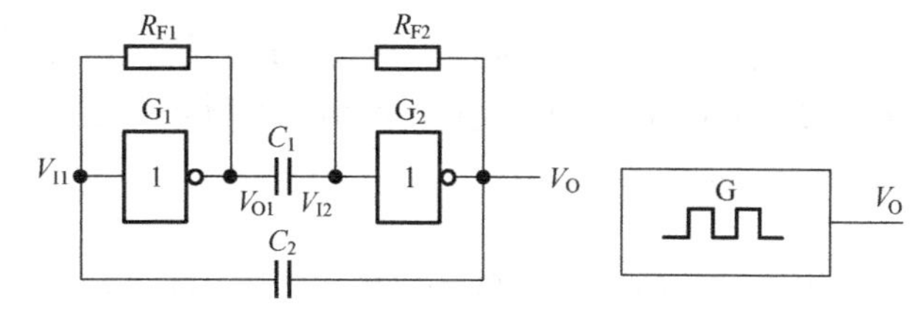

图 11.46　对称多谐振荡器

2) 工作原理

设 V_{O1} 为低电平 0、V_{O2} 为高电平 1 时，称为第一暂稳态；V_{O1} 为高电平 1、V_{O2} 为低电平 0 时，称为第二暂稳态。

设接通电源后，由于某种原因使 V_{I1} 产生了很小的正跃变，经 G_1 放大后，输出 V_{O1} 产生负跃变，经 C_1 耦合使 V_{I2} 随之下降，G_2 输出 V_{O2} 产生较大的正跃变，通过 C_2 耦合，使 V_{I1} 进一步增大，于是电路产生如图 11.47 所示的第一种正反馈过程。

正反馈使电路迅速翻到 G_1 开通、G_2 关闭的状态。输出 V_{O1} 负跃到低电平 V_{OL}，$V_{O2}(V_O)$ 正跃到高电平 V_{OH}，电路进入第一暂稳态。

G_2 输出 V_{O2} 的高电平对 C_1 电容充电使 V_{I2} 升高，电容 C_2 放电使 V_{I1} 降低。由于充电时间常数小于放电时间常数，所以充电速度较快。V_{I2} 首先上升到 G_2 的阈值电平 V_{TH} 时，电路又产生如图 11.48 所示的另一个正反馈过程。

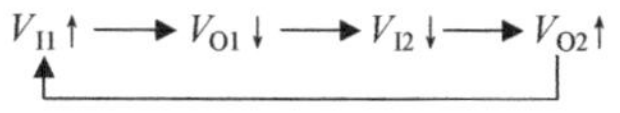

$V_{I1}\uparrow \longrightarrow V_{O1}\downarrow \longrightarrow V_{I2}\downarrow \longrightarrow V_{O2}\uparrow$

图 11.47　对称多谐振荡器第一种正反馈过程

$V_{I2}\uparrow \longrightarrow V_{O2}\downarrow \longrightarrow V_{I1}\downarrow \longrightarrow V_{O1}\uparrow$

图 11.48　对称多谐振荡器另一个正反馈过程

正反馈的结果使 G_2 开通，输出 V_O 由高电平 V_{OH} 跃到低电平 V_{OL}，通过电容 C_2 的耦合，使 V_{I1} 迅速下降到小于 G_1 的阈值电压 V_{TH}，使 G_1 关闭，它的输出由低电平 V_{OL} 跃到了高电平 V_{OH}，电路进入第二暂稳态。

接着，G_1 输出的高电平 V_{O1} 经 C_1、R_{F2} 和 G_2 的输出电阻对 C_1 进行反向充电，V_{I2} 随之下降，同时，G_1 输出 V_{O1} 的高电平经 R_{F1}、C_2 和 G_2 的输出电阻对 C_2 进行充电，V_{I1} 随之升高。当 V_{I1} 上升到 G_1 的 V_{TH} 时，G_1 开通、G_2 关闭，电路又返回到第一暂稳态。由以上分析可知，由于电容 C_1 和 C_2 交替进行充电和放电，电路的两个暂稳态自动相互交替，从而使电路产生振荡，输出周期性的矩形脉冲。其工作波形如图 11.49 所示。

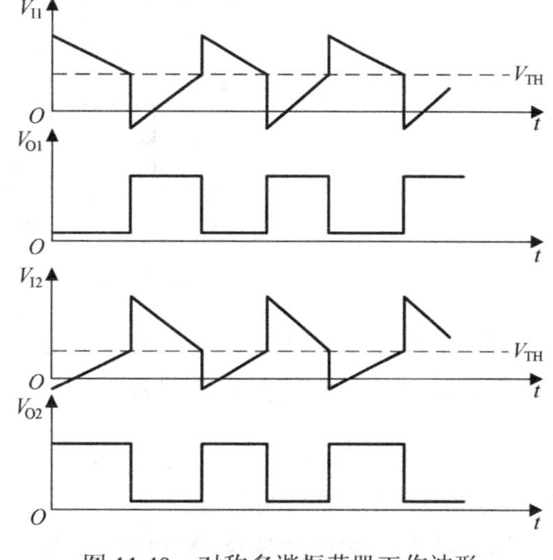

图 11.49　对称多谐振荡器工作波形

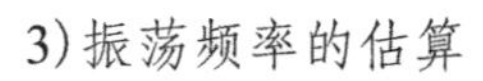

3) 振荡频率的估算

若多谐振荡器采用 CT74H 系列与非门组成，当取 $R_{F1}=R_{F2}=R_F$、$C_1=C_2=C$、V_{TH}=1.4V、V_{OH}=3.6V、V_{OL}=0.3V 时，则振荡周期 T 可用式(11.24)估算：

$$T = 2t_w \approx 1.4R_F C \tag{11.24}$$

当取 R_F=1kΩ、C=100pF～100μF 时，该电路的振荡频率可在几赫兹到几兆赫兹的范围内变化。这时 $t_{w1}=t_{w2}=t_w\approx0.7R_FC$。输出矩形脉冲的宽度与间隔时间相等。

3. 环形振荡器

利用闭合回路中的正反馈作用可以产生自激振荡，利用闭合回路中的延迟负反馈作用同样也能产生自激振荡，只要负反馈信号足够强。

环形振荡器就是利用延迟负反馈产生振荡的。它是利用门电路的传输延迟时间将奇数个反相器首尾相接而构成的。

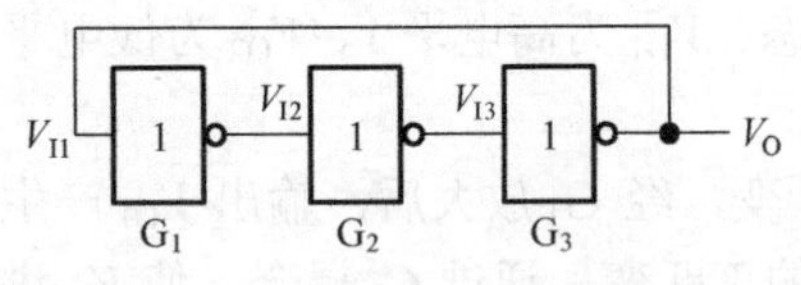

图 11.50　最简单的环形振荡器

图 11.50 所示电路是一个最简单的环形振荡器，它由三个反相器首尾相连而组成。不难看出，这个电路是没有稳定状态的，因为在静态(假定没有振荡时)下任何一个反相器的输入和输出都不可能稳定在高电平或低电平，而只能处于高、低电平之间，所以处于放大状态。

假定由于某种原因 V_{I1} 产生了微小的正跳变，则经过 G_1 的传输延迟时间 t_{pd} 之后 V_{I2} 产生一个幅度更大的负跳变，再经过 G_2 的传输延迟时间 t_{pd} 使 V_{I3} 得到更大的正跳变。然后又经过 G_3 的传输延迟时间 t_{pd} 在输出端 V_O 产生一个更大的负跳变，并反馈到 G_1 的输入端。因此，经过 $3t_{pd}$ 以后 V_{I1} 又将跳变为高电平。如此周而复始，就产生了自激振荡。

图 11.51 是根据以上分析得到的图 11.50 电路的工作波形图。由图可见，振荡周期为 $T=6t_{pd}$。

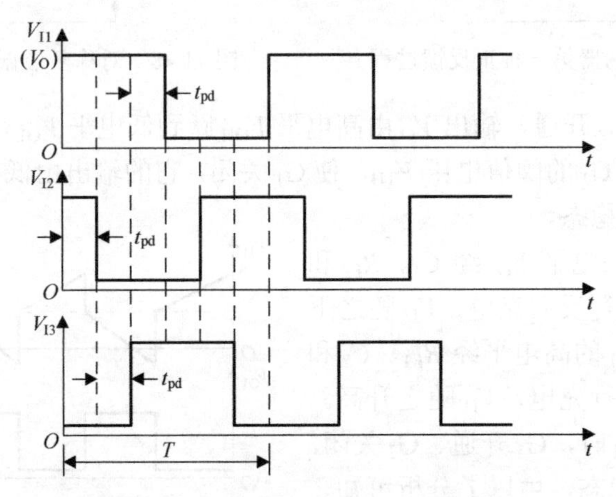

图 11.51　图 11.50 电路的工作波形图

基于上述原理可知，将任何大于、等于 3 的奇数个反相器首尾相连地接成环形电路，都能产生自激振荡，而且振荡周期为

$$T=2nt_{pd} \tag{11.25}$$

式中，n 为串联反相器的个数。

用这种方法构成的振荡器虽然很简单，但不实用。因为门电路的传输延迟时间极短，TTL 电路只有几十纳秒，CMOS 电路也不过一二百纳秒，所以想获得稍低一些的振荡频率是很困难的，而且频率不易调节。为了克服上述缺点，可以在图 11.51 电路的基础上附加 RC 延迟环节，组成带 RC 延迟电路的环形振荡器，如图 11.52(a)所示。然而由于 RC 电路每次充、放电

的持续时间很短，还不能有效地增加信号从 G_2 的输出端到 G_3 输入端的传输延迟时间，所以图 11.52(a) 不是一个实用电路。

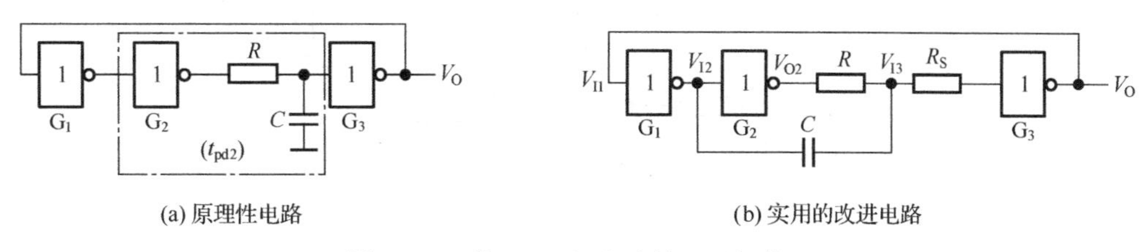

(a) 原理性电路 (b) 实用的改进电路

图 11.52 带 RC 延迟电路的环形振荡器

为了进一步加大 RC 电路的充、放电时间，在实用的环形振荡器电路中将电容 C 的接地端改接到 G_1 的输出端上，如图 11.52(b) 所示。例如，当 V_{I2} 处发生负跳变时，经过电容 C 使 V_{I3} 首先跳变到一个负电平，然后再从这个负电平开始对电容 C 充电，这就加长了 V_{I3} 从开始充电到上升为 V_{TH} 的时间，等于加大了 V_{I2} 到 V_{I3} 的传输延迟时间。

通常 RC 电路产生的延迟时间远远大于门电路本身的传输延迟时间，所以在计算振荡周期时可以只考虑 RC 电路的作用而将门电路固有的传输延迟时间忽略不计。

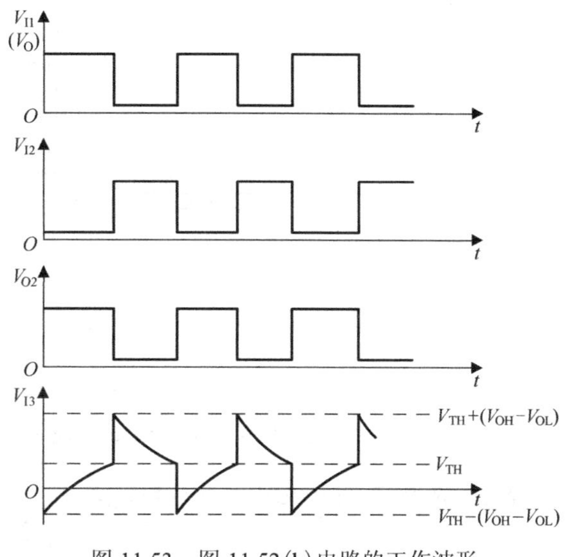

图 11.53 图 11.52(b) 电路的工作波形

另外，为防止 V_{I3} 发生负跳变时流过反相器 G_3 输入端钳位二极管的电流过大，还在 G_3 输入端串接了保护电阻 R_S。电路中各点的电压波形如图 11.53 所示。

图 11.54 中画出了电容 C 充、放电的等效电路。图中忽略了反相器的输出电阻。利用式 (11.11) 和 T_1、T_2 的计算方式求得电容 C 的充电时间 T_1 和放电时间 T_2 各为

$$T_1 = R_E C \ln \frac{V_E - [V_{TH} - (V_{OH} - V_{OL})]}{V_E - V_{TH}} \tag{11.26}$$

$$\begin{aligned} T_2 &= RC \ln \frac{V_{TH} + (V_{OH} - V_{OL}) - V_{OL}}{V_{TH} - V_{OL}} \\ &= RC \ln \frac{V_{OH} + V_{TH} - 2V_{OL}}{V_{TH} - V_{OL}} \end{aligned} \tag{11.27}$$

式中

$$V_E = V_{OH} + (V_{CC} - V_{BE} - V_{OH}) \frac{R}{R + R_1 + R_S} \tag{11.28}$$

$$R_E = \frac{R(R_1 + R_S)}{R + R_1 + R_S} \tag{11.29}$$

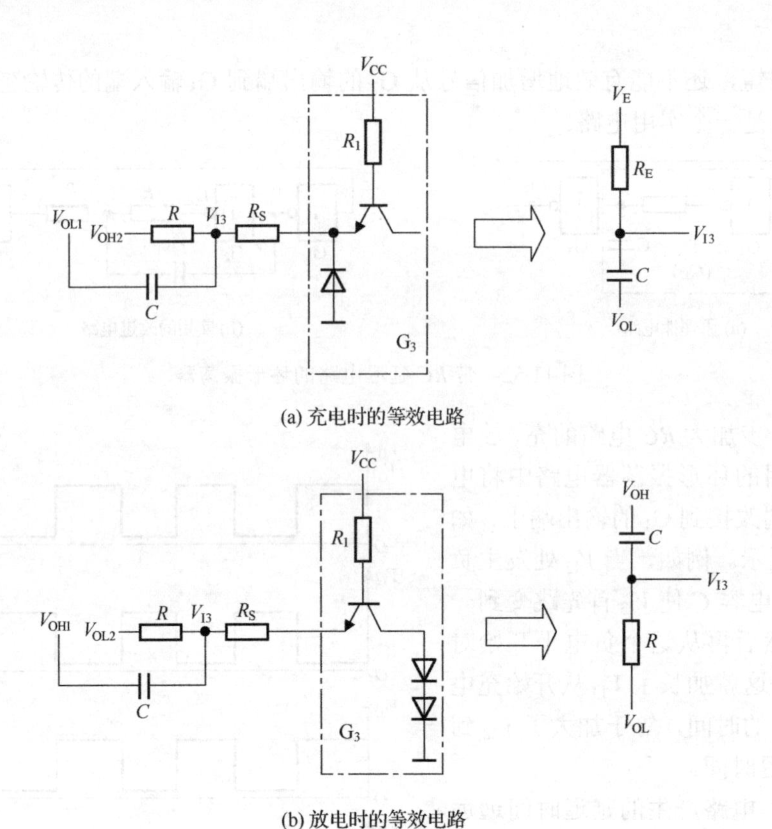

(a) 充电时的等效电路

(b) 放电时的等效电路

图 11.54　图 11.52(b) 电路中电容 C 的充、放电等效电路

若 $R_1+R_S \gg R$，$V_{OL} \approx 0V$，则 $V_E \approx V_{OH}$，$R_E \approx R$，这时式(11.26)和式(11.27)可化简为

$$T_1 \approx RC\ln\frac{2V_{OH}-V_{TH}}{V_{OH}-V_{TH}} \tag{11.30}$$

$$T_2 \approx RC\ln\frac{V_{OH}+V_{TH}}{V_{TH}} \tag{11.31}$$

故图 11.52(b) 电路的振荡周期近似等于

$$T = T_1+T_2 \approx RC\ln\left(\frac{2V_{OH}-V_{TH}}{V_{OH}-V_{TH}}\cdot\frac{V_{OH}+V_{TH}}{V_{TH}}\right) \tag{11.32}$$

假定 V_{OH}=3V、V_{TH}=1.4V，代入式(11.32)后得到

$$T \approx 2.2RC \tag{11.33}$$

式(11.33)可用于近似估算振荡周期。但使用时应注意它的假定条件是否满足，否则计算结果会有较大的误差。

4. 用施密特触发器构成的多谐振荡器

前面已经讲过，施密特触发器最突出的特点是它的电压传输特性有一个滞回区。由此我们想到，倘若能使它的输入电压在 V_{T+} 与 V_{T-} 之间不停地往复变化，那么在输出端就可以得到矩形脉冲波了。

实现上述设想的方法很简单，只要将施密特触发器的反向输出端经 RC 积分电路接回输入端即可，如图 11.55 所示。

当接通电源以后，因为电容上的初始电压为零，所以输出为高电平，并开始经电阻 R 向电容 C 充电。当充到输入电压为 $V_I=V_{T+}$时，输出跳变为低电平，电容 C 又经过电阻 R 开始放电。

当放电至 $V_I= V_{T-}$时，输出电位又跳变成高电平，电容 C 重新开始充电。如此周而复始，电路便不停地振荡。V_I 和 V_O 的电压波形如图 11.56 所示。

若使用的是 CMOS 施密特触发器，而且 $V_{OH}\approx V_{DD}$，$V_{OL}\approx 0V$，则依据图 11.56 的电压波形得到计算振荡周期的公式为

$$T = T_1 + T_2 = RC\ln\frac{V_{DD} - V_{T-}}{V_{DD} - V_{T+}} + RC\ln\frac{V_{T+}}{V_{T-}} = RC\ln\left(\frac{V_{DD} - V_{T-}}{V_{DD} - V_{T+}}\cdot\frac{V_{T+}}{V_{T-}}\right) \quad (11.34)$$

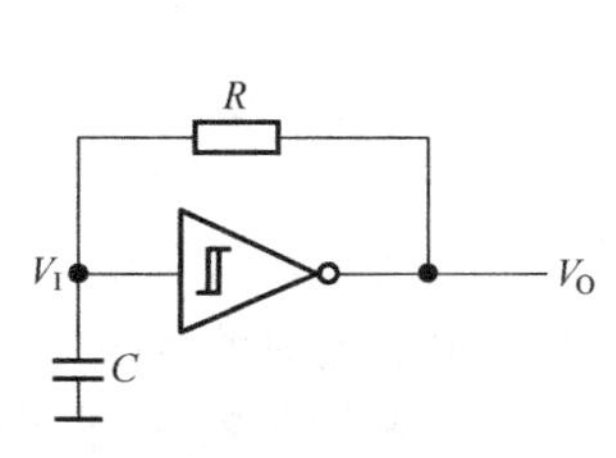

图 11.55　用施密特触发器构成的多谐振荡器

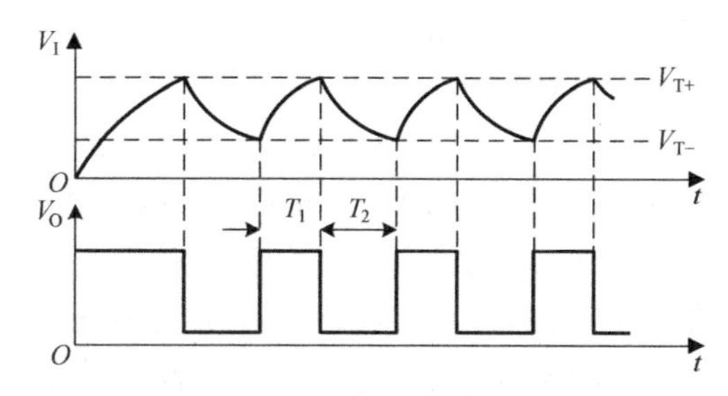

图 11.56　图 11.55 电路的电压波形图

通过调节 R 和 C 的大小，即可改变振荡周期。此外，在这个电路的基础上稍加修改就能实现对输出脉冲占空比的调节，电路的接法如图 11.57 所示。在这个电路中，因为电容的充电和放电分别经过两个电阻 R_2 和 R_1，所以只要改变 R_2 和 R_1 的比值，就能改变占空比。

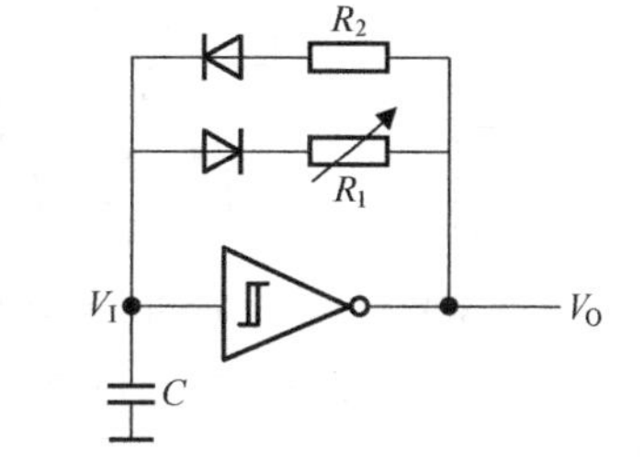

图 11.57　脉冲占空比可调的多谐振荡器

如果使用 TTL 施密特触发器构成多谐振荡器，在计算振荡周期时应考虑到施密特触发器输入电路对电容充、放电的影响，因此得到的计算公式要比式(11.34)稍微复杂一些。

【例 11.3】 已知图 11.55 电路中的施密特触发器为 CMOS 电路 CC40106，V_{DD}=10V，R=10kΩ，C=0.01μF，试求该电路的振荡周期。

解：由 CC40106 的电压传输特性可查得 V_{T+}=6.3V，V_{T-}=2.7V。将 V_{T+}、V_{T-}及给定的 V_{DD}、R、C 数值代入式(11.34)后得到

$$T = RC\ln\left(\frac{V_{DD} - V_{T-}}{V_{DD} - V_{T+}}\cdot\frac{V_{T+}}{V_{T-}}\right) = \left[10^4 \times 10^{-8} \times \ln\left(\frac{7.3}{3.7}\times\frac{6.3}{2.7}\right)\right]\text{s} = 0.153\text{ms}$$

5. *石英晶体多谐振荡器*

许多应用场合都对多谐振荡器的振荡频率稳定性有严格的要求。例如，在将多谐振荡器作为数字钟的脉冲源使用时，它的频率稳定性直接影响着计时的准确性。在这种情况下，前面所讲的几种多谐振荡器电路难以满足要求，因为在这些多谐振荡器中振荡频率主要取决于门电路输入电压在充、放电过程中达到转换电平所需要的时间，所以频率稳定性不可能很高。

不难看出：第一，这些振荡器中门电路的转换电平 V_{TH} 本身就不够稳定，容易受电源电压和温度变化的影响；第二，这些电路的工作方式容易受干扰，造成电路状态转换时间的提

前或滞后；第三，在电路状态临近转换时电容的充、放电已经比较缓慢，在这种情况下转换电平微小的变化或轻微的干扰都会严重影响振荡周期。因此，在对频率稳定性有较高要求时，必须采取稳频措施。

目前普遍采用的一种稳频方法是在多谐振荡器电路中接入石英晶体，组成石英晶体多谐振荡器。石英晶体的电路负荷和阻抗频率特性如图 11.58 所示。从阻抗频率特性图中可看出，石英晶体具有很好的选频特性。当振荡信号的频率和石英晶体的固有谐振频率 f_0 相同时，石英晶体呈现很低的阻抗。信号很容易通过，而其他频率的信号则被衰减掉。因此将石英晶体串联接在多谐振荡器的回路中即可组成石英晶体振荡器，振荡频率只取决于石英晶体的固有谐振频率 f_0，而与 RC 无关。

石英晶体振荡器的电路如图 11.59 所示。图中，并联在两个反相器输入、输出间的电阻 R 的作用是使反相器工作在线性放大区。R 的阻值，对于 TTL 门电路通常为 0.7～2kΩ；对于 CMOS 门则通常为 10～100mΩ。电路中电容 C_1 用于两个反相器间的耦合，而 C_2 的作用则是抑制高次谐波，以保证稳定的频率输出。电容 C_2 的选择应使 $2\pi RC_2f_0\approx1$，从而使 RC_2 并联网络在 f_0 处产生极点，以减少谐振信号损失。C_1 的选择应使 C_1 在频率 f_0 时的容抗可以忽略不计。电路的振荡频率仅取决于石英晶体的串联谐振频率 f_0，而与电路中的 R、C 的数值无关。

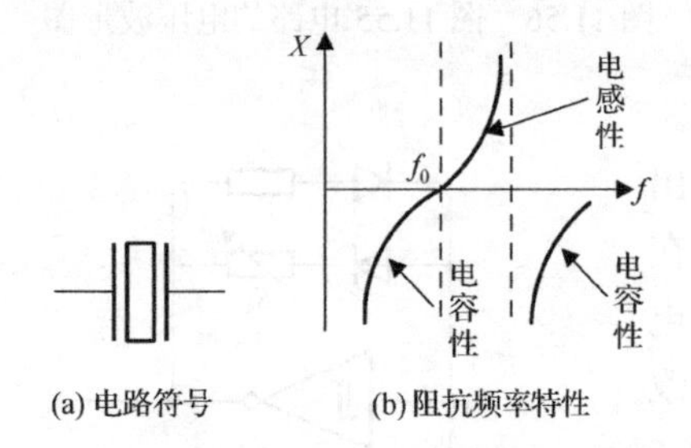

图 11.58　石英晶体的电路负荷及阻抗频率特性

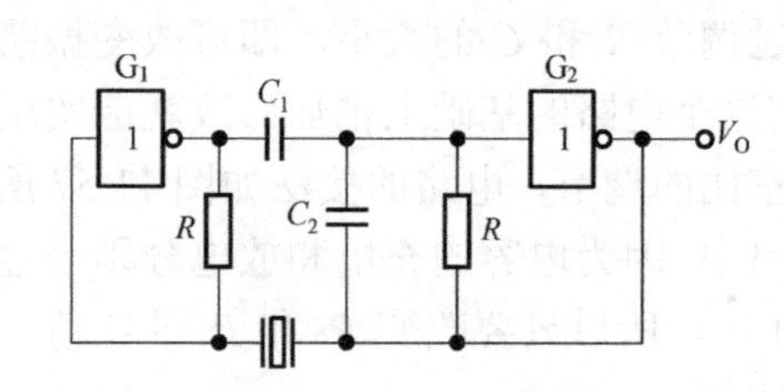

图 11.59　石英晶体振荡器

为了改善输出波形，增强带负载的能力，通常在振荡器的输出端再加一级反相器。作为一个应用实例，双相时钟发生器如图 11.60(a)所示，其波形如图 11.60(b)所示。

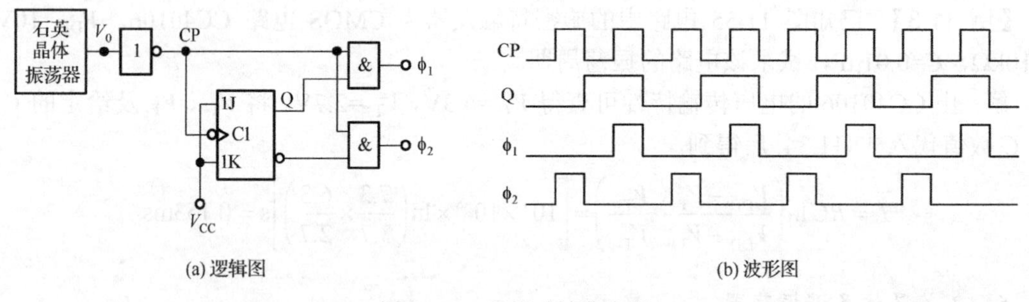

图 11.60　双相时钟发生器

11.3　实验内容和步骤

1. TTL 与非门多谐振荡器

按图 11.61 连线，反相器可用实验系统上的，也可以自己插入实验系统中。电容选用 100μF/16V 和 0.1μF，电位器可选用 4.7kΩ 或 2.2kΩ，振荡器的输出接 LED。

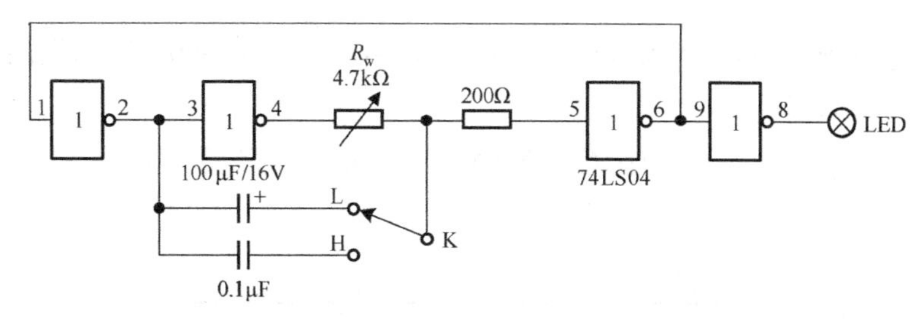

图 11.61　TTL 与非门多谐振荡器实验接线图

接通电源，将 100μF 电容接入电路中，电位器阻值调至最大，这时振荡器频率很低，可通过 LED 观察其输出情况。将 R_W 电位器阻值逐渐减小，可发现 LED 闪耀速度变快，这时，振荡频率变快。若输出接示波器，可测出其波形和周期。

改变电容，从 100μF 变为 0.1μF，再进行上述实验，这时频率明显变快，从示波器可以发现，通过改变电阻，可改变脉冲振荡频率。

2. 石英晶体振荡器

把石英晶体振荡器(32768Hz)、电阻、电容及 CD4060 IC 电路插入实验系统中。其中 CD4060 为 14 位二进制串行计数器/分频器，但输出只有 10 个引出端，其引脚排列及与晶体振荡器的连接如图 11.62 所示。由于 CD4060 内部已有反相器，因此可用晶体振荡器直接接其反相器的输入/输出端，再加上电阻、电容，就有稳定的频率从 CD4060 各有关输出端输出，如图 11.63 所示。

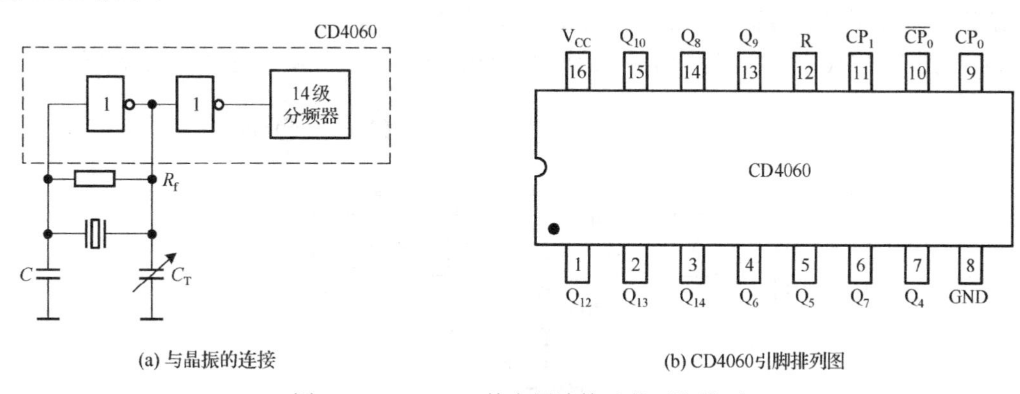

(a) 与晶振的连接　　(b) CD4060引脚排列图

图 11.62　CD4060 的应用连接及其引脚排列

按图 11.63 把石英晶体振荡器(32768Hz)与电阻、电容相连，R 接逻辑开关，R=1，清 0。输出端 Q_{14}、Q_{13}、Q_{12}、Q_{10}、…、Q_5、Q_4 分别接 10 个 LED，CP_0 接示波器。

接通电源，晶体振荡器振荡，这时可用示波器观测到其波形和周期(频率)，10 个输出 Q_4～Q_{14} 为 2^n 次分频。若 Q_{14} 再次分频，见图 11.63 中 Q_4 接 JK 触发器的 CP，那么触发器输出 Q(设 Q_{15})的频率为 1Hz。实验者通过 LED 和示波器分别测 CP_0、Q_4、…、Q_{12}、Q_{13}、Q_{14} 各点，就很容易观察到这一情况。

3. 单稳态触发器

1) 微分、积分型单稳态触发器

(1) 按图 11.64(a) 接线，V_I 接单次脉冲输出的高电平。电阻、电容插入实验系统插座中，

R_W 电位器用实验系统中的 R_W 或插入三脚实芯电位器，门用 74LS00 2 输入端四与非门，单稳输出接 LED 灯 1 和灯 2。

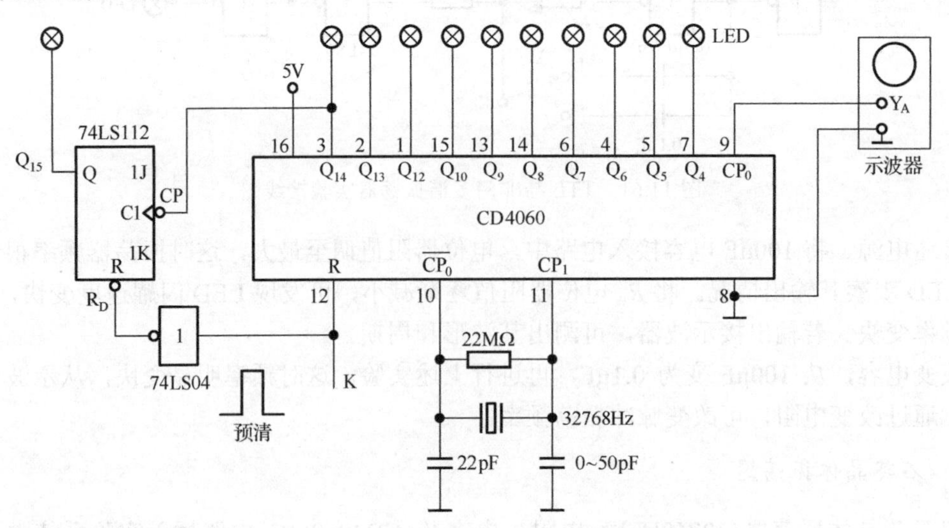

图 11.63　石英晶体振荡器分频实验连接图

(2) 接通电源，按动一下单次脉冲，观察 LED 灯 1、灯 2 的亮灭情况。按住单次脉冲不放，再观察 LED 灯 1、灯 2 的亮灭情况。

(3) 改变 R_W 的值，再进行上述操作。

结论：微分型单稳对输入脉冲进行延时，延时时间与 R_W 和 C 有关。

(4) 按图 11.64 (b) 接线，V_I 接单次脉冲输出的低电平，其余按上述 (1) 方法接线。

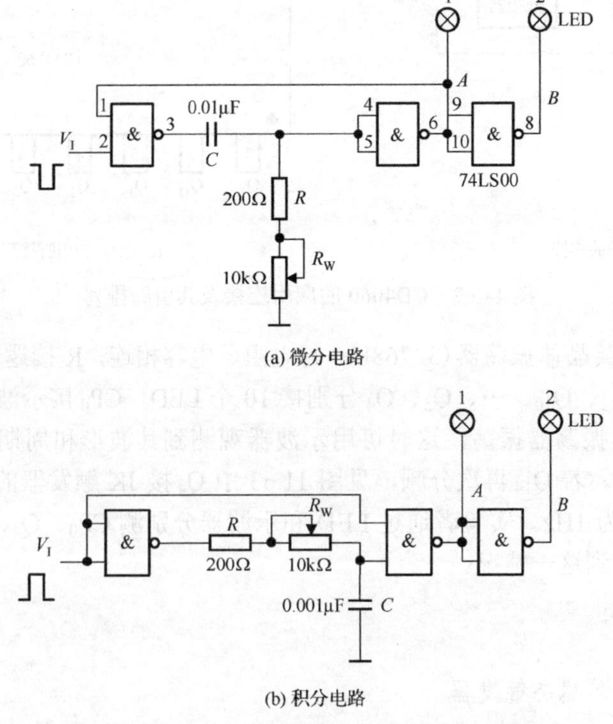

图 11.64　微分、积分型单稳态触发器实验电路

(5) 接通电源，按动单次脉冲一次，时间比微分单稳稍长一些，观察 LED 灯 1、灯 2 亮灭情况。

(6) 改变 R_w 的值，再进行上述操作。

(7) 把 V_I 接连续脉冲，并调至一定的频率(如 50Hz 或更高一些)，用双踪示波器观察 V_A 和 V_B 波形，并与图 11.65 单稳态触发器的波形图进行比较。再改变 R_w，观察波形的变化。

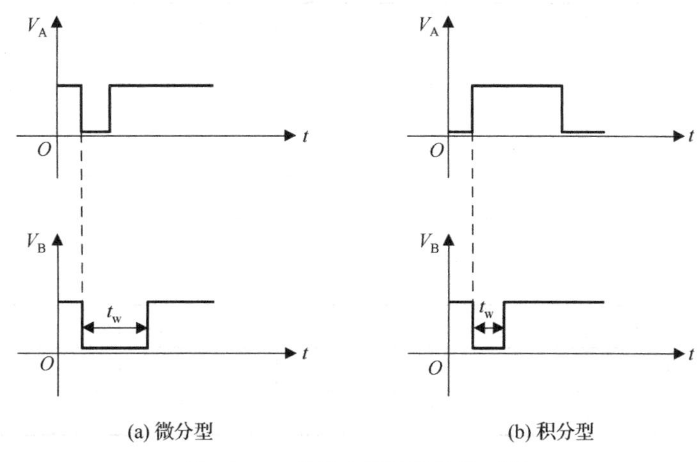

图 11.65　单稳态触发器的波形图

2) 集成单稳态触发器

将 74LS122 单稳态触发器插入实验系统中，按图 11.66 外接可调电阻 R_w=47kΩ，C=10μF/16V，A_1、A_2、B_1 接逻辑开关 K，B_2 接单次脉冲，$\overline{R}$ 端接复位开关，Q 和 $\overline{Q}$ 接 LED。

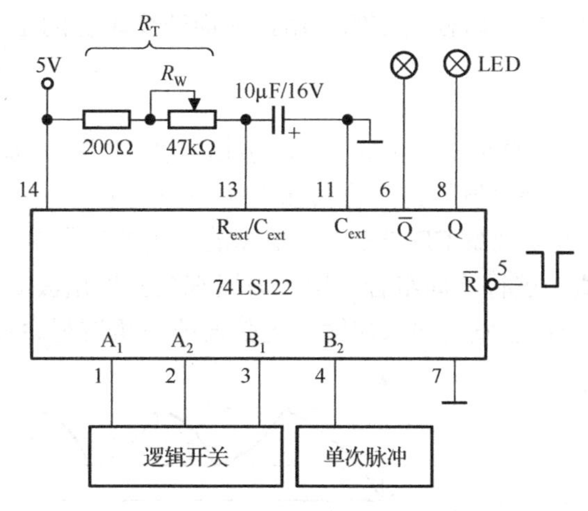

图 11.66　74LS122 单稳态触发器实验图

(1) 按表 11.6 的 74LS122 功能表进行逐项测试，观察 74LS122 功能是否正确，并计算基本脉宽时间。

表 11.6　74LS122 功能表

输入					输出	
$\overline{R}$	A_1	A_2	B_1	B_2	Q	$\overline{Q}$
0	×	×	×	×	0	1

续表

输入					输出	
$\overline{R}$	A_1	A_2	B_1	B_2	Q	$\overline{Q}$
×	1	1	×	×	0	1
×	×	×	0	×	0	1
×	×	×	×	0	0	1
1	0	×	↑	1	1	0
1	0	×	1	↑	1	0
1	×	0	↑	1	1	0
1	×	0	1	↑	1	0
1	1	↓	1	1	1	0
1	↓	↓	1	1	1	0
1	↓	1	1	1	1	0
↑	0	×	1	1	1	0
↑	×	0	1	1	1	0

(2)改变R_W值为最大或最小，输入B_2上升沿脉冲(此时A_1=0，B_1=1)，即按动单次脉冲，观察Q输出脉宽时间并和理论计算值t_W($t_W=0.45R_TC$)进行比较。

(3)R_W在一定值时(即t_W一定)，将B_2连至单次脉冲的导线断开而连至连续脉冲，从慢到快调节连续脉冲旋钮，观察Q输出LED状态(也可用示波器观察其状态)的变化。

(4)将连续脉冲调至高频并保持在触发状态，使Q输出为1(LED亮)。若这时置$\overline{R}$端为0，则Q=0，这样就起到在任何时候清零的作用，从而改变单稳的延迟时间t_W。

4. 施密特触发器

(1)在实验系统中插入CD4093，按图11.67连线，其中R选100kΩ或1MΩ，C选0.01μF或0.001μF。对不用的施密特触发器，应将其输入端保护起来。

(2)接通电源，用示波器观察CD4093 3号引脚的输出波形是否为方波脉冲。

(3)改变R或C的值，进行不同组合，用示波器观察其输出波形。

(4)按图11.68在施密特触发器输入端输入正弦波或三角波观察输出整形情况。

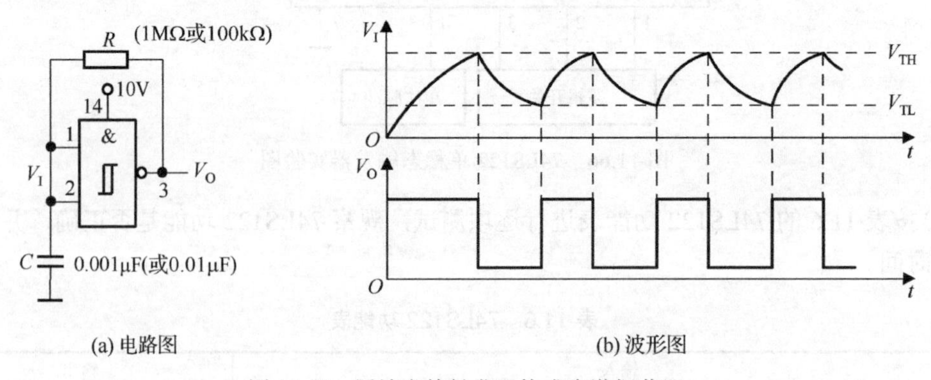

图11.67 用施密特触发器构成多谐振荡器

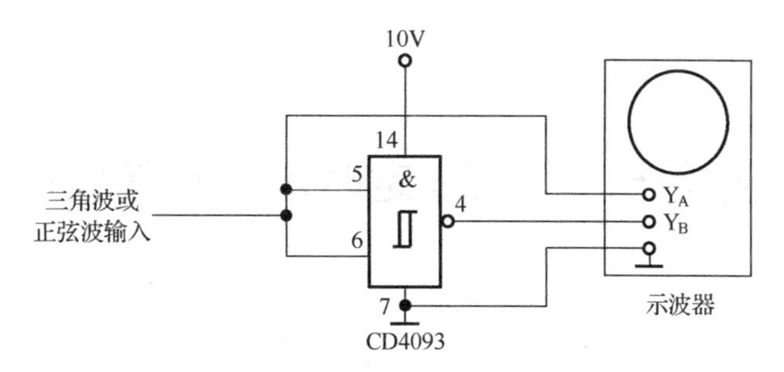

图 11.68　施密特触发器实验电路

11.4　实 验 器 材

(1) THK-880D 型数字电路实验系统。

(2) 直流稳压电源。

(3) 双踪示波器，信号发生器。

(4) 万用表。

(5) 集成电路：CD4060、CD4093、74LS112、74LS122、74LS00、74LS04。

(6) 元器件：电阻 200kΩ、100kΩ、1MΩ、22MΩ；电位器 10kΩ、47kΩ；电容 20pF、0～50pF、0.01F、0.001F、10μF/16V、100μF/16V。

(7) 晶振：32768Hz。

11.5　复习要求与思考题

11.5.1　复习要求

(1) 复习 TTL、CMOS 与非门多谐振荡器的电路结构、工作原理。

(2) 复习石英晶体振荡器及其分频电路的工作原理。

(3) 复习微分、积分单稳电路的特点以及常用的中规模单稳态集成触发器的逻辑功能和特点。

(4) 掌握施密特触发器电路的作用。

11.5.2　思考题

(1) 什么是施密特触发器的滞回特性？

(2) 将三角波变换为矩形波，需要选用什么电路或触发器？

11.6　实验报告要求

画出实验测试电路的各个电路连接示意图，按要求填写各实验表格，整理实验数据，分析实验结果，与理论值比较是否相符。

实验十二　555 定时电路及其应用

12.1　实 验 目 的

(1) 熟悉基本定时电路的工作原理及定时元件 *RC* 对振荡周期和脉冲宽度的影响。

(2) 掌握用 555 定时器构成定时电路的工作原理和方法。

12.2　实验原理和电路

555 集成电路可以用作多谐振荡器产生矩形脉冲信号，定时电路可以作为延时器使用，也可以作为单稳态触发器使用，还可以构成施密特双稳态触发器。因此，555 集成电路广泛应用于脉冲信号产生电路、测量电路、控制电路、家用电器和电子玩具等领域中。

555 集成电路是由集成运算放大器组成的单门限电压比较器、基本 RS 触发器(双极型三极管型或 CMOS 型)及工作于开关状态的双极型三极管或 MOS 管集成在一起的电路模块，双极型三极管的产品后 3 位数字用 555 表示，如 CB555; MOS 管组成的产品后 4 位数字用 7555 表示，由于早期的 555 集成模块主要用于定时器，因此也称为 555 定时器。而后开发的具有双定时功能的新产品型号为 556，如 CB556(双极型三极管型)和 7556(CMOS 型)。

12.2.1　555 定时器的内部电路结构及工作原理

1. 555 定时电路的结构

国产双极型三极管 555 集成模块的电路结构如图 12.1 所示，电路符号如图 12.2 所示。

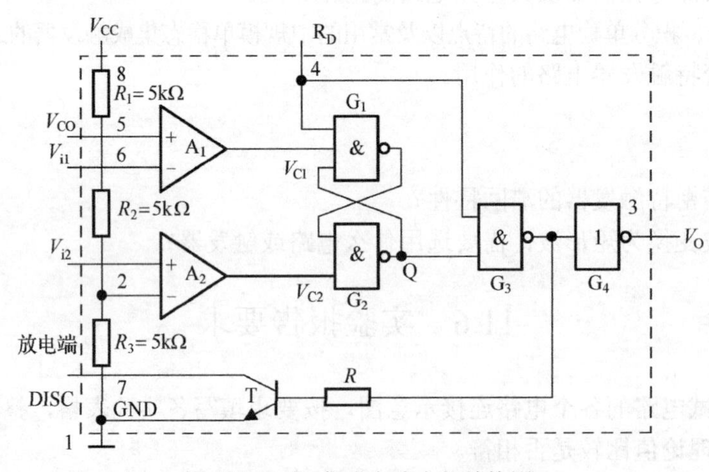

图 12.1　555 集成电路内部结构图

从图 12.1 所示电路可以看出，555 集成电路可以由以下几个部分组成。

(1) 由 R_1、R_2、R_3 构成的基准电压电路。在 V_{CO} 端未加外加信号时，分别产生 $\frac{1}{3}V_{CC}$（A_2 电压比较器）、$\frac{2}{3}V_{CC}$（A_1 电压比较器）的基准电压。在 V_{CO} 端外加基准电压时，则基准电压未加外加信号电压值为 V_{REF}（A_1 电压比较器）和 $\frac{1}{2}V_{REF}$（A_2 电压比较器）。

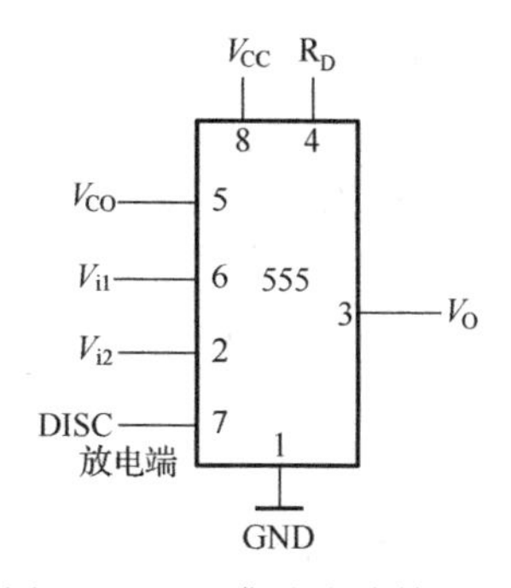

图 12.2　555 集成电路符号图

(2) 集成运算放大器 A_1、A_2 构成单门限电压比较器。

(3) G_1、G_2 构成具有置“0”输入端（4 端）的基本 RS 触发器；G_3、G_4 为该触发器的缓冲输出级，电路的输出逻辑状态与 Q 端输出相同。增加缓冲级是为了提高 555 集成电路模块的带负载能力。

(4) 双极型三极管 T 构成放电开关电路。当 Q 端输出低电平时三极管导通；当 Q 端输出高电平时三极管截止。

2. 555 定时电路的工作原理

图 12.1 所示电路中，R_D 端输入低电平时，基本 RS 触发器置“0”，三极管导通；R_D 端输入高电平时，基本 RS 触发器处于正常工作状态，其输出状态取决于 A_1、A_2 输出状态的组合。当 Q 端输出高电平、G_3 输出低电平时，晶体管 T 截止；当 Q 端输出低电平、G_3 输出高电平时，晶体管 T 导通。

在 V_{CO} 端开路或者未外加基准电压，R_D 端外加高电平时，A_1、A_2 运算放大器构成的电压比较器的基准电压分别为 $\frac{2}{3}V_{CC}$ 和 $\frac{1}{3}V_{CC}$。若 2 端的输入信号电压小于 $\frac{1}{3}V_{CC}$，则 A_2 运算放大器构成的电压比较器输出电压 V_{C2} 很低，接近于零点几伏电压（定义为低电平），对基本 RS 触发器置“1”；若 2 端的输入信号电压大于 $\frac{1}{3}V_{CC}$，则 A_2 运算放大器输出电压 V_{C2} 接近于电源电压（定义为高电平）。若 6 端的输入信号电压小于 $\frac{2}{3}V_{CC}$，则 A_1 运算放大器构成的电压比较器输出电压 V_{C1} 接近于电源电压（定义为高电平）；若 6 端的输入信号电压大于 $\frac{2}{3}V_{CC}$，则其输出电压 V_{C1} 很低，接近于零点几伏电压（定义为低电平），对基本 RS 触发器置“0”。

因此，集成运算放大器的工作状态如下。

(1) 同时输出高电平（6 端输入电压小于 $\frac{2}{3}V_{CC}$，2 端的输入电压大于 $\frac{1}{3}V_{CC}$），将使基本 RS 触发器处于保持工作状态。

(2) 同时输出低电平（6 端输入电压大于 $\frac{2}{3}V_{CC}$，2 端的输入电压小于 $\frac{1}{3}V_{CC}$），将使基本 RS 触发器处于不定工作状态。这种情况下基本 RS 触发器的两个输出端同时输出高电平，晶体管截止。

(3) 集成运算放大器的 A_1 输出高电平、A_2 输出低电平（6 端输入电压小于 $\frac{2}{3}V_{CC}$，2 端的输入电压小于 $\frac{1}{3}V_{CC}$），将使基本 RS 触发器处于置“1”工作状态，晶体管截止。

(4)集成运算放大器的 A_1 输出低电平、A_2 输出高电平(6 端输入电压大于 $\frac{2}{3}V_{CC}$，2 端的输入电压大于 $\frac{1}{3}V_{CC}$)，将使基本 RS 触发器处于置“0”工作状态，晶体管导通。

为保证电路可靠工作，通常应该避免出现同时输出低电平(6 端输入电压大于 $\frac{2}{3}V_{CC}$，2 端的输入电压小于 $\frac{1}{3}V_{CC}$)的工作状态。

若 V_{CO} 端外加信号电压，只是使电压比较器的基准电压值发生变化，而其他的工作原理仍然保持上述的基本形式。

555 集成电路的逻辑功能如表 12.1 所示。

表 12.1　555 集成电路的逻辑功能

输入信号组合			输出及三极管的状态	
R_D	V_{i1}(6 端输入信号)	V_{i2}(2 端输入信号)	V_O(输出电压)	T 的状态
0	×	×	低电平	导通
1	$<\frac{2}{3}V_{CC}$	$>\frac{1}{3}V_{CC}$	不变	不变
1	$>\frac{2}{3}V_{CC}$	$<\frac{1}{3}V_{CC}$	高电平(不定)	截止
1	$<\frac{2}{3}V_{CC}$	$<\frac{1}{3}V_{CC}$	高电平	截止
1	$>\frac{2}{3}V_{CC}$	$>\frac{1}{3}V_{CC}$	低电平	导通

555 定时器一般情况下具有较强的带负载能力。双极型三极管构成的 555 定时器输出电流可以达到 20mA。CMOS 管构成的定时器负载电流在 4mA 以下。电源电压范围也较宽，在 5～16V 都可以安全工作。因此，555 定时器使用比较灵活，应用范围较广。

12.2.2　555 定时器的典型应用

1. 用 555 定时器构成施密特触发器

1) 电路结构

将 555 定时器的两个输入端 2 和 6 并联连接后作为电路的输入端，如图 12.3 所示，就可以构成施密特触发器。图中增加电容 C 是为了提高比较电压的稳定性，消除工作过程中由输出信号突变引起的干扰而设置的退耦合电容。图 12.4(a)所示为反相型施密特触发器符号；图 12.4(b)所示为同相型施密特触发器符号。图 12.5(a)所示为反相型施密特触发器的电压传输特性，图 12.5(b)所示为同相型施密特触发器的电压传输特性。所谓同相型施密特触发器，是指输出电压的高电平、低电平与输入触发信号的高电平、低电平相对应；反相型施密特触发器是指输出电压的高电平、低电平与输入触发信号的高电平、低电平相反。

2) 电路工作原理

由于 555 集成电路的 2 端和 6 端连接在一起作为输入端，因此这两端的输入信号电压相同。

当输入信号从足够小到足够大变化时，开始必定出现 6 端输入电压小于 $\frac{2}{3}V_{CC}$，2 端的输入电压小于$\frac{1}{3}V_{CC}$的情况，集成运算放大器的输出值为A_1输出高电平、A_2输出低电平，将使基本RS触发器处于置“1”工作状态，晶体管截止，输出信号V_O为高电平。

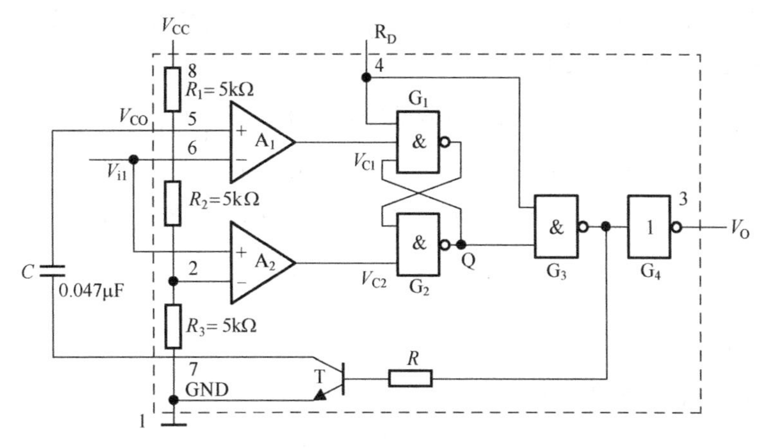

图 12.3　用555定时器构成施密特触发器

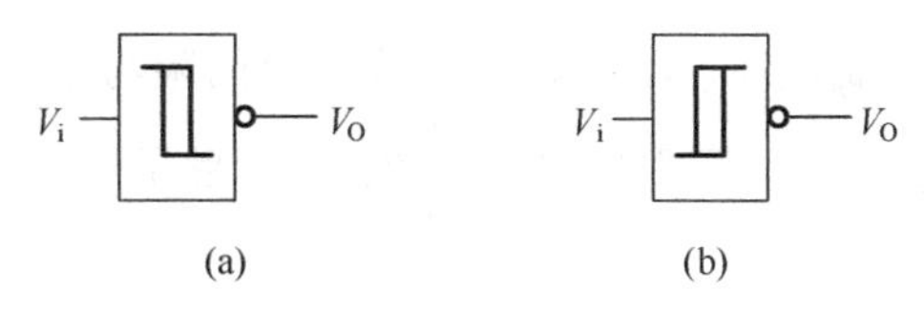

图 12.4　电路符号

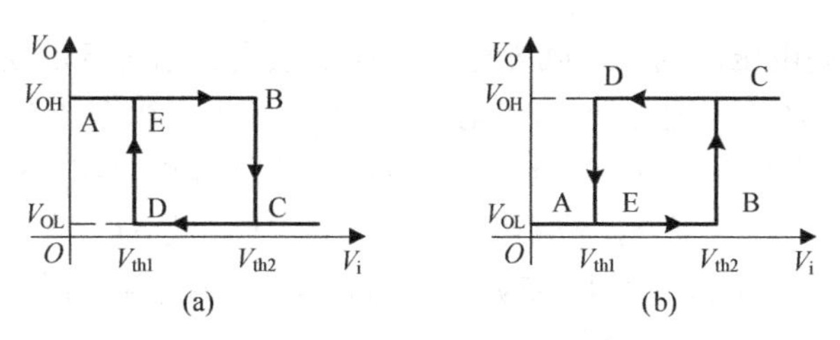

图 12.5　电路的电压传输特性

随着输入电压的升高，将会出现6端输入电压大于$\frac{2}{3}V_{CC}$，2端的输入电压大于$\frac{1}{3}V_{CC}$的情况，集成运算放大器的A_1、A_2同时输出高电平，基本RS触发器保持之前的置“1”工作状态，晶体管截止，输出信号V_O为高电平。

此后，输入电压信号继续上升，将出现6端输入电压大于$\frac{2}{3}V_{CC}$，2端的输入电压大于$\frac{1}{3}V_{CC}$的情况，集成运算放大器的A_1输出低电平、A_2输出高电平，基本RS触发器出现清零的工作状态，晶体管导通，输出信号V_O由高电平跳转为低电平。电压传输特性如图12.5(a)所示的A→B→C的变化过程，对应的跳转输入电压值$V_{th2}=\frac{2}{3}V_{CC}$。

若输入电压从高电压变到低电压，则电路信号的变化与上述过程相反，开始必定出现6端输入电压大于$\frac{2}{3}V_{CC}$，2端的输入电压大于$\frac{1}{3}V_{CC}$的情况，集成运算放大器的A_1输出低电平、

A_2输出高电平，将使基本 RS 触发器处于清零工作状态，晶体管导通，输出信号 V_O 为低电平。

随着输入电压的下降，将会出现 6 端输入电压小于 $\frac{2}{3}V_{CC}$，2 端的输入电压大于 $\frac{1}{3}V_{CC}$ 的情况，集成运算放大器的 A_1、A_2 同时输出高电平，基本 RS 触发器保持之前的清零工作状态，晶体管导通，输出信号 V_O 为低电平。

此后，输入电压信号继续下降，将出现 6 端输入电压小于 $\frac{2}{3}V_{CC}$，2 端的输入电压小于 $\frac{1}{3}V_{CC}$ 的情况，集成运算放大器的 A_1 输出高电平，A_2 同时输出低电平，基本 RS 触发器出现置“1”的工作状态，晶体管截止，输出信号 V_O 为由低电平跳转为高电平。电压传输特性如图 12.5(a)所示的 C→D→E 的变化过程，对应的跳转输入电压值 $V_{th1}=\frac{1}{3}V_{CC}$。

3)电路的回差电压

经上述分析，电路的回差电压为

$$\Delta V_{th}=V_{th2}-V_{th1}=\frac{2}{3}V_{CC}-\frac{1}{3}V_{CC}=\frac{1}{3}V_{CC}$$

若在电路的 5 端外加控制电压 V_{OC}，则可以改变上门限与下门限电压值和回差电压值。此时，上门限电压 $V_{th2}=V_{OC}$，下门限电压 $V_{th1}=\frac{1}{2}V_{OC}$。电路的回差电压为

$$\Delta V_{th}=V_{th2}-V_{th1}=V_{OC}-\frac{1}{2}V_{OC}=\frac{1}{2}V_{OC}$$

只要改变外加控制电压，门限、回差电压也随之改变。由于 555 定时器具有较宽的工作电压范围，可以在 5～16V 范围内变动，因此 V_{OC} 电压值也可以在该范围内变化。

【例 12.1】 在图 12.1 所示用 555 定时器接成的施密特触发器电路中，试求：

(1)当 V_{CC}=12V，而且没有外接控制电压时，V_{th2}、V_{th1} 及 ΔV_{th} 值。

(2)当 V_{CC}=9V，外接控制电压 V_O=5V 时，V_{th2}、V_{th1}、ΔV_{th} 各为多少？

解：(1)当 V_{CC}=12V 时，$V_{th2}=\frac{2}{3}V_{CC}=8\text{V}$，$V_{th1}=\frac{1}{3}V_{CC}=4\text{V}$，$\Delta V_{th}=V_{th2}-V_{th1}=4\text{V}$。

(2)当外接控制电压 V_O=5V 时，$V_{th2}=V_O=5\text{V}$，$V_{th1}=\frac{1}{2}V_O=2.5\text{V}$，$\Delta V_{th}=V_{th2}-V_{th1}=2.5\text{V}$。

2. 用 555 定时器构成单稳态触发器

1)电路结构

用 555 定时器构成单稳态触发器的电路如图 12.6 所示，图 12.7 所示的符号是集成单稳态触发器的逻辑符号。这种触发器具有两个触发信号输入端，可以用高电平触发，也可以用低电平触发。555 定时器的 2 端为触发信号的输入端，6 端和 7 端并联后，连接到电阻、电容充放电电路的串联点，构成电容、电阻充放电定时电路结构。

2)电路工作原理

当电源接通时，2 端输入一个大于 $\frac{1}{3}V_{CC}$ 的电压。由于电路中电容 C_2 两端尚未充电，其

两端的电压值接近于零，将会出现 6 端输入电压小于$\frac{2}{3}V_{CC}$，2 端的输入电压大于$\frac{1}{3}V_{CC}$的情况，集成运算放大器的 A_1、A_2 同时输出高电平，基本 RS 触发器保持接通电源之前的工作状态，可以为“0”输出，也可以为“1”输出。

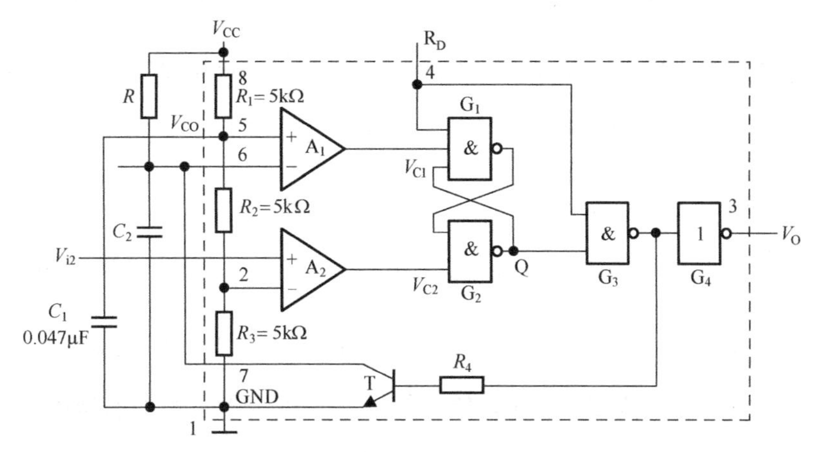

图 12.6　用 555 定时器构成的单稳态触发器

若输出为“0”，则三极管导通，使电容 C_2 保持放电，其两端的电压保持小于$\frac{2}{3}V_{CC}$，555 定时电路的 2、6 端输入电平不变，输出保持为“0”。

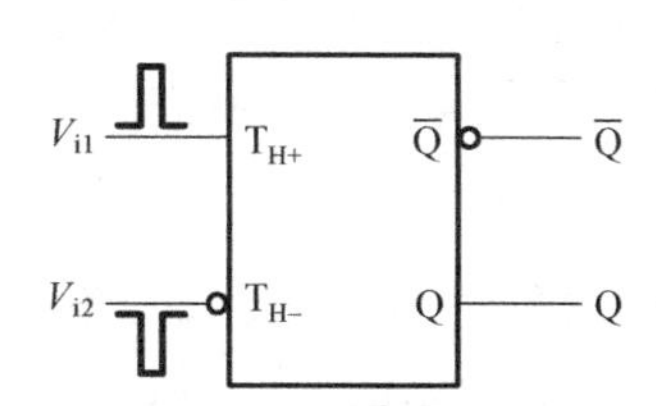

图 12.7　集成单稳态触发器的逻辑符号

若输出为“1”，则三极管截止，使电容 C_2 充电，其两端的电压上升，555 定时电路的 6 端输入电压大于$\frac{2}{3}V_{CC}$。由于 555 定时电路的 2 端输入保持高电平，出现 6 端输入电压大于$\frac{2}{3}V_{CC}$，2 端的输入电压大于$\frac{1}{3}V_{CC}$的情况，集成运算放大器的 A_1 输出低电平、A_2 输出高电平，将使基本 RS 触发器处于清零工作状态，输出信号 V_O 为低电平，晶体管导通，使电容 C_2 由充电转换为放电，最终将会出现 6 端输入电压小于$\frac{2}{3}V_{CC}$，2 端的输入电压大于$\frac{1}{3}V_{CC}$的情况，集成运算放大器的 A_1、A_2 同时输出高电平，基本 RS 触发器保持接通电源之前的工作状态——低电平输出状态。可见，电路的稳定输出为低电平 0 态。稳态输出时，555 定时电路的 2、6 端输入的状态为 6 端输入电压小于$\frac{2}{3}V_{CC}$，2 端的输入电压大于$\frac{1}{3}V_{CC}$。

稳态输出时，若在输入端外加一个低于$\frac{1}{3}V_{CC}$，作用时间很短的负脉冲信号，瞬间将会出现 6 端输入电压小于$\frac{2}{3}V_{CC}$，2 端的输入电压小于$\frac{1}{3}V_{CC}$的情况，集成运算放大器的 A_1 输出高电平，A_2 输出低电平，基本 RS 触发器为置“1”工作状态，输出信号 V_O 为高电平。电路在外加负脉冲的瞬间，进入暂稳态，晶体管由导通转换为截止，电源 V_{CC} 经 R、C_2 到公共端并对电容 C_2 充电。此后，输入 2 端的外加负脉冲信号被撤销，2 端的外加电压信号高于 $\frac{1}{3}V_{CC}$，在电容电压未达到大于 $\frac{2}{3}V_{CC}$ 之前，出现 555 定时器的 6 端输入电压小于 $\frac{2}{3}V_{CC}$，2 端的输入电压大于 $\frac{1}{3}V_{CC}$ 的情况，集成运算放大器的 A_1、A_2 同时输出高电平，基本 RS 触发器保持接通电源之前的工作状态——高电平暂稳态输出状态。这期间即使在 2 端再重复外加低电平触发信号，也只是对基本 RS 触发器反复置“1”，不能中断电容充电的连续过程，所以这个电路是不能重复触发的单稳态触发器。

随着电容充电，电容两端电压升高，至数值略大于 $\frac{2}{3}V_{CC}$，将会出现 6 端输入电压大于 $\frac{2}{3}V_{CC}$，2 端的输入电压大于 $\frac{1}{3}V_{CC}$ 的情况，集成运算放大器的 A_1 输出低电平、A_2 输出高电平，基本 RS 触发器处于清零工作状态，输出信号 V_O 为低电平，暂稳态结束，晶体管导通，电容由充电转换为放电。最终将会出现 6 端输入电压小于 $\frac{2}{3}V_{CC}$，2 端的输入电压大于 $\frac{1}{3}V_{CC}$ 的情况，集成运算放大器的 A_1、A_2 同时输出高电平，基本 RS 触发器保持接通电源之前的工作状态——低电平输出状态。

3) 电路工作波形

图 12.8 所示的波形图是图 12.6 所示电路输入信号的波形图，触发负脉冲信号的触发时间很短就可以满足要求。从电容两端的电压变化过程中可以看出，其放电过程是很短的，因为暂稳态结束后，输出从高电平转换为低电平，555 定时器的三极管 T 导通，导通电流较大，电容放电很快完成。电容的充电过程为电路的暂稳态过程，输出为高电平。

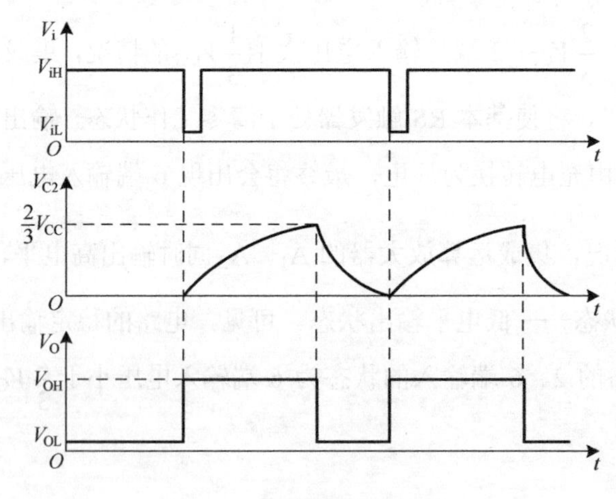

图 12.8　电路的电压波形

4) 暂稳态过程经历时间

暂稳态的时间可以从工作原理进行分析计算得到。进入暂稳态瞬间，电容 C_2 两端的电压接近于零，因此可以认为电容的初始状态为“0”。电容两端电压上升，至数值略大于 $\frac{2}{3}V_{CC}$

时，暂稳态结束，终止电压值为 $\frac{2}{3}V_{CC}$，电容充电的稳态值为 V_{CC}，充电的时间常数 $\tau=RC_2$。利用电容充电过程的三要素法可得

$$V_{C2}(t)=V_{C2}(\infty)+[V_{C2}(0^+)-V_{C2}(\infty)]e^{-\frac{t}{RC_2}}$$

将初始状态、稳态、终态代入得到

$$\frac{2}{3}V_{CC}=V_{CC}+[0-V_{CC}]e^{-\frac{t}{RC_2}}$$

整理上述表达式得到

$$\frac{1}{3}=e^{-\frac{t}{RC_2}}$$

因此可以得到暂稳态经历的时间为 $\tau=RC_2\ln3=1.1RC_2$。可见，要延长暂稳态的时间，只要增大 R 或 C_2 的值即可。

【例 12.2】 试用 555 定时器设计一个单稳态触发器，要求输出脉冲宽度在 1～10s 的范围内可手动调节。给定 555 定时器的电源为 15V。触发信号来自 TTL 电路，高、低电平分别为 3.4V 和 0.1V。

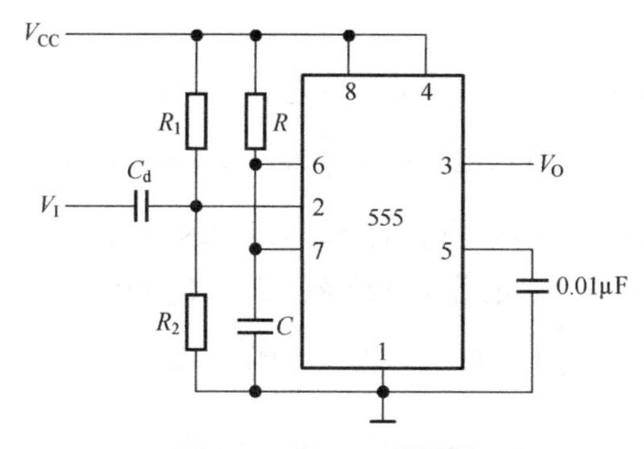

图 12.9 例 12.2 设计图

解：(1) 若使图 12.9 所示的单稳态电路正常工作，触发信号必须能将触发输入端电压(2 端)拉到 V_{th1} 以下，而在触发信号到来之前，2 端电压应高于 V_{th1}。由于 V_{th1}=5V，而触发脉冲最高电平仅为 3.4V，所以需要在输入端加分压电阻，使 2 端电压在没有触发脉冲时略高于 5V。可取 R_1=22kΩ、R_2=18kΩ，分压后 2 端电压为 6.75V。触发脉冲经微分电容 C_d 加到 2 端。

(2) 取 C=100μF，为使 t_w=1～10s，可求出 R 的阻值变化范围

$$R_{(\min)}=\frac{t_{w(\min)}}{1.1C}=\frac{1}{1.1\times100\times10^{-6}}\Omega=9.1\text{k}\Omega$$

$$R_{(\max)}=\frac{t_{w(\max)}}{1.1C}=\frac{10}{1.1\times100\times10^{-6}}\Omega=91\text{k}\Omega$$

取 100kΩ 的电位器与 8.2kΩ 电阻串联作为 R，即可得到 t_w=1～10s 的调节范围。

3. 用 555 定时器构成多谐振荡器

1) 电路结构

用 555 定时器构成的多谐振荡器电路如图 12.10 所示。从电路的连接来讲，也是将 555

定时器接成施密特触发器的结构，即将 2、6 端并联，再与 RC 构成的充放电电路的串联点连接，将 7 端接到放电点。

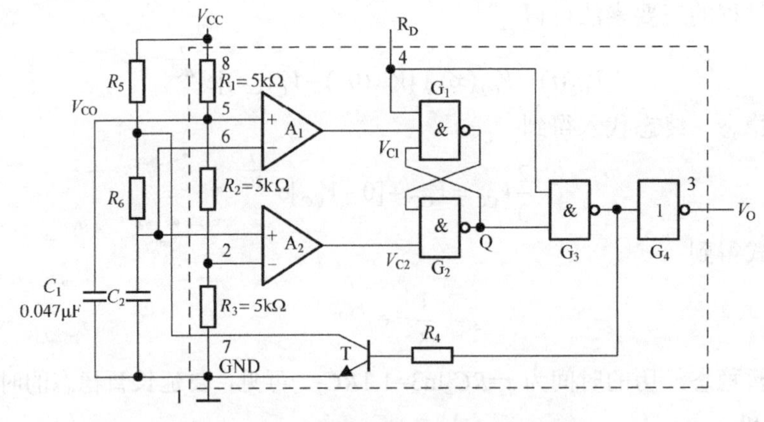

图 12.10　用 555 定时器构成多谐振荡器

因此，如果将电容 C_2 两端的电压作为施密特触发器的输入信号，电路的电压传输特性仍然与图 12.5(a)所示的情况相同。

2)电路工作原理

当电路与电源接通瞬间，C_2 两端没有存储电荷，两端的电压为零，555 定时器的 2、6 端输入电压为 0V，即出现 6 端输入电压小于 $\frac{2}{3}V_{CC}$，2 端的输入电压小于 $\frac{1}{3}V_{CC}$ 的情况，集成运算放大器的 A_1 输出高电平，A_2 输出低电平，基本 RS 触发器为置“1”工作状态，输出信号 V_O 为高电平，使晶体管截止，电源 V_{CC} 经 R_5、R_6、C_2 到公共端对电容 C_2 充电。

当 C_2 的两端电压略超过 $\frac{2}{3}V_{CC}$ 时，出现 6 端输入电压大于 $\frac{2}{3}V_{CC}$，2 端的输入电压大于 $\frac{1}{3}V_{CC}$ 的情况，集成运算放大器的 A_1 输出低电平，A_2 输出高电平，基本 RS 触发器为清零工作状态，输出信号 V_O 为低电平，使晶体管导通，电容 C_2 经 C_2、R_6、晶体管 T 到公共端放电。这种情况一直维持到 C_2 的两端电压略低于 $\frac{1}{3}V_{CC}$。此后又重新回到上述的充电过程，如此周而复始，形成振荡，产生矩形脉冲波输出。电路的工作波形如图 12.11 所示。

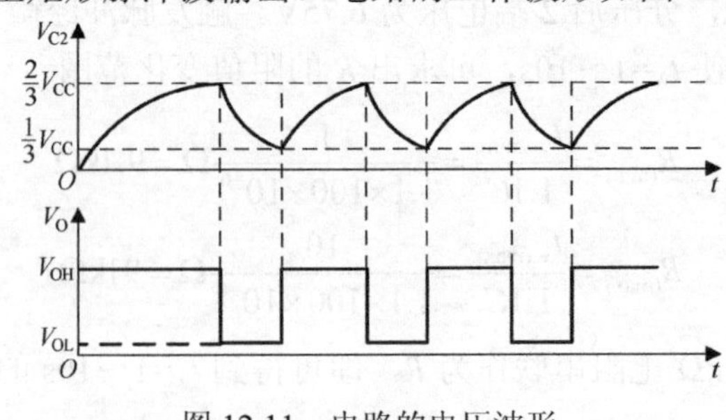

图 12.11　电路的电压波形

3)电路振荡频率

从图 12.11 所示的工作波形图可以看出，电容充电过程的初始状态为 $\frac{1}{3}V_{CC}$，终止状态为

$\frac{2}{3}V_{CC}$，稳定状态为 V_{CC}，充电的时间常数为 $\tau_1=(R_5+R_6)C_2$。电容放电过程中，由于晶体管基本处于饱和导通状态，两端的电压很低，因此供电电源对放电电路影响很小，放电时的初始状态为 $\frac{2}{3}V_{CC}$，终止状态为 $\frac{1}{3}V_{CC}$，稳定状态为 0，充电的时间常数为 $\tau_1=R_6C_2$。根据这些条件，结合一阶电路暂态过程的三要素法，可以计算出充电过程所用的时间。

充电过程的方程式为

$$\frac{2}{3}V_{CC}=V_{CC}+\left(\frac{1}{3}V_{CC}-V_{CC}\right)e^{\frac{t_1}{RC_2}}$$

充电所用时间，即脉冲维持时间为

$$t_1=(R_5+R_6)C_2\ln 2=0.7(R_5+R_6)C_2$$

放电过程的方程式为

$$\frac{1}{3}V_{CC}=0+\left(\frac{2}{3}V_{CC}-0\right)e^{\frac{t_2}{RC_2}}$$

放电所用时间，即脉冲低电平时间为

$$t_2=R_6C_2\ln 2=0.7R_6C_2$$

所以，脉冲周期时间为

$$t=t_1+t_2=0.7(R_5+R_6)C_2+0.7R_6C_2=0.7(R_5+2R_6)C_2$$

脉冲频率为

$$f=\frac{1}{t}=\frac{1}{0.7(R_5+2R_6)C_2}=\frac{1.43}{(R_5+2R_6)C_2}$$

由于 t_1 大于 t_2，因此这种振荡器产生的脉冲信号的占空比 q 大于 0.5。由 CB555 构成的振荡器最高频率约为 500kHz，由 CB7555 构成的振荡器最高频率约为 1MHz。

为了使获得的脉冲信号占空比 q 接近于 0.5，应使电容 C_2 的充放电时间基本相同。从上述的计算过程中可以看出，只要两者的时间常数相同，就可以满足要求。可以采用如图 12.12 所示的电路结构实现。图中利用二极管的单向导电性，电容充电时将经历 $V_{CC}\to R_5\to R_w$ 的上

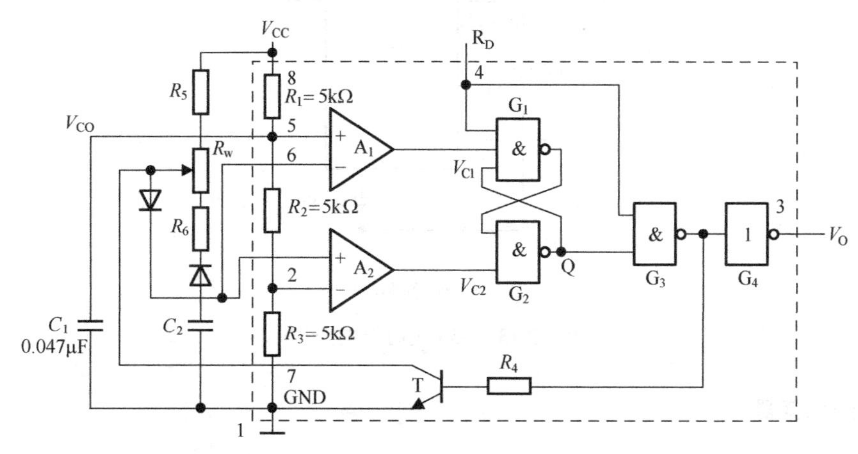

图 12.12　用 555 定时器构成占空比为 0.5 的多谐振荡器

半部(R_{w1})→D_1→C_2→公共端。忽略二极管的导通电阻，充电时间常数 $\tau_1=(R_5+R_{w1})C_2$。电容放电时将经历 C_2→D_2→R_6→R_w 的下半部(R_{w2})→三极管 T→公共端。忽略二极管和三极管导通电阻，放电时间常数 $\tau_2=(R_6+R_{w2})C_2$。取 $R_5=R_6$，调节 R_w 改变 R_{w1} 和 R_{w2} 的值就可以了。

【例 12.3】 在图 12.10 所示用 555 定时器组成的多谐振荡器电路中，若 $R_5=R_6=5.1\text{k}\Omega$，$C_2=0.01\mu\text{F}$，$V_{CC}=12\text{V}$，试计算电路的振荡频率。

解：

$$f=\frac{1.43}{(R_5+2R_6)C_2}=\frac{1.43}{3\times5.1\times10^3\times0.01\times10^{-6}}\text{Hz}$$
$$=9.35\text{kHz}$$

12.3 实验内容和步骤

将 555 定时器插入实验系统中，按图 12.13 分别进行实验(也可用实验系统提供的 555)。

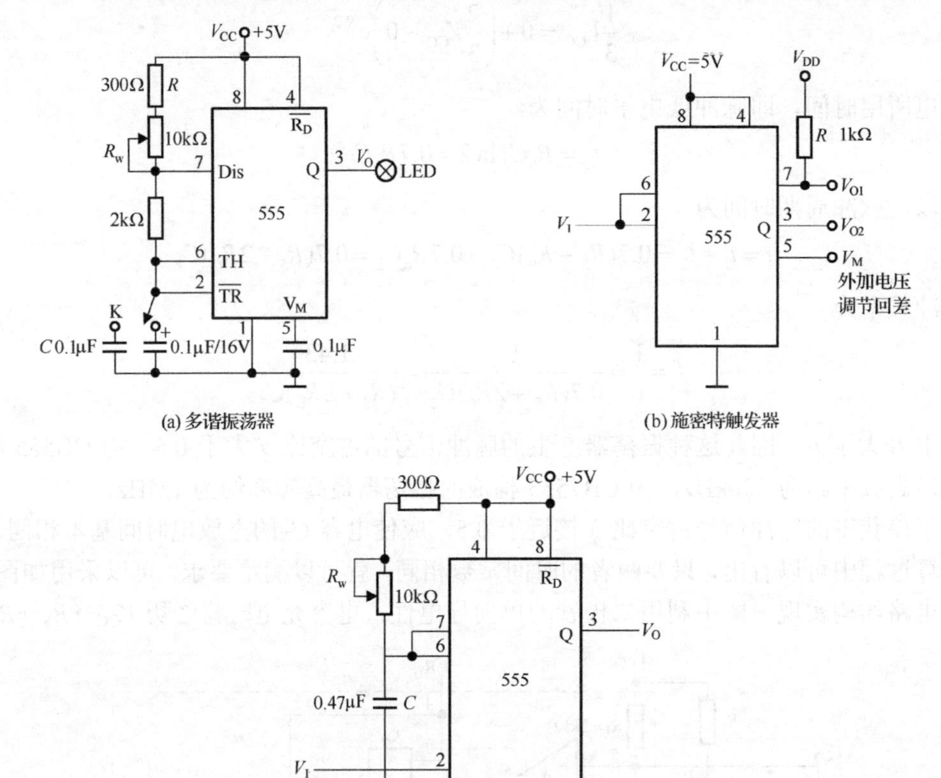

(a) 多谐振荡器　(b) 施密特触发器　(c) 单稳态触发器

图 12.13　555 定时器的应用

1. 多谐振荡器

(1) 对照图 12.13(a) 接线，输出端 Q 接 LED 和示波器，并把 10μF 电容串入电路中。

(2) 接线完毕，检查无误后，接通电源，555 工作。这时可看到 LED 一闪一闪，调节 R_w 的值，可从示波器上观察到脉冲波形的变化，并记录。

(3) 改变电容 C 的数值为 0.1μF，再调节 R_w，观察输出波形的变化，并记录输出波形及频率。

2. 施密特触发器

(1) 对照图 12.14 接线。其中 555 的 2 脚和 6 脚连接在一起，接至函数发生器三角波(或正弦波)的输出(幅值调至 5V)，V_I 和 V_O(Q)端接双踪示波器。

(2) 接线无误后，接通电源，输入三角波或正弦波形，并调至一定的频率，观察输入、输出波形的形状。

(3) 调节 R_w，使外加电压 V_M 变化，观察示波器输出波形的变化。

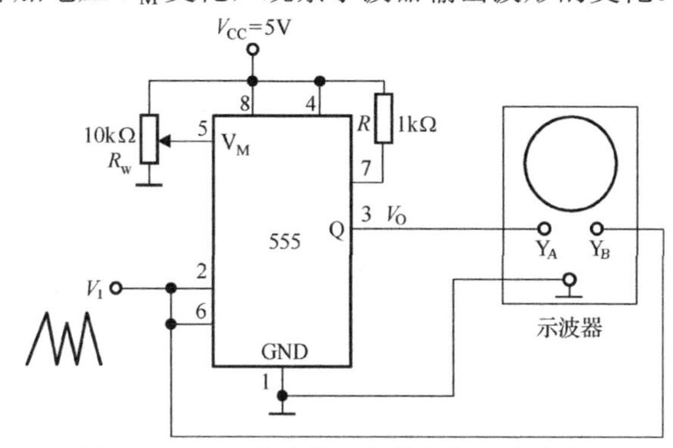

图 12.14　555 构成的施密特触发器实验电路

3. 单稳态触发器

按图 12.13(c) 接线，V_I 接单次脉冲，输出 V_O 接 LED。

调节 R_w 为最大值 10kΩ，输入单次脉冲一次，观察 LED 灯亮的时间。

调节 R_w，再进行输入 V_I 的操作，观察 LED 灯亮时间，使用者也可更换电容 C，再进行上述操作，观察输出 V_O 的延时情况。

12.4 实 验 器 材

(1) THK-880D 型数字电路实验系统。

(2) 直流稳压电源。

(3) 双踪示波器、函数发生器。

(4) 万用表。

(5) 集成电路：555 定时器。

(6) 元器件：电阻 300Ω、2kΩ、1kΩ；电位器 10kΩ；电容 0.01μF、0.1μF、0.47μF、10μF。

12.5 复习要求与思考题

12.5.1 复习要求

(1) 复习 555 定时器的电路结构、工作原理。

(2) 复习 555 定时器集成电路的功能和引脚。

12.5.2 思考题

(1) 总结 555 定时器组成多谐振荡器、施密特触发器、单稳态触发器的方法、工作原理及特点。

(2) 用 555 定时器设计一个多谐振荡器，其正负脉冲宽度比为 2∶1。

12.6 实验报告要求

画出实验测试电路的各个电路连接示意图，按要求填写各实验表格，整理实验数据，分析实验结果，与理论值比较是否相符。

实验十三　D/A、A/D 转换实验

13.1　实 验 目 的

(1) 熟悉 D/A 转换器和 A/D 转换器的工作原理。

(2) 了解 D/A 转换器 DAC0832 和 A/D 转换器 ADC0809 的基本结构与特性。

(3) 掌握 D/A 转换器 DAC0832 和 A/D 转换器 ADC0809 的使用方法。

13.2　实验原理和电路

13.2.1　概述

在自动控制和测量系统中，被控制和被测量的对象往往是一些连续变化的物理量，如温度、压力、流量、速度、电流、电压等。这些随时间连续变化的物理量，通常称为模拟量，而时间和幅值都离散的信号，称为数字量，由高、低电平来描述。

当计算机参与测量和控制时，模拟量不能直接送入计算机，必须先将它们转换为数字量，这种能够将模拟量转换成数字量的器件称为模数转换器，简称 ADC 或 A/D 转换器。同样，计算机输出的是数字量，不能直接用于控制执行部件，必须将这些数字量转换成模拟量，这种能够将数字量转换成模拟量的器件称为数模转换器，简称 DAC 或 D/A 转换器。

数模、模数转换是计算机用于自动控制领域的应用基础，一个典型的计算机自动控制系统如图 13.1 所示。

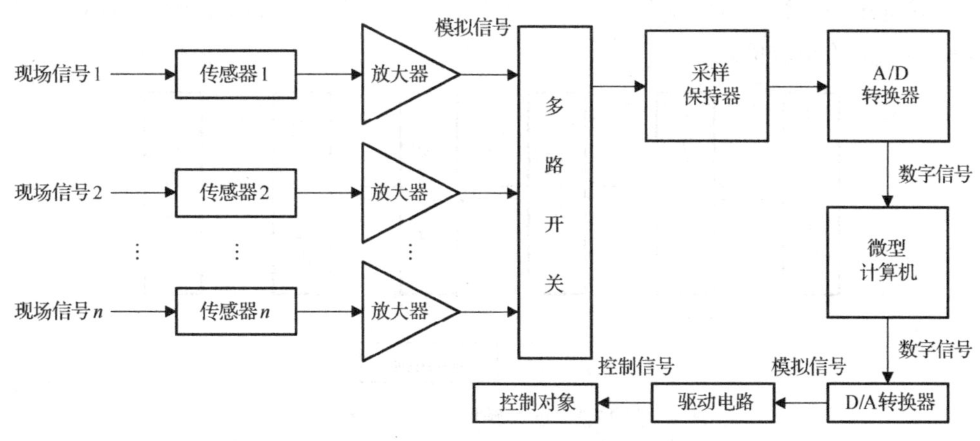

图 13.1　计算机自动控制系统

在该系统中，计算机要想取得现场的各种参数，就必须先用传感器将各种物理量测量出来，且转换成电信号，在经过 A/D 转换后，才能被计算机接收；计算机对各种参数进行计算、加工处理后输出，经过 D/A 转换成模拟量后，再去控制各种执行部件。

传感器的作用是将各种现场的物理量测量出来并转换成电信号。常用的传感器有温度传感器、压力传感器、流量传感器、振动传感器和重量传感器。

放大器的作用是把传感器输出的信号放大到 ADC 所需的量程范围。传感器输出的信号一般很微弱，且混有干扰信号，所以必须要去除干扰，并将微弱信号放大到与 ADC 相匹配的程度。

多路开关的作用是，当多个模拟量共用一个 A/D 转换器时，采用多路开关，通过计算机控制，将多个模拟信号分时接到 A/D 转换器上，达到共用 A/D 转换器以节省硬件的目的。

采样保持器实现对高速变化信号的瞬时采样，并在其 A/D 转换期间保持不变，以保证转换精度。

经过计算机处理后的数字量经 D/A 转换成模拟控制信号输出。但为了能驱动受控设备，常需采用功率放大器作为模拟量的驱动电路。

13.2.2 D/A 转换器

1. D/A 转换器的基本工作原理

D/A 转换器可以将输入的数字量转换为与之成正比的模拟量。一个 n 位的二进制数可以用 $D_n=d_{n-1}2^{n-1}+d_{n-2}2^{n-2}+\cdots+d_1 2^1+d_0 2^0$ 表示，其中 d_{n-1}、d_{n-2}、…、d_1、d_0 是二进制数各位的系数，2^{n-1}、2^{n-2}、…、2^1、2^0 是各位二进制数的权。为了表示方便，一个 n 位的二进制数也可以表示为 $D_n=d_{n-1}d_{n-2}\cdots d_1 d_0$。由此可见，二进制数的每一位代码都有一定的权值，如果将每一位代码按其权值的大小转换成相应的模拟量，再将这些模拟量进行相加，即可得到与数字量成正比的模拟量，从而实现数字量向模拟量的转换。

D/A 转换器主要由 n 位数字寄存器、n 位模拟开关、解码网络、求和运算电路以及基准电源等组成，其结构框图如图 13.2 所示。n 位数字寄存器用于存储输入的 n 位二进制数，n 位二进制数分别控制 n 位模拟开关的每一位，使输入二进制数码为 1 的位在解码网络上产生与其权值成正比的电流值，再由求和运算电路对各个电流求和，并转换成与输入成正比的模拟电压。基准电源为解码网络提供一个基准电流，输入数码为 1 的位在解码网络上产生的电流都是基准电流的整数倍。

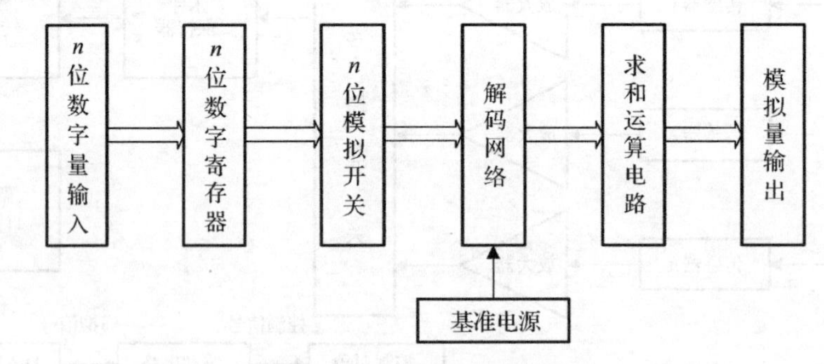

图 13.2　D/A 转换器结构框图

D/A 转换器根据输出量的不同类型可以分为电压输出型和电流输出型。电压输出型 D/A 转换器可以将输入二进制数转换成与之成正比的输出电压。电流输出型 D/A 转换器输出的是电流，需要在后面接一个电流-电压变换电路，将输出的电流变换成电压。

2. 权电阻网络 D/A 转换器

图 13.3 是利用权电阻网络构成的 4 位 D/A 转换器，它主要由权电阻网络、4 个模拟开关、基准电压以及求和运算电路构成。

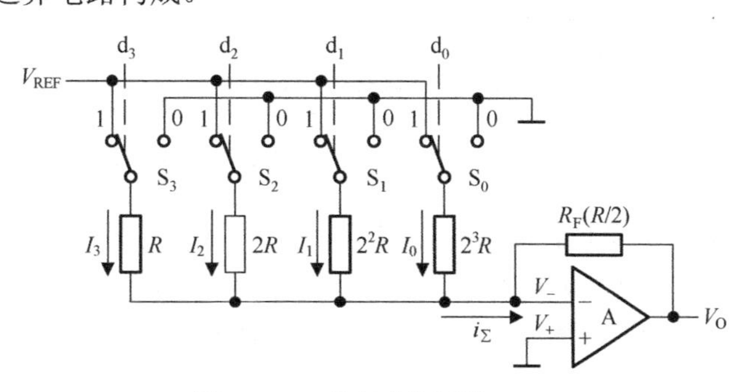

图 13.3　4 位权电阻网络 DAC

假设输入的数字量 $D_4=d_3d_2d_1d_0$，d_3、d_2、d_1、d_0 分别控制 4 个模拟开关 S_3、S_2、S_1 和 S_0，当输入数字量的二进制代码为 1 时，它所控制的模拟开关指向“1”侧，使电阻接 V_{REF}，当输入数字量的二进制代码为 0 时，它所控制的模拟开关指向“0”侧，使电阻接地。构成权电阻网络的 4 个电阻阻值分别为 R、$2R$、2^2R、2^3R，由于它们的阻值与其相对应二进制代码的权值有关，因此称为权电阻，二进制代码的权值越小，其相对应的权电阻越大，流过该电阻的电流就越小。

求和运算电路是一个接成反相求和的运算放大器，假设运算放大器是一个理想运算放大器，即运算放大器的放大倍数无穷大，输入电阻无穷大，输出电阻为零。根据反相求和运算放大的特点可知 $V_+ \approx V_-=0$，$i_+ \approx i_- \approx 0$，于是可得电路的输出为

$$V_O = -R_F i_\Sigma = -R_F(I_3 + I_2 + I_1 + I_0) \tag{13.1}$$

由于流过权电阻的电流受输入的二进制代码控制，当二进制代码为 1 时，有电流流过权电阻，当二进制代码为 0 时，权电阻中没有电流。所以流过每个权电阻的电流可以表示为 $I_3 = \frac{V_{REF}}{R}d_3$、$I_2 = \frac{V_{REF}}{2R}d_2$、$I_1 = \frac{V_{REF}}{2^2R}d_1$、$I_0 = \frac{V_{REF}}{2^3R}d_0$。将电流 I_3、I_2、I_1、I_0 代入式(13.1)，则可以得到

$$\begin{aligned} V_O &= -R_F\left(\frac{V_{REF}}{R}d_3 + \frac{V_{REF}}{2R}d_2 + \frac{V_{REF}}{2^2R}d_1 + \frac{V_{REF}}{2^3R}d_0\right) \\ &= -\frac{R_F V_{REF}}{2^3R}(d_3 2^3 + d_2 2^2 + d_1 2^1 + d_0 2^0) \end{aligned} \tag{13.2}$$

如果令 $R_F=R/2$，则式(13.2)变为

$$V_O = -\frac{V_{REF}}{2^4}(d_3 2^3 + d_2 2^2 + d_1 2^1 + d_0 2^0) = -\frac{V_{REF}}{2^4}D_4 \tag{13.3}$$

一般地，对于 n 位权电阻网络 DAC，当反馈电阻 $R_F= R/2$ 时，输出电压的大小可写成

$$V_O = -\frac{V_{REF}}{2^n}(d_{n-1}2^{n-1} + d_{n-2}2^{n-2} + \cdots + d_1 2^1 + d_0 2^0) = -\frac{V_{REF}}{2^n}D_n \tag{13.4}$$

说明输出的电压模拟量与输入的二进制数字量 D_n 成正比，完成了数字量向模拟量的转换。

从式(13.4)可以看出，当输入的数字量 D_n=0 时，输出 V_O=0；当 D_n=1 时，输出 $V_O=-\frac{V_{REF}}{2^n}$；当 D_n=11…11 时，输出 $V_O=-\frac{2^n-1}{2^n}V_{REF}$。说明当输入变量在 00…00～11…11 变化的过程中，输出电压的变化范围是 0～$-\frac{2^n-1}{2^n}V_{REF}$。而且输入变量每增加 1，输出的电压值变化$\frac{V_{REF}}{2^n}$，即输出电压的变化单位是$\frac{V_{REF}}{2^n}$，所输出电压虽是模拟量，但并不能取任意值。如果基准电压 V_{REF} 为正值，则输出电压为负值，如果 V_{REF} 为负值，则输出电压为正值。

图 13.3 所示电路的输出是单极性的，为了实现双极性输出，需要对图 13.3 进行修改，增加一个偏移电路，如图 13.4 所示，图中的 V_B 和 R_B 构成了偏移电路。

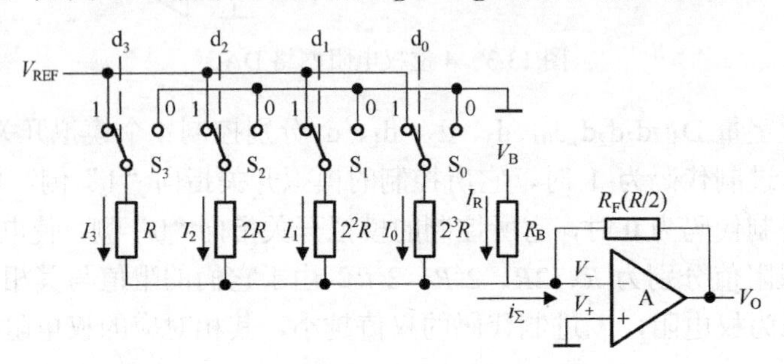

图 13.4　具有双极性输出的 4 位权电阻网络 DAC

从图 13.4 中可知，$i_\Sigma=I_3+I_2+I_1+I_0+I_R$，所以输出电压为

$$
\begin{aligned}
V_O&=-R_F i_\Sigma\\
&=-R_F\left(\frac{V_{REF}}{R}d_3+\frac{V_{REF}}{2R}d_2+\frac{V_{REF}}{2^2R}d_1+\frac{V_{REF}}{2^3R}d_0+\frac{V_B}{R_B}\right)\\
&=-R_F\left[\frac{V_{REF}}{2^3R}(d_3 2^3+d_2 2^2+d_1 2^1+d_0 2^0)+\frac{V_B}{R_B}\right]
\end{aligned}
\tag{13.5}
$$

只要选择合适的 V_B 和 R_B，就可以实现双极性输出，一般情况下，$V_B=-V_{REF}$。

【例 13.1】 在图 13.3 所示的 4 位权电阻网络 DAC 中，设基准电压 V_{REF}=−8V，$R_F=R/2$，求输出电压的范围及当输入数字量 D_4=1010 时输出的电压值。

解：由于 V_{REF}=−8V，$R_F=R/2$，由式(13.3)可知，当输入数字量 D_4=0000 时，输出电压为最小值，当输入数字量 D_4=1111 时，输出电压为最大值。将 D_4=0000 代入式(13.3)可得 $V_{O(min)}$=0V，将 D_4=1111 代入式(13.3)可得 $V_{O(max)}$=7.5V。所以输出电压的范围为 0～7.5V。同理，将 D_4=1010 代入式(13.3)可得 $V_O=-\frac{-8}{2^4}(1\times2^3+0\times2^2+1\times2^1+0\times2^0)\text{V}=5\text{V}$。

【例 13.2】 在图 13.4 所示的 4 位权电阻网络 DAC 中，设基准电压 V_{REF}=−8V，V_B=8V，$R_F=R/2$，如果输入数字量 D_4=1000 时，输出电压 V_O=0V，求电阻 R_B 的值，并列出输入数字量所有取值所对应的输出电压值。

解：根据式(13.5)可知，要想使输入数字量 D_4=1000 时，输出电压 V_O=0V，只需满足 $i_\Sigma=0$ 即可，所以应有 $\frac{-8}{2^3R}(1\times2^3+0\times2^2+0\times2^1+0\times2^0)+\frac{8}{R_B}=0$，可以得到 $R_B=R$。

将 V_{REF}=−8V，V_B=8V，R_F=R/2，R_B=R 代入式(13.5)中，得到的输出电压表达式为 $V_O=-\left[\frac{-8}{2^4}(d_3 2^3+d_2 2^2+d_1 2^1+d_0 2^0)+\frac{8}{2}\right]$，将输入数字量从 0000 到 1111 全部代入，可以得到输出电压和输入数字量的对应关系，见表 13.1。

表 13.1 例 13.2 的输入与输出对应表

d_3	d_2	d_1	d_0	V_O/V
0	0	0	0	−4
0	0	0	1	−3.5
0	0	1	0	−3
0	0	1	1	−2.5
0	1	0	0	−2
0	1	0	1	−1.5
0	1	1	0	−1
0	1	1	1	−0.5
1	0	0	0	0
1	0	0	1	0.5
1	0	1	0	1
1	0	1	1	1.5
1	1	0	0	2
1	1	0	1	2.5
1	1	1	0	3
1	1	1	1	3.5

图 13.3 所示的权电阻网络 DAC 结构比较简单，所用的电阻元件数较少，但是解码网络中电阻的阻值范围很大，特别是在输入数字量的位数比较多时，电阻值的范围大得难以实现。例如，一个 10 位的权电阻网络 DAC，如果取值最高位的权电阻 R=10kΩ，则最低位的权电阻的阻值将达到 2^9R=5.12MΩ。由于权电阻阻值越高，权电流越小，很容易达到电路中噪声电流的数量级，从而产生较大的误差。同时权电阻的范围很广，很难保证每个电阻都有很高的精度，尤其对制作集成电路更加不利，因此在集成 DAC 中很少单独采用权电阻网络。

3. 倒 T 形电阻网络 D/A 转换器

在单片集成 D/A 转换器中，使用最多的是倒 T 形电阻网络 D/A 转换器，又称 R-2R 网络型 D/A 转换器。

倒 T 形电阻网络 D/A 转换器的原理图如图 13.5 所示。S_0～S_3 为模拟开关，R-2R 电阻解码网络呈倒 T 形，运算放大器 A 构成求和电路，外接 R_F 引入负反馈，根据运放电路的“虚短”“虚断”概念，反向输入端为地电位点(“虚地”点)。S_i 由输入数码 D_i 控制，当 D_i=1 时，S_i 接运放反相输入端(“虚地”)，I_i 流入求和电路；当 D_i=0 时，S_i 将电阻 2R 接地，I_i 不流入求和电路。

无论模拟开关 S_i 处于何种位置，与 S_i 相连的 2R 电阻均等效接“地”(地或虚地)。这样流经某一 2R 电阻的电流与开关位置无关，为确定值。

分析 R-2R 电阻解码网络不难发现，从每个节点向左看的二端网络等效电阻均为 R，流入每个 2R 电阻的电流从高位到低位按 2 的整倍数递减。设由基准电压源提供的总电流为 I(I=V_{REF}/R)，则流过各开关支路(从右到左)的电流分别为 I/2、I/4、I/8 和 I/16。

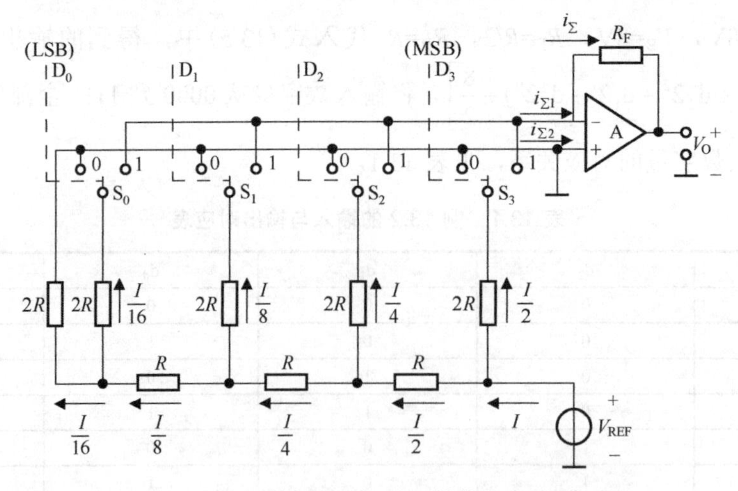

图 13.5　倒 T 形电阻网络 D/A 转换器电路原理图

运放工作在线性状态，所以有虚短、虚断的特点，流入运放的电流为 0，反相输入端为虚地。根据 KCL 电流定律可以得到总电流的公式为

$$
\begin{aligned}
i_{\Sigma} = i_{\Sigma 1} &= \frac{V_{\mathrm{REF}}}{R}\left(\frac{\mathrm{D}_0}{2^4}+\frac{\mathrm{D}_1}{2^3}+\frac{\mathrm{D}_2}{2^2}+\frac{\mathrm{D}_3}{2^1}\right) \\
&= \frac{V_{\mathrm{REF}}}{2^4 R}\sum_{i=0}^{3}(\mathrm{D}_i 2^i) \qquad (13.6)
\end{aligned}
$$

则输出电压为

$$
\begin{aligned}
V_{\mathrm{O}} &= -i_{\Sigma} R_{\mathrm{F}} \\
&= -\frac{R_{\mathrm{F}}}{R}\frac{V_{\mathrm{REF}}}{2^4}\sum_{i=0}^{3}(\mathrm{D}_i 2^i) \qquad (13.7)
\end{aligned}
$$

将输入数字量扩展到 n 位，可得 n 位倒 T 形电阻网络 D/A 转换器输出模拟量与输入数字量之间的一般关系式为

$$
V_{\mathrm{O}} = -\frac{R_{\mathrm{F}}}{R}\frac{V_{\mathrm{REF}}}{2^n}\left[\sum_{i=0}^{n-1}(\mathrm{D}_i 2^i)\right] \qquad (13.8)
$$

设 $K=\frac{R_{\mathrm{F}}}{R}\frac{V_{\mathrm{REF}}}{2^n}$，$N_{\mathrm{B}}$ 表示括号中的 n 位二进制数，则

$$
V_{\mathrm{O}} = -KN_{\mathrm{B}} \qquad (13.9)
$$

电路中的开关通常有 CMOS 开关和双极性开关两种形式，下面简单介绍一下 CMOS 开关的基本工作原理。

简化的 CMOS 开关电路如图 13.6 所示。VT_1～VT_7 构成两个互为倒相的 CMOS 反相器，两个反相器的输出分别控制 VT_8 和 VT_9 的栅极，VT_8 和 VT_9 的漏极同时接电阻网络中的一个 $2R$ 电阻，而源极分别接两个电流输出端 $i_{\Sigma 1}$ 和 $i_{\Sigma 2}$。当输入端 D_i 为高电平时，VT_4 和 VT_5 组成的反相器输出高电平，VT_6 和 VT_7 组成的反相器输出低电平，结果使 VT_9 导通，VT_8 截止，由 VT_9 将电流引向 $i_{\Sigma 1}$，在图 13.5 中开关接到运放的反相输入端。而当 D_i 为低电平时，则 VT_8 导通，VT_9 截止，将电流引向 $i_{\Sigma 2}$，在图 13.5 中开关接到运放的同相输入端。

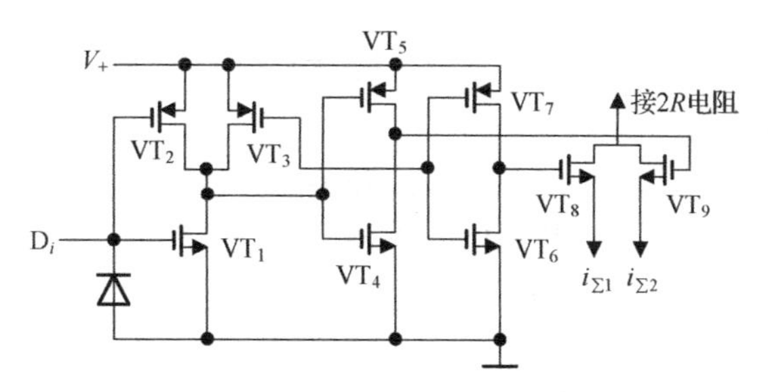

图 13.6　CMOS 开关电路

为了保证 D/A 转换的精度，电阻网络中的 R 和 $2R$ 电阻之比的精度要高，同时，每个开关上的电压降要尽量相等。由于从高位到低位的电流按 2 的整数倍递减，这就要求对应的开关导通电阻要按 2 的整数倍递减。如果图 13.5 中 V_{REF}=10V，那么流过开关 S_3 的电流为 0.5mA，流过开关 S_2 的电流为 0.25mA。若要求每个开关的电压降为 10mV，则 S_3 的导通电阻为 20Ω，S_2 的导通电阻为 40Ω，其他开关的导通电阻可以此类推。

总之，要使 D/A 转换器具有较高的精度，对电路中的参数有以下要求：①基准电压稳定性好；②倒 T 形电阻网络中 R 和 $2R$ 电阻的比值精度要高；③每个模拟开关的开关电压降要相等；④为实现电流从高位到低位按 2 的整倍数递减，模拟开关的导通电阻也相应地按 2 的整数倍递增。

由于在倒 T 形电阻网络 D/A 转换器中，各支路电流直接流入运算放大器的输入端，它们之间不存在传输上的时间差。这一特点不仅提高了转换速度，而且减少了动态过程中输出端可能出现的尖脉冲。倒 T 形电阻网络 D/A 转换器是目前广泛使用的 D/A 转换器中速度较快的一种。常用的 CMOS 开关倒 T 形电阻网络 D/A 转换器的集成电路有 AD7520（10 位）等。

4. 权电流型 D/A 转换器

在前面分析权电阻网络 D/A 转换器和倒 T 形电阻网络 D/A 转换器的过程中，都把模拟开关当作理想开关处理，没有考虑它们的导通电阻和导通压降。而实际上这些开关总是有一定的导通电阻和导通压降，而且每个开关的情况又不完全相同。它们的存在无疑将引起转换误差，影响转换精度。

解决这个问题的一种方法就是采用图 13.7 所示的权电流型 D/A 转换器。在权电流型 D/A 转换器中，有一组恒流源。每个恒流源电流的大小依次为前一个的 1/2，和输入二进制数对应位的“权”成正比。由于采用了恒流源，每个支路电流的大小不再受开关内阻和压降的影响，从而降低了对开关电路的要求。

恒流源电路经常使用图 13.8 所示的电路结构形式。只要在电路工作时保证 V_B 和 V_{EE} 稳定不变，则三极管的集电极电流即可保持恒定，不受开关内阻的影响。电流的大小近似为

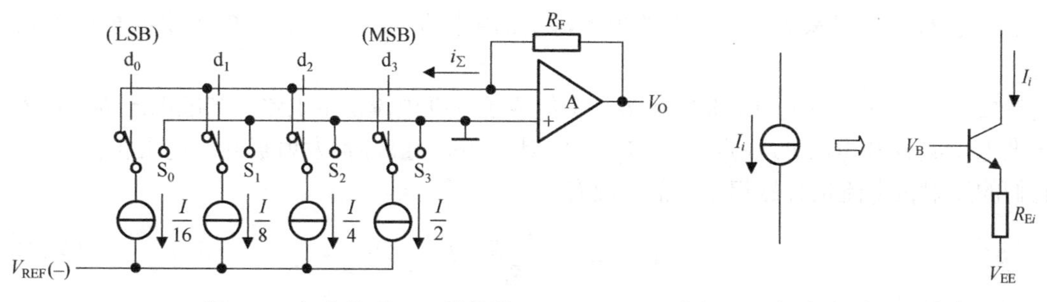

图 13.7　权电流型 D/A 转换器　　图 13.8　权电流型 D/A 转换器中的恒流源

$$I_i \approx \frac{V_B - V_{EE} - V_{BE}}{R_{Ei}} \tag{13.10}$$

当输入数字量的某位代码为 1 时，对应的开关将恒流源接至运算放大器的输入端；当输入代码为 0 时，对应的开关接地，故输出电压为

$$\begin{aligned} V_O &= i_\Sigma R_F \\ &= R_F\left(\frac{I}{2}d_3 + \frac{I}{2^2}d_2 + \frac{I}{2^3}d_1 + \frac{I}{2^4}d_0\right) \\ &= \frac{R_F I}{2^4}(d_3 2^3 + d_2 2^2 + d_1 2^1 + d_0 2^0) \end{aligned} \tag{13.11}$$

可见，V_O 正比于输入的数字量。

在相同的 V_B 和 V_{EE} 取值下，为了得到一组依次为 1/2 递减的电流源就需要用到一组不同阻值的电阻。为减少电阻阻值的种类，在实用的权电流型 D/A 转换器中经常利用倒 T 形电阻网络的分流作用产生所需的一组恒流源，如图 13.9 所示。

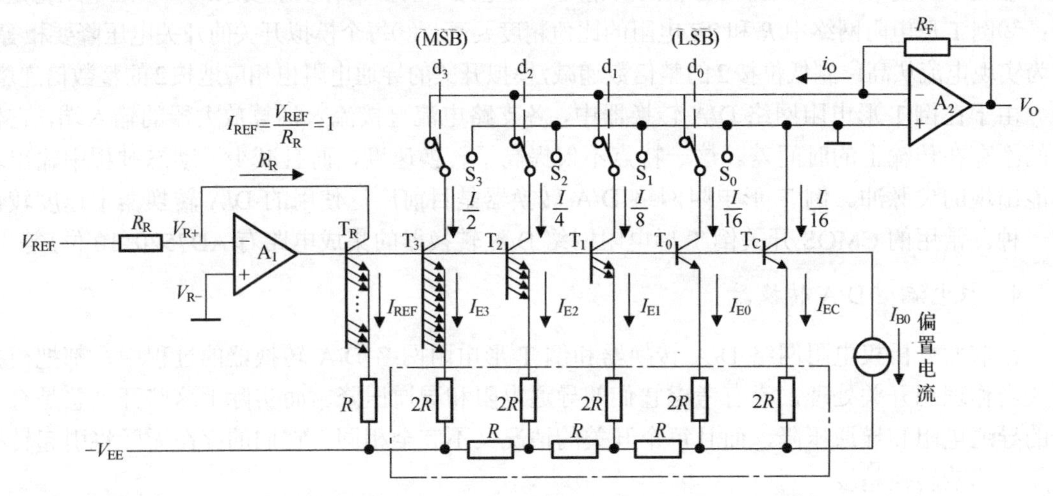

图 13.9 利用倒 T 形电阻网络的权电流型 D/A 转换器

由图 13.9 可见，T_3、T_2、T_1、T_0 和 T_C 的基极是接在一起的，只要这些三极管的发射结压降 V_{BE} 相等，则它们的发射极处于相同的电位。在计算各支路的电流时，可以认为所有 $2R$ 电阻的上端都接到了同一个电位上，因而电路的工作状态与图 13.5 中的倒 T 形电阻网络的工作状态一样。这时流过每个 $2R$ 电阻的电流自左而右依次减少 1/2。为保证所有三极管的发射结压降相等，在发射极电流较大的三极管中按比例地加大了发射结的面积，在图中用增加发射极的数目来表示。图中的恒流源 I_{B0} 用来给 T_R、T_C、T_0～T_3 提供必要的基极偏置电流。

运算放大器 A_1、三极管 T_R 和电阻 R_R、R 组成了基准电流发生电路。基准电流 I_{REF} 由外加的基准电压 V_{REF} 和电阻 R_R 决定。由于 T_3 和 T_R 具有相同的 V_{BE} 而发射极回路电阻相差一倍，所以它们的发射极电流也必然相差一倍，故有

$$I_{REF} = 2I_{E3} = \frac{V_{REF}}{R_R} = I \tag{13.12}$$

将式(13.12)代入式(13.11)中得到

$$V_O=\frac{R_F V_{REF}}{2^4 R_R}(d_3 2^3+d_2 2^2+d_1 2^1+d_0 2^0) \tag{13.13}$$

对于输入为 n 位的二进制数码的这种电路结构的 D/A 转换器，输出电压的计算公式可写成

$$V_O=\frac{R_F V_{REF}}{2^n R_R}(d_{n-1}2^{n-1}+d_{n-2}2^{n-2}+\cdots+d_1 2^1+d_0 2^0)=\frac{R_F V_{REF}}{2^n R_R}D_n \tag{13.14}$$

采用这种权电流型 D/A 转换电路生产的单片集成 D/A 转换器有 DAC0806、DAC0807、DAC0808 等。这些器件都采用双极型工艺制作，工作速度较高。

图 13.10 是 DAC0808 的电路结构框图，图中 d_0～d_7 是 8 位数字量的输入端，I_o 是求和电流的输出端。V_{R+} 和 V_{R-} 接基准电流发生电路中运算放大器的反相输入端和同相输入端。COMP 供外接补偿电容之用。V_{CC} 和 V_{EE} 为正、负电源输入端。

用 DAC0808 这类器件构成 D/A 转换器时需要外接运算放大器和产生基准电流用的 R_R，如图 13.11 所示。在 V_{REF}=10V、R_R=5kΩ、R_F=5kΩ 的情况下，根据式(13.14)可知输出电压为

$$V_O=\frac{R_F V_{REF}}{2^8 R_R}D_n=\frac{10}{2^8}D_n \tag{13.15}$$

当输入的数字量在全 0 和全 1 之间变化时，输出模拟电压的变化范围为 0～9.96V。

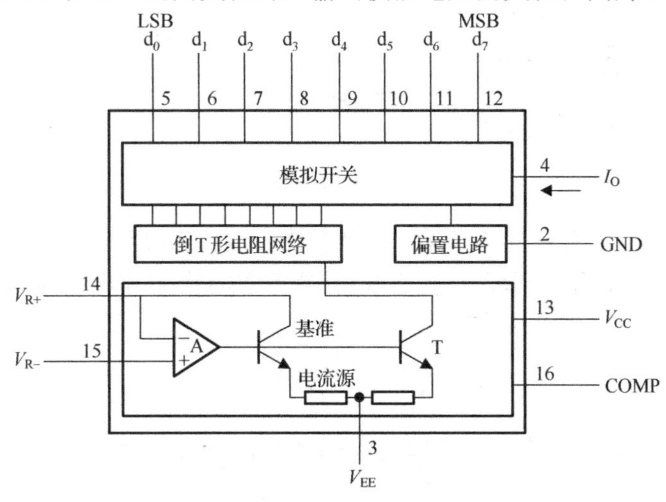

图 13.10　DAC0808 的电路结构框图

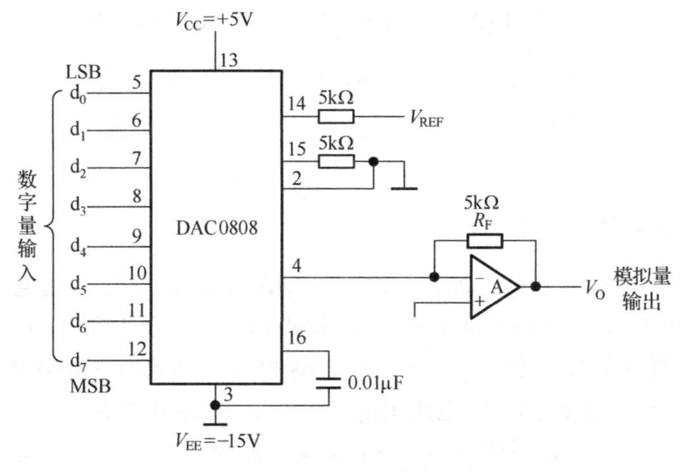

图 13.11　DAC0808 的典型应用

5. 开关树形 D/A 转换器

开关树形 D/A 转换器电路由电阻分压器和接成树状的开关网络组成。图 13.12 是输入为 3 位二进制数码的开关树形 D/A 转换器电路结构图。

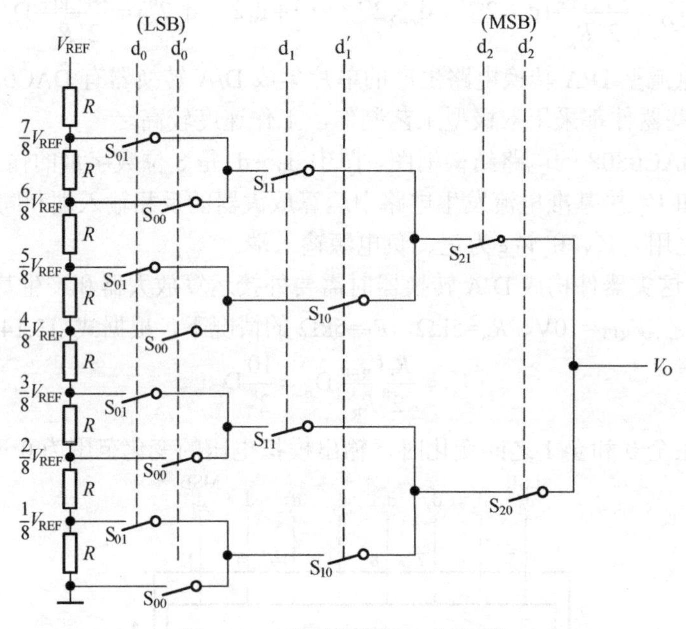

图 13.12 开关树形 D/A 转换器

图中这些开关的状态分别受 3 位输入代码状态控制。当 d_2=1 时 S_{21} 接通而 S_{20} 断开；当 d_2=0 时 S_{20} 接通而 S_{21} 断开。同理，S_{11} 和 S_{10} 两组开关的状态由 d_1 的状态控制，S_{01} 和 S_{00} 两组开关由 d_0 的状态控制。由图可知

$$V_O = \frac{V_{REF}}{2}d_2 + \frac{V_{REF}}{2^2}d_1 + \frac{V_{REF}}{2^3}d_0$$

$$= \frac{V_{REF}}{2^3}(d_2 2^2 + d_1 2^1 + d_0 2^0) \tag{13.16}$$

对于输入为 n 位二进制数的 D/A 转换器则有

$$V_O = \frac{V_{REF}}{2^n}(d_{n-1}2^{n-1} + d_{n-2}2^{n-2} + \cdots + d_1 2^1 + d_0 2^0) \tag{13.17}$$

这种电路的特点是所用电阻种类单一，而且在输出端不接收输出电流做下级电路使用的情况下，对开关的导通内阻要求不高。这些特点对于制作集成电路都是有利的。它的缺点是所用的开关太多。

6. 权电容网络 D/A 转换器

权电容网络 D/A 转换器也是一种并行输入的 D/A 转换器，它是利用电容分压的原理工作的。图 13.13 是 4 位权电容网络 D/A 转换器电路的原理图，其中 C_0(及 C_0')、C_1、C_2、C_3 的电容量依次按 2 的乘方倍数递增。开关 S_0、S_1、S_2 和 S_3 的状态分别由输入数字信号 d_0、d_1、d_2 和 d_3 控制。当 d_i=1 时 S_i 接到参考电压 V_{REF} 一边；而当 d_i=0 时 S_i 接地。

转换开始前先令所有的开关(S_0～S_3、S_D)接地，使全部电容器充分放电。然后断开 S_D，将输入信号并行地加到输入端 d_0～d_3。假定输入信号为 $d_3d_2d_1d_0$=1000，则 S_3 将 C_3 接至 V_{REF}

一边，而 S_2、S_1、S_0 将 C_2、C_1、C_0 接地，等效电路可以画成图 13.14 所示的形式。这时 C_3 与 $C_2+C_1+C_0+C_0'$ 构成了一个电容分压器，输出电压为

$$V_O = \frac{d_3C_3}{C_3+C_2+C_1+C_0+C_0'}V_{REF} = \frac{d_3C_3}{C_t}V_{REF} \tag{13.18}$$

式中，C_t 表示全部电容器电容量的总和。

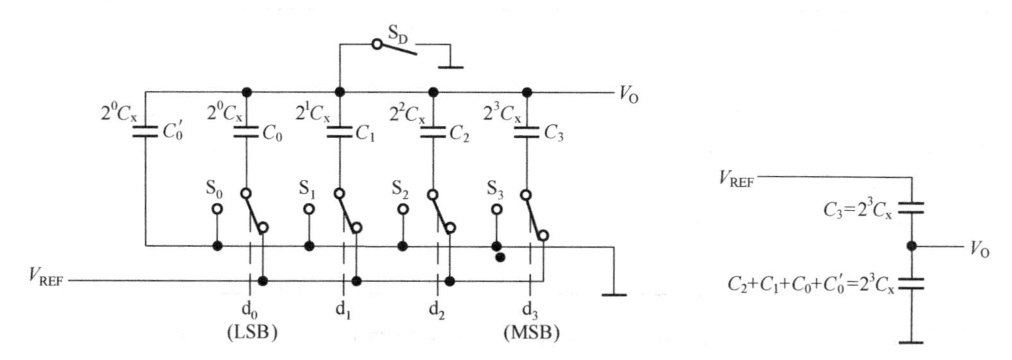

图 13.13　权电容网络 D/A 转换器　　　图 13.14　输入为 1000 时图 13.13 的等效电路

根据同样的道理，可以得到输入数字信号为任何状态时输出模拟电压的一般表达式，即

$$\begin{aligned} V_O &= \frac{d_3C_3+d_2C_2+d_1C_1+d_0C_0}{C_t}V_{REF} \\ &= \frac{C_x(d_3 2^3+d_2 2^2+d_1 2^1+d_0 2^0)}{2^4C_x}V_{REF} \\ &= \frac{V_{REF}}{2^4}(d_3 2^3+d_2 2^2+d_1 2^1+d_0 2^0) \end{aligned} \tag{13.19}$$

式(13.19)表明，输出的模拟电压与输入的数字量成正比。

通过上面的分析还可以看到权电容网络 D/A 转换器的几个重要特点。

(1)输出电压的精度只与各个电容器电容量的比例有关，而与它们电容量的绝对值无关。

(2)输出电压 V_O 的稳态值不受开关内阻及参考电压源内阻的影响，因而降低了对开关电路及参考电压源的要求。

(3)稳态下权电容网络不消耗功率。

在 MOS 集成电路中电容器不仅容易制作，而且可以通过精确控制电容器的尺寸严格地保持各电容器之间电容量的比例关系。因此，在采用 MOS 工艺制造 D/A 转换器时，权电容网络 D/A 转换器也是一种常用的方案。

权电容网络 D/A 转换器的主要缺点是在输入数字量位数较多时各个电容器的电容量相差很大，这不仅会占用很大的硅片面积，影响集成度，而且电容充、放电时间的增加也降低了电路的转换速度。

这种转换器的精度主要受电容量比例的误差以及电容器漏电的影响。为了减小负载电路对权电容网络的影响，在输出端 V_O 处应设置高输入阻抗的隔离放大器。

7. 具有双极性输出的 D/A 转换器

因为在二进制算数运算中通常都将带符号的数值表示为补码的形式，所以希望 D/A 转换器能够将以补码形式输入的正、负数分别转换成正、负极性的模拟电压。

现以输入为 3 位二进制补码的情况为例，说明转换的原理。3 位二进制补码可以表示从+3 到–4 的任何整数，它们与十进制数的对应关系以及希望得到的输出模拟电压如表 13.2 所示。

表 13.2　输入为 3 位二进制补码时要求 D/A 转换器的输出

补码输入			对应的十进制数	要求的输出电压/V
d_2	d_1	d_0		
0	1	1	+3	+3
0	1	0	+2	+2
0	0	1	+1	+1
0	0	0	0	0
1	1	1	−1	−1
1	1	0	−2	−2
1	0	1	−3	−3
1	0	0	−4	−4

在图 13.15 所示的 D/A 转换电路中，如果没有接入反相器 G 和偏移电阻 R_B，它就是一个普通的 3 位倒 T 形电阻网络 D/A 转换器。在这种情况下，如果将输入的 3 位代码看作无符号的 3 位二进制数(即绝对值)，并且取 V_{REF}=−8V，则输入代码为 111 时输出电压 V_O=7V，而输入代码为 000 时输出电压 V_O=0V，如表 13.3 中间一行所示。将表 13.2 和表 13.3 对照一下便可发现，如果将表 13.3 中间一列的输出电压偏移–4V，则偏移后的输出电压恰好与表 13.2 所要求得到的输出电压相符。

表 13.3　具有偏移的 D/A 转换器的输出

绝对值输入			无偏移时的输出/V	偏移–4V 后的输出/V
d_2	d_1	d_0		
1	1	1	+7	+3
1	1	0	+6	+2
1	0	1	+5	+1
1	0	0	+4	0
0	1	1	+3	−1
0	1	0	+2	−2
0	0	1	+1	−3
0	0	0	0	−4

然而，前面讲过的 D/A 转换器电路输出电压都是单极性的，得不到正、负极性的输出电压。为此，在图 13.15 的 D/A 转换电路中增设了由 R_B 和 V_B 组成的偏移电路。为了使输入代码为 100 时的输出电压等于零，只要使 I_B 与此时的 I_Σ 大小相等即可。故应取

$$\frac{|V_B|}{R_B}=\frac{I}{2}=\frac{|V_{REF}|}{2R} \tag{13.20}$$

图中所标示的 I_Σ、I_B 和 I 的方向都是电流的实际方向。

假如再将表 13.2 和表 13.3 最左边一列代码对照一下还可以发现，只要把表 13.2 中补码的符号位求反，再加到偏移后的 D/A 转换器上，就可以得到表 13.2 所需要的输入与输出的关系了。为此，在图 13.15 中是将符号位经反相器 G 反相后才加到 D/A 转换电路上去的。

通过上面的例子不难总结出构成双极性输出 D/A 转换器的一般方法：只要在求和放大器

的输入端接入一个偏移电流，使输入最高位为 1 而其他各位输入为 0 时的输出 V_O=0，同时将输入的符号位反相后接到一般的 D/A 转换器的输入，就得到了双极性输出的 D/A 转换器。

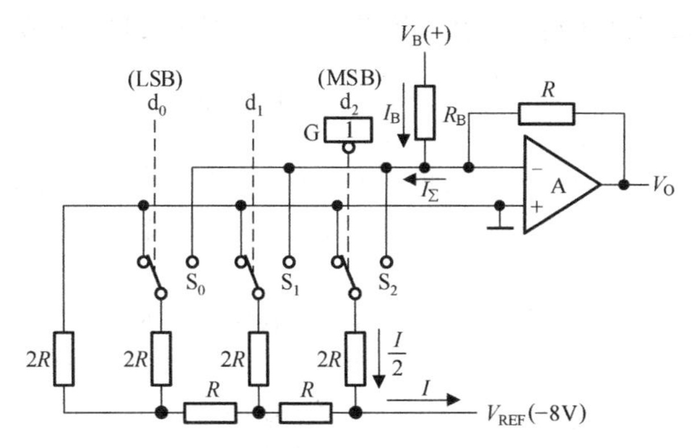

图 13.15 具有双极性输出电压的 D/A 转换器

8. D/A 转换器的转换精度与转换速度

1) D/A 转换器的转换精度

在 D/A 转换器中通常用分辨率和转换误差来描述转换精度。

分辨率用输入二进制数码的位数给出。在分辨率为 n 位的 D/A 转换器中，从输出模拟电压的大小应能区分出输入代码从 00…00 到 11…11 全部 2^n 个不同的状态，给出 2^n 个不同等级的输出电压。因此，分辨率表示 D/A 转换器在理论上可以达到的精度。

另外，也可以用 D/A 转换器能够分辨出来的最小电压(此时输入的数字代码只有最低有效位为 1，其余各位都是 0)与最大输出电压(此时输入数字代码所有各位全是 1)之比给出分辨率。例如，10 位 D/A 转换器的分辨率可以表示为

$$\frac{1}{2^{10}-1}=\frac{1}{1023}\approx 0.001$$

然而，由于 D/A 转换器的各个环节在参数和性能上与理论值之间不可避免地存在着差异，所以实际能达到的转换精度要由转换误差来决定。由各种因素引起的转换误差是一个综合性指标。转换误差表示实际的 D/A 转换特性和理想转换特性之间的最大偏差，如图 13.16 所示。图中的虚线表示理想的 D/A 转换特性，它是连接坐标原点和满量程输出(输入全为 1 时)理论值的一条直线。图中的实线表示实际可能的 D/A 转换特性。转换误差一般用最低有效位的倍数表示。例如，给出转换误差为 1/2LSB，就表示输出模拟电压与理论值之间的绝对误差小于、等于当输入为 00…01 时的输出电压的一半。

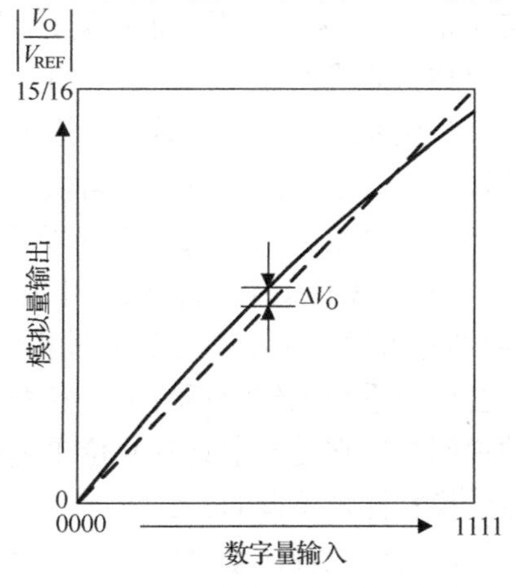

图 13.16 D/A 转换器的转换特性曲线

此外，有时也用输出电压满刻度(full scale range，FSR)的百分数表示输出电压误差绝对值的大小。

造成 D/A 转换器转换误差的原因有参考电压 V_{REF} 的波动、运算放大器的零点漂移、模拟开关的导通内阻和导通压降、电阻网络中电阻阻值的偏差以及三极管特性的不一致等。

由不同因素所导致的转换误差各有不同的特点。现以图 13.5 所示的倒 T 形电阻网络 D/A 转换器为例，分别讨论这些因素引起转换误差的情况。

根据式(13.6)可知，如果 V_{REF} 偏离标准值 ΔV_{REF}，则输出将产生误差电压

$$\Delta V_{O1} = -\frac{1}{2^4}(d_3 2^3 + d_2 2^2 + d_1 2^1 + d_0 2^0)\Delta V_{REF} \tag{13.21}$$

这个结果说明，由 V_{REF} 的变化引起的误差和输入数字量的大小是成正比的。因此，将由 ΔV_{REF} 引起的转换误差称为比例系数误差。图 13.17 中以虚线表示出了当 ΔV_{REF} 一定时 V_O 值偏离理论值的情况。

当输出电压的误差系数由运算放大器的零点漂移所造成时，误差电压 ΔV_{O2} 的大小与输入数字量的数值无关，输出电压的转换特性曲线将发生平移(移上或移下)，如图 13.18 中的虚线所示。我们将这种性质的误差称为漂移误差或平移误差。

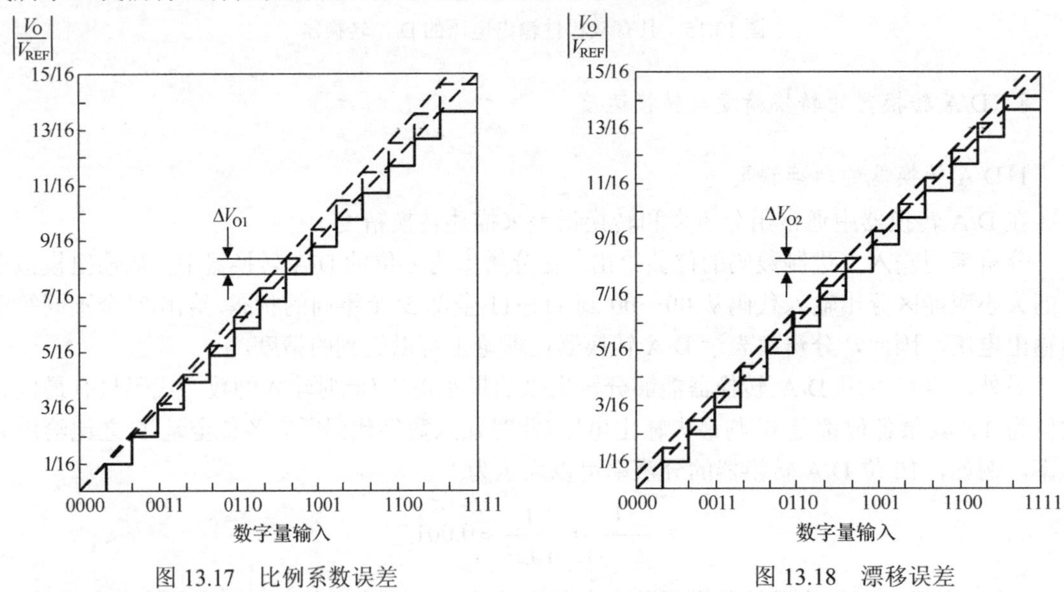

图 13.17　比例系数误差　　　　图 13.18　漂移误差

由于模拟开关的导通内阻和导通压降都不可能真正等于零，因而它们的存在也必将在输出产生误差电压 ΔV_{O3}。需要指出的是，每个开关的导通压降未必相等，而且开关在接地时和接 V_{REF} 时的压降也不一定相同，因此 ΔV_{O3} 既非常数也不与输入数字量成正比。这种性质的误差称为非线性误差。由图 13.19 可见，这种误差没有一定的变化规律。

产生非线性误差的另一个原因是倒 T 形电阻网络中电阻阻值的偏差。由于每个支路电阻的误差不一定相同，而且不同位置上的电阻的偏差对输出电压的影响也不一样，所以在输出端产生的误差电压 ΔV_{O4} 与输入数字量之间也不是线性关系。

由图 13.19 还可以看到，非线性误差的存在有可能导致 D/A 转换特性在局部出现非单调性(即输入数字量不断增加的过程中 V_O 发生局部减小的现象)。这种非单调性的转换特性有时会引起系统工作的不稳定，应力求避免。在选用 D/A 转换器器件时应注意，如果某一产品的说明指出它是一个具有 9 位单调性的 10 位 D/A 转换器，那么它只保证在最高 9 位被运用时转换特性是单调的。

因为这几种误差电压之间不存在固定的函数关系，所以最坏的情况下输出总的误差电压等于它们的绝对值相加，即

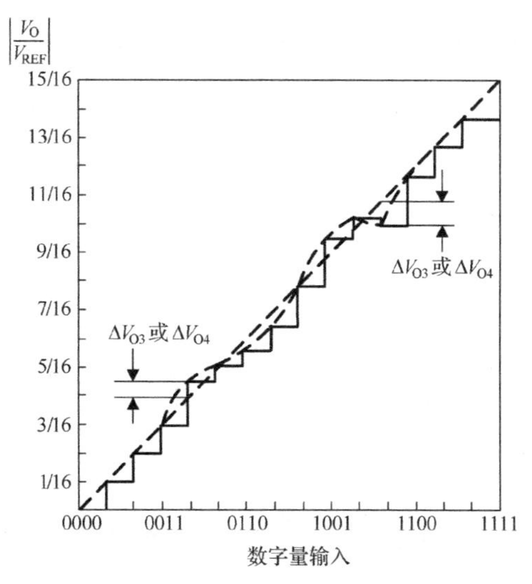

图 13.19　非线性误差

$$\left|\Delta V_O\right| = \left|\Delta V_{O1}\right| + \left|\Delta V_{O2}\right| + \left|\Delta V_{O3}\right| + \left|\Delta V_{O4}\right| \tag{13.22}$$

以上的分析还说明，为了获得高精度的 D/A 转换器，单纯依靠选用高分辨率的 D/A 转换器器件是不够的，还必须有高稳定度的参考电压源 V_{REF} 和低漂移的运算放大器与之配合使用，才可能获得较高的转换精度。

目前常见的集成 D/A 转换器器件有两大类，一类器件的内部只包含电阻网络(或恒流源电路)和模拟开关，而另一类器件内部还包含了运算放大器以及参考电压源的发生电路。在使用前一类器件时必须外接参考电压和运算放大器，这时应注意合理地确定对参考电压源的稳定度和运算放大器零点漂移的要求。

【例 13.3】 在图 13.5 所示的倒 T 形电阻网络 D/A 转换器中，外接参考电压 V_{REF}=−10V。为保证 V_{REF} 偏离标准值所引起的误差小于 1/2LSB，试计算 V_{REF} 的相对稳定度应取多少。

解：首先计算对应于 1/2LSB 输入的输出电压是多少。由式(13.6)可知，当输入代码只有 LSB=1 而其余各位均为 0 时的输出电压为

$$V_O = -\frac{V_{REF}}{2^n}(d_{n-1}2^{n-1} + d_{n-2}2^{n-2} + \cdots + d_1 2^1 + d_0 2^0)$$
$$= -\frac{V_{REF}}{2^n}$$

故与 1/2LSB 相对应的输出电压绝对值为

$$\frac{1}{2} \times \frac{\left|V_{REF}\right|}{2^n} = \frac{\left|V_{REF}\right|}{2^{n+1}}$$

其次再来计算由于 V_{REF} 变化 ΔV_{REF} 所引起的输出变化 ΔV_O。由式(13.6)可知，在 n 位输入的 D/A 转换器中，由 ΔV_{REF} 引起的输出电压变化应为

$$\Delta V_O = -\frac{\Delta V_{REF}}{2^n}(d_{n-1}2^{n-1} + d_{n-2}2^{n-2} + \cdots + d_1 2^1 + d_0 2^0)$$

而且在输入数字量最大时(所有各位全为 1)ΔV_O 最大。这时的输出电压变化量的绝对值为

$$\left|\Delta V_O\right| = \frac{2^n - 1}{2^n}\left|\Delta V_{REF}\right| = \frac{2^{10} - 1}{2^{10}}\left|\Delta V_{REF}\right|$$

根据题目要求，ΔV_O 必须小于等于 1/2LSB 对应的输出电压，于是得到

$$\left|\Delta V_O\right| \leqslant \frac{\left|V_{REF}\right|}{2^{11}}$$

$$\frac{2^{10}-1}{2^{10}}\left|\Delta V_{REF}\right| \leqslant \frac{\left|V_{REF}\right|}{2^{11}}$$

故得到参考电压 V_{REF} 的相对稳定度为

$$\frac{\left|\Delta V_{REF}\right|}{\left|V_{REF}\right|} \leqslant \frac{1}{2^{11}} \times \frac{2^{10}}{2^{10}-1} \approx \frac{1}{2^{11}} = 0.05\%$$

而允许参考电压的变化量仅为

$$\left|\Delta V_{REF}\right| \leqslant \frac{\left|V_{REF}\right|}{2^{11}} \times \frac{2^{10}}{2^{10}-1} \approx 5\text{mV}$$

以上所讨论的转换误差都是在输入、输出已经处于稳定状态下得出的，所以属于静态误差。此外，在动态过程中(即输入的数码发生突变时)还有附加的动态转换误差发生。假定在输入数码突变时有多个模拟开关需要改变开关状态，则由于它们的动作速度不同，在转换过程中就会在输出端产生瞬时的尖峰脉冲电压，形成很大的动态转换误差。

为彻底消除动态误差的影响，可以在 D/A 转换器的输出端附加取样-保持电路，并将取样时间选在过渡过程结束之后。因为这时输出电压的尖峰脉冲已经消失，所以取样结果可以完全不受动态转换误差的影响。

2) D/A 转换器的转换速度

通常用建立时间 t_{set} 来定量描述 D/A 转换器的转换速度。

建立时间 t_{set} 是这样定义的：从输入的数字量发生突变开始，直到输出电压进入与稳态值相差 $\pm\frac{1}{2}$LSB 范围以内的这段时间，称为建立时间 t_{set}，如图 13.20 所示。因为输入数字量的变化越大，建立时间越长，所以一般产品说明中给出的都是输入从全 0 跳变为全 1(或从全 1 跳变为全 0)时的建立时间。目前在不包含运算放大器的单片集成 D/A 转换器中，建立时间最短可达到 0.1μs 以内。在包含运算放大器的集成 D/A 转换器中，建立时间最短也可达 1.5μs 以内。

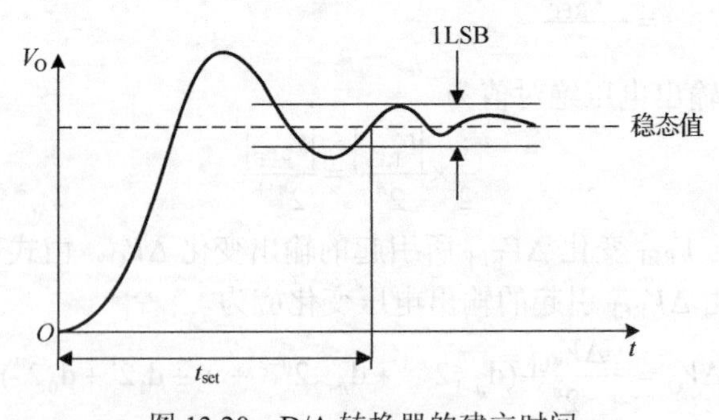

图 13.20　D/A 转换器的建立时间

在外加运算放大器组成完整的 D/A 转换器时，如果采用普通的运算放大器，则运算放大器的建立时间将成为 D/A 转换器建立时间 t_{set} 的主要成分。因此，为了获得较快的转换速度，

应该选用转换速率（即输出电压的变化速度）较快的运算放大器，以缩短运算放大器的建立时间。

13.2.3　A/D 转换器

1. A/D 转换器的基本工作原理

A/D 转换器是将输入的模拟量转换为与之成比例的二进制数字量输出的电路。由于模拟量在时间和幅值上都是连续的，而数字量在时间和幅值上都是离散的，所以在进行模/数转换时，需要先按一定的时间间隔对模拟量进行取样，使之变为时间上离散的信号，再将取样后的模拟量保持一段时间，将取样值进行量化，使之变为幅值上离散的信号，最后通过编码，将量化后的离散幅值转换为数字量输出。可见，A/D 转换器一般要经过取样、保持、量化及编码 4 个过程。

1）取样

取样也称为采样，即将随时间连续变化的模拟量转换为在时间上离散的模拟量。图 13.21 所示的是取样电路的原理图，图中 V_I 是输入的模拟信号，V_S 是取样后的输出信号，$S(t)$ 是取样脉冲信号。T_s 是取样脉冲的周期，t_w 是取样脉冲的宽度，$S(t)$ 控制图 13.21 中的模拟开关，在取样脉冲的 t_w 时间内，模拟开关闭合，使输出 $V_S=V_I$；在取样脉冲的其他时间内，模拟开关断开，输出 $V_S=0$。取样的过程如图 13.22 所示。

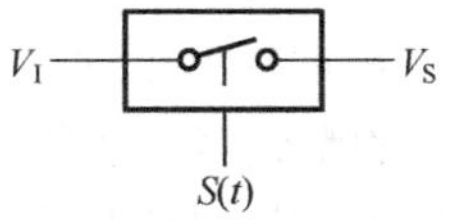

V_I —[开关]— V_S，$S(t)$

图 13.21　取样电路原理图

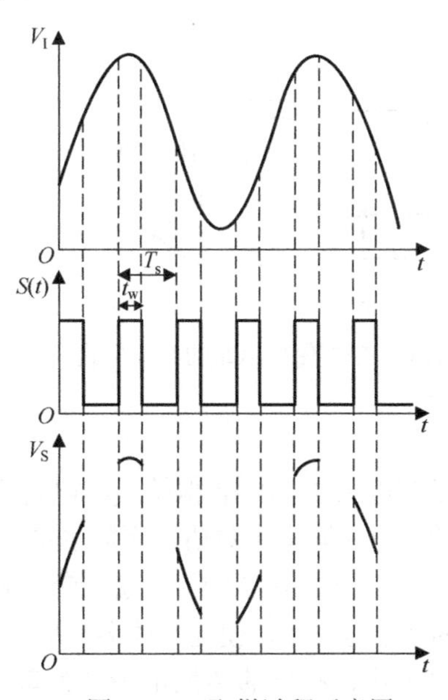

图 13.22　取样过程示意图

从图 13.22 中可以看出，取样就是对模拟信号周期性地抽取样值，取样值的大小取决于取样时间内输入模拟信号的大小。为了能够正确地用取样输出信号 V_S 表示输入模拟信号 V_I，取样脉冲信号必须有足够高的频率，取样脉冲的频率越高，取样越密，取样值就越多，取样输出信号 V_S 的包络线就越接近输入模拟信号 V_I。抽样定理指出，为了保证能从取样输出信号将输入模拟信号还原，取样脉冲信号的频率 f_s 与输入模拟信号的最高频率 $f_{i(max)}$ 必须满足：

$$f_s \geqslant 2f_{i(max)} \tag{13.23}$$

在满足式(13.23)的条件下，将 V_S 通过低通滤波器，就可以使 V_S 无失真地还原成输入模拟信号 V_I。一般情况下，取 $f_s = (3 \sim 5) f_{i(max)}$。

2)保持

如果输入的模拟信号变化较快，在取样脉冲宽度 t_w 的时间内，取样输出信号 V_S 的值会有明显的变化，所以不能得到一个固定的取样值，并且将取样值转换为数字信号需要一定的时间，为了给后续的量化、编码过程提供一个稳定的值，在取样电路后要将所取样值保存一段时间。

取样-保持电路的基本形式如图 13.23 所示，场效应管 T 为取样开关，在取样脉冲 $S(t)$ 的脉冲宽度 t_w 时间内，T 导通，输入信号 V_I 经电阻 R_1 和 T 向电容 C 充电，只要充电时间常数远小于 t_w，忽略场效应管 T 的导通内阻和导通压降，充电结束后电容 C 上的电压 $V_C=V_I R_2/R_1$，如果 $R_2=R_1$，则 $V_C=V_I$。由于 $V_O=-V_C$，所以 $V_O=-V_I$。在取样脉冲的 $T_s \sim t_w$ 时间内，T 截止，电容 C 上的电压 V_C 无泄放回路，保持不变，所以输出电压 V_O 也保持不变，即取样值被保存下来。在理想情况下，电容 C 上的电压值始终不变，但实际上由于电容 C 的漏电及运算放大器的输入阻抗不是无穷大，电容 C 上的电压会有所下降。

取样-保持过程的波形图如图 13.24 所示。从波形图中可以看出，在取样时间内，输出电压将跟随输入电压的变化而变化；在保持时间内，输出电压保持取样结束时的输入电压值不变。

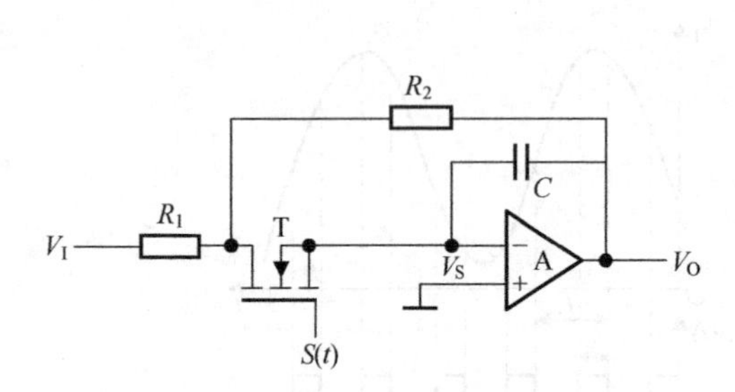

图 13.23　取样-保持电路的基本形式

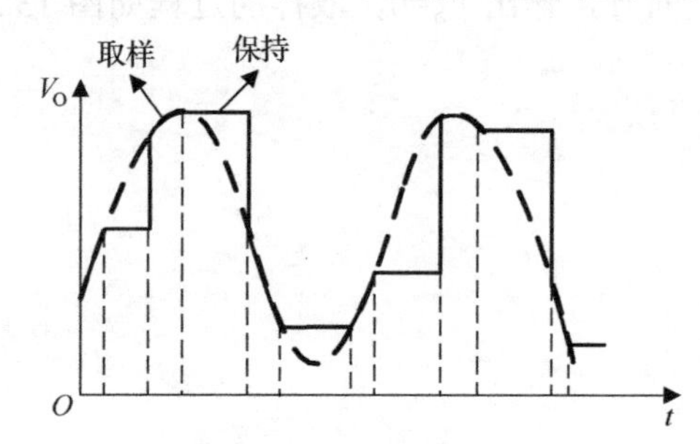

图 13.24　取样-保持过程的波形图

3)量化

输入的模拟电压经过取样-保持后，得到的输出电压是阶梯状的波形。由于阶梯波的幅值仍是连续可变的，有无限多个数值，而数字量的位数是有限的，只能表示有限个数值。为了使 n 位数字量的 2^n 个有限状态与无限多的阶梯波幅值相对应，就需要将取样-保持后的输出电压归化到与之接近的离散电平上，使任何数字量都是某个最小数量单位的整数倍，这个过程称为量化。

在量化过程中，指定的离散电平称为量化电平；所取的最小数量单位称为量化单位，用 Δ 表示；由于取样-保持输出电压不一定都能被 Δ 整除，所以量化前的电压与量化后的电压一定存在误差，这个误差称为量化误差，用 ε 表示。量化误差是原理误差，无法消除，输出数字量的位数 n 越大，各离散电平之间的差值就越小，量化误差也越小。

按照量化时的近似方式，可以将量化分为只舍不入量化方式和四舍五入量化方式。只舍不入量化方式是把量化过程中不足一个量化单位的部分舍弃，对于等于或大于一个量化单位的部分按一个量化单位处理。四舍五入量化方式是将量化过程不足半个量化单位的部分舍弃，对于等于或大于半个量化单位的部分按一个量化单位处理。

4) 编码

量化后的信号只是在幅值上离散的信号，为了对量化后的信号进行处理，还需要将量化后的结果转换为对应的代码，如二进制代码、十进制代码等。这种用数字代码表示量化幅值的过程称为编码。

【例 13.4】 将电压值为 0～1V 的输入电压转换为 3 位二进制代码。

解：由于 3 位二进制代码有 8 个数值，所以应将 0～1V 的模拟电压分成 8 个量化级，每个量化级规定一个量化值，并将对应的量化值进行编码。

如果采用只舍不入的量化方式，取量化单位为 1/8V，即 Δ=1/8V。规定当 0V≤V_I<1/8V 时为第 0 级，量化值为 0V，编码为 000；当 1/8V≤V_I<2/8V 时为第 1 级，量化值为 1/8V，编码为 001；当 2/8V≤V_I<3/8V 时为第 2 级，量化值为 2/8V，编码为 010；最后当 7/8V≤V_I<1V 时为第 7 级，量化值为 7/8V，编码为 111。所以，两个相邻量化值之间的差值为 1/8V，量化前后电压值的最大偏差为 1/8V，即量化误差 ε=Δ=1/8V。只舍不入的量化过程如图 13.25 所示。

如果采用四舍五入的量化方式，取量化单位为 2/15V，即 Δ=2/15V。规定当 0V≤V_I<1/15V 时为第 0 级，量化值为 0V，编码为 000；当 1/15V≤V_I<3/15V 时为第 1 级，量化值为 2/15V，编码为 001；当 3/15V≤V_I<5/15V 时为第 2 级，量化值为 4/15V，编码为 010；最后当 13/15V≤V_I<1V 时为第 7 级，量化值为 14/15V，编码为 111。所以，两个相邻量化值之间的差值为 2/15V，量化前后电压值的最大偏差为 1/15V，即量化误差 ε=Δ/2=1/15V。四舍五入的量化过程如图 13.26 所示。

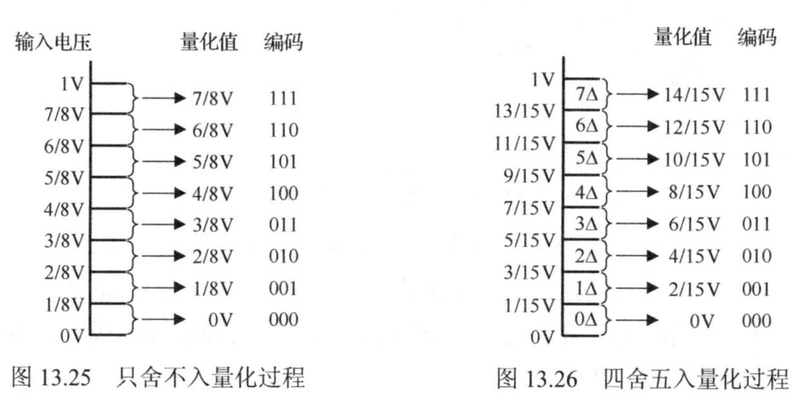

图 13.25　只舍不入量化过程　　　　图 13.26　四舍五入量化过程

A/D 转换器按照工作原理，可以分为并联比较型、逐次渐进型、双积分型、V-F 变换型、∑-Δ 型、串行比较型、并-串比较型。

2. 并联比较型 A/D 转换器

并联比较型 A/D 转换器是直接 A/D 转换器，它可以将输入的模拟电压直接转换为输出的数字量，它是转换速度最快的一种 A/D 转换器，其转换几乎在瞬间完成。

3 位并联比较型 A/D 转换器的电路结构如图 13.27 所示，它由分压电阻、电压比较器、寄存器和编码电路 4 个部分组成。输入为 0～V_{REF} 间的模拟电压，输出为 3 位二进制代码 $d_2d_1d_0$。

分压电阻由 8 个电阻组成，最下面的电阻为 R/2，其他电阻为 R，参考电压 V_{REF} 经分压电阻分压，所获得的 7 个分电压与参考电压的比分别为 1/15、3/15、5/15、7/15、9/15、11/15、13/15。

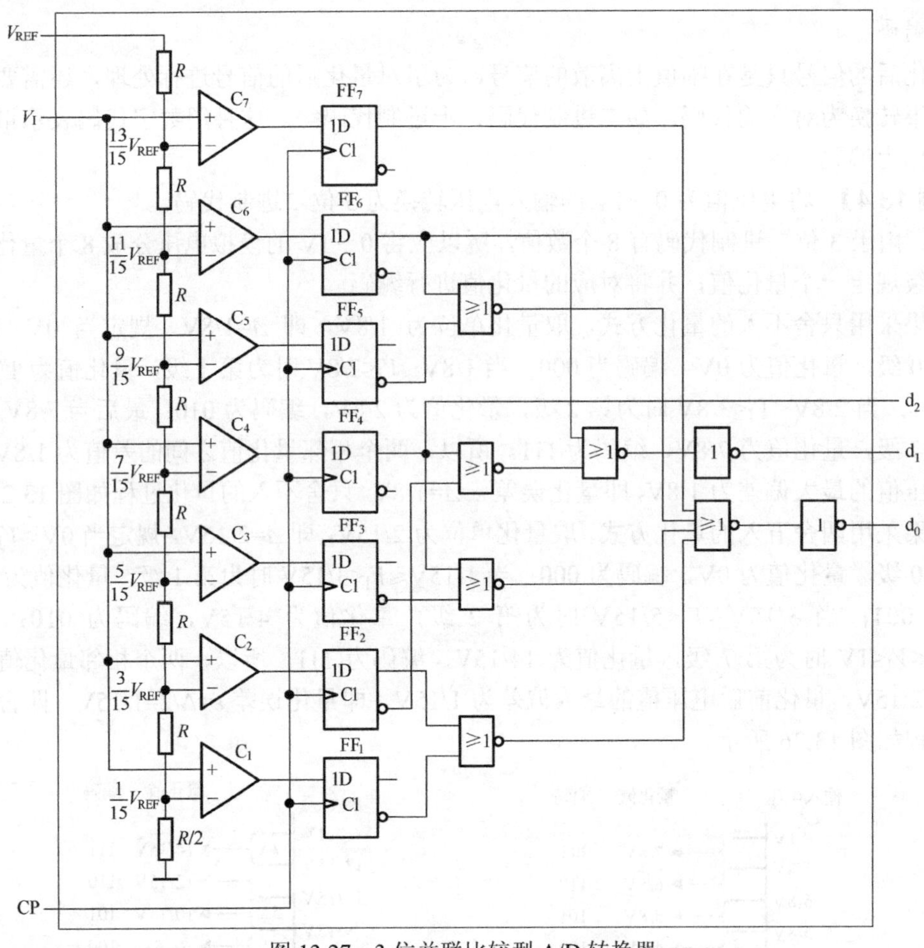

图 13.27　3 位并联比较型 A/D 转换器

电压比较器总共有 7 个，输入电压 V_I 接在电压比较器的同相输入端，参考电压 V_{REF} 经分压电阻后的输出电压接电压比较器的反相输入端。对于电压比较器来说，当其同相输入端的电压大于反相输入端的电压时，电压比较器输出 1，当其同相输入端电压小于反相输入端的电压时，电压比较器输出 0。

寄存器由 7 个 D 触发器构成，用取样脉冲进行触发。

编码电路是组合逻辑电路，将寄存器的输出转换成二进制代码输出。

当输入电压 $V_I/V_{REF}<1/15$ 时，7 个电压比较器的输出都为 0，CP 的上升沿到来后，7 个触发器输出都被置成 0 态，即输出 $Q_7Q_6Q_5Q_4Q_3Q_2Q_1$=0000000，此时输出代码 $d_2d_1d_0$=000。当 $1/15\leqslant V_I/V_{REF}<3/15$ 时，只有电压比较器 C_1 输出为 1，其余全为 0，CP 的上升沿到来后 FF_1 被置成 1，其余都为 0，即输出 $Q_7Q_6Q_5Q_4Q_3Q_2Q_1$=0000001，输出代码 $d_2d_1d_0$=001。以此类推，可以得到如表 13.4 所示的代码转换表。

根据表 13.4 可以写出编码电路输出与输入之间的逻辑函数式

$$
\begin{aligned}
d_2 &= Q_4 \\
d_1 &= Q_6 + Q_4'Q_2 \\
d_0 &= Q_7 + Q_6'Q_5 + Q_4'Q_3 + Q_2'Q_1
\end{aligned}
\qquad (13.24)
$$

按照式(13.24)就可以得到图 13.27 所示的编码电路。

表 13.4　图 13.27 所示电路的代码转化表

输入电压	寄存器状态							输出代码		
V_I/V_{REF}	Q_7	Q_6	Q_5	Q_4	Q_3	Q_2	Q_1	d_2	d_1	d_0
0～1/15	0	0	0	0	0	0	0	0	0	0
1/15～3/15	0	0	0	0	0	0	1	0	0	1
3/15～5/15	0	0	0	0	0	1	1	0	1	0
5/15～7/15	0	0	0	0	1	1	1	0	1	1
7/15～9/15	0	0	0	1	1	1	1	1	0	0
9/15～11/15	0	0	1	1	1	1	1	1	0	1
11/15～13/15	0	1	1	1	1	1	1	1	1	0
13/15～1	1	1	1	1	1	1	1	1	1	1

由表 13.4 可以看出，电压比较器将输入电压 V_I 划分为 8 个量化级，并以四舍五入的量化方式进行量化，其量化单位 $\Delta=2/15V_{REF}$，量化误差 $\varepsilon=\Delta/2=1/15V_{REF}$。当输入电压大于 V_{REF} 时，7 个电压比较器的输出都是 1，所以 A/D 转换器的输出仍为 111，即 A/D 转换器进入饱和状态，不能正常转换。

并联比较型 A/D 转换器的转换精度主要取决于量化电平的划分，分得越细，精度越高。由于所有电压比较器是同时进行比较的，所以其转换速度快，并且与输出二进制代码的位数无关。其缺点是成本高、功耗大。输出为 n 位二进制代码的并联比较型 A/D 转换器，需要 2^n 个电阻、2^n-1 个触发器和 2^n-1 个电压比较器。电路的规模随着输出二进制代码的位数增加而呈几何级数上升。

3. 反馈比较型 A/D 转换器

反馈比较型 A/D 转换器是一种直接 A/D 转换器。如果将一个数字量加到 DAC 的输入端，在输出端就可得到一个与输入数字量相对应的模拟电压，将这个模拟电压和输入电压相比较，如果两者不相等，则需要调整所取的数字量大小，直到经过 DAC 得到的模拟电压和输入电压相等为止，最后所取的数字量就是与输入电压相对应的输出量。反馈比较型 A/D 转换器根据实现的方案不同，可以分为计数型和逐次渐进型。

1) 计数型 ADC

计数型 ADC 的原理图如图 13.28 所示，转换电路主要由电压比较器、DAC、计数器、脉冲源、控制电路和输出寄存器组成。

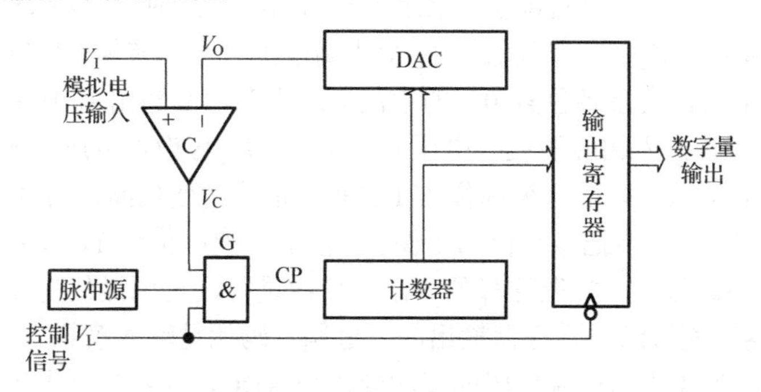

图 13.28　计数型 ADC 原理图

转换开始前，应先将计数器的值清零，控制信号 V_L 应处于低电平，这时与门 G 被封锁，计数器不工作。计数器传递给 DAC 的是全 0 信号，所以 DAC 输出的模拟电压 V_O=0，如果此时 V_I>0，则电压比较器 C 的输出 V_C=1。当控制信号 V_L 变为高电平时开始转换，脉冲源发出的脉冲经与门 G 加到计数器的时钟信号输入端 CP，计数器开始进行加法计数。随着计数的进行，计数器传递给 DAC 的数字量不断地增加，DAC 的输出电压也不断地增加，当 DAC 的输出增加到 V_O=V_I 时，电压比较器 C 的输出 V_C=0，将与门 G 封锁，计数器停止计数，此时计数器中所存的计数值就是所求的数字量输出。

由于在转换过程中，计数器中的计数值在不停地变化，所以不宜将计数器中的计数值直接作为输出信号。为此，在输出端设置了输出寄存器，在每次转换完成以后，用控制信号 V_L 的下降沿将计数器的计数值锁存到输出寄存器里面，而以寄存器的工作状态作为最终的输出。

对于计数型 ADC 来说，当输出为 n 位二进制代码时，最长的转换时间是时钟脉冲的 2^n-1 倍，因此这种转换方式只能用在对转换速度要求不高的场合。

2)逐次渐进型 ADC

逐次渐进型 ADC 的原理图如图 13.29 所示，转换电路主要由电压比较器、DAC、逐次渐进寄存器、脉冲源和控制电路组成。

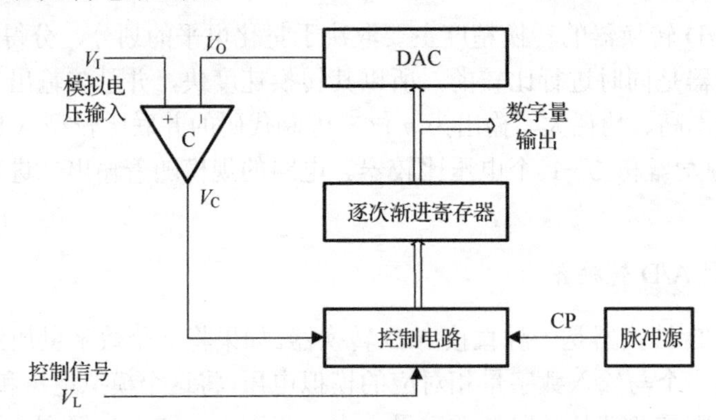

图 13.29　逐次渐进型 ADC 的原理图

逐次渐进型 ADC 的工作原理可以用天平秤测量物体重量的过程来比照，先放一个最重的砝码，如果物体的重量比砝码重，则这个砝码应保留；如果物体的重量比砝码轻，则这个砝码应去掉。再加上一个次重的砝码，采用相同的方法判断该砝码是否该保留，这样依次进行，直到砝码的重量逼近物体的重量。

逐次渐进型 ADC 在工作中先将逐次渐进寄存器清零，此时传递给 DAC 的数字量是全 0 信号，所以 DAC 的输出 V_O=0。控制信号 V_L 变为高电平时开始转换，控制电路首先把逐次渐进寄存器的最高位置 1，其余各位置 0，即逐次渐进寄存器的输出为 100…00。DAC 将逐次渐进寄存器中的数值转换为相应的模拟电压 V_O，然后把 V_O 与输入电压 V_I 相比较，如果 V_O>V_I，说明 100…00 这个数太大了，应把最高位的 1 去掉，也就是使最高位为 0；如果 V_O<V_I，说明 100…00 这个数不够大，应该把最高位的 1 保留。然后将次高位置 1，按照相同的方法判断次高位的 1 是该去掉还是保留。按照这样的方法，依次进行，直到最低有效位的数值确定，就完成了一次转换。这时逐次渐进寄存器输出的二进制代码就是输入模拟电压所对应的数字量。

图 13.30 是输出为 3 位二进制代码的逐次渐进型 ADC，图中 C 是电压比较器，当 $V_I \geq V_O$ 时比较器输出 V_C=0，当 V_I<V_O 时比较器输出 V_C=1。FF_1～FF_5 构成环形移位寄存器，并和 G_1～G_8 组成控制逻辑电路。FF_6～FF_8 构成了 3 位代码寄存器，可以存储 3 位二进制代码。在这个

电路中，用 5 个脉冲周期完成一次转换周期，其中前 3 个脉冲周期用以确定 3 位二进制代码，第 4 个脉冲周期输出数字信号，第 5 个脉冲周期清零并准备下一个转换周期。

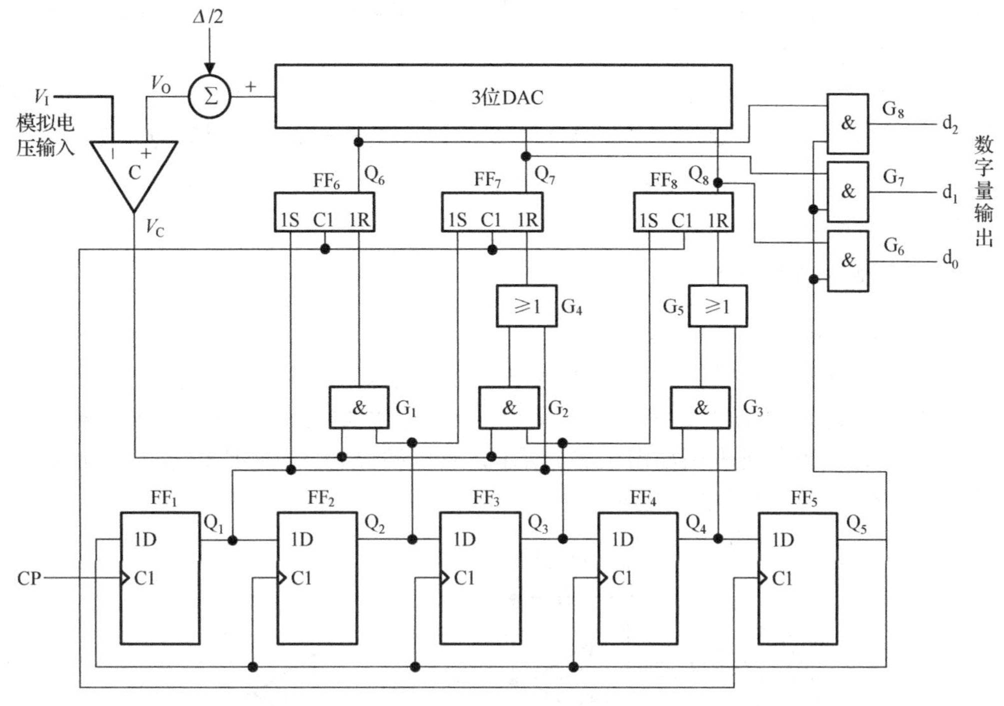

图 13.30　3 位逐次渐进型 ADC

转换开始前先将 FF_6、FF_7、FF_8 清零，同时将 FF_1～FF_5 置成 $Q_1Q_2Q_3Q_4Q_5$=10000 状态。因为 Q_1=1，在第 1 个 CP 脉冲到达后，FF_6 被置 1，而 FF_7、FF_8 被置 0，即 $Q_6Q_7Q_8$=100，并将该状态传递给 3 位 DAC，在 DAC 的输出端得到模拟电压 V_O。如果 $V_I \geq V_O$，则 V_C=0，如果 $V_I<V_O$ 时比较器输出 V_C=1。同时移位寄存器右移 1 位，使 $Q_1Q_2Q_3Q_4Q_5$=01000。

第 2 个脉冲到达时，FF_7 被置 1。若 V_C=0，FF_6 的 1 状态被保留，若 V_C=1，FF_6 被置成 0。即当 V_C=0 时 $Q_6Q_7Q_8$=110，当 V_C=1 时 $Q_6Q_7Q_8$=010。并将 $Q_6Q_7Q_8$ 的状态传递给 DAC，使 DAC 的输出 V_O 发生变化，再与 V_I 相比，从而得到新的 V_C 值。同时移位寄存器右移 1 位，使 $Q_1Q_2Q_3Q_4Q_5$=00100。

第 3 个脉冲到达时，FF_8 被置 1。若此时 V_C=0，FF_7 的 1 状态被保留，若 V_C=1，FF_7 被置成 0。如果原来 $Q_6Q_7Q_8$=110，则 $Q_6Q_7Q_8$ 的状态变为 111 或 101；如果原来 $Q_6Q_7Q_8$=010，则 $Q_6Q_7Q_8$ 的状态变为 011 或 001。并将 $Q_6Q_7Q_8$ 的状态传递给 DAC，使 DAC 的输出 V_O 再次发生变化，并与 V_I 相比，得到新的 V_C 值。同时移位寄存器右移 1 位，使输出变为 $Q_1Q_2Q_3Q_4Q_5$=00010。

第 4 个脉冲到达时，根据此时 V_C 的状态决定 FF_8 的状态，若 V_C=0，FF_8 的 1 状态被保留，若 V_C=1，FF_8 被置成 0，即 $Q_6Q_7Q_8$ 的状态变为 111、110、101、100、011、010、001、000 中的某一个状态。同时移位寄存器右移 1 位，使输出变为 $Q_1Q_2Q_3Q_4Q_5$=00001。由于 Q_5=1，$Q_6Q_7Q_8$ 的状态通过 G_8、G_7 和 G_6 输出，即 $d_2d_1d_0$= $Q_6Q_7Q_8$。

第 5 个脉冲到达后，移位寄存器右移 1 位，使 $Q_1Q_2Q_3Q_4Q_5$=10000，电路返回初始状态，同时由于 Q_5=0，将 G_8、G_7 和 G_6 封锁，转换输出信号消失。

为了减小量化误差，可以在 DAC 的输出端增加一个$-\Delta/2$ 的偏移量，Δ 是 DAC 最低位为 1 时的输出模拟电压值，也就是 1LSB。为了使量化误差不大于 $\Delta/2$，应使第一个比较电平为 $\Delta/2$，而不是 Δ，但以后每个比较电平之差都是 Δ。为了做到这一点，必须使 DAC 输出的所有电平同时向负方向偏移 $\Delta/2$。

根据以上分析可知，3 位二进制代码的逐次渐进型 ADC 完成一次转换需要 5 个时钟周期的时间，如果是 n 位输出的逐次渐进型 ADC，则完成一次转换需要的时间为 $n+2$ 个时钟周期信号。因此，逐次渐进型 ADC 的转化速度比并联比较型 ADC 的转换速度低，但比计数型 ADC 的转换速度高。

4. 双积分型 A/D 转换器

双积分型 A/D 转换器是一种电压-时间变换型 ADC，它首先将输入的模拟电压转换为与之成正比的时间间隔 Δt，然后在这个时间间隔里对固定频率的时钟信号进行计数，计数的结果就是正比于输入模拟电压的数字信号。因此，双积分型 ADC 是一种间接 A/D 转换器。

双积分型 ADC 的原理框图如图 13.31 所示，它由积分器、过零比较器、时钟脉冲源、n 位二进制计数器、定时器和控制电路组成。

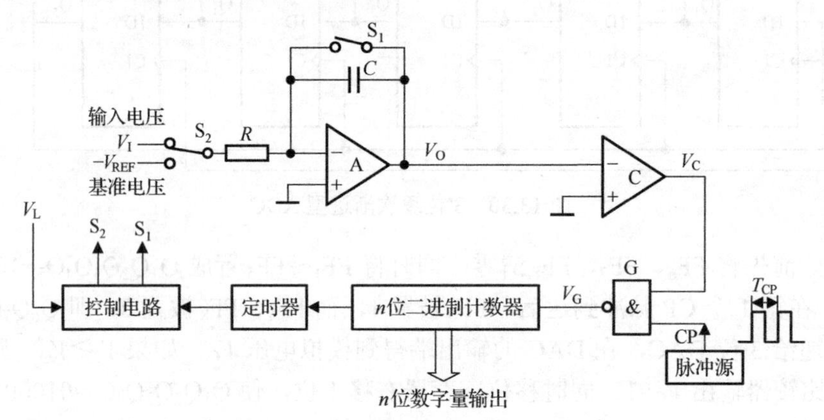

图 13.31　双积分型 ADC 的原理框图

双积分型 ADC 在一次转换过程中要进行两次积分，首先是对输入模拟电压 V_I 进行积分，然后再对基准电压$-V_{REF}$ 进行定值积分，两者有不同的斜率，因此称为双积分型 ADC。

在积分开始之前，控制电路先将 n 位二进制计数器清零，并使电子开关 S_1 闭合，使电容 C 完全放电，放电结束后 S_1 再断开。

转换开始时，控制电路使电子开关 S_2 合到输入模拟电压 $V_I(V_I>0)$ 一侧，积分器对 V_I 进行定时积分，其输出电压 V_O 为

$$V_O(t_1)=-\frac{1}{C}\int_0^{t_1}\frac{V_I}{R}\mathrm{d}t=-\frac{1}{RC}\int_0^{t_1}V_I\mathrm{d}t$$

因为在积分期间输入电压 V_I 保持不变，所以

$$V_O(t_1)=-\frac{1}{RC}\int_0^{t_1}V_I\mathrm{d}t=-\frac{t_1}{RC}V_I$$

上式表明在 t_1 固定的条件下积分器的输出电压 V_O 与输入电压 V_I 成正比。由于 V_I 为正，所以 V_O 为负，比较器 C 的输出 V_C 为高电平，与非门 G 打开，n 位二进制计数器对时钟周期为 T_{CP}

的脉冲源进行计数，在经过 2^n 个计数脉冲以后，计数器清零，定时器置 1，控制电路使电子开关 S_2 合到基准电压 $-V_{REF}$ 一侧，积分器对 $-V_{REF}$ 进行积分，所以 $t_1 = 2^n T_{CP}$。同时，n 位二进制计数器重新开始计数。

在积分器对 $-V_{REF}$ 进行反向积分时，其输出电压 V_O 为

$$V_O(t_2) = V_O(t_1) - \frac{1}{C}\int_0^{t_2} \frac{-V_{REF}}{R} dt = V_O(t_1) + \frac{V_{REF}}{RC} t_2$$

随着反向积分过程的进行，$V_O(t)$ 逐渐升高，当 $V_O(t)$ 上升到 0 时，比较器 C 的输出 V_C 变为低电平，与非门 G 被封锁，n 位二进制计数器停止计数，对 $-V_{REF}$ 进行反向积分结束。所以

$$V_O(t_2) = V_O(t_1) + \frac{V_{REF}}{RC} t_2 = -\frac{t_1}{RC} V_I + \frac{V_{REF}}{RC} t_2 = 0$$

可以得到

$$t_2 = \frac{t_1}{V_{REF}} V_I$$

可见，反向积分到 $V_O(t)=0$ 的这段时间 t_2 与输入模拟电压 V_I 成正比。如果反向积分结束时 n 位二进制计数器的计数值为 $N_2=D$，则 $t_2=N_2T_{CP}$，由于 $t_1=2^nT_{CP}$，所以有

$$D = N_2 = \frac{2^n}{V_{REF}} V_I$$

说明反向积分结束时 n 位二进制计数器中的数值与输入模拟电压 V_I 成正比，在反向积分结束后，可由控制电路将计数器中的二进制数并行输出。如果还需进行新的转换，则需要让 ADC 恢复到初始状态，再重复以上过程。

双积分型 ADC 的工作波形如图 13.32 所示。图中 V_{I1} 和 V_{I2} 为两个不同的输入模拟电压，V_{I1} 的工作波形如图中的实线所示，V_{I2} 的工作波形如图中的点画线所示。V_{I1} 的反向积分时间为 t_{21}，V_{I2} 的反向积分时间为 t_{22}，在 t_{21} 时间内计数器的计数值为 N_{21}，在 t_{22} 时间内计数器的计数值为 N_{22}，N_{21}、N_{22} 的大小分别与输入电压 V_{I1}、V_{I2} 成正比。

双积分型 ADC 的特点是工作性能稳定，转换精度高。由于完成一次转换需要进行两次积分，只要两次积分的时间常数(RC)没有发生变化，转换结果就与时间常数无关。而且 R、C 数值的缓慢变化和偏差都不会影响电路的转换精度。只要每次转换过程中 T_{CP} 不变，那么时钟脉冲源的周期在较长时间里发生缓慢的变化也不会带来转换误差。并且由于双积分型 ADC 在输入端使用了积分器，所以对平均值为零的各种噪声有很强的抑制能力。在积分时间等于交流电网电压周期的整数倍时，能有效地抑制电网的工频干扰。双积分型 ADC 的主要缺点是工作速度慢，如果采用图 13.31 所示的方案，每次转换时间不应小于 $2t_1$，即应大于 $2^{n+1}T_{CP}$，再加上转换开始前的准备时间和转换后的输出时间，那么完成一次转换总的时间还要长一

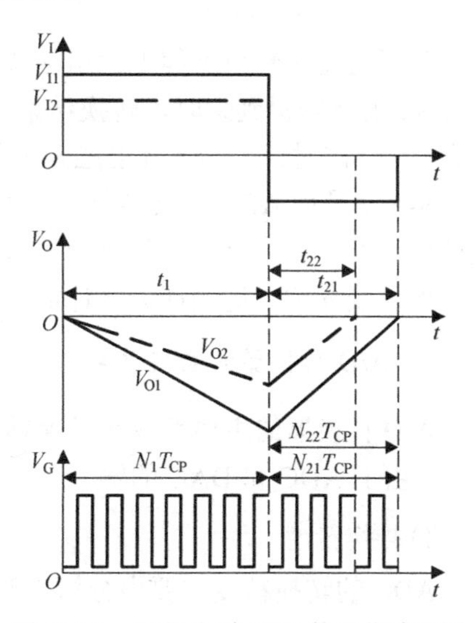

图 13.32　双积分型 ADC 的工作波形图

些。目前生产的单片集成双积分型 ADC 的转换速度一般都在每秒几十次以内，所以双积分型 ADC 主要用在对转换速度要求不高的场合。

5. V-F 变换型 A/D 转换器

V-F 变换型 A/D 转换器是一种电压-频率变换型 ADC，它首先将输入的模拟电压转换为与之成正比的频率信号，然后在一个固定的时间间隔里对得到的频率信号进行计数，计数的结果就是正比于输入模拟电压的数字信号。因此，V-F 变换型 ADC 是一种间接 A/D 转换器。

V-F 变换型 ADC 的原理框图如图 13.33 所示，它由 V-F 变换器、n 位二进制计数器、输出寄存器、单稳态触发器和控制电路组成。

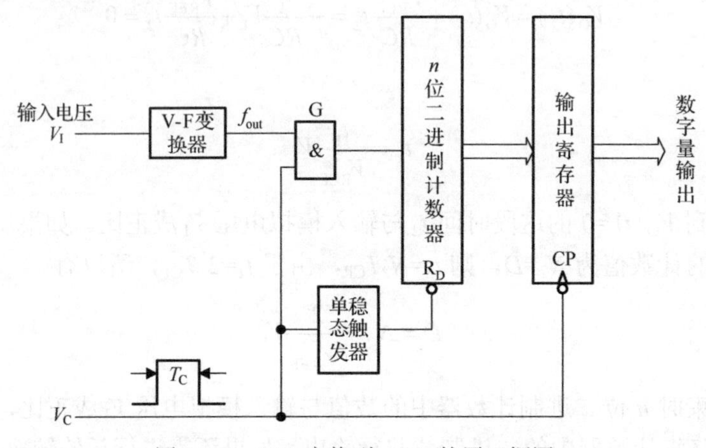

图 13.33 V-F 变换型 ADC 的原理框图

V-F 变换器的作用是将输入的模拟电压 V_I 变换成与之成正比的频率信号 f_{out}，当控制信号 V_C 变为高电平后转换开始，频率信号 f_{out} 经与门 G 加载到 n 位二进制计数器的脉冲输入端，n 位二进制计数器对输入的频率信号 f_{out} 开始计数。由于控制信号 V_C 的脉冲宽度 T_C 为固定值，所以 n 位二进制计数器的计数值与输入频率信号 f_{out} 的频率成正比，即计数器的计数值与输入的模拟电压 V_I 成正比。

为了避免在转换过程中输出的数字跳动，通常在电路的输出端设有输出寄存器。在控制信号 V_C 的下降沿到来时，转换结束，V_C 的下降沿将 n 位二进制计数器的计数值装载到输出寄存器中。同时，V_C 的下降沿触发单稳态触发器，用单稳态触发器的输出脉冲将计数器清零。

V-F 变换型 ADC 的转换精度主要取决于 V-F 变换器的精度，从理论上讲，只要采样时间能够满足 V-F 变换器输出频率的要求，V-F 变换型 ADC 的分辨率就可以无限增加。其次，转换精度还受 n 位二进制计数器计数容量的限制，计数容量越大，转换误差就越小。

6. A/D 转换器的主要参数

A/D 转换器的主要参数是转换精度和转换速度，其名称与 D/A 转换器主要参数的名称相同，但由于 ADC 和 DAC 的输入、输出形式不同，所以转换精度和转换速度的定义有所差异。

1) 转换精度

ADC 的转换精度主要由分辨率和转换误差来决定。

分辨率被定义为 ADC 能够分辨输入信号的最小变化量，通常以输出二进制的位数表示，它表明 ADC 对输入信号的分辨能力。从理论上讲，n 位二进制数字输出的 ADC 共有 2^n 个不同状态，应能区分输入模拟电压的 2^n 个不同等级，即能区分输入电压的最小差异是满量程输入的 $1/2^n$。例如，当 n=10 时，应能区分输入电压的最小差异为 $V_{I(max)}/2^{10}$。为了方便起见，有时也用十进制数表示分辨率，如输出是 3 位半十进制数(8421BCD 码)等。这里所说的 3 位半是指输出的十进制数的范围为 0～1999，最高位只能是 0 或 1，其他位可以为 0～9 中的任何数。

转换误差主要包括量化误差、偏移误差、增益误差等，其中量化误差是 ADC 本身所固有的误差，其他误差是电路内部其他元器件产生的。转换误差通常以相对误差的形式给出，它表示 ADC 实际输出的数字量和理论上输出数字量之间的差别，并用最低有效位的倍数来表示。例如，当某 ADC 的转换误差为 $\varepsilon \leqslant \pm$LSB/2 时，表示 ADC 实际输出的数字量与理论上应得到的数字量之间的误差不大于最低有效位的 1/2。

2) 转换速度

ADC 的转换速度主要是用转换时间来衡量的。ADC 的转换时间是从模拟信号输入开始，到输出端得到稳定的数字量为止，转换过程所经历的时间。ADC 的转换时间主要取决于电路的类型，不同类型的 ADC 完成一次转换所需的时间差别很大。并联比较型 ADC 的转换速度最快，其转换时间是几十纳秒。逐次渐进型 ADC 的转换速度次之，其转换时间在几百纳秒至几十微秒。双积分型 ADC 的转换速度最低，其转换时间一般在几十毫秒到几百毫秒。

13.2.4 集成 D/A、A/D 转换器及其应用

1. 8 位集成 D/A 转换器 DAC0832

集成 D/A 转换器 DAC0832 是用 CMOS/Si-Cr 工艺制成的 8 位 D/A 转换芯片，它具有双重数字输入寄存器缓冲功能。图 13.34 所示为 DAC0832 的结构框图与引脚图。可根据需要接成不同的工作方式，特别适用于要求多片 DAC0832 的多个模拟量同时输出的场合。它与微处理器接口连接很方便。DAC0832 的主要指标如下。

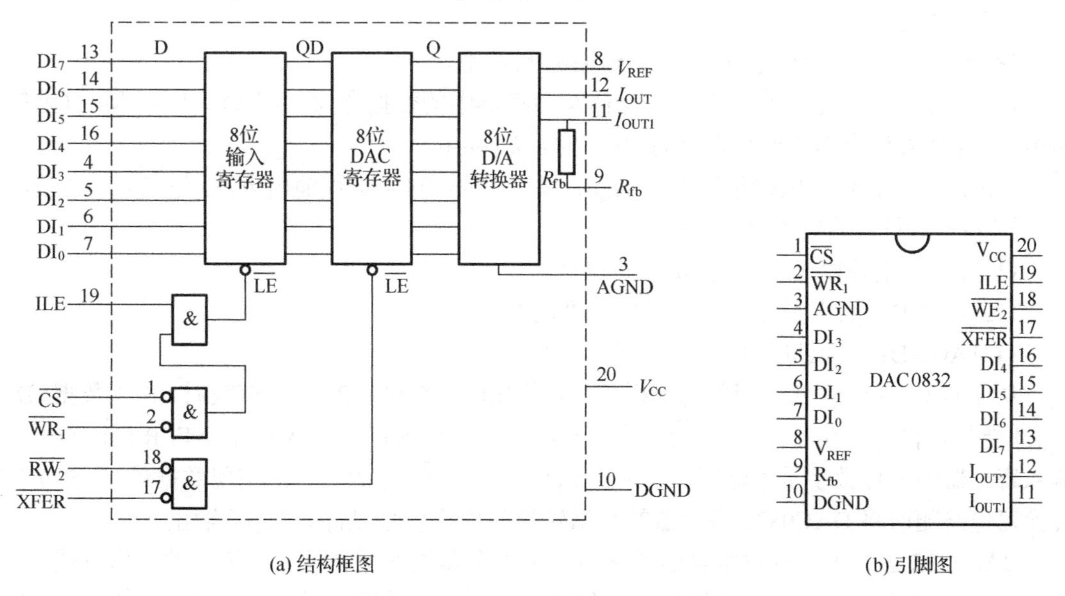

(a) 结构框图　　(b) 引脚图

图 13.34　DAC0832 结构框图与引脚图

(1) 分辨率：8 位。

(2) 建立时间：1μs。

(3) 增益温度系数：20ppm/℃。

(4) 输入电平：TTL。

(5) 功耗：20mW。

DAC0832 由一个 8 位输入寄存器、一个 8 位 DAC 寄存器、一个 8 位 D/A 转换器、逻辑控制电路和输出电路的辅助元件 R_{fb} 等部分组成。二进制数 D/A 转换器的解码电路，采用倒 T 形 R-$2R$ 电阻网络。由于 DAC0832 有两个可以分别控制的数据寄存器，因此在使用时有较大的灵活性，可以接成双缓冲、单缓冲或直接输入等工作方式。DAC0832 中无内置加法运算放大器，为了能够使节点电流输出，使用时需外接运算放大器。DAC0832 芯片中已设置了反馈电阻 R_{fb}，引脚 9 是该反馈电阻的外部连接端，实际使用时，可以将引脚 9 与外接集成运算放大器的输出端相连接，也可以将外接反馈电阻 (R_f) 与芯片的第 11 引脚相连。这两者外接方式的比例运算的比例系数是不同的，前者等于 $-R_{fb}/R$，后者等于 $-R_f/R$。

芯片的其他各引脚的名称和功能如下。

(1) ILE：输入锁存允许信号，输入高电平有效。

(2) $\overline{CS}$：片选信号，输入低电平有效。它与 ILE 结合起来用以控制 DAC0832 是否起作用。

(3) $\overline{WR_1}$：输入数据选通信号，输入低电平有效。在 $\overline{CS}$ 和 ILE 有效时，用它将数据输入并锁存于 DAC0832 输入寄存器中。

(4) $\overline{WR_2}$：DAC 寄存器选通信号，输入低电平有效。在 $\overline{XFER}$ 有效时，用它将输入寄存器中的数据传送到 8 位 DAC0832 寄存器中。

(5) $\overline{XFER}$：数据传送选通信号，输入低电平有效。用它来控制 $\overline{WR_2}$ 是否起作用。在控制多个 DAC0832 同时输出时特别有用。

(6) ID_7～ID_0：8 位输入数据信号。

(7) V_{REF}：参考电压输入。一般此端外接一个精确、稳定的电压基准源。V_{REF} 可在−10～+10V 范围内选择。

(8) R_{fb}：反馈电阻（内已含一个反馈电阻）接线端。

(9) I_{OUT1}：DAC 电流输出“1”。当 D/A 锁存器中的数据全为“1”时，I_{OUT1} 最大（满量程输出）；当 D/A 锁存器中的数据全为“0”时，$I_{OUT1}=0$。

(10) I_{OUT2}：DAC 电流输出“2”。I_{OUT2} 为一个常数（满量程输出电流）与 I_{OUT1} 之差，即 $I_{OUT1}+I_{OUT2}$=满量程输出电流。

(11) V_{CC}：电源输入端（一般取+5～+15V）。

(12) DGND：数字量公共端——数字“地”。

(13) AGND：模拟量公共端——模拟“地”。

从 DAC0832 的内部控制逻辑分析可知，当 ILE、$\overline{CS}$ 和 $\overline{WR_1}$ 同时有效时，输入数据 ID_7～ID_0 才能写入输入寄存器，并在 $\overline{WR_1}$ 的上升沿实现数据锁存。当 $\overline{WR_2}$ 和 $\overline{XFER}$ 同时有效时，输入寄存器的 8 位数字量才能写入 DAC 寄存器，并在 $\overline{WR_2}$ 的上升沿实现数据锁存。8 位 D/A 转换器电路随时将 DAC0832 寄存器的数据转换为模拟信号 ($I_{OUT1}+I_{OUT2}$) 输出。

DAC0832 芯片可以有双寄存器缓冲型、单寄存器缓冲型和直通型等三种工作方式。

DAC0832 芯片使用双寄存器缓冲工作方式时，特别适用于要求多片 DAC0832 的多个模拟量同时输出的场合。在各片的 ILE 置为高电平、$\overline{WR_1}$ 为低电平和片选信号 $\overline{CS}$ 为低电平的控制下，有关数据分别被输入给相对应 DAC0832 芯片的 8 位输入寄存器。当需要进行同时模拟输出时，在 $\overline{XFER}$ 和 $\overline{WR_2}$ 均为低电平的作用下，把各输入寄存器中的数据同时传送给各自的 DAC 寄存器。各个 D/A 转换器同时转换，同时输出模拟量。这种使用方式出现在输入的二进制数据的位数大于 8 位的场合，如 16 位、32 位等多位数据的 D/A 转换。

在不要求多片 DAC0832 同时输出时，可以采用单缓冲方式(使两个寄存器之一始终处于直通状态)。这时只需一次写操作，因而可以提高 D/A 的数据转换量。

如果两级寄存器都处于常通状态，这时 D/A 转换器的输出电压值将跟随数字输入随时变化，这就是直通方式。这种情况是将 DAC0832 直接应用于使用数字量控制的自动控制系统中，作数字增量给控制器使用。

图 13.35 所示为 DAC0832 与 80X86 单片计算机系统连接的典型电路，属于单缓冲方式，图中的电位器用于满量程调整。

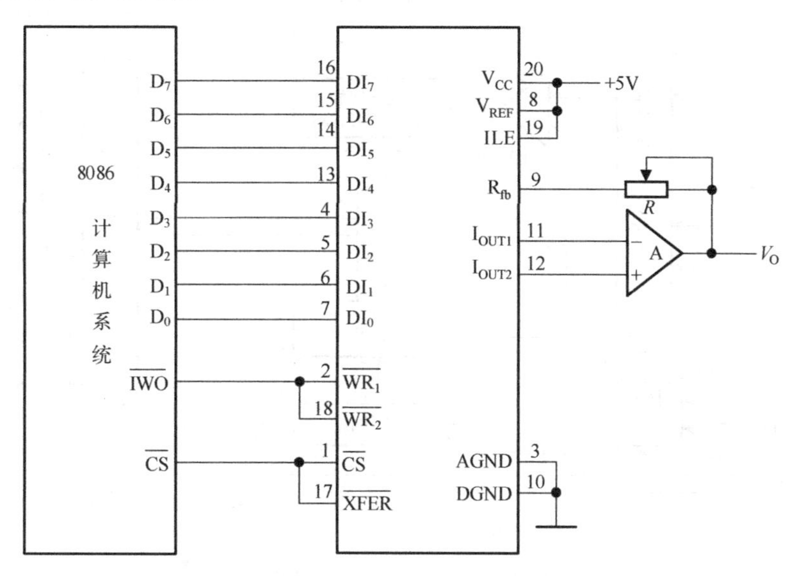

图 13.35　DAC0832 与 80X86 单片计算机系统连接的典型电路

为了保证 DAC0832 可靠工作，一般情况下 $\overline{WR_1}$、$\overline{WR_2}$ 脉冲的宽度应不小于 500ns。若 V_{CC}=+15V，则可小至 100ns。输入数据保持时间不应小于 90ns，否则可能锁存错误数据。不使用的数字信号输入端，应根据要求接地或接 V_{CC}，不能悬空，否则 D/A 转换器将认为该数据输入端的输入数据为“1”。

DAC0832 在输入数字量为单极性数字时，输出电路可接成单极性工作方式，在输入数字量为双极性数字时，输出电路可接成双极性工作方式。

2. 8 位集成 A/D 转换器 ADC0809

ADC0809 的引脚排列如图 13.36 所示，结构框图如图 13.37 所示。

ADC0809 是采用 CMOS 工艺制成的 8 位八通道逐次渐

ADC 0809

引脚	名称	名称	引脚
1	IN_3	IN_2	28
2	IN_4	IN_1	27
3	IN_5	IN_0	26
4	IN_6	ADD	25
5	IN_7	ADD	24
6	START	ADD	23
7	EOC	ALE	22
8	2^{-5}	2^{-1}	21
9	OE	2^{-2}	20
10	CLK	2^{-3}	19
11	V_{CC}	2^{-4}	18
12	$V_{REF(+)}$	2^{-8}	17
13	GND	$V_{REF(-)}$	16
14	2^{-7}	2^{-6}	15

图 13.36　ADC0809 的引脚排列

进型 A/D 转换器。该器件具有与微处理器兼容的控制逻辑，可以直接与 80X86 系列、51 系列等微处理器接口相连。ADC0809 的主要指标如下。

(1) 分辨率：8 位。

(2) 精度：8 位。

(3) 转换时间：100μs。

(4) 增益温度系数：20ppm/℃。

(5) 输入电平：TTL。

(6) 功耗：15mW。

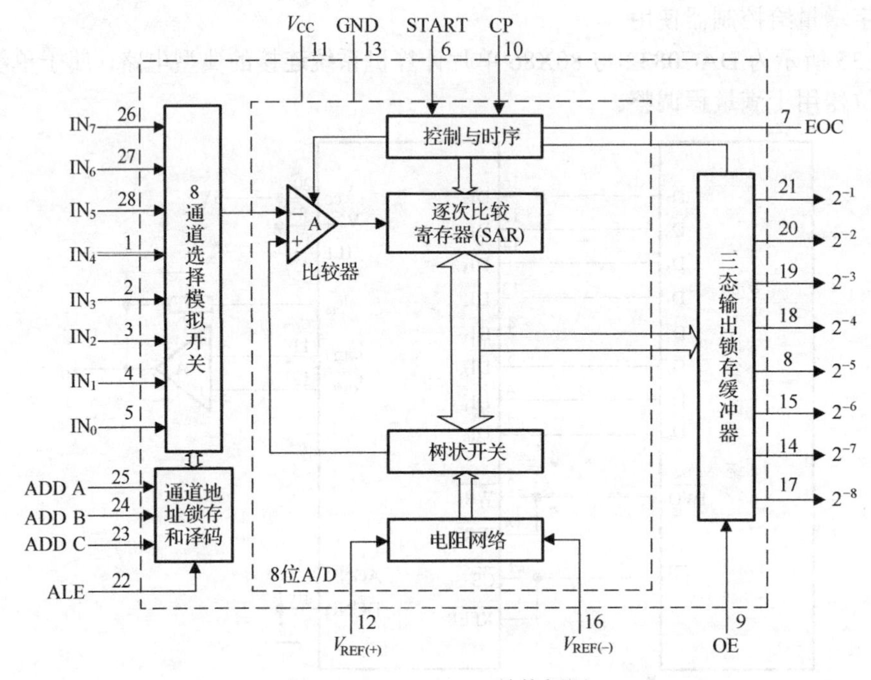

图 13.37　ADC0809 结构框图

ADC0809 由 8 位逐次渐进型 A/D 转换器和通道选择电路两大部分组成。8 位逐次渐进型 A/D 转换器中采用开关树型 A/D 转换器，输出带 8 位锁存器，具有三态输出能力。

器件上各引脚的名称和功能如下。

(1) IN_0～IN_7：8 路模拟电压输入，最大范围为 0～5V，可由 8 路模拟开关选择其中任何一路送至 8 位 A/D 转换电路进行转换。

(2) 2^{-1}～2^{-8}：A/D 转换器输出的 8 位二进制数。其中，2^{-1} 为最高位，2^{-8} 为最低位。

(3) ADDC、ADDB、ADDA：3 位地址信号。3 位地址经锁存和译码后，决定选择哪一路模拟电压进行 A/D 转换，对应关系如表 13.5 所示。

(4) ALE：通道选择地址码和锁存译码允许信号输入端，该端施加正脉冲信号时，在脉冲的前边沿，将 3 位地址码 ADDC、ADDB 和 ADDA 存入锁存器。

(5) CLK：时钟脉冲输入端。输入信号的频率范围是 10kHz～1MHz。

(6) START：A/D 转换器启动信号输入端，该端输入正脉冲信号时，在脉冲信号的上升沿，将逐次比较寄存器清零，在脉冲信号的下降沿，A/D 转换器开始转换。

(7) EOC：转换结束标志，输出高电平信号有效。在 START 输入脉冲信号的上升沿到来后，EOC 变成低电平，表示正在进行 A/D 转换。A/D 转换结束后，EOC 跳变为高电平。所以 EOC 可以作为数据接收设备开始读取 A/D 转换结果的启动信号，或者作为向微处理器发出的中断请示信号 INT(或 $\overline{INT}$)。

(8) OE：输出允许信号，输出高电平有效。

(9) V_{CC}：工作电压为+5V。

(10) $V_{REF(+)}$、$V_{REF(-)}$：参考电压源的正极性输入端和负极性输入端。

(11) GND：接地端。

表 13.5 ADC0809 通道选择译码表

地址			选中通道
ADDC	ADDB	ADDA	
0	0	0	IN_0
0	0	1	IN_1
0	1	0	IN_2
0	1	1	IN_3
1	0	0	IN_4
1	1	1	IN_5
1	1	0	IN_6
1	1	1	IN_7

接下来介绍 ADC0809 的基本工作过程。输入 3 位地址信号，地址信号稳定后，在 ALE 端输入脉冲信号，在上升沿时刻，将其锁存，通过译码器，选择进行 A/D 转换的模拟信号。发出 A/D 转换的启动信号 START，在 START 的上升沿，将逐次渐进寄存器清零，转换结束标志 EOC 变成低电平，在 START 的输入脉冲信号的下降沿时刻，开始进行 A/D 转换。转换过程在时钟脉冲信号 CLK 的控制下进行。转换结束后，转换结束标志输出端 EOC 跳变为高电平，这一高电平的输出经单片微处理器的处理，使得 OE 端输入高电平，转换结果经三态缓冲器输出。在转换过程中接收到新的转换启动信号(START)，则逐次渐进寄存器被清零，正在进行的转换停止，然后重新开始新的转换。若将 START 和 EOC 短接，可实现连续转换，但第一次转换要用外部启动脉冲。

在 ADC0809 典型应用中，它与微处理器的连接如图 13.38 所示。

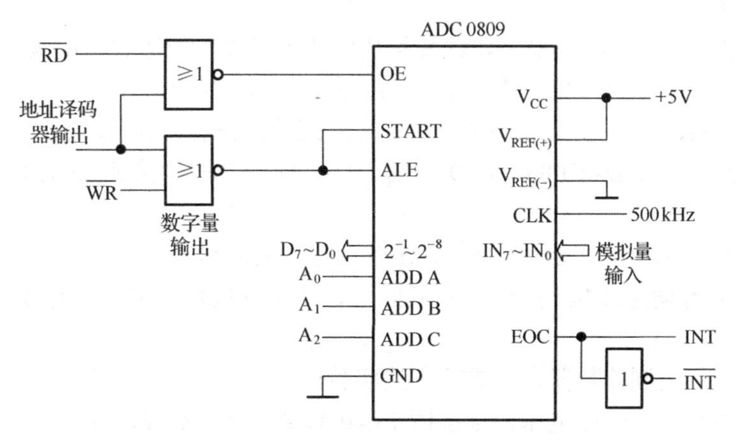

图 13.38 ADC0809 与微处理器的连接

13.3 实验内容和步骤

13.3.1 D/A 转换器实验

实验接线图如图 13.39 所示，把 DAC0832、μA741 等插入实验系统中，按图 13.39 接线，不包括虚线框内。即 D_7～D_0 接实验系统的数据开关，$\overline{CS}$、$\overline{XFER}$、$\overline{WR_1}$、$\overline{WR_2}$ 均接 0，AGND 和 DGND 相连接地，ILE 接+5V，参考电压接+5V，运放电源为±15V，调零电位器为 10kΩ。

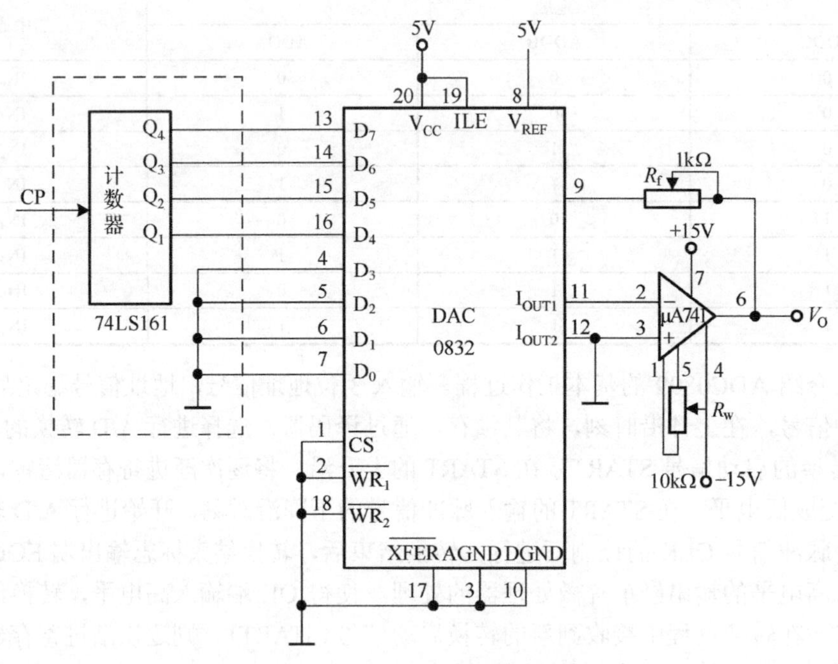

图 13.39 DAC0832 实验测试接线图

(1) 接线检查无误后，置数据开关 D_7～D_0 为全 0，接通电源，调节运放的调零电位器，使输出电压 V_O=0V。

(2) 再置数据开关全 1，调整 R_f，改变运放的放大倍数，使运放输出满量程。

(3) 数据开关从最低位逐位置 1，并逐次测量模拟电压输出 V_O，填入表 13.6 中。

(4) 再将 74LS161 或用实验箱中的 (D 或 JK) 触发器构成二进制计数器，对应的 4 位输出 Q_4、Q_3、Q_2、Q_1 分别接 DAC0832 的 D_7、D_6、D_5、D_4，低四位接地 (这时和数据开关相连的线全部断开)。

(5) 输入 CP 脉冲，用示波器观测并记录输出电压的波形。

(6) 如果计数器输出改接到 DAC 的低四位，高四位接地，重复上述实验步骤，结果又如何？

(7) 采用 8 位二进制计数器，再进行上述实验。

(8) 若输出要获得双极性电压，则按图 13.40 的接法就可实现，读者可以适当选择电阻，就可获得正、负电压输出。

表 13.6 实验记录

输入数字量								输出模拟电压	
D_7	D_6	D_5	D_4	D_3	D_2	D_1	D_0	实测值	理论值
0	0	0	0	0	0	0	0		
0	0	0	0	0	0	0	1		
0	0	0	0	0	0	1	1		
0	0	0	0	0	1	1	1		
0	0	0	0	1	1	1	1		
0	0	0	1	1	1	1	1		
0	0	1	1	1	1	1	1		
0	1	1	1	1	1	1	1		
1	1	1	1	1	1	1	1		

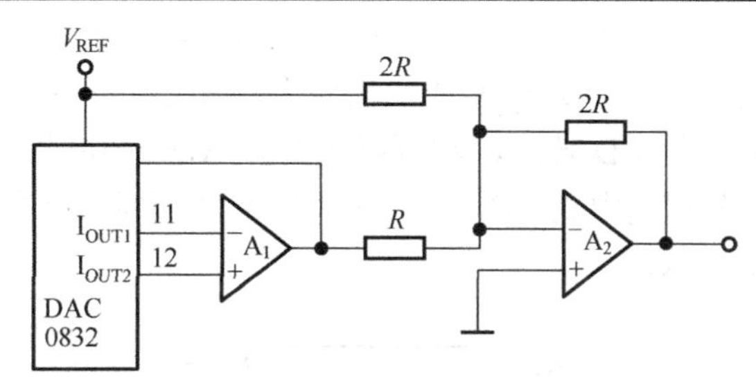

图 13.40 DAC0832 双极性接法

13.3.2 A/D 转换器实验

(1) 按图 13.41 接线。在实验系统中插入 ADC0809 IC 芯片，其中 D_7～D_0 分别接 8 只 LED，CLK 接实验系统的连续脉冲，地址码 A、B、C 接数据开关或计数器输出，其余的按图 13.41 接线。

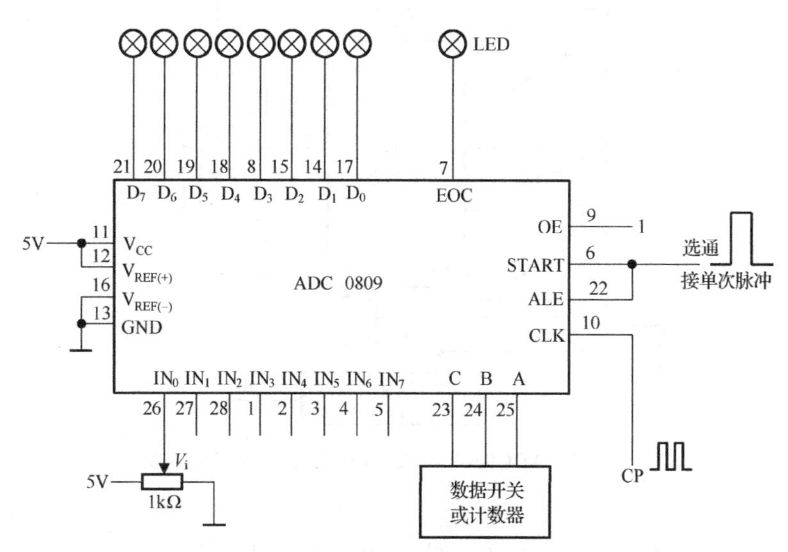

图 13.41 ADC0809 实验原理接线图

(2) 接线完毕，检查无误后，接通电源。调 CP 脉冲至最高频(频率大于 1kHz)，再置数据开关为 000，调节 R_w，并用万用表测量 V_i 为 4V，再按一次单次脉冲(注意单脉冲的“1”接 START 信号，平时处于 0 电平，开始转换时为 1)，观察输出 D_7～D_0(LED 显示)的值，并记录下来。

(3) 再调节 R_w，使 V_i 为+3V，按一下单次脉冲，观察输出 D_7～D_0 的值，并记录下来。

(4) 按上述实验方法，分别调 V_i 为 2V、1V、0.5V、0.2V、0.1V、0V 进行实验，观察并记录每次输出 D_7～D_0 的状态。

(5) 调节 R_w，改变输入 V_i，使 D_7～D_0 全 1，测量这时的输入转换电压值为多少。

(6) 改变数据开关值为 001，这时将 V_i 从 IN_0 改接到 IN_1 输入，再进行(2)～(5)步的实验操作。

(7) 按第(6)步的方法，可分别对其余的六路模拟量输入进行测试。

(8) 将 C、B、A 三位地址码接至计数器(计数器可用 JK、D 触发器构成或用 74LS161)的三个输出端，再分别置 IN_0～IN_7 电压为 0V、0.1V、0.2V、0.5V、1V、2V、3V、4V，单次脉冲接 START，改接为平时“高电平”(即一直转换)信号。再把单次脉冲接计数器的 CP 端。

(9) 按动单次脉冲计数，观察 D_7～D_0 的输出状态，并记录下来。

如果我们要进行 16 路的 A/D 转换，则可以用两只 ADC0809 组成，地址码 C、B、A 都连起来，而用片选 OE 端分别选中高、低两片，如图 13.42 所示。这样在 0～7 时，选中 IN_0～IN_7；8～15 时，选中 IN_8～IN_{15}。

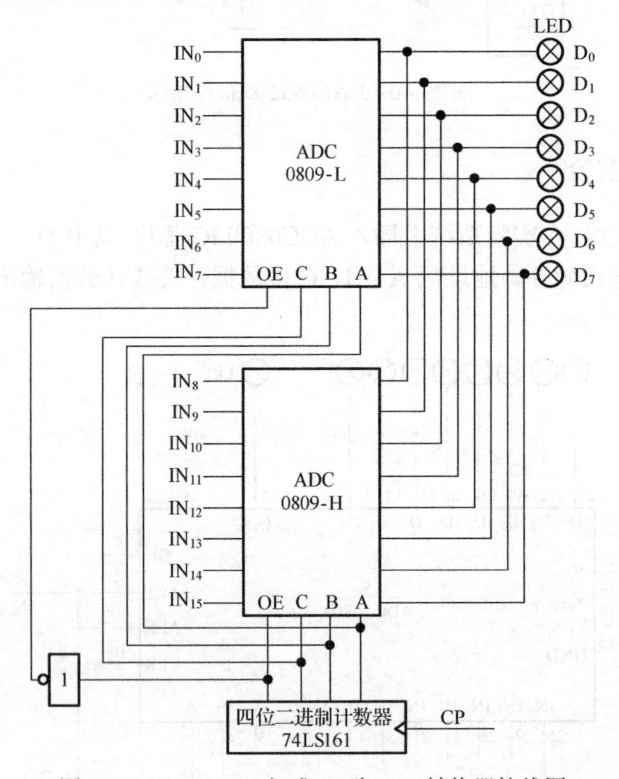

图 13.42　ADC0809 组成 16 路 A/D 转换器接线图

13.4 实验器材

(1) THK-880D 型数字电路实验系统。

(2) 直流稳压电源。
(3) 双踪示波器。
(4) 万用表。
(5) 集成电路：DAC0832、ADC0809、74LS161、μA741。
(6) 电位器：10kΩ、1kΩ。

13.5 复习要求与思考题

13.5.1 复习要求

(1) 复习 D/A、A/D 转换器的工作原理。
(2) 熟悉 DAC0832 和 ADC0809 芯片的各引脚功能及其排列。
(3) 了解 DAC0832 和 ADC0809 的使用方法。

13.5.2 思考题

(1) 数模转换器的转换精度与什么有关？
(2) DAC 的主要技术指标有哪些？
(3) 分析测试结果，若存在误差，试分析产生误差的原因有哪些。
(4) 欲使实验电路的输出电压的极性反相，应该采取什么措施？

13.6 实验报告要求

(1) 总结分析 D/A 转换器和 A/D 转换器的转换工作原理。
(2) 写出实验电路的设计过程，并画出电路图。
(3) 将实验转换结果与理论值进行比较，并对实验结果进行分析。

实验十四　简单数字电路设计

14.1　实 验 目 的

(1) 了解简单数字系统设计和调试的一般方法，验证所设计电路的功能。

(2) 熟悉十-二、二-十转换电路的工作原理和设计方法。

14.2　实验原理和电路

14.2.1　数字电路一般设计方法

数字电路的种类很多，设计方法也不尽相同。设计一个数字电路系统，首先必须明确系统的设计任务，根据任务进行方案选择；然后对方案中的各个部分进行单元电路的设计、参数计算和器件选择；最后将各部分连接在一起，画出一个符合要求的完整的系统电路图，并根据电路图进行电路的安装与调试，使电路达到预期的性能指标与要求。

1. 明确系统设计任务、确定系统总体方案

这一步的工作要求是：对系统的设计任务进行具体分析，充分了解系统的性能、指标、内容及要求，以便明确系统应完成的任务；然后把系统要完成的任务分配给若干个单元电路，并画出一个能表示各单元功能的整机原理框图，以形成由若干个单元功能模块组成的总体方案。

总体方案可以有多种选择，需要通过实际的调查研究、查阅有关资料和集体讨论等方式，着重从方案能否满足要求、构成是否简单、实现是否经济可行等方面，对多种方案进行比较和论证，择优选取。对选取的方案，常用框图的形式表示出来。注意每个框尽可能是完成某一种功能的单元电路，尤其是关键的功能模块的作用和功能一定要表达清楚。另外，还要表示出各个功能模块各自的作用和相互之间的关系，注明信号的走向和制约关系。

尽管各种数字电路系统的用途不同，具体电路也有很大的差别，但是若从系统功能上来看，各种数字电路系统都有共同的原理框图。图 14.1 所示为典型数字控制或测量装置的原理框图，它由以下 4 个部分组成。

1) 输入电路

输入电路包括传感器、A/D 转换器和各种接口电路。主要功能是将待测或被控的连续变化量，转换成在数字电路中能工作和加工处理的数字信号。这一变换过程，经常在控制电路统一指挥下进行。

2) 控制电路

控制电路包括振荡器和各种控制门电路。主要功能是产生时钟信号及各种控制节拍信号。控制电路是整个数字装置的神经中枢，控制着各部分电路统一协调工作。

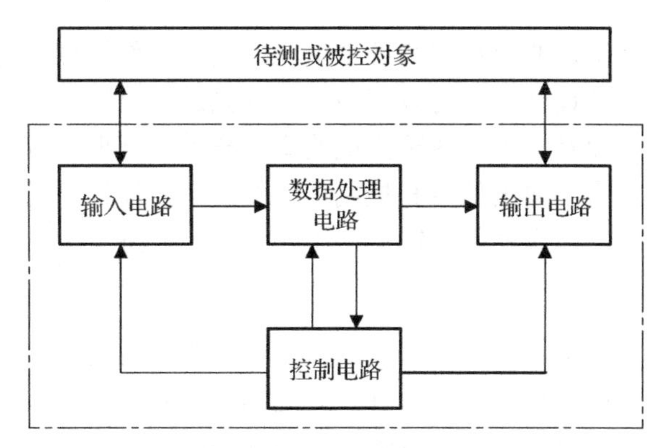

图 14.1　典型数字控制或测量装置的原理框图

为了使系统有步骤地完成各个操作任务，需要把每个操作安排在不同时间内进行。这就要求根据时钟脉冲序列，产生一种节拍信号去控制系统运行。完成这一任务的电路称为控制电路。

简单的控制电路实际上是一种节拍信号发生器。每一个时钟脉冲产生一个节拍信号，而且随着时钟的不断到来，产生不同的节拍信号，用它控制不同的单元电路完成相应的操作。完成操作之后，控制电路又回到它的初始状态。

复杂的控制电路需要根据输入信号的情况来控制节拍信号，这就要求控制电路必须接收来自输入端的信息，再产生控制信号序列。有的控制电路还能在不同指令下产生各种不同的控制信号序列，这种控制电路对确定的指令和输入信号同时响应，产生相应的控制信号。

3) 数据处理电路

数据处理电路包括存储器和各种运算电路。主要功能是加工和存储输入的数字信号与经过处理后的结果，以便及时地把加工后的信号送给输出电路或控制电路。数据处理电路是实现各种计数、控制功能的主体电路。

根据数字系统功能的不同，对数据处理电路的要求也各异。一些简单数字电路装置，往往只要求对输入的信号进行简单的加、减、比较或逻辑运算，并及时地存储起来，以便在控制信号到来时将加工处理后的数据送往输出电路。所以这种数据处理电路往往是由寄存器、累加器、计数器等单元电路组成的。对于较复杂的数字系统，如数字电子计算机，则需要专门的中央处理器、内存储器等部件来完成，而且还有输入和输出部件专门担任与外界打交道的任务。

4) 输出电路

输出电路包括 D/A 转换器、驱动器和各种执行机构。主要功能是将经过加工的数字信号转换成模拟信号，再进行适当的能量转换，驱动执行机构完成测量或控制等任务。

以上 4 个部分中，控制电路和数据处理电路是整个数字电路系统的核心。

2. 单元电路的设计、器件选择和参数计算

1) 单元电路的设计

任何复杂的电子电路装置和设备，都是由若干个具有简单功能的单元电路组成的。总体方案的每个模块，往往是由一个主要单元电路组成的，其性能指标比较单一。在明确每个单

元电路的技术指标的前提下，要分析清楚各个单元电路的工作原理、与前后级电路之间的关系、电路的结构形式。具体设计时，可以模仿成熟的先进的电路，也可以进行创新或改进，但都必须保证性能要求。而且，不仅各单元电路本身要设计合理，各单元电路间也要互相配合，注意各部分的输入信号、输出信号和控制信号的关系。设计时还应尽可能减少元件的类型、电平转换和接口电路，以保证电路简单、工作可靠、经济实用。

2) 器件选择

单元电路确定之后，根据其工作原理和所要实现的逻辑功能，首先要选择在性能上能满足设计要求的集成器件。所选集成器件最好能完全满足单元电路要求。当然在多数情况下集成器件只能完成部分功能，或者需要与其他集成器件和电子元器件配合起来组成所需的单元电路。选择集成器件时，不仅要注意在功能和特性上能实现设计方案，而且要满足功耗、电压、速度、价格等多方面的要求。

3) 参数计算

每个单元电路的结构、形式确定之后，为了保证单元电路能达到技术指标要求，还需要对影响技术指标的元器件参数进行计算。例如，振荡电路中的电阻、电容、振荡频率等参数的计算；延迟电路中的电阻、电容、延迟时间等参数的计算。这些计算有的需要根据电路理论的有关公式，有的则要按照工程估算方法，还有的要利用经验数据。

计算电路参数时应注意下列问题。

(1) 元器件的工作电流、电压、频率和功耗等参数应能满足电路指标的要求。

(2) 元器件的极限参数必须留有足够余量，一般应大于额定值的1.5倍。

(3) 电阻和电容参数应选在计算值附近的标称值。

3. 绘制系统总体电路图

为详细表示设计的整机电路及各单元电路的连接关系，设计时需绘制系统总体电路图。

电路图通常是在系统框图、单元电路设计、器件选择和参数计算的基础上绘制的，它是组装、调试和维修的依据。绘制电路图时要注意以下几点。

(1) 布局合理、排列均匀、图面清晰、便于看图、有利于对图的理解和阅读。总体电路图应尽可能画在一张图纸上。如果电路比较复杂，需绘制几张图纸，则应把主电路画在一张图纸上，而把一些比较独立或次要的部分画在另外的图纸上，并且表明相互的连接关系。有时为了强调并便于看清各单元电路的功能关系，每一个功能单元电路的元器件应集中布置在一起，并尽可能按照工作顺序排列。

(2) 注意信号的流向。一般从输入端或信号源画起，由左至右或由上至下按信号的流向依次画出各单元电路，而反馈通路的信号流向则与此相反。

(3) 图形符号要标准，图中应加适当的标注。图形符号表示器件的项目或概念。电路图中的中、大规模集成电路器件一般用方框表示，在方框中标出它的型号，在方框的边线两侧标出每根线的功能名称和引脚号。除中、大规模集成电路器件外，其余元器件符号应当标准化。

(4) 连接线应为直线，并且交叉和折弯应最少。通常连接线可以水平布置或垂直布置，一般不画斜线。互相连通的交叉线，应在交叉处用圆点表示。根据需要，可以在连接线上加注信号名或其他标记，表示其功能或其去向。

4. 电路的安装和调试

电子电路设计好后，便可进行安装、调试。电路的安装与调试是把理论设计付诸实践，制作出符合设计要求的实际电路的过程。

设计电路的安装，通常采用焊接和在实验箱上插接两种方式。焊接组装可提高焊接技术，但器件可重复利用率很低。在实验箱上组装，元器件便于插接，且电路便于调试，并可提高器件重复利用率。在实验箱上用插接方式组装电路，可按以下方法进行。

1) 集成电路的插装

插接集成电路时，首先应认清方向，不要倒插，所有集成电路的插入方向要保持一致，注意引脚不要弯曲。

2) 元器件的位置

根据电路图的各部分功能确定元器件在实验箱的插接板上的位置，并按信号的流向将元器件顺序地连接，以方便调试。互相有影响或产生干扰的元器件应尽可能分开或屏蔽，如强电(220V)与弱电(直流电源)之间、输出级与输入级之间要彼此安排远一些；干扰源(如频率较高的振荡器、电源变压器等)要注意屏蔽。

3) 导线的选用和连接

导线直径应和插接板的插孔直径相一致，过粗会损坏插孔，过细则与插孔接触不良。为检查电路方便，根据不同用途，导线可以选用不同的颜色。一般习惯是正电源用红线，负电源用蓝线，地线用黑线，信号线用其他颜色的线。连接用的导线要求紧贴在插接板上，避免接触不良。连线不允许跨接在集成电路器件上，一般从集成电路器件周围通过，尽量做到横平竖直，这样便于查线和更换器件。导线应尽可能短一些，避免交织混杂在一起。微弱信号的输入引线应当选用屏蔽线，屏蔽线外层的一端要接地。直流电源引线较长时，应加滤波电路，以防止 50Hz 市电干扰。

组装电路时还应注意，电路之间要共地。正确的组装方法和合理的布局，不仅使电路整齐美观，而且能提高电路工作的可靠性，便于检查和排除故障。

电路安装完毕后，便可进行调试。电子电路的调试往往是先进行分调，后进行总调。分调是按某一合适的顺序(一般按信号流程)，对构成总体电路的各个单元电路进行调试，以满足总体的单元电路的要求。总调是对已分调过的各单元电路连接在一起的总体电路进行调试，以达到总体设计指标。

由于多种实际因素的影响，原来的理论设计可能要进行修改，原来选择的元器件需要调整或改变参数，有时还需要增加一些电路或器件，以保证电路能稳定地工作。因此，调试之后很可能要对前面所确定的方案再进行修改，最后完成实际的总体电路。

14.2.2 数字电路的调试

任何一个数字电路，甚至已被他人实验证明是成功可行的数字电路，按照设计的电路图安装完毕后，并不能立即投入运行。因为在设计时，对各种客观的因素难以预测，加上元器件参数存在分散性和不同程度的误差，所以必须通过安装后的调整和实验，发现和纠正设计方案的不足之处，采取措施加以弥补，以使电路达到预期的技术指标。所以，数字电路的调试是保证电路正常工作和性能优良的关键步骤之一，数字电路的调试技能，是电子技术及其有关领域的工作人员必不可少的。

1. 数字电路一般调试方法

数字电路的调试，是以达到电路设计技术指标为目的进行的一系列测量、调整、再测量、再调整的过程。数字电路安装完毕后，一般可按以下步骤进行调试。

1) 检查电路

对照电路图检查电路元器件是否连接正确，器件引脚、二极管方向、电容极性、电源线、地线是否接对，连接或焊接是否牢固，电源电压的数值和方向是否符合设计要求等。

2) 按功能模块分别调试

任何复杂的电子设备都是由简单的单元电路组成的，把每一部分单元电路调试得能正常工作，才可能使它们连接成整机后有正常工作的基础。先按功能模块调试电路，既容易排除故障，又可以逐渐扩大调试范围，实现整机调试。按功能模块调试，既可以装好一部分就调试一部分，也可以整机装好后再分块调试。

3) 先静态调试，后动态调试

静态是指电路输入端未加输入信号或加固定电位信号，使电路处于稳定的直流工作状态。静态调试是调试直流工作状态下电路的静态工作点，测试静态参数。调试电路不宜一次既加电源同时又加信号进行电路调试。由于电路安装完毕后，未知因素很多，如接线是否正确无误、元器件是否完好无损、参数是否合适、分布参数影响如何等，这些都需要从最简单的直流工作状态开始观察测试。所以一般先加电源不加信号进行静态调试，待电路的直流工作状态正确后再加信号进行动态调试。

动态是指电路的输入端加入了适当频率和适当幅度的信号，使电路处于变化的交流工作状态。动态调试时通常采用示波器来观察和测量电路的输入、输出信号波形，并测出相关的动态参数，如放大电路的增益、频带，脉冲波的幅度、脉宽、占空比、前后沿时间等。

4) 整机联调(总调)

每一部分单元电路和功能模块工作正常后，再将各部分电路连接在一起进行整机调试。整机联调的重点应放在关键单元电路和采用新电路、新技术的部位。调试顺序可以按照信号传递的方向和路径，一级一级地调试，逐步完成全电路的调试工作。

5) 指标测试

电路能正常工作后，立即进行技术指标的测试工作。根据设计要求，逐个检测指标完成情况。若未能达到指标要求，需分析原因找出改进电路的措施，有时需要用实验凑试的办法来达到指标要求。

2. 数字电路调试中的特殊问题

数字电路中的信号多数是逻辑关系，集成电路的功能一般比较定型，通常在调试步骤和方法上有其特殊规律。数字电路的调试步骤和方法如下。

(1) 需调整好振荡电路部分，以便为其他电路提供标准的时钟脉冲信号。

(2) 注意调整控制电路部分，保证分频器、节拍信号发生器等控制信号产生电路能正常工作，以便为其他各部分电路提供控制信号，使电路能正常、有序地工作。

(3) 调整信号处理电路，如寄存器、计数器、选择电路、编码和译码电路等。这些部分都能正常工作之后，再相互连接检查电路的逻辑功能。

(4) 注意调整好接口电路、驱动电路、输出电路以及各种执行元件或机构，保证实现正常的功能。

数字电路集成器件引脚密集，连线较多，各单元电路之间时序关系严格，出现故障后不易查找原因。因此，调试中应注意以下问题。

(1) 注意元件类型。如果既有 TTL 电路，又有 CMOS 电路，还有分立元件，注意检查电源电压是否合适，电平转换以及带负载能力是否符合要求。

(2) 注意时序电路的初始状态，检查能否自启动，应保证电路开机后能顺利地进入正常工作状态。还要注意检查各集成电路辅助引脚、多余引脚是否处理得当等。

(3) 注意检查容易出现故障的环节，掌握排除故障的方法。出现故障时，可从简单部分逐级查找，逐步缩小故障点的范围；也可以对某些预知点的特性进行静态或动态测试，判断故障部位。

(4) 注意各部分的时序关系。对各单元电路的输入和输出波形的时间关系要十分熟悉。应对照时序图检查各点波形，并弄清楚哪些是上升沿触发，哪些是下降沿触发，以及它们和时钟信号的关系。

下面以一个十翻二运算电路为例，学会简单数字电路的设计。

14.3 实验内容和步骤

14.3.1 简述

人们在向计算机输送数据时，首先把十进制数变成二-十进制数码即 BCD 码，运算器在接收到二-十进制数码后，必须要将它转换成二进制数才能参加运算。这种把十进制数转换成二进制数的过程称为“十翻二”运算。

例如，$125 \to [0001，0010，0101]_{二\text{-}十} \to [1111101]_{二}$。

十翻二运算的过程可以由下式看出：

$$125=[(0\times10+1)\times10+2]\times10+5$$

这种方法归纳起来，就是重复这样的运算：

$$N\times10+S\to N$$

式中，N 为现有数(高位数)；S 为新输入数(较 N 低一位的数)，N 的初始值取“0”，二-十进制数码是由高位开始逐位输入的，每输入一位数进行一次这样的运算，直至最低位输入，算完为止。

十翻二运算的实现方法从运算式 $N\times10+S$ 来看可分为两步，如方法Ⅰ：

$$\begin{cases}\text{第一步}N\text{乘5，} & \text{即}N\times5=N\times4+N\\ \text{第二步乘2再加}S\text{，} & \text{即}(5N)\times2+S=10N+S\end{cases}$$

方法Ⅱ：

$$\begin{cases}\text{第一步}N\text{乘10，} & \text{即}N\times10=N\times2+N\times8\\ \text{第二步加}S\text{，} & \text{即}10N+S\end{cases}$$

因为二进制数乘 2，乘 4，乘 8，只要在二进制数后面补上一个 0、两个 0 或三个 0 就可以了，所以利用这个性质可以有多种方法实现乘 10 运算。

在实现运算的两个步骤中，都有加法运算。因此就要二次用到加法器(全加器)。实现的电路可以用一个全加器分两次来完成，也可以用两个全加器一次完成。故实现十翻二运算的电路也各有不同。

十翻二运算电路的框图如图 14.2 所示。

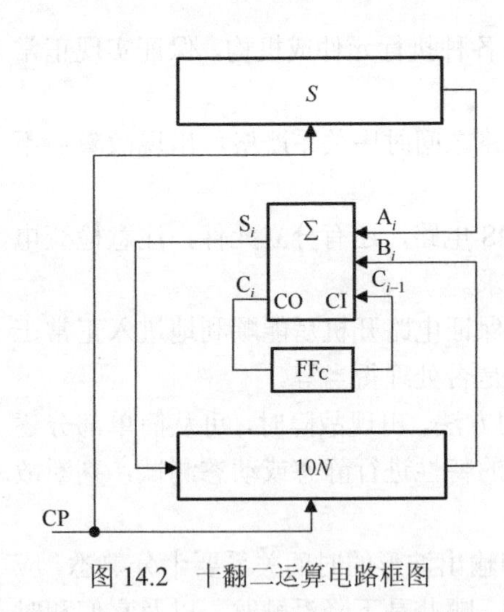

图 14.2　十翻二运算电路框图

14.3.2　设计任务和要求

用中小规模集成电路设计十翻二运算逻辑电路，具体要求如下。

(1) 具有十翻二功能。

(2) 能完成三位十进制数到二进制数的转换。

(3) 能自动显示十进制数及二进制数。

(4) 移位寄存器选用八位移位寄存器。

(5) 具有手动和自动清零功能。

14.3.3　设计方案提示

根据设计的任务和要求，我们先设计十翻二运算电路。十翻二运算为 $N\times10+S\rightarrow N$ 的过程，因此，根据图 14.2 的框图可得出两种方法实现十翻二的逻辑框图，框图如图 14.3 和图 14.4 所示。图中，全加器Σ可选用 74LS183 双全加器，进位触发器 FF_C 选用 D 触发器，乘 2、乘 4、乘 8 运算也可以用 D 触发器。

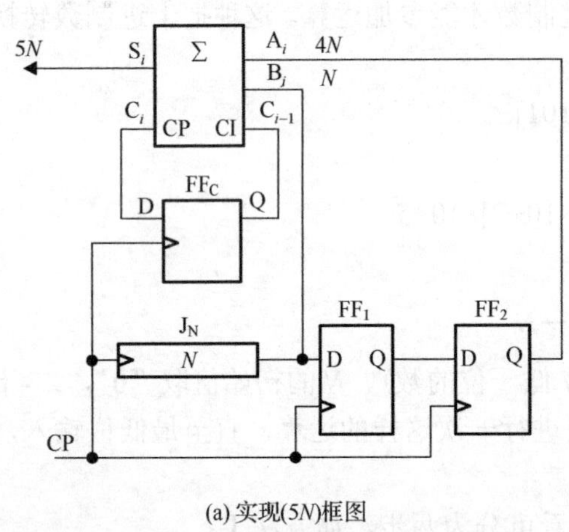

(a) 实现(5N)框图

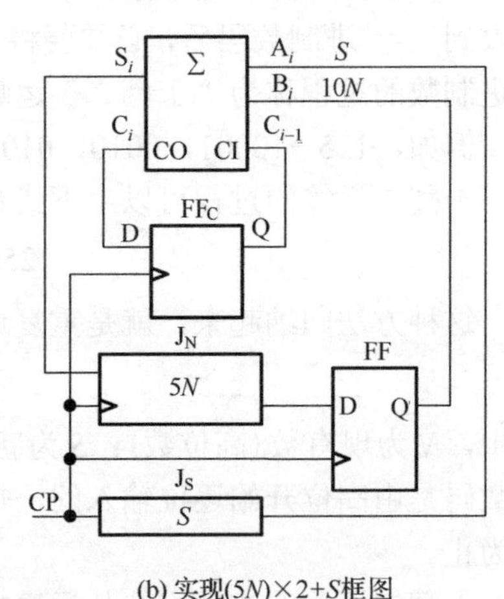

(b) 实现(5N)×2+S框图

图 14.3　实现 $N\times10+S$ 框图之一

寄存器 J_N 和 J_S 是用来存放二进制数字的，且可以实现移位功能，这里可选用 74LS164 八 D 串入并出移位寄存器作为 J_N。J_N 位数是八位的，且最高位为符号位。J_S 可以选用 4 位的可预置数双向移位寄存器 74LS194。为使十进制数转换成二-十进制数，这里可选用数据编码器来完成这一任务，如 74LS147 10-4 线 BCD 码优先编码器。

二进制数字的显示可用 LED 指示，十进制数字的显示用七段 LED 译码显示组件 CL002。

数据的自动运算需要一个控制器，这个控制器实际上就是给 J_N、J_S 发自动运算的移位脉冲信号。移位寄存器的字长为 8 位，则控制器要发 8 个移位脉冲信号给移位寄存器。数据的自动置数，由一个脉冲控制，在输入数据时产生。一次运算结束后，有关寄存器及乘 2、乘 4、乘 8 等触发器需要进行清零，也要一个脉冲，其时序图如图 14.5 所示。

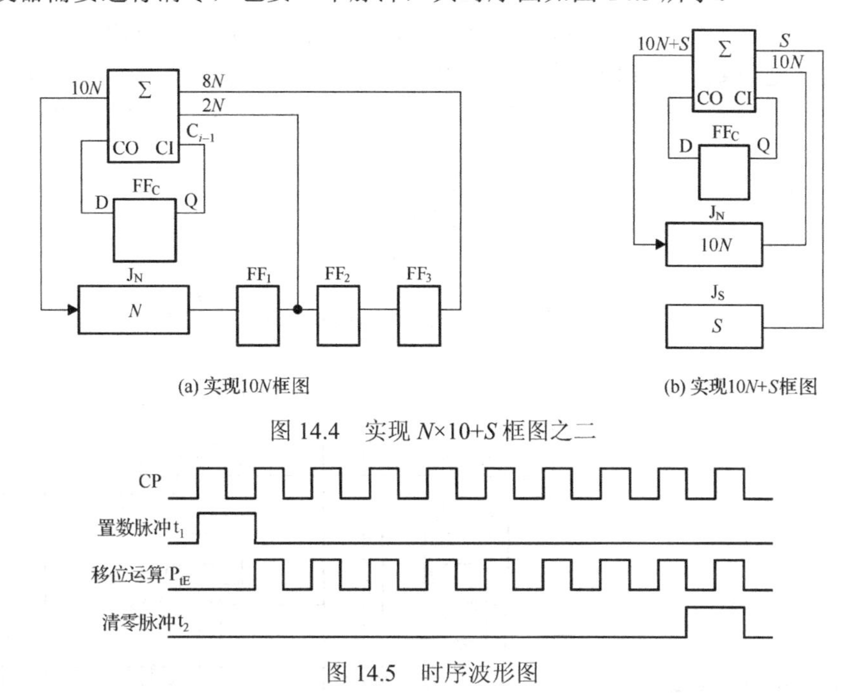

图 14.4　实现 $N×10+S$ 框图之二

图 14.5　时序波形图

14.3.4　参考电路及简要说明

根据设计任务和要求，十翻二运算参考逻辑图如图 14.6 所示。

(1) 当把总清 K 按下时，J_N、J_S 及所有进位触发器和控制触发器等处于 0 状态。

(2) 当输入数字 0～9 时，即按下 0～9 任何一键，将使控制触发器 Q 翻转为 1 状态，从而使扭环形计数器在准工作状态。按键的同时，经 74LS147 编码，这时在 $\overline{Y_3}\sim\overline{Y_0}$ 端输出 BCD 码，并通过与非门 1、或门 2，使 74LS194 的 M_1 端从 0→1 (这实际上就是置数脉冲 t_1)，$M_1=1$ 就将 Y_3～Y_0 置入 74LS194JS 移位寄存器中，J_S 的数码又通过 CL002 进行显示，这实际上就是产生置数脉冲。

例如，按下“1”键，则 74LS194 的 Q_A～Q_D 为 0001，数显显示 001，控制触发器为 1 状态。

(3) 当按下的键抬起后，74LS194 的 M_1 端从 1→0，这时 74LS194 具有移位功能，而 74LS164 组成的扭环形计数器也开始计数，并经或门、与门产生运算的移位脉冲 P_{tE}，使得 J_N 和 J_S 都通过移位脉冲移位，进入全加器进行 $10N+S$ 的操作，完成十翻二的运算。

(4) 当运算脉冲发送完后(一次发 8 个移位脉冲 P_{tE})，则产生第九个脉冲 t_2，结束这次的运算。t_2 使得进位触发器和控制触发器均清零，为第二次输入数据做好准备。

(5) 当第二次按下键后，与上次一样，J_S 存入所按键号的二-十进制数码，并通过 LED 数码管显示，第一次按下的数字已向前移动一位，这次数字显示在最低位。手键抬起后，扭环形计数器开始工作，发 P_{tE} 脉冲，使得 J_N 参与运算。并把两次所按的数通过 $10N+S$ 运算送到 J_N 寄存器中。P_{tE} 和 t_2 的产生时序波形见图 14.5。

(6) 第三次按下某数，先产生置数脉冲置数，然后运算和清零，其道理同上。

(7) J_N 是通过后面加三位触发器完成 $10N$ 的功能的。

(8) 由 555 时基电路中的 R_W 调节运算速度。

(9) 图 14.6 十翻二逻辑电路参考图中，有些 IC 电路电源和地没有画出，请读者自己注意。

(10) J_N 为二进制数，用 LED 显示，中间每次运算结果显示也均为二进制数，LED 显示直接用实验系统上的显示，输入“1”信号，LED 灯亮，输入“0”信号，LED 灯灭。

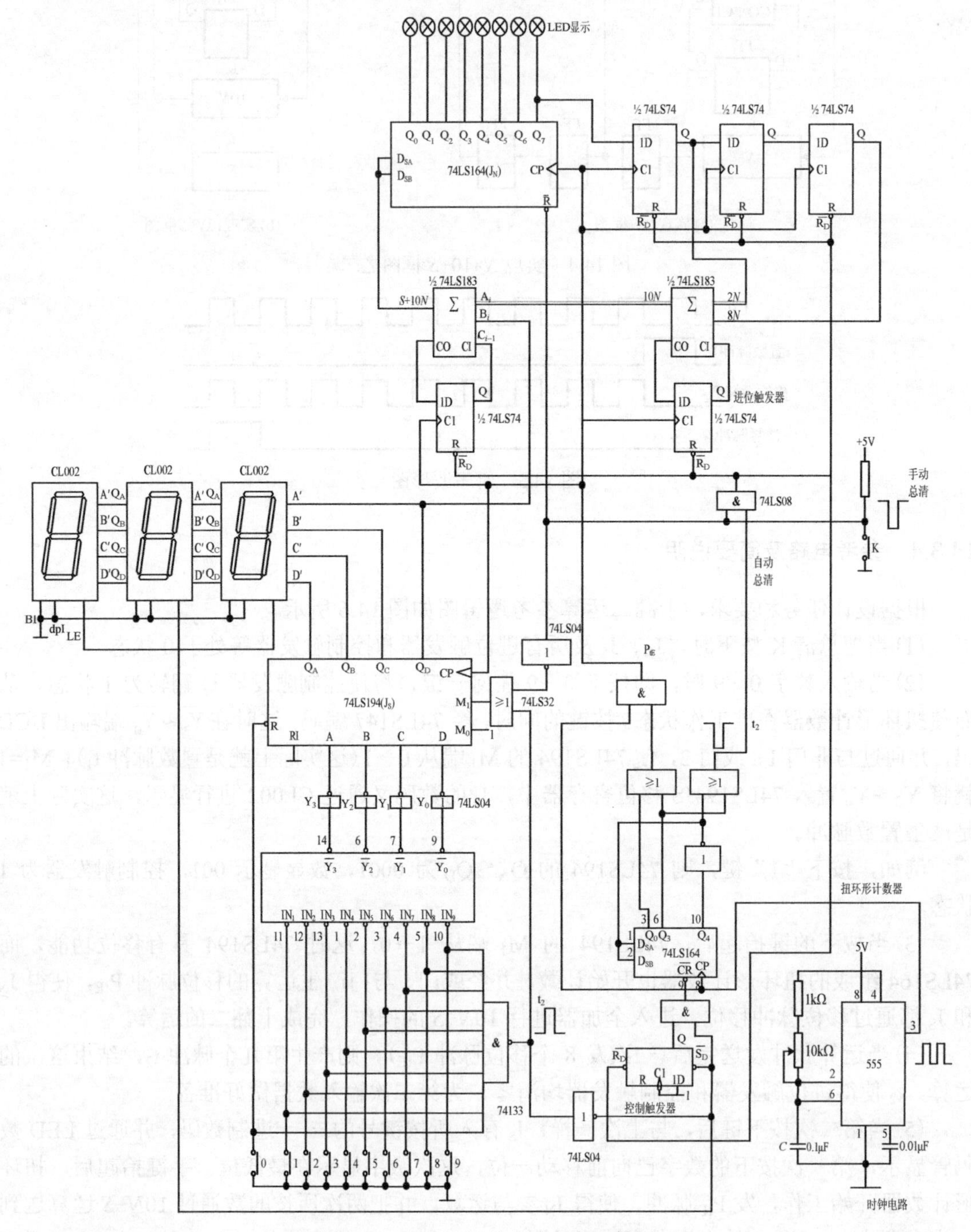

图 14.6 十翻二运算电路参考逻辑图

14.4 实 验 器 材

(1) THK-880D 型数字电路实验系统。

(2) 直流稳压电源。

(3) 双踪示波器。

(4) 万用表。

(5) 元器件：74LS74、74LS147、74LS164、74LS183、74LS194 及门电路。

(6) 电阻、电容、按键及开关。

14.5 复习要求与思考题

14.5.1 复习要求

(1) 复习简单数字系统设计和调试的一般方法。

(2) 复习十翻二转换电路和移位寄存器的工作原理。

(3) 复习所用到的集成电路的功能和引脚。

14.5.2 思考题

(1) 数字系统设计过程中应注意什么？

(2) 数字系统调试过程中应注意什么？

14.6 实验报告要求

(1) 写出实验电路的设计过程，并画出电路图，说明工作原理。

(2) 验证电路功能是否达到设计要求。

实验十五　智力竞赛抢答器的设计

15.1　实 验 目 的

(1)掌握用组合逻辑电路和集成触发器设计抢答器的方法。

(2)掌握用时序逻辑电路设计抢答器的方法。

(3)学习简单数字系统设计和调试的一般方法，验证所设计电路的功能。

15.2　实验原理和电路

15.2.1　设计背景

智力竞赛是一种生动活泼的教育形式和方法，通过抢答和必答两种方式能引起参赛者和观众的极大兴趣，并且能在极短时间内，使人们增加一些科学知识和生活常识。

实际进行智力竞赛时，一般分为若干组，各组对主持人提出的问题，分必答和抢答两种。必答有时间限制，到时要警告。回答问题正确与否，由主持人判断加分还是减分，成绩评定结果要用电子装置显示。抢答时，要判断哪组优先，并予以指示和鸣叫。

因此，要完成以上智力竞赛抢答器逻辑功能的数字逻辑控制系统，至少应包括以下几个部分。

(1)计分、显示部分。

(2)判别选组控制部分。

(3)定时电路和音响部分。

15.2.2　设计任务和要求

用 TTL 或 CMOS 集成电路设计智力竞赛抢答器逻辑控制电路，具体要求如下。

(1)抢答组数为 4 组，输入抢答信号的控制电路应由无抖动开关来实现。

(2)判别选组电路。能迅速、准确地判出抢答者，同时能排除其他组的干扰信号，闭锁其他各路输入使其他组再按开关时失去作用，并能对抢中者有光、声显示和鸣叫指示。

(3)计数、显示电路。每组有三位十进制计分显示电路，能进行加/减计分。

(4)定时及音响。

必答时，启动定时灯亮，以示开始，当时间到时要发出单音调“嘟”声，并熄灭指示灯。

抢答时，当抢答开始后，指示灯应闪亮。当有某组抢答时，指示灯灭，最先抢答一组的灯亮，并发出音响，也可以驱动组别数字显示(用数码管显示)。

回答问题的时间应可调整，分别为 10s、20s、50s、60s 或稍长一些。

(5)主持人应有复位按钮。抢答和必答定时应有手动控制。

15.3　实验内容和步骤

15.3.1　设计方案

(1) 复位和抢答开关输入防抖电路，可采用加吸收电容或 RS 触发电路来完成。

(2) 判别选组实现可以用触发器和组合电路完成，也可用一些特殊器件组成。例如，用 MC14599 或 CD4099 八路可寻址输出锁存器来实现。

(3) 计数显示电路可用 8421 码拨码开关译码电路显示。8421 码拨码开关能进行加或减计数。也可用加/减计数器(如 74LS193)来组成。译码、显示用共阴或共阳组件，也可用 CL002 译码显示器。

(4) 定时电路。当有开关启动定时器时，使定时计数器按减计数或加计数方式进行工作，并使一个指示灯亮，当定时时间到时，输出一个脉冲，驱动音响电路工作，并使指示灯灭。

15.3.2　参考电路及简要说明

根据智力竞赛抢答器的设计任务和要求，其逻辑参考电路如图 15.1 所示。

图 15.1 为四组智力竞赛抢答器逻辑电路图，若要增加组数，增加计分显示部分即可。

1. 计分部分

每组均由 8421 码拨码开关 KS-1 完成分数的增和减，每组为三位，个、十、百位，每位可以单独进行加减。例如，100 分加 10 分变为 110 分，只需按动拨码开关十位“+”号一次；若加 20 分，只要按动“+”号两次。若减分，方法相同，即按动“−”号就能完成减数计分。

顺便提一下，计分电路也可以用电子开关或集成加、减法计数器来组合完成。

2. 判组电路

这部分电路由 RS 触发器完成，CD4043 为三态 RS 锁存触发器，当 S_1 按下时，Q_1 为 1，这时或非门 74LS25 为低电平，封锁了其他组的输入。Q_1 为 1，使 D_1 发光管发亮，同时也驱动音响电路鸣叫，实现声、光的指示。输入端采用了阻容方法，以防止开关抖动。

3. 定时电路

当进行抢答或必答时，主持人按动单次脉冲启动开关，使定时数据置入计数器，同时使 JK 触发器翻转(Q=1)，定时器进行减计数定时，定时开始，定时指示灯亮。当定时时间到，即减法计数器为“00”时，B_O 为“1”，定时结束，这时去控制音响电路鸣叫，并灭掉指示灯(JK 触发器的 $\overline{Q}$=1，Q=0)。

定时显示用 CL002，定时的时标脉冲为“秒”脉冲。

4. 音响电路

音响电路中，f_1 和 f_2 为两种不同的音响频率，当某组抢答时，应为多音，其时序应为间断音频输出。当定时到时，应为单音，其时序应为单音频输出，时序如图 15.2 所示。

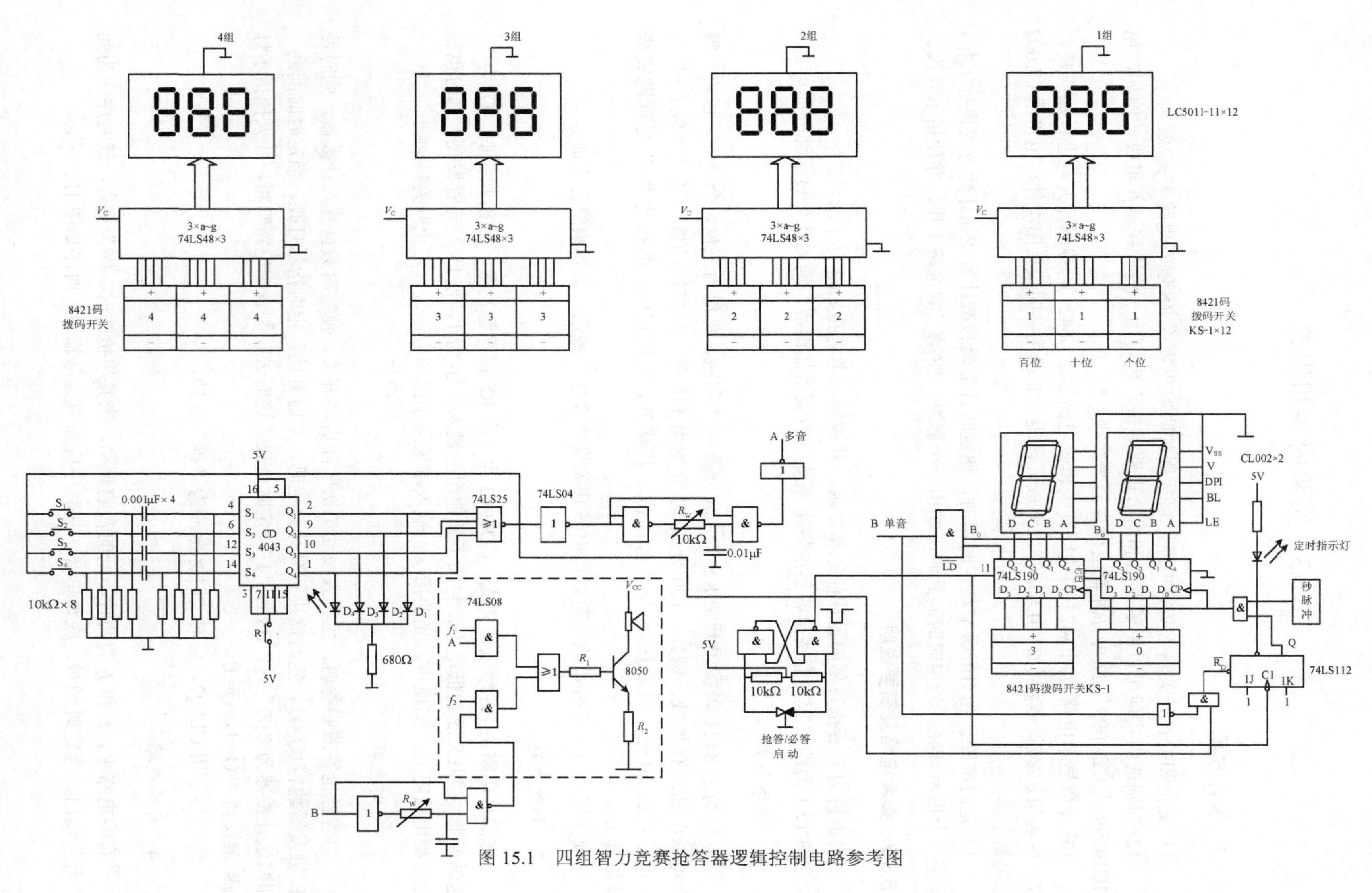

图 15.1　四组智力竞赛抢答器逻辑控制电路参考图

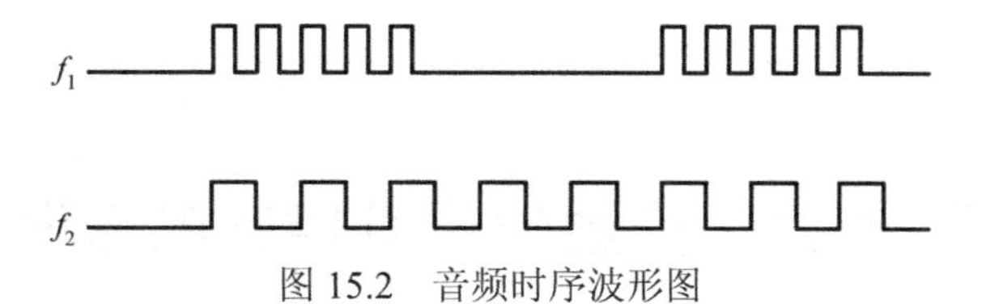

图 15.2　音频时序波形图

15.4　实 验 器 材

(1) THK-880D 型数字电路实验系统。

(2) 直流稳压电源。

(3) 集成电路：74LS190、74LS48、CD4043、74LS112 及门电路。

(4) 显示器：LC5011-11、CL002、发光二极管。

(5) 拨码开关(8421 码)。

(6) 阻容元件、电位器。

(7) 喇叭、开关等。

15.5　复习要求与思考题

15.5.1　复习要求

(1) 复习触发器、定时器逻辑功能。

(2) 复习所用到集成电路的功能和引脚。

15.5.2　思考题

实验中遇到什么问题？是如何解决的？

15.6　实验报告要求

(1) 写出实验电路的设计过程，并画出电路图，说明工作原理。

(2) 验证电路功能是否达到设计要求。

实验十六　交通信号灯控制电路设计

16.1　实 验 目 的

(1) 巩固数字逻辑电路的理论知识。

(2) 学习将数字逻辑电路灵活运用于实际生活。

16.2　实验原理和电路

16.2.1　设计背景

为了确保十字路口的车辆顺利、畅通地通过，往往都采用自动控制的交通信号灯来进行指挥。其中红灯(R)亮，表示该条道路禁止通行；黄灯(Y)亮表示停车；绿灯(G)亮表示允许通行。

交通信号灯控制器的系统框图如图 16.1 所示。

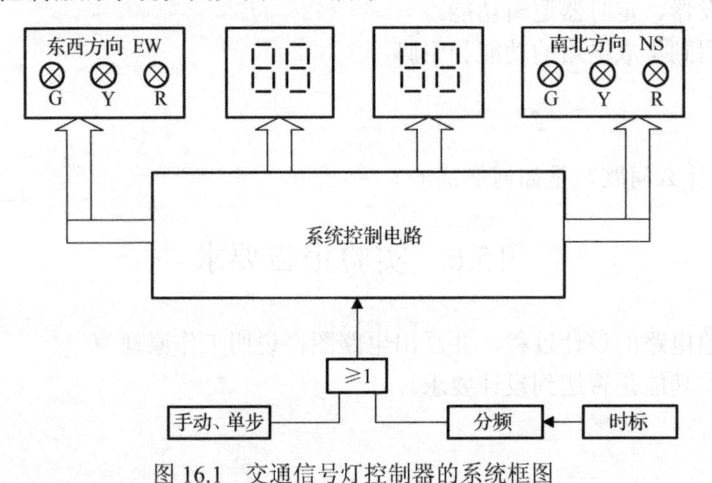

图 16.1　交通信号灯控制器的系统框图

16.2.2　设计任务和要求

设计一个十字路口交通信号灯控制器，其要求如下。

(1) 满足如图 16.2 所示的顺序工作流程。图中设南北方向的红、黄、绿灯分别为 NSR、NSY、NSG；东西方向的红、黄、绿灯分别为 EWR、EWY、EWG。

它们的工作方式，有些必须是并行进行的，即南北方向绿灯亮，东西方向红灯亮；南北方向黄灯亮，东西方向红灯亮；南北方向红灯亮，东西方向绿灯亮；南北方向红灯亮，东西方向黄灯亮。

(2) 应满足两个方向的工作时序，即东西方向亮红灯时间应等于南北方向亮黄、绿灯时间之和；南北方向亮红灯时间应等于东西方向亮黄、绿灯时间之和。时序工作流程图如图 16.3 所示。

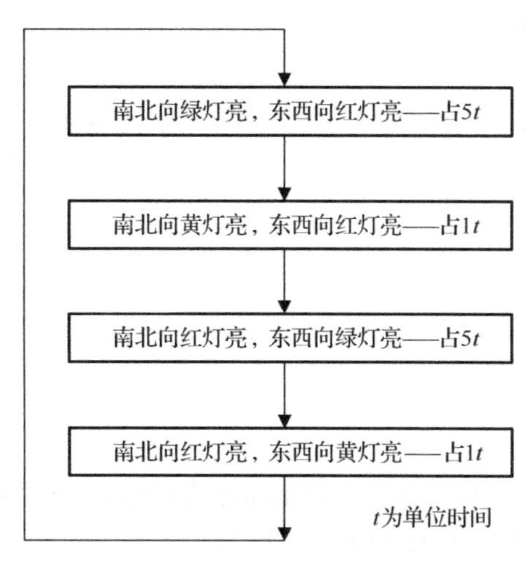

图 16.2　交通信号灯顺序工作流程图

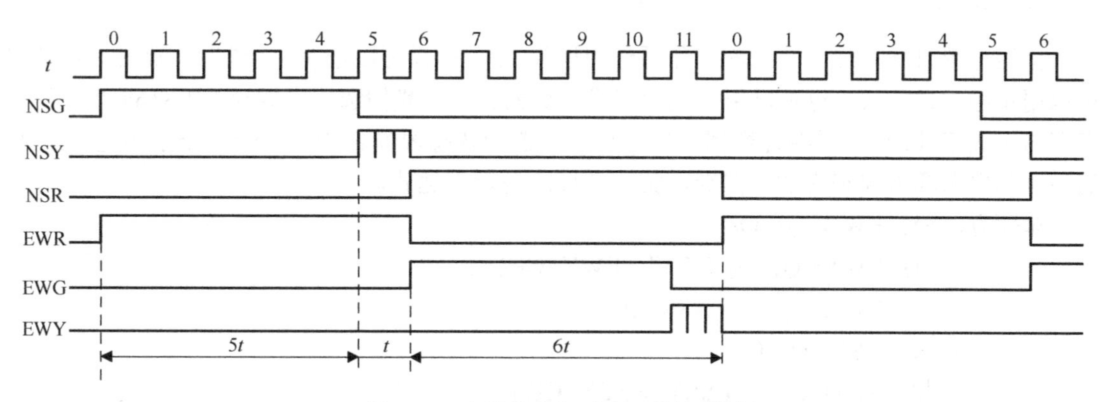

图 16.3　交通信号灯时序工作流程图

图 16.3 中，假设每个单位时间为 3s，则南北、东西方向绿、黄、红灯亮时间分别为 15s、3s、18s，一次循环为 36s。其中红灯亮的时间为绿灯、黄灯的时间之和，黄灯是间歇闪耀。

(3) 十字路口要有数字显示，作为时间提示，以便人们更直观地把握时间。具体为：当某方向绿灯亮时，置显示器为某值，然后以每秒减 1 计数方式工作，直至减到数为 0，十字路口红、绿灯交换，一次工作循环结束，而进入下一步某方向的工作循环。

例如，当南北方向从红灯转绿灯时，置南北方向数字显示为 18，并使数显计数器开始减“1”计数，当减到绿灯灭而黄灯亮(闪耀)时，数显的值应为 3，当减到 0 时，此时黄灯灭，而南北方向的红灯亮；同时，使得东西方向的绿灯亮，并置东西方向的数显为 18。

(4) 可以手动调整和自动控制，夜间为黄灯闪耀。

(5) 在完成上述任务后，可以对电路进行以下几方面的电路改进或扩展。

①设某一方向(如南北)为十字路口主干道，另一方向(如东南)为次干道；主干道由于车辆、行人多，而次干道的车辆、行人少，所以主干道绿灯亮的时间，可选定为次干道绿灯亮的时间的 2 倍或 3 倍。

②用 LED 模拟汽车行驶电路，当某一方向绿灯亮时，这一方向的 LED 接通，并一个一个向前移动，表示汽车在行驶；当遇到黄灯亮时，移位 LED 就停止，而过了十字路口的移位 LED 继续向前移动；红灯亮时，则另一方向转为绿灯亮，那么，这一方向的 LED 就开始移位(表示这一方向的车辆行驶)。

16.3 实验内容和步骤

16.3.1 设计方案

根据设计任务和要求，参考交通信号灯控制器的逻辑电路主要框图(图 16.1)，设计方案可以从以下几部分进行考虑。

1. *秒脉冲和分频器*

因十字路口每个方向绿、黄、红灯所亮时间比例分别为 5∶1∶6，所以若选 4s(也可以 3s)为一单位时间，则计数器每计 4s 输出一个脉冲。

2. *交通信号灯控制器*

由波形图可知，计数器每次工作循环周期为 12，所以可以选用 12 进制计数器。计数器可以用单触发器组成，也可以用中规模集成计数器。这里我们选用中规模 74LS164 八位移位寄存器组成扭环形 12 进制计数器。扭环形计数器的状态表如表 16.1 所示。根据状态表，我们不难列出东西方向和南北方向绿、黄、红灯的逻辑表达式。

东西方向绿：$EWG=Q_4 \cdot Q_5$

黄：$EWY=\overline{Q_4} \cdot Q_5 (EWY' = EWY \cdot CP_1)$

红：$EWR=\overline{Q_5}$ 红：$NSR=Q_5$

南北方向绿：$NSG=\overline{Q_4} \cdot \overline{Q_5}$

黄：$NSY=Q_4 \cdot \overline{Q_5} \left(NSY' = NSY \cdot CP_1\right)$

由于黄灯要求闪耀几次，所以用时标 1s 和 EWY 或 NSY 黄灯信号相“与”即可。

表 16.1 状态表

t	计数器输出						南北方向			东西方向		
	Q_0	Q_1	Q_2	Q_3	Q_4	Q_5	NSG	NSY	NSR	EWG	EWY	EWR
0	0	0	0	0	0	0	1	0	0	0	0	1
1	1	0	0	0	0	0	1	0	0	0	0	1
2	1	1	0	0	0	0	1	0	0	0	0	1
3	1	1	1	0	0	0	1	0	0	0	0	1
4	1	1	1	1	0	0	1	0	0	0	0	1
5	1	1	1	1	1	0	0	↑	0	0	0	1
6	1	1	1	1	1	1	0	0	1	1	0	0
7	0	1	1	1	1	1	0	0	1	1	0	0
8	0	0	1	1	1	1	0	0	1	1	0	0
9	0	0	0	1	1	1	0	0	1	1	0	0
10	0	0	0	0	1	1	0	0	1	1	0	0
11	0	0	0	0	0	1	0	0	1	0	↑	0

3. 显示控制部分

显示控制部分，实际上是一个定时控制电路。当绿灯亮时，减法计数器开始工作(用对方的红灯信号控制)，每来一个秒脉冲，使计数器减 1，直到计数器为 0 而停止。译码显示可用 74LS248BCD 码七段译码器，显示器用 LC5011-11 共阴极 LED 显示器，计数器采用可预置加、减法计数器，如 74LS168、74LS193 等。

4. 手动/自动控制，夜间控制

这可用一个选择开关进行。置开关在手动位置，输入单次脉冲，可使交通信号灯处在某一位置上，开关在自动位置时，则交通信号灯按自动循环工作方式运行。夜间时，将夜间开关接通，黄灯闪亮。

5. 汽车模拟运行控制

用移位寄存器组成汽车模拟控制系统，即当某一方向绿灯亮时，则绿灯亮“G”信号，使该方向的移位通路打开，而当黄、红灯亮时，则使该方向的移位停止。如图 16.4 所示，为南北方向汽车模拟控制电路。

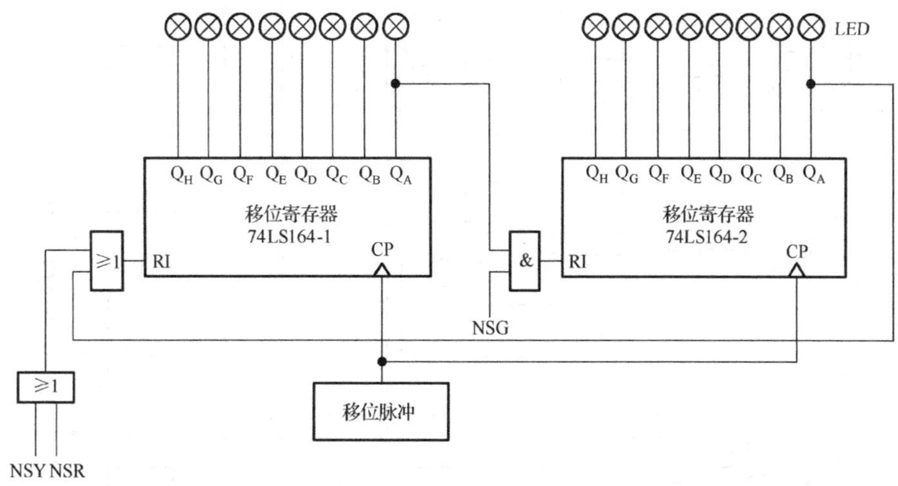

图 16.4 汽车模拟控制电路

16.3.2 参考电路及简要说明

根据设计任务和要求，交通信号灯控制器参考电路，如图 16.5 所示。

1. 单次手动及脉冲电路

单次脉冲由两个与非门组成的 RS 触发器产生，当按下 K_1 时，有一个脉冲输出使 74LS164 移位计数，实现手动控制。K_2 在自动位置时，由秒脉冲电路经分频后(4 分频)输入给 74LS164，这样，74LS164 为每 4s 向前移一位(计数 1 次)。秒脉冲电路可用晶振或 *RC* 振荡电路构成。

2. 控制器部分

它由 74LS164 组成扭环形计数器，然后经译码后，输出十字路口南北、东西两个方向的控制信号。其中黄灯信号需满足闪耀，并在夜间时，使黄灯闪亮，而绿、红灯灭。

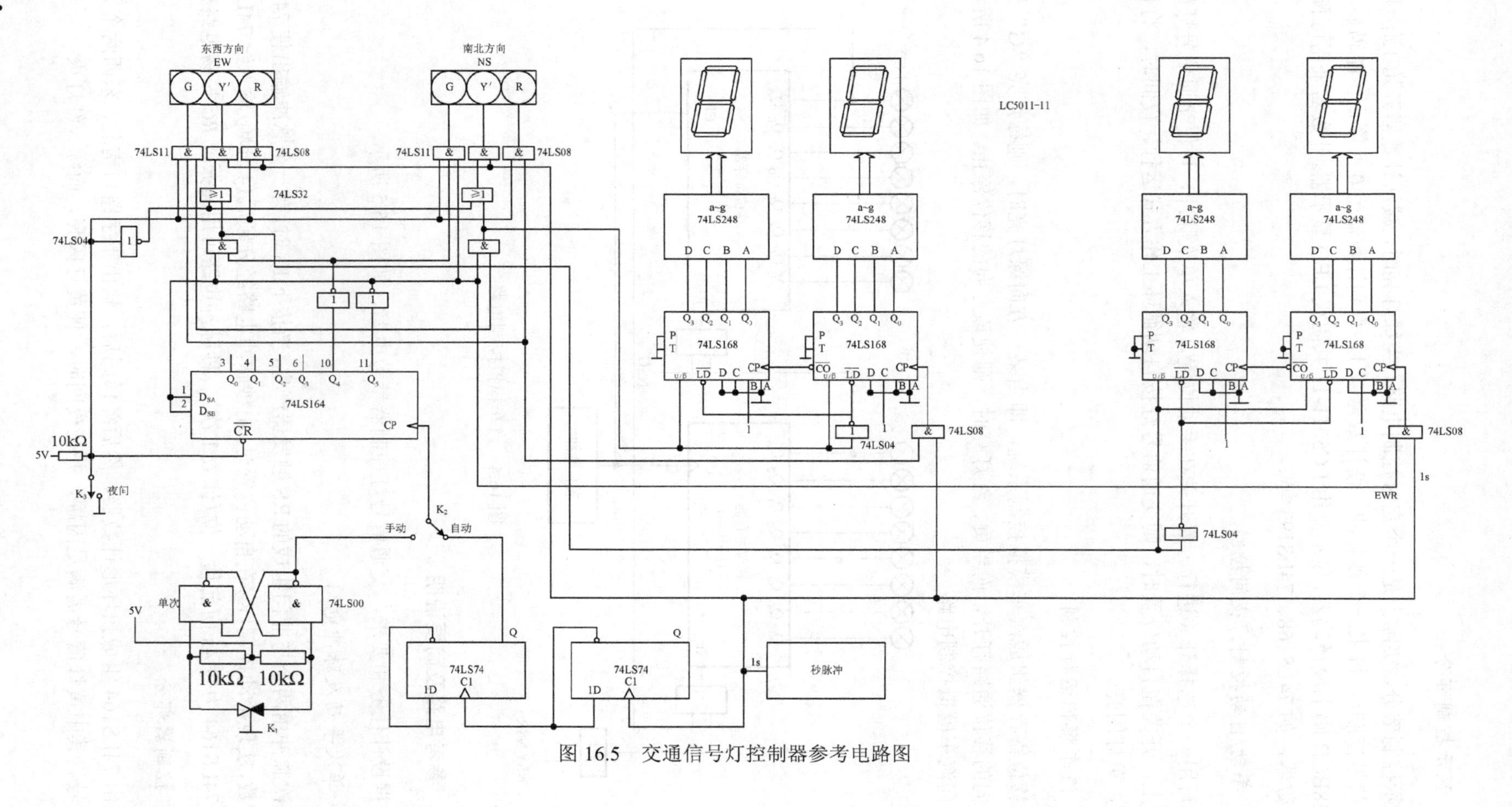

图 16.5 交通信号灯控制器参考电路图

3. 数字显示部分

当南北方向绿灯亮，而东西方向红灯亮时，使南北方向的 74LS168 以减法计数器方式工作，从数字 24 开始往下减，当减到 0 时，南北方向绿灯灭，红灯亮，而东西方向红灯灭，绿灯亮。由于东西方向红灯灭信号(EWR=0)，使与门关断，减法计数器工作结束，而南北方向红灯亮，使另一方向——东西方向减法计数器开始工作。

在减法计数开始之前，由黄灯亮信号使减法计数器先置入数据，图中接入 $U/\overline{D}$ 和 $\overline{LD}$ 的信号就是由黄灯亮(为高电平)时，置入数据。黄灯灭(Y=0)，而红灯亮(R=1)开始减计数。

4. 汽车模拟控制电路

这一部分电路参考图 16.4。当黄灯(Y)或红灯(R)亮时，RI 这端为高(H)电平，在 CP 移位脉冲作用下，而向前移位，高电平“H”从 Q_H 一直移到 Q_A(图中 74LS164-1)，由于在红灯和黄灯为高电平时，绿灯为低电平，所以 74LS164-1 Q_A 的信号就不能送到 74LS164-2 移位寄存器的 RI 端。这样，就模拟了当黄、红灯亮时汽车停止的功能。而当绿灯亮，黄、红灯灭(G=1，R=0，Y=0)时，74LS164-1、74LS164-2 都能在 CP 移位脉冲作用下向前移位。这就意味着，绿灯亮时汽车向前运行这一功能。

要说明一点，交通信号灯控制器实现方法很多，这里就不一一举例了。

16.4 实 验 器 材

(1) THK-880D 型数字电路实验系统。
(2) 直流稳压电源。
(3) 交通信号灯及汽车模拟装置。
(4) 集成电路：74LS74、74LS164、74LS168、74LS248。
(5) 显示器：LC5011-11、发光二极管。
(6) 电阻及开关等。

16.5 复习要求与思考题

16.5.1 复习要求

(1) 复习数字系统设计基础。
(2) 复习多路数据选择器、计数器的工作原理。

16.5.2 思考题

实验中遇到什么问题？是如何解决的？

16.6 实验报告要求

(1) 写出实验电路的设计过程，并画出电路图，说明工作原理。
(2) 绘出实验中的时序波形，整理实验数据，并加以说明。
(3) 写出实验过程中出现的故障现象及解决办法。
(4) 写出设计心得、体会。

参 考 文 献

邓庆元. 2001. 数字电子与逻辑设计技术[M]. 北京: 电子工业出版社.

郭宏, 武国财. 2010. 数字电子技术及应用教程[M]. 北京: 人民邮电出版社.

侯建军. 2006. 数字电路技术基础[M]. 3 版. 北京: 高等教育出版社.

胡锦. 2010. 数字电路与逻辑设计[M]. 北京: 高等教育出版社.

贾正松. 2009. 数字电子技术基础[M]. 北京: 北京理工大学出版社.

李青山, 蔡惟铮. 1991. 集成电子技术原理与工程应用[M]. 哈尔滨: 哈尔滨工业大学出版社.

刘浩斌. 2003. 数字电路与逻辑设计[M]. 北京: 电子工业出版社.

刘江海. 2008. 数字电子技术[M]. 武汉: 华中科技大学出版社.

沈嗣昌. 2010. 数字设计引论[M]. 北京: 高等教育出版社.

石建平. 2011. 数字电子技术[M]. 北京: 国防工业出版社.

宋学君. 2007. 数字电子技术[M]. 2 版. 北京: 科学出版社.

Wakerly J F. 2007. 数字逻辑设计原理与实践[M]. 4 版. 林生, 葛红, 金京林, 译. 北京: 机械工业出版社.

王秀敏. 2006. 数字电子技术[M]. 北京: 机械工业出版社.

王永军, 李景华. 2006. 数字逻辑与数字系统设计[M]. 北京: 高等教育出版社.

王毓银. 2001. 数字电路逻辑设计[M]. 北京: 高等教育出版社.

薛宏熙, 边计年, 苏明, 等. 1996. 数字系统设计自动化[M]. 5 版. 北京: 清华大学出版社.

阎石. 2006. 数字电子技术基础[M]. 5 版. 北京: 高等教育出版社.

翟德福. 2004. 数字电路与模拟电路[M]. 北京: 中国标准出版社.

郑家龙. 2000. 电子技术基础: 数字部分[M]. 4 版. 北京: 高等教育出版社.

附录　THK-880D 型数字电路实验系统简介

1. 系统组成

DZJ-20/21 数字电路、模拟电路实验挂件功能：

(1) 四路稳压电源：±5V/0.5A，±15V/0.5A。

(2) 低压交流电源：0V、6V、10V、14V 抽头各一路及中心抽头 17V 两路。

(3) 四位十进制译码显示器、二位七段数码管。

(4) 两组 8421 拨码盘。

(5) 8 位逻辑电平输入开关、8 位逻辑电平指示器。

(6) 三态逻辑笔：红——高电平，绿——低电平，黄——高阻。

(7) 两组单次脉冲源、两组带常开常闭的按键。

(8) 扬声器。

(9) 振荡线圈。

(10) 桥堆 1 只、单结晶体管 BT33 1 只、单向晶闸管 2P4M 1 只、双向晶闸管 BT131 1 只、稳压管 2CW51 1 只、二极管 4148 2 只、电阻电容 20 只及阻容接插件(可靠的镀银长紫铜管)。

(11) IC 圆脚集成电路插座：8P 2 只、14P 3 只、16P 3 只、20P 1 只、28P 1 只、40P 1 只。

(12) 模拟电路实验板：①共射极单管放大器、负反馈放大器；②射极跟随器；③*RC* 振荡器实验板；④差动放大器；⑤OTL 功率放大器。

(13) 电位器组：1kΩ、50kΩ、100kΩ、500kΩ、1MΩ各一只。

2. 通用电路简介

1) 二-十进制七段译码显示器

二-十进制七段译码显示器共 4 位，段码为 A、B、C、D、E、F 和 G 七段，译码器采用 CD4511，显示器采用共阴 0.5in(1in=2.54cm) 显示器。译码器的输入端对应于每一位的 8、4、2、1 插孔。另有 4 个小数点，每个小数点串入一只限流电阻。附图 1 为二-十进制七段译码显示器电路图。

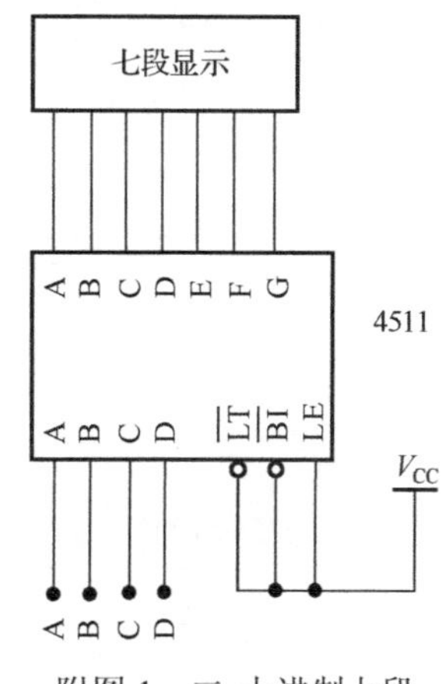

附图 1　二-十进制七段译码显示器电路

2) 8 位二进制电平显示器

二进制电平显示器如附图 2 所示，通过驱动电路驱动发光二极管。当输入端为高电平时，对应的发光二极管亮，表示逻辑“1”；当输入端为低电平时，对应的发光二极管不亮，表示逻辑“0”。初始状态为逻辑“0”。

3) 8 位逻辑开关

逻辑电平开关由十六个开关电路组成，其电路如附图 3 所示。当开关往上拨时，产生逻辑高电平“1”；当开关往下拨时，产生逻辑低电平“0”。

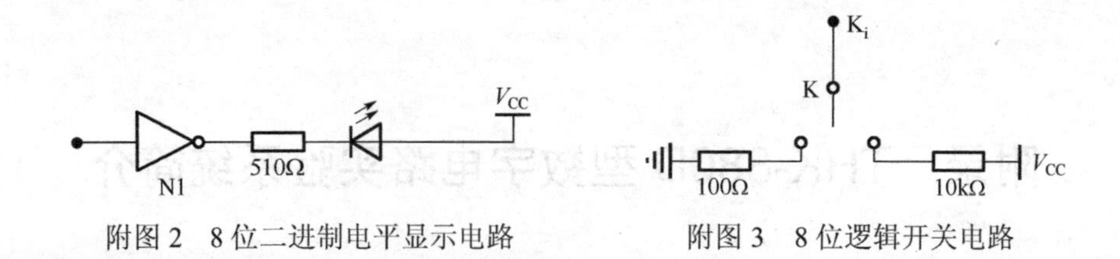

附图 2　8 位二进制电平显示电路　　　　附图 3　8 位逻辑开关电路

4) 单脉冲电路

单脉冲电路有两个，其中 P1 单脉冲电路采用消抖动的 R-S 电路，电路如附图 4 所示，每按一下单脉冲键，产生正负脉冲各一个。

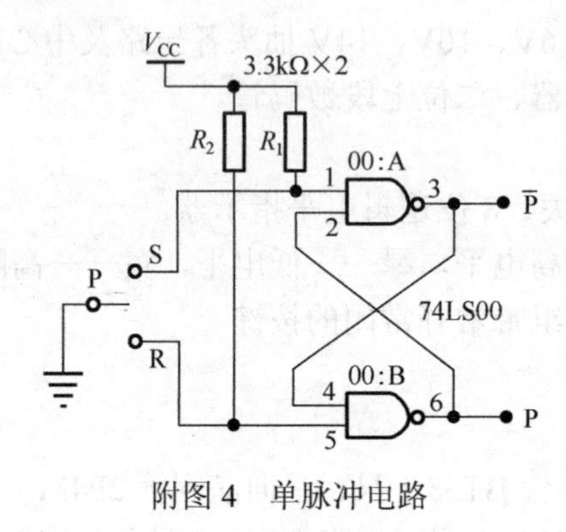

附图 4　单脉冲电路

5) 逻辑笔

当输入为高电平“1”时，红色发光二极管点亮；当输入为低电平“0”时，绿色发光二极管点亮；输入端悬空时，黄色发光二极管点亮。